"十三五"国家重点图书出版规划项目

中 国 生 物 物 种 名 录

第一卷 植物

种子植物（Ⅸ）

被子植物 ANGIOSPERMS

（唇形科 Lamiaceae—伞形科 Apiaceae）

向春雷 刘启新 彭 华 编著

科学出版社

北 京

内 容 简 介

本书收录了中国被子植物共17科332属2962种（含种下等级），其中1696种（不含种下等级）（57%）为中国特有，51种（1.7%）为外来植物。每一种的内容包括中文名、学名和异名及原始发表文献、国内外分布等信息。

本书可作为中国植物分类系统学和多样性研究的基础资料，也可作为环境保护、林业、医学等从业人员及高等院校师生的参考书。

图书在版编目（CIP）数据

中国生物物种名录. 第一卷, 植物. 种子植物. Ⅸ, 被子植物. 唇形科—伞形科/向春雷, 刘启新, 彭华编著. —北京：科学出版社, 2016.10
"十三五"国家重点图书出版规划项目　国家出版基金项目
ISBN 978-7-03-050070-0

Ⅰ. ①中… Ⅱ. ①向… ②刘… ③彭… Ⅲ. ①生物–物种–中国–名录②唇形科–物种–中国–名录③伞形科–物种–中国–名录　Ⅳ. ①Q152-62②Q949.72-62

中国版本图书馆 CIP 数据核字（2016）第 233910 号

责任编辑：马　俊　王　静　侯彩霞 / 责任校对：张凤琴
责任印制：徐晓晨 / 封面设计：北京铭轩堂广告设计有限公司

科学出版社 出版
北京东黄城根北街16号
邮政编码：100717
http://www.sciencep.com

北京东华虎彩印刷有限公司 印刷
科学出版社发行　各地新华书店经销

*

2016年10月第　一　版　开本：889×1094 1/16
2018年 1 月第三次印刷　印张：21
字数：741 000
定价：148.00 元
（如有印装质量问题，我社负责调换）

Species Catalogue of China

Volume 1 Plants

SPERMATOPHYTES (IX)

ANGIOSPERMS

(Lamiaceae—Apiaceae)

Authors: Chunlei Xiang　Qixin Liu　Hua Peng

Science Press

Beijing

《中国生物物种名录》编委会

主 任（主 编） 陈宜瑜

副主任（副主编） 洪德元　刘瑞玉　马克平　魏江春　郑光美

委 员（编 委）

卜文俊	南开大学	陈宜瑜	国家自然科学基金委员会
洪德元	中国科学院植物研究所	纪力强	中国科学院动物研究所
李　玉	吉林农业大学	李枢强	中国科学院动物研究所
李振宇	中国科学院植物研究所	刘瑞玉	中国科学院海洋研究所
马克平	中国科学院植物研究所	彭　华	中国科学院昆明植物研究所
覃海宁	中国科学院植物研究所	邵广昭	"中研院"生物多样性研究中心
王跃招	中国科学院成都生物研究所	魏江春	中国科学院微生物研究所
夏念和	中国科学院华南植物园	杨　定	中国农业大学
杨奇森	中国科学院动物研究所	姚一建	中国科学院微生物研究所
张宪春	中国科学院植物研究所	张志翔	北京林业大学
郑光美	北京师范大学	郑儒永	中国科学院微生物研究所
周红章	中国科学院动物研究所	朱相云	中国科学院植物研究所
庄文颖	中国科学院微生物研究所		

工 作 组

组　长　马克平

副组长　纪力强　覃海宁　姚一建

成 员　韩　艳　纪力强　林聪田　刘忆南　马克平　覃海宁　王利松　魏铁铮
　　　　　薛纳新　杨　柳　姚一建

总　　序

生物多样性保护研究、管理和监测等许多工作都需要翔实的物种名录作为基础。建立可靠的生物物种名录也是生物多样性信息学建设的首要工作。通过物种唯一的有效学名可查询关联到国内外相关数据库中该物种的所有资料，这一点在网络时代尤为重要，也是整合生物多样性信息最容易实现的一种方式。此外，"物种数目"也是一个国家生物多样性丰富程度的重要统计指标。然而，像中国这样生物种类非常丰富的国家，各生物类群研究基础不同，物种信息散见于不同的志书或不同时期的刊物中，加之分类系统及物种学名也在不断被修订。因此建立实时更新、资料翔实，且经过专家审订的全国性生物物种名录对我国生物多样性保护具有重要的意义。

生物多样性信息学的发展推动了生物物种名录编研工作。比较有代表性的项目，如全球鱼类数据库（FishBase）、国际豆科数据库（ILDIS）、全球生物物种名录（CoL）、全球植物名录（TPL）和全球生物名称（GNA）等项目；最有影响的全球生物多样性信息网络（GBIF）也专门设立子项目处理生物物种名称（ECAT）。生物物种名录的核心是明确某个区域或某个类群的物种数量，处理分类学名称，理清生物分类学上有效发表的拉丁学名的性质，即接受名还是异名及其演变过程；好的生物物种名录是生物分类学研究进展的重要标志，是各种志书编研必需的基础性工作。

自 2007 年以来，中国科学院生物多样性委员会组织国内外 100 多位分类学专家编辑中国生物物种名录；并于 2008 年 4 月正式发布《中国生物物种名录》光盘版和网络版（http://www.sp2000.cn/joaen），此后，每年更新一次；2012 年版名录已于同年 9 月面世，包括 70 596 个物种（含种下等级）。该名录的发布受到广泛使用和好评，成为环境保护部物种普查和农业部作物野生近缘种普查的核心名录库，并为环境保护部中国年度环境公报物种数量的数据源，我国还是全球首个按年度连续发布全国生物物种名录的国家。

电子版名录发布以后，有大量的读者来信索取光盘或从网站上下载名录数据，获得了良好的社会效果。有很多读者和编者建议出版《中国生物物种名录》印刷版，以方便读者、扩大名录的影响。为此，在 2011 年 3 月 31 日中国科学院生物多样性委员会换届大会上正式征求委员的意见，与会者建议尽快编辑出版《中国生物物种名录》印刷版。该项工作得到原中国科学院生命科学与生物技术局的大力支持，设立专门项目，支持《中国生物物种名录》的编研，项目于 2013 年正式启动。

组织编研出版《中国生物物种名录》（印刷版）主要基于以下几点考虑：①及时反映和推动中国生物分类学工作。"三志"是本项工作的重要基础。从目前情况看，植物方面的基础相对较好，2004 年 10 月《中国植物志》80 卷 126 册全部正式出版，*Flora of China* 的编研也已完成；动物方面的基础相对薄弱，《中国动物志》虽已出版 130 余卷，但仍有很多类群没有出版；《中国孢子植物志》已出版 80 余卷，很多类群仍有待编研，且微生物名录数字化基础比较薄弱，在 2012 年版中国生物物种名录光盘版中仅收录 900 多种，而植物有 35 000 多种，动物 24 000 多种。需要及时总结分类学研究成果，把新种和新的修订，包括分类系统修订的信息及时整合到生物物种名录中，以克服志书编写出版周期长的不足，让各个方面的读者和用户及时了解和使用新的分类学成果。②生物物种名称的审订和处理是志书编写的基础性工作，名录的编研出版可以推动生物志书的编研；相关学科如生物地理学、保护生物学、生态学等的研究工作需要及时更新的生物物种名录。③政府部门和社会团体等在生物多样性保护和可持续利用的实践中，希望及时得到中国物种多样性的统计信息。④全球生物物种名录等国际项目需要中国生物物种名录等区域性名录信息不断更新完善，因此，我们的工作也可以在一定程度上推动全球生物多样性编目与保护工作的进展。

编研出版《中国生物物种名录》（印刷版）是一项艰巨的任务，尽管不追求短期内涉及所有类群，也是难度很大的。衷心感谢各位参编人员的严谨奉献精神，感谢几位副主编和工作组的把关和协调，特别感谢不幸过世的副主编刘瑞玉院士的积极支持。感谢国家出版基金和科学出版社的资助和支持，保证了本系列丛书的顺利出版。在此，对所有为《中国生物物种名录》编研出版付出艰辛努力的同仁表示诚挚的谢意。

虽然我们在《中国生物物种名录》网络版和光盘版的基础上，组织有关专家重新审订和编写名录的印刷版。但限于资料和编研队伍等多方面因素，肯定会有诸多不尽如人意之处，恳请各位同行和专家提出批评指正，以便不断更新完善。

陈宜瑜

2013 年 1 月 30 日于北京

植物卷前言

《中国生物物种名录》（印刷版）植物卷收录中国全部野生高等植物，部分重要和常见栽培植物及归化植物。全卷包括苔藓植物、蕨类植物各一个分册，种子植物十个分册，以及总目录分册共计十三个分册。提供每种植物（包括种下等级）名称及国内外分布等基本信息，学名及其异名还附有原始发表文献；总目录册为索引性质，也涵盖全部高等植物，但不含异名，也不引文献。

根据《中国生物物种名录》编委会决议并经学科主编同意，植物卷在科的排列上采用最新分类系统。其中裸子植物按 Christenhusz 等(2011)系统排列；被子植物科系统按"被子植物系统发育研究组（Angiosperm Phylogeny Group，APG）"第三版（APGIII）排列（APGIII, 2009; Haston et al., 2009; Reveal et Chase, 2011），科级范畴与刘冰等（2015）发表的文章基本一致（http://www.biodiversity-science.net/article/2015/1005-0094-23-2-225.html），个别变动将在各册的"本册编写说明"中加以说明和解释。

本卷包括种子植物274科，其中裸子植物10科，分属4亚纲7目，被子植物264科，分属1亚纲15超目56目。各册所包含类群及排列顺序见附件一。

工作组以2013年电子版（网络版）《中国生物物种名录》（http://www.sp2000.cn/joaen）为基础，并补充 Flora of China 新出版卷册信息构建名录底库，提供给卷册编著者作为编研基础和参考；各位编著者在广泛查阅近期分类学参考文献后，按照编写指南精心编制类群名录；初稿经过同行通讯评审和编委会组织的专家审稿会审定之后，作者再修改终成文付梓。我们对名录编著者的辛勤劳动和各位审核专家的帮助表示衷心感谢！

2007—2009年，我们曾广泛邀请国内植物分类学专家审核《中国生物物种名录》（电子版）高等植物部分。共有28家单位82位专家参加名录审核工作，审核涉及大多数高等植物种类，一些疑难科属还进行了数次或多人交叉审核。我们借此机会感谢这些专家学者的贡献，尤其感谢内蒙古大学赵一之教授和曲阜师范大学侯元同教授协助审核许多小型科属。可以说，没有这些专家的工作就没有物种名录电子版，也是他们的工作奠定了名录印刷版编研的基础。电子版名录审核专家(作者)名单见附件二。

我们感谢何强、李弈、包伯坚、赵莉娜、刘慧圆、纪红娟、刘博、叶建飞等多位中国科学院植物研究所的同事和学生在名录录入和数据整理工作上提供的帮助；特别感谢刘冰博士提供APGIII系统框架，并协助查阅大量资料以确定各科范围；感谢科学出版社编辑耐心细致的编辑工作；感谢丛书编委会各位主编及委员的指导；感谢中国科学院生物多样性委员会各位领导老师的指导和帮助。

《中国生物物种名录》植物卷工作组

2016年1月修订

植物卷主要参考文献

Angiosperm Phylogeny Group. 2009. An update of the Angiosperm Phylogeny Group classification for the orders and families of flowering plants: APG III. Bot. J. Linn. Soc., 161(2):105-121.

Christenhusz M J M, Reveal J L, Farjon A, Gardner M F, Mill R R, Chase M W. 2011. A new classification and linear sequence of extant gymnosperms. Phytotaxa,19:55-70.

Haston E, Richardson J E, Stevens P F, Chase M W, Harris D J. 2009. The Linear Angiosperm Phylogeny Group (LAPG)III: a linear sequence of the families in APGIII. Bot. J. Linn. Soc., 161 (2): 128 -131.
Reveal J L, Chase M W. 2011. APGIII:Bibliographical Information and Synonymy of Magnoliidae. Phytotaxa, 19:71-134.
Wu C Y, Raven P H, Hong D Y. 1994—2013. Flora of China. Volume 1-25. Beijing: Science Press, St. Louis:Missouri Botanical Garden Press.
刘冰, 叶建飞, 刘夙, 汪远, 杨永, 赖阳均, 曾刚, 林秦文. 2015. 中国被子植物科属概览: 依据 APG III系统. 生物多样性, 23(2): 225-231.
骆洋, 何廷彪, 李德铢, 王雨华, 伊廷双, 王红. 2012. 中国植物志、Flora of China 和维管植物新系统中科的比较. 植物分类与资源学报, 34(3): 231-238.
汤彦承, 路安民. 2004.《中国植物志》和《中国被子植物科属综论》所涉及"科"界定及比较. 云南植物研究, 26(2): 129-138.
中国科学院中国植物志编辑委员会. 1959-2004. 中国植物志(第一至第八十卷). 北京：科学出版社.

附件一 《中国生物物种名录》植物卷种子植物部分系统排列

（I分册）

裸子植物 GYMNOSPERMS
苏铁亚纲 Cycadidae
 苏铁目 Cycadales
  1 苏铁科 Cycadaceae
银杏亚纲 Ginkgoidae
 银杏目 Ginkgoales
  2 银杏科 Ginkgoaceae
买麻藤亚纲 Gnetidae
 买麻藤目 Gnetales
  3 买麻藤科 Gnetaceae
 麻黄目 Ephedrales
  4 麻黄科 Ephedraceae
松柏亚纲 Pinidae
 松目 Pinales
  5 松科 Pinaceae
 南洋杉目 Araucariales
  6 南洋杉科 Araucariaceae
  7 罗汉松科 Podocarpaceae
 柏目 Cupressales
  8 金松科 Sciadopityaceae
  9 柏科 Cupressaceae
  10 红豆杉科 Taxaceae
被子植物 ANGIOSPERMS
木兰亚纲 Magnoliidae
睡莲超目 Nymphaeanae
 睡莲目 Nymphaeales
  1 莼菜科 Cabombaceae
  2 睡莲科 Nymphaeaceae
木兰藤超目 Austrobaileyanae
 木兰藤目 Austrobaileyales
  3 五味子科 Schisandraceae
木兰超目 Magnolianae
 胡椒目 Piperales
  4 三白草科 Saururaceae
  5 胡椒科 Piperaceae
  6 马兜铃科 Aristolochiaceae
 木兰目 Magnoliales
  7 肉豆蔻科 Myristicaceae
  8 木兰科 Magnoliaceae
  9 番荔枝科 Annonaceae
 樟目 Laurales
  10 蜡梅科 Calycanthaceae
  11 莲叶桐科 Hernandiaceae
  12 樟科 Lauraceae
 金粟兰目 Chloranthales
  13 金粟兰科 Chloranthaceae
百合超目 Lilianae
 菖蒲目 Acorales
  14 菖蒲科 Acoraceae
 泽泻目 Alismatales
  15 天南星科 Araceae
  16 岩菖蒲科 Tofieldiaceae
  17 泽泻科 Alismataceae
  18 花蔺科 Butomaceae
  19 水鳖科 Hydrocharitaceae
  20 冰沼草科 Scheuchzeriaceae
  21 水蕹科 Aponogetonaceae
  22 水麦冬科 Juncaginaceae
  23 大叶藻科 Zosteraceae
  24 眼子菜科 Potamogetonaceae
  25 海神草科（波喜荡科）Posidoniaceae
  26 川蔓藻科 Ruppiaceae
  27 丝粉藻科 Cymodoceaceae
 无叶莲目 Petrosaviales
  28 无叶莲科 Petrosaviaceae
 薯蓣目 Dioscoreales
  29 肺筋草科 Nartheciaceae

30 水玉簪科 Burmanniaceae
31 薯蓣科 Dioscoreaceae

露兜树目 Pandanales
  32 霉草科 Triuridaceae
  33 翡若翠科 Velloziaceae
  34 百部科 Stemonaceae
  35 露兜树科 Pandanaceae

百合目 Liliales
  36 藜芦科 Melanthiaceae
  37 秋水仙科 Colchicaceae
  38 菝葜科 Smilacaceae
  39 白玉簪科 Corsiaceae
  40 百合科 Liliaceae（移到Ⅲ分册）

天门冬目 Asparagales
  41 兰科 Orchidaceae

（Ⅱ分册）

  42 仙茅科 Hypoxidaceae（移到Ⅲ分册）
  43 鸢尾蒜科 Ixioliriaceae（移到Ⅲ分册）
  44 鸢尾科 Iridaceae（移到Ⅲ分册）
  45 黄脂木科 Xanthorrhoeaceae（移到Ⅲ分册）
  46 石蒜科 Amaryllidaceae（移到Ⅲ分册）
  47 天门冬科 Asparagaceae（移到Ⅲ分册）

棕榈目 Arecales
  48 棕榈科 Arecaceae

鸭跖草目 Commelinales
  49 鸭跖草科 Commelinaceae
  50 田葱科 Philydraceae
  51 雨久花科 Pontederiaceae

姜目 Zingiberales
  52a 鹤望兰科 Strelitziaceae
  52b 兰花蕉科 Lowiaceae
  53 芭蕉科 Musaceae
  54 美人蕉科 Cannaceae
  55 竹芋科 Marantaceae
  56 闭鞘姜科 Costaceae
  57 姜科 Zingiberaceae

禾本目 Poales
  58 香蒲科 Typhaceae
  59 凤梨科 Bromeliaceae
  60 黄眼草科 Xyridaceae
  61 谷精草科 Eriocaulaceae
  62 灯心草科 Juncaceae
  63 莎草科 Cyperaceae
  64 刺鳞草科 Centrolepidaceae
  65 帚灯草科 Restionaceae
  66 须叶藤科 Flagellariaceae
  67 禾本科 Poaceae

（Ⅲ分册）

百合科和天门冬目各科（除兰科外）

金鱼藻超目 Ceratophyllanae
  金鱼藻目 Ceratophyllales
    68 金鱼藻科 Ceratophyllaceae

毛茛超目 Ranunculanae
  毛茛目 Ranunculales
    69 领春木科 Eupteleaceae
    70 罂粟科 Papaveraceae
    71 星叶草科 Circaeasteraceae
    72 木通科 Lardizabalaceae
    73 防己科 Menispermaceae
    74 小檗科 Berberidaceae
    75 毛茛科 Ranunculaceae

山龙眼超目 Proteanae
  清风藤目 Sabiales
    76 清风藤科 Sabiaceae
  山龙眼目 Proteales
    77 莲科 Nelumbonaceae
    78 悬铃木科 Platanaceae
    79 山龙眼科 Proteaceae

昆栏树超目 Trochodendranae
  昆栏树目 Trochodendrales
    80 昆栏树科 Trochodendraceae

黄杨超目 Buxanae
  黄杨目 Buxales
    81 黄杨科 Buxaceae

五桠果超目 Dillenianae
  五桠果目 Dilleniales
    82 五桠果科 Dilleniaceae

（Ⅳ分册）

虎耳草超目 Saxifraganae
  虎耳草目 Saxifragales
    83 芍药科 Paeoniaceae
    84 阿丁枫科（蕈树科）Altingiaceae
    85 金缕梅科 Hamamelidaceae
    86 连香树科 Cercidiphyllaceae
    87 交让木科（虎皮楠科）Daphniphyllaceae
    88 鼠刺科 Iteaceae
    89 茶藨子科 Grossulariaceae
    90 虎耳草科 Saxifragaceae
    91 景天科 Crassulaceae
    92 扯根菜科 Penthoraceae
    93 小二仙草科 Haloragaceae
  锁阳目 Cynomoriales
    94 锁阳科 Cynomoriaceae

蔷薇超目 Rosanae
  葡萄目 Vitales

95 葡萄科 Vitaceae
蒺藜目 Zygophyllales
  96 蒺藜科 Zygophyllaceae
豆目 Fabales
  97 豆科 Fabaceae
  98 海人树科 Surianaceae
  99 远志科 Polygalaceae

（V 分册）

蔷薇目 Rosales
  100 蔷薇科 Rosaceae
  101 胡颓子科 Elaeagnaceae
  102 鼠李科 Rhamnaceae
  103 榆科 Ulmaceae
  104 大麻科 Cannabaceae
  105 桑科 Moraceae
  106 荨麻科 Urticaceae
壳斗目 Fagales
  107 壳斗科 Fagaceae
  108 杨梅科 Myricaceae
  109 胡桃科 Juglandaceae
  110 木麻黄科 Casuarinaceae
  111 桦木科 Betulaceae
葫芦目 Cucurbitales
  112 马桑科 Coriariaceae
  113 葫芦科 Cucurbitaceae
  114 四数木科 Tetramelaceae
  115 秋海棠科 Begoniaceae
卫矛目 Celastrales
  116 卫矛科 Celastraceae
酢浆草目 Oxalidales
  117 牛栓藤科 Connaraceae
  118 酢浆草科 Oxalidaceae
  119 杜英科 Elaeocarpaceae
金虎尾目 Malpighiales
  120 小盘木科（攀打科）Pandaceae
  121 红树科 Rhizophoraceae
  122 古柯科 Erythroxylaceae
  123 大花草科 Rafflesiaceae
  124 大戟科 Euphorbiaceae
  125 扁距木科 Centroplacaceae
  126 金莲木科 Ochnaceae
  127 叶下珠科 Phyllanthaceae

（VI 分册）

  128 沟繁缕科 Elatinaceae
  129 金虎尾科 Malpighiaceae
  130 毒鼠子科 Dichapetalaceae
  131 核果木科 Putranjivaceae
  132 西番莲科 Passifloraceae
  133 杨柳科 Salicaceae
  134 堇菜科 Violaceae
  135 钟花科（青钟麻科）Achariaceae
  136 亚麻科 Linaceae
  137 黏木科 Ixonanthaceae
  138 红厚壳科 Calophyllaceae
  139 藤黄科（山竹子科）Clusiaceae
  140 川苔草科 Podostemaceae
  141 金丝桃科 Hypericaceae
牻牛儿苗目 Geraniales
  142 牻牛儿苗科 Geraniaceae
桃金娘目 Myrtales
  143 使君子科 Combretaceae
  144 千屈菜科 Lythraceae
  145 柳叶菜科 Onagraceae
  146 桃金娘科 Myrtaceae
  147 野牡丹科 Melastomataceae
  148 隐翼科 Crypteroniaceae
缨子木目 Crossosomatales
  149 省沽油科 Staphyleaceae
  150 旌节花科 Stachyuraceae
无患子目 Sapindales
  151 熏倒牛科 Biebersteiniaceae
  152 白刺科 Nitrariaceae
  153 橄榄科 Burseraceae
  154 漆树科 Anacardiaceae
  155 无患子科 Sapindaceae
  156 芸香科 Rutaceae
  157 苦木科 Simaroubaceae
  158 楝科 Meliaceae
腺椒树目 Huerteales
  159 瘿椒树科 Tapisciaceae
  160 十齿花科 Dipentodontaceae
锦葵目 Malvales
  161 锦葵科 Malvaceae
  162 瑞香科 Thymelaeaceae
  163 红木科 Bixaceae
  164 半日花科 Cistaceae
  165 龙脑香科 Dipterocarpaceae
十字花目 Brassicales
  166 叠珠树科 Akaniaceae
  167 旱金莲科 Tropaeolaceae
  168 辣木科 Moringaceae
  169 番木瓜科 Caricaceae
  170 刺茉莉科 Salvadoraceae
  171 木犀草科 Resedaceae
  172 山柑科 Capparaceae
  173 节蒴木科 Borthwickiaceae

174 白花菜科 Cleomaceae
175 十字花科 Brassicaceae

檀香超目 Santalanae
  檀香目 Santalales
    176 蛇菰科 Balanophoraceae
    177 铁青树科 Olacaceae
    178 山柚子科 Opiliaceae
    179 檀香科 Santalaceae
    180 桑寄生科 Loranthaceae
    181 青皮木科 Schoepfiaceae

石竹超目 Caryophyllanae
  石竹目 Caryophyllales
    182 瓣鳞花科 Frankeniaceae
    183 柽柳科 Tamaricaceae
    184 白花丹科 Plumbaginaceae
    185 蓼科 Polygonaceae
    186 茅膏菜科 Droseraceae
    187 猪笼草科 Nepenthaceae
    188 钩枝藤科 Ancistrocladaceae

（Ⅶ分册）
    189 石竹科 Caryophyllaceae
    190 苋科 Amaranthaceae
    191 针晶粟草科 Gisekiaceae
    192 番杏科 Aizoaceae
    193 商陆科 Phytolaccaceae
    194 紫茉莉科 Nyctaginaceae
    195 粟米草科 Molluginaceae
    196 落葵科 Basellaceae
    197 土人参科 Talinaceae
    198 马齿苋科 Portulacaceae
    199 仙人掌科 Cactaceae

菊超目 Asteranae
  山茱萸目 Cornales
    200 山茱萸科 Cornaceae
    201 绣球花科 Hydrangeaceae
  杜鹃花目 Ericales
    202 凤仙花科 Balsaminaceae
    203 花荵科 Polemoniaceae
    204 玉蕊科 Lecythidaceae
    205 肋果茶科 Sladeniaceae
    206 五列木科 Pentaphylacaceae
    207 山榄科 Sapotaceae
    208 柿树科 Ebenaceae
    209 报春花科 Primulaceae
    210 山茶科 Theaceae
    211 山矾科 Symplocaceae
    212 岩梅科 Diapensiaceae
    213 安息香科 Styracaceae
    214 猕猴桃科 Actinidiaceae
    215 桤叶树科 Clethraceae
    216 帽蕊草科 Mitrastemonaceae
    217 杜鹃花科 Ericaceae

（Ⅷ分册）
  茶茱萸目 Icacinales
    218 茶茱萸科 Icacinaceae
  丝缨花目 Garryales
    219 杜仲科 Eucommiaceae
    220 丝缨花科 Garryaceae
  龙胆目 Gentianales
    221 茜草科 Rubiaceae
    222 龙胆科 Gentianaceae
    223 马钱科 Loganiaceae
    224 钩吻科 Gelsemiaceae
    225 夹竹桃科 Apocynaceae
  紫草目 Boraginales
    226 紫草科 Boraginaceae
  茄目 Solanales
    227 旋花科 Convolvulaceae
    228 茄科 Solanaceae
    229 尖瓣花科 Sphenocleaceae
  唇形目 Lamiales
    230 田基麻科 Hydroleaceae
    231 香茜科 Carlemanniaceae
    232 木犀科 Oleaceae
    233 苦苣苔科 Gesneriaceae
    234 车前科 Plantaginaceae
    235 玄参科 Scrophulariaceae
    236 母草科 Linderniaceae
    237 芝麻科 Pedaliaceae

（Ⅸ分册）
    238 唇形科 Lamiaceae
    239 透骨草科 Phrymaceae
    240 泡桐科 Paulowniaceae
    241 列当科 Orobanchaceae
    242 狸藻科 Lentibulariaceae
    243 爵床科 Acanthaceae
    244 紫葳科 Bignoniaceae
    245 马鞭草科 Verbenaceae
    246 角胡麻科 Martyniaceae
  冬青目 Aquifoliales
    247 粗丝木科 Stemonuraceae
    248 心翼果科 Cardiopteridaceae
    249 青荚叶科 Helwingiaceae
    250 冬青科 Aquifoliaceae
  伞形目 Apiales
    260 鞘柄木科 Torricelliaceae

261 海桐花科 Pittosporaceae
262 五加科 Araliaceae
263 伞形科 Apiaceae

(X分册)

菊目 Asterales
251 桔梗科 Campanulaceae
252 五膜草科 Pentaphragmataceae
253 花柱草科 Stylidiaceae

254 睡菜科 Menyanthaceae
255 草海桐科 Goodeniaceae
256 菊科 Asteraceae

南鼠刺目 Escalloniales
257 南鼠刺科 Escalloniaceae

川续断目 Dipsacales
258 五福花科 Adoxaceae
259 忍冬科 Caprifoliaceae

附件二 《中国生物物种名录》(2007~2009) 电子版植物类群作者名单

苔藓植物：贾 渝（中国科学院植物研究所）
蕨类植物：张宪春（中国科学院植物研究所）
裸子植物：杨 永（中国科学院植物研究所）
被子植物：

曹 伟[中国科学院沈阳应用生态研究所]: 杨柳科.
曹 明[广西壮族自治区中国科学院广西植物研究所]: 芸香科.
陈家瑞[中国科学院植物研究所]: 假繁缕科、锁阳科、小二仙草科、菱科、柳叶菜科.
陈 介[中国科学院昆明植物研究所]: 野牡丹科、使君子科、桃金娘科.
陈世龙[中国科学院西北高原生物研究所]: 龙胆科.
陈文俐，刘 冰[中国科学院植物研究所]: 禾亚科.
陈艺林[中国科学院植物研究所]: 鼠李科.
陈又生[中国科学院植物研究所]: 槭树科、堇菜科.
陈之端[中国科学院植物研究所]: 葡萄科.
邓云飞[中国科学院华南植物园]: 爵床科.
方瑞征[中国科学院昆明植物研究所]: 旋花科.
高天刚[中国科学院植物研究所]: 菊科.
耿玉英[中国科学院植物研究所]: 杜鹃花科.
谷粹芝[中国科学院植物研究所]: 蔷薇科.
郭丽秀[中国科学院华南植物园]: 棕榈科、清风藤科.
郭友好[武汉大学]: 水蕹科、水鳖科、雨久花科、香蒲科、田葱科、花蔺科、茨藻科、浮萍科、泽泻科、黑三棱科、眼子菜科.
洪德元，潘开玉[中国科学院植物研究所]: 桔梗科、芍药科、鸭跖草科.
侯元同[曲阜师范大学]: 锦葵科、谷精草科、省沽油科、安息香科、苋科、椴树科、桃叶珊瑚科、蓼科、石蒜科等.
侯学良[厦门大学]: 番荔枝科.
胡启明[中国科学院华南植物园]: 报春花科、紫金牛科.
郎楷永[中国科学院植物研究所]: 兰科.
雷立功[中国科学院昆明植物研究所]: 冬青科.
黎 斌[西安植物园]: 石竹科.
李安仁[中国科学院植物研究所]: 藜科.
李秉滔[华南农业大学]: 萝藦科、夹竹桃科、马钱科.
李 恒[中国科学院昆明植物研究所]: 天南星科.

李建强[中国科学院武汉植物园]: 猕猴桃科、景天科.
李锡文[中国科学院昆明植物研究所]: 唇形科、藤黄科、龙脑香科.
李振宇[中国科学院植物研究所]: 车前科、狸藻科.
梁松筠[中国科学院植物研究所]: 百合科.
林 祁[中国科学院植物研究所]: 五味子科、荨麻科.
林秦文[中国科学院植物研究所]: 杜英科、梧桐科、黄杨科、漆树科、卫矛科、大风子科、山龙眼科.
刘启新[江苏省中国科学院植物研究所]: 伞形科、十字花科.
刘 青[中国科学院华南植物园]: 山矾科.
刘全儒[北京师范大学]: 败酱科、川续断科.
刘心恬[中国科学院植物研究所]: 马鞭草科.
刘 演[广西壮族自治区中国科学院广西植物研究所]: 山榄科、苦苣苔科、柿科.
陆玲娣[中国科学院植物研究所]: 虎耳草科.
罗 艳[中国科学院西双版纳热带植物园]: 毛茛科 (乌头属).
马海英[云南大学]: 金虎尾科、远志科.
马金双[中国科学院上海辰山植物科学研究中心]: 大戟科、马兜铃科.
彭 华，刘恩德[中国科学院昆明植物研究所]: 茶茱萸科、楝科.
彭镜毅[中央研究院生物多样性中心]: 秋海棠科.
齐耀东[中国医科院药用植物研究所]: 瑞香科.
丘华兴[中国科学院华南植物园]: 桑寄生科、槲寄生科.
任保青[中国科学院植物研究所]: 桦木科.
萨 仁[中国科学院植物研究所]: 榆科.
覃海宁[中国科学院植物研究所]: 灯心草科、木通科、山柑科、海桑科.
王利松[中国科学院植物研究所]: 伞形科.
王瑞江[中国科学院华南植物园]: 茜草科（除粗叶木属外）.
王英伟[中国科学院植物研究所]: 罂粟科.
韦发南[广西壮族自治区中国科学院广西植物研究所]: 樟科.
文 军[美国史密斯研究院]、刘 博[中央民族大学]: 五加科、葡萄科.
吴德邻[中国科学院华南植物园]: 姜科.
武建勇[环境保护部南京环境科学研究所]: 小檗科.

夏念和[中国科学院华南植物园]: 竹亚科、木兰科、檀香科、无患子科、胡椒科.

向秋云[美国北卡罗来纳大学]: 山茱萸科（广义）.

谢 磊[北京林业大学]、阳文静[江西师范大学]: 毛茛科（铁线莲属、唐松草属）.

徐增莱[江苏省中国科学院植物研究所]: 薯蓣科.

许炳强[中国科学院华南植物园]: 木犀科.

阎丽春[中国科学院版西双版纳热带植物园]: 茜草科（粗叶木属）.

杨福生[中国科学院植物研究所]: 玄参科.

杨世雄[中国科学院昆明植物研究所]: 山茶科.

于 慧[中国科学院华南植物园]: 桑科.

于胜祥[中国科学院植物研究所]: 凤仙花科.

袁 琼[中国科学院华南植物园]: 毛茛科（乌头属、铁线莲属和唐松草属除外）.

张树仁[中国科学院植物研究所]: 莎草科.

张志耘[中国科学院植物研究所]: 海桐花科、金缕梅科、列当科、茄科、葫芦科、胡桃科、紫葳科.

张志翔[北京林业大学]: 谷精草科.

赵一之[内蒙古大学]: 柽柳科、胡颓子科、八角枫科、金粟兰科、桤叶树科、千屈菜科、忍冬科、牻牛儿苗科、车前科等.

赵毓棠[东北师范大学]: 鸢尾科.

周庆源[中国科学院植物研究所]: 莼菜科、莲科、芸香科、睡莲科.

周浙昆[中国科学院西双版纳热带植物园]: 壳斗科.

朱格麟[西北师范大学]: 紫草科.

朱相云[中国科学院植物研究所]: 豆科.

本册编写说明

《中国生物物种名录》植物卷种子植物Ⅸ分册收录了中国种子叶植物共 17 科 332 属 2962 种（含种下等级），其中 1696 种（不含种下等级）（57%）为中国特有，51 种（1.7%）为外来植物。

根据编委会的决议，本名录中科按 APG Ⅲ系统进行排列（刘冰等，2015）；在科属的界定上基本上采用 APG Ⅲ和 *Flora of China* 有关类群处理的意见，但同时也吸纳最新的分子系统学研究结果，来对名录进行整合。以唇形科为例，本册收录的假莸属（*Pseudocaryopteris*）、叉枝莸属（*Tripora*）在我国植物志中均为从广义莸属（*Caryopteris* s.l）中分出并首次使用相应中文名称,四棱草属（*Schnabelia*）的范围也相应扩大，包括了少数莸属的种类；国产糙苏属（*Phlomis*）的绝大部分种类，以及钩萼草属（*Notochaete*）、独一味属（*Lamiophlomis*）及部沙穗属（*Eremostachys*）的种类，均已并入了草糙苏属（*Phlomoides*）；子宫草属（*Skapanthus*）并入了香茶菜属（*Isodon*）；水蜡烛属（*Dysophylla*）并入了刺蕊草属（*Pogostemon*）；心叶石蚕属（*Cardioteucris*）并入了掌叶石蚕属（*Rubiteucris*），毛药花属（*Bostrychanthera*）并入了铃子香属（*Chelonopsis*），小野芝麻属（*Galeobdolon*）并入了 *Matsumurella* 等。其他科在属级变化处理上相对较小，此处不一一列出。

本名录是在 *Flora of China* 的基础上，增加近年来（截至 2015 年 7 月 1 日）在中国本土发现的新属和新种、新记录属和种及部分种下等级，进行了整合而形成。书中，"●"表示中国特有种、"☆"表示栽培种、"△"表示归化种。另外，一些物种的分布区，因相关类群专家或审稿专家在野外调查或查阅馆藏标本时发现了一些物种新的分布区，故本册中很可能增加了一些在《中国植物志》中没有记录的新的分布区，在此特予说明。

本卷册唇形科、透骨草科和马鞭草科由向春雷（中国科学院昆明植物研究所）负责编写、伞形科由刘启新（江苏省中国科学院植物研究所）负责编写，其余科由彭华（中国科学院昆明植物研究所）和向春雷共同编写。

在早期编写过程中，得到国内众多分类学专家的支持和协助：李嵘博士（中国科学院昆明植物研究所）对五加科名录进行了审校；郁文彬博士（中国科学院西双版纳热带植物园）对列当科、狸藻科名录进行了审校；董洪进博士（中国科学院昆明植物研究所）对粗丝木科、心翼果科、青荚叶科、冬青科、鞘柄木科及海桐花科名录进行了审校；王泽欢博士（中国科学院昆明植物研究所）对爵床科、紫葳科名录进行了审校。初稿完成后，丛书编委会组织专家审稿会，对书稿进行了认真审定。参加审稿会的专家组成员有洪德元院士（组长）、彭华研究员（中国科学院昆明植物研究所）、夏念和研究员（中国科学院华南植物园）、张志翔教授（北京林业大学）、朱相云研究员、张宪春研究员、马克平研究员、覃海宁研究员（中科学院植物研究研究所）和赵一之教授（内蒙古大学）。在本名录最后定稿过程中，还得到以下专家对相关类群进行把关，如姚刚博士（中国科学院昆明植物研究所）对唇形科刺蕊草属、李波博士（江西农业大学）对唇形科豆腐柴属、马仲辉博士（广西大学）对唇形科紫珠属提出了宝贵意见和修改建议。我们对这些专家的支持和帮助表示衷心的感谢。

　　本名录类群覆盖非常广,而每个类群准确名录都需要类群专家多年的深入研究和积累。由于作者水平所限,不足之处在所难免,恳请读者批评指正,提出宝贵意见。

编　者

2015 年 7 月于香山

目 录

总序
植物卷前言
本册编写说明

被子植物 ANGIOSPERMS

238. 唇形科 LAMIACEAE ·············· 1
239. 透骨草科 PHRYMACEAE ·············· 85
240. 泡桐科 PAULOWNIACEAE ·············· 88
241. 列当科 OROBANCHACEAE ·············· 89
242. 狸藻科 LENTIBULARIACEAE ·············· 125
243. 爵床科 ACANTHACEAE ·············· 127
244. 紫葳科 BIGNONIACEAE ·············· 150
245. 马鞭草科 VERBENACEAE ·············· 154
246. 角胡麻科 MARTYNIACEAE ·············· 154
247. 粗丝木科 STEMONURACEAE ·············· 154
248. 心翼果科 CARDIOPTERIDACEAE ·············· 155
249. 青荚叶科 HELWINGIACEAE ·············· 155
250. 冬青科 AQUIFOLIACEAE ·············· 156
260. 鞘柄木科 TORRICELLIACEAE ·············· 172
261. 海桐花科 PITTOSPORACEAE ·············· 172
262. 五加科 ARALIACEAE ·············· 176
263. 伞形科 APIACEAE ·············· 193

本书主要参考文献 ·············· 248
中文名索引 ·············· 254
学名索引 ·············· 284

被子植物 ANGIOSPERMS

238. 唇形科 LAMIACEAE
[107 属：989 种]

鳞果草属 Achyrospermum Blume

鳞果草

Achyrospermum densiflorum Blume, Bijdr. Fl. Ned. Ind. 14: 841 (1826).
Achyrospermum phlomoides Blume, Bijdr. Fl. Ned. Ind. 14: 841 (1826); *Achyrospermum philippinense* Benth., in A. DC., Prodr. 12: 458 (1848).
海南；印度尼西亚、菲律宾。

西藏鳞果草

Achyrospermum wallichianum (Benth.) Benth., Fl. Brit. Ind. 4 (12): 673 (1885).
Teucrium wallichianum Benth., in Wallich, Pl. Asiat. Rar. 2: 19 (1830).
西藏；缅甸、印度。

尖头花属 Acrocephalus Benth.

尖头花（鱼香草，野薄荷）

Acrocephalus hispidus (L.) Nicholson et Sivad., Taxon 29 (2/3): 324 (1980).
Gomphrena hispida L., Sp. Pl. ed. 2. 326 (1762); *Prunella indica* Burm. f., Fl. Indica. 130 (1768); *Acrocephalus capitatus* (Roth) Benth., Bot. Reg. 15: sub pl. 1300, note 97 (1829); *Acrocephalus indicus* (Burm. f.) Kuntze, Revis. Gen. Pl. 2: 511 (1891).
贵州、云南；越南、老挝、缅甸、泰国、马来西亚、印度尼西亚、菲律宾、印度。

藿香属 Agastache J. Clayton ex Gtonov.

藿香（合香，藿香，苍告）

△**Agastache rugosa** (Fisch. et C. A. Mey.) Kuntze, Revis. Gen. Pl. 2: 511 (1891).
Lophanthus rugosus Fisch. et C. A. Mey., Index Sem. [St. Pétersbourg] 1: 31 (1835); *Elsholtzia monostachya* H. Lév. et Vaniot, Repert. Spec. Nov. Regni Veg. 8 (182-184): 424 (1910); *Lophanthus argyi* H. Lév., Repert. Spec. Nov. Regni Veg. 12 (317-321): 181 (1913); *Lophanthus formosanus* Hayata, Icon. Pl. Formosan. 8: 87 (1919).
广泛分布，在中国作为药物栽培；朝鲜、日本、俄罗斯、北美洲。

筋骨草属 Ajuga L.

九味一枝蒿（地胆草，赛西林）

Ajuga bracteosa Wall. ex Benth., in Wallich, Pl. Asiat. Rar. 1: 59 (1830).
Ajuga densiflora Wall. ex Benth, in Wallich, Pl. Asiat. Rar. 1: 59 (1830); *Ajuga bracteosa* var. *densiflora* (Wall. ex Benth.) Hook. f., Fl. Brit. India. 4: 703 (1885); *Ajuga remota* Wall. ex Benth, in Wallich, Pl. Asiat. Rar. 1: 59 (1830).
四川、云南；阿富汗、缅甸、印度、尼泊尔。

弯花筋骨草（止痢蒿）

●**Ajuga campylantha** Diels, Notes Roy. Bot. Gard. Edinb. 5 (25): 243 (1912).
云南。

康定筋骨草

●**Ajuga campylanthoides** C. Y. Wu et C. Chen, Acta Phytotax. Sin. 12 (1): 26 (1974).
甘肃、四川、云南、西藏。

康定筋骨草（原变种）

●**Ajuga campylanthoides** var. **campylanthoides**
甘肃、四川、云南、西藏。

短茎康定筋骨草（变种）

●**Ajuga campylanthoides** var. **subacaulis** C. Y. Wu et C. Chen, Acta Phytotax. Sin. 12 (1): 28 (1974).
甘肃。

筋骨草

●**Ajuga ciliata** Bunge, Mém. Acad. Imp. Sci. St.-Pétersbourg Divers Savans 2: 125 (1833).
河北、山西、山东、河南、陕西、甘肃、浙江、湖北、四川。

筋骨草（原变种）

●**Ajuga ciliata** var. **ciliata**
河北、山西、山东、河南、陕西、甘肃、浙江、四川。

陕甘筋骨草（变种）

●**Ajuga ciliata** var. **chanetii** (H. Lév. et Vaniot) C. Y. Wu et C. Chen, Acta Phytotax. Sin. 12 (1): 26 (1974).
Ajuga chanetii H. Lév. et Vaniot, Repert. Spec. Nov. Regni

Veg. 8 (173-175): 258 (1910); *Ajuga ciliata* f. *chanetii* (H. Lév. et Vaniot) Kudô, Mém. Fac. Agric. Taihoku Imp. Univ. 2: 285 (1929); *Ajuga ciliata* f. *pauciflora* C. Y. Wu et C. Chen, Acta Phytotax. Sin. 12 (1): 26 (1974).

河北、陕西、甘肃。

微毛筋骨草（变种）
●**Ajuga ciliata** var. **glabrescens** Hemsl., J. Linn. Soc., Bot. 26 (175): 315 (1890).

Ajuga ciliata f. *glabrescens* (Hemsl.) Kudô, Mem. Fac. Sci. Taihoku Imp. Univ. 2: 285 (1929).

陕西、甘肃、湖北、四川。

长毛筋骨草（变种）
●**Ajuga ciliata** var. **hirta** C. Y. Wu et C. Chen, Acta Phytotax. Sin. 12 (1): 25 (1974).

四川。

卵齿筋骨草（变种）
●**Ajuga ciliata** var. **ovatisepala** C. Y. Wu et C. Chen, Acta Phytotax. Sin. 12 (1): 25 (1974).

四川。

金疮小草
Ajuga decumbens Thunb. in Syst. Veg. ed. 14. 525 (1784).

青海、安徽、江苏、浙江、江西、湖南、湖北、四川、贵州、云南、福建、台湾、广东、广西、海南；朝鲜、日本。

金疮小草（原变种）（青鱼胆草，青海胆，苦地胆）
Ajuga decumbens var. **decumbens**

青海、安徽、江苏、浙江、江西、湖南、湖北、四川、贵州、云南、福建、台湾、广东、广西、海南；朝鲜、日本。

狭叶金疮小草（变种）
●**Ajuga decumbens** var. **oblancifolia** Sun ex C. H. Hu, Acta Phytotax. Sin. 11 (1): 35 (1966).

四川、贵州。

网果筋骨草
Ajuga dictyocarpa Hayata, Icon. Pl. Formosan. 8: 84 (1919).

江西、福建、台湾、广东、香港、澳门；日本、越南。

痢止蒿（止痢蒿，白龙须，无名草）
●**Ajuga forrestii** Diels, Notes Roy. Bot. Gard. Edinb. 5 (25): 242 (1912).

Ajuga mairei H. Lév., Repert. Spec. Nov. Regni Veg. 12 (341-345): 533 (1913).

四川、云南、西藏。

线叶筋骨草
●**Ajuga linearifolia** Pamp., Nuovo Giorn. Bot. Ital. 17 (4): 703 (1910).

Ajuga pachyrrhiza Kitag., Bot. Mag. (Tokyo) 48 (573): 614 (1934).

辽宁、河北、山西、陕西、湖北。

匍枝筋骨草
Ajuga lobata D. Don, Prodr. Fl. Nepal. 108 (1825).

云南、西藏；缅甸、印度、不丹、尼泊尔。

白苞筋骨草
●**Ajuga lupulina** Maxim., Bull. Acad. Imp. Sci. Saint-Pétersbourg, 23 (2): 391 (1877).

河北、山西、甘肃、青海、四川、云南、西藏。

白苞筋骨草（原变种）（甜格缩缩草）
●**Ajuga lupulina** var. **lupulina**

河北、山西、甘肃、青海、四川、云南、西藏。

齿苞白苞筋骨草（变种）
●**Ajuga lupulina** var. **major** Diels, Notes Roy. Bot. Gard. Edinb. 5 (25): 243 (1912).

四川、云南。

大籽筋骨草
Ajuga macrosperma Wall. ex Benth., in Wallich, Pl. Asiat. Rar. 1: 58 (1830).

贵州、云南、台湾、广东、广西；越南、老挝、缅甸、泰国、印度、不丹、尼泊尔。

大籽筋骨草（原变种）（散血草）
Ajuga macrosperma var. **macrosperma**

贵州、云南、台湾、广东、广西；越南、老挝、缅甸、泰国、印度、不丹、尼泊尔。

无毛大籽筋骨草（变种）
Ajuga macrosperma var. **thomsonii** (Maxim.) Hook. f., Fl. Brit. Ind. 4 (12): 704 (1885).

Ajuga thomsonii Maxim., Mélanges Biol. Bull. Phys.-Math. Acad. Imp. Sci. Saint-Pétersbourg 11: 821 (1883).

云南；印度。

多花筋骨草
Ajuga multiflora Bunge, Mém. Acad. Imp. Sci. St.-Pétersbourg Divers Savans 2: 125 (1833).

黑龙江、辽宁、内蒙古、河北、安徽、江苏；朝鲜、俄罗斯。

多花筋骨草（原变种）（金骨草）
Ajuga multiflora var. **multiflora**

Ajuga amurica Freyn, Oesterr. Bot. Z. 52 (10): 408 (1902); *Ajuga lanosa* Y. Z. Sun, Contr. Biol. Lab. Sci. Soc. China, Bot. Ser. 7: 14 (1932).

黑龙江、辽宁、内蒙古、河北、安徽、江苏；朝鲜、俄罗斯。

短穗多花筋骨草（变种）
●**Ajuga multiflora** var. **brevispicata** C. Y. Wu et C. Chen, Acta

Phytotax. Sin. 12 (1): 26 (1974).
辽宁。

莲座多花筋草（变种）
●**Ajuga multiflora** var. **serotina** Kitag., Lin. Fl. Manshur. 375 (1939).
黑龙江、辽宁。

紫背金盘（破血丹，散血草，退血草）
Ajuga nipponensis Makino, Bot. Mag. (Tokyo) 23 (267): 67 (1909). *Ajuga genevensis* L. var. *pallescens* Maxim., Mélanges Biol. Bull. Phys.-Math. Acad. Imp. Sci. Saint-Pétersbourg 11: 816 (1883); *Ajuga matsumurana* Kudô, J. Soc. Trop. Agric. 3: 225 (1931); *Ajuga pallescens* (Maxim.) W. R. Price et F. P. Metcalf, Lingnan Sci. J. 13: 135 (1934); *Ajuga decumbens* Thunb. var. *pallescens* (Maxim.) Hand.-Mazz., Acta Horti Gothob. 9 (5): 72 (1934); *Ajuga nipponensis* var. *pallescens* (Maxim.) C. Y. Wu et C. Chen, Acta Phytotax. Sin. 12 (1): 28 (1974).
河北、浙江、江西、湖南、四川、贵州、云南、福建、台湾、广东、广西、海南；朝鲜、日本。

高山筋骨草
●**Ajuga nubigena** Diels, Notizbl. Bot. Gart. Berlin-Dahlem 9 (89): 1030 (1926).
四川、云南、西藏。

圆叶筋骨草
●**Ajuga ovalifolia** Bureau et Franch., J. Bot. (Morot) 5 (10): 150 (1891).
甘肃、四川。

圆叶筋骨草（原变种）
●**Ajuga ovalifolia** var. **ovalifolia**
甘肃、四川。

美花圆叶筋骨草（变种）
●**Ajuga ovalifolia** var. **calantha** (Diels ex H. Limpr.) C. Y. Wu et C. Chen, Acta Phytotax. Sin. 12 (1): 23, pl. 8, f. 5-6 (1974). *Ajuga calantha* Diels ex H. Limpr., Repert. Spec. Nov. Regni Veg. Beih. 12: 475 (1922); *Ajuga calantha* var. *angustifolia* Diels, Repert. Spec. Nov. Regni Veg. Beih. 12: 475 (1922); *Ajuga ovalifolia* Bureau et Franch. var. *angustifolia* (Diels) Hand.-Mazz., Acta Horti Gothob. 13 (10): 337 (1939); *Ajuga ovalifolia* var. *calantha* f. *angustifolia* Bureau et Franch., Acta Phytotax. Sin. 12 (1): 23 (1974); *Ajuga ovalifolia* var. *calantha* f. *albiflora* Bureau et Franch., Acta Phytotax. Sin. 12 (1): 23 (1974).
甘肃、四川。

散瘀草（山苦草，苦草，胆草）
●**Ajuga pantantha** Hand.-Mazz., Symb. Sin. 7 (4): 911, pl. 13, f. 11 (1936).
云南。

矮小筋骨草（新拟）（台湾筋骨草）
Ajuga pygmaea A. Gray, Mem. Amer. Acad. Arts, ser. 2. 6 (2): 402 (1858).
江苏、台湾；日本。

喜荫筋骨草
●**Ajuga sciaphila** W. W. Sm., Notes Roy. Bot. Gard. Edinb. 12 (59): 193 (1920).
四川、云南。

台湾筋骨草
●**Ajuga taiwanensis** Nakai ex Murata, Acta Phytotax. Geobot. 23 (1-2): 23, f. 10 (1968).
台湾。

菱叶元宝草属 Alajja Ikonn.

异叶元宝草
Alajja anomala (Juz.) Ikonn., Novosti Sist. Vyssh. Rast. 8: 274 (1971). *Erianthera anomala* Juz., Bot. Mater. Gerb. Bot. Inst. Komarova Akad. Nauk S. S. S. R. 15: 269 (1953).
新疆；吉尔吉斯斯坦、塔吉克斯坦。

菱叶元宝草
Alajja rhomboidea (Benth.) Ikonn., Novosti Sist. Vyssh. Rast. 8: 274 (1971). *Erianthera rhomboidea* (Benth.) Benth., Bot. Misc. 3: 880 (1833).
西藏；印度、巴基斯坦、阿富汗。

水棘针属 Amethystea L.

水棘针（土荆芥，细叶山紫苏）
Amethystea coerulea L., Sp. Pl. 1: 21 (1753).
吉林、内蒙古、河北、山西、山东、河南、陕西、甘肃、新疆、安徽、湖北、四川、云南、西藏；朝鲜、蒙古、日本、吉尔吉斯斯坦、哈萨克斯坦、俄罗斯、亚洲西南部。

排草香属 Anisochilus Wall. ex Benth.

排草香（耙草，排草）
Anisochilus carnosus (L. f.) Benth., Edwards's Bot. Reg. 15: pl. 1300 (1830). *Lavandula carnosa* L. f., Suppl. Pl. 273 (1781).
广东、广西；缅甸、印度、斯里兰卡。

异唇花
Anisochilus pallidus Wall. ex Benth., in Wallich, Pl. Asiat. Rar. 2: 18 (1830).
云南；越南、老挝、缅甸、印度。

广防风属 Anisomeles R. Br.

广防风（马衣叶，防风草，土防风）
Anisomeles indica (L.) Kuntze, Revis. Gen. Pl. 2: 512 (1891).

Nepeta indica L., Sp. Pl. 2: 571 (1753); *Marrubium indicum* (L.) Burm. f., Fl. Ind. (N. L. Burman) 227 (1768); *Epimeredi indica* (L.) Rothm., Repert. Spec. Nov. Regni Veg. Beih. 53: 12 (1944); *Anisomeles ovata* R. Br., Hort. Kew. ed. 2. 3: 364 (1811).
浙江、江西、湖南、四川、贵州、云南、西藏、福建、台湾、广东、广西；越南、老挝、柬埔寨、缅甸、泰国、马来西亚、菲律宾、印度。

小冠薰属 Basilicum Moench

小冠薰
Basilicum polystachyon (L.) Moench, Methodus (Moench), Suppl. 143 (1802).
Ocimum polystachyon L., Mant. Pl. 2: 567 (1771); *Plectranthus polystachyus* (L.) Rchb., Numer. List n. 2711 (1829); *Moschosma polystachyon* (L.) Benth., in Wallich, Pl. Asiat. Rar. 2: 13 (1830); *Ocimum tenuiflorum* Burm. f., Fl. Ind. (N. L. Burman) 129 (1768), non L. (1753); *Plectranthus parviflorus* R. Br., Prodr. Fl. Nov. Holland. 506 (1810); *Ocimum tashiroi* Hayata, Icon. Pl. Formosan. 9: 86 (1920).
台湾、海南；日本、印度、非洲、澳大利亚。

药水苏属 Betonica L.

药水苏
Betonica officinalis L., Sp. Pl. 2: 573 (1753).
Stachys betonica Benth., Labiat. Gen. Spec. 532 (1834); *Betonica glabrata* K. Koch, Linnaea 21: 684 (1848); *Stachys officinalis* (L.) Trevis. ex Briq., Nat. Pfl.-Syst., ed. 2. 4 (3a): 216 (1897).
黑龙江、吉林、辽宁、内蒙古、河北、北京、河南、宁夏、甘肃、安徽、江苏、江西、湖南、湖北、贵州、福建、广东、广西、海南、香港、澳门；亚洲西南部、欧洲。

新风轮菜属 Calamintha Mill.

新风轮
Calamintha debilis (Bunge) Benth., in A. DC., Prodr. 12: 232 (1848).
Thymus debilis Bunge, Fl. Altaic. 2: 391 (1830); *Satureja debilis* (Bunge) Briq. in Engler et Prantl, Nat. Pflanzenfam. 4 (3a): 302 (1879); *Antonina debilis* (Bunge) Vved. Not. Syst. Herb. Inst. Bot. Acad. Sci. Uzbekistan. 16. 16 (1961); *Calamintha annua* Schrenk, Bull. Sc. Acad. Imp. Sci. Saint-Pétersbourg 10: 353 (1842); *Satureja annua* (Schrenk) B. Fedtsch., Rastitel'n. Turkestana 682 (1915).
新疆；吉尔吉斯斯坦、塔吉克斯坦、哈萨克斯坦、俄罗斯。

紫珠属 Callicarpa L.

尖叶紫珠
●**Callicarpa acutifolia** H. T. Chang, Acta Phytotax. Sin. 1 (3-4): 284 (1951).
广东、广西。

白背紫珠
Callicarpa angustifolia King et Gamble, Bull. Misc. Inform. Kew 1908: 106 (1908).
Callicarpa poilanei Dop, Bull. Soc. Hist. Nat. Toulouse 64: 502 (1932).
云南；越南、柬埔寨、泰国、马来西亚。

异叶紫珠
●**Callicarpa anisophylla** C. Y. Wu ex W. Z. Fang, Fl. Reipubl. Popularis Sin. 65 (1): 210, pl. 9. (1982).
贵州、广西。

木紫珠（南洋紫珠，马踏皮，白叶子树）
Callicarpa arborea Roxb., Fl. Ind., ed. 1. 405 (1820).
Callicarpa magna Schauer, in A. DC., Prodr. 11: 641 (1847); *Callicarpa arborea* var. *villosa* King et Gamble, Mat. Fl. Malay. Penins. 1013 (1909); *Callicarpa tomentosa* Lam. var. *magna* (Schauer) Bakh., Bull. Jard. Bot. Buitenzorg, sér. 3. 3: 22 (1921).
云南、西藏、广西；越南、老挝、柬埔寨、缅甸、泰国、马来西亚、印度尼西亚、印度、不丹、孟加拉国、尼泊尔。

平基紫珠（基截紫珠）
●**Callicarpa basitruncata** Merr. et Moldenke, Phytologia 3 (8): 406 (1951).
海南。

紫珠
Callicarpa bodinieri H. Lév., Repert. Spec. Nov. Regni Veg. 9 (222-226): 456 (1911).
河南、安徽、江苏、浙江、江西、湖南、湖北、四川、贵州、云南、广东、广西；越南、老挝、泰国。

紫珠（原变种）（漆大伯，珍珠枫，白木姜）
Callicarpa bodinieri var. **bodinieri**
Callicarpa seguinii H. Lév., Repert. Spec. Nov. Regni Veg. 9 (222-226): 455 (1911); *Callicarpa feddei* H. Lév., Repert. Spec. Nov. Regni Veg. 10 (260-262): 439 (1912); *Callicarpa tonkinensis* Dop, Trav. Lab. Forest. Toulouse 1: art. 21, 12 (1932); *Callicarpa tsiangii* Moldenke, Phytologia 3 (3): 109 (1949).
河南、安徽、江苏、浙江、江西、湖南、湖北、四川、贵州、云南、广东、广西；越南、老挝、泰国。

柳叶紫珠（变种）
●**Callicarpa bodinieri** var. **iteophylla** C. Y. Wu, Fl. Yunnan. 1: 406 (1977).
云南。

南川紫珠（罗桑氏紫珠）
●**Callicarpa bodinieri** var. **rosthornii** (Diels) Rehder, J. Arnold

Arbor. 15 (4): 323 (1934).
Callicarpa longifolia Lam. var. *rosthornii* Diels, Bot. Jahrb. Syst. 29 (3-4): 548 (1900); *Callicarpa giraldii* Hesse ex Rehder var. *rosthornii* (Diels) Rehder, Pl. Wilson. 3: 367 (1916).
四川。

倒卵叶短柄紫珠
●**Callicarpa brevipes** (Benth.) Hance var. **obovata** H. T. Chang, Acta Phytotax. Sin. 1 (3-4): 301 (1951).
广东、海南。

白毛紫珠
Callicarpa candicans (Burm. f.) Hochr., Candollea 5: 190 (1934).
Urtica candicans Burm. f., Fl. Ind. 197 (1768); *Callicarpa cana* L., Mant. Pl. 2: 198 (1771); *Callicarpa adenanthera* R. Br., Prodr. Fl. Nov. Holl. 513 (1810); *Callicarpa rheedei* Kostel., Allg. Med.-Pharm. Fl. 3: 829 (1834); *Callicarpa sinensis* Hort. ex Steud, Nomencl. Bot., ed. 2. 1: 257 (1840); *Callicarpa sumatrana* Miq., Fl. Ned. Ind. 2: 888 (1858).
广东、海南；越南、老挝、柬埔寨、缅甸、泰国、马来西亚、印度尼西亚、菲律宾、印度、澳大利亚。

华紫珠（鱼显子）
●**Callicarpa cathayana** H. T. Chang, Acta Phytotax. Sin. 1 (3-4): 305 (1951).
河南、安徽、江苏、浙江、江西、湖北、云南、福建、广东、广西。

丘陵紫珠
●**Callicarpa collina** Diels, Notizbl. Bot. Gart. Berlin-Dahlem 9 (89): 1030 (1926).
Callicarpa brevipes (Benth.) Hance f. *yingtakensis* C. P'ei, Mem. Sci. China 1 (3): 47 (1932).
江西、广东。

多齿紫珠
●**Callicarpa dentosa** (H. T. Chang) W. Z. Fang, Fl. Reipubl. Popularis Sin. 65 (1): 66, f. 31 (1982).
Callicarpa brevipes (Benth.) Hance var. *dentosa* H. T. Chang, Acta Phytotax. Sin. 1 (3-4): 300 (1951).
广东。

白棠子树
Callicarpa dichotoma (Lour.) K. Koch, Dendrologie 2 (1): 336 (1872).
Porphyra dichotoma Lour., Fl. Cochinch. 1: 70 (1790).
河北、山东、河南、安徽、江苏、浙江、江西、湖南、湖北、贵州、福建、台湾、广东、广西；朝鲜、日本、越南。

尖尾枫（粘手风，穿骨枫，雪突）
Callicarpa dolichophylla Merr., Philipp. J. Sci. 7: 339 (1912).
Callicarpa longissima (Hemsl.) Merr., Philipp. J. Sci. 12 (2): 108 (1917); *Callicarpa longifolia* Lam. var. *longissima* Hemsl., J. Linn. Soc., Bot. 26 (175): 253 (1890); *Callicarpa longissima* (Hemsl.) Merr. f. *subglabra* C. P'ei, Mem. Sci. Soc. China 1 (3): 50 (1932).
江西、四川、福建、台湾、广东、广西、海南；日本、越南。

红腺紫珠
●**Callicarpa erythrosticta** Merr. et Chun, Sunyatsenia 5: 178, pl. 27 (1940).
海南。

杜虹花（粗糠仔，老蟹眼）
Callicarpa pedunculata R. Br., Prodr. Fl. Nov. Holl. 513 (1810).
Callicarpa formosana Rolfe, J. Bot. 20 (240): 358 (1882); *Callicarpa aspera* Hand.-Mazz., Anz. Akad. Wiss. Wien, Math.-Naturwiss. Kl. 59: 110 (1922); *Callicarpa dielsii* (H. Lév.) C. P'ei, Mem. Sci. Soc. China 1 (3): 37 (1932); *Callicarpa rubella* Lindl. f. *robusta* C. P'ei, Mem. Sci. Soc. China 1 (3): 39 (1932); *Callicarpa rubella* f. *subglabra* C. P'ei, Mem. Sci. Soc. China 1 (3): 41 (1932); *Callicarpa integerrima* C. P'ei var. *serrulata* (C. P'ei) H. L. Li, J. Arnold Arbor. 25 (4): 425 (1944); *Callicarpa formosana* Rolfe var. *longifolia* Suzuki, Trans. Nat. Hist. Soc. Taiwan 25: 131 (1935); *Callicarpa pedunculata* R. Br. var. *longifolia* (Suzuki) H. T. Chang, Acta Phytotax. Sin. 1 (3-4): 287 (1951).
浙江、江西、云南、福建、台湾、广东、广西、海南；日本、菲律宾。

老鸦糊
●**Callicarpa giraldii** Hesse ex Rehder, Stand. Cycl. Hort. 2: 629 (1914).
河南、陕西、甘肃、安徽、江苏、浙江、江西、湖南、湖北、四川、重庆、贵州、云南、福建、广东、广西。

老鸦糊（原变种）（小米团花，鱼胆，紫珠）
●**Callicarpa giraldii** var. **giraldii**
Callicarpa mairei H. Lév., Sert. Yunnan. 2 (1916); *Callicarpa bodinieri* H. Lév. var. *giraldii* (Hesse ex Rehder) Rehder, J. Arnold Arbor. 15 (4): 332 (1934).
河南、陕西、甘肃、安徽、江苏、浙江、江西、湖南、湖北、四川、重庆、贵州、云南、福建、广东、广西。

缙云紫珠（变种）
●**Callicarpa giraldii** var. **chinyunensis** (C. P'ei et W. Z. Fang) S. L. Chen, Novon 1 (2): 58 (1991).
Callicarpa chinyunensis C. P'ei et W. Z. Fang, Fl. Reipubl. Popularis Sin. 65 (1): 209, pl. 6 (1982).
四川、重庆。

毛叶老鸦糊（变种）（丑紫珠）
●**Callicarpa giraldii** var. **subcanescens** Rehder, Pl. Wilson. 3 (2): 368 (1916).
Callicarpa lyi H. Lév., Repert. Spec. Nov. Regni Veg. 10

(260-262): 439 (1912); *Callicarpa bodinieri* H. Lév. var. *lyi* (H. Lév.) Rehder, J. Arnold Arbor. 15 (4): 332 (1934); *Callicarpa giraldii* var. *lyi* (H. Lév.) C. Y. Wu, Fl. Yunnan. 1: 408 (1977); *Callicarpa grisea* Hand.-Mazz., Anz. Akad. Wiss. Wien, Math.- Naturwiss. Kl. 58: 230 (1921); *Callicarpa inamoena* C. Y. Wu, Fl. Yunnan. 1: 408, pl. 97, f. 10-11 (1977).
河南、安徽、江苏、浙江、江西、湖南、四川、贵州、云南、广东、广西。

湖北紫珠

●**Callicarpa gracilipes** Rehder, Pl. Wilson. 3 (2): 371 (1916).
湖北、四川。

海南紫珠

●**Callicarpa hainanensis** Z. H. Ma et D. X. Zhang, J. Syst. Evol. 50 (6): 573 (2012).
海南。

厚萼紫珠

●**Callicarpa hungtaii** C. P'ei et S. L. Chen, Fl. Reipubl. Popularis Sin. 65 (1): 60, f. 27 (1982).
Premna angustifolia H. T. Chang, Acta Sci. Nat. Univ. Sunyatseni 1: 33 (1960).
广东。

里白杜虹花

●**Callicarpa hypoleucophylla** W. F. Lin et J. L. Wang, Bot. Bull. Acad. Sin. 8. 185 (1967).
台湾。

全缘叶紫珠

●**Callicarpa integerrima** Champ. ex Benth., Hooker's J. Bot. Kew Gard. Misc. 5: 135 (1853).
浙江、江西、湖北、四川、福建、广东、广西。

全缘叶紫珠（原变种）

●**Callicarpa integerrima** var. **integerrima**
Callicarpa integerrima C. P'ei, Sinensia 2: 66 (1931).
浙江、江西、湖北、四川、福建、广东、广西。

藤紫珠（变种）（裴氏紫珠）

●**Callicarpa integerrima** var. **chinensis** (C. P'ei) S. L. Chen, Novon 1 (2): 58 (1991).
Callicarpa formosana var. *chinensis* C. P'ei, Mem. Sci. Soc. China 1 (3): 30 (1932); *Callicarpa pedunculata* var. *chinensis* (C. P'ei) F. P. Metcalf, Lingnan Sci. J. 11 (3): 405 (1932); *Callicarpa peii* H. T. Chang, Acta Phytotax. Sin. 1 (3-4): 282 (1951).
江西、湖北、四川、广东、广西。

日本紫珠

Callicarpa japonica Thunb., Syst. Nat. ed. 14. 153 (1784).
辽宁、河北、山东、安徽、江苏、浙江、江西、湖南、湖北、四川、贵州、台湾；日本、朝鲜。

日本紫珠（原变种）

●**Callicarpa japonica** var. **japonica**
Callicarpa taquetii H. Lév., Repert. Spec. Nov. Regni Veg. 12: 182 (1913); *Callicarpa japonica* f. *taquetii* (H. Lév.) Ohwi, Bull. Natl. Sci. Mus. Tokyo 33: 84 (1953); *Callicarpa japonica* f. *albibaccata* H. Hara, Enum. Sperm. Jap. 1: 183 (1948); *Callicarpa japonica* f. *albiflos* Konta, Bull. Natl. Sci. Mus. Tokyo, B 31: 147 (2005).
辽宁、河北、山东、安徽、江苏、浙江、江西、湖南、湖北、四川、贵州、台湾；日本、朝鲜。

朝鲜紫珠（变种）

●**Callicarpa japonica** var. **luxurians** Rehder, Pl. Wilson. 3 (2): 369 (1916).
Callicarpa kotoensis Hayata, Fl. Formos. 219 (1911); *Callicarpa japonica* var. *kotoensis* (Hayata) Masam., Trans. Nat. Hist. Soc. Formosa 30: 63 (1946); *Callicarpa antaoensis* Hayata, Icon. Pl. Formosan. 6: 35 (1916); *Callicarpa australis* Koidz., Bot. Mag. (Tokyo) 30 (358): 326 (1916); *Callicarpa japonica* f. *kiiruninsularis* Masam., Trans. Nat. Hist. Soc. Formosa 30: 64 (1940); *Callicarpa japonica* subsp. *luxurians* (Rehder) Masam. et Yanagih., Trans. Nat. Hist. Soc. Formosa 31: 323 (1941).
台湾；朝鲜、日本。

枇杷叶紫珠

Callicarpa kochiana Makino, Bot. Mag. (Tokyo) 28 (331): 181 (1914).
河南、浙江、江西、湖南、福建、台湾、广东、海南；日本、越南。

枇杷叶紫珠（原变种）（劳来氏紫珠，长叶紫珠，山枇杷）

Callicarpa kochiana var. **kochiana**
Callicarpa loureiri Hook. et Arn., Bot. Beechey Voy. 205 (1841); *Callicarpa longiloba* Merr., Philipp. J. Sci. 13 (3): 156 (1918).
河南、浙江、江西、湖南、福建、台湾、广东；日本、越南。

散花紫珠（变种）（有梗劳来氏紫珠）

●**Callicarpa kochiana** var. **laxiflora** (H. T. Chang) W. Z. Fang, Fl. Reipubl. Popularis Sin. 65 (1): 31 (1982).
Callicarpa loureiri var. *laxiflora* H. T. Chang, Acta Phytotax. Sin. 1 (3-4): 276 (1951).
海南。

广东紫珠

●**Callicarpa kwangtungensis** Chun, Sunyatsenia 1 (4): 302 (1934).
浙江、江西、湖南、湖北、贵州、云南、福建、广东、广西。

光叶紫珠（绿英柴）

●**Callicarpa lingii** Merr., J. Arnold Arbor. 8 (1): 16 (1927).
安徽、浙江、江西。

尖萼紫珠
●**Callicarpa loboapiculata** F. P. Metcalf, Lingnan Sci. J. 11 (3): 406 (1932).
湖南、贵州、广东、广西、海南。

长苞紫珠
●**Callicarpa longibracteata** H. T. Chang, Acta Phytotax. Sin. 1 (3-4): 277 (1951).
香港。

长叶紫珠
Callicarpa longifolia Lam., Encycl. 1 (2): 563 (1785).
江西、四川、贵州云南、台湾、广东、广西、海南；越南、缅甸、印度尼西亚、马来西亚、新加坡、菲律宾、印度、孟加拉国。

长叶紫珠（原变种）（老哈眼）
Callicarpa longifolia var. **longifolia**
Callicarpa oblongifolia Hassk., Cat. Hort. Bot. Bogor. 136 (1844); *Callicarpa longifolia* var. *floccosa* Schauer, in A. DC., Prodr. 11: 645 (1847); *Callicarpa longifolia* var. *subglabrata* Schauer, in A. DC., Prodr. 11: 645 (1847); *Callicarpa longifolia* var. *lanceolaria* (Roxb. ex Hornem.) C. B. Clarke, Fl. Brit. Ind. 4: 570 (1885); *Callicarpa longifolia* var. *glabrescens* Ridl., J. Straits Branch Roy. Asiat. Soc. 45: 212 (1906); *Callicarpa attenuifolia* Elmer, Leafl. Philipp. Bot. 8: 2870 (1915); *Callicarpa longifolia* var. *areolata* H. J. Lam, Verben. Malay. Archip. 90 (1919); *Callicarpa longifolia* var. *horsfieldii* (Turcz.) Moldenke, Phytologia 7: 77 (1959).
江西、四川、云南、台湾、广东、广西、海南；越南、缅甸、印度尼西亚、新加坡、菲律宾、印度。

披针叶紫珠（变种）
Callicarpa longifolia var. **lanceolaria** (Roxb.) C. B. Clarke, Fl. Brit. Ind. 4 (12): 570 (1885).
Callicarpa lanceolaria Roxb., Fl. Ind., ed. 1820. 1: 395 (1820).
云南、广东、海南；越南、马来西亚、印度、孟加拉国。

长柄紫珠
●**Callicarpa longipes** Dunn, J. Linn. Soc., Bot. 38 (267): 363 (1908).
Callicarpa longipes var. *laui* Moldenke, Phytologia 8 (6): 273 (1962); *Callicarpa mixiensis* Z. X. Yu, J. Jiangsu Agric. Coll. 1: 1 (1982); *Callicarpa longipes* var. *mixiensis* (Z. X. Yu) S. L. Chen, Novon 1 (2): 58 (1991).
安徽、江西、福建、广东。

黄腺紫珠
●**Callicarpa luteopunctata** H. T. Chang, Acta Phytotax. Sin. 1 (3-4): 292 (1951).
四川、云南。

大叶紫珠（羊耳朵，止血草，赶风紫）
Callicarpa macrophylla Vahl, Symb. Bot. 3: 13, pl. 53 (1794).
Callicarpa incana Roxb., Fl. Ind., ed. 1820. 1: 407 (1820); *Callicarpa dunniana* H. Lév., Repert. Spec. Nov. Regni Veg. 9 (222-226): 456 (1911); *Callicarpa macrophylla* var. *kouytchensis* H. Lév., Fl. Kouy-Tchéou 440 (1915).
贵州、云南、广东、广西；越南、缅甸、泰国、印度、不丹、尼泊尔、斯里兰卡。

窄叶紫珠
●**Callicarpa membranacea** H. T. Chang, Acta Phytotax. Sin. 1 (3-4): 306 (1951).
Callicarpa japonica Thunb. var. *angustata* Rehder, Pl. Wilson. 3 (2): 369 (1916).
河南、陕西、安徽、江苏、浙江、江西、湖南、湖北、四川、贵州、广东、广西。

裸花紫珠（赶风柴）
Callicarpa nudiflora Hook. et Arn., Bot. Beechey Voy. 206, pl. 46 (1837).
Callicarpa acuminata Roxb., Fl. Ind. 1: 408 (1820), non Kunth (1817).
Callicarpa macrophylla Vahl var. *sinensis* C. B. Clarke, Fl. Brit. Ind. 4 (12): 568 (1885); *Callicarpa acuminata* Kunth var. *angustifolia* F. P. Metcalf, Lingnan Sci. J. 11 (3): 407 (1932).
广东、广西、海南；越南、缅甸、马来西亚、新加坡、印度、孟加拉国、斯里兰卡。

罗浮紫珠
●**Callicarpa oligantha** Merr., Philipp. J. Sci. 13 (3): 155 (1918).
Callicarpa japonica Thunb. var. *dichotoma* (Lour.) Bakh., Bull. Jard. Bot. Buitenzorg. 3: 26 (1921).
广东。

少花紫珠
●**Callicarpa pauciflora** Chun ex H. T. Chang, Acta Phytotax. Sin. 1 (3-4): 275 (1951).
江西、广东。

钩毛紫珠
●**Callicarpa peichieniana** Chun et S. L. Chen ex H. Ma et W. B. Yu, Nordic J. Bot. 29: 224 (2011).
Premna peii Chun ex H. T. Chang, Acta Sci. Nat. Univ. Sunyatseni 1: 32 (1960).
湖南、广东、广西。

长毛紫珠
●**Callicarpa pilosissima** Maxim., Bull. Acad. Imp. Sci. Saint-Pétersbourg 31 (1): 76 (1887).
Callicarpa pilosissima var. *henryi* Yamam., J. Soc. Trop. Agric.

6: 554 (1934).
台湾。

屏山紫珠（空壳树）

●**Callicarpa pingshanensis** C. Y. Wu ex W. Z. Fang, Fl. Reipubl. Popularis Sin. 65 (1): 210, pl. 7 (1982).
四川。

抽芽紫珠

●**Callicarpa prolifera** C. Y. Wu, Fl. Yunnan. 1: 404, pl. 96, f. 16-17 (1977).
云南、广西。

抽芽紫珠（原变种）

●**Callicarpa prolifera** var. **prolifera**
云南、广西。

红腺抽芽紫珠（变种）

●**Callicarpa prolifera** var. **rubroglandulosa** S. L. Chen, Novon 1 (2): 58 (1991).
广西。

拟红紫珠

●**Callicarpa pseudorubella** H. T. Chang, Acta Phytotax. Sin. 1 (3-4): 287 (1951).
广东。

峦大紫珠

●**Callicarpa randaiensis** Hayata, J. Coll. Sci. Imp. Univ. Tokyo 30 (1): 222 (1911).
台湾。

疏齿紫珠

●**Callicarpa remotiserrulata** Hayata, J. Coll. Sci. Imp. Univ. Tokyo 30 (1): 223 (1911).
Callicarpa remotiflora W. F. Lin et J. L. Wang, Bot. Bull. Acad. Sin. 8. 185 (1967).
台湾。

红紫珠（小红米果，白花叶，沙药草，珍珠树，白斑鸠朱，空壳树，漆大伯）

Callicarpa rubella Lindl., Bot. Reg. 11: t. 883 (1825).
Callicarpa tenuiflora Champ. ex Benth., Hooker's J. Bot. Kew Gard. Misc. 5: 135 (1853); *Callicarpa rubella* var. *hemsleyana* Diels, Bot. Jahrb. Syst. 29: 547 (1901); *Callicarpa panduriformis* H. Lév., Repert. Spec. Nov. Regni Veg. 9: 455 (1911); *Callicarpa rubella* Lindl. f. *angustata* C. P'ei, Sinensia 2: 67 (1931); *Callicarpa rubella* f. *crenata* C. P'ei, Mem. Sci. Soc. China 1 (3): 40 (1932); *Callicarpa rubella* f. *subglabra* C. P'ei, Mem. Sci. Soc. China 1 (3): 41 (1932); *Callicarpa rubella* var. *subglabra* (C. P'ei) H. T. Chang, Acta Phytotax. Sin. 1 (3-4): 297 (1951); *Callicarpa dielsii* (H. Lév.) C. P'ei, Mem. Sci. Soc. China 1 (3): 37 (1932); *Callicarpa rubella* var. *dielsii* (H. Lév.) H. L. Li, J. Arnold Arbor. 25: 425 (1944); *Callicarpa rubella* f. *villosa* M. Cheng et Z. J. Feng, Bull. Bot. Lab. N. E. Forest. Inst., Harbin 1980 (8): 3 (1980).
安徽、浙江、江西、湖南、四川、贵州、云南、西藏、福建、广东、广西；越南、印度、缅甸、泰国、印度尼西亚、马来西亚。

水金花

●**Callicarpa salicifolia** C. P'ei et W. Z. Fang, Fl. Reipubl. Popularis Sin. 65 (1): 210 (1982).
四川、云南。

上狮紫珠

●**Callicarpa siongsaiensis** F. P. Metcalf, Lingnan Sci. J. 11 (3): 407 (1932).
Callicarpa japonica Thunb. f. *glabra* C. P'ei, Mem. Sci. Soc. China 1 (3): 54 (1932).
福建。

鼎湖紫珠

●**Callicarpa tingwuensis** H. T. Chang, Acta Phytotax. Sin. 1 (3-4): 302 (1951).
广东。

云南紫珠

Callicarpa yunnanensis W. Z. Fang, Fl. Reipubl. Popularis Sin. 65 (1): 20, pl. 5 (1982).
云南；越南。

莸属 **Caryopteris** Bunge

灰毛莸

●**Caryopteris forrestii** Diels, Notes Roy. Bot. Gard. Edinb. 5 (25): 296 (1912).
四川、贵州、云南、西藏。

灰毛莸（原变种）（白叶莸）

●**Caryopteris forrestii** var. **forrestii**
四川、贵州、云南、西藏。

小叶灰毛莸（变种）

●**Caryopteris forrestii** var. **minor** C. P'ei et S. L. Chen ex C. Y. Wu, Fl. Yunnan. 1: 481 (1977).
四川、云南、西藏。

粘叶莸

●**Caryopteris glutinosa** Rehder, Pl. Wilson. 3 (2): 378 (1916).
四川。

兰香草

Caryopteris incana (Thunb. ex Houtt.) Miq., Ann. Mus. Bot. Lugduno-Batavi 2: 97 (1866).
Nepeta incana Thunb. ex Houtt., Nat. Hist. 2 (9): 307 (1778).
安徽、江苏、浙江、江西、湖南、湖北、福建、广东、广西；朝鲜、日本。

兰香草（原变种）（卵叶莸，莸，乌蒿）
Caryopteris incana var. **incana**
Caryopteris mastacanthus Schauer in A. DC., Prodr. 11: 625 (1847); *Caryopteris ovata* Miq., J. Bot. Néerl. 1: 144 (1861); *Caryopteris sinensis* (Lour.) Dippel, Handb. Laubholzk. 1: 59, f. 24 (1889).
安徽、江苏、浙江、江西、湖南、湖北、福建、广东、广西；朝鲜、日本。

狭叶兰香草（变种）
●**Caryopteris incana** var. **angustifolia** S. L. Chen et R. L. Guo, Fl. Reipubl. Popularis Sin. 65 (1): 213 (1982).
江西。

金沙江莸
●**Caryopteris jinshajiangensis** Y. K. Yang et X. D. Cong, Bull. Bot. Res. 10 (1): 45 (1990).
云南。

蒙古莸（白沙蒿，山狼毒，兰花茶）
Caryopteris mongholica Bunge, Pl. Monghol.-Chin. 28 (1835).
Caryopteris mongholica var. *serrata* Maxim., Bull. Acad. Imp. Sci. Saint-Pétersbourg 31 (1): 87 (1887).
内蒙古、河北、山西、陕西、甘肃；蒙古。

光果莸
●**Caryopteris tangutica** Maxim., Bull. Acad. Imp. Sci. Saint-Pétersbourg 27 (4): 525 (1881).
河北、河南、陕西、甘肃、湖北、四川。

毛球莸（香薷）
●**Caryopteris trichosphaera** W. W. Sm., Notes Roy. Bot. Gard. Edinb. 10 (46): 18 (1917).
Caryopteris tangutica Maxim. var. *brachyodonta* Hand.-Mazz., Acta Horti Gothob. 9 (4): 68 (1934); *Caryopteris incana* (Thunb. ex Houtt.) Miq. var. *brachyodonta* (Hand.-Mazz.) Moldenke, Phytologia 2 (1): 13 (1941).
四川、云南、西藏。

角花属 Ceratanthus F. Muell. ex G. Taylor

角花
Ceratanthus calcaratus (Hemsl.) G. Taylor, J. Jap. Bot. 74: 40 (1936).
Plectranthus calcaratus Hemsl., Hooker's Icon. Pl. 27 (3): pl. 2671 (1900); *Hemslya calcarata* (Hemsl.) Kudô, Mém. Fac. Sci. Agr. Taihoku Univ. 2: 142 (1929).
云南、广西；缅甸。

鬃尾草属 Chaiturus Willd.

鬃尾草
Chaiturus marrubiastrum (L.) Spenn., Gen. Fl. Germ. 18: pl. 353 (1839).
Leonurus marrubiastrum L., Sp. Pl. 2: 584 (1753).
新疆；哈萨克斯坦、俄罗斯、欧洲。

矮刺苏属 Chamaesphacos Schrenk ex Fisch. et C. A. Mey.

矮刺苏
Chamaesphacos ilicifolius Schrenk ex Fisch. et C. A. Mey., Enum. Pl. Nov. 1: 28 (1841).
Chamaesphacos longiflorus Bornm. et Sint., Mitt. Thüring. Bot. Vereins, n. s. 18: 51 (1909).
新疆；阿富汗、土库曼斯坦、乌兹别克斯坦、塔吉克斯坦、哈萨克斯坦、俄罗斯、亚洲西南部。

铃子香属 Chelonopsis Miq.

缩序铃子香
●**Chelonopsis abbreviata** C. Y. Wu et H. W. Li, Acta Phytotax. Sin. 10 (2): 153 (1965).
云南。

具苞铃子香
●**Chelonopsis bracteata** W. W. Sm., Notes Roy. Bot. Gard. Edinb. 9 (42): 92 (1916).
Chelonopsis odontochila Diels subsp. *bracteata* (W. W. Sm.) Kudô, Mém. Fac. Agric. Taihoku Imp. Univ. 2: 154 (1929).
四川、云南。

浙江铃子香
●**Chelonopsis chekiangensis** C. Y. Wu, Novon 19 (1): 133 (2009).
安徽、浙江、江西、湖南、广东。

浙江铃子香（原变种）
●**Chelonopsis chekiangensis** var. **chekiangensis**
安徽、浙江、江西、湖南。

短梗浙江铃子香（变种）
●**Chelonopsis chekiangensis** var. **brevipes** C. Y. Wu et H. W. Li, Novon 19 (1): 133 (2009).
广东。

毛药花铃子香（新拟）（毛药花）
●**Chelonopsis deflexa** (Benth.) Diels, Bot. Jahrb. Syst. 29 (3-4): 554 (1900).
Bostrychanthera deflexa Benth., Gen. Pl. 2: 1216 (1876); *Chelonopsis benthamiana* Hemsl., J. Linn. Soc., Bot. 26: 298 (1890), 'Benthamiana'; *Chelonopsis deflexa* var. *matsudae* Kudô., J. Soc. Trop. Agric. 3: 18 (1931).
江西、湖北、四川、贵州、福建、台湾、广东、广西。

大萼铃子香
●**Chelonopsis forrestii** J. Anthony, Notes Roy. Bot. Gard. Edinb. 15 (74): 239 (1927).

Chelonopsis odontochila Diels subsp. *forrestii* (J. Anthony) Kudô, Mém. Fac. Agric. Taihoku Imp. Univ. 2: 154 (1929).
四川。

小叶铃子香
●**Chelonopsis giraldii** Diels, Bot. Jahrb. Syst. 36 (5, Beibl. 82): 94 (1905).
陕西、甘肃。

丽江铃子香
●**Chelonopsis lichiangensis** W. W. Sm., Notes Roy. Bot. Gard. Edinb. 9 (42): 92 (1916).
Chelonopsis odontochila Diels subsp. *lichiangensis* (W. W. Sm.) Kudô, Mém. Fac. Agric. Taihoku Imp. Univ. 2: 153 (1929); *Chelonopsis pseudobracteata* C. Y. Wu et H. W. Li, Acta Phytotax. Sin. 10 (2): 152 (1965); *Chelonopsis pseudobracteata* var. *rubra* C. Y. Wu et H. W. Li, Acta Phytotax. Sin. 10 (2): 153 (1965).
四川、云南。

多毛铃子香
●**Chelonopsis mollissima** C. Y. Wu, Acta Phytotax. Sin. 10 (2): 151 (1965).
云南。

齿唇铃子香
●**Chelonopsis odontochila** Diels, Notes Roy. Bot. Gard. Edinb. 5 (25): 240 (1912).
Chelonopsis odontochila subsp. *smithii* Kudô, Mém. Fac. Agric. Taihoku Imp. Univ. 2 (2): 154 (1929); *Chelonopsis odontochila* var. *smithii* (Kudô) C. Y. Wu, Acta Phytotax. Sin. 8 (1): 29 (1959).
四川、云南。

先花铃子香（新拟）
●**Chelonopsis praecox** Weckerle et F. Huber, Novon 19: 552 (2009).
四川、云南。

玫红铃子香
●**Chelonopsis rosea** W. W. Sm., Notes Roy. Bot. Gard. Edinb. 9 (42): 93 (1916).
云南。

玫红铃子香（原变种）
●**Chelonopsis rosea** var. **rosea**
Chelonopsis odontochila Diels subsp. *rosea* (W. W. Sm.) Kudô, Mem. Fac. Sci. Taihoku Imp. Univ. 2: 155 (1929).
云南。

干生铃子香（变种）
●**Chelonopsis rosea** var. **siccanea** (W. W. Sm) C. L. Xiang et H. Peng, Nord. J. Bot. 26 (1): 32 (2008).
Chelonopsis siccanea W. W. Sm., Notes Roy. Bot. Gard. Edinb. 9 (42): 94 (1916); *Chelonopsis odontochila* Diels subsp. *siccanea* (W. W. Sm.) Kudô, Mem. Fac. Sci. Taihoku Imp. Univ. 2: 155 (1929).
云南。

轮叶铃子香（白花铃子香）
●**Chelonopsis souliei** (Bonati) Merr., J. Arnold Arbor. 28: 252 (1947).
Brandisia souliei Bonati, Bull. Soc. Bot. France 56: 467 (1909); *Chelonopsis albiflora* Pax et K. Hoffm. ex Limpr., Repert. Spec. Nov. Regni Veg. Beih. 12: 477 (1922).
四川、西藏。

瑶山铃子香（新拟）（瑶山毛药花）
●**Chelonopsis yaoshanensis** (S. L. Mo et F. N. Wei) C. L. Xiang et H. Peng, Taxon 62 (2): 384 (2013).
Bostrychanthera yaoshanensis S. L. Mo et F. N. Wei, Guihaia 3: 307 (1983).
广西。

大青属 Clerodendrum L.

短蕊大青（短蕊茉莉）
●**Clerodendrum brachystemon** C. Y. Wu et R. C. Fang, Fl. Yunnan. 1: 477, pl. 113, f. 3-4 (1977).
云南、西藏。

苞花大青（苞花赪桐）
Clerodendrum bracteatum Wall. ex Walp., Repert. Bot. Syst. 4: 106 (1845).
云南、西藏；印度、孟加拉国、不丹。

臭牡丹
Clerodendrum bungei Steud., Nomencl. Bot. ed. 2. 1: 382 (1840).
河北、山西、山东、河南、陕西、宁夏、甘肃、安徽、浙江、江西、湖南、湖北、四川、贵州、云南、福建、台湾、广东、广西、海南；越南。

臭牡丹（原变种）（大红袍，矮桐子，臭梧桐）
Clerodendrum bungei var. **bungei**
Pavetta esquirollii H. Lév., Repert. Spec. Nov. Regni Veg., 13 (355-358): 178 (1914); *Clerodendrum fragrans* Willd. var. *foetidum* Bakh., Bull. Jard. Bot. Buitenzorg, sér. 3. 3: 88 (1921); *Clerodendrum yatschuense* H. Winkl., (Repert. Spec. Nov. Regni Veg. Beih. 12: 474 (1922).
河北、山西、山东、河南、陕西、宁夏、甘肃、安徽、浙江、江西、湖南、湖北、四川、贵州、云南、福建、台湾、广东、广西、海南；越南。

大萼臭牡丹（变种）
●**Clerodendrum bungei** var. **megacalyx** C. Y. Wu ex S. L. Chen, Fl. Reipubl. Popularis Sin. 65 (1): 213, f. 19 (1982).
四川。

灰毛大青
Clerodendrum canescens Wall. ex Walp., Repert. Bot. Syst. 4: 106 (1845).
Clerodendrum haematocalyx Hance, Ann. Bot. Syst. 3: 238 (1852).
江西、湖南、四川、贵州、云南、福建、台湾、广东、广西；印度、越南。

重瓣臭茉莉
Clerodendrum chinense (Osbeck) Mabb., Pl.-Book 707 (1989).
云南、福建、台湾、广东、广西；亚洲热带及亚热带地区广为栽培。

重瓣臭茉莉（原变种）
Clerodendrum chinense var. **chinense**
云南、福建、台湾、广东、广西；亚洲热带及亚热带地区广为栽培。

线齿滇常山（变种）
Clerodendrum chinense var. **simplex** (Moldenke) S. L. Chen, Novon 1 (2): 58 (1991).
Clerodendrum philippinum Schauer var. *simplex* Moldenke, Phytologia 20 (6): 338 (1971).
云南、福建、台湾、广东、广西；亚洲热带及亚热带地区广为栽培。

腺茉莉（臭牡丹）
Clerodendrum colebrookianum Walp., Repert. Bot. Syst. 4: 114 (1845).
云南、西藏、广东、广西；老挝、缅甸、泰国、越南、尼泊尔、印度、孟加拉国、不丹、印度尼西亚、马来西亚。

川黔大青
●**Clerodendrum confine** S. L. Chen et T. D. Zhuang, Fl. Reipubl. Popularis Sin. 65 (1): 213, pl. 20 (1982).
四川、贵州。

大青
Clerodendrum cyrtophyllum Turca., Bull. Soc. Imp. Naturalistes Moscou 36 (3): 222 (1863).
河南、安徽、浙江、江西、湖南、湖北、四川、贵州、云南、福建、台湾、广东、广西、海南；朝鲜、马来西亚、越南。

大青（原变种）（路边青，土地骨皮，山漆）
Clerodendrum cyrtophyllum var. **cyrtophyllum**
河南、安徽、浙江、江西、湖南、湖北、四川、贵州、云南、福建、台湾、广东、广西、海南；朝鲜、马来西亚、越南。

广西大青（变种）
●**Clerodendrum cyrtophyllum** var. **kwangsiense** S. L. Chen et T. D. Zhuang, Fl. Reipubl. Popularis Sin. 65 (1): 212 (1982).
广西。

狗牙大青（假狗牙花）
●**Clerodendrum ervatamioides** C. Y. Wu, Fl. Yunnan. 1: 460, pl. 109, f. 5-6 (1977).
湖北。

白花灯笼（灯笼草，鬼灯笼，苦灯笼）
Clerodendrum fortunatum L, Sp. Pl. ed. 2. 889 (1763).
Volkameria pumila Lour., Fl. Cochinch. 2: 388 (1790); *Clerodendrum lividum* Lindl., Bot. Reg. 11: pl. 945 (1825); *Clerodendrum pumilum* (Lour.) Spreng., Syst. Veg. 2: 759 (1825); *Clerodendrum castaneifolium* Hook. et Arn., Bot. Beechey Voy. 205 (1841); *Clerodendrum pentagonum* Hance, Ann. Bot. Syst. 3: 238 (1852); *Clerodendrum oxysepalum* Miq., J. Bot. Neerl. 1: 114 (1861).
福建、广东、广西；菲律宾、越南。

泰国垂茉莉
Clerodendrum garrettianum Craib, Bull. Misc. Inform. Kew 911 (10): 444 (1911).
云南；老挝、泰国。

西垂茉莉
Clerodendrum griffithianum C. B. Clarke, Fl. Brit. Ind. 4 (12): 590 (1885).
云南；缅甸、印度。

海南赫桐
●**Clerodendrum hainanense** Hand.-Mazz., Oesterr. Bot. Z. 80: 343 (1931).
广西、海南。

南垂茉莉
●**Clerodendrum henryi** C. P'ei, Mem. Sci. Soc. China 1 (3): 152 (1932).
安徽、浙江、江西、福建。

长管大青（长管垂茉莉）
Clerodendrum indicum (L.) Kuntze, Revis. Gen. Pl. 2: 506 (1891).
Siphonanthus indica L., Sp. Pl. 1: 109 (1753); *Clerodendrum siphonanthus* R. Br., Hort. Kew., ed. 2. 4: 65 (1812).
云南、广东；老挝、柬埔寨、缅甸、泰国、马来西亚、印度、不丹、尼泊尔。

苦郎树（苦蓝盘，许树，假茉莉）
Clerodendrum inerme (L.) Gaertn., Fruct. Sem. Pl. 1: 271, pl. 75 (1788).
Volkameria inermis L., Sp. Pl. 2: 637 (1753); *Volkameria neriifolia* Roxb., Fl. Ind., ed. 1832. 3: 64 (1832); *Clerodendrum neriifolium* (Roxb.) King et Gamble ex Schau, in A. DC., Prodr. 11: 660 (1847).

福建、台湾、广东、广西；澳大利亚、亚洲南部和东南部、太平洋诸岛。

垦丁苦林盘
Clerodendrum intermedium Cham., Linnaea 7: 105 (1832).
台湾；印度尼西亚、菲律宾。

赪桐（百日红，贞桐花，荷苞花）
Clerodendrum japonicum (Thunb.) Sweet, Hort. Brit. (Sweet) 322 (1826).
Volkameria japonica Thunb., Nova Acta Regiae Soc. Sci. Upsal. 3: 208 (1780); *Volkameria kaempferi* Jacq., Collectanea 3: 207 (1789); *Clerodendrum japonicum* var. *album* C. P'ei, Mem. Sci. Soc. China 1 (3): 144 (1932); *Clerodendrum kaempferi* (Jacq.) Siebold var. *album* (C. P'ei) Moldenke, Phytologia 1 (4): 167 (1935).
江苏、浙江、江西、湖南、四川、贵州、云南、西藏、福建、台湾、广东、广西；老挝、越南、马来西亚、印度尼西亚、印度、不丹、孟加拉国。

浙江大青（凯基大青）
●**Clerodendrum kaichianum** P. S. Hsu, Observ. Fl. Hwangshan. 165, f. 5 (1965).
安徽、浙江、江西、福建。

江西大青
●**Clerodendrum kiangsiense** Merr. ex H. L. Li, J. Arnold Arbor. 25 (4): 426 (1944).
浙江、江西。

广东大青（广东赪桐，广东臭茉莉）
●**Clerodendrum kwangtungense** Hand.-Mazz., Anz. Akad. Wiss. Wien, Math.-Naturwiss. Kl. 59: 111 (1922).
广东。

尖齿臭茉莉（臭茉莉，臭牡丹，鬼点火）
●**Clerodendrum lindleyi** Decne. ex Planch. Fl. Serres Jard. Eur. 9: 17 (1854).
安徽、江苏、浙江、江西、湖南、四川、贵州、云南、福建、广东、广西。

长叶大青（长叶臭茉莉）
Clerodendrum longilimbum C. P'ei, Mem. Sci. Soc. China 1 (3): 151 (1932).
云南、广西；越南。

黄腺大青（广东赪桐，广东臭茉莉）
●**Clerodendrum luteopunctatum** C. P'ei et S. L. Chen, Fl. Reipubl. Popularis Sin. 65 (1): 212, pl. 17 (1982).
湖北、四川、贵州。

海通（满大青，臭梧桐，铁枪桐）
Clerodendrum mandarinorum Diels, Bot. Jahrb. Syst. 29 (3-4): 549 (1900).
Clerodendrum bodinieri H. Lév., Repert. Spec. Nov. Regni Veg. 9 (214-216): 325. (1911); *Clerodendrum cavaleriei* H. Lév., Repert. Spec. Nov. Regni Veg. 10 (260-262): 439. (1912); *Clerodendrum kwangtungense* Hand.-Mazz. var. *puberulum* H. L. Li, J. Arnold Arbor. 25 (4): 426 (1944).
江西、湖南、湖北、四川、贵州、云南、广东、广西；越南。

圆锥大青（龙船花）
Clerodendrum paniculatum L., Mant. Pl. 1: 90 (1767).
Volkameria angulata Lour., Fl. Cochinch. 2: 389 (1790); *Clerodendrum pyramidale* Andrews, Bot. Repos. 10: pl. 628 (1810); *Clerodendrum splendidum* Wall. ex Griff., Not. Pl. Asiat. 4: 169 (1854), non Wall. (1828).
福建、台湾、广东；孟加拉国、缅甸、泰国、马来西亚、老挝、越南、柬埔寨、印度尼西亚。

长梗大青（龙船花）
●**Clerodendrum peii** Moldenke, Known Geogr. Dist. Verbenaceae and Avicenniaceae 79 (1942).
云南。

三对节
Clerodendrum serratum (L.) Moon, Cat. Pl. Ceylon 46 (1824).
贵州、云南、西藏、广西；柬埔寨、越南、印度、印度尼西亚、马来西亚、东非。

三对节（原变种）（齿叶赪桐）
Clerodendrum serratum var. **serratum**
Volkameria serrata L., Mant. Pl. 1: 90 (1767).
贵州、云南、西藏、广西；非洲东部、亚洲西南部。

草本三对节（变种）
●**Clerodendrum serratum** var. **herbaceum** (Roxb. ex Schauer) C. Y. Wu, Fl. Yunnan. 1: 468 (1977).
Clerodendrum herbaceum Roxb. ex Schauer, in A. DC., Prodr. 11: 675 (1847), non Wall. (1828).
贵州、云南、广西。

三台花（变种）
●**Clerodendrum serratum** var. **amplexifolium** Moldenke, Phytologia 4 (1): 51 (1952).
贵州、云南、广西。

大序三对节（变种）
Clerodendrum serratum var. **wallichiii** C. B. Clarke, Fl. Brit. Ind. 4 (12): 592 (1885).
Clerodendrum divaricatum Jack, Malayan Misc. 1: 48 (1820).
云南、西藏；柬埔寨、越南、印度、印度尼西亚、马来西亚。

抽葶大青（抽葶赪桐）
Clerodendrum subscaposum Hemsl. Icon. Pl. 27: pl. 2675 (1901).
云南；缅甸、印度。

西藏大青
●**Clerodendrum tibetanum** C. Y. Wu et S. K. Wu, Acta Phytotax. Sin. 16 (4): 122, pl. 1 (1978).
西藏。

海州常山
Clerodendrum trichotomum Thunb., Nova Acta Regiae Soc. Sci. Upsal. 3: 201 (1780).
除内蒙古、新疆、西藏外均有分布；印度、日本、朝鲜、亚洲西南部。

海州常山（原变种）（臭梧桐，泡火桐，追骨风，香枫）
Clerodendrum trichotomum var. **trichotomum**
Clerodendrum serotinum Carrière, Rev. Hort. 39: 351, f. 34 (1867); *Clerodendrum fargesii* Dode, Bull. Soc. Dendrol. France 207 (1907); *Clerodendrum trichotomum* Thunb. var. *fargesii* (Dode) Rehder, Pl. Wilson. 3 (2): 376 (1916); *Siphonanthus trichotomum* var. *fargesii* (Dode) Nakai, Trees et Shrubs Japan 1: 346 (1922); *Clerodendrum koshunense* Hayata, J. Coll. Sci. Imp. Univ. Tokyo 30 (1): 217 (1911); *Siphonanthus trichotomum* (Thunb.) Nakai, Bot. Mag. (Tokyo) 36 (422): 24 (1922); *Clerodendrum trichotomum* var. *villosum* Hsu, Observ. Fl. Hwangshan. 168, f. 6 (1965).
除内蒙古、新疆、西藏外均有分布；印度、日本、朝鲜、亚洲西南部。

锈毛海州常山（变种）
●**Clerodendrum trichotomum** var. **ferrugineum** Nakai, Bot. Mag. (Tokyo) 31 (364): 109 (1917).
台湾。

绢毛大青（长毛臭牡丹）
Clerodendrum villosum Blume, Bijdr. Fl. Ned. Ind. 14: 811 (1826).
云南；老挝、缅甸、泰国、越南、印度尼西亚、马来西亚。

垂茉莉
Clerodendrum wallichii Merr., J. Arnold Arbor. 33 (3): 220 (1952).
Clerodendrum nutans Wall. ex D. Don, Prdor. Fl. Nepal. 103 (1825), non Wall. ex Jack (1820).
云南、西藏、广西；印度、孟加拉国、缅甸、越南。

滇常山
●**Clerodendrum yunnanense** Hu ex Hand.-Mazz., Anz. Akad. Wiss. Wien, Math.-Naturwiss. Kl. 61: 168 (1924).
四川、云南。

滇常山（原变种）
●**Clerodendrum yunnanense** var. **yunnanense**
四川、云南。

线齿滇常山（变种）
●**Clerodendrum yunnanense** var. **simplex** S. L. Chen et G. Y. Sheng, Fl. Reipubl. Popularis Sin. 65 (1): 213, pl. 18 (1982).
云南。

肾茶属 Clerodendranthus Kudô

肾茶
Clerodendranthus spicatus (Thunb.) C. Y. Wu ex H. W. Li, Acta Phytotax. Sin. 12: 233 (1974).
Clerodendrum spicatum Thunb., Fl. Jav. 22 (1825); *Orthosiphon spicatus* (Thunb.) Backer, Bakh. f. et Steenis, 1950, non Bentham (1848); *Ocimum aristatum* Blume, Bijdr. Fl. Ned. Ind. 14: 833 (1826); *Orthosiphon aristatus* (Blume) Miq., Fl. Ned. Ind. 2: 943 (1858); *Orthosiphon stamineus* Benth., in Wallich, Pl. Asiat. Rar. 2: 15 (1830); *Clerodendranthus stamineus* Kudô, Mém. Fac. Sci. Agr. Taihoku Univ. 2: 117 (1929).
云南、福建、台湾、广西、海南；缅甸、马来西亚、印度尼西亚、菲律宾、印度、澳大利亚。

风轮菜属 Clinopodium L.

风轮菜（野凉粉藤，野凉粉草，苦刀草）
Clinopodium chinense (Benth.) Kuntze, Revis. Gen. Pl. 2: 515 (1891).
Calamintha chinensis Benth. Prodr. 12: 233 (1848); *Calamintha clinopodium* Benth. var. *chinensis* (Benth.) Miq., Ann. Mus. Bot. Lugduno-Batavi 2: 236 (1866).
山东、安徽、江苏、浙江、江西、湖南、湖北、云南、福建、台湾、广东、广西；日本。

邻近风轮菜（四季草，回文草）
Clinopodium confine (Hance) Kuntze, Revis. Gen. Pl. 2: 515 (1891).
Calamintha confinis Hance, J. Bot. 6: 331 (1868); *Calamintha argyi* H. Lév., Repert. Spec. Nov. Regni Veg. 8 (182-184): 423 (1910); *Satureja confinis* (Hance) Kudô, Mem. Fac. Sci. Taihoku Imp. Univ. 2: 100 (1929); *Clinopodium confine* (Hance) Kuntze var. *globosum* C. Y. Wu et Hsuan ex H. W. Li, Acta Phytotax. Sin. 12 (2): 223 (1974).
河南、安徽、江苏、浙江、江西、湖南、四川、贵州、福建、广东、广西；日本。

异色风轮菜
●**Clinopodium discolor** (Diels) C. Y. Wu et Hsuan ex H. W. Li, Acta Phytotax. Sin. 12: 221 (1974).
Calamintha discolor Diels, Notes Roy. Bot. Gard. Edinb. 5: 232 (1912); *Calamintha clinopodium* Benth. var. *discolor* (Diels) Dunn, Notes Roy. Bot. Gard. Edinb. 6 (28): 159 (1915); *Satureja chinensis* (Benth.) Briq. var. *discolor* (Diels) Kudô, Mem. Fac. Sci. Taihoku Imp. Univ. 2: 104 (1929).
云南、西藏。

细风轮菜（细密草，野凉粉草，假韩酸草）

Clinopodium gracile (Benth.) Matsum., Index Pl. Jap. 2: 538 (1912).
Calamintha gracilis Benth. in A. DC., Prodr. 12: 232 (1848); *Calamintha radicans* Vaniot, Bull. Acad. Int. Géogr. Bot. 14 (183): 182 (1904); *Satureja ussuriensis* Kudô J. Coll. Sci. Imp. Univ. Tokyo 43: 36 (1921).

陕西、安徽、江苏、浙江、江西、湖南、湖北、四川、贵州、云南、福建、台湾、广东、广西；日本、越南、老挝、缅甸、泰国、马来西亚、印度尼西亚、印度。

疏花风轮菜

●**Clinopodium laxiflorum** (Hayata) C. Y. Wu et Hsuan ex H. W. Li, Acta Phytotax. Sin. 12: 222 (1974).
Calamintha laxiflora Hayata, J. Coll. Sci. Imp. Univ. Tokyo 30 (1): 228 (1911).

台湾。

长梗风轮菜

●**Clinopodium longipes** C. Y. Wu et Hsuan ex H. W. Li, Acta Phytotax. Sin. 12 (2): 217 (1974).

四川。

寸金草

●**Clinopodium megalanthum** (Diels) C. Y. Wu et S. J. Hsuan ex H. W. Li, Acta Phytotax. Sin. 12 (2): 220 (1974).
Calamintha chinensis Benth. var. *megalantha* Diels, Notes Roy. Bot. Gard. Edinb. 5 (25): 233 (1912); *Calamintha clinopodium* Benth. var. *megalantha* (Diels) Dunn, Notes Roy. Bot. Gard. Edinb. 6 (28): 159 (1915); *Satureja chinensis* (Benth.) Briq. var. *megalantha* (Diels) Kudô, J. Coll. Sci. Imp. Univ. Tokyo 43 (8): 39 (1921); *Calamintha megalantha* (Diels) Hand.-Mazz., Acta Horti Gothob. 9 (5): 84 (1934); *Clinopodium megalanthum* var. *robustum* C. Y. Wu et Hsuan ex H. W. Li, Acta Phytotax. Sin. 12 (2): 221 (1974); *Clinopodium megalanthum* var. *lancifolium* C. Y. Wu et Hsuan ex H. W. Li, Acta Phytotax. Sin. 12 (2): 221 (1974); *Clinopodium megalanthum* var. *intermedium* C. Y. Wu et Hsuan ex H. W. Li, Acta Phytotax. Sin. 12 (2): 221 (1974); *Clinopodium megalanthum* var. *speciosum* C. Y. Wu et Hsuan ex H. W. Li, Acta Phytotax. Sin. 12 (2): 221 (1974).

湖北、四川、贵州、云南。

峨眉风轮菜

●**Clinopodium omeiense** C. Y. Wu et Hsuan ex H. W. Li, Acta Phytotax. Sin. 12 (2): 223 (1974).

四川。

灯笼草（山藿香，走马灯笼草，漫胆草）

Clinopodium polycephalum (Vaniot) C. Y. Wu et S. J. Hsuan, Observ. Fl. Hwangshan. 168 (1965).
Calamintha polycephala Vaniot, Bull. Acad. Int. Géogr. Bot. 14 (183): 183 (1904); *Calamintha clinopodium* Benth. var. *polycephala* (Vaniot) Dunn, Notes Roy. Bot. Gard. Edinb. 6 (28): 160 (1915); *Calamintha tsacapanensis* H. Lév., Repert. Spec. Nov. Regni Veg. 8 (182-184): 423 (1910); *Calamintha clinopodium* var. *pratensis* Dunn, Notes Roy. Bot. Gard. Edinb. 6 (28): 159 (1915); *Calamintha clinopodium* var. *nepalensis* (D. Don) Dunn, Notes Roy. Bot. Gard. Edinb. 6 (28): 160 (1915); *Clinopodium chinense* (Benth.) Kuntze subsp. *grandiflorum* (Kudô) H. Hara, J. Jap. Bot. 12: 39 (1936); *Clinopodium chinense* var. *parviflorum* (Kudô) H. Hara, J. Jap. Bot. 12: 41, f. 29, (1936).

河北、山西、山东、河南、陕西、甘肃、安徽、江苏、浙江、江西、湖南、湖北、四川、贵州、云南、福建、广西；日本。

匍匐风轮菜

Clinopodium repens (D. Don) Benth., in Wallich, Pl. Asiat. Rar. 1: 66 (1830).
Thymus repens D. Don, Prodr. Fl. Nepal. 113 (1825); *Melissa repens* (D. Don) Benth., Labiat. Gen. Spec. 392 (1834); *Calamintha repens* (D. Don) Benth., in A. DC., Prodr. 12: 233 (1848); *Satureja umbrosa* (M. Bieb.) Greuter et Burdet var. *repens* (D. Don) Briq. in Engler et Prantl, Nat. Pflanzenfam. 4 (3a): 302 (1897); *Calamintha clinopodium* Benth. var. *repens* (D. Don) Dunn, Notes Roy. Bot. Gard. Edinb. 6 (28): 159 (1915); *Satureja chinensis* (M. Bieb.) Greuter et Burdet var. *repens* (D. Don) Kudô, Mém. Fac. Sci. Agr. Taihoku Univ. 2: 104 (1929); *Satureja chinensis* var. *parviflora* Kudô, Mém. Fac. Sci. Agr. Taihoku Univ. 2: 103 (1929); *Satureja kudoi* Hosok., Trans. Nat. Hist. Soc. Taiwan 12: 225 (1932); *Clinopodium kudoi* (Hosok.) K. Mori, Short Fl. Form. 182 (1936).

陕西、甘肃、江苏、浙江、江西、湖南、湖北、四川、贵州、云南、福建、台湾；日本、缅甸、印度尼西亚、菲律宾、印度、不丹、尼泊尔、斯里兰卡。

麻叶风轮菜（紫苏，风车草）

Clinopodium urticifolium (Hance) C. Y. Wu et Hsuan ex H. W. Li, Acta Phytotax. Sin. 12 (2): 219 (1974).
Calamintha clinopodium Benth. var. *urticifolia* Hance, Ann. Sci. Nat., Bot. sér. 5. 5: 235 (1866); *Clinopodium chinense* (Benth.) Kuntze var. *urticifolium* Koidz., Acta Phytotax. Geobot. 5: 120 (1936); *Clinopodium chinense* subsp. *grandiflorum* var. *urticifolium* (Hance) Koidz, Acta Phytotax. Geobot. 5: 120 (1936); *Calamintha chinensis* Benth. var. *grandiflora* Maxim., Mém. Acad. Imp. Sci. St.-Pétersbourg Divers Savans 9: 217 (1859); *Calamintha urticifolia* (Hance) Hand.-Mazz., Acta Horti Gothob. 9 (5): 83 (1934); *Clinopodium chinense* subsp. *grandiflorum* (Kudô) H. Hara, J. Jap. Bot. 12 (1): 39 (1936); *Calamintha coreana* H. Lév., Repert. Spec. Nov. Regni Veg. 9 (211-213): 246 (1911); *Clinopodium coreanum* (Lév.) Hara, J. Jap. Bot. 12 (1): 40 (1936).

黑龙江、吉林、辽宁、河北、山西、山东、河南、陕西、江苏、四川；朝鲜、日本、俄罗斯。

羽萼木属 Colebrookea Sm.

羽萼木（黑羊巴巴，羽萼）

Colebrookea oppositifolia Sm., Exot. Bot. 2: 111, pl. 115 (1806).

Elsholtzia oppositifolia (Sm.) Poir., Dict. Sci. Nat. Suppl. 14: 366 (1819); Colebrookea ternifolia Roxb., Fl. Ind., ed. 1832. 3: 25 (1832).

云南；缅甸、泰国、印度、尼泊尔。

鞘蕊花属 Coleus Lour.

光萼鞘蕊花

●Coleus bracteatus Dunn, Notes Roy. Bot. Gard. Edinb. 8 (37): 158 (1913).

云南。

肉叶鞘蕊花（假回菜）

●Coleus carnosifolius (Hemsl.) Dunn, Notes Roy. Bot. Gard. Edinb. 8 (37): 158 (1913).

Plectranthus carnosifolius Hemsl., J. Linn. Soc., Bot. 26 (175): 270 (1890).

湖南、广东、广西。

毛萼鞘蕊花

●Coleus esquirolii (H. Lév.) Dunn, Notes Roy. Bot. Gard. Edinb. 8 (37): 158 (1913).

Calamintha esquirolii H. Lév., Repert. Spec. Nov. Regni Veg. 8 (185-187): 450 (1910); Coleus mucosus Hayata, J. Coll. Sci. Imp. Univ. Tokyo 30 (1): 225 (1911).

贵州、云南、台湾、广西。

毛喉鞘蕊花

Coleus forskohlii (Willd.) Briq. in Engler et Prantl, Nat. Pflanzenfam. 4 (3a): 359 (1897).

Plectranthus forskohlii Willd., Sp. Pl. 3 (1): 169 (1800); Plectranthus barbatus Andrews, Bot. Repos. 9: pl. 594 (1810); Coleus barbatus (Andrews) Benth., in Wallich, Pl. Asiat. Rar. 2: 15 (1830).

云南；印度、不丹、尼泊尔、斯里兰卡、非洲。

五彩苏

☆Coleus scutellarioides Elmer, Leafl. Philipp. Bot. 7: 2697 (1915).

福建、台湾、广东、广西；马来西亚、印度尼西亚、菲律宾、印度、太平洋岛屿。

五彩苏（原变种）（洋紫苏，锦紫苏）

☆Coleus scutellarioides var. scutellarioides

Plectranthus scutellarioides (L.) R. Br., Prodr. Fl. Nov. Holland. 506 (1810); Coleus acuminatus Benth., Linnaea 6: 81 (1831).

福建、台湾、广东、广西；马来西亚、印度尼西亚、菲律宾、印度、太平洋岛屿。

小五彩苏（变种）（五色草，假紫苏，洋紫苏）

☆Coleus scutellarioides var. crispipilus (Merr.) H. Keng, Gard. Bull. Straits Settlem. 24: 56 (1969).

Coleus macranthus Merr. var. crispipilus Merr., Philipp. J. Sci. 1 (Suppl. 3): 235 (1906); Coleus crispipilus (Merr.) Merr., Philipp. J. Sci. 5 (5): 382 (1910); Coleus formosanus Hayata, J. Coll. Sci. Imp. Univ. Tokyo 22: 320 (1906).

福建、台湾、广东、广西；菲律宾。

黄鞘蕊花

●Coleus xanthanthus C. Y. Wu et Y. C. Huang, Acta Phytotax. Sin. 10 (3): 241 (1965).

云南。

火把花属 Colquhounia Wall.

深红火把花

Colquhounia coccinea Wall., Trans. Linn. Soc. London 13: 609 (1822).

云南、西藏；缅甸、泰国、印度、不丹、尼泊尔。

深红火把花（原变种）

Colquhounia coccinea var. coccinea

云南、西藏；缅甸、泰国、印度、不丹、尼泊尔。

火把花（变种）（密蒙花，细羊巴巴花，炮仗花）

Colquhounia coccinea var. mollis (Schltdl.) Prain, J. Asiat. Soc. Bengal, Pt. 2, Nat. Hist. 62: 37 (1893).

Colquhounia mollis Schltdl., Linnaea 24: 681 (1851); Colquhounia tomentosa Houllet, Rev. Hort. (Paris) 131 (1873); Colquhounia vestita Wall. var. rugosa C. B. Clarke ex Prain, J. Asiat. Soc. Bengal 62: 37 (1893).

云南、西藏；缅甸、泰国、印度、不丹、尼泊尔。

金江火把花

●Colquhounia compta W. W. Sm., Notes Roy. Bot. Gard. Edinb. 9 (42): 96 (1916).

四川、云南。

金江火把花（原变种）

●Colquhounia compta var. compta

云南。

沧江金江火把花（变种）

●Colquhounia compta var. mekongensis (W. W. Sm.) Kudô, Mém. Fac. Agric. Taihoku Imp. Univ. 2 (2): 182 (1929).

Colquhounia mekongensis W. W. Sm., Notes Roy. Bot. Gard. Edinb. 9 (42): 97 (1916).

四川、云南。

秀丽火把花

Colquhounia elegans Wall. ex Benth., in Wallich, Pl. Asiat. Rar. 1: 65 (1830).

云南；越南、老挝、柬埔寨、缅甸、泰国。

秀丽火把花（原变种）（秀丽炮仗花）

Colquhounia elegans var. **elegans**

云南；越南、老挝、柬埔寨、缅甸、泰国。

细花秀丽火把花（变种）（细棉花）

Colquhounia elegans var. **tenuiflora** (Hook. f.) Prain, J. Asiat. Soc. Bengal, Pt. 2, Nat. Hist. 62: 38 (1893).

Colquhounia tenuiflora Hook. f., Fl. Brit. Ind. 4 (12): 674 (1885).

云南；越南、老挝、柬埔寨、缅甸、泰国。

藤状火把花

Colquhounia seguinii Vaniot, Bull. Acad. Int. Géogr. Bot. 14 (183): 165 (1904).

湖北、四川、贵州、云南、广西；缅甸。

藤状火把花（原变种）（苦梅叶，藤状炮仗花）

Colquhounia seguinii var. **seguinii**

Colquhounia elegans var. *pauciflora* Prain, J. Asiat. Soc. Bengal 62: 38 (1893); *Colquhounia decora* Diels, Notes Roy. Bot. Gard. Edinb. 5 (25): 240 (1912).

湖北、四川、贵州、云南、广西；缅甸。

长毛藤状火把花（变种）

●**Colquhounia seguinii** var. **pilosa** Rehder, Pl. Wilson. 3 (2): 380 (1916).

四川、云南。

白毛火把花（白毛炮仗花）

●**Colquhounia vestita** Wall., Tent. Fl. Napal. 1: 14 (1824).

Colquhounia coccinea var. *vestita* Prain, J. Asiat. Soc. Bengal 62: 36 (1873).

云南、西藏。

绵穗苏属 **Comanthosphace** S. Moore

天人草

Comanthosphace japonica (Miq.) S. Moore, J. Bot. 15: 293 (1877).

Elsholtzia japonica Miq., Ann. Mus. Bot. Lugduno-Batavi 2: 103 (1865); *Comanthosphace stellipila* (Miq.) S. Moore var. *japonica* (Miq.) Matsum. et Kudô, Bot. Mag. (Tokyo) 26 (310): 301 (1912); *Leucosceptrum japonicum* (Miq.) Kitam. et Murata, Acta Phytotax. Geobot. 20: 168 (1962); *Pogostemon japonicus* Benth. et Hook. f., Acta Phytotax. Geobot. 20: 168 (1962).

安徽、江苏、江西、广东；日本。

南川绵穗苏

●**Comanthosphace nanchuanensis** C. Y. Wu et H. W. Li, Acta Phytotax. Sin. 10: 234 (1965).

四川。

绵穗苏

●**Comanthosphace ningpoensis** (Hemsl.) Hand.-Mazz., Symb. Sin. 7 (4): 936 (1936).

安徽、浙江、江西、湖南、湖北、贵州。

绵穗苏（原变种）（半边苏，野鱼香，野苏）

●**Comanthosphace ningpoensis** var. **ningpoensis**

Caryopteris ningpoensis Hemsl., J. Linn. Soc., Bot. 26: 264 (1890); *Leucosceptrum ningpoense* (Hemsl.) Kitam. et Murata, Acta Phytotax. Geobot. 20: 167, f. 5-6 (1962).

安徽、浙江、江西、湖南、湖北、贵州。

绒毛绵穗苏（变种）（石荠苎）

●**Comanthosphace ningpoensis** var. **stellipiloides** C. Y. Wu, Acta Phytotax. Sin. 8 (1): 52 (1959).

浙江、江西。

绒苞藤属 **Congea** Roxb.

华绒苞藤

Congea chinensis Moldenke, Phytologia 2: 311 (1947).

云南；缅甸。

绒苞藤

Congea tomentosa Roxb., Pl. Coromandel 3: 90 (1820).

Congea tomentosa var. *oblongifolia* Schauer in A. DC., Prodr. 11: 624 (1847).

云南；越南、老挝、缅甸、泰国、印度、孟加拉国。

簇序草属 **Craniotome** Rchb.

簇序草

Craniotome furcata (Link) Kuntze, Revis. Gen. Pl. 2: 516 (1891).

Ajuga furcata Link, Enum. Hort. Berol. Alt. 2: 99 (1822); *Anisomeles furcata* (Link) Sweet, Hort. Brit. 1: 315 (1826); *Craniotome versicolor* Rchb., Iconogr. Bot. Exot. 1: 39, pl. 54 (1824); *Anisomeles nepalensis* Spreng., Syst. Veg. ed. 16. 2: 706 (1825); *Nepeta versicolor* Trevis., Nova Acta Phys.-Med. Acad. Caes. Leop.-Carol. Nat. Cur. 13: 183 (1826).

四川、云南、西藏；越南、老挝、缅甸、印度、不丹、尼泊尔。

歧伞花属 **Cymaria** Benth.

长柄歧伞花

Cymaria acuminata Decne., Nouv. Ann. Mus. Hist. Nat. 3: 399 (1834).

海南；印度尼西亚、菲律宾。

歧伞花
Cymaria dichotoma Benth., in Wallich, Pl. Asiat. Rar. 1: 64 (1830).
海南；缅甸、马来西亚。

青兰属 Dracocephalum L.

光萼青兰
Dracocephalum argunense Fisch. ex Link, Enum. Hort. Berol. Alt. 2: 118 (1822).
Dracocephalum ruyschiana L. var. *speciosum* Ledeb., Fl. Ross. 3: 390 (1849); *Dracocephalum speciosum* Ledeb., Gartenflora 29: 376 (1880); *Dracocephalum ruyschiana* L. var. *argunense* Nakai, Bot. Mag. (Tokyo) 25: 190 (1911).
黑龙江、吉林、辽宁、内蒙古、河北；朝鲜、俄罗斯。

羽叶枝子花
Dracocephalum bipinnatum Rupr., Mém. Acad. Imp. Sci. St.-Pétersbourg 14: 65 (1869).
Dracocephalum ruprechtianum Regel, Gartenflora 24: pl. 1018 (1880); *Dracocephalum ruprechtii* Regel, Trudy Imp. S.-Peterburgsk. Bot. Sada 6 (2): 363 (1880); *Dracocephalum bipinnatum* var. *brevilobum* C. Y. Wu et W. T. Wang, Fl. Reipubl. Popularis Sin. 65 (2): 591 (1977); *Dracocephalum bipinnatum* var. *biflorum* C. Y. Wu, Fl. Reipubl. Popularis Sin. 65 (2): 591 (1977).
新疆、西藏；印度、吉尔吉斯斯坦、塔吉克斯坦、哈萨克斯坦。

短花枝子花
●**Dracocephalum breviflorum** Turrill, Bull. Misc. Inform. Kew 1922 (4): 154 (1922).
西藏。

皱叶毛建草
●**Dracocephalum bullatum** G. Forrest ex Diels, Notes Roy. Bot. Gard. Edinb. 5: 238 (1912).
云南。

美叶青兰
●**Dracocephalum calophyllum** Hand.-Mazz., Anz. Kaiserl. Akad. Wiss. Wien, Math.-Naturwiss. Kl. 17: 4 (1923).
Dracocephalum forrestii W. W. Sm. var. *calophyllum* (Hand.-Mazz.) Kudô, Mém. Fac. Sci. Taihoku Imp. Univ. 2: 239 (1929).
四川、云南。

松叶青兰（傅氏青兰）
●**Dracocephalum forrestii** W. W. Sm., Trans. Bot. Soc. Edinburgh 27: 90 (1916).
云南。

线叶青兰
Dracocephalum fruticulosum Stephan ex Willd., Sp. Pl. 3: 152 (1800).
Dracocephalum linearifolium C. H. Hu, J. Nanjing Univ., Nat. Sci. Ed. 1: 122. pl. 1 (1984); *Dracocephalum linearifolium* var. *etokense* C. H. Hu, J. Nanjing Univ., Nat. Sci. Ed. 1: 122. pl. 1 (1984).
宁夏；蒙古、俄罗斯。

大花毛建草
Dracocephalum grandiflorum L., Sp. Pl. 2: 595 (1753).
Dracocephalum altaiense Laxm., Novi Comment. Acad. Sci. Imp. Petrop. 15: 556, pl. 29, f. 3 (1770); *Dracocephalum turkestanicum* Gand., Bull. Soc. Bot. France 65: 66 (1918).
内蒙古、新疆；蒙古、吉尔吉斯斯坦、塔吉克斯坦、哈萨克斯坦、俄罗斯。

白花枝子花（马尔赞居西，祖帕尔）
Dracocephalum heterophyllum Benth., Labiat. Gen. Spec. 738 (1835).
Dracocephalum acanthoides Edgew. ex Benth. in A. DC., Prodr. 12: 401 (1848); *Dracocephalum kaschgaricum* Rupr., Sert. Tianschan. 4: 65 (1869); *Dracocephalum pamiricum* Briq., Bot. Tidsskr. 28 (2): 239, f. 5 (1907).
内蒙古、山西、宁夏、甘肃、青海、新疆、四川、西藏；俄罗斯。

和布克塞尔青兰
●**Dracocephalum hoboksarensis** G. J. Liu, Bull. Bot. Res., Harbin 5 (3): 163 (1985).
新疆。

长齿青兰
●**Dracocephalum hookeri** C. B. Clarke ex Hook. f., Fl. Brit. Ind. 4: 666 (1885).
西藏。

无髭毛建草
Dracocephalum imberbe Bunge, Verz. Altai Pfl. 50 (1836).
新疆；土库曼斯坦、吉尔吉斯斯坦、塔吉克斯坦、哈萨克斯坦、俄罗斯。

覆苞毛建草
●**Dracocephalum imbricatum** C. Y. Wu et W. T. Wang, Fl. Yunnan. 1: 588, pl. 142, f. 12 (1977).
云南。

全缘叶青兰
Dracocephalum integrifolium Bunge, Fl. Altaic. 2: 387 (1830).
新疆；吉尔吉斯斯坦、哈萨克斯坦、俄罗斯。

全缘叶青兰（原变种）（马尔赞居西，祖帕尔）
●**Dracocephalum integrifolium** var. **integrifolium**
新疆；吉尔吉斯斯坦、哈萨克斯坦、俄罗斯。

白花全缘叶青兰（变种）
- **Dracocephalum tanguticum** var. **album** G. J. Liu, Fl. Xinjiang. 4: 520 (2004).
新疆。

白萼青兰
- **Dracocephalum isabellae** Forrest, Notes Roy. Bot. Gard. Edinb. 8 (38): 211 (1914).
云南。

小花毛建草
- **Dracocephalum microflorum** C. Y. Wu et W. T. Wang, Fl. Reipubl. Popularis Sin. 65 (2): 593 (1977).
四川。

香青兰（摩眼子，山薄荷，蓝秋花）
Dracocephalum moldavica L., Sp. Pl. 2: 595 (1753).
黑龙江、吉林、辽宁、内蒙古、河北、山西、河南、陕西、甘肃、青海；印度、土库曼斯坦、塔吉克斯坦、俄罗斯、欧洲。

多节青兰
- **Dracocephalum nodulosum** Rupr., Mém. Acad. Imp. Sci. St.-Pétersbourg 14: 65 (1869).
新疆。

垂花青兰
Dracocephalum nutans L., Sp. Pl. 2: 596 (1753).
Zornia nutans (L.) Moench, Methodus (Moench) 411 (1794); *Dracocephalum nutans* var. *alpinum* Kar. et Kir., Bull. Soc. Imp. Naturalistes Moscou 15: 424 (1842); *Dracocephalum microphyllum* Turcz., Fl. Baical.-Dahur. 2 (1): 409 (1856).
黑龙江、内蒙古、新疆；印度、巴基斯坦、阿富汗、吉尔吉斯斯坦、塔吉克斯坦、哈萨克斯坦、俄罗斯、欧洲。

铺地青兰
Dracocephalum origanoides Stephan ex Willd., Sp. Pl. 3 (1): 151 (1800).
Dracocephalum pinnatum L. var. *songaricum* Lipsky, Trudy Imp. S.-Peterburgsk. Bot. Sada 26 (2): 605 (1910).
新疆；蒙古、吉尔吉斯斯坦、哈萨克斯坦、俄罗斯。

掌叶青兰
- **Dracocephalum palmatoides** C. Y. Wu et W. T. Wang, Fl. Reipubl. Popularis Sin. 65 (2): 593, pl. 71, f. 9-11 (1977).
新疆。

宽齿青兰
Dracocephalum paulsenii Briq., Bot. Tidsskr. 28 (2): 238 (1908).
新疆；巴基斯坦、阿富汗、吉尔吉斯斯坦、塔吉克斯坦。

刺齿枝子花
Dracocephalum peregrinum L., Cent. Pl. 2: 20 (1756).
Dracocephalum politovii Gand., Bull. Soc. Bot. France 65: 65 (1918).
甘肃、新疆；蒙古、哈萨克斯坦、俄罗斯。

多枝青兰
- **Dracocephalum propinquum** W. W. Sm., Trans. Bot. Soc. Edinburgh 27: 92 (1916).
四川、云南。

沙地青兰
- **Dracocephalum psammophilum** C. Y. Wu et W. T. Wang, Fl. Reipubl. Popularis Sin. 65 (2): 592, pl. 72, f. 9-12 (1977).
Dracocephalum fruticulosum Stephan subsp. *psammophilum* (C. Y. Wu et W. T. Wang) H. C. Fu et S. Chen, Fl. Intramong. 5: 195 (1980).
宁夏。

岷山毛建草
- **Dracocephalum purdomii** W. W. Sm., Notes Roy. Bot. Gard. Edinb. 9 (42): 105 (1916).
Dracocephalum grandiflorum L. var. *purdomii* (W. W. Sm.) Kudô, Mem. Fac. Sci. Taihoku Imp. Univ. 2: 241 (1929).
甘肃、四川。

微硬毛建草
- **Dracocephalum rigidulum** Hand.-Mazz., Oesterr. Bot. Z. 88: 306 (1939).
内蒙古。

毛建草（毛尖，毛尖茶）
- **Dracocephalum rupestre** Hance, J. Bot. 7 (79): 166 (1869).
辽宁、内蒙古、河北、山西、青海。

青兰
Dracocephalum ruyschiana L., Sp. Pl. 2: 595 (1753).
Ruyschiana spicata Mill., Gard. Dict., ed. 8. 1 (1768); *Zornia linearifolia* Moench, Suppl. Meth. 139 (1802).
黑龙江、内蒙古、新疆；蒙古、土库曼斯坦、吉尔吉斯斯坦、哈萨克斯坦、俄罗斯、欧洲。

长蕊青兰
Dracocephalum stamineum Kar. et Kir., Bull. Soc. Imp. Naturalistes Moscou 15: 423 (1842).
Dracocephalum pulchellum Briq., Bot. Tidsskr. 28: 241, f. 4 (1908); *Fedtschenkiella staminea* (Kar. et Kir.) Kudrjaschev, Bot. Mater. Gerb. Bot. Inst. Uzbekistansk. Fil. Akad. Nauk S. S. S. R. 4: 4 (1941).
新疆、西藏；印度、巴基斯坦、阿富汗、吉尔吉斯斯坦、塔吉克斯坦、哈萨克斯坦。

大理青兰
- **Dracocephalum taliense** Forrest, Trans. Bot. Soc. Edinburgh 27 (1): 93 (1916).
云南。

甘青青兰
●**Dracocephalum tanguticum** Maxim., Bull. Acad. Imp. Sci. Saint-Pétersbourg. ser. 3. 27: 530 (1881).
甘肃、青海、四川、西藏。

甘青青兰（原变种）（唐古特青兰，陇塞青兰，则年古）
●**Dracocephalum tanguticum** var. **tanguticum**
甘肃、青海、四川、西藏。

灰毛甘青青兰（变种）
●**Dracocephalum tanguticum** var. **cinereum** Hand.-Mazz., Acta Horti Gothob. 13 (10): 343 (1939).
四川。

矮生甘青青兰（变种）
●**Dracocephalum tanguticum** var. **nanum** C. Y. Wu et W. T. Wang, Fl. Reipubl. Popularis Sin. 65 (2): 591 (1977).
西藏。

截萼毛建草
●**Dracocephalum truncatum** Sun ex C. Y. Wu, Acta Phytotax. Sin. 8 (1): 25, pl. 2 (1959).
甘肃。

绒叶毛建草
●**Dracocephalum velutinum** C. Y. Wu et W. T. Wang, Fl. Yunnan. 1: 588, pl. 142, f. 9-11 (1977).
云南。

绒叶毛建草（原变种）
●**Dracocephalum velutinum** var. **velutinum**
云南。

圆齿绒叶毛建草（变种）
●**Dracocephalum velutinum** var. **intermedium** C. Y. Wu et W. T. Wang, Fl. Yunnan. 1: 588 (1977).
云南。

美花毛建草
●**Dracocephalum wallichii** Sealy, Bot. Mag. (Tokyo) 164: t. 9657 (1944).
四川、西藏。

美花毛建草（原变种）
●**Dracocephalum wallichii** var. **wallichii**
Dracocephalum speciosum Benth., in Wallich, Pl. Asiat. Rar. 2: 65 (1831).
西藏。

宽花美花毛建草（变种）
●**Dracocephalum wallichii** var. **platyanthum** C. Y. Wu et W. T. Wang, Fl. Reipubl. Popularis Sin. 65 (2): 593 (1977).
西藏。

复序美花毛建草（变种）
●**Dracocephalum wallichii** var. **proliferum** C. Y. Wu et W. T. Wang, Fl. Reipubl. Popularis Sin. 65 (2): 593 (1977).
四川。

香薷属 Elsholtzia Willd.

紫花香薷（野薄荷，牙刷花，臭草）
Elsholtzia argyi H. Lév, Repert. Spec. Nov. Regni Veg. 8 (182-184): 425 (1910).
Elsholtzia macrostemon Hand.-Mazz., Beih. Bot. Centralbl. 56 (2): 458 (1937).
安徽、江苏、浙江、江西、湖南、湖北、四川、贵州、福建、广东、广西；日本、越南。

四方蒿（铁扫把，野苏，四棱蒿）
Elsholtzia blanda (Benth.) Benth., Labiat. Gen. Spec. 162 (1833).
Aphanochilus blandus Benth., in Wallich, Pl. Asiat. Rar. 1: 29 (1830); *Perilla elata* D. Don, Prodr. Fl. Nepal. 115 (1825).
贵州、云南、广西；越南、老挝、缅甸、泰国、印度尼西亚、印度、不丹、尼泊尔。

东紫苏（牙刷草，云松茶，凤尾茶）
●**Elsholtzia bodinieri** Vaniot, Bull. Acad. Int. Géogr. Bot. 14 (183): 176 (1904).
贵州、云南。

头花香薷
●**Elsholtzia capituligera** C. Y. Wu, Acta Phytotax. Sin. 8 (1): 49 (1959).
Acrocephalus fruticosus Dunn, Notes Roy. Bot. Gard. Edinb. 8 (37): 154 (1913).
四川、云南、西藏。

小头花香薷
●**Elsholtzia cephalantha** Hand.-Mazz., Acta Horti Gothob. 9 (5): 90 (1934).
四川。

香薷（山苏子，小叶苏子，小荆芥）
Elsholtzia ciliata (Thunb.) Hyl., Bot. Not. 1941: 129 (1941).
Sideritis ciliata Thunb., Syst. Veg., ed. 14. 532 (1784); *Elsholtzia minina* Nakai, Bot. Mag. (Tokyo) 29 (337): 1 (1915); *Elsholtzia formosana* Hayata, Icon. Pl. Formosan. 8: 106. (1919); *Elsholtzia patrini* (Lepech.) Garcke var. *ramosa* Nakai, Bot. Mag. (Tokyo) 35 (418): 172 (1921); *Elsholtzia ciliata* var. *ramosa* (Nakai) C. Y. Wu et H. W. Li, Acta Phytotax. Sin. 13 (1): 75 (1974); *Elsholtzia ciliata* var. *remota* C. Y. Wu et S. C. Huang, Acta Phytotax. Sin. 12 (3): 345 (1974); *Elsholtzia ciliata* var. *brevipes* C. Y. Wu et S. C. Huang, Acta Phytotax. Sin. 12 (3): 346 (1974); *Elsholtzia ciliata* var. *depauperata* C. Y. Wu et S. C. Huang, Acta Phytotax. Sin. 12 (3): 346 (1974).

全国除了青海、新疆外均有分布；蒙古、日本、越南、老挝、柬埔寨、缅甸、泰国、马来西亚、印度、俄罗斯，引种于欧洲、北美洲。

吉龙草（暹罗香菜）
△**Elsholtzia communis** (Collett et Hemsl.) Diels, Notes Roy. Bot. Gard. Edinb. 7 (31): 47 (1912).
Dysophylla communis Collett et Hemsl., J. Linn. Soc., Bot. 28 (189-191): 114 (1891).
栽培并归化于全国；缅甸、泰国。

野香草
●**Elsholtzia cyprianii** (Pavol.) S. Chow ex P. S. Hsu, Observ. Ad Florulam Hwangshanicam 170 (1965).
Lophanthus cyprianii Pavol., Nuovo Giorn. Bot. Ital., n.s. 15 (3): 434 (1908).
河南、陕西、安徽、湖南、湖北、四川、贵州、云南、广西。

野香草（原变种）（狗尾巴草，野活苏，野苏麻）
●**Elsholtzia cyprianii** var. **cyprianii**
Pogostemon cyprianii (Pavol.) Pamp., Nuovo Giorn. Bot. Ital., n.s. 17 (4): 708 (1910); *Elsholtzia cyprianii* (Pavol.) S. Chow ex P. S. Hsu var. *angustifolia* C. Y. Wu et S. C. Huang, Acta Phytotax. Sin. 12 (3): 343 (1974).
河南、陕西、安徽、湖南、湖北、四川、贵州、云南、广西。

长毛野香草（变种）
●**Elsholtzia cyprianii** var. **longipilosa** (Hand.-Mazz.) C. Y. Wu et S. C. Huang, Acta Phytotax. Sin. 12 (3): 343 (1974).
Elsholtzia communis (Collett et Hemsl.) Diels var. *longipilosa* Hand.-Mazz., Acta Horti Gothob. 13 (10): 357 (1939).
四川、云南。

密花香薷（咳喇草，野紫苏，臭香茹）
Elsholtzia densa Benth., Labiat. Gen. Spec. 7: 714 (1835).
Elsholtzia calycocarpa Diels, Bot. Jahrb. Syst. 29 (3-4): 560 (1900); *Elsholtzia densa* var. *calycocarpa* (Diels) C. Y. Wu et S. C. Huang, Acta Phytotax. Sin. 12 (3): 344 (1974); *Elsholtzia ianthina* (Maxim. ex Kanitz) Dunn, Notes Roy. Bot. Gard. Edinb. 6 (28): 152 (1915); *Elsholtzia densa* var. *ianthina* (Maxim. ex Kanitz) C. Y. Wu et S. C. Huang, Acta Phytotax. Sin. 12 (3): 344 (1974); *Elsholtzia manshurica* (Kitag.) Kitag., Fl. Manshur. 379 (1939).
辽宁、河北、山西、陕西、甘肃、青海、新疆、四川、云南、西藏；印度、巴基斯坦、尼泊尔、阿富汗、塔吉克斯坦。

毛萼香薷
●**Elsholtzia eriocalyx** C. Y. Wu et S. C. Huang, Acta Phytotax. Sin. 12 (3): 338, pl. 69, f. 1-6 (1974).
四川、云南。

毛萼香薷（原变种）
●**Elsholtzia eriocalyx** var. **eriocalyx**
Elsholtzia fruticosa (D. Don) Rehder var. *paucidentata* Hand.-Mazz., Acta Horti Gothob. 13 (10): 356 (1939).
云南。

绒毛毛萼香薷（变种）
●**Elsholtzia eriocalyx** var. **tomentosa** C. Y. Wu et S. C. Huang, Acta Phytotax. Sin. 12 (3): 33, pl. 69, f. 6 (1974).
四川。

毛穗香薷
●**Elsholtzia eriostachya** (Benth.) Benth., Labiat. Gen. Spec. 2: 163 (1833).
Aphanochilus eriostachyus Benth., in Wallich, Pl. Asiat. Rar. 1: 29 (1830); *Platyelasma eriostachyum* (Benth.) Kitag., Rep. First Sci. Exped. Manchoukuo 2: 25 (1933); *Elsholtzia pusilla* Benth., Labiat. Gen. Spec. 714 (1835); *Elsholtzia eriostachya* var. *pusilla* (Benth.) Hook. f., Fl. Brit. Ind. 4 (12): 645 (1885).
甘肃、四川、云南、西藏。

高原香薷
●**Elsholtzia feddei** H. Lév, Repert. Spec. Nov. Regni Veg. 9 (208-210): 218 (1911).
Elsholtzia feddei f. *heterophylla* C. Y. Wu et S. C. Huang, Acta Phytotax. Sin. 12 (3): 345 (1974); *Elsholtzia feddei* f. *remotibracteata* C. Y. Wu et S. C. Huang, Acta Phytotax. Sin. 12 (3): 345 (1974); *Elsholtzia feddei* f. *robusta* C. Y. Wu et S. C. Huang, Acta Phytotax. Sin. 12 (3): 345 (1974).
河北、山西、陕西、甘肃、青海、四川、云南、西藏。

黄花香薷（修仙果，大野坝艾，大叶香芝麻）
Elsholtzia flava (Benth.) Benth., Labiat. Gen. Spec. 2: 161 (1833).
Aphanochilus flavus Benth., in Wallich, Pl. Asiat. Rar. 1: 28, pl. 34 (1830).
浙江、湖北、四川、贵州、云南；印度、尼泊尔。

鸡骨柴
Elsholtzia fruticosa (D. Don) Rehder in Sargent, Pl. Wilson. 3 (2): 381 (1917).
Perilla fruticosa D. Don, Prodr. Fl. Nepal. 115 (1825).
甘肃、湖北、四川、贵州、云南、西藏、广西；印度、不丹、尼泊尔。

鸡骨柴（原变种）（双翎草，老妈妈棵，瘦狗还阳草）
Elsholtzia fruticosa var. **fruticosa**
Aphanochilus fruticosus (D. Don) Kudô, Mem. Fac. Sci. Taihoku Imp. Univ. 2: 61 (1929); *Colebrookea oppositifolia* Loddiges, Bot. Cab. 5: f. 487 (1820); *Elsholtzia polystachya* Benth., Labiat. Gen. Spec. 116 (1833); *Elsholtzia souliei* H. Lév., Repert. Spec. Nov. Regni Veg. 9 (208-210): 218 (1911); *Buddleja plectranthoidea* H. Lév., Cat. Pl. Yun-Nan 171 (1916); *Elsholtzia fruticosa* (D. Don) Rehder f. *inclusa* Sun ex C. H. Hu, Acta Phytotax. Sin. 11 (1): 46, pl. 6, f. 7 (1966); *Elsholtzia fruticosa* f. *leptostachya* C. Y. Wu et S. C. Huang, Acta Phytotax. Sin. 12 (3): 337 (1974); *Elsholtzia fruticosa* var.

parvifolia C. Y. Wu et S. C. Huang, Acta Phytotax. Sin. 12 (3): 338 (1974).

甘肃、湖北、四川、贵州、云南、西藏、广西；印度、不丹、尼泊尔。

光叶鸡骨柴（变种）

●**Elsholtzia fruticosa** var. **glabrifolia** C. Y. Wu et S. C. Huang, Acta Phytotax. Sin. 12 (3): 338 (1974).

四川、云南。

光香薷

●**Elsholtzia glabra** C. Y. Wu et S. C. Huang, Acta Phytotax. Sin. 12 (3): 338, pl. 68 (1974).

四川、云南。

异叶香薷

Elsholtzia heterophylla Diels, Notes Roy. Bot. Gard. Edinb. 5 (25): 231 (1912).

云南；缅甸。

湖南香薷

●**Elsholtzia hunanensis** Hand.-Mazz., Symb. Sin. 7 (4): 935, pl. 28, f. 9 (1936).

Perilla frutescens (L.) Britton var. *auriculato-dentata* C. Y. Wu et S. J. Hsuan ex H. W. Li, Acta Phytotax. Sin. 12 (2): 228 (1974).

安徽、江西、湖南、湖北、贵州。

水香薷（水薄，猪菜草，安南木）

Elsholtzia kachinensis Prain, J. Asiat. Soc. Bengal, Pt. 2, Nat. Hist. 73: 206 (1904).

Elsholtzia kachinensis var. *petiolata* Y. Z. Sun ex C. H. Hu, Acta Phytotax. Sin. 11 (1): 48, pl. 6, f. 9-12 (1966).

江西、湖南、湖北、四川、贵州、云南、广东、广西；缅甸。

亮叶香薷（新拟）

●**Elsholtzia lamprophylla** C. L. Xiang et E. D. Liu, J. Syst. Evol. 50 (6): 578 (2012).

四川。

理塘香薷

●**Elsholtzia litangensis** C. X. Pu et W. Y. Chen, Nord. J. Bot. 30: 174 (2012).

四川（理塘）。

淡黄香薷

●**Elsholtzia luteola** Diels, Notes Roy. Bot. Gard. Edinb. 5 (25): 232 (1912).

四川、云南。

淡黄香薷（原变种）

●**Elsholtzia luteola** var. **luteola**

四川、云南。

金苞淡黄香薷（变种）

●**Elsholtzia luteola** var. **holostegia** Hand.-Mazz., Acta Horti Gothob. 13 (10): 361 (1939).

云南。

鼠尾香薷（密花香薷，大香花棵）

●**Elsholtzia myosurus** Dunn, Notes Roy. Bot. Gard. Edinb. 8 (37): 160 (1913).

Aphanochilus myosurus (Dunn) Kudô, Mém. Fac. Sci. Taihoku Imp. Univ. 2: 59 (1929); *Elsholtzia fruticosa* (D. Don) Rehder var. *tomentella* Rehder, Pl. Wilson. 3 (2): 382 (1916); *Aphanochilus fruticosus* (D. Don) Kudô var. *tomentella* (Rehder) Kudô, Mem. Fac. Sci. Taihoku Imp. Univ. 2: 62 (1929).

四川、云南。

黄白香薷

●**Elsholtzia ochroleuca** Dunn, Notes Roy. Bot. Gard. Edinb. 8 (37): 161 (1913).

Aphanochilus fruticosus (D. Don) Kudô var. *ochroleuca* (Dunn) Kudô, Mem. Fac. Sci. Taihoku Imp. Univ. 2: 62 (1929); *Elsholtzia lampradena* H. Lév, Bull. Géogr. Bot. 25: 25 (1915); *Elsholtzia ochroleuca* Dunn var. *parvifolia* C. Y. Wu et S. C. Huang, Acta Phytotax. Sin. 12 (3): 339 (1974).

四川、云南。

台湾香薷

●**Elsholtzia oldhamii** Hemsl., J. Linn. Soc., Bot. 26 (175): 277 (1890).

台湾。

大黄药（野苏子棵，野芝麻，大黑头草）

●**Elsholtzia penduliflora** W. W. Sm., Notes Roy. Bot. Gard. Edinb. 10 (49-50): 176 (1918).

Aphanochilus penduliflorus (W. W. Sm.) Kudô, Mem. Fac. Sci. Taihoku Imp. Univ. 2: 64 (1929).

云南。

长毛香薷（大薷）

Elsholtzia pilosa (Benth.) Benth., Labiat. Gen. Spec., 2: 163 (1833).

Aphanochilus pilosus Benth., in Wallich, Pl. Asiat. Rar. 1: 30 (1830); *Dysophylla mairei* H. Lév, Bull. Géogr. Bot. 22 (275): 236 (1912).

四川、贵州、云南；越南、缅甸、印度、尼泊尔。

矮香薷

●**Elsholtzia pygmaea** W. W. Sm., Notes Roy. Bot. Gard. Edinb. 12 (59): 204 (1920).

云南。

野拔子（野巴子，狗尾巴香，香芝麻蒿）

●**Elsholtzia rugulosa** Hemsl., J. Linn. Soc., Bot. 26 (175): 278 (1890).

Aphanochilus rugulosus (Hemsl.) Kudô, Mem. Fac. Sci. Taihoku Imp. Univ. 2: 60 (1929); *Elsholtzia labordei* Vaniot, Bull. Acad. Int. Géogr. Bot. 14 (183): 177 (1904); *Elsholtzia mairei* H. Lév, Bull. Géogr. Bot. 25: 24 (1915).
四川、贵州、云南、广西。

岩生香薷
Elsholtzia saxatilis (Kom.) Nakai ex Kitag., Rep. First Sci. Exped. Manchoukuo 1: 266 (1937).
Elsholtzia cristata Willd. f. *saxatilis* Kom., Trudy Imp. S.-Peterburgsk. Bot. Sada 25 (2): 390 (1907); *Elsholtzia pseudocristata* H. Lév. et Vaniot var. *saxatilis* (Kom.) P. Y. Fu, Fl. Pl. Herb. Chin. Bot.-Or. 7: 243 (1981).
黑龙江、吉林、辽宁、山东；朝鲜、日本、俄罗斯。

川滇香薷
●**Elsholtzia souliei** H. Lév., Repert. Spec. Nov. Regni Veg. 9 (208-210): 218 (1911).
四川、云南。

海洲香薷
Elsholtzia splendens Nakai ex F. Maek., Bot. Mag. (Tokyo) 48 (565): 50, f. 20 (1934).
Elsholtzia haichowensis Y. Z. Sun ex C. H. Hu, Acta Phytotax. Sin. 11 (1): 47 (1966); *Elsholtzia lungtangensis* Y. Z. Sun ex C. H. Hu, Acta Phytotax. Sin. 11 (1): 48, pl. 6, f. 13-15 (1966); *Elsholtzia pseudocristata* H. Lév. et Vaniot var. *angustifolia* (Loes.) P. Y. Fu, Fl. Pl. Herb. Chin. Bot.-Or. 7: 243 (1981).
辽宁、河北、山东、河南、江苏、浙江、江西、湖北、广东；朝鲜。

穗状香薷
Elsholtzia stachyodes (Link) C. Y. Wu, Acta Phytotax. Sin. 12 (3): 340 (1974).
Hyptis stachyodes Link, Enum. Hort. Berol. Alt., 2: 106 (1822).
陕西、安徽、浙江、湖北、四川、贵州、云南、广东、广西；缅甸、印度、尼泊尔。

木香薷（紫荆芥，香荆芥，山荆芥）
●**Elsholtzia stauntonii** Benth., Labiat. Gen. Spec. 2: 161 (1833).
Aphanochilus stauntonii (Benth.) Kudô, Mém. Fac. Agric. Taihoku Imp. Univ. 2 (2): 63 (1929).
河北、山西、河南、陕西、甘肃。

球穗香薷（臭苏麻，野苏麻）
Elsholtzia strobilifera (Benth.) Benth., Labiat. Gen. Spec. 2: 163 (1833).
Cyclostegia strobilifera Benth., in Wallich, Pl. Asiat. Rar. 1: 30 (1830); *Elsholtzia exigua* Hand.-Mazz., Symb. Sin. 7 (4): 936 (1936); *Elsholtzia strobilifera* var. *exigua* (Hand.-Mazz.) C. Y. Wu et S. C. Huang, Acta Phytotax. Sin. 12 (3): 344 (1974).
四川、云南、西藏、台湾；印度、尼泊尔。

白香薷（香薷，麻永牙，四方蒿）
Elsholtzia winitiana Craib, Bull. Misc. Inform. Kew 1918 (10): 368 (1918).
云南、广西；泰国。

绵参属 **Eriophyton** Benth.

孙航绵参
●**Eriophyton sunhangii** Bo Xu, Zhi M. Li et Bufford, Harvard Pap. Bot. 14 (1): 15 (2009).
西藏。

绵参（毛草）
Eriophyton wallichianum Benth., in Wallich, Pl. Asiat. Rar. 1: 63 (1830).
青海、四川、云南、西藏；印度、尼泊尔。

宽管花属 **Eurysolen** Prain

宽管花
Eurysolen gracilis Prain, Sci. Mem. Off. Med. Dept. Gov. India 11: 43 (1898).
云南；缅甸、印度、马来西亚。

小野芝麻属 **Matsumurella** Makino

小野芝麻
●**Matsumurella chinense** (Benth.) Bendiksby, Taxon, 60 (2): 481 (2011).
Lamium chinense Benth. in in A. DC., Prodr. 12: 512 (1848).
安徽、江苏、浙江、江西、湖南、福建、台湾、广东、广西。

小野芝麻（原变种）（假野芝麻）
●**Matsumurella chinense** var. **chinense**
Galeobdolon chinense (Benth.) C. Y. Wu, Acta Phytotax. Sin. 10 (2): 157 (1965).
安徽、江苏、浙江、江西、湖南、福建、台湾、广东、广西。

粗壮小野芝麻（变种）
●**Matsumurella chinense** var. **robustum** (C. Y. Wu) C. L. Xiang, Biodiver. Sci. 24(6): 719 (2016).
Basionym: *Galeobdolon chinense* var. *robustum* C. Y. Wu, Acta Phytotax. Sin. 10 (2): 158 (1965).
福建。

近无毛小野芝麻（变种）
●**Matsumurella chinense** var. **subglabrum** (C. Y. Wu) C. L. Xiang, Biodiver. Sci. 24(6): 719 (2016).
Basionym: *Galeobdolon chinense* var. *subglabrum* C. Y. Wu, Acta Phytotax. Sin. 10 (2): 158 (1965).
江西。

广东小野芝麻（广东假野芝麻）

● **Matsumurella kwangtungensis** (C. Y. Wu) Bendiksby, Taxon 60 (2): 481 (2011).
Galeobdolon kwangtungense C. Y. Wu, Acta Phytotax. Sin. 10 (2): 160, pl. 38, f. 1-8 (1965).
广东。

四川小野芝麻（四川假野芝麻）

● **Matsumurella szechuanensis** (C. Y. Wu) Bendiksby, Taxon 60 (2): 481 (2011).
Galeobdolon szechuanense C. Y. Wu, Acta Phytotax. Sin. 10 (2): 159 (1965).
四川。

块根小野芝麻（块根假野芝麻）

Matsumurella tuberifera (Makino) Makino, Bot. Mag. (Tokyo) 29 (346): 279 (1915).
Leonurus tuberiferus Makino, Bot. Mag. (Tokyo) 19 (227): 146 (1905); *Lamium tuberiferum* (Makino) Ohwi, J. Jap. Bot. 12 (5): 327 (1936); *Lamium chinense* var. *tuberiferum* (Makino) Murata, Acta Phytotax. Geobot. 15: 176 (1954); *Galeobdolon tuberiferum* (Makino) C. Y. Wu, Acta Phytotax. Sin. 10 (2): 158 (1965); *Lamium kelungense* Hayata, Icon. Pl. Formosan. 8 (90-92), pl. 12 (1919).
江西、湖南、台湾、广西；日本。

阳朔小野芝麻（阳朔假野芝麻）

● **Matsumurella yangsoensis** (Y. Z. Sun) Bendiksby, Taxon 60 (2): 481 (2011).
Galeobdolon yangsoense Y. Z. Sun, Acta Phytotax. Sin. 10. 160, pl. 38, f. 9-10 (1965).
广西。

鼬瓣花属 Galeopsis L.

鼬瓣花（野芝麻，野苏子）

Galeopsis bifida Boenn., Prodr. Fl. Monast. Westphal. 178 (1824).
Galeopsis bifida var. *emarginata* Nakai, Bot. Mag. (Tokyo) 35: 173 (1921); *Galeopsis tetrahit* Mukerjee var. *bifida* (Boenn.) Kudô, Mem. Fac. Sci. Taihoku Imp. Univ. 2: 205 (1929).
黑龙江、吉林、内蒙古、山西、陕西、甘肃、青海、湖北、四川、贵州、云南、西藏；朝鲜、蒙古、日本、吉尔吉斯斯坦、俄罗斯、欧洲、北美洲。

辣莸属 Garrettia H. R. Fletcher

辣莸（加辣莸）

Garrettia siamensis H. R. Fletcher, Bull. Misc. Inform. Kew 1937 (2): 71, 74, f. 1 (1937).
云南；泰国、印度尼西亚。

网萼木属 Geniosporum Wall. ex Benth.

网萼木（网萼）

Geniosporum coloratum (D. Don) Kuntze, Revis. Gen. Pl. 2: 517 (1891).
Plectranthus coloratus D. Don, Prodr. Fl. Nepal. 116 (1825); *Geniosporum strobiliferum* Wall., Pl. Asiat. Rar. 2: 18 (1831).
云南；老挝、缅甸、印度、不丹、尼泊尔。

活血丹属 Glechoma L.

白透骨消

● **Glechoma biondiana** (Diels) C. Y. Wu et C. Chen, Acta Phytotax. Sin. 12 (1): 31, pl. 9, f. 7-9 (1974).
Dracocephalum biondianum Diels, Bot. Jahrb. Syst. 36 (5, Beibl. 82): 94 (1905).
河北、河南、陕西、甘肃、湖北、四川。

白透骨消（原变种）

● **Glechoma biondiana** var. **biondiana**
Meehaniopsis biondiana (Diels) Kudô, Mem. Fac. Sci. Taihoku Imp. Univ. 2: 236 (1929).
陕西。

狭萼白透骨消（变种）

● **Glechoma biondiana** var. **angustituba** C. Y. Wu et C. Chen, Acta Phytotax. Sin. 12 (1): 31, pl. 9, f. 1-3 (1974).
湖北、四川。

无毛白透骨消（变种）（见肿消，透骨消，补血丹）

● **Glechoma biondiana** var. **glabrescens** C. Y. Wu et C. Chen, Acta Phytotax. Sin. 12 (1): 31, pl. 9, f. 4-6 (1974).
河北、河南、陕西、甘肃、湖北。

日本活血丹

Glechoma grandis (A. Gray) Kuprian., Bot. Žhurn. (Moscow et Leningrad) 33 (2): 237 (1948).
Nepeta glechoma Benth. var. *grandis* A. Gray, Mem. Amer. Acad. Arts, ser. 2. 6 (2): 402 (1858).
江苏、台湾；日本。

欧活血丹

Glechoma hederacea L., Sp. Pl. 2: 578 (1753).
Nepeta glechoma Benth., Labiat. Gen. Spec. 485 (1834).
新疆、台湾；俄罗斯、欧洲。

活血丹（铍儿草，佛耳草，连钱草）

Glechoma longituba (Nakai) Kuprian., Bot. Žhurn. (Moscow et Leningrad) 33 (2): 236, f. 1 (4), 2 (1948).
Glechoma hederacea L. var. *longituba* Nakai, Bot. Mag. (Tokyo) 35 (18): 173 (1921); *Nepeta glechoma* Benth. var. *sinensis* Miq., J. Bot. Neerl. 1: 115 (1861); *Nepeta glechoma* var. *hirsuta* Debeaux, Actes Soc. L. Bordeaux 30: 46 (1875); *Glechoma brevituba* Kuprian., Bot. Žhurn. (Moscow et

Leningrad) 33 (2): 236 (1948).
全国除甘肃、青海、新疆、西藏外均有分布；朝鲜、俄罗斯。

大花活血丹（大筋草）

●**Glechoma sinograndis** C. Y. Wu, Acta Phytotax. Sin. 8 (1): 7 (1959).
云南。

石梓属 Gmelina L.

云南石梓（滇石梓，酸树）

Gmelina arborea Roxb. ex Sm. Cycl. 16 (1810).
云南；越南、老挝、缅甸、泰国、马来西亚、印度尼西亚、菲律宾、印度、不丹、尼泊尔、孟加拉国、斯里兰卡。

亚洲石梓（蛇头花）

Gmelina asiatica L., Sp. Pl. 2: 626 (1753).
Gmelina asiatica var. *typica* Lam. et Bakh., Bull. Jard. Bot. Buitenzorg. 3 (1): 69 (1921).
广东、广西；越南、柬埔寨、缅甸、泰国、马来西亚、印度尼西亚、印度、孟加拉国、斯里兰卡。

石梓

●**Gmelina chinensis** Benth., Fl. Hongk. 272 (1861).
贵州、福建、广东、广西。

小叶石梓

●**Gmelina delavayana** Dop, Bull. Soc. Bot. France. 61: 321 (1914).
Gmelina montana W. W. Sm., Notes Roy. Bot. Gard. Edinb. 9 (42): 107 (1916).
四川、云南。

苦梓（海南石梓）

Gmelina hainanensis Oliv., Hooker's Icon. Pl. 19: pl. 1874 (1889).
江西、广东、广西、海南；越南。

越南石梓（葫芦树）

Gmelina lecomtei Dop, Bull. Soc. Bot. France. 61: 322 (1914).
云南；越南、老挝。

四川石梓

●**Gmelina szechwanensis** K. Yao, Fl. Reipubl. Popularis Sin. 65 (1): 211, pl. 14 (1982).
四川。

锥花属 Gomphostemma Benth.

木锥花

●**Gomphostemma arbusculum** C. Y. Wu, Acta Phytotax. Sin. 10 (2): 146, pl. 32 (1965).
云南。

紫珠状锥花

●**Gomphostemma callicarpoides** (Yamam.) Masam., Trans. Nat. Hist. Soc. Taiwan 32: 4 (1942).
Taitonia callicarpoides Yamam., J. Soc. Trop. Agric. 10 (1): 278 (1938); *Gomphostemma formosana* Masam., Trans. Nat. Hist. Soc. Taiwan 32: 4 (1942).
台湾。

中华锥花

Gomphostemma chinense Oliv., Hooker's Icon. Pl. 15 (3): 54, pl. 1468-B (1884).
江西、福建、广东、广西、海南；越南。

中华锥花（原变种）

Gomphostemma chinense var. **chinense**
江西、福建、广东、广西；越南。

茎花中华锥花（变种）

●**Gomphostemma chinense** var. **cauliflorum** C. Y. Wu, Acta Phytotax. Sin. 10: 149 (1965).
海南。

长毛锥花

Gomphostemma crinitum Wall. ex Benth., in Wallich, Pl. Asiat. Rar. 2: 12 (1830).
云南；缅甸、马来西亚、印度。

三角齿锥花

●**Gomphostemma deltodon** C. Y. Wu, Acta Phytotax. Sin. 10 (2): 143, pl. 29 (1965).
云南。

海南锥花

●**Gomphostemma hainanense** C. Y. Wu, Acta Phytotax. Sin. 10 (2): 145, pl. 31 (1965).
海南。

宽叶锥花

●**Gomphostemma latifolium** C. Y. Wu, Acta Phytotax. Sin. 10 (2): 147, pl. 33 (1965).
云南、广东。

细齿锥花（假走马胎）

Gomphostemma leptodon Dunn, Notes Roy. Bot. Gard. Edinb. 8 (37): 170 (1913).
广西；越南。

光泽锥花

Gomphostemma lucidum Wall. ex Benth., in Wallich, Pl. Asiat. Rar. 2: 12 (1830).
云南、广东、广西；越南、老挝、缅甸、泰国、印度。

光泽锥花（原变种）
Gomphostemma lucidum var. **lucidum**
云南、广东、广西；越南、老挝、缅甸、泰国、印度。

中间光泽锥花（变种）
Gomphostemma lucidum var. **intermedium** (Craib) C. Y. Wu, Acta Phytotax. Sin. 10 (142): 145 (1965).
Gomphostemma intermedium Craib, Bull. Misc. Inform. Kew 10 (1): 23 (1910).
云南；越南、老挝。

小齿锥花
Gomphostemma microdon Dunn, Notes Roy. Bot. Gard. Edinb. 8 (37): 170 (1913).
云南；老挝。

小花锥花
Gomphostemma parviflorum Wall. ex Benth., in Wallich, Pl. Asiat. Rar. 2: 12 (1830).
云南；缅甸、泰国、马来西亚、印度。

小花锥花（原变种）
Gomphostemma parviflorum var. **parviflorum**
云南；马来西亚、印度。

被粉小花锥花（变种）
Gomphostemma parviflorum var. **farinosum** Prain, Ann. Roy. Bot. Gard. (Calcutta) 3: 253, pl. 84 (1891).
Leonurus farinosus Buch.-Ham. ex S. M. Mukerjee, Rec. Bot. Surv. India 14 (1): 288 (1940).
云南；缅甸、泰国、印度。

抽葶锥花（石花）
Gomphostemma pedunculatum Benth. ex Hook. f., Fl. Brit. Ind. 4 (12): 696 (1885).
云南；印度。

拟长毛锥花
●**Gomphostemma pseudocrinitum** C. Y. Wu, Acta Phytotax. Sin. 10 (2): 144, pl. 30 (1965).
广西。

硬毛锥花
●**Gomphostemma stellatohirsutum** C. Y. Wu, Acta Phytotax. Sin. 10 (2): 148, pl. 34 (1965).
云南。

槽茎锥花
●**Gomphostemma sulcatum** C. Y. Wu, Acta Phytotax. Sin. 10 (2): 149, pl. 35 (1965).
云南。

四轮香属 Hanceola Kudô

贵州四轮香（贵州汉史草）
●**Hanceola cavaleriei** (H. Lév) Kudô, Mem. Fac. Sci. Taihoku Imp. Univ. 2: 55 (1929).
Hancea cavaleriei H. Lév, Repert. Spec. Nov. Regni Veg. 9 (208-210): 224 (1911).
贵州。

心卵四轮香
●**Hanceola cordiovata** Y. Z. Sun, Contr. Biol. Lab. Chin. Assoc. Advancem. Sci., Sect. Bot. 12 (3): 127, f. 11 (1942).
四川、贵州。

出蕊四轮香（出蕊汉史草）
●**Hanceola exserta** Y. Z. Sun, Acta Phytotax. Sin. 8 (1): 59, pl. 6, f. 7-15 (1959).
浙江、江西、湖南、福建、广东。

曲折四轮香（曲折罗香草）
●**Hanceola flexuosa** C. Y. Wu et H. W. Li, Acta Phytotax. Sin. 10 (3): 240 (1965).
广西。

高坡四轮香
●**Hanceola labordei** (H. Lév) Y. Z. Sun, Contr. Biol. Lab. Chin. Assoc. Advancem. Sci., Sect. Bot. 12: 123 (1942).
Hancea labordei H. Lév, Repert. Spec. Nov. Regni Veg. 12 (309-311): 22 (1913).
贵州。

龙溪四轮香
●**Hanceola mairei** (H. Lév) Sun, Contr. Biol. Lab. Chin. Assoc. Advancem. Sci., Sect. Bot. 12: 123 (1942).
Hancea mairei H. Lév, Repert. Spec. Nov. Regni Veg. 11 (286-298): 297 (1912).
云南。

四轮香（野藿香，汉史草）
●**Hanceola sinensis** (Hemsl.) Kudô, Mem. Fac. Sci. Taihoku Imp. Univ. 2 (2): 54 (1929).
Hancea sinensis Hemsl., J. Linn. Soc., Bot. 26 (175): 310, pl. 6 (1890).
湖南、四川、贵州、云南、广西。

块茎四轮香（块茎汉史草）
●**Hanceola tuberifera** Y. Z. Sun, Contr. Biol. Lab. Chin. Assoc. Advancem. Sci., Sect. Bot. 12: 123 (1942).
四川。

异野芝麻属 Heterolamium C. Y. Wu

异野芝麻
●**Heterolamium debile** (Hemsl.) C. Y. Wu, Acta Phytotax. Sin. 10 (3): 254 (1965).
Orthosiphon debilis Hemsl., J. Linn. Soc., Bot. 26 (175): 267 (1890).
陕西、湖南、湖北、四川、云南。

异野芝麻（原变种）
● **Heterolamium debile** var. **debile**
陕西、湖北、四川。

细齿异野芝麻（变种）
● **Heterolamium debile** var. **cardiophyllum** (Hemsl.) C. Y. Wu, Acta Phytotax. Sin. 10 (3): 255, pl. 48 (1965).
Plectranthus cardiaphyllus Hemsl., J. Linn. Soc., Bot. 26 (175): 269 (1890).
湖南、湖北、四川、云南。

尖齿异野芝麻（变种）（黄花长蕊草）
● **Heterolamium debile** var. **tochauense** (Kudô) C. Y. Wu, Acta Phytotax. Sin. 10 (3): 255 (1965).
Teucrium tochauense Kudô, Mem. Fac. Sci. Taihoku Imp. Univ. 2: 296 (1929); *Changruicaoia flaviflora* Z. Y. Zhu, Acta Phytotax. Sin. 39 (6): 541, fig. 1 (2001).
四川。

冬红花属 Holmskioldia Retz.

冬红花
☆**Holmskioldia sanguinea** Retz., Observ. Bot. 6: 31 (1791).
原产于喜马拉雅山地，现我国云南、台湾、广东、广西、海南等地有栽培。

全唇花属 Holocheila (Kudô) S. Chow

全唇花
● **Holocheila longipedunculata** S. Chow, Acta Bot. Sin. 10 (3): 251, pl. 2 (1962).
Teucrium holocheilum W. E. Evans, Mem. Fac. Sci. Taihoku Imp. Univ. 2: 296 (1929).
云南。

山香属 Hyptis Jacq.

短柄吊球草
Hyptis brevipes Poit., Ann. Nat. Hist. 7: 465 (1806).
Mesosphaerum brevipes (Poiteau) Kuntze, Revis. Gen. Pl. 2: 525 (1891).
台湾、海南；北美洲，归化于热带地区。

吊球草（石柳，四俭草，螨蜍蜊）
Hyptis rhomboidea M. Martius et Galeotti, Bull. Acad. Roy. Sci. Bruxelles. 11 (2): 188 (1844).
Pycnanthemum decurrens Blanco, Fl. Filip. ed. 2. 33 (1846); *Hyptis decurrens* (Blanco) Epling, Repert. Spec. Nov. Regni Veg. 34 (891-894): 120 (1933).
台湾、广东、广西；原产于美洲，归化于热带地区。

穗序山香
Hyptis spicigera Lam., Encycl. (Lamarck) 3 (1): 185 (1789).
Pycnanthemum elongatum Blanco, Fl. Filip. ed. 2. 2: 333 (1845); *Mesosphaerum spicigerum* (Lam.) Kuntze, Revis. Gen. Pl. 2: 527 (1891).
台湾；印度尼西亚、菲律宾、南美洲。

山香（山薄荷，毛老虎，蛇百子）
Hyptis suaveolens (L.) Poit., Ann. Nat. Hist. 7: 47, pl. 29, f. 2 (1806).
Ballota suaveolens L., Syst. Nat. ed. 10. 2: 1100 (1759).
福建、台湾、广东、广西；原产于美洲，归化于热带地区。

神香草属 Hyssopus L.

硬尖神香草
Hyssopus cuspidatus Boriss., Bot. Mater. Gerb. Bot. Inst. Komorova Akad. Nauk S. S. S. R. 2: 256 (1950).
Hyssopus cuspidatus var. *albiflorus* C. Y. Wu et H. W. Li, Acta Phytotax. Sin. 10 (3): 229 (1965).
新疆；蒙古、哈萨克斯坦、俄罗斯。

宽唇神香草
● **Hyssopus latilabiatus** C. Y. Wu et H. W. Li, Acta Phytotax. Sin. 10 (3): 229 (1965).
新疆。

神香草
Hyssopus officinalis L., Sp. Pl. 2: 569 (1753).
栽培于全国；欧洲。

香茶菜属 Isodon (Schrad. ex Benth.) Spach

腺花香茶菜（路边金，大钮子七，铁石元）
● **Isodon adenanthus** (Diels) Kudô, Mem. Fac. Sci. Taihoku Imp. Univ. 2 (2): 123 (1929).
Plectranthus adenanthus Diels, Notes Roy. Bot. Gard. Edinb. 5 (25): 228 (1912); *Rabdosia adenantha* (Diels) H. Hara, J. Jap. Bot. 47 (7): 193 (1972); *Plectranthus wui* Sun ex C. H. Hu, Acta Phytotax. Sin. 11 (1): 55, pl. 7, f. 40-44 (1966).
四川、贵州、云南。

腺叶香茶菜
● **Isodon adenolomus** (Hand.-Mazz.) H. Hara, J. Jap. Bot. 60 (8): 233 (1985).
Plectranthus adenoloma Hand.-Mazz., Symb. Sin. 7 (4): 938 (1936); *Rabdosia adenoloma* (Hand.-Mazz.) H. Hara, J. Jap. Bot. 47 (7): 193 (1972).
四川、云南。

白柔毛香茶菜
● **Isodon albopilosus** (C. Y. Wu et H. W. Li) H. Hara, J. Jap. Bot. 60 (8): 233 (1985).
Rabdosia albopilosa C. Y. Wu et H. W. Li, Fl. Reipubl. Popularis Sin. 66: 590 (1977).
四川。

香茶菜（铁棱角，棱角三七，石哈巴）
- **Isodon amethystoides** (Benth.) H. Hara, J. Jap. Bot. 60 (8): 233 (1985).

Plectranthus amethystoides Benth., Labiat. Gen. Spec. 45 (1832); *Rabdosia amethystoides* (Benth.) H. Hara, J. Jap. Bot. 47 (7): 194 (1972); *Plectranthus dubius* Vahl ex Benth., Labiat. Gen. Spec. 711 (1835); *Plectranthus sinensis* Miq., J. Bot. Néerl. 1: 115 (1861); *Plectranthus daitonensis* Hayata, Icon. Pl. Formosan. 8: 107 (1919); *Rabdosia daitonensis* (Hayata) H. Hara, J. Jap. Bot. 47 (7): 194 (1972).

安徽、浙江、江西、湖北、贵州、福建、台湾、广东、广西。

狭叶香茶菜
- **Isodon angustifolius** (Dunn) Kudô, Mem. Fac. Sci. Taihoku Imp. Univ. 2 (2): 137 (1929).

Plectranthus angustifolius Dunn, Notes Roy. Bot. Gard. Edinb. 8 (37): 154 (1913).

云南。

狭叶香茶菜（原变种）
- **Isodon angustifolius** var. **angustifolius**

Rabdosia angustifolia (Dunn) H. Hara, J. Jap. Bot. 47 (7): 194 (1972); *Rabdosia stenodonta* C. Y. Wu et H. W. Li, Fl. Yunnan. 1: 780 (1977); *Isodon stenodontus* (C. Y. Wu et H. W. Li) H. Hara, J. Jap. Bot. 60 (8): 237 (1985).

云南。

无毛狭叶香茶菜（变种）
- **Isodon angustifolius** var. **glabrescens** (C. Y. Wu et H. W. Li) H. W. Li, J. Arnold Arbor. 69: 366 (1988).

Rabdosia angustifolia var. *glabrescens* C. Y. Wu et H. W. Li, Fl. Yunnan. 1: 780 (1977).

云南。

暗红香茶菜
Isodon atroruber R. A. Clement, Edinb. J. Bot. 50 (1): 33 (1993).

西藏；不丹。

线齿香茶菜
- **Isodon barbeyanus** (H. Lév) H. W. Li, J. Arnold Arbor. 69 (4): 362 (1988).

Leucas barbeyana H. Lév, Repert. Spec. Nov. Regni Veg. 9 (211-213): 247 (1911); *Plectranthus drogotschiensis* Hand.-Mazz., Acta Horti Gothob. 9 (5): 95 (1934); *Rabdosia drogotschiensis* (Hand.-Mazz.) H. Hara, J. Jap. Bot. 47 (7): 195 (1972); *Isodon drogotschiensis* (Hand.-Mazz.) H. Hara, J. Jap. Bot. 60 (8): 234 (1985).

四川。

短距香茶菜
- **Isodon brevicalcaratus** (C. Y. Wu et H. W. Li) H. Hara, J. Jap. Bot. 60 (8): 233 (1985).

Rabdosia brevicalcarata C. Y. Wu et H. W. Li, Fl. Reipubl. Popularis Sin. 66: 591 (1977).

广东。

短叶香茶菜
- **Isodon brevifolius** (Hand.-Mazz.) H. W. Li, J. Arnold Arbor. 69 (4): 296 (1988).

Plectranthus brevifolius Hand.-Mazz., Acta Horti Gothob. 13 (10): 368 (1939); *Rabdosia brevifolia* (Hand.-Mazz.) H. Hara, J. Jap. Bot. 47 (7): 194 (1972).

云南。

苍山香茶菜
- **Isodon bulleyanus** (Diels) Kudô, Mem. Fac. Sci. Taihoku Imp. Univ. 2 (2): 124 (1929).

Plectranthus bulleyanus Diels, Notes Roy. Bot. Gard. Edinb. 5 (25): 229 (1912); *Rabdosia bulleyana* (Diels) H. Hara, J. Jap. Bot. 47 (7): 194 (1972); *Plectranthus provicarii* H. Lév, Cat. Pl. Yun-Nan 141 (1916); *Rabdosia provicarii* (H. Lév) H. Hara, J. Jap. Bot. 47 (7): 199 (1972); *Isodon provicarii* (H. Lév) H. Hara, J. Jap. Bot. 60 (8): 236 (1985); *Rabdosia bulleyana* var. *foliosa* C. Y. Wu, Fl. Yunnan. 1: 768 (1977); *Isodon bulleyanus* var. *foliosus* (C. Y. Wu) H. W. Li, Vasc. Pl. Hengduan Mount. 2: 1729 (1994)

云南。

灰岩香茶菜
- **Isodon calcicolus** (Hand.-Mazz.) H. Hara, J. Jap. Bot. 60 (8): 233 (1985).

Plectranthus calciolus Hand.-Mazz., Symb. Sin. 7 (4): 944 (1936).

云南

灰岩香茶菜（原变种）
- **Isodon calcicolus** var. **calcicolus**

Rabdosia calcicolus (Hand.-Mazz.) H. Hara, J. Jap. Bot. 47 (7): 194 (1972).

云南。

近无毛灰岩香茶菜（变种）
- **Isodon calcicolus** var. **subcalvus** (Hand.-Mazz.) H. W. Li, J. Arnold Arbor. 69 (4): 323 (1988).

Plectranthus calcicolus var. *subcalvus* Hand.-Mazz., Acta Horti Gothob. 13: 378 (1939); *Rabdosia calcicola* var. *subcalva* (Hand.-Mazz.) C. Y. Wu et H. W. Li, Acta Phytotax. Sin. 13 (1): 90 (1975).

云南。

细锥香茶菜
Isodon coetsa (Buch.-Ham. ex D. Don) Kudô, Mem. Fac. Sci. Taihoku Imp. Univ. 2 (2): 131 (1929).

Plectranthus coetsa Buch.-Ham. ex D. Don, Prodr. Fl. Nepal. 117 (1825).

湖南、四川、贵州、云南、西藏、广东、广西；越南、老挝、缅甸、泰国、印度、尼泊尔、孟加拉国、斯里兰卡、菲律宾、马来西亚、印度尼西亚。

细锥香茶菜（原变种）（癞克巴草，地疳，六棱麻）
Isodon coetsa var. **coetsa**
Ocimum coetsa (Buch.-Ham. ex D. Don) Spreng., Syst. Veg. 4 (2): 223 (1827); *Rabdosia coetsa* (Buch.-Ham. ex D. Don) H. Hara, J. Jap. Bot. 47 (7): 194 (1972); *Plectranthus polystachys* Sun ex C. H. Hu, Acta Phytotax. Sin. 11 (1): 54, pl. 7, f. 36-39 (1966); *Rabdosia polystachys* (Sun ex C. H. Hu) C. Y. Wu et H. W. Li, Acta Phytotax. Sin. 13 (1): 92 (1975); *Isodon polystachys* (Sun ex C. H. Hu) H. Hara, J. Jap. Bot. 60 (8): 236 (1985); *Rabdosia coetsoides* C. Y. Wu, Fl. Yunnan. 1: 790, pl. 187 (1977); *Isodon coetsoides* (C. Y. Wu) H. Hara, J. Jap. Bot. 60 (8): 233 (1985); *Rabdosia pluriflora* C. Y. Wu et H. W. Li, Fl. Yunnan. 1: 796, pl. 188, f. 1-2 (1977); *Isodon pluriflorus* (C. Y. Wu et H. W. Li) H. Hara, J. Jap. Bot. 60 (8): 236 (1985); *Rabdosia polystachys* var. *phylloides* C. Y. Wu, Fl. Yunnan. 1: 797 (1977); *Rabdosia anisochila* C. Y. Wu, Fl. Reipubl. Popularis Sin. 66: 463, 588 (1977); *Isodon anisochilus* (C. Y. Wu) H. Hara, J. Jap. Bot. 60 (8): 236 (1985); *Rabdosia megathyrsoides* H. W. Li, Fl. Xizang. 4: 221 (1985).
湖南、四川、贵州、云南、西藏、广东、广西；越南、老挝、缅甸、泰国、印度、尼泊尔、孟加拉国、斯里兰卡、菲律宾、马来西亚、印度尼西亚。

多毛细锥香茶菜（变种）
Isodon coetsa var. **cavaleriei** (H. Lév) H. W. Li, J. Arnold Arbor. 69: 371 (1988).
Plectranthus cavaleriei H. Lév, Repert. Spec. Nov. Regni Veg. 9 (211-213): 247 (1911); *Isodon cavaleriei* (H. Lév) Kudô, Mem. Fac. Sci. Taihoku Imp. Univ. 2 (2): 130 (1929); *Rabdosia coetsa* var. *cavaleriei* (H. Lév) C. Y. Wu et H. W. Li, Acta Phytotax. Sin. 13 (1): 91 (1975); *Plectranthus coetsa* var. *cavaleriei* (H. Lév) McKean, Notes Roy. Bot. Gard. Edinb. 40: 176 (1982); *Plectranthus mairei* H. Lév, Bot. Centralbl. 128: 423 (1915).
云南；印度、斯里兰卡。

道孚香茶菜
●**Isodon dawoensis** (Hand.-Mazz.) H. Hara, J. Jap. Bot. 60 (8): 233 (1985).
Plectranthus dawoensis Hand.-Mazz., Acta Horti Gothob. 13 (10): 371 (1939); *Rabdosia dawoensis* (Hand.-Mazz.) H. Hara, J. Jap. Bot. 47 (7): 194 (1972).
四川。

洱源香茶菜
●**Isodon delavayi** C. L. Xiang et Y. P. Chen, Phytotaxa 156 (5): 291 (2014).
云南。

紫毛香茶菜
●**Isodon enanderianus** (Hand.-Mazz.) H. W. Li, J. Arnold Arbor. 69 (4): 295 (1988).
Plectranthus enanderianus Hand.-Mazz., Acta Horti Gothob. 9 (5): 96 (1934); *Rabodosia enanderiana* (Hand.-Mazz.) H. Hara, J. Jap. Bot. 47 (7): 195 (1972).
四川、云南。

毛萼香茶菜（里头草，虎尾草，荷麻根）
●**Isodon eriocalyx** (Dunn) Kudô, Mém. Fac. Agric. Taihoku Imp. Univ. 2 (2): 137 (1929).
Plectranthus eriocalyx Dunn, Notes Roy. Bot. Gard. Edinb. 8 (37): 155 (1913); *Rabodosia ericalyx* (Dunn) H. Hara, J. Jap. Bot. 47 (7): 195 (1972); *Rabdosia eriocalyx* var. *laxiflora* C. Y. Wu et H. W. Li, Fl. Yunnan. 1: 765 (1977).
四川、贵州、云南、广西。

拟缺香茶菜（野紫苏）
●**Isodon excisoides** (Sun ex C. H. Hu) H. Hara, J. Jap. Bot. 60 (8): 234 (1985).
Plectranthus excisoides Sun ex C. H. Hu, Acta Phytotax. Sin. 11: 53, pl. 8, f. 32-35 (1966); *Rabdosia excisoides* (Sun ex C. H. Hu) C. Y. Wu et H. W. Li, Acta Phytotax. Sin. 13 (1): 93 (1975).
湖北、四川、云南。

尾叶香茶菜（龟叶草，高丽花，野苏子）
Isodon excisus (Maxim.) Kudô, Mem. Fac. Sci. Taihoku Imp. Univ. 2 (2): 133 (1929).
Plectranthus excisus Maxim., Prim. Fl. Amur. 9: 213 (1859); *Amethystanthus excisus* (Maxim.) Nakai, Bot. Mag. (Tokyo) 48 (575): 787 (1934); *Rabdosia excisa* (Maxim.) H. Hara, J. Jap. Bot. 47 (7): 195 (1972).
黑龙江、吉林、辽宁、河北、山西；日本、朝鲜、俄罗斯。

扇脉香茶菜
●**Isodon flabelliformis** (C. Y. Wu) H. Hara, J. Jap. Bot. 60 (8): 234 (1985).
Rabdosia flabelliformis C. Y. Wu, Fl. Yunnan. 1: 801, pl. 189, f. 7-8 (1977); *Rabdosia kangtingensis* C. Y. Wu et H. W. Li, Fl. Reipubl. Popularis Sin. 66: 590 (1977); *Isodon kangtingensis* (C. Y. Wu et H. W. Li) H. Hara, J. Jap. Bot. 60 (8): 234 (1985).
四川、云南。

淡黄香茶菜
●**Isodon flavidus** (Hand.-Mazz.) H. Hara, J. Jap. Bot. 60 (8): 234 (1985).
Plectranthus flavidus Hand.-Mazz., Symb. Sin. 7 (4): 942 (1936); *Rabdosia flavida* (Hand.-Mazz.) H. Hara, J. Jap. Bot. 47 (7): 195 (1972).
贵州、云南。

柔茎香茶菜
●**Isodon flexicaulis** (C. Y. Wu et H. W. Li) H. Hara, J. Jap. Bot. 60 (8): 234 (1985).
Rabdosia flexicaulis C. Y. Wu et H. W. Li, Fl. Reipubl. Popularis Sin. 66: 587, pl. 96 (1977).

四川、云南。

紫萼香茶菜

- **Isodon forrestii** (Diels) Kudô, Mém. Fac. Agric. Taihoku Imp. Univ. 2 (2): 130 (1929).

Plectranthus forrestii Diels, Notes Roy. Bot. Gard. Edinb. 5 (25): 229 (1912); *Rabdosia forrestii* (Diels) H. Hara, J. Jap. Bot. 47 (7): 195 (1972); *Rabdosia forrestii* var. *intermedia* C. Y. Wu et H. W. Li, Fl. Yunnan. 1: 769 (1977).

四川、云南。

苣苔香茶菜

- **Isodon gesneroides** (J. Sinclair) H. Hara, J. Jap. Bot. 60 (8): 234 (1985).

Plectranthus gesneroides J. Sinclair, Notes Roy. Bot. Gard. Edinb. 20 (98): 124, pl. 261 (1948); *Rabdosia gesneroides* (J. Sinclair) H. Hara, J. Jap. Bot. 47 (7): 195 (1972).

四川。

囊花香茶菜

- **Isodon gibbosus** (C. Y. Wu et H. W. Li) H. Hara, J. Jap. Bot. 60 (8): 234 (1985).

Rabdosia gibbosus C. Y. Wu et H. W. Li, Fl. Reipubl. Popularis Sin. 66: 592, pl. 112, f. 1-7 (1977).

四川。

胶粘香茶菜

- **Isodon glutinosus** (C. Y. Wu et H. W. Li) H. Hara, J. Jap. Bot. 60 (8): 234 (1985).

Rabdosia glutinosa C. Y. Wu et H. W. Li, Fl. Yunnan. 1: 788, pl. 186 (1977).

四川、云南。

大叶香茶菜

- **Isodon grandifolius** (Hand.-Mazz.) H. Hara, J. Jap. Bot. 60 (8): 234 (1985).

Plectranthus grandifolius Hand.-Mazz., Acta Horti Gothob. 13: 371 (1939).

云南。

大叶香茶菜（原变种）

- **Isodon grandifolius** var. **grandifolius**

Rabdosia grandifolia (Hand.-Mazz.) H. Hara, J. Jap. Bot. 47 (7): 195 (1972).

云南。

德钦大叶香茶菜（变种）

- **Isodon grandifolius** var. **atuntzeensis** (C. Y. Wu) H. W. Li, J. Arnold Arbor. 69 (4): 342 (1988).

Rabdosia grandifolia var. *atuntzensis* C. Y. Wu, Fl. Yunnan. 1: 783 (1977).

四川、云南。

粗齿香茶菜

- **Isodon grosseserratus** (Dunn) Kudô, Mém. Fac. Agric. Taihoku Imp. Univ. 2 (2): 124 (1929).

Plectranthus grosseserratus Dunn, Notes Roy. Bot. Gard. Edinb. 8 (37): 156 (1913); *Rabdosia grosseserrata* (Dunn) H. Hara, J. Jap. Bot. 47 (7): 195 (1972).

四川。

鄂西香茶菜

- **Isodon henryi** (Hemsl.) Kudô, Mém. Fac. Agric. Taihoku Imp. Univ. 2 (2): 123 (1929).

Plectranthus henryi Hemsl., J. Linn. Soc., Bot. 26 (175): 271 (1890); *Rabdosia henryi* (Hemsl.) H. Hara, J. Jap. Bot. 47 (7): 195 (1972).

河北、山西、河南、陕西、甘肃、湖北、四川。

细毛香茶菜

- **Isodon hirtellus** (Hand.-Mazz.) H. Hara, J. Jap. Bot. 60 (8): 234 (1985).

Plectranthus hirtellus Hand.-Mazz., Acta Horti Gothob. 13 (10): 370 (1939); *Rabdosia hirtella* (Hand.-Mazz.) H. Hara, J. Jap. Bot. 47 (7): 196 (1972).

四川、云南。

刚毛香茶菜

Isodon hispidus (Benth.) Murata, Acta Phytotax. Geobot. 24: 82 (1969).

Plectranthus hispidus Benth., in Wallich, Pl. Asiat. Rar. 2: 17 (1831); *Rabdosia hispida* (Benth.) H. Hara, J. Jap. Bot. 47 (7): 196 (1972); *Plectranthus chienii* Sun ex C. H. Hu, Acta Phytotax. Sin. 11 (1): 52 (1966).

云南；印度、老挝、缅甸、泰国。

内折香茶菜（山薄荷，山薄荷香茶菜）

Isodon inflexus (Thunb.) Kudô, Mém. Fac. Agric. Taihoku Imp. Univ. 2 (2): 127 (1929).

Ocimum inflexum Thunb., Syst. Veg. ed. 14. 546 (1784); *Plectranthus inflexus* (Thunb.) Vahl, Labiat. Gen. Spec. 711 (1832); *Plectranthus inflexus* var. *macrophyllus* Maxim., Bull. Acad. Imp. Sci. Saint-Pétersbourg 20: 453 (1875); *Isodon inflexus* var. *microphyllus* (Nakai) Kudô, Mém. Fac. Agric. Taihoku Imp. Univ. 2 (2): 229 (1929); *Rabdosia inflexa* (Thunb.) H. Hara, J. Jap. Bot. 47 (7): 196 (1972); *Rabdosia inflexa* var. *macrophylla* (Maxim.) H. Hara, J. Jap. Bot. 47 (7): 196 (1972).

吉林、辽宁、河北、山东、江苏、浙江、江西、湖南、湖北；朝鲜、日本。

间断香茶菜（昆明香茶菜）

- **Isodon interruptus** (C. Y. Wu et H. W. Li) H. Hara, J. Jap. Bot. 60 (8): 234 (1985).

Rabdosia interrupta C. Y. Wu et H. W. Li, Fl. Yunnan. 1: 775 (1977); *Rabdosia kunmingensis* C. Y. Wu et H. W. Li, Fl. Yunnan. 1: 776 (1977); *Isodon kunmingensis* (C. Y. Wu et H. W. Li) H. Hara, J. Jap. Bot. 60 (8): 234 (1985).

云南。

露珠香茶菜

●**Isodon irroratus** (G. Forrest ex Diels) Kudô, Mém. Fac. Agric. Taihoku Imp. Univ. 2 (2): 121 (1929).

Plectranthus irroratus G. Forrest ex Diels, Notes Roy. Bot. Gard. Edinb. 5 (25): 228 (1912); *Rabdosia irrorata* (G. Forrest ex Diels) H. Hara, J. Jap. Bot. 47 (7): 196 (1972); *Rabdosia irrorata* var. *crenata* C. Y. Wu, Fl. Yunnan. 1: 770 (1977); *Rabdosia irrorata* var. *longipes* C. Y. Wu et H. W. Li, Fl. Yunnan. 1: 770 (1977); *Rabdosia irrorata* var. *rungshiaensis* C. Y. Wu et H. W. Li, Fl. Reipubl. Popularis Sin. 66: 586 (1977).

云南、西藏。

毛叶香茶菜

Isodon japonicus (Burm. f.) H. Hara, Enum. Spermatoph. Jap. 1: 206 (1948).

Scutellaria japonica Burm. f., Fl. Ind. (N. L. Burman) 130 (1768).

黑龙江、吉林、辽宁、河北、山东、河南、陕西、甘肃、江苏、四川；朝鲜、日本、俄罗斯。

毛叶香茶菜（原变种）（四棱杆，山苏子，猛一撒）

Isodon japonicus var. **japonicus**

Plectranthus glaucocalyx Maxim. var. *japonicus* (Burm. f.) Maxim., Bull. Acad. Imp. Sci. Saint-Pétersbourg 20: 454 (1875); *Isodon glaucocalyx* var. *japonicus* (Burm. f.) Kudô, Mém. Fac. Agric. Taihoku Imp. Univ. 2: 127 (1929); *Plectranthus japonicus* (Burm. f.) Koidz., Bot. Mag. (Tokyo) 43 (512): 386 (1929); *Amethystanthus japonicus* (Burm. f.) Nakai, Bot. Mag. (Tokyo) 48 (575): 788 (1934); *Rabdosia japonica* (Burm. f.) H. Hara, J. Jap. Bot. 47 (7): 196 (1972).

黑龙江、吉林、辽宁、河北、河南、陕西、甘肃、江苏、四川；朝鲜、日本、俄罗斯。

蓝萼毛叶香茶菜（变种）（蓝萼香茶菜，山苏子）

●**Isodon japonicus** var. **glaucocalyx** (Maxim.) H. W. Li, J. Arnold Arbor. 69 (4): 307 (1988).

Plectranthus glaucocalyx Maxim., Prim. Fl. Amur. 212 (1859); *Isodon glaucocalyx* (Maxim.) Kudô, Mem. Fac. Sci. Taihoku Imp. Univ. 2 (2): 126 (1929); *Plectranthus japonicus* (Burm. f.) Koidz. var. *glaucocalyx* (Maxim.) Koidz., Fl. Symb. Orient.-Asiat. 14 (1930); *Rabdosia japonica* var. *glaucocalyx* (Maxim.) H. Hara, J. Jap. Bot. 47 (7): 196 (1972); *Amethystanthus japonicus* (Burm. f.) Nakai var. *typicus* (Maxim.) Nakai, Bot. Mag. (Tokyo) 48: 789 (1934); *Amethystanthus glaucocalyx* (Maxim.) Nemoto, Fl. Japan. Suppl. 628 (1936).

黑龙江、吉林、辽宁、河北、陕西、山西、山东；朝鲜、日本、俄罗斯。

宽叶香茶菜

●**Isodon latifolius** (C. Y. Wu et H. W. Li) H. Hara, J. Jap. Bot. 60 (8): 235 (1985).

Rabdosia latifolia C. Y. Wu et H. W. Li, Fl. Reipubl. Popularis Sin. 66: 591, pl. 110 (1977).

四川。

白叶香茶菜（香薷）

●**Isodon leucophyllus** (Dunn) Kudô, Mém. Fac. Agric. Taihoku Imp. Univ. 2 (2): 122 (1929).

Plectranthus leucophyllus Dunn, Notes Roy. Bot. Gard. Edinb. 8 (37): 157 (1913); *Rabdosia leucophylla* (Dunn) H. Hara, J. Jap. Bot. 47 (7): 197 (1972); *Plectranthus thiothyrsus* Hand.-Mazz., Acta Horti Gothob. 9 (5): 94 (1934); *Rabdosia thiothyrsa* (Hand.-Mazz.) H. Hara, J. Jap. Bot. 47 (7): 201 (1972); *Plectranthus pachythyrsus* Hand.-Mazz., Symb. Sin. 7 (4): 937, pl. 28, f. 6 (1936); *Rabdosia pachythyrsa* (Hand.-Mazz.) H. Hara, J. Jap. Bot. 47 (7): 198 (1972).

四川、云南。

凉山香茶菜

●**Isodon liangshanicus** (C. Y. Wu et H. W. Li) H. Hara, J. Jap. Bot. 60 (8): 235 (1985).

Rabdosia liangshanica C. Y. Wu et H. W. Li, Fl. Reipubl. Popularis Sin. 66: 590 (1977).

四川。

理县香茶菜

●**Isodon lihsienensis** (C. Y. Wu et H. W. Li) H. Hara, J. Jap. Bot. 60 (8): 235 (1985).

Rabdosia lihsienensis C. Y. Wu et H. W. Li, Fl. Reipubl. Popularis Sin. 66: 586 (1977).

四川。

长管香茶菜

Isodon longitubus (Miq.) Kudô, Mém. Fac. Agric. Taihoku Imp. Univ. 2 (2): 139 (1929).

Plectranthus longitubus Miq., Ann. Mus. Bot. Lugduno-Batavi 2: 102 (1865); *Amethystanthus longitubus* (Miq.) Nakai, Bot. Mag. (Tokyo) 48 (575): 790 (1934); *Rabdosia longituba* (Miq.) H. Hara, J. Jap. Bot. 47 (7): 197 (1972).

浙江、福建、广西；日本。

线纹香茶菜

Isodon lophanthoides (Buch.-Ham. ex D. Don) H. Hara, J. Jap. Bot. 60 (8): 235 (1985).

甘肃、浙江、江西、湖南、湖北、四川、贵州、云南、西藏、福建、广东、广西；越南、老挝、缅甸、泰国、印度、尼泊尔。

线纹香茶菜（原变种）（因陈草，熊胆草，上黄连）

Isodon lophanthoides var. **lophanthoides**

Hyssopus lophanthoides Buch.-Ham. ex D. Don, Prodr. Fl. Nepal. 110 (1825); *Rabdosia lophanthoides* (Buch.-Ham. ex D. Don) H. Hara, J. Jap. Bot. 47 (7): 197 (1972); *Plectranthus lophanthoides* (Buch.-Ham. ex D. Don) Grierson et Long, Notes Roy. Bot. Gard. Edinb. 40 (1): 177 (1982); *Orthosiphon glabrescens* Vaniot, Bull. Acad. Int. Geogr. Bot. 14: 168 (1904); *Plectranthus fangii* Y. Z. Sun, Ic. Pl. Omei. 1: pl. 91

(1944); *Rabdosia fangii* (Y. Z. Sun) H. Hara, J. Jap. Bot. 47 (7): 195 (1972); *Isodon lophanthoides* var. *micranthus* (C. Y. Wu) H. W. Li, J. Arnold Arbor. 69 (4): 336 (1988).

甘肃、江西、湖南、四川、贵州、云南、西藏、福建、广东、广西；越南、老挝、缅甸、泰国、印度、尼泊尔、不丹、孟加拉国。

细花线纹香茶菜（变种）（石疙瘩，沙虫叶，白线草）

Isodon lophanthoides var. **graciliflorus** (Benth.) H. Hara, J. Jap. Bot. 60 (8): 235 (1985).

Plectranthus graciliflorus Benth., in A. DC., Prodr. 12: 56 (1848); *Plectranthus gerardianus* Benth. var. *graciliflorus* (Benth.) Hook. f., Fl. Brit. Ind. 4 (12): 618 (1885); *Plectranthus striatus* Benth., in Wallich, Pl. Asiat. Rar. 2: 17 (1830); *Plectranthus striatus* var. *gerardianus* (Benth.) Hand.-Mazz., Acta Horti Gothob. 9: 93 (1934); *Plectranthus striatus* var. *graciliflorus* (Benth.) Hand.-Mazz., Acta Horti Gothob. 13 (10): 379 (1939); *Plectranthus striatus* var. *graciliflorus* (Benth.) Mukerjee, Rec. Bot. Surv. India 14: 43 (1940); *Plectranthus gerardianus* Benth., Labiat. Gen. Spec. 42 (1832); *Plectranthus gerardianus* var. *brachyanthus* Hook. f., Fl. Brit. Ind. 4: 618 (1885); *Rabdosia lophanthoides* (Buch.-Ham. ex D. Don) H. Hara var. *gracilifora* (Benth.) H. Hara, J. Jap. Bot. 47 (7): 197 (1972); *Rabdosia lophanthoides* var. *gerardianus* (Benth.) H. Hara, J. Jap. Bot. 47 (7): 197 (1972); *Isodon lophanthoides* var. *gerardianus* (Benth.) H. Hara, J. Jap. Bot. 60 (8): 235 (1985).

甘肃、江西、湖南、四川、贵州、云南、西藏、福建、广东、广西；越南、缅甸、泰国、印度、尼泊尔、不丹、孟加拉国。

弯锥香茶菜

●**Isodon loxothyrsus** (Hand.-Mazz.) H. Hara, J. Jap. Bot. 60 (8): 235 (1985).

Plectranthus loxothyrsus Hand.-Mazz., Acta Horti Gothob. 13 (10): 372 (1939); *Rabdosia loxothyrsa* (Hand.-Mazz.) H. Hara, J. Jap. Bot. 47 (7): 197 (1972).

四川、云南、西藏。

龙胜香茶菜

●**Isodon lungshengensis** (C. Y. Wu et H. W. Li) H. Hara, J. Jap. Bot. 60 (8): 235 (1985).

Rabdosia lungshengensis C. Y. Wu et H. W. Li, Fl. Reipubl. Popularis Sin. 66: 592, pl. 112, f. 8-13 (1977).

广西。

大萼香茶菜

●**Isodon macrocalyx** (Dunn) Kudô, Mem. Fac. Sci. Taihoku Imp. Univ. 2 (2): 138 (1929).

Plectranthus macrocalyx Dunn, Notes Roy. Bot. Gard. Edinb. 8 (37): 157 (1913); *Rabdosia macrocalyx* (Dunn) H. Hara, J. Jap. Bot. 47 (7): 197 (1972); *Plectranthus bifidocalyx* Dunn, Bull. Misc. Inform. Kew 1914 (9): 328 (1914); *Rabdosia bifidocalyx* (Dunn) H. Hara, J. Jap. Bot. 47 (7): 194 (1972); *Isodon bifidocalyx* (Dunn) H. Hara, J. Jap. Bot. 60 (8): 233 (1985); *Plectranthus drosocarpus* Hand.-Mazz., Symb. Sin. 7 (4): 940 (1936); *Amethystanthus nakaii* Migo, J. Shanghai Sci. Inst. 4: 155 (1939); *Amethystanthus taiwanensis* Masam., Trans. Nat. Hist. Soc. Taiwan 25: 409 (1940); *Rabdosia taiwanensis* (Masam.) H. Hara, J. Jap. Bot. 47 (7): 201 (1972); *Isodon taiwanensis* (Masam.) S. S. Ying, Mem. Coll. Agric. Natl. Taiwan Univ. 31 (1): 25 (1991).

安徽、江苏、浙江、江西、湖南、福建、台湾、广东、广西。

岐伞香茶菜

●**Isodon macrophyllus** (Migo) H. Hara, J. Jap. Bot. 60 (8): 235 (1985).

Amethystanthus macrophyllus Migo, J. Shanghai Sci. Inst. 3: 230 (1937); *Rabdosia macrophylla* (Migo) C. Y. Wu et H. W. Li, Acta Phytotax. Sin. 13 (1): 90 (1975).

江苏。

麦地龙香茶菜

●**Isodon medilungensis** (C. Y. Wu et H. W. Li) H. Hara, J. Jap. Bot. 60 (8): 235 (1985).

Rabdosia medilungensis C. Y. Wu et H. W. Li, Fl. Reipubl. Popularis Sin. 66: 587 (1977).

四川。

大锥香茶菜

●**Isodon megathyrsus** (Diels) H. Hara, J. Jap. Bot. 60 (8): 235 (1985).

Plectranthus megathyrsus Diels, Notes Roy. Bot. Gard. Edinb. 5 (25): 230 (1912).

四川、云南。

大锥香茶菜（原变种）

●**Isodon megathyrsus** var. **megathyrsus**

Isodon forrestii (Diels) Kudô var. *megathyrsus* (Diels) Kudô, Mém. Fac. Agric. Taihoku Imp. Univ. 2: 131 (1929); *Rabdosia megathyrsa* (Diels) H. Hara, J. Jap. Bot. 47 (7): 198 (1972); *Isodon megathyrsus* (Diels) H. W. Li, J. Arnold Arbor. 69 (4): 374 (1988).

四川、云南。

多毛大锥香茶菜（变种）

●**Isodon megathyrsus** var. **strigosissimus** (C. Y. Wu et H. W. Li) H. W. Li, J. Arnold Arbor. 69: 375 (1988).

Rabdosia megathyrsa var. *strigosissima* C. Y. Wu et H. W. Li, Fl. Yunnan. 1: 799 (1977).

云南。

苞叶香茶菜

Isodon melissoides (Benth.) H. Hara, J. Jap. Bot. 60 (8): 235 (1985).

Plectranthus melissoides Benth., Labiat. Gen. Spec. 39 (1832); *Rabdosia melissoides* (Benth.) H. Hara, J. Jap. Bot. 47 (7): 198

(1972); *Rabdosia melissiformis* C. Y. Wu, Fl. Yunnan. 1: 790 (1977); *Isodon melissiformis* (C. Y. Wu) H. Hara, J. Jap. Bot. 60 (8): 235 (1985).

云南；孟加拉国、印度。

突尖香茶菜

●***Isodon mucronatus*** (C. Y. Wu et H. W. Li) H. Hara, J. Jap. Bot. 60 (8): 235 (1985).

Rabdosia mucronata C. Y. Wu et H. W. Li, Fl. Reipubl. Popularis Sin. 66: 588 (1977).

四川。

木里香茶菜

●***Isodon muliensis*** (W. W. Sm.) Kudô, Mém. Fac. Agric. Taihoku Imp. Univ. 2 (2): 122 (1929).

Plectranthus muliensis W. W. Sm., Notes Roy. Bot. Gard. Edinb. 12 (59): 218 (1920); *Rabdosia muliensis* (W. W. Sm.) H. Hara, J. Jap. Bot. 47 (7): 198 (1972); *Rabdosia chionantha* C. Y. Wu, Fl. Reipubl. Popularis Sin. 66: 589 (1977); *Isodon chionanthus* (C. Y. Wu) H. Hara, J. Jap. Bot. 60 (8): 233 (1985); *Rabdosia brachythyrsa* C. Y. Wu et H. W. Li, Fl. Reipubl. Popularis Sin. 66: 589 (1977); *Isodon brachythyrsus* (C. Y. Wu et H. W. Li) H. Hara, J. Jap. Bot. 60 (8): 233 (1985).

四川。

显脉香茶菜（蓝花柴胡，大叶蛇总管）

●***Isodon nervosus*** (Hemsl.) Kudô, Mém. Fac. Agric. Taihoku Imp. Univ. 2 (2): 123 (1929).

Plectranthus nervosus Hemsl., J. Linn. Soc., Bot. 26 (175): 272 (1890); *Rabdosia nervosa* (Hemsl.) C. Y. Wu et H. W. Li, Acta Phytotax. Sin. 13 (1): 79 (1975); *Plectranthus moslifolius* H. Lév., Repert. Spec. Nov. Regni Veg. 9 (211-213): 247 (1911); *Amethystanthus stenophyllus* Migo, J. Shanghai Sci. Inst. 3: 231 (1937); *Rabdosia stenophylla* (Migo) H. Hara, J. Jap. Bot. 47 (7): 200 (1972); *Plectranthus salicarius* Hand.-Mazz., Acta Horti Gothob. 13: 377 (1939).

河南、陕西、安徽、江苏、浙江、江西、湖北、四川、贵州、广东、广西。

子宫草

●***Isodon oreophilus*** (Diels) A. J. Paton et Ryding, Kew Bull. 53: 730 (1998).

Plectranthus oreophilus Diels, Notes Roy. Bot. Gard. Edinb. 5 (25): 227 (1912).

四川、云南。

子宫草（原变种）

●***Isodon oreophilus*** var. ***oreophilus***

Dielsia oreophilus (Diels) Kudô, Mem. Fac. Sci. Taihoku Imp. Univ. 2: 143 (1929); *Skapanthus oreophilus* (Diels) C. Y. Wu et H. W. Li, Acta Phytotax. Sin. 13 (1): 78 (1975).

四川、云南。

茎叶子宫草（变种）

●***Isodon oreophilus*** var. ***elongatus*** (Hand.-Mazz.) A. J. Paton et Ryding, Kew Bull. 53: 730 (1998).

Plectranthus oreophilus Diels var. *elongatus* Hand.-Mazz., Symb. Sin. 7 (4): 941 (1936); *Skapanthus oreophilus* (Diels) C. Y. Wu et H. W. Li var. *elongatus* (Hand.-Mazz.) C. Y. Wu et H. W. Li, Acta Phytotax. Sin. 13 (1): 78 (1975).

四川、云南。

山地香茶菜

●***Isodon oresbius*** (W. W. Sm.) Kudô, Mem. Fac. Sci. Taihoku Imp. Univ. 2 (2): 120 (1929).

Plectranthus oresbius W. W. Sm., Notes Roy. Bot. Gard. Edinb. 9 (42): 118 (1916); *Rabdosia oresbia* (W. W. Sm.) H. Hara, J. Jap. Bot. 47 (7): 198 (1972).

四川、云南。

全腺香茶菜

●***Isodon pantadenius*** (Hand.-Mazz.) H. W. Li, J. Arnold Arbor. 69 (4): 298 (1988).

Plectranthus pantadenius Hand.-Mazz., Symb. Sin. 7 (4): 944 (1936); *Rabdosia pantadenia* (Hand.-Mazz.) H. Hara, J. Jap. Bot. 47 (7): 198 (1972).

云南。

小叶香茶菜

●***Isodon parvifolius*** (Batalin) H. Hara, J. Jap. Bot. 60 (8): 236 (1985).

Caryopteris parvifolia Batalin, Acta Horti Petrop. 13: 98 (1893); *Plectranthus parvifolius* Talb., J. Bombay Nat. Hist. Soc. 11: 238 (1897); *Plectranthus parvifolius* (Batalin) C. P'ei, Mem. Sci. Soc. China 3: 181 (1932); *Rabdosia parvifolia* (Batalin) H. Hara, J. Jap. Bot. 47 (7): 198 (1972); *Plectranthus discolor* Dunn, Notes Roy. Bot. Gard. Edinb. 8 (37): 155 (1913); *Isodon discolor* (Dunn) Kudô, Mém. Fac. Agric. Taihoku Imp. Univ. 2 (2): 119 (1929).

陕西、甘肃、四川、云南、西藏。

川藏香茶菜

●***Isodon pharicus*** (Prain) Murata, Acta Phytotax. Geobot. 16 (1): 15 (1955).

Plectranthus pharicus Prain, J. Asiat. Soc. Bengal, Pt. 2, Nat. Hist. 59: 297 (1891); *Rabdosia pharica* (Prain) H. Hara, J. Jap. Bot. 47 (7): 198 (1972); *Rabdosia sinuolata* C. Y. Wu et H. W. Li, Fl. Reipubl. Popularis Sin. 66: 586 (1977); *Rabdosia pseudo-irrorata* C. Y. Wu, Fl. Reipubl. Popularis Sin. 66: 587 (1977); *Isodon pseudo-irroratus* (C. Y. Wu) H. Hara, J. Jap. Bot. 60 (8): 236 (1985); *Rabdosia pseudoirrorata* C. Y. Wu var. *centellaefolia* C. Y. Wu, Fl. Reipubl. Popularis Sin. 66: 588 (1977).

四川、云南、西藏。

叶柄香茶菜

●***Isodon phyllopodus*** (Diels) Kudô, Mem. Fac. Sci. Taihoku

Imp. Univ. 2 (2): 135 (1929).
Plectranthus phyllopodus Diels, Notes Roy. Bot. Gard. Edinb. 5 (25): 227 (1912); *Rabdosia phyllopoda* (Diels) H. Hara, J. Jap. Bot. 47 (7): 199 (1972); *Plectranthus leucanthus* Diels, Notes Roy. Bot. Gard. Edinb. 5 (25): 230 (1912); *Plectranthus chenmui* Sun ex C. H. Hu, Acta Phytotax. Sin. 11 (1): 51, pl. 7, f. 23 (1966).

四川、贵州、云南、西藏。

叶穗香茶菜

●**Isodon phyllostachys** (Diels) Kudô, Mem. Fac. Sci. Taihoku Imp. Univ. 2 (2): 121 (1929).

Plectranthus phyllostachys Diels, Notes Roy. Bot. Gard. Edinb. 5 (25): 230 (1912); *Rabdosia phyllostachys* (Diels) Kudô, J. Jap. Bot. 47 (7): 199 (1972); *Rabdosia phyllostachys* var. *leptophylla* C. Y. Wu et H. W. Li, Fl. Yunnan. 1: 766 (1977).

四川、云南。

多叶香茶菜

●**Isodon pleiophyllus** (Diels) Kudô, Mém. Fac. Agric. Taihoku Imp. Univ. 2 (2): 121 (1929).

Plectranthus pleiophyllus Diels, Notes Roy. Bot. Gard. Edinb. 5 (25): 228 (1912).

云南。

多叶香茶菜（原变种）

●**Isodon pleiophyllus** var. **pleiophyllus**

Rabdosia pleiophylla (Diels) H. Hara, J. Jap. Bot. 47 (7): 199 (1972).

云南。

长齿多叶香茶菜（变种）

●**Isodon pleiophyllus** var. **dolichodens** (C. Y. Wu et H. W. Li) H. W. Li, J. Arnold Arbor. 69 (4): 360 (1988).

Rabdosia pleiophylla var. *dolichodens* C. Y. Wu et H. W. Li, Fl. Yunnan. 1: 790 (1977).

云南。

总序香茶菜

●**Isodon racemosus** (Hemsl.) Murata, S. E. Asian Stud. 8: 504 (1971).

Plectranthus racemosus Hemsl., J. Linn. Soc., Bot. 26 (175): 273 (1890); *Amethystanthus racemosus* (Hemsl.) Nakai, Bot. Mag. (Tokyo) 48 (575): 791 (1934); *Rabdosia racemosa* (Hemsl.) H. Hara, J. Jap. Bot. 47 (7): 199 (1972); *Isodon racemosus* (Hemsl.) H. W. Li, J. Arnold Arbor. 69 (4): 377 (1988); *Plectranthus excisus* Maxim. var. *racemosus* (Hemsl.) Dunn, Notes Roy. Bot. Gard. Edinb. 8: 156 (1913); *Isodon excisus* (Maxim.) Kudô var. *racemosus* (Hemsl.) Kudô, Mem. Fac. Sci. Taihoku Imp. Univ. 2 (2): 133 (1939).

湖北、四川。

瘦花香茶菜

●**Isodon rosthornii** (Diels) Kudô, Mem. Fac. Sci. Taihoku Imp. Univ. 2 (2): 135 (1929).

Plectranthus rosthornii Diels, Bot. Jahrb. Syst. 29 (3-4): 562 (1901); *Rabdosia rosthornii* (Diels) H. Hara, J. Jap. Bot. 47 (7): 199 (1972).

四川。

碎米桠（破血丹，野藿香花，冬凌草，冰凌草）

●**Isodon rubescens** (Hemsl.) H. Hara, J. Jap. Bot. 60 (8): 236 (1985).

Plectranthus rubescens Hemsl., J. Linn. Soc., Bot. 26 (175): 273 (1890); *Rabdosia rubescens* (Hemsl.) H. Hara, J. Jap. Bot. 47 (7): 199 (1972); *Plectranthus dichromophyllus* Diels, Bot. Jahrb. Syst. 29 (3-4): 562 (1900); *Isodon henryi* (Hemsl.) Kudô var. *dichromophyllus* (Diels) Kudô, Mém. Fac. Agric. Taihoku Imp. Univ. 2 (2): 123 (1929); *Plectranthus ricinispermus* Pamp., Nuovo Giorn. Bot. Ital., n.s. 17 (4): 707 (1910); *Isodon ricinispermus* (Pamp.) Kudô, Mém. Fac. Agric. Taihoku Imp. Univ. 1: 132 (1929); *Rabdosia dichromophylla* (Diels) H. Hara, J. Jap. Bot. 47 (7): 194 (1972); *Rabdosia rubescens* var. *taihangensis* Z. Y. Gao et Y. R. Li, Acta Phytotax. Sin. 24 (1): 15 (1986); *Rabdosia rubescens* var. *lushiensis* Z. Y. Gao et Y. R. Li, Acta Phytotax. Sin. 24 (1): 16 (1986); *Isodon rubescens* var. *eglandulosus* C. Chen, Guihaia 15 (3): 215 (1995).

河北、山西、河南、陕西、甘肃、安徽、浙江、江西、湖南、湖北、四川、贵州、广西。

类皱叶香茶菜

●**Isodon rugosiformis** (Hand.-Mazz.) H. Hara, J. Jap. Bot. 60 (8): 236 (1985).

Plectranthus rugosiformis Hand.-Mazz., Anz. Kaiserl. Akad. Wiss. Wien, Math.-Naturwiss. Kl. 62: 237 (1925); *Rabdosia rugosiformis* (Hand.-Mazz.) H. Hara, J. Jap. Bot. 47 (7): 200 (1972).

云南。

皱叶香茶菜

Isodon rugosus (Wall. ex Benth.) Codd, Taxon 17: 239 (1968).

Plectranthus rugosus Wall. ex Benth., in Wallich, Pl. Asiat. Rar. 2: 17 (1830); *Isodon rugosus* (Wall. ex Benth.) Murata, Acta Phytotax. Geobot. 24: 82 (1969); *Rabdosia rugosa* (Wall. ex Benth.) H. Hara, J. Jap. Bot. 47 (7): 199 (1972); *Isodon plectranthoides* Schrad. ex Benth., Labiat. Gen. Spec. 43 (1832).

西藏；阿富汗、巴基斯坦、印度、不丹、尼泊尔、孟加拉国。

帚状香茶菜

●**Isodon scoparius** (C. Y. Wu et H. W. Li) H. Hara, J. Jap. Bot. 60 (8): 236 (1985).

Rabdosia scoparia C. Y. Wu et H. W. Li, Fl. Yunnan. 1: 777, pl. 184, f. 10-11 (1977).

云南。

宽花香茶菜

Isodon scrophularioides (Wall. ex Benth.) Murata, Acta Phytotax. Geobot. 22 (1-2): 21 (1966).
Plectranthus scrophularioides Wall. ex Benth., in Wallich, Pl. Asiat. Rar. 2: 16 (1831); *Rabdosia scrophularioides* (Wall. ex Benth.) H. Hara, J. Jap. Bot. 47 (7): 200 (1972); *Rabdosia latiflora* C. Y. Wu et H. W. Li, Fl. Yunnan. 1: 802, pl. 189, f. 5-6 (1977); *Isodon latiflorus* (C. Y. Wu et H. W. Li) H. Hara, J. Jap. Bot. 60 (8): 234 (1985).
云南、西藏；孟加拉国、不丹、印度、尼泊尔。

黄花香茶菜（臭蒿子，方茎紫苏，鸡苏，假荨麻，烂脚草）

Isodon sculponeatus (Vaniot) Kudô, Mém. Fac. Agric. Taihoku Imp. Univ. 2 (2): 132 (1929).
Plectranthus sculponeatus Vaniot, Bull. Acad. Int. Géogr. Bot. 14 (183): 167 (1904); *Rabdosia sculponeata* (Vaniot) H. Hara, J. Jap. Bot. 47 (7): 200 (1972); *Stachys mairei* H. Lév., Bull. Acad. Int. Géogr. Bot. 22 (275): 236 (1912); *Rabdosia alborubra* C. Y. Wu, Fl. Yunnan. 1: 797, pl. 188, f. 6-7 (1977); *Isodon alborubrus* (C. Y. Wu) H. Hara, J. Jap. Bot. 60 (8): 233 (1985).
四川、贵州、云南、西藏、广西；印度、尼泊尔。

侧花香茶菜

●**Isodon secundiflorus** (C. Y. Wu) H. Hara, J. Jap. Bot. 60 (8): 236 (1985).
Rabdosia secundiflora C. Y. Wu, Fl. Reipubl. Popularis Sin. 66: 589 (1977).
四川。

溪黄草（溪沟草，山羊面，台湾延胡索，大叶蛇总管）

Isodon serra (Maxim.) Kudô, Mém. Fac. Agric. Taihoku Imp. Univ. 2 (2): 125 (1929).
Plectranthus serra Maxim., Mélanges Biol. Bull. Phys.-Math. Acad. Imp. Sci. Saint-Pétersbourg 9: 428 (1874); *Amethystanthus serra* (Maxim.) Nemoto, Fl. Japan. Suppl. 630 (1936); *Rabdosia serra* (Maxim.) H. Hara, J. Jap. Bot. 47 (7): 200 (1972); *Plectranthus lasiocarpus* Hayata, J. Coll. Sci. Imp. Univ. Tokyo 30 (1): 224 (1911); *Isodon lasiocarpus* (Hayata) Kudô, Mém. Fac. Agric. Taihoku Imp. Univ. 2 (2): 125 (1929); *Amethystanthus lasiocarpus* (Hayata) Nemoto, Fl. Japan. Suppl. 629 (1936); *Rabdosia lasiocarpa* (Hayata) H. Hara J. Jap. Bot. 47 (7): 197 (1972).
黑龙江、吉林、辽宁、山西、河南、陕西、甘肃、安徽、江苏、江西、湖南、四川、贵州、台湾、广东、广西；朝鲜、俄罗斯。

四川香茶菜

●**Isodon setschwanensis** (Hand.-Mazz.) H. Hara, J. Jap. Bot. 60 (8): 236 (1985).
Plectranthus setschwanensis Hand.-Mazz., Symb. Sin. 7 (4): 939, pl. 28, f. 7 (1936); *Rabdosia setschwanensis* (Hand.-Mazz.) H. Hara, J. Jap. Bot. 47 (7): 200 (1972); *Rabdosia setschwanensis* var. *yungshengensis* C. Y. Wu et H. W. Li, Fl. Yunnan. 1: 778 (1977).
四川、云南。

林生香茶菜

●**Isodon silvaticus** (C. Y. Wu et H. W. Li) H. W. Li, J. Arnold Arbor. 69 (4): 358 (1988).
Rabdosia silvatica C. Y. Wu et H. W. Li, Fl. Reipubl. Popularis Sin. 66: 588 (1977).
西藏。

马尔康香茶菜

●**Isodon smithianus** (Hand.-Mazz.) H. Hara, J. Jap. Bot. 60 (8): 237 (1985).
Plectranthus smithianus Hand.-Mazz., Acta Horti Gothob. 9 (5): 93 (1934); *Rabdosia smithiana* (Hand.-Mazz.) H. Hara, J. Jap. Bot. 47 (7): 200 (1972).
四川、西藏。

细叶香茶菜

●**Isodon tenuifolius** (W. W. Sm.) Kudô, Mem. Fac. Sci. Taihoku Imp. Univ. 2 (2): 119 (1929).
Plectranthus tenuifolius W. W. Sm., Notes Roy. Bot. Gard. Edinb. 9 (42): 118-119 (1916); *Rabdosia tenuifolia* (W. W. Sm.) H. Hara, J. Jap. Bot. 47 (7): 201 (1972).
四川、云南。

牛尾草

Isodon ternifolius (D. Don) Kudô, Mem. Fac. Sci. Taihoku Imp. Univ. 2: 140 (1929).
Plectranthus ternifolius D. Don, Prodr. Fl. Nepal. 117 (1825); *Ocimum ternifolium* (D. Don) Spreng, Syst. Veg. 4 (2): 224 (1827); *Rabdosia ternifolia* (D. Don) H. Hara, J. Jap. Bot. 47 (7): 201 (1972); *Rabdosiella ternifolia* (D. Don) Codd, Bothalia 15: 10 (1984); *Elsholtzia lychnitis* H. Lév. et Vaniot, Repert. Spec. Nov. Regni Veg. 8: 425 (1910); *Teucrium esquirolii* H. Lév., Bull. Géogr. Bot. 22: 236 (1912).
贵州、云南、广东、广西；不丹、老挝、泰国、印度、缅甸、尼泊尔、孟加拉国、越南。

长叶香茶菜（四方草）

Isodon walkeri (Arn.) H. Hara, J. Jap. Bot. 60 (8): 237 (1985).
Plectranthus walkeri Arn., Pug. Pl. Nov. Syr. 36 (1836); *Rabdosia walkeri* (Arn.) H. Hara, J. Jap. Bot. 47 (7): 202 (1972); *Plectranthus stracheyi* Benth. ex Hook. f., Fl. Brit. Ind. 4 (12): 618 (1885); *Isodon stracheyi* (Benth. ex Hook. f.) Kudô, Mém. Fac. Agric. Taihoku Imp. Univ. 2 (2): 136 (1929); *Rabdosia stracheyi* (Benth. ex Hook. f.) H. Hara, J. Jap. Bot. 47 (7): 201 (1972); *Plectranthus veronicifolius* Hance, J. Bot. 23 (275): 327 (1885); *Isodon stracheyi* var. *veronicifolius* (Hance) Kudô, Mém. Fac. Agric. Taihoku Imp. Univ. 2 (2): 136 (1929); *Plectranthus brandisii* Prain, J. Asiat. Soc. Bengal, Pt. 2, Nat. Hist. 59 (2): 296 (1890).

广东、海南；老挝、缅甸、斯里兰卡、泰国、印度、越南。

西藏香茶菜

● **Isodon wardii** (C. Marquand et Airy Shaw) H. Hara, J. Jap. Bot. 60 (8): 237 (1985).
Plectranthus wardii C. Marquand et Airy Shaw, J. Linn. Soc., Bot. 48 (321): 216 (1929); *Rabdosia wardii* (C. Marquand et Airy Shaw) H. Hara, J. Jap. Bot. 47 (7): 202 (1972).
西藏。

辽宁香茶菜

● **Isodon websteri** (Hemsl.) Kudô, Mém. Fac. Agric. Taihoku Imp. Univ. 2 (2): 130 (1929).
Plectranthus websteri Hemsl., J. Linn. Soc., Bot. 26 (175): 275 (1890); *Rabdosia websteri* (Hemsl.) H. Hara, J. Jap. Bot. 47 (7): 202 (1972).
辽宁。

维西香茶菜

● **Isodon weisiensis** (C. Y. Wu) H. Hara, J. Jap. Bot. 60 (8): 237 (1985).
Rabdosia weisiensis C. Y. Wu, Fl. Yunnan. 1: 802, pl. 189, f. 1-2 (1977).
云南。

荛花香茶菜

● **Isodon wikstroemioides** (Hand.-Mazz.) H. Hara, J. Jap. Bot. 60 (8): 237 (1985).
Plectranthus wikstroemioides Hand.-Mazz., Acta Horti Gothob. 13 (10): 369 (1939); *Rabdosia wikstroemioides* (Hand.-Mazz.) H. Hara, J. Jap. Bot. 47 (7): 203 (1972).
四川、云南、西藏。

吴氏香茶菜

● **Isodon wui** C. L. Xiang et E. D. Liu, Syst. Bot. 37 (3): 811 (2012).
云南。

旱生香茶菜

● **Isodon xerophilus** (C. Y. Wu et H. W. Li) H. Hara, J. Jap. Bot. 60 (8): 237 (1985).
Rabdosia xerophila C. Y. Wu et H. W. Li, Fl. Yunnan. 1: 787, pl. 186, f. 6-10 (1977).
云南。

香简草属 **Keiskea** Miq.

南方香简草

● **Keiskea australis** C. Y. Wu et H. W. Li, Fl. Reipubl. Popularis Sin. 66: 585, Pl. 75 (1977).
福建、广东。

香薷状香简草（香薷状霜柱）

● **Keiskea elsholtzioides** Merr., Sunyatsenia 3 (4): 258 (1937).
Keiskea elsholtzioides f. *purpurea* X. H. Guo, Bull. Bot. Res., Harbin 7 (2): 137 (1987).
安徽、浙江、江西、湖南、湖北、广东。

腺毛香简草（腺毛霜柱）

● **Keiskea glandulosa** C. Y. Wu, Acta Phytotax. Sin. 10 (3): 236, pl. 44 (1965).
福建。

中华香简草（中华霜柱）

● **Keiskea sinensis** Diels, Notizbl. Bot. Gart. Berlin-Dahlem 9 (83): 199 (1924).
安徽、江苏、浙江。

香简草（四川霜柱）

● **Keiskea szechuanensis** C. Y. Wu, Acta Phytotax. Sin. 10 (3): 236, pl. 45 (1965).
四川、云南。

动蕊花属 **Kinostemon** Kudô

粉红动蕊花

● **Kinostemon alborubrum** (Hemsl.) C. Y. Wu et S. Chow, Acta Phytotax. Sin. 10 (3): 247, pl. 46, f. 9-13 (1965).
Teucrium alborubrum Hemsl., J. Linn. Soc., Bot. 26 (175): 311 (1890).
湖南、湖北、四川。

动蕊花

● **Kinostemon ornatum** (Hemsl.) Kudô, Trans. Nat. Hist. Soc. Taiwan 19: 2 (1929).
Teucrium ornatum Hemsl., J. Linn. Soc., Bot. 26 (175): 313 (1890); *Kinostemon ornatum* f. *falcatum* C. Y. Wu et S. Chow, Acta Phytotax. Sin. 10 (3): 246, pl. 46, f. 8 (1965); *Kinostemon ornatum* f. *subintegrifolium* C. Y. Wu et S. Chow, Acta Phytotax. Sin. 10 (3): 246, pl. 46, f. 7 (1965).
陕西、安徽、湖北、四川、贵州、云南。

保康动蕊花

● **Kinostemon veronicifolia** H. W. Li, Bull. Bot. Res., Harbin 3 (3): 70 (1983).
湖北。

兔唇花属 **Lagochilus** Bunge ex Benth.

阿尔泰兔唇花

Lagochilus bungei Benth., Labiat. Gen. Spec. 6: 641 (1834).
Lagochilopsis bungei (Benth.) Knorring, Novosti Sist. Vyssh. Rast. 200 (1966); *Lagochilus altaicus* C. Y. Wu et S. J. Hsuan, Acta Phytotax. Sin. 10 (3): 215, pl. 41, f. 1-6 (1965).
新疆；哈萨克斯坦。

二刺叶兔唇花

Lagochilus diacanthophyllus (Pall.) Benth., Labiat. Gen.

Spec. 6: 641 (1834).
Moluccella diacanthophyllum Pall., Nova Acta Acad. Sci. Imp. Petrop. Hist. Acad. 10: 380 (1797); *Lagochilus obliquus* C. Y. Wu et S. J. Hsuan, Acta Phytotax. Sin. 10 (3): 218, pl. 42, f. 8-9 (1965); *Lagochilus chingii* C. Y. Wu et S. J. Hsuan, Acta Phytotax. Sin. 10 (3): 219, pl. 42, f. 10-11 (1965).
新疆；吉尔吉斯斯坦、哈萨克斯坦。

大花兔唇花
●**Lagochilus grandiflorus** C. Y. Wu et S. J. Hsuan, Acta Phytotax. Sin. 10 (3): 217, pl. 42. f. 6-7 (1965).
新疆。

硬毛兔唇花
Lagochilus hirtus Fisch. et C. A. Mey., Enum. Pl. Nov. 32 (1841).
Lagochilus brachyacanthus C. Y. Wu et S. J. Hsuan, Acta Phytotax. Sin. 10 (3): 216, pl. 41, f. 7-13 (1965).
新疆；哈萨克斯坦。

冬青叶兔唇花
Lagochilus ilicifolius Bunge, Labiat. Gen. Spec. 6: 641 (1834).
内蒙古、陕西、宁夏、甘肃；蒙古、俄罗斯。

多毛冬青叶兔唇花（原变种）
Lagochilus ilicifolius var. **ilicoflius**
内蒙古、陕西、宁夏、甘肃；蒙古、俄罗斯。

冬青叶兔唇花（变种）
●**Lagochilus ilicifolius** var. **tomentosus** W. Z. Di et Y. Z. Wang, Pl. Vasc. Helanshanicae 327 (1987).
宁夏。

喀什兔唇花
Lagochilus kaschgaricus Rupr., Mém. Acad. Imp. Sci. St.-Pétersbourg 14: 67 (1869).
新疆；吉尔吉斯斯坦。

毛节兔唇花
●**Lagochilus lanatonodus** C. Y. Wu et S. J. Hsuan, Acta Phytotax. Sin. 10 (3): 216, pl. 42, f. 1-5 (1965).
新疆。

大齿兔唇花
Lagochilus macrodontus Knorring, Bot. Mater. Gerb. Bot. Inst. Komarova Akad. Nauk S. S. S. R. 13: 236 (1950).
Lagochilus iliensis C. Y. Wu et S. J. Hsuan, Acta Phytotax. Sin. 10 (3): 219, pl. 41. f. 14-16 (1965).
新疆；吉尔吉斯斯坦、塔吉克斯坦。

阔刺兔唇花
Lagochilus platyacanthus Rupr., Mém. Acad. Imp. Sci. St.-Pétersbourg 14: 68 (1869).
新疆；吉尔吉斯斯坦、塔吉克斯坦。

锐刺兔唇花
Lagochilus pungens Schrenk, Bull. Cl. Phys.-Math. Acad. Imp. Sci. Saint-Pétersbourg. 2: 195 (1844).
Lagochilopsis pungens (Schrenk) Knorring, Novosti Sist. Vyssh. Rast. 200 (1966).
新疆；蒙古、哈萨克斯坦。

新疆兔唇花
●**Lagochilus xinjiangensis** G. J. Liu, Bull. Bot. Res., Harbin 5 (1): 132 (1985).
新疆。

夏至草属 **Lagopsis** (Bunge ex Benth.) Bunge

毛穗夏至草
Lagopsis eriostachya (Benth.) Ikonn.-Gal. ex Knorring, Bot. Mater. Gerb. Bot. Inst. Bot. Acad. Nauk S. S. S. R. 20: 250 (1954).
Marrubium eriostachyum Benth., Labiat. Gen. Spec. 586 (1834).
青海、新疆；蒙古、俄罗斯。

夏至草（灯笼棵，夏枯草，白花夏枯）
Lagopsis supina (Stephan ex Willd.) Ikonn.-Gal. ex Knorring, Fl. URSS 20: 250, pl. 16, f. 1 (1954).
Leonurus supinus Stephan ex Willd., Sp. Pl. 3 (1): 116 (1800); *Marrubium incisum* Benth., Labiat. Gen. Spec. 596 (1834).
黑龙江、吉林、辽宁、内蒙古、河北、山西、山东、河南、陕西、甘肃、青海、新疆、安徽、江苏、浙江、湖北、四川、贵州、云南；蒙古、日本、俄罗斯。

扁柄草属 **Lallemantia** Fisch. et C. A. Mey.

扁柄草
Lallemantia royleana (Benth.) Benth., in A. DC., Prodr. 12: 404 (1848).
Dracocephalum royleanum Benth., in Wallich, Pl. Asiat. Rar. 1: 65 (1830).
新疆；印度、土库曼斯坦、乌兹别克斯坦、吉尔吉斯斯坦、塔吉克斯坦、哈萨克斯坦、俄罗斯、亚洲西南部、欧洲。

野芝麻属 **Lamium** L.

短柄野芝麻
Lamium album L., Sp. Pl. 2: 579 (1753).
Lamium petiolatum Royle ex Benth., Bot. Misc. 3: 381 (1833).
内蒙古、山西、甘肃、新疆；蒙古、日本、印度、土库曼斯坦、乌兹别克斯坦、吉尔吉斯斯坦、塔吉克斯坦、哈萨克斯坦、俄罗斯、亚洲西南部、欧洲、北美洲。

宝盖草（珍珠莲，接骨草，莲台夏枯草）
Lamium amplexicaule L., Sp. Pl. 2: 579 (1753).

Galeobdolon amplexicaule (L.) Moench, Methodus (Moench) 394 (1794).

河北、甘肃、安徽、江苏、湖南、湖北、贵州、福建；日本、土库曼斯坦、乌兹别克斯坦、吉尔吉斯斯坦、塔吉克斯坦、哈萨克斯坦、俄罗斯、亚洲西南部、欧洲。

野芝麻（地蚕，野藿香，山麦胡）

Lamium barbatum Siebold et Zucc., Abh. Math.-Phys. Cl. Königl. Bayer. Akad. Wiss. 4: 158 (1846).

Lamium album L. var. *barbatum* (Siebold et Zucc.) Franch. et Sav., Enum. Pl. Jap. 1 (2): 383 (1875); *Lamium barbatum* var. *hirsutum* C. Y. Wu et S. J. Hsuan, Acta Phytotax. Sin. 10 (2): 156 (1965); *Lamium barbatum* var. *rigidum* C. Y. Wu et S. J. Hsuan, Acta Phytotax. Sin. 10 (2): 156 (1965); *Lamium barbatum* var. *glabrescens* C. Y. Wu et S. J. Hsuan, Acta Phytotax. Sin. 10 (2): 157 (1965).

黑龙江、吉林、辽宁、内蒙古、河北、山西、山东、河南、陕西、甘肃、安徽、江苏、浙江、湖南、湖北、四川、贵州；朝鲜、日本、俄罗斯。

紫花野芝麻（甘肃紫花野芝麻）

Lamium maculatum L., Sp. Pl. 2: 809 (1763).

Lamium maculatum var. *kansuense* C. Y. Wu et S. J. Hsuan, Acta Phytotax. Sin. 10 (2): 157 (1965).

甘肃、新疆；俄罗斯、亚洲西南部、欧洲、北美洲。

薰衣草属 Lavandula L.

薰衣草

☆**Lavandula angustifolia** Mill., Gard. Dict., ed. 8. 2 (1768).

在中国作为观赏和芳香植物栽培；欧洲、非洲。

宽叶薰衣草

☆**Lavandula latifolia** Medik, Vill. Hist. Pl. Dauphiné. 2: 363 (1787).

中国偶见栽培；欧洲、非洲。

益母草属 Leonurus L.

假鬃尾草（鬃尾草状益母草）

●**Leonurus chaituroides** C. Y. Wu et H. W. Li, Acta Phytotax. Sin. 10 (2): 161 (1965).

安徽、湖南、湖北。

兴安益母草

Leonurus deminutus V. I. Krecz. ex Kuprian., Bot. Mater. Gerb. Bot. Inst. Komarova Akad. Nauk S. S. S. R. 11: 134 (1949).

内蒙古；蒙古、俄罗斯。

灰白益母草

Leonurus glaucescens Bunge, Fl. Altaic. 2: 409 (1830).

内蒙古；蒙古、哈萨克斯坦、俄罗斯。

益母草（益母蒿，坤草，野麻）

Leonurus japonicus Houtt., Nat. Hist. 2 (9): 366, t. 57, f. 1 (1778).

Stachys artemisia Lour., Fl. Cochinch. 2: 365 (1790); *Leonurus heterophyllus* Sweet, Hort. Brit. (Sweet) 2: 321 (1826); *Leonurus artemisia* (Lour.) S. Y. Hu, J. Coll. Sci. Imp. Univ. Tokyo 2 (2): 381 (1974).

黑龙江、河北、北京、河南、甘肃、安徽、贵州、福建、广东、广西、海南、香港；朝鲜、日本、越南、老挝、柬埔寨、缅甸、泰国、马来西亚、非洲、北美洲、南美洲。

大花益母草

Leonurus macranthus Maxim., Prim. Fl. Amur. 476 (1859).

吉林、辽宁、河北、山东、江苏、湖北；朝鲜、日本、俄罗斯。

錾菜（山玉米膏，白花益母膏）

●**Leonurus pseudomacranthus** Kitag., Bot. Mag. (Tokyo) 48 (566): 109 (1934).

辽宁、河北、山西、山东、河南、陕西、甘肃、安徽、江苏。

绵毛益母草

Leonurus pseudopanzerioides Krestovsk., Bot. Žhurn. (Moscow et Leningrad) 73: 1749 (1988).

新疆；蒙古。

细叶益母草（四美草，风葫芦草，龙串彩）

Leonurus sibiricus L., Sp. Pl. 2: 584 (1753).

Leonurus sibiricus var. *grandiflora* Benth., In A. DC. Prodr Prodr., 12: 502 (1848); *Leonurus manshuricus* Yabe, Bot. Mag. (Tokyo) 48: 108 (1934); *Leonurus sibiricus* f. *albiflorus* (Nakai et Kitag.) C. Y. Wu et H. W. Li, Acta Phytotax. Sin. 10 (2): 163 (1965).

内蒙古、河北、山西、陕西；蒙古、俄罗斯。

突厥益母草

Leonurus turkestanicus V. I. Krecz. et Kuprian., Bot. Mater. Gerb. Bot. Inst. Komarova Akad. Nauk S.S.S.R. 11: 134 (1949).

新疆；土库曼斯坦、吉尔吉斯斯坦、塔吉克斯坦、哈萨克斯坦。

荨麻叶益母草

●**Leonurus urticifolius** C. Y. Wu et H. W. Li, Fl. Reipubl. Popularis Sin. 65 (2): 516 (1977).

西藏。

柔毛益母草

●**Leonurus villosissimus** C. Y. Wu et H. W. Li, Fl. Reipubl. Popularis Sin. 65 (2): 512, 601 (1977).

河北。

五台山益母草

●**Leonurus wutaishanicus** C. Y. Wu et H. W. Li, Acta Phytotax.

Sin. 10 (2): 164 (1965).
山西。

绣球防风属 Leucas R. Br.

蜂巢草
Leucas aspera (Willd.) Link, Enum. Hort. Berol. Alt. 2: 113 (1822).
Phlomis aspera Willd., Enum. Pl. (Willdenow) 2: 621 (1809).
广东、广西、海南；泰国、马来西亚、印度尼西亚、菲律宾、印度。

头序白绒草
Leucas cephalotes (Roth) Spreng., Syst. Veg. 2: 743 (1825).
Phlomis cephalotes Roth, Nov. Pl. Sp. 262 (1821); *Leucas capitata* Desf., Mém. Mus. Hist. Nat. 11: 8, pl. 4 (1824).
西藏；印度、不丹、尼泊尔、阿富汗。

滨海白绒草
●**Leucas chinensis** (Retz.) R. Br., Prodr. Fl. Nov. Holland. 504 (1810).
Phlomis chinensis Retz., Observ. Bot. 2: 19 (1781).
台湾、海南。

绣球防风
Leucas ciliata Benth., in Wallich, Pl. Asiat. Rar. 1: 61 (1830).
Leucas ciliata Hochst. ex Benth., in A. DC., Prodr. 123: 530 (1848).
四川、贵州、云南、广西；印度、不丹、尼泊尔、缅甸、老挝、越南。

线叶白绒草
Leucas lavandulifolia Sm., Cycl. (Rees) 20 (sect. 2). pt. 40 (1812).
Leonurus indicus L., Syst. Nat. ed. 10. 2: 1101 (1759); *Phlomis linifolia* Roth, Nov. Pl. Sp. 260 (1821); *Leucas linifolia* (Roth) Spreng., Syst. Veg. (ed. 16) 2: 743 (1825).
云南、广东；泰国、马来西亚、印度尼西亚、菲律宾、印度、非洲。

卵叶白绒草
Leucas martinicensis (Jacq.) R. Br., in A. DC., Prodr. 504 (1810).
Clinopodium martinicense Jacq., Enum. Syst. Pl. 25 (1760).
云南；缅甸、印度、非洲、南美洲。

白绒草
Leucas mollissima Wall. ex Benth., in Wallich, Pl. Asiat. Rar. 1: 62 (1830).
湖南、湖北、四川、贵州、云南、福建、台湾、广东、广西；日本、越南、缅甸、泰国、马来西亚、印度尼西亚、印度、尼泊尔、斯里兰卡。

白绒草（原变种）
Leucas mollissima var. **mollissima**
湖南、湖北、四川、贵州、云南、福建、台湾、广东、广西；日本、越南、缅甸、泰国、马来西亚、印度尼西亚、印度、尼泊尔、斯里兰卡。

疏毛白绒草（变种）（节节香，野芝麻，引生草）
Leucas mollissima var. **chinensis** Benth. in A. DC., Prodr. 12: 525 (1848).
湖南、湖北、四川、贵州、云南、福建、台湾、广东；日本。

糙叶白绒草（变种）
Leucas mollissima var. **scaberula** Hook. f., Fl. Brit. Ind. 4 (12): 682 (1885).
云南；缅甸、泰国、印度、尼泊尔。

绉面草（蜂窝草，蜂巢草，半夜花）
Leucas zeylanica (L.) R. Br., Prodr. Fl. Nov. Holland. 504 (1810).
Phlomis zeylanica L., Sp. Pl. 2: 586 (1753).
广东、广西、海南；缅甸、马来西亚、印度尼西亚、菲律宾、印度、斯里兰卡。

米团花属 Leucosceptrum Sm.

米团花（山蜂蜜，渍糖树，羊巴巴）
Leucosceptrum canum Sm., Exot. Bot. 2: 113, pl. 116 (1805).
Clerodendrum leucosceptrum D. Don, Prodr. Fl. Nepal. 103 (1825); *Teucrium macrostachyum* Wall. ex Benth., Labiat. Gen. Spec. 664 (1836); *Comanthosphace nepalensis* Kitam. et Murata, Acta Phytotax. Geobot. 15 (4): 109 (1959).
四川、云南、西藏；越南、老挝、缅甸、印度、不丹、尼泊尔。

扭藿香属 Lophanthus Adans.

扭藿香
Lophanthus chinensis Benth., Edwards's Bot. Reg. 15: pl. 1282 (1829).
新疆；蒙古、俄罗斯。

阿尔泰扭藿香
Lophanthus krylovii Lipsky, Trudy Imp. S.-Peterburgsk. Bot. Sada 24 (2): 122 (1905).
新疆；蒙古、哈萨克斯坦、俄罗斯。

天山扭藿香
Lophanthus schrenkii Levin, Bot. Mater. Gerb. Bot. Inst. Komarova Akad. Nauk S. S. S. R. 7: 218 (1937).
新疆；吉尔吉斯斯坦、哈萨克斯坦。

西藏扭藿香

- **Lophanthus tibeticus** C. Y. Wu et Y. C. Huang, Acta Phytotax. Sin. 10 (2): 150, pl. 36 (1965).

西藏。

斜萼草属 Loxocalyx Hemsl.

五脉斜萼草

- **Loxocalyx quinquenervius** Hand.-Mazz., Symb. Sin. 7 (4): 924 (1936).

湖南。

斜萼草

- **Loxocalyx urticifolius** Hemsl., J. Linn. Soc., Bot. 26 (175): 309, pl. 5 (1890).

河北、河南、陕西、甘肃、湖北、四川、贵州、云南。

斜萼草（原变种）（佛座）

- **Loxocalyx urticifolius** var. **urticifolius**

河北、河南、陕西、甘肃、湖北、四川、贵州、云南。

十脉斜萼草（变种）

- **Loxocalyx urticifolius** var. **decemnervius** C. Y. Wu et H. W. Li, Acta Phytotax. Sin. 10 (3): 220 (1965).

陕西。

地笋属 Lycopus L.

小叶地笋（小益草，泽兰，水薄荷）

Lycopus cavaleriei H. Lév., Repert. Spec. Nov. Regni Veg. 8 (182-184): 423 (1910).

Lycopus maackianus Makino var. *ramosissimus* Makino, Bot. Mag. (Tokyo) 12: 117 (1898); *Lycopus coreanus* H. Lév., Repert. Spec. Nov. Regni Veg. 8 (182-184): 423 (1910); *Lycopus europaeus* L. var. *sinensis* H. Lév., Repert. Spec. Nov. Regni Veg. 8 (182-184): 423 (1910); *Lycopus coreanus* H. Lév. var. *cavaleriei* (H. Lév.) C. Y. Wu et H. W. Li, Fl. Yunnan. 1: 708 (1977).

吉林、安徽、浙江、江西、四川、贵州、云南；朝鲜、日本。

欧地笋

Lycopus europaeus L., Sp. Pl. 1: 21 (1753).

河北、陕西、新疆；日本、土库曼斯坦、乌兹别克斯坦、吉尔吉斯斯坦、塔吉克斯坦、哈萨克斯坦、俄罗斯、亚洲西南部、欧洲、北美洲。

欧地笋（原变种）

Lycopus europaeus var. **europaeus**

河北、陕西、新疆；日本、土库曼斯坦、乌兹别克斯坦、吉尔吉斯斯坦、塔吉克斯坦、哈萨克斯坦、俄罗斯、亚洲西南部、欧洲、北美洲。

深裂欧地笋（变种）

Lycopus europaeus var. **exaltatus** (L. f.) Hook. f., Fl. Brit. Ind. 4 (12): 648 (1885).

Lycopus exaltatus L. f., Suppl. Pl. 87 (1781).

新疆；吉尔吉斯斯坦、哈萨克斯坦、俄罗斯、欧洲。

地笋

Lycopus lucidus Turcz. ex Benth., in A. DC., Prodr. 12: 178 (1848).

黑龙江、吉林、辽宁、河北、山西、山东、陕西、甘肃、安徽、江苏、浙江、江西、湖南、湖北、四川、贵州、云南、福建、台湾、广东、广西；日本、俄罗斯。

地笋（原变种）（提娄，地参）

Lycopus lucidus var. **lucidus**

黑龙江、吉林、辽宁、河北、山西、山东、陕西、甘肃、安徽、江苏、浙江、江西、湖南、湖北、四川、贵州、云南、福建、台湾、广东、广西；日本、俄罗斯。

硬毛地笋（变种）（地瓜儿苗，地笋，泽兰）

Lycopus lucidus var. **hirtus** Regel, Mém. Acad. Imp. Sci. St.-Pétersbourg 4: 115 (1861).

Lycopus lucidus var. *formosanus* Hayata, Icon. Pl. Formosan. 8: 102 (1919); *Lycopus formosanus* (Hayata) Sasaki, Trans. Nat. Hist. Soc. Taiwan 18: 171 (1928).

黑龙江、吉林、辽宁、河北、山西、甘肃、安徽、江苏、浙江、江西、湖南、湖北、四川、贵州、云南、福建、台湾、广东、广西；日本、俄罗斯。

异叶地笋（变种）

- **Lycopus lucidus** var. **maackianus** Maxim. ex Herder, Bull. Soc. Imp. Naturalistes Moscou 61 (1): 131 (1885).

Lycopus maackianus Makino, Bot. Mag. (Tokyo) 11 (128): 382 (1897); *Lycopus angustus* Makino, Bot. Mag. (Tokyo) 11 (128): 382 (1897).

黑龙江。

小花地笋

- **Lycopus parviflorus** Maxim., Prim. Fl. Amur. 216 (1859).

Lycopus virginicus var. *parviflorus* (Maxim.) Makino, Bot. Mag. (Tokyo), 11: 382 (1897).

黑龙江、吉林。

扭连钱属 Marmoritis Benth.

扭连钱

- **Marmoritis complanatum** (Dunn) A. L. Budantzev, Bot. Žhurn. (Moscow et Leningrad) 77 (12): 125 (1992).

Nepeta complanata Dunn, Notes Roy. Bot. Gard. Edinb. 8 (37): 122 (1913); *Glechoma complanata* (Dunn) Turrill, Bot. Soc. Exch. Club Brit. Isles 5: 695 (1920); *Phyllophyton complanatum* (Dunn) Kudô, Mém. Fac. Agric. Taihoku Imp. Univ. 2: 225 (1929); *Pseudolophanthus complanatus* (Dunn) E.

G. Levin, Trudy Bot. Inst. Akad. Nauk S. S. S. R., Ser. 4. Eksper. Bot. 5: 296, f. 9a (1941); *Dracocephalum rockii* Diels, Notizbl. Bot. Gart. Berlin-Dahlem 9 (89): 1030 (1926).
青海、四川、云南、西藏。

褪色扭连钱

●**Marmoritis decolorans** (Hemsl.) H. W. Li, Novon 3 (2): 157 (1993).
Nepeta decolorans Hemsl., Hooker's Icon. Pl. 25 (3): pl. 2470 (1896); *Glechoma decolorans* (Hemsl.) Turrill, Bot. Soc. Exch. Club Brit. Isles 5: 695 (1920); *Phyllophyton decolorans* (Hemsl.) Kudô, Mém. Fac. Agric. Taihoku Imp. Univ. 2: 225 (1929); *Pseudolophanthus decolorans* (Hemsl.) E. G. Levin, Trudy Bot. Inst. Akad. Nauk S. S. S. R., Ser. 2. Sporov. Rast. 5: 296, f. 14b (1941).
西藏。

雪地扭连钱

●**Marmoritis nivalis** (Jacquem. ex Benth.) Hedge, Fl. Pakistan. 192: 119 (1990).
Nepeta nivalis Jacquem. ex Benth., Labiat. Gen. Spec. 737 (1835); *Pseudolophanthus nivalis* (Jacquem. ex Benth.) Levin, Trudy Bot. Inst. Akad. Nauk S. S. S. R., Ser. 2. Sporov. Rast. 5: 295, f. 9b (1941); *Phyllophyton nivale* (Jacquem. ex Benth.) C. Y. Wu, Acta Phytotax. Sin. 8 (1): 10 (1959).
西藏。

帕里扭连钱

●**Marmoritis pharicus** (Prain) A. L. Budantzev, Bot. Žhurn. (Moscow et Leningrad) 77 (12): 125 (1992).
Nepeta pharica Prain, J. Asiat. Soc. Bengal, Pt. 2, Nat. Hist. 59: 306 (1891); *Phyllophyton pharicum* (Prain) Kudô, Mém. Fac. Agric. Taihoku Imp. Univ. 2: 225 (1929); *Pseudolophanthus pharicus* (Prain) Kuprian., Bot. Žhurn. (Moscow et Leningrad) 33 (2): 235 (1948).
西藏。

圆叶扭连钱

Marmoritis rotundifolia Benth., Bot. Misc. 3: 377 (1833).
Nepeta rotundifolia (Benth.) Benth., in A. DC., Prodr. 12: 392 (1848); *Nepeta tibetica* Jacquem. ex Benth., Labiat. Gen. Spec. 737 (1835); *Pseudolophanthus tibeticus* (Jacquem. ex Benth.) Kuprian., Bot. Žhurn. (Moscow et Leningrad) 33 (2): 235 (1948); *Phyllophyton tibeticum* (Jacquem. ex Benth.) C. Y. Wu, Acta Phytotax. Sin. 8 (1): 10 (1959).
西藏；印度。

欧夏至草属 **Marrubium** L.

欧夏至草

Marrubium vulgare L., Sp. Pl. 2: 583 (1753).
Marrubium vulgare var. *lanatum* Benth., in A. DC., Prodr. 12: 453 (1848).
新疆；印度、巴基斯坦、阿富汗、土库曼斯坦、乌兹别克斯坦、吉尔吉斯斯坦、塔吉克斯坦、哈萨克斯坦、俄罗斯、亚洲西南部、欧洲。

龙头草属 **Meehania** Britton

肉叶龙头草（铁板青，肉叶美汉花）

●**Meehania faberi** (Hemsl.) C. Y. Wu, Acta Phytotax. Sin. 8 (1): 17 (1959).
Dracocephalum faberi Hemsl., J. Linn. Soc., Bot. 26 (175): 291 (1890); *Meehania urticifolia* (Miq.) Makino var. *faberi* (Hemsl.) Kudô, Mém. Fac. Agric. Taihoku Imp. Univ. 2: 223 (1929).
甘肃、四川。

华西龙头草

●**Meehania fargesii** (H. Lév.) C. Y. Wu, Acta Phytotax. Sin. 8: 12 (1959).
Dracocephalum fargesii H. Lév., Repert. Spec. Nov. Regni Veg. 9 (222-226): 246 (1911).
安徽、浙江、江西、湖南、湖北、四川、贵州、云南、广东、广西。

华西龙头草（原变种）

●**Meehania fargesii** var. **fargesii**
四川、云南。

梗花华西龙头草（变种）

●**Meehania fargesii** var. **pedunculata** (Hemsl.) C. Y. Wu, Acta Phytotax. Sin. 8 (1): 14 (1959).
Dracocephalum urticifolium Miq. var. *pedunculatum* Hemsl., J. Linn. Soc., Bot. 26 (75): 293 (1890); *Dracocephalum pedunculatum* (Hemsl.) Diels, Repert. Spec. Nov. Regni Veg. Beih. 12: 477 (1922); *Meehania urticifolia* (Miq.) Makino var. *pedunculata* Kudô, Mem. Fac. Sci. Taihoku Imp. Univ. 2: 223 (1929).
湖南、湖北、四川、云南、广西。

钝齿华西龙头草（变种）

●**Meehania fargesii** var. **obtusata** Tao Chen, Acta Bot. Yunnan. 12: 254 (1990).
安徽。

松林华西龙头草（变种）

●**Meehania fargesii** var. **pinetorum** (Hand.-Mazz.) C. Y. Wu, Acta Phytotax. Sin. 8 (1): 15 (1959).
Dracocephalum urticifolium Miq. var. *pinetorum* Hand.-Mazz., Anz. Akad. Wiss. Wien, Math.-Naturwiss. Kl. 57: 236 (1925); *Meehania pinetorum* (Hand.-Mazz.) Kudô, Mem. Fac. Sci. Taihoku Imp. Univ. 2: 224 (1929); *Meehania urticifolia* (Miq.) Makino var. *pinetorum* (Hand.-Mazz.) Hand.-Mazz., Symb. Sin. 7 (4): 916 (1936); *Dracocephalum simplex* Vaniot, Bull. Acad. Int. Géogr. Bot. 14 (183): 179 (1904).
四川、贵州、云南。

走茎华西龙头草（变种）（红紫苏，木樨臭）
●**Meehania fargesii** var. **radicans** (Vaniot) C. Y. Wu, Acta Phytotax. Sin. 8 (1): 13 (1959).
Dracocephalum radicans Vaniot, Bull. Acad. Int. Géogr. Bot. 14: 180 (1904); *Meehania radicans* (Vaniot) A. L. Budantzev, Bot. Žhurn. (Moscow et Leningrad) 77 (12): 123 (1992).
浙江、江西、湖北、四川、云南、广东。

龙头草
●**Meehania henryi** (Hemsl.) Sun ex C. Y. Wu, Acta Phytotax. Sin. 8 (1): 15 (1959).
Dracocephalum henryi Hemsl., J. Linn. Soc., Bot. 26 (175): 291 (1890).
湖南、湖北、四川、贵州。

龙头草（原变种）
●**Meehania henryi** var. **henryi**
Meehania urticifolia (Miq.) Makino var. *henryi* (Hemsl.) Kudô, Mém. Fac. Agric. Taihoku Imp. Univ. 2: 224 (1929); *Dracocephalum cavaleriei* H. Lév., Repert. Spec. Nov. Regni Veg. 8 (182-184): 422 (1910).
湖南、湖北、四川、贵州。

长叶龙头草（变种）
●**Meehania henryi** var. **kaitcheensis** (H. Lév.) C. Y. Wu, Acta Phytotax. Sin. 8 (1): 16 (1959).
Dracocephalum kaitcheense H. Lév., Repert. Spec. Nov. Regni Veg. 8 (182-184): 422 (1910).
贵州。

圆基叶龙头草（变种）
●**Meehania henryi** var. **stachydifolia** (H. Lév.) C. Y. Wu, Acta Phytotax. Sin. 8 (1): 16 (1959).
Dracocephalum stachydifolium H. Lév., Repert. Spec. Nov. Regni Veg. 8 (182-184): 422 (1910).
贵州。

荨麻叶龙头草
Meehania urticifolia (Miq.) Makino, Bot. Mag. (Tokyo) 13 (147): 159 (1899).
Dracocephalum urticifolium Miq. Ann. Mus. Bot. Lugduno-Batavi 2: 109 (1865); *Glechoma urticifolia* (Schrad. ex Benth.) Makino, Bot. Mag. (Tokyo) 27: 153 (1913); *Dracocephalum sinense* S. Moore, J. Linn. Soc., Bot. 17 (102): 385, pl. 16, f. 7 (1880); *Dracocephalum urticifolium* Miq. f. *racemosa* Dunn, Notes Roy. Bot. Gard. Edinburgh. 6 (28): 170 (1915).
吉林、辽宁；朝鲜、日本、俄罗斯。

高野山龙头草
Meehania montis-koyae Ohwi, Acta Phytotax. Geobot. 2: 107 (1933).
浙江、福建；日本。

狭叶龙头草
Meehania pinfaensis (H. Lév.) Sun ex C. Y. Wu, Acta Phytotax. Sin. 8 (1): 17 (1959).
Dracocephalum esquirolii H. Lév., Repert. Spec. Nov. Regni Veg. 8 (182-184): 422 (1910); *Dracocephalum pinfaense* H. Lév., Repert. Spec. Nov. Regni Veg. 8 (182-184): 422 (1910); *Dracocephalum urticifolium* Miq. var. *angustifolium* (Dunn) Hand.-Mazz., Symb. Sin. 7: 916 (1936).
贵州。

蜜蜂花属 Melissa L.

蜜蜂花（滇荆芥，土荆芥，荆芥）
Melissa axillaris (Benth.) Bakh. f., Fl. Jav. 2: 629 (1965).
Geniosporum axillare Benth., in Wallich, Pl. Asiat. Rar. 2: 18 (1830); *Melissa hirsuta* Blume, Bijdr. Fl. Ned. Ind. 14: 830 (1826); *Melissa parviflora* Benth., in Wallich, Pl. Asiat. Rar. 1: 65 (1830); *Calamintha cavaleriei* H. Lév. et Vaniot, Repert. Spec. Nov. Regni Veg. 8 (182-184): 424 (1910); *Melissa parviflora* (Lam.) Salisb. var. *purpurea* Hayata, J. Coll. Sci. Imp. Univ. Tokyo 30 (1): 228 (1911).
陕西、江西、湖南、湖北、四川、贵州、云南、西藏、台湾、广东、广西；越南、老挝、柬埔寨、缅甸、泰国、马来西亚、印度尼西亚、印度、不丹、尼泊尔。

黄蜜蜂花
Melissa flava Benth. ex Wall., in Wallich, Pl. Asiat. Rar. 1: 65 (1830).
西藏；印度、不丹、尼泊尔。

香蜂花
☆**Melissa officinalis** L., Sp. Pl. 2: 592 (1753).
中国栽培；土库曼斯坦、吉尔吉斯斯坦、塔吉克斯坦、俄罗斯、亚洲西南部、非洲、欧洲。

云南蜜蜂花
●**Melissa yunnanensis** C. Y. Wu et Y. C. Huang, Acta Phytotax. Sin. 10. 228 (1965).
云南、西藏。

薄荷属 Mentha L.

假薄荷（香薷草）
Mentha asiatica Boriss., Bot. Mater. Gerb. Bot. Inst. Komarova Akad. Nauk S. S. S. R. 16: 280 (1954).
新疆、四川、西藏；土库曼斯坦、乌兹别克斯坦、吉尔吉斯斯坦、塔吉克斯坦、哈萨克斯坦、俄罗斯、亚洲西南部。

薄荷（野薄荷，南薄荷，土薄荷）
Mentha canadensis L., Sp. Pl. 2: 577 (1753).
Mentha arvensis L. f. *chinensis* Debeaux, Actes Soc. L. Bordeaux 21: 107 (1876); *Mentha arvensis* var. *canadensis* (L.) Kuntz., Revis. Gen. Pl. 2: 524 (1891); *Mentha arvensis* var. *haplocalyx* (Briq.) Briq., Bull. Herb. Boissier 2 (12): 707 (1894); *Mentha arvensis* subsp. *haplocalyx* (Briq.) Briq., Pflanzenr. (Engler). 4 (3a): 319 (1897); *Mentha pedunculata*

Hu et Tsai, Bull. Fan Mem. Inst. Biol. Bot. 2 (13): 259, pl. 1 (1931); *Mentha haplocalyx* Briq. f. *alba* X. L. Liu et X. H. Guo, Guihaia 9 (4): 301 (1989); *Mentha canadensis* L. var. *retrorsa* J. L. Liu, Acta Bot. Yunnan. 18 (4): 410 (1996).
全中国；朝鲜、日本、越南、老挝、柬埔寨、缅甸、泰国、马来西亚、俄罗斯、北美洲。

柠檬薄荷

Mentha citrata Ehrh., Beitr. Naturk. 7: 150 (1792).
Mentha × piperita L. var. *citrata* (Ehrh.) Briq., Prodr. Fl. Belg. 3: 694 (1899).
北京、杭州、南京及其他城市栽培；原产于欧洲。

皱叶留兰香

Mentha crispata Schrad. ex Willd., Enum. Pl. (Willdenow) 2: 608 (1809).
北京、江苏、上海；俄罗斯、欧洲。

兴安薄荷

Mentha dahurica Fisch. ex Benth., Labiat. Gen. Spec. 2: 181 (1833).
黑龙江、吉林、内蒙古；日本、俄罗斯。

欧薄荷

Mentha longifolia (L.) Huds., Fl. Angl. (Hudson) 221 (1762).
Mentha spicata var. *longifolia* L., Sp. Pl. 2: 576 (1753); *Mentha sylvestris* L., Sp. Pl. 2: 804 (1763).
江苏、上海；俄罗斯、亚洲西南部、欧洲。

唇萼薄荷

Mentha pulegium L., Sp. Pl. 2: 577 (1753).
北京、江苏；土库曼斯坦、塔吉克斯坦、俄罗斯、亚洲西南部、欧洲。

东北薄荷

Mentha sachalinensis (Briq) Kudô, J. Coll. Sci. Imp. Univ. Tokyo 43 (10): 47 (1921).
Mentha arvensis L. var. *sachalinensis* Briq. in Engler et Prantl, Nat. Pflanzenfam. 4 (3a): 319 (1897); *Mentha arvensis* var. *piperascens* Malinv. ex Holmes, Pharm. J. London, ser. 3. 13: 381 (1882).
黑龙江、吉林、辽宁、内蒙古；日本、俄罗斯。

留兰香（绿薄荷，香薄荷，香花菜）

Mentha spicata L., Sp. Pl. 2: 576 (1753).
Mentha spicata var. *viridis* L., Sp. Pl. 2: 576 (1753); *Mentha viridis* (L.) L., Sp. Pl. ed. 2. 2: 804 (1763).
河北、江苏、浙江、湖北、四川、云南、西藏、广东、广西；土库曼斯坦、俄罗斯、亚洲西南部、非洲、欧洲。

圆叶薄荷

Mentha suaveolens Ehrh., Beitr. Naturk. 7: 149 (1792).
北京、江苏、上海、云南；欧洲。

灰薄荷

Mentha vagans Boriss., Bot. Mater. Gerb. Bot. Inst. Komarova Akad. Nauk S. S. S. R. 16: 282 (1954).
新疆；土库曼斯坦、塔吉克斯坦、亚洲西南部。

辣薄荷

Mentha × piperita L., Sp. Pl. 2: 576 (1753).
北京、南京及其他城市栽培；原产于土库曼斯坦、吉尔吉斯斯坦、俄罗斯、日本、印度，亚洲东南部、欧洲、北美洲也有栽培。

凉粉草属 Mesona Blume

凉粉草

●**Mesona chinensis** Benth., Fl. Hongk. 274 (1861).
Mesona procumbens Hemsl., Ann. Bot. (Oxford) 9 (33): 155, pl. 7 (1895); *Mesona elegans* Hayata, J. Coll. Sci. Imp. Univ. Tokyo 22: 360, pl. 16 (1906).
浙江、江西、台湾、广东、广西。

小花凉粉草

Mesona parviflora (Benth.) Briq. in Engler et Prantl, Nat. Pflanzenfam. 4 (3a): 365 (1897).
Geniosporum parviflorum Benth., in Wallich, Pl. Asiat. Rar. 2: 18 (1830); *Mesona wallichiana* Benth., in A. DC., Prodr. 12: 46 (1848).
云南；印度。

箭叶水苏属 Metastachydium Airy Shaw ex C. Y. Wu et H. W. Li

箭叶水苏

Metastachydium sagittatum (Regel) C. Y. Wu et H. W. Li, Acta Phytotax. Sin. 13 (1): 73 (1975).
Phlomis sagittata Regel, Trudy Imp. S.-Peterburgsk. Bot. Sada 6 (2): 373 (1880); *Metastachys sagittata* (Regel) Knorring, Fl. URSS 21: 193 (1954).
新疆；吉尔吉斯斯坦。

姜味草属 Micromeria Benth.

小香薷

●**Micromeria barosma** (W. W. Sm.) Hand.-Mazz., Symb. Sin. 7 (4): 932 (1936).
Calamintha barosma W. W. Sm., Notes Roy. Bot. Gard. Edinb. 9 (42): 88 (1916); *Satureja barosma* (W. W. Sm.) Kudô, Mém. Fac. Agric. Taihoku Imp. Univ. 2: 99 (1929).
云南。

姜味草

Micromeria biflora (Buch.-Ham. ex D. Don) Benth., Labiat. Gen. Spec. 378 (1834).
Thymus biflorus Buch.-Ham. ex D. Don, Prodr. Fl. Nepal. 112

(1825); *Satureja biflora* (Buch.-Ham. ex D. Don) Briq. in Engler et Prantl, Nat. Pflanzenfam. 4 (3a): 299 (1895); *Thymus cavaleriei* H. Lév., Repert. Spec. Nov. Regni Veg. 11 (286-290): 298 (1912).

贵州、云南；阿富汗、印度、不丹、尼泊尔。

清香姜味草
●**Micromeria euosma** (W. W. Sm.) C. Y. Wu, Acta Phytotax. Sin. 10 (3): 229 (1965).
Calamintha euosma W. W. Sm., Notes Roy. Bot. Gard. Edinb. 9 (42): 89 (1916); *Satureja euosma* (W. W. Sm.) Kudô, Mém. Fac. Agric. Taihoku Imp. Univ. 2: 100 (1929).
云南。

西藏姜味草
●**Micromeria wardii** C. Marquand et Airy Shaw, J. Linn. Soc., Bot. 48 (321): 216 (1929).
西藏。

冠唇花属 Microtoena Prain

白花冠唇花
●**Microtoena albescens** C. Y. Wu et S. J. Hsuan, Acta Phytotax. Sin. 10 (1): 49 (1965).
贵州。

云南冠唇花
●**Microtoena delavayi** Prain, Bull. Soc. Bot. France. 42: 424 (1895).
云南。

云南冠唇花（原变种）
●**Microtoena delavayi** var. **delavayi**
Microtoena delavayi var. *vera* Prain, Bull. Soc. Bot. France. 42: 425 (1895); *Microtoena tenuiflora* C. Y. Wu, Acta Phytotax. Sin. 8 (1): 47, pl. 5, f. 10-20 (1959); *Microtoena affinis* C. Y. Wu et S. J. Hsuan, Acta Phytotax. Sin. 10 (1): 48 (1965).
四川、云南。

钝齿云南冠唇花（变种）
●**Microtoena delavayi** var. **amblyodon** C. Y. Wu et Hsuan, Acta Phytotax. Sin. 10 (1): 48 (1965).
云南。

大花云南冠唇花（变种）
●**Microtoena delavayi** var. **grandiflora** Prain, Bull. Soc. Bot. France. 42: 425 (1895).
四川、云南。

黄花云南冠唇花（变种）
●**Microtoena delavayi** var. **lutea** C. Y. Wu et Hsuan, Acta Phytotax. Sin. 10 (1): 48 (1965).
云南。

贵州冠唇花（新拟）
●**Microtoena esquirolii** H. Lév., Repert. Spec. Nov. Regni Veg. 9 (222-226): 222 (1911).
Microtoena insuavis (Hance) Prain ex Dunn, Notes Roy. Bot. Gard. Edinb. 8 (37): 169 (1913); *Microtoena subspicata* C. Y. Wu et S. J. Hsuan, Acta Phytotax. Sin. 10 (1): 45 (1965); *Microtoena subspicata* var. *intermedia* C. Y. Wu ex S. J. Hsuan, Acta Phytotax. Sin. 10: 46 (1965).
贵州、广西。

冠唇花（广藿香）
Microtoena insuavis (Hance) Prain ex Briq. in Engler et Prantl, Nat. Pflanzenfam. 4 (3a): 269 (1895).
Gomphostemma insuave Hance, J. Bot. 22 (8): 231 (1884); *Microtoena insuavis* (Hance) Prain ex Dunn, Notes Roy. Bot. Gard. Edinb. 8 (37): 169 (1913); *Microtoena siamica* Stearn, J. Jap. Bot. 58: 11 (1983).
云南、广西、广东、海南；越南。

长萼冠唇花
●**Microtoena longisepala** C. Y. Wu, Acta Phytotax. Sin. 10 (1): 55, pl. 15 (1965).
四川。

石山冠唇花
●**Microtoena maireana** Hand.-Mazz., Symb. Sin. 7 (4): 927 (1936).
云南。

大萼冠唇花
●**Microtoena megacalyx** C. Y. Wu, Acta Phytotax. Sin. 8 (1): 48, pl. 5, f. 1-9 (1959).
贵州、云南。

米易冠唇花
●**Microtoena miyiensis** C. Y. Wu et H. W. Li, Fl. Reipubl. Popularis Sin. 66: 579 (1977).
四川。

毛冠唇花
●**Microtoena mollis** H. Lév., Repert. Spec. Nov. Regni Veg. 9 (208-210): 222 (1911).
贵州、云南、广西。

宝兴冠唇花（穆坪冠唇花）
●**Microtoena moupinensis** (Franch.) Prain, Bull. Soc. Bot. France. 42: 426 (1895).
Clerodendrum moupinense Franch., Nouv. Arch. Mus. Hist. Nat. sér. 2. 10: 68 (1887).
四川。

木里冠唇花
●**Microtoena muliensis** C. Y. Wu et S. J. Hsuan, Acta Phytotax. Sin. 10 (1): 50, pl. 13 (1965).
四川。

峨眉冠唇花（四棱香，大叶紫苏，野犬麻）
●**Microtoena omeiensis** C. Y. Wu et S. J. Hsuan, Acta Phytotax.

Sin. 10 (1): 51 (1965).

四川。

滇南冠唇花（藿香，香薷，野香薷）

Microtoena patchoulii (C. B. Clarke ex Hook. f.) C. Y. Wu et S. J. Hsuan, Acta Phytotax. Sin. 10 (1): 44 (1965).
Plectranthus patchoulii C. B. Clarke ex Hook. f., Fl. Brit. Ind. 4 (12): 624 (1885); *Microtoena cymosa* Prain, Hooker's Icon. Pl. 19: pl. 1872 (1889); *Microtoena insuavis* (Hance) Prain ex Dunn, Notes Roy. Bot. Gard. Edinb. 8 (37): 169 (1913); *Microtoena pauciflora* C. Y. Wu ex S. J. Hsuan, Acta Phytotax. Sin. 10 (1): 44, pl. 11 (1965).

云南；缅甸、印度。

南川冠唇花（龙头花）

●**Microtoena prainiana** Diels, Bot. Jahrb. Syst. 29 (3-4): 556 (1900).

四川、贵州、云南。

粗壮冠唇花（石姜草）

●**Microtoena robusta** Hemsl., J. Linn. Soc., Bot. 26 (175): 307 (1890).

湖北、四川。

狭萼冠唇花

●**Microtoena stenocalyx** C. Y. Wu et S. J. Hsuan, Acta Phytotax. Sin. 10 (1): 49 (1965).

云南。

麻叶冠唇花

●**Microtoena urticifolia** Hemsl., J. Linn. Soc., Bot. 26 (175): 308 (1890).

湖南、湖北。

麻叶冠唇花（原变种）（水牛夕）

●**Microtoena urticifolia** var. **urticifolia**

湖北。

短梗麻叶冠唇花（变种）

●**Microtoena urticifolia** var. **brevipedunculata** C. Y. Wu et S. J. Hsuan, Acta Phytotax. Sin. 10 (1): 54 (1965).

湖南。

梵净山冠唇花

●**Microtoena vanchingshanensis** C. Y. Wu et S. J. Hsuan, Acta Phytotax. Sin. 10 (1): 52, pl. 14 (1965).

贵州。

美国薄荷属 Monarda L.

美国薄荷

☆**Monarda didyma** L., Sp. Pl. 1: 22 (1753).

中国栽培；北美洲。

拟美国薄荷

☆**Monarda fistulosa** L., Sp. Pl. 1: 22 (1753).

黑龙江、吉林、辽宁、内蒙古、河北、北京、山东、河南、陕西、宁夏、甘肃、青海、安徽、江苏、江西、湖南、贵州、福建、广东、广西、海南、香港、澳门；北美洲。

石荠苎属 Mosla (Benth.) Buch.-Ham. ex Maxim.

小花荠苎（荆芥，野香薷，细叶七星剑）

Mosla cavaleriei H. Lév., Repert. Spec. Nov. Regni Veg. 9 (211-213): 247 (1911).
Orthodon cavaleriei (H. Lév.) Kudô, Mém. Fac. Agric. Taihoku Imp. Univ. 2: 81 (1929).

浙江、江西、湖北、四川、贵州、云南、广东、广西；越南。

石香薷

Mosla chinensis Maxim., Mélanges Biol. Bull. Phys.-Math. Acad. Imp. Sci. Saint-Pétersbourg II: 805 (1883).

山东、安徽、江苏、浙江、江西、湖南、湖北、四川、贵州、福建、台湾、广东、广西；越南。

石香薷（原变种）（香薷草，细叶香薷，蓼刀竹）

Mosla chinensis var. **chinensis**
Mosla fordii Maxim., Mélanges Biol. Bull. Phys.-Math. Acad. Imp. Sci. Saint-Pétersbourg 12: 525 (1886); *Orthodon fordii* (Maxim.) Hand.-Mazz., Acta Horti Gothob. 9 (5): 89 (1934); *Calamintha clipeata* Vaniot, Bull. Acad. Int. Géogr. Bot. 14 (183): 184 (1904); *Orthodon chinensis* (Maxim.) Kudô, Mém. Fac. Agric. Taihoku Imp. Univ. 2: 75 (1929).

山东、安徽、江苏、浙江、江西、湖南、湖北、四川、贵州、福建、台湾、广东、广西；越南。

江西香薷（变种）

●**Mosla chinensis** var. **kiangsiensis** G. P. Zhu et J. L. Shi, Acta Phytotax. Sin. 33 (3): 305 (1995).

江西。

小鱼仙草（月味草，土荆芥，干汗草）

Mosla dianthera (Buch.-Ham. ex Roxb.) Maxim., Bull. Acad. Imp. Sci. Saint-Pétersbourg 20 (3): 457 (1875).
Lycopus diantherus Buch.-Ham. ex Roxb., Fl. Ind., ed. 1820. 1: 144 (1820); *Orthodon diantherus* (Buch.-Ham. ex Roxb.) Hand.-Mazz., Symb. Sin. 7 (4): 933 (1936).

陕西、江苏、浙江、江西、湖南、湖北、四川、贵州、云南、福建、台湾、广东、广西；日本、越南、马来西亚、缅甸、印度、巴基斯坦、不丹、尼泊尔。

无叶荠苎

●**Mosla exfoliata** (C. Y. Wu) C. Y. Wu et H. W. Li, Acta Phytotax. Sin. 12 (2): 231 (1974).
Orthodon exfoliatus C. Y. Wu, Acta Phytotax. Sin. 10 (3): 232

(1965).

四川。

台湾荠苎

Mosla formosana Maxim., Bull. Acad. Imp. Sci. Saint-Pétersbourg 20 (3): 459 (1875).

Mosla lysimachiiflora Hayata, Icon. Pl. Formosan. 8: 104 (1919); *Orthodon lysimachiiflorus* (Hayata) Masam., Trans. Nat. Hist. Soc. Taiwan 23: 232 (1932); *Orthodon formosanus* (Maxim.) Kudô, Mém. Fac. Agric. Taihoku Imp. Univ. 2: 79 (1929).

台湾；菲律宾。

荠苎

Mosla grosseserrata Maxim., Bull. Acad. Imp. Sci. Saint-Pétersbourg 20 (3): 458 (1875).

Orthodon grosseserratus (Maxim.) Kudô, Mém. Fac. Agric. Taihoku Imp. Univ. 2: 79 (1929).

吉林、辽宁、安徽、江苏；日本。

杭州石荠苎

●**Mosla hangchowensis** Matsuda, Bot. Mag. (Tokyo) 26 (311): 344 (1912).

浙江。

杭州石荠苎（原变种）

●**Mosla hangchowensis** var. **hangchowensis**

Orthodon hangchowensis (Matsuda) C. Y. Wu, Acta Phytotax. Sin. 10 (3): 230 (1965).

浙江。

建德杭州石荠苎（变种）

●**Mosla hangchowensis** var. **cheteana** (Y. Z. Sun) C. Y. Wu et H. W. Li, Acta Phytotax. Sin. 12 (2): 230 (1974).

Orthodon hangchowensis var. *cheteana* Y. Z. Sun, Acta Phytotax. Sin. 11 (1): 46 (1966).

浙江。

长苞荠苎（土荆芥）

●**Mosla longibracteata** (C. Y. Wu et S. J. Hsuan) C. Y. Wu et H. W. Li, Acta Phytotax. Sin. 12 (2): 232 (1974).

Orthodon longibracteatus C. Y. Wu et S. J. Hsuan, Acta Phytotax. Sin. 10 (3): 232 (1965).

浙江、广西。

长穗荠苎

●**Mosla longispica** (C. Y. Wu) C. Y. Wu et H. W. Li, Acta Phytotax. Sin. 12 (2): 230 (1974).

Orthodon longispicus C. Y. Wu, Acta Phytotax. Sin. 10 (3): 231 (1965).

江西。

少花荠苎

●**Mosla pauciflora** (C. Y. Wu) C. Y. Wu ex H. W. Li, Acta Phytotax. Sin. 12 (2): 230 (1974).

Orthodon pauciflorus C. Y. Wu, Acta Phytotax. Sin. 10 (3): 231 (1965).

湖北、四川、贵州。

荆芥属 Nepeta L.

小裂叶荆芥

Nepeta annua Pall., Acta Acad. Sci. Imp. Petrop. 3 (2): 263, pl. 12 (1783).

Schizonepeta annua (Pall.) Schischk., Spisok Rast. Gerb. Fl. S. S. S. R. Bot. Inst. Vsesojuzn. Akad. Nauk 10 (64): 72 (1936).

内蒙古、新疆；蒙古、俄罗斯。

荆芥（薄荷，香薷，小荆芥）

Nepeta cataria L., Sp. Pl. 2: 570 (1753).

Nepeta bodinieri Vaniot, Bull. Acad. Int. Géogr. Bot. 14 (183): 172 (1904); *Calamintha albiflora* Vaniot, Bull. Acad. Int. Géogr. Bot. 14 (183): 181 (1904).

栽培于山西、山东、河南、陕西、甘肃、新疆、湖北、四川、贵州、云南；日本、阿富汗、欧洲、非洲、北美洲。

蓝花荆芥

●**Nepeta coerulescens** Maxim., Bull. Acad. Imp. Sci. Saint-Pétersbourg 27 (4): 429 (1881).

Nepeta thomsonii Benth. ex Hook. f., Fl. Brit. Ind. 4 (12): 658 (1885); *Dracocephalum coerulescens* (Maxim.) Dunn, Notes Roy. Bot. Gard. Edinb. 8 (37): 166 (1913).

甘肃、青海、四川、西藏。

密花荆芥

Nepeta densiflora Kar. et Kir., Bull. Soc. Imp. Naturalistes Moscou 14: 725 (1841).

Nepeta tarbagataica Chang Y. Yang et B. Wang, Bull. Bot. Res., Harbin 7 (1): 99 (1987).

新疆；蒙古、俄罗斯。

齿叶荆芥（格脓）

●**Nepeta dentata** C. Y. Wu et S. J. Hsuan, Fl. Reipubl. Popularis Sin. 65 (2): 589, pl. 59, f. 8 (1977).

Nepeta atroviridis C. Y. Wu et S. J. Hsuan, Fl. Reipubl. Popularis Sin. 65 (2): 589 (1977).

西藏。

异色荆芥

Nepeta discolor Royle ex Benth., Bot. Misc. 3: 378 (1833).

西藏；印度、巴基斯坦、尼泊尔、阿富汗。

浙荆芥

●**Nepeta everardi** S. Moore, J. Bot. 16 (185): 135 (1878).

安徽、浙江、湖北。

丛卷毛荆芥

Nepeta floccosa Benth., Labiat. Gen. Spec. 7: 736 (1835).

Nepeta kunlunshanica Chang Y. Yang et B. Wang, Bull. Bot.

Res., Harbin 7 (1): 97, f. 2 (1987).
新疆、西藏；印度、阿富汗。

心叶荆芥
●**Nepeta fordii** Hemsl., J. Linn. Soc., Bot. 26 (175): 289 (1890).
河南、陕西、湖南、湖北、四川、广东。

腺荆芥
Nepeta glutinosa Benth., Labiat. Gen. Spec. 7: 735 (1835).
新疆；印度、阿富汗、塔吉克斯坦。

藏荆芥（杀丢那博）
●**Nepeta hemsleyana** Oliv. ex Prain, J. Asiat. Soc. Bengal, Pt. 2, Nat. Hist. 59: 305 (1890).
Dracocephalum hemsleyanum (Oliv. ex Prain) Prain ex C. Marquand et Airy Shaw, J. Linn. Soc., Bot. 48 (321): 218 (1929); *Nepeta angustifolia* C. Y. Wu, Fl. Reipubl. Popularis Sin. 65 (2): 588 (1977).
西藏。

河南荆芥
●**Nepeta henanensis** C. S. Zhu, Bull. Bot. Res., Harbin 12 (2): 147, f. 1 (1992).
河南。

江达荆芥
●**Nepeta jomdaensis** H. W. Li, Fl. Xizang. 4: 132, pl. 56, f. 1-2 (1985).
西藏。

绢毛荆芥
Nepeta kokamirica Regel, Trudy Imp. S.-Peterburgsk. Bot. Sada 6 (2): 358 (1880).
新疆；哈萨克斯坦。

绒毛荆芥
Nepeta kokanica Regel, Descr. Pl. Nouv. 34 (2): 65 (1882).
新疆；巴基斯坦、塔吉克斯坦、阿富汗。

穗花荆芥（荆芥）
Nepeta laevigata (D. Don) Hand.-Mazz., Symb. Sin. 7 (4): 916 (1936).
Betonica laevigata D. Don, Prodr. Fl. Nepal. 110 (1825); *Nepeta spicata* Wall. ex Benth. var. *incana* H. Lév., Repert. Spec. Nov. Regni Veg. 9 (211-213): 245 (1911).
四川、云南、西藏；印度、尼泊尔、阿富汗。

假宝盖草
Nepeta lamiopsis Benth. ex Hook. f., Fl. Brit. Ind. 4 (12): 659 (1885).
西藏；印度、不丹、尼泊尔。

白绵毛荆芥
Nepeta leucolaena Benth. ex Hook. f., Fl. Brit. Ind. 4: 662 (1885).
西藏；印度。

长苞荆芥
Nepeta longibracteata Benth., Labiat. Gen. Spec. 7: 737 (1835).
Glechoma longibracteata (Benth.) Kuntze, Revis. Gen. Pl. 2: 518 (1891).
新疆、西藏；印度、塔吉克斯坦。

黑龙江荆芥
Nepeta manchuriensis S. Moore, J. Bot. 18 (205): 5 (1880).
黑龙江；日本、俄罗斯。

膜叶荆芥
●**Nepeta membranifolia** C. Y. Wu, Fl. Yunnan. 1: 574, pl. 140, f. 3-4 (1977).
云南。

小花荆芥
Nepeta micrantha Bunge, Fl. Altaic. 2: 401 (1830).
新疆；蒙古、吉尔吉斯斯坦、塔吉克斯坦、哈萨克斯坦、俄罗斯。

多裂叶荆芥
Nepeta multifida L., Sp. Pl. 2: 572 (1753).
Schizonepeta multifida (L.) Briq. in Engler et Prantl, Nat. Pflanzenfam. 4 (3a): 235 (1895).
内蒙古、河北、山西、陕西、甘肃；蒙古、俄罗斯。

黄花具脉荆芥
Nepeta nervosa Royle ex Benth. var. **lutea** Hook. f., Fl. Brit. Ind. 4 (12): 658 (1885).
西藏；印度、巴基斯坦。

直齿荆芥
Nepeta nuda L., Sp. Pl. 2: 570 (1753).
Nepeta pannonica L., Sp. Pl. 2: 570 (1753).
新疆；蒙古、吉尔吉斯斯坦、塔吉克斯坦、哈萨克斯坦、俄罗斯、欧洲。

康藏荆芥（野藿香）
●**Nepeta prattii** H. Lév., Repert. Spec. Nov. Regni Veg. 9 (211-213): 245 (1911).
Dracocephalum prattii (H. Lév.) Hand.-Mazz., Acta Horti Gothob. 9 (5): 79 (1934); *Dracocephalum robustum* Nakai et Kitag., Rep. First Sci. Exped. Manchoukuo 1: 46, t. 15 (1934).
河北、山西、陕西、甘肃、青海、四川、西藏。

刺尖荆芥
Nepeta pungens (Bunge) Benth., Labiat. Gen. Spec. 5: 487 (1834).
Ziziphora pungens Bunge, Fl. Altaic. 1: 23 (1829); *Nepeta fedtschenkoi* Pojark., Fl. URSS 20: 524 (1954).

新疆；蒙古、阿富汗、哈萨克斯坦、俄罗斯、亚洲西南部。

块根荆芥

Nepeta raphanorhiza Benth., Labiat. Gen. Spec. 7: 734 (1835).

西藏；印度、克什米尔、阿富汗。

无柄荆芥

●**Nepeta sessilis** C. Y. Wu et S. J. Hsuan, Fl. Yunnan. 1: 577, pl. 140, f. 10-12 (1977).

四川、云南。

大花荆芥

Nepeta sibirica L., Sp. Pl. 2: 572 (1753).

Dracocephalum sibiricum L., Syst. Nat. ed. 10. 1104 (1759).

内蒙古、宁夏、甘肃、青海；蒙古、俄罗斯。

狭叶荆芥

●**Nepeta souliei** H. Lév., Repert. Spec. Nov. Regni Veg. 9 (208-210): 221 (1911).

Dracocephalum souliei (H. Lév.) Hand.-Mazz., Acta Horti Gothob. 9 (5): 80 (1934).

四川、西藏。

多花荆芥

●**Nepeta stewartiana** Diels, Notes Roy. Bot. Gard. Edinb. 5 (25): 237 (1912).

Dracocephalum stewartianum (Diels) Dunn, Notes Roy. Bot. Gard. Edinb. 8 (37): 166 (1913).

四川、云南、西藏。

松潘荆芥

●**Nepeta sungpanensis** C. Y. Wu, Fl. Reipubl. Popularis Sin. 65 (2): 590, pl. 60 (1977).

四川。

松潘荆芥（原变种）

●**Nepeta sungpanensis** var. **sungpanensis**

四川。

狭齿松潘荆芥（变种）

●**Nepeta sungpanensis** var. **angustidentata** C. Y. Wu et Y. C. Huang, Fl. Reipubl. Popularis Sin. 65 (2): 590 (1977).

四川。

平卧荆芥

Nepeta supina Steven, Mém. Soc. Imp. Naturalistes Moscou 3: 265 (1812).

西藏；巴基斯坦、俄罗斯。

喀什荆芥

●**Nepeta taxkorganica** Y. F. Chang, Bull. Bot. Res., Harbin 3 (1): 163 (1983).

新疆。

细花荆芥

●**Nepeta tenuiflora** Diels, Notes Roy. Bot. Gard. Edinb. 5 (25): 238 (1912).

Dracocephalum tenuiflorum (Diels) Dunn, Notes Roy. Bot. Gard. Edinb. 8 (37): 166 (1913).

四川、云南。

裂叶荆芥

Nepeta tenuifolia Benth., Labiat. Gen. Spec. 5: 468 (1834).

Elsholtzia integrifolia Benth., Labiat. Gen. Spec. 714 (1835); *Schizonepeta tenuifolia* Briq, in Engler et Prantl, Nat. Pflanzenfam. 4 (3a): 235 (1895); *Nepeta vaniotiana* H. Lév., Repert. Spec. Nov. Regni Veg. 9 (208-210): 220 (1911).

黑龙江、辽宁、河北、山西、陕西、甘肃、青海、江苏、浙江、四川、贵州、云南、福建；朝鲜。

川西荆芥

●**Nepeta veitchii** Duthie, Gard. Chron. ser. 3. 40: 334, f. 133 (1906).

Dracocephalum veitchii (Duthie) Dunn, Notes Roy. Bot. Gard. Edinb. 8 (37): 166 (1913).

四川、云南。

帚枝荆芥

●**Nepeta virgata** C. Y. Wu et S. J. Hsuan, Fl. Reipubl. Popularis Sin. 65 (2): 590 (1977).

新疆。

圆齿荆芥

●**Nepeta wilsonii** Duthie, Gard. Chron. ser. 3. 40: 334, f. 134 (1906).

Dracocephalum wilsonii (Duthie) Dunn, Notes Roy. Bot. Gard. Edinb. 8 (37): 166 (1913).

四川、云南。

征镒荆芥（新拟）

●**Nepeta wuana** H. J. Dong, C. L. Xiang et Z. Jamzad, Iran. J. Bot. 21 (5): 14 (2015)

山西。

淡紫荆芥

●**Nepeta yanthina** Franch., Bull. Mus. Natl. Hist. Nat. 3 (7): 324 (1897).

西藏。

札达荆芥

●**Nepeta zandaensis** H. W. Li, Fl. Xizang. 4: 126, pl. 53, f. 1 (1985).

西藏。

龙船草属 Nosema Prain

龙船草（狗尾射草，狗尾敕草，青缸草）

Nosema cochinchinensis (Lour.) Merr., Trans. Amer. Philos.

Soc. ser. 2. 24: 343 (1935).
Dracocephalum cochinchinensis Lour., Fl. Cochinch. 2: 371 (1790); *Geniosporum holocheilum* Hance, J. Bot. 17 (193): 13 (1879); *Anisochilus sinensis* Hance, J. Bot. 23 (275): 327 (1885); *Mesona prunnelloides* Hemsl., J. Linn. Soc., Bot. 26 (175): 267 (1890).
广东、广西、海南；越南、泰国、印度尼西亚。

罗勒属 Ocimum L.

灰罗勒
Ocimum americanum L., Cent. Pl. I: 15 (1755).
Ocimum africanum Lour., Fl. Cochinch. 2: 370 (1790).
云南；缅甸、马来西亚、印度尼西亚、菲律宾、印度、斯里兰卡、亚洲西南部、非洲。

罗勒
Ocimum basilicum L., Sp. Pl. 2: 597 (1753).
吉林、河北、河南、新疆、安徽、江苏、浙江、江西、湖南、湖北、四川、贵州、云南、福建、台湾、广东、广西；亚洲、非洲。

罗勒（原变种）（零陵香，兰香，香茶）
Ocimum basilicum var. **basilicum**
Ocimum basilicum var. *majus* Benth., In A. DC. Prodr. 12: 33 (1848).
吉林、河北、河南、新疆、安徽、江苏、浙江、江西、湖南、湖北、四川、贵州、云南、福建、台湾、广东、广西；亚洲、非洲。

疏柔毛罗勒（变种）
Ocimum basilicum var. **pilosum** (Willd.) Benth., in A. DC., Prodr. 12: 33 (1848).
Ocimum pilosum Willd., Enum. Pl. 629 (1809).
河北、河南、安徽、江苏、浙江、江西、四川、贵州、云南、福建、台湾、广东、广西；亚洲、非洲。

毛叶罗勒（臭草）
Ocimum gratissimum var. **suave** (Willd.) Hook. f., Fl. Brit. Ind. 4 (12): 609 (1885).
Ocimum suave Willd., Enum. Pl. (Willdenow) 2: 629 (1809).
栽培于浙江、江苏、云南、福建、台湾、广东、广西；斯里兰卡、非洲。

圣罗勒
Ocimum sanctum L., Mant. Pl. 1: 85 (1767).
四川、台湾、海南；越南、老挝、柬埔寨、缅甸、泰国、马来西亚、印度尼西亚、菲律宾、印度、澳大利亚、亚洲西南部、非洲。

台湾罗勒
●**Ocimum tashiroi** Hayata, Icon. Pl. Formosan. 9: 86 (1920).
台湾。

喜雨草属 Ombrocharis Hand.-Mazz.

喜雨草
●**Ombrocharis dulcis** Hand.-Mazz., Symb. Sin. 7 (4): 926, pl. 28, f. 2-5 (1936).
湖南。

牛至属 Origanum L.

牛至（香薷，白花茵陈，香茹草）
Origanum vulgare L., Sp. Pl. 2: 590 (1753).
Origanum creticum Lour., Fl. Cochinch. 2: 373 (1790); *Origanum normale* D. Don, Prodr. Fl. Nepal. 113 (1825); *Origanum vulgare* var. *formosanum* Hayata, Icon. Pl. Formosan. 8: 102 (1919); *Micromeria formosana* C. Marquand, Hooker's Icon. Pl. 33 (2): pl. 3230 (1934).
河北、陕西、甘肃、新疆、安徽、江苏、江西、湖南、湖北、四川、贵州、云南、西藏、福建、台湾、广东；吉尔吉斯斯坦、哈萨克斯坦、俄罗斯、欧洲、非洲、北美洲。

鸡脚参属 Orthosiphon Benth.

石生鸡脚参（山薄荷，蛇头花，当芽）
Orthosiphon marmoritis (Hance) Dunn, Notes Roy. Bot. Gard. Edinb. 8 (37): 154 (1913).
Plectranthus marmoritis Hance, J. Bot. 12 (134): 53 (1874); *Orthosiphon sinensis* Hemsl., J. Linn. Soc., Bot. 26 (175): 268 (1890).
广东、广西；越南、老挝。

海南深红鸡脚参（披针叶直管草）
●**Orthosiphon rubicundus** (D. Don) Benth. var. **hainanensis** Y. Z. Sun ex C. Y. Wu, H. W. Li, S. J. Hsuan et Y. C. Huang, Acta Phytotax. Sin. 10 (3): 241 (1965).
Orthosiphon lanceolatus Y. Z. Sun, Acta Phytotax. Sin. 11 (1): 56, pl. 7, f. 45 (1966).
海南。

鸡脚参
●**Orthosiphon wulfenioides** (Diels) Hand.-Mazz., Acta Horti Gothob. 9 (5): 98 (1934).
Coleus wulfenioides Diels, Notes Roy. Bot. Gard. Edinb. 5 (25): 231 (1912).
四川、贵州、云南、广西。

鸡脚参（原变种）（山青茶，山槟榔，山萝卜）
●**Orthosiphon wulfenioides** var. **wulfenioides**
Orthosiphon mairei H. Lév., Repert. Spec. Nov. Regni Veg. 12 (341-345): 532 (1913); *Orthosiphon pseudorubicundus* Lingelsh. et Borza, Repert. Spec. Nov. Regni Veg. 13 (370-372): 389 (1914).
四川、贵州、云南。

茎叶鸡脚参（变种）
- Orthosiphon wulfenioides var. foliosus E. Peter, Bull. Fan Mem. Inst. Biol. Bot. 8: 54 (1937).

四川、贵州、云南、广西。

脓疮草属 Panzerina Soják

灰白脓疮草
- **Panzerina canescens** (Bunge) Soják, Cas. Nar. Mus. Odd. Prir. 150: 216 (1981).

Panzeria canescens Bunge, Del. Sem. Hort. Dorpater 15 (1839); *Leonurus bungeanus* Schischk. Fl. Sibir. 9: 2358 (1937).

新疆；蒙古、俄罗斯。

绒毛脓疮草

Panzerina lanata (L.) Soják, Cas. Nar. Mus. Odd. Prir. 150: 216 (1981).

Ballota lanata L., Sp. Pl. 2: 582 (1753).

内蒙古、陕西、宁夏、甘肃、新疆；蒙古、俄罗斯。

绒毛脓疮草（原变种）（白龙昌菜）

Panzerina lanata var. **lanata**

Panzeria tomentosa Moench, Methodus 402 (1794); *Leonurus lanatus* (L.) Pers., Syn. Pl. 2: 126 (1807); *Panzeria lanata* (L.) Bunge, Fl. Altaic. 2: 410 (1830).

内蒙古、甘肃；蒙古、俄罗斯。

脓疮草（变种）
- **Panzerina lanata** var. **alashanica** (Kuprian.) H. W. Li, Novon 3: 264 (1993).

Panzeria alaschanica Kuprian., Bot. Mater. Gerb. Bot. Inst. Komarova Akad. Nauk S. S. S. R. 15: 363 (1953).

内蒙古、陕西、宁夏、新疆。

变白脓疮草（变种）
- **Panzerina lanata** var. **albescens** (Kuprian.) H. W. Li, Novon 3: 264 (1993).

Panzeria albescens Kuprian., Bot. Mater. Gerb. Bot. Inst. Komarova Akad. Nauk S. S. S. R. 15: 363 (1953).

内蒙古、甘肃、新疆；蒙古、俄罗斯。

银白脓疮草（变种）
- **Panzerina lanata** var. **argyracea** (Kuprian.) H. W. Li, Novon 3: 264 (1993).

Panzeria argyracea Kuprian., Bot. Mater. Gerb. Bot. Inst. Komarova Akad. Nauk S. S. S. R. 15: 364 (1953).

内蒙古；蒙古、俄罗斯。

小花脓疮草（变种）
- **Panzerina lanata** var. **parviflora** (C. Y. Wu et H. W. Li) H. W. Li, Novon 3: 264 (1993).

Panzeria parviflora C. Y. Wu et H. W. Li, Acta Phytotax. Sin. 10 (2): 164 (1965).

新疆。

假野芝麻属 Paralamium Dunn.

假野芝麻（假芝麻）

Paralamium gracile Dunn, Notes Roy. Bot. Gard. Edinb. 8 (37): 168 (1913).

云南；越南、缅甸。

假糙苏属 Paraphlomis (Prain) Prain

白毛假糙苏
- **Paraphlomis albida** Hand.-Mazz., Symb. Sin. 7 (4): 922, pl. 27, f. 1 (1936).

江西、湖南、湖北、福建、台湾、广东、广西。

白毛假糙苏（原变种）（虫蚁菜，红野紫苏）
- **Paraphlomis albida** var. **albida**

湖南、广东。

短齿白毛假糙苏（变种）（四方草）
- **Paraphlomis albida** var. **brevidens** Hand.-Mazz., Symb. Sin. 7 (4): 922 (1936).

安徽、江西、湖南、贵州、福建、台湾、广东、广西。

白花假糙苏
- **Paraphlomis albiflora** (Hemsl.) Hand.-Mazz., Acta Horti Gothob. 13 (10): 347 (1939).

Phlomis albiflora Hemsl., J. Linn. Soc., Bot. 26 (175): 304 (1890).

湖北、四川。

白花假糙苏（原变种）
- **Paraphlomis albiflora** var. **albiflora**

Paraphlomis hirsuta Hand.-Mazz., Symb. Sin. 7 (4): 922 (1936).

湖北、四川。

二花白花假糙苏（变种）（理阳参）
- **Paraphlomis albiflora** var. **biflora** (Y. Z. Sun) C. Y. Wu, Acta Phytotax. Sin. 10 (1): 65 (1965).

Paraphlomis biflora Y. Z. Sun, Acta Phytotax. Sin. 4 (1): 47, pl. 5 (1955).

四川。

绒毛假糙苏（野芝麻）
- **Paraphlomis albotomentosa** C. Y. Wu, Acta Phytotax. Sin. 8 (1): 36, pl. 4, f. 1-3 (1959).

湖南。

短叶假糙苏
- **Paraphlomis brevifolia** C. Y. Wu et H. W. Li, Acta Phytotax. Sin. 10 (1): 73 (1965).

广西。

曲茎假糙苏

●**Paraphlomis foliata** (Dunn) C. Y. Wu et H. W. Li, Acta Phytotax. Sin. 10 (1): 66 (1965).

Lamium foliatum Dunn, J. Linn. Soc., Bot. 38 (267): 363 (1908); *Paraphlomis foliata* subsp. *montigena* X. H. Guo et S. B. Zhou, Acta Phytotax. Sin. 31 (3): 272, f. 3 (1993).

安徽、江西、福建、广东。

台湾假糙苏

●**Paraphlomis formosana** T. H. Hsieh et T. C. Huang, Taiwania 40 (1): 15 (1995).

台湾。

纤细假糙苏

●**Paraphlomis gracilis** (Hemsl.) Kudô, Mém. Fac. Agric. Taihoku Imp. Univ. 2 (2): 210 (1929).

Phlomis gracilis Hemsl., J. Linn. Soc., Bot. 26 (175): 305 (1890).

湖南、湖北、四川、贵州、广东、广西。

纤细假糙苏（原变种）

●**Paraphlomis gracilis** var. **gracilis**

Ajuga formosana Hayata, J. Coll. Sci. Imp. Univ. Tokyo 22: 318 (1906); *Lamium formosanum* Nakai ex Hayata, Icon. Pl. Formosan. 98 (1917).

湖南、湖北、贵州、台湾。

罗甸纤细假糙苏（变种）

●**Paraphlomis gracilis** var. **lutienensis** (Y. Z. Sun) C. Y. Wu, Acta Phytotax. Sin. 8 (1): 34 (1959).

Paraphlomis lutienensis Y. Z. Sun, Acta Phytotax. Sin. 4 (1): 48, pl. 6 (1955).

四川、贵州、广东、广西。

多硬毛假糙苏

●**Paraphlomis hirsutissima** C. Y. Wu et H. W. Li, Acta Phytotax. Sin. 10 (1): 62 (1965).

云南。

刚毛假糙苏

●**Paraphlomis hispida** C. Y. Wu, Bangladesh J. Plant Taxon. 15 (1): 73 (2008).

云南；越南。

中间假糙苏

●**Paraphlomis intermedia** C. Y. Wu et H. W. Li, Acta Phytotax. Sin. 10 (1): 72 (1965).

Sinopogonanthera caulopteris (H. W. Li et X. H. Guo) H. W. Li, Acta Bot. Yunnan. 15 (4): 346 (1993); *Pogonanthera caulopteris* H. W. Li et X. H. Guo, Acta Phytotax. Sin. 31 (3): 267, pl. 1 (1993); *Sinopogonanthera intermedia* (C. Y. Wu et H. W. Li) H. W. Li, Acta Bot. Yunnan. 15 (4): 346 (1993); *Pogonanthera intermedia* (C. Y. Wu et H. W. Li) H. W. Li et X. H. Guo, Acta Phytotax. Sin. 31 (3): 270, pl. 2 (1993).

安徽、浙江。

假糙苏

Paraphlomis javanica (Blume) Prain, Ann. Roy. Bot. Gard. (Calcutta) 9 (1): 59 (1901).

Leonurus javanicus Blume, Bijdr. Fl. Ned. Ind. 14: 828 (1826).

江西、湖南、四川、贵州、云南、福建、台湾、广东、广西、海南；越南、老挝、缅甸、泰国、马来西亚、印度尼西亚、菲律宾、印度、巴基斯坦。

假糙苏（原变种）

Paraphlomis javanica var. **javanica**

Phlomis rugosa Benth., Pl. Asiat. Rar. 1: 63 (1830); *Paraphlomis rugosa* (Benth.) Prain, Ann. Roy. Bot. Gard. (Calcutta) 9 (1): 60, pl. 74 (1901); *Lamium longipetiolata* Hayata, Icon. Pl. Formosan. 8: 92 (1919); *Paraphlomis javanica* var. *pteropoda* D. Fang et K. J. Yan, J. Trop. Subtrop. Bot. 17 (1): 91 (2009).

云南、台湾、广西、海南；越南、老挝、印度、缅甸、泰国、马来西亚、印度尼西亚、菲律宾、巴基斯坦。

狭叶假糙苏（变种）（鬼灯笼树，土结香）

Paraphlomis javanica var. **angustifolia** (C. Y. Wu) C. Y. Wu et H. W. Li ex C. L. Xiang, E. D. Liu et H. Peng, Nord. J. Bot. 28: 668 (2010).

Paraphlomis rugosa (Benth.) Prain var. *angustifolia* C. Y. Wu, Acta Phytotax. Sin. 8 (1): 38 (1959); *Paraphlomis javanica* var. *angustifolia* f. *albinervia* D. Fang et K. J. Yan, J. Trop. Subtrop. Bot. 17 (1): 91 (2009).

湖南、四川、贵州、云南、福建、广东、广西；越南。

小叶假糙苏（变种）（玫檀花，十二槐花，壶瓶花）

●**Paraphlomis javanica** var. **coronata** (Vaniot) C. Y. Wu et H. W. Li, Acta Phytotax. Sin. 13 (1): 72 (1975).

Lamium coronatum Vaniot, Bull. Acad. Int. Géogr. Bot. 14: 174 (1904); *Paraphlomis rugosa* (Benth.) Prain var. *coronata* (Vaniot) C. Y. Wu, Acta Phytotax. Sin. 8 (1): 38 (1959).

江西、湖南、四川、贵州、云南、台湾、广东、广西。

八角花

●**Paraphlomis kwangtungensis** C. Y. Wu et H. W. Li, Acta Phytotax. Sin. 10 (1): 70 (1965).

广东。

长叶假糙苏

●**Paraphlomis lanceolata** Hand.-Mazz., Symb. Sin. 7 (4): 922, pl. 27, f. 2 (1936).

江西、湖南、广东、广西。

长叶假糙苏（原变种）

●**Paraphlomis lanceolata** var. **lanceolata**

江西、湖南、广东。

无柄长叶假糙苏（变种）

●**Paraphlomis lanceolata** var. **sessilifolia** Hand.-Mazz., Symb. Sin. 7 (4): 922 (1936).

广西。

薄萼假糙苏

Paraphlomis membranacea C. Y. Wu et H. W. Li, Acta Phytotax. Sin. 10 (1): 66, pl. 16 (1965).

云南；越南。

奇异假糙苏（乡间假糙苏）

Paraphlomis pagantha Dunn, Fl. Gen. Indo-Chine 4: 1015 (1936).

海南；越南。

小花假糙苏

●**Paraphlomis parviflora** C. Y. Wu et H. W. Li, Acta Phytotax. Sin. 10 (1): 69 (1965).

台湾。

展毛假糙苏

●**Paraphlomis patentisetulosa** C. Y. Wu, Acta Phytotax. Sin. 10 (1): 63 (1965).

广东。

少刺毛假糙苏

●**Paraphlomis paucisetosa** C. Y. Wu, Acta Phytotax. Sin. 10 (1): 63 (1965).

广西。

折齿假糙苏（野芝麻）

●**Paraphlomis reflexa** C. Y. Wu et H. W. Li, Fl. Reipubl. Popularis Sin. 65 (2): 564 (1977).

江西。

刺萼假糙苏（和麻草）

●**Paraphlomis seticalyx** C. Y. Wu et H. W. Li, Acta Phytotax. Sin. 10 (1): 64 (1965).

广西。

小刺毛假糙苏

●**Paraphlomis setulosa** C. Y. Wu et H. W. Li, Fl. Reipubl. Popularis Sin. 65 (2): 555 (1977).

安徽、江西。

近革叶假糙苏

●**Paraphlomis subcoriacea** C. Y. Wu, Acta Phytotax. Sin. 10 (1): 73, pl. 17 (1975).

广东。

绒头假糙苏

●**Paraphlomis tomentosocapitata** Yamam., J. Soc. Trop. Agric. 6: 556 (1934).

台湾。

紫苏属 **Perilla** L.

紫苏

Perilla frutescens (L.) Britton, Mém. Torrey Bot. Club 5 (18): 277 (1894).

Ocimum frutescens L., Sp. Pl. 2: 597 (1753).

河北、山西、江苏、浙江、江西、湖北、四川、贵州、云南、西藏、福建、台湾、广东、广西；朝鲜、日本、越南、老挝、柬埔寨、印度、印度尼西亚、不丹。

紫苏（原变种）（苏，桂荏，荏）

Perilla frutescens var. **frutescens**

Perilla ocymoides L., Gen. Pl., ed. 6. 578 (1764); *Perilla avium* Dunn, Notes Roy. Bot. Gard. Edinb. 8 (37): 161 (1913).

河北、山西、江苏、浙江、江西、湖北、四川、贵州、云南、西藏、福建、台湾、广东、广西；朝鲜、日本、越南、老挝、柬埔寨、印度尼西亚、印度、不丹。

回回苏（变种）（鸡冠紫苏）

☆**Perilla frutescens** var. **crispa** (Benth.) Deane ex Bailey, Rhodora 25: 40 (1923).

Perilla ocymoides L. var. *crispa* Benth., in A. DC., Prodr. 12: 164 (1848); *Ocimum crispum* Thunb., Fl. Jap. 248 (1784); *Perilla arguta* Benth., in A. DC., Prodr. 12: 164 (1848); *Perilla frutescens* var. *nankinensis* (Lour.) Britton, Mém. Torrey Bot. Club 5 (18): 277 (1894); *Perilla frutescens* var. *arguta* (Benth.) Hand.-Mazz., Acta Horti Gothob. 13 (10): 351 (1939).

中国各地栽培；日本。

野生紫苏（变种）（白丝草，红香师茶，蚊草）

Perilla frutescens var. **purpurascens** (Hayata) H. W. Li, Acta Bot. Yunnan. 13 (3): 350 (1991).

Perilla ocymoides L. var. *purpurascens* Hayata, Icon. Pl. Formosan. 8: 103 (1919); *Perilla frutescens* var. *acuta* (Odash.) Kudô, Mém. Fac. Agric. Taihoku Imp. Univ. 2: 74 (1929); *Perilla schimadae* Kudô, J. Soc. Trop. Agric. 3: 225 (1931); *Perilla albiflora* Odash., J. Soc. Trop. Agric. 7: 84 (1935).

河北、山西、江苏、浙江、湖北、四川、贵州、云南、西藏、福建、台湾、广东、广西；日本。

分药花属 **Perovskia** Kar.

分药花

Perovskia abrotanoides Kar., Bull. Soc. Imp. Naturalistes Moscou 14: 15 (1841).

西藏；土库曼斯坦、塔吉克斯坦、阿富汗、亚洲西南部。

滨藜叶分药花

●**Perovskia atriplicifolia** Benth., in A. DC., Prodr. 12: 261 (1848).

Perovskia pamirica Chang Y. Yang et B. Wang, Bull. Bot. Res., Harbin 7 (1): 95, f, 1 (1987).

新疆、西藏。

糙苏属 Phlomis L.

橙花糙苏
☆**Phlomis fruticosa** L., Sp. Pl. 2: 584 (1753).
陕西；俄罗斯、非洲、亚洲西南部、欧洲。

草糙苏属 Phlomoides Moench

耕地草糙苏（耕地糙苏）
Phlomoides agraria (Bunge) Adylov, Kamelin et Makhm., Opred. Rast. Sred. Azii 9: 106 (1987).
Phlomis agraria Bunge, Fl. Altaic. 2: 411 (1830).
新疆；蒙古、哈萨克斯坦、俄罗斯。

高山草糙苏（高山糙苏）
Phlomoides alpina (Pall.) Adylov. Kamelin et Makhm., Opred. Rast. Sred. Azii 9: 104 (1987).
Phlomis alpina Pall., Nova Acta Acad. Sci. Imp. Petrop. Hist. Acad 2: 265 (1783).
新疆；哈萨克斯坦、俄罗斯。

沧江草糙苏（沧江糙苏）
•**Phlomoides ambigua** (Popov ex Pazij et Vved.) Adylov, Kamelin et Makhm., Opred. Rast. Sred. Azii 9: 95 (1987).
Phlomis ambigua Hand.-Mazz., Symb. Sin. 7 (4): 920 (1936); *Eremostachys ambigua* Popov ex Pazij et Vved., Fl. Uzbekistan. 5: 633 (1961).
云南。

深裂草糙苏（深裂糙苏）
•**Phlomoides atropurpurea** (Dunn) Kamelin et Makhm., Bot. Žurn. (Kiev) 75: 243 (1990).
Phlomis atropurpurea Dunn, Notes Roy. Bot. Gard. Edinb. 8 (37): 169 (1913).
云南。

假秦艽（粗弓，甘草，土甘草）
•**Phlomoides betonicoides** (Diels) Kamelin et Makhm., Bot. Žurn. (Kiev) 75: 245 (1990).
Phlomis betonicoides Diels, Notes Roy. Bot. Gard. Edinb. 5 (25): 241 (1912); *Phlomis betonicoides* f. *alba* C. Y. Wu, Fl. Reipubl. Popularis Sin. 65 (2): 594 (1977).
四川、云南、西藏。

清河草糙苏（清河糙苏）
•**Phlomoides chinghoensis** (C. Y. Wu) Kamelin et Makhm., Bot. Žurn. (Kiev) 75: 245 (1990).
Phlomis chinghoensis C. Y. Wu, Fl. Reipubl. Popularis Sin. 65 (2): 594 (1977).
新疆。

乾精菜（野苏麻）
•**Phlomoides congesta** (C. Y. Wu) Kamelin et Makhm., Bot. Žurn. (Kiev) 75: 244 (1990).
Phlomis congesta C. Y. Wu, Fl. Reipubl. Popularis Sin. 65 (2): 598, pl. 87, 89, f. 4 (1977).
四川、云南。

楔叶草糙苏（楔叶糙苏）
•**Phlomoides cuneata** (C. Y. Wu) C. L. Xiang et H. Peng, Plant Diver. Resour. 36 (5): 553 (2014).
Phlomis cuneata C. Y. Wu, Fl. Reipubl. Popularis Sin. 65 (2): 594 (1977).
西藏。

尖齿草糙苏
•**Phlomoides dentosa** (Franch.) Kamelin et Makhm., Bot. Žurn. (Kiev) 75: 245 (1990).
Phlomis dentosa Franch., Nouv. Arch. Mus. Hist. Nat. sér. 2. 6: 123 (1883).
内蒙古、河北、甘肃、青海。

尖齿草糙苏（原变种）（毛尖，尖齿糙苏）
•**Phlomoides dentosa** var. **dentosa**
内蒙古、河北、甘肃、青海。

渐光尖齿草糙苏（变种）（渐光尖齿糙苏）
•**Phlomoides dentosa** var. **glabrescens** (Danguy) C. L. Xiang et H. Peng, Plant Diver. Resour. 36 (5): 553 (2014).
Phlomis dentosa var. *glabrescens* Danguy, Bull. Mus. Natl. Hist. Nat. 17 (5): 345 (1911).
内蒙古、河北、甘肃、青海。

沙生沙穗
•**Phlomoides desertorum** (Regel) Salmaki, Taxon 61 (1): 175 (2012).
Eremostachys desertorum Regel, Trudy Imp. S.-Peterburgsk. Bot. Sada 9 (2): 563 (1886); *Paraeremostachys desertorum* (Regel) Adylov, Kamelin et Makhm., Novosti Sist. Vyssh. Rast. 23: 113 (1986).
新疆。

裂唇草糙苏（裂唇糙苏）
•**Phlomoides fimbriata** (C. Y. Wu) Kamelin et Makhm., Bot. Žurn. (Kiev) 75: 243 (1990).
Phlomis fimbriata C. Y. Wu, Fl. Reipubl. Popularis Sin. 65 (2): 596, pl. 84, f. 8-10 (1977).
云南。

苍山草糙苏（苍山糙苏）
•**Phlomoides forrestii** (Diels) Kamelin et Makhm., Bot. Žurn. (Kiev) 75: 243 (1990).
Phlomis forrestii Diels, Notes Roy. Bot. Gard. Edinb. 5 (25): 241 (1912); *Phlomis forrestii* var. *taronensis* C. Y. Wu, Fl. Yunnan. 1: 612 (1977).
云南。

大理草糙苏（大理糙苏）
•**Phlomoides franchetiana** (Diels) Kamelin et Makhm., Bot.

Žurn. (Kiev) 75: 243 (1990).
Phlomis franchetiana Diels, Notes Roy. Bot. Gard. Edinb. 5 (25): 242 (1912); *Phlomis franchetiana* var. *aristata* C. Y. Wu, Fl. Yunnan. 1: 617 (1977); *Phlomis franchetiana* var. *leptophylla* C. Y. Wu, Fl. Yunnan. 1: 617 (1977).
云南。

光沙穗
Phlomoides fulgens (Bunge) Adylov, Kamelin et Makhm., Opred. Rast. Sred. Azii, 9: 94 (1987).
Eremostachys fulgens Bunge, Mém. Acad. Imp. Sci. St.-Pétersbourg 21 (1): 80 (1873).
新疆；吉尔吉斯斯坦、亚洲西南部。

钩萼草
Phlomoides hamosa (Benth.) Mathiesen, Kew Bull. 66 (1): 96 (2011).
Notochaete hamosa Benth., in Wallich, Pl. Asiat. Rar. 1: 63 (1830).
云南；缅甸、印度、不丹、尼泊尔。

斜萼草糙苏（斜萼糙苏）
●**Phlomoides inaequalisepala** (C. Y. Wu) Kamelin et Makhm., Bot. Žurn. (Kiev) 75: 244 (1990).
Phlomis inaequalisepala C. Y. Wu, Fl. Reipubl. Popularis Sin. 65 (2): 598 (1977).
四川。

口外草糙苏（口外糙苏）
●**Phlomoides jeholensis** (Nakai et Kitag.) Kamelin et Makhm., Bot. Žurn. (Kiev) 75: 242 (1990).
Phlomis jeholensis Nakai et Kitag., Rep. First Sci. Exped. Manchoukuo 1: 48 (1934).
河北。

甘肃草糙苏（甘肃糙苏）
●**Phlomoides kansuensis** (C. Y. Wu) Kamelin et Makhm., Bot. Žurn. (Kiev) 75: 242 (1990).
Phlomis kansuensis C. Y. Wu, Fl. Reipubl. Popularis Sin. 65 (2): 595 (1977).
甘肃。

长白草糙苏（长白糙苏）
Phlomoides koraiensis (Nakai) Kamelin et Makhm., Bot. Žurn. (Kiev) 75: 245 (1990).
Phlomis koraiensis Nakai, Bot. Mag. (Tokyo) 31 (364): 106 (1917).
吉林；朝鲜。

丽江草糙苏（丽江糙苏）
●**Phlomoides likiangensis** (C. Y. Wu) Kamelin et Makhm., Bot. Žurn. (Kiev) 75: 244 (1990).
Phlomis likiangensis C. Y. Wu, Fl. Reipubl. Popularis Sin. 65 (2): 599, pl. 89, f. 5-7 (1977).
云南。

长萼草糙苏（长萼糙苏）
●**Phlomoides longicalyx** (C. Y. Wu) Kamelin et Makhm., Bot. Žurn. (Kiev) 75: 243 (1990).
Phlomis longicalyx C. Y. Wu, Fl. Yunnan. 1: 617, pl. 150, f. 3-7 (1977).
云南。

长刺钩萼草
●**Phlomoides longiaristata** (C. Y. Wu et H. W. Li) Salmaki, Taxon 6 (1): 176 (2012).
Notochaete longiaristata C. Y. Wu et H. W. Li, Acta Phytotax. Sin. 10 (2): 154 (1965).
云南、西藏。

大叶草糙苏（大叶糙苏，山苏子，丁黄草，大丁黄）
Phlomoides maximowiczii (Regel) Kamelin et Makhm., Bot. Žurn. (Kiev) 75: 242 (1990).
Phlomis maximowiczii Regel, Trudy Imp. S.-Peterburgsk. Bot. Sada 9 (2): 594, pl. 10, f. 18 (1886).
吉林、辽宁、河北；前苏联。

萝卜秦艽（白秦艽）
●**Phlomoides medicinalis** (Diels) Kamelin et Makhm., Bot. Žurn. (Kiev) 75: 243 (1990).
Phlomis medicinalis Diels, Bot. Jahrb. Syst. 29 (3-4): 554 (1900); *Phlomis wangii* Hu et Tsai, Bull. Fan Mem. Inst. Biol. Bot. 2 (13): 261, pl. 2 (1931).
四川、西藏。

大花草糙苏（大花糙苏）
●**Phlomoides megalantha** (Diels) Kamelin et Makhm., Bot. Žurn. (Kiev) 75: 243 (1990).
Phlomis megalantha Diels, Bot. Jahrb. Syst. 36 (5, Beibl. 82): 95 (1905); *Phlomis megalantha* var. *pauciflora* C. Y. Wu, Fl. Reipubl. Popularis Sin. 65 (2): 597 (1977).
山西、陕西、湖北、四川。

黑花草糙苏（黑花糙苏）
●**Phlomoides melanantha** (Diels) Kamelin et Makhm., Bot. Žurn. (Kiev) 75: 243 (1990).
Phlomis melanantha Diels, Notes Roy. Bot. Gard. Edinb. 5 (25): 242 (1912); *Phlomis melanantha* var. *angustifolia* C. Y. Wu, Fl. Reipubl. Popularis Sin. 65 (2): 597 (1977).
四川、云南。

米林草糙苏（米林糙苏，螃蟹甲）
●**Phlomoides milingensis** (C. Y. Wu et H. W. Li) Kamelin et Makhm., Bot. Žurn. (Kiev) 75: 243 (1990).
Phlomis milingensis C. Y. Wu et H. W. Li, Fl. Reipubl. Popularis Sin. 65 (2): 596, pl. 86 (1977).
西藏。

沙穗
Phlomoides molucelloides (Bunge) Salmaki, Taxon 61 (1):

176 (2012).
Eremostachys moluccelloides Bunge, Fl. Altaic. 2: 415 (1830); *Eremostachys macrophylla* Montbret et Aucher, Ann. Sci. Nat., Bot. 6: 54 (1836).
新疆；蒙古、吉尔吉斯斯坦、塔吉克斯坦、哈萨克斯坦、俄罗斯、亚洲西南部、欧洲。

串铃草
●**Phlomoides mongolica** (Turcz.) Kamelin et A. L. Budantzev, Bjull. Moskovsk. Obač. Isp. Prir., Otd. Biol. 95: 120 (1990).
Phlomis mongolica Turcz., Bull. Soc. Imp. Naturalistes Moscou 24 (2): 406 (1851).
内蒙古、河北、山西、陕西、甘肃。

串铃草（原变种）（毛尖茶，野洋芋）
●**Phlomoides mongolica** var. **mongolica**
内蒙古、河北、山西、陕西、甘肃。

大头串铃草（变种）（好宁沙尔华拉）
●**Phlomoides mongolica** var. **macrocephala** (C. Y. Wu) C. L. Xiang et H. Peng, Plant Diver. Resour. 36 (5): 553 (2014).
Phlomis mongolica var. *macrocephala* C. Y. Wu, Fl. Reipubl. Popularis Sin. 65 (2): 595 (1977).
内蒙古。

糙苏沙穗
Phlomoides multifurcata Salmaki, Taxon 61 (1): 176 (2012).
Eremostachys phlomoides Bunge, Fl. Altaic. 2: 414 (1830); *Paraeremostachys phlomoides* (Bunge) Adylov, Kamelin et Makhm., Novosti Sist. Vyssh. Rast. 23: 113 (1986).
新疆；吉尔吉斯斯坦。

木里草糙苏（木里糙苏）
●**Phlomoides muliensis** (C. Y. Wu) Kamelin et Makhm., Bot. Žurn. (Kiev) 75: 243 (1990).
Phlomis muliensis C. Y. Wu, Fl. Reipubl. Popularis Sin. 65 (2): 600, pl. 91 (1977).
四川。

山地草糙苏
Phlomoides oreophila (Kar. et Kir.) Adylov. Kamelin et Makhm., Opred. Rast. Sred. Azii 9: 105 (1987).
Phlomis oreophila Kar. et Kir., Bull. Soc. Imp. Naturalistes Moscou 15: 426 (1842).
新疆；蒙古、吉尔吉斯斯坦、塔吉克斯坦、哈萨克斯坦、俄罗斯。

山地草糙苏（原变种）（山地糙苏）
Phlomoides oreophila var. **oreophila**
新疆；蒙古、吉尔吉斯斯坦、塔吉克斯坦、哈萨克斯坦、俄罗斯。

无长毛山地草糙苏（变种）（无长毛山地糙苏）
●**Phlomoides oreophila** var. **evillosa** (C. Y. Wu) C. L. Xiang et H. Peng, Plant Diver. Resour. 36 (5): 553 (2014).
Phlomis oreophila var. *evillosa* C. Y. Wu, Fl. Reipubl. Popularis Sin. 65 (2): 594 (1977).
新疆。

美观草糙苏（美观糙苏）
●**Phlomoides ornata** (C. Y. Wu) Kamelin et Makhm., Bot. Žurn. (Kiev) 75: 243 (1990).
Phlomis ornata C. Y. Wu, Fl. Yunnan. 1: 610, pl. 148, f. 1-4 (1977); *Phlomis ornata* var. *minor* C. Y. Wu, Fl. Reipubl. Popularis Sin. 65 (2): 597 (1977).
四川、云南。

宝兴草糙苏（宝兴糙苏）
●**Phlomoides paohsingensis** (C. Y. Wu) Kamelin et Makhm., Bot. Žurn. (Kiev) 75: 243 (1990).
Phlomis paohsingensis C. Y. Wu, Fl. Reipubl. Popularis Sin. 65 (2): 598 (1977).
四川。

假轮状草糙苏（假轮状糙苏）
●**Phlomoides pararotata** (Y. Z. Sun) Kamelin et Makhm., Bot. Žurn. (Kiev) 75: 245 (1990).
Phlomis pararotata Y. Z. Sun, Acta Phytotax. Sin. 11 (1): 44 (1966).
云南。

具梗草糙苏（具梗糙苏）
●**Phlomoides pedunculata** (Y. Z. Sun) Kamelin et Makhm., Bot. Žurn. (Kiev) 75: 243 (1990).
Phlomis pedunculata Y. Z. Sun, Acta Phytotax. Sin. 11 (1): 45 (1966).
四川。

草原草糙苏（草原糙苏）
Phlomoides pratensis (Kar. et Kir.) Adylov. Kamelin et Makhm., Opred. Rast. Sred. Azii 9: 105 (1987).
Phlomis pratensis Kar. et Kir., Bull. Soc. Imp. Naturalistes Moscou 15: 426 (1842).
新疆；吉尔吉斯斯坦、哈萨克斯坦。

矮草糙苏（矮糙苏）
●**Phlomoides pygmaea** (C. Y. Wu) Kamelin et Makhm., Bot. Žurn. (Kiev) 75: 243 (1990).
Phlomis pygmaea C. Y. Wu, Fl. Reipubl. Popularis Sin. 65 (2): 596 (1977).
西藏。

独一味
Phlomoides rotata (Benth. ex Hook. f.) Mathiesen, Kew Bull. 66: 96 (2011).
Phlomis rotata Benth. ex Hook. f., Fl. Brit. Ind. 4 (12): 694 (1885); *Lamiophlomis rotata* (Benth. ex Hook. f.) Kudô, Mem. Fac. Sci. Taihoku Imp. Univ. 2 (2): 211 (1929).

甘肃、青海、四川、云南、西藏；印度、不丹、尼泊尔。

裂萼草糙苏（裂萼糙苏）

●**Phlomoides ruptilis** (C. Y. Wu) Kamelin et Makhm., Bot. Žurn. (Kiev) 75: 244 (1990).

Phlomis ruptilis C. Y. Wu, Fl. Reipubl. Popularis Sin. 65 (2): 599, pl. 89, f. 8-12 (1977).

云南。

刺毛草糙苏（刺毛糙苏）

●**Phlomoides setifera** (Bureau et Franch.) Kamelin et Makhm., Bot. Žurn. (Kiev) 75: 244 (1990).

Phlomis setifera Bureau et Franch., J. Bot. (Morot) 5 (10): 149 (1891).

四川、云南、西藏。

绿叶美丽沙穗

●**Phlomoides speciosa** (Rupr.) Adylov, Kamelin et Makhm var. **viridifolia** (Popov) C. L. Xiang et H. Peng, Plant Diver. Resour., 36 (5): 553 (2014).

Eremostachys speciosa Rupr. var. *viridifolia* Popov, Nov. Mem. Moskovsk. Obsc. Isp. Prir. 19: 100 (1940).

新疆。

糙毛草糙苏（糙毛糙苏）

●**Phlomoides strigosa** (C. Y. Wu) Kamelin et Makhm., Bot. Žurn. (Kiev) 75: 244 (1990).

Phlomis strigosa C. Y. Wu, Fl. Reipubl. Popularis Sin. 65 (2): 599, pl. 89, f. 3 (1977).

云南。

柴续断

●**Phlomoides szechuanensis** (C. Y. Wu) Kamelin et Makhm., Bot. Žurn. (Kiev) 75: 242 (1990).

Phlomis szechuanensis C. Y. Wu, Fl. Reipubl. Popularis Sin. 65 (2): 601 (1977).

四川。

康定草糙苏

●**Phlomoides tatsienensis** (Bureau et Franch.) Kamelin et Makhm., Bot. Žurn. 75: 244 (1990).

Phlomis tatsienensis Bureau et Franch., J. Bot. (Morot) 5 (10): 149 (1891).

四川、云南。

康定草糙苏（原变种）（康定糙苏）

●**Phlomoides tatsienensis** var. **tatsienensis**

Phlomis souliei H. Lév., Repert. Spec. Nov. Regni Veg. 9 (208-210): 222 (1911).

四川。

毛萼康定草糙苏（变种）

●**Phlomoides tatsienensis** var. **hirticalyx** (Hand. Mazz.) C. L. Xiang et H. Peng, Plant Diver. Resour. 36 (5): 553 (2014).

Phlomis franchetiana var. *hirticalyx* Hand.-Mazz., Symb. Sin. 7 (4): 921 (1936); *Phlomis tatsienensis* var. *hirticalyx* (Hand.-Mazz.) C. Y. Wu, Fl. Yunnan. 1: 612 (1977).

云南。

西藏草糙苏

●**Phlomoides tibetica** (C. Marquand et Airy Shaw) Kamelin et Makhm., Bot. Žurn. 75: 243 (1990).

Phlomis tibetica C. Marquand et Airy Shaw, J. Linn. Soc., Bot. 26: 128 (1890)

西藏。

西藏草糙苏（原变种）（西藏糙苏）

●**Phlomoides tibetica** var. **tibetica**

西藏。

毛盔西藏草糙苏（变种）

●**Phlomoides tibetica** var. **wardii** (Marquand et Airy Shaw) C. L. Xiang et H. Peng, Plant Diver. Resour. 36 (5): 554 (2014).

Phlomis tibetica C. Marquand et Airy Shaw var. *wardii* Marquand et Airy Shaw, J. Linn. Soc., Bot. 48 (321): 219 (1929).

西藏。

块根草糙苏（块根糙苏）

Phlomoides tuberosa (L.) Moench, Methodus (Moench) 404 (1794); *Phlomis tuberosa* L., Sp. Pl. 2: 586 (1753).

黑龙江、内蒙古、新疆；蒙古、俄罗斯、哈萨克斯坦、吉尔吉斯斯坦、亚洲西南部、欧洲。

草糙苏

●**Phlomoides umbrosa** (Turcz.) Kamelin et Makhm., Bot. Žurn. (Kiev) 75: 242 (1990).

Phlomis umbrosa Turcz., Bull. Soc. Imp. Naturalistes Moscou 13: 76 (1840).

辽宁、内蒙古、河北、山西、山东、河南、陕西、甘肃、安徽、江苏、湖南、湖北、四川、贵州、云南、广东。

草糙苏（原变种）（糙苏，续断，常山，白益）

●**Phlomoides umbrosa** var. **umbrosa**

辽宁、内蒙古、河北、山西、山东、陕西、甘肃、湖北、四川、贵州、广东。

南方草糙苏（变种）（南方糙苏，山甘草，白升麻，大黑理肺散）

△●**Phlomoides umbrosa** var. **australis** (Hemsl.) C. L. Xiang et H. Peng, Plant Diver. Resour. 36 (5): 554 (2014).

Phlomis umbrosa var. *australis* Hemsl., J. Linn. Soc., Bot. 26 (175): 306 (1890).

安徽、陕西、甘肃、湖南、湖北、四川、贵州、云南。

宽苞草糙苏（变种）（宽苞糙苏）

●**Phlomoides umbrosa** var. **latibracteata** (Y. Z. Sun) C. L. Xiang et H. Peng, Plant Diver. Resour. 36 (5): 554 (2014).

Phlomis umbrosa var. *latibracteata* Y. Z. Sun, Acta Phytotax.

Sin. 11: 46 (1966).

河南。

卵齿草糙苏（变种）（卵齿糙苏）

●**Phlomoides umbrosa** var. **ovalifolia** (C. Y. Wu) C. L. Xiang et H. Peng, Plant Diver. Resour. 36 (5): 554 (2014).

Phlomis umbrosa var. *ovalifolia* C. Y. Wu, Fl. Reipubl. Popularis Sin. 65 (2): 601 (1977).

安徽、江苏。

狭萼草糙苏（变种）（狭萼糙苏）

●**Phlomoides umbrosa** var. **stenocalyx** (Diels) C. L. Xiang et H. Peng, Plant Diver. Resour. 36 (5): 554 (2014).

Phlomis stenocalyx Diels, Bot. Jahrb. Syst. 29 (3-4): 555 (1900); *Phlomis umbrosa* var. *stenocalyx* (Diels) C. Y. Wu, Fl. Reipubl. Popularis Sin. 65 (2): 477 (1977).

陕西、甘肃。

单头草糙苏（单头糙苏）

●**Phlomoides uniceps** (C. Y. Wu) Kamelin et Makhm., Bot. Žurn. (Kiev) 75: 242 (1990).

Phlomis uniceps C. Y. Wu, Fl. Reipubl. Popularis Sin. 65 (2): 595 (1977).

甘肃。

螃蟹甲（露木尔）

●**Phlomoides younghushandii** (S. M. Mukerjee) Kamelin et Makhm., Bot. Žurn. (Kiev) 75: 245 (1990).

Phlomis younghusbandii Mukh., Notes Roy. Bot. Gard. Edinb. 19 (95): 307 (1938); *Phlomis kawaguchii* Murata, Acta Phytotax. Geobot. 16 (1): 15, f. 1 (1955).

西藏。

刺蕊草属 Pogostemon Desf.

短冠刺蕊草（马鹿菜）

Pogostemon amaranthoides Benth., in A. DC., Prodr. 12: 153 (1848).

Pogostemon brevicorollus Y. Z. Sun, Acta Phytotax. Sin. 11 (1): 49, pl. 6, f. 16-19 (1966).

云南；东喜马拉雅地区。

水珍珠菜（毛水珍珠菜，毛射草，牛触臭）

Pogostemon auricularius (L.) Hassk., Tijdschr. Nat. Geschied. 10: 127 (1843).

Mentha auricularia L., Mant. Pl. 1: 81 (1767); *Dysophylla auricularia* (L.) Blume, Bijdr. Fl. Ned. Ind. 14: 826 (1826); *Mentha foetida* Burm. f., Fl. Ind. (N. L. Burman) 126 (1768).

江西、云南、福建、台湾、广东、广西、海南；越南、老挝、柬埔寨、缅甸、泰国、马来西亚、印度尼西亚、菲律宾、印度、斯里兰卡。

髯毛刺蕊草（新拟）

Pogostemon barbatus Bhatti et Ingr., Bull. Nat. Hist. Mus. London, Bot. 27 (2): 109 (1997).

广东、广西、海南、澳门；柬埔寨、老挝、越南。

黑刺蕊草（紫花一柱香）

Pogostemon brachystachyus Benth., Prdor. 12: 156 (1848).

Pogostemon nigrescens Dunn, Notes Roy. Bot. Gard. Edinb. 8 (37): 159 (1913); *Pogostemon fraternus* Miq. var. *nigrescens* (Dunn) Kudô, Mém. Fac. Agric. Taihoku Imp. Univ. 2: 52 (1929).

云南；不丹、缅甸、印度。

广藿香（藿香）

Pogostemon cablin (Blanco) Benth., in A. DC., Prodr. 12: 156 (1848).

Mentha cablin Blanco, Fl. Filip. 473 (1837); *Pogostemon patchouly* Pellet., Mem. Soc. Sc. Orleans 5: 277, pl. 7 (1845); *Pogostemon javanicus* Backer ex Adelb., Reinwardtia 3: 150, f. 1 (1954).

福建、台湾、广东、广西、海南；马来西亚、印度尼西亚、菲律宾、印度、斯里兰卡。

长苞刺蕊草

●**Pogostemon chinensis** C. Y. Wu et Y. C. Huang, Fl. Yunnan. 1: 742, pl. 179, f. 3-4 (1977).

云南、广西。

毛茎水蜡烛

Pogostemon cruciatus (Benth.) Kuntze, Revis. Gen. Pl. 2: 530 (1891).

Dysophylla cruciata Benth., in Wallich, Pl. Asiat. Rar. 1: 30 (1830); *Eusteralis cruciata* (Benth.) Panigrahi, Phytologia 32 (6): 478 (1976); *Anuragia cruciata* (Benth.) Raizada, Suppl. Duthie's Fl. Upper Gangetic Plain, 218 (1976).

云南；越南、柬埔寨、老挝、尼泊尔、印度。

狭叶刺蕊草

●**Pogostemon dielsianus** Dunn, Notes Roy. Bot. Gard. Edinb. 8 (37): 159 (1913).

云南。

香薷状刺蕊草

Pogostemon elsholtzioides Benth., in A. DC., Prodr. 12: 153 (1848).

西藏；印度、不丹。

镰叶水珍珠菜

●**Pogostemon falcatus** (C. Y. Wu) C. Y. Wu et H. W. Li, Acta Phytotax. Sin. 13 (1): 76 (1975).

Dysophylla falcata C. Y. Wu, Acta Phytotax. Sin. 10 (3): 237 (1965).

云南。

小穗水蜡烛

Pogostemon fauriei (H. Lév.) Press, Bull. Brit. Mus. (Nat.

Hist.), Bot. 10: 73 (1982).

黑龙江；朝鲜、韩国。

台湾刺蕊草

●**Pogostemon formosanus** Oliv., Hooker's Icon. Pl. 25 (2): pl. 2440 (1896).

台湾。

小刺蕊草

Pogostemon fraternus Miq., Fl. Ned. Ind. 2: 963 (1859).

云南；越南、缅甸、泰国、爪哇。

刺蕊草

Pogostemon glaber Benth., in Wallich, Pl. Asiat. Rar. 1: 31 (1830).

贵州、云南、广西、海南；老挝、柬埔寨、缅甸、泰国、印度、不丹、尼泊尔、孟加拉国。

刺蕊草（原变种）（鸡挂骨草，野靛）

●**Pogostemon glaber** var. **glaber**

Caryopteris esquirolii H. Lév., Repert. Spec. Nov. Regni Veg. 9 (222-226): 449 (1911); *Pogostemon esquirolii* (H. Lév.) C. Y. Wu et Y. C. Huang, Fl. Yunnan. 1: 743, pl. 179, f. 1-2 (1977).

贵州、云南、广西、海南；老挝、柬埔寨、缅甸、泰国、印度、不丹、尼泊尔、孟加拉国。

金平刺蕊草（变种）（新拟）

●**Pogostemon glaber** var. **tsingpingensis** (C. Y. Wu et Y. C. Huang) Gang Yao, Phytotaxa 200 (1): 15 (2015).

Pogostemon esquirolii (H. Lév.) C. Y. Wu et Y. C. Huang var. *tsingpingensis* C. Y. Wu et Y. C. Huang, Fl. Yunnan. 1: 744 (1977).

云南。

河南水蜡烛

●**Pogostemon henanensis** Gang Yao, Phytotaxa 200 (1): 29 (2015).

河南。

刚毛萼刺蕊草

●**Pogostemon hispidocalyx** C. Y. Wu et Y. C. Huang, Fl. Yunnan. 1: 745 (1977).

云南。

线叶水蜡烛

Pogostemon linearis (Benth.) Kuntze, Revis. Gen. Pl. 2: 529 (1891).

Dysophylla linearis Benth. in A. DC., Prodr. 12: 157 (1848); *Eusteralis linearis* (Benth.) Panigrahi, Phytologia 32 (6): 476 (1976); *Anuragia linearis* (Benth.) Raizada, Suppl. Duthie's Fl. Upper Gangetic Plain, 218 (1976).

云南；不丹、印度。

宽叶长柱刺蕊草

●**Pogostemon latifolius** (C. Y. Wu et Y. C. Huang) Gang Yao, Phytotaxa 200 (1): 15 (2015).

Pogostemon griffithii Prain var. *latifolius* C. Y. Wu et Y. C. Huang, Fl. Yunnan. 1: 744 (1977).

云南。

短穗刺蕊草

●**Pogostemon parviflorus** Benth., in Wallich, Pl. Asiat. Rar. 1: 31 (1830).

Pogostemon championii Prain, Bull. Misc. Inform. Kew 1908 (6): 254 (1908).

广东、香港。

五棱水蜡烛

Pogostemon pentagonus (C. B. Clarke ex Hook. f.) Kuntze, Revis. Gen. Pl. 2: 530 (1891).

Dysophylla pentagona C. B. Clarke ex Hook. f., Fl. Brit. Ind. 4 (12): 641 (1885); *Eusteralis pentagona* (C. B. Clarke ex Hook. f.) Panigrahi, Phytologia 32 (6): 47 (1976); *Anuragia pentagona* (C. B. Clarke ex Hook. f.) Raizada, Suppl. Duthie's Fl. Upper Gangetic Plain. 219 (1976).

云南；印度、泰国、越南。

四叶水蜡烛（新拟）

Pogostemon quadrifolius (Benth.) F. Muell., Fragm. 5: 200 (1866).

Dysophylla quadrifolia Benth., in Wallich, Pl. Asiat. Rar. 1. 30 (1832); *Anuragia quadrifolia* (Benth.) Suppl. Duthie's Fl. Upper Gangetic Plain 218 (1976).

云南；印度、孟加拉国、缅甸。

齿叶水蜡烛

●**Pogostemon sampsonii** (Hance) Press, Bull. Brit. Mus. (Nat. Hist.), Bot. 10: 74 (1982).

Dysophylla sampsonii Hance, Ann. Sci. Nat., Bot. sér. 5. 5: 234 (1866); *Dysophylla benthamiana* Hance var. *intermedia* C. Y. Wu et S. J. Hsuan, Acta Phytotax. Sin. 10 (3): 237 (1965); *Dysophylla stellata* (Lour.) Benth. var. *intermedia* (C. Y. Wu et S. J. Hsuan) C. Y. Wu et H. W. Li, Acta Phytotax. Sin. 13 (1): 77 (1975).

江西、湖南、广东、广西、海南。

北刺蕊草（野藿香）

●**Pogostemon septentrionalis** C. Y. Wu et Y. C. Huang, Fl. Reipubl. Popularis Sin. 66: 585 (1977).

江西、湖南、福建、广东。

水虎尾

Pogostemon stellatus (Lour.) Kuntze, Revis. Gen. Pl. 2: 429 (1891).

Mentha stellata Lour., Fl. Cochinch. 2: 361 (1790); *Dysophylla stellata* (Lour.) Benth., in Wallich, Pl. Asiat. Rar. 1: 30 (1830); *Anuragia stellata* (Lour.) Raizada, Suppl. Duthie's Fl. Upper Gangetic Plain, 218 (1976); *Dysophylla verticillata* Benth., in Wallich, Pl. Asiat. Rar. 1: 30 (1830); *Dysophylla esquirolii* H. Lév., Repert. Spec. Nov. Regni Veg. 10 (263-265): 476 (1912); *Dysophylla benthamiana* Hance, Ann. Sci. Nat., Bot. sér. 5. 5: 234 (1866); *Pogostemon benthamianus* (Hance) Kuntze, Revis. Gen. Pl. 2: 530 (1891); *Dysophylla benthamiana* var. *hainanensis* C. Y. Wu et Hsuan, Acta Phytotax. Sin. 10 (3): 238 (1965); *Dysophylla stellata* var. *hainanensis* (C. Y. Wu et S. J. Hsuan) C. Y. Wu et H. W. Li, Acta Phytotax. Sin. 13 (1): 77 (1975).

安徽、浙江、江西、湖南、云南、福建、台湾、广东、广西、海南；日本、越南、老挝、柬埔寨、孟加拉国、马来西亚、泰国、印度尼西亚、印度、不丹、澳大利亚。

思茅水蜡烛

●**Pogostemon szemaoensis** (C. Y. Wu et S. J. Hsuan) Press, Bull. Brit. Mus. (Nat. Hist.), Bot., 10: 74 (1982).
Dysophylla szemaoensis C. Y. Wu et Hsuan, Acta Phytotax. Sin. 10: 238 (1965).
云南。

苍耳叶刺蕊草

●**Pogostemon xanthiifolius** C. Y. Wu et Y. C. Huang, Fl. Yunnan. 1: 744, pl. 179, f. 9-10 (1977).
云南。

水蜡烛

Pogostemon yatabeanus (Makino) Press, Bull. Brit. Mus. (Nat. Hist.), Bot. 10: 74 (1982).
Dysophylla yatabeana Makino, Bot. Mag. (Tokyo) 12: 55 (1898); *Dysophylla linearis* Benth. var. *yatabeana* (Makino) Kudô, Mém. Fac. Agric. Taihoku Imp. Univ. 2: 48 (1929); *Dysophylla martini* Vaniot, Bull. Acad. Int. Géogr. Bot. 14 (183): 178 (1904); *Dysophylla lythroides* Diels, Notizbl. Bot. Gart. Berlin-Dahlem 9 (89): 1031 (1926); *Dysophylla tsiangii* Y. Z. Sun ex C. H. Hu, Acta Phytotax. Sin. 11 (1): 50, pl. 6, f. 20-22 (1966).

安徽、浙江、江西、湖南、湖北、四川、贵州、广西；日本、朝鲜。

豆腐柴属 Premna L.

尖齿豆腐柴（尖叶臭黄荆）

●**Premna acutata** W. W. Sm., Notes Roy. Bot. Gard. Edinb. 9 (42): 119 (1916).
四川、云南。

苞序豆腐柴

Premna bracteata C. B. Clarke, Fl. Brit. Ind. 4 (12): 572 (1885).
云南、西藏；印度、不丹、孟加拉国。

黄药

●**Premna cavaleriei** H. Lév., Repert. Spec. Nov. Regni Veg. 10 (260-262): 439 (1912).
Clerodendrum elachistanthum Merr. ex H. L. Li, J. Arnold Arbor. 25 (4): 426 (1944).
江西、湖南、贵州、广东、广西。

尖叶豆腐柴

Premna chevalieri Dop, Bull. Soc. Bot. France. 70: 445 (1923).
Premna acuminatissima Merr., Univ. Calif. Publ. Bot. 10: 430 (1924).
云南、广东、海南；越南、老挝。

滇桂豆腐柴

●**Premna confinis** C. P'ei et S. L. Chen ex C. Y. Wu, Fl. Yunnan. 1: 437, pl. 104, f. 1-2 (1977).
云南、广西。

淡黄豆腐柴

Premna flavescens Buch.-Ham. ex C. B. Clarke, Fl. Brit. Ind. 4 (12): 578 (1885).
云南、广东、广西；越南、马来西亚、印度尼西亚、印度。

勐海豆腐柴

●**Premna fohaiensis** C. P'ei et S. L. Chen ex C. Y. Wu, Fl. Yunnan. 1: 436, pl. 103, f. 4-5 (1977).
云南。

长序臭黄荆

●**Premna fordii** Dunn, Bull. Misc. Inform. Kew, Addit. Ser. 10. 203 (1912).
广东、广西、海南。

长序臭黄荆（原变种）

●**Premna fordii** var. **fordii**
Premna stenantha Merr., Lingnan Sci. J. 7: 321 (1929).
广东、广西、海南。

无毛臭黄荆（变种）

●**Premna fordii** var. **glabra** S. L. Chen, Fl. Reipubl. Popularis Sin. 65 (1): 211 (1982).
广西。

黄毛豆腐柴

Premna fulva Craib, Bull. Misc. Inform. Kew 1911 (10): 442 (1911).
Premna crassa Hand.-Mazz., Anz. Akad. Wiss. Wien, Math.-Naturwiss. Kl. 58: 230 (1921); *Premna fortunati* Dop, Bull. Soc. Bot. France. 70: 444 (1923); *Premna longipila* C. P'ei, Mem. Sci. Soc. China. 1 (3): 75 (1932).
贵州、云南、广西；越南、老挝、泰国。

腺叶豆腐柴

●**Premna glandulosa** Hand.-Mazz., Anz. Akad. Wiss. Wien, Math.- Naturwiss. Kl. 58: 231 (1921).
云南。

海南臭黄荆

●**Premna hainanensis** Chun et F. G. Hoow, Acta Phytotax. Sin.

7 (1): 77, pl. 24. f. 1 (1958).
海南。

蒙自豆腐柴（筋骨散，黄香根）
●**Premna henryana** (Hand.-Mazz.) C. Y. Wu, Fl. Yunnan. 1: 433 (1977).
Premna steppicola Hand.-Mazz. var. *henryana* Hand.-Mazz., Symb. Sin. 7 (4): 902 (1936).
云南。

千解草（草臭黄荆，细三对节，细八棱马）
Premna herbacea Roxb., Fl. Ind., ed. 1832. 3: 80 (1832).
Premna nana Collett et Hemsl., J. Linn. Soc., Bot. 28: 109 (1891); *Pygmaeopremna humilis* Merr., Philipp. J. Sci. 5 (3): 225 (1910); *Pygmaeopremna herbacea* (Roxb.) Moldenke, Phytologia 2 (2): 54 (1941); *Premna obovata* Merr., J. Arnold Arbor. 32 (1): 77 (1951).
云南、海南；越南、老挝、柬埔寨、缅甸、泰国、菲律宾、印度、印度尼西亚、不丹、尼泊尔、巴布亚新几内亚、澳大利亚。

间序豆腐柴（断序臭黄荆，总序豆腐柴）
Premna interrupta Wall. ex Schauer, in A. DC., Prodr. 11: 633 (1847).
Premna racemosa Wall. ex Schauer, in A. DC., Prodr. 11: 633 (1847).
四川、云南、西藏、广西；缅甸、印度、不丹、孟加拉国、尼泊尔。

大叶豆腐柴
Premna mollissima Roth, Nov. Pl. Sp. 286 (1821).
Premna latifolia Roxb., Fl. Ind. ed. 1832. 3: 76 (1832); *Premna viburnoides* Kunze, Forest Fl. Burma 2: 261 (1877); *Premna latifolia* var. *viburnoides* (Wall.) C. B. Clarke, Fl. Brit. Ind. 4 (12): 578 (1885).
云南；越南、老挝、柬埔寨、缅甸、印度尼西亚、菲律宾、印度。

臭黄荆（斑鹊子，斑鸠站，女贞叶腐婢）
●**Premna ligustroides** Hemsl., J. Linn. Soc., Bot. 26 (175): 256 (1890).
湖北、四川。

澜沧豆腐柴
●**Premna mekongensis** W. W. Sm., Notes Roy. Bot. Gard. Edinb. 9 (42): 120 (1916).
云南。

澜沧豆腐柴（原变种）（鸡眼睛）
●**Premna mekongensis** var. **mekongensis**
云南。

小叶澜沧豆腐柴（变种）
●**Premna mekongensis** var. **meiophylla** W. W. Sm., Notes Roy. Bot. Gard. Edinb. 9 (42): 120 (1916).
云南。

平滑豆腐柴
●**Premna menglaensis** B. Li, Phytotaxa 153 (1): 58 (2013).
Premna laevigata C. Y. Wu, Fl. Yunnan. 1: 440, pl. 104, f. 8-9 (1977).
云南；泰国。

豆腐柴（臭黄荆，观音柴，土黄芪）
Premna microphylla Turcz., Bull. Soc. Imp. Naturalistes Moscou 36 (3): 217 (1863).
Premna japonica Miq., Ann. Mus. Bot. Lugduno-Batavi 2: 97 (1863); *Premna formosana* Maxim., Bull. Acad. Imp. Sci. Saint-Pétersbourg 31: 80 (1889); *Premna microphylla* var. *glabra* Nakai, Bot. Mag. (Tokyo) 40 (77): 487 (1926); *Premna microphylla* var. *luxurians* (Nakai) Moldenke, Phytologia 3: 172 (1949).
河南、安徽、浙江、江西、湖南、湖北、四川、贵州、云南、福建、台湾、广东、广西、海南；日本。

八脉臭黄荆（大叶山布惊树，臭八脉木）
●**Premna octonervia** Merr. et F. P. Metcalf, J. Arnold Arbor. 20 (3): 354 (1939).
海南。

毛鱼臭木
Premna odorata Blanco, Fl. Filip. 488 (1837).
Premna vestita Schauer, in A. DC., Prodr. 11: 631 (1847); *Premna flavescens* Buch.-Ham. ex C. B. Clarke, Fl. Brit. Ind. 4 (12): 578 (1885); *Premna latifolia* Roxb. var. *cuneata* C. B. Clarke, Fl. Brit. Ind. 4 (12): 578 (1885); *Premna subscandens* Merr., Philipp. J. Sci. 1 (Suppl. 3): 230 (1906); *Premna maclurei* Merr., Lingnan Sci. J. 6 (4): 330 (1928).
云南、台湾、广东、广西、海南；菲律宾、越南、马来西亚、印度尼西亚、澳大利亚、印度。

少花豆腐柴
●**Premna oligantha** C. Y. Wu, Fl. Yunnan. 1: 434, pl. 103. f. 1-3 (1977).
云南、西藏。

百色豆腐柴
●**Premna paisehensis** C. P'ei et S. L. Chen, Fl. Reipubl. Popularis Sin. 65 (1): 211, pl. 12 (1982).
广西。

小叶豆腐柴
●**Premna parvilimba** C. P'ei, Mem. Sci. Soc. China. 1 (3): 62 (1932).
Celastrus yunnanensis H. Lév., Cat. Pl. Yun-Nan 32 (1915).
云南。

狐臭柴
●**Premna puberula** Pamp., Nuovo Giorn. Bot. Ital., n.s 17 (4):

701 (1910).

山西、甘肃、湖南、湖北、四川、贵州、云南、福建、广东、广西。

狐臭柴（原变种）（长柄臭黄荆，斑鸠占，臭黄荆）

●**Premna puberula** var. **puberula**
Premna martinii H. Lév., Feddes Repert. Spec. Nov. Regni Veg. 10 (260-262): 440 (1912); *Premna subcordata* Nakai, Bot. Mag. (Tokyo) 40 (477): 487 (1926).

山西、甘肃、湖南、湖北、四川、贵州、云南、福建、广东、广西。

毛狐臭柴（变种）

●**Premna puberula** var. **bodinieri** (H. Lév.) C. Y. Wu et S. Y. Pao, Fl. Yunnan. 1: 422 (1977).
Premna bodinieri H. Lév., Repert. Spec. Nov. Regni Veg. 10 (760-262): 440 (1912).

贵州、云南、广西。

玫花豆腐柴

●**Premna punicea** C. Y. Wu, Fl. Yunnan. 1: 433, pl. 103, f. 9-12 (1977).

云南。

红腺豆腐柴

●**Premna rubroglandulosa** C. Y. Wu, Fl. Yunnan. 1: 431, pl. 102, f. 1-4 (1977).

云南。

藤豆腐柴

Premna scandens Roxb., Fl. Ind., ed. 1832. 3: 82 (1832).
Premna coriacea C. B. Clarke var. *cuneata* C. B. Clarke, Fl. Brit. Ind. 4: 573 (1885); *Premna coriacea* var. *oblonga* C. B. Clarke, Fl. Brit. Ind. 4: 573 (1885).

云南；越南、泰国、缅甸、印度、不丹、孟加拉国。

腾冲豆腐柴

Premna scoriarum W. W. Sm., Notes Roy. Bot. Gard. Edinb. 12 (59): 219 (1920).

云南；缅甸。

伞序臭黄荆

Premna serratifolia L., Mant. Pl. 2: 253 (1771).
Cornutia corymbosa Burm. f., Fl. Ind. (N. L. Burman) 132, pl. 41, f. 1 (1768); *Premna integrifolia* L., Mant. Pl. 2: 252 (1771); *Premna obtusifolia* R. Br., Prodr. Fl. Nov. Holland. 512 (1810); *Premna integrifolia* L. var. *obtusifolia* (R. Br.) C. P'ei, Mem. Sci. Soc. China 1 (3): 75 (1932).

台湾、广东、广西、海南；马来西亚、菲律宾、印度、斯里兰卡、澳大利亚、南太平洋岛屿。

草坡豆腐柴

●**Premna steppicola** Hand.-Mazz., Symb. Sin. 7 (4): 902 (1936).

四川、云南。

近头状豆腐柴（头序臭黄荆）

●**Premna subcapitata** Rehder, Pl. Wilson. 3 (3): 458 (1917).
Premna pilosa C. P'ei, Mem. Sci. Soc. China. 1 (3): 66 (1932).

四川、云南。

塘虱角（大蛇药，牛尾鸟）

●**Premna sunyiensis** C. P'ei, Mem. Sci. Soc. China. 1 (3): 84 (1932).

广东。

思茅豆腐柴（接骨树，类梧桐，蚂蚁鼓堆树）

●**Premna szemaoensis** C. P'ei, Mem. Sci. Soc. China 1 (3): 76 (1932).

云南。

大坪子豆腐柴

●**Premna tapintzeana** Dop, Bull. Soc. Bot. France. 70: 836 (1923).
Premna yunnanensis Dop, Bull. Soc. Bot. France. 70: 444 (1923); *Premna dopii* C. P'ei, Mem. Sci. Soc. China 1 (3): 91 (1932); *Premna crassa* Hand.-Mazz. var. *yui* Moldenke, Phytologia 18 (7): 421 (1967); *Premna straminicaulis* C. Y. Wu, Fl. Yunnan. 1: 426, pl. 101, f. 9-11 (1977); *Premna puerensis* Y. Y. Qian, Guihaia 11 (2): 123, f. 2 (1991).

贵州、云南、广西。

圆叶豆腐柴

●**Premna tenii** C. P'ei, Mem. Sci. Soc. China 1 (3): 66 (1932).

云南。

塔序豆腐柴

Premna tomentosa Willd., Sp. Pl. 3 (1): 314 (1800).
Premna flavescens Juss., Ann. Mus. Hist. Nat. 7: 77 (1806); *Premna pyramidata* Wall. ex Schauer, in A. DC., Prodr. 11: 633 (1847); *Premna cumingiana* Schauer, in A. DC., Prodr. 11: 634 (1847); *Premna flavida* Miq., Fl. Ned. Ind., Eerste Bijv. 570 (1861); *Premna hylandiana* Munir, J. Adelaide Bot. Gard. 7 (1): 29 (1984).

广东；菲律宾、泰国、孟加拉国、不丹、柬埔寨、越南、澳大利亚、缅甸、印度。

麻叶豆腐柴（筋骨散）

●**Premna urticifolia** Rehder, Pl. Wilson. 3 (3): 458 (1917).

云南。

云南豆腐柴（琥珀）

●**Premna yunnanensis** W. W. Sm., Notes Roy. Bot. Gard. Edinb. 9 (42): 120 (1916).

四川、云南。

黄绒豆腐柴

●**Premna wui** Boufford et B. M. Barthol., Phytoneuron 2012 (80): 1 (2012).

Premna velutina C. Y. Wu, Fl. Yunnan. 1: 428, pl. 102, f. 8-10 (1977).

云南。

假莸属（新拟）Pseudocaryopteris P. D. Cantino

香莸

Pseudocaryopteris bicolor (Roxb. ex Hardw.) P. D. Cantino, Syst. Bot. 23 (3): 381 (1999).

Volkameria bicolor Roxb. ex Hardw., Asiat. Res. 6: 366 (1799); *Caryopteris bicolor* (Roxb. ex Hardw.) Mabb., Bot. Hist. Hort. Malab. 83 (1980); *Clerodendrum odoratum* D. Don, Prodr. Fl. Nepal. 102 (1825); *Caryopteris odorata* (D. Don) B. L. Rob., Proc. Amer. Acad. Arts 51: 531 (1916); *Caryopteris wallichiana* Schauer in A. DC., Prodr. 11: 625 (1847).

云南；泰国、印度、不丹、尼泊尔。

锥花莸（密花莸，紫红鞭）

Pseudocaryopteris paniculata (C. B. Clarke) P. D. Cantino, Syst. Bot. 23 (3): 381 (1999).

Caryopteris paniculata C. B. Clarke, Fl. Brit. Ind. 4: 597 (1885); *Callicarpa esquirolii* H. Lév., Repert. Spec. Nov. Regni Veg. 9 (222-226): 325 (1911); *Callicarpa martinii* H. Lév., Repert. Spec. Nov. Regni Veg. 9: 455 (1911).

四川、贵州、云南、广西；缅甸、泰国、印度、不丹、尼泊尔。

夏枯草属 Prunella L.

山菠菜（灯笼头）

Prunella asiatica Nakai, Bot. Mag. (Tokyo) 44 (517): 19 (1930).

Prunella vulgaris L. var. *albiflora* Koidz., Bot. Mag. (Tokyo) 29 (348): 310 (1915); *Prunella asiatica* var. *albiflora* (Koidz.) Nakai, Bot. Mag. (Tokyo) 44 (517): 21 (1930).

黑龙江、吉林、辽宁、山西、山东、安徽、江苏、浙江、江西；朝鲜、日本。

大花夏枯草

Prunella grandiflora (L.) Jacq., Fl. Australia. 4: 40 (1776).

Prunella vulgaris L. var. *grandiflora* L., Sp. Pl. 2: 600 (1753).

江苏；亚洲西南部、欧洲。

硬毛夏枯草

Prunella hispida Benth., in Wallich, Pl. Asiat. Rar. 1: 66 (1830).

Prunella vulgaris L. var. *hispida* (Benth.) Benth., Labiat. Gen. Spec. 417 (1834); *Prunella stolonifera* H. Lév. et Giraudias, Repert. Spec. Nov. Regni Veg. 12 (325-330): 286 (1913).

四川、云南、西藏；印度。

夏枯草

Prunella vulgaris L., Sp. Pl. 2: 600 (1753).

甘肃、福建；不丹、印度、日本、哈萨克斯坦、朝鲜、吉尔吉斯斯坦、尼泊尔、巴基斯坦、俄罗斯、塔吉克斯坦、土库曼斯坦、乌兹别克斯坦、非洲、欧洲、北美洲。

夏枯草（原变种）（麦穗夏枯草，铁线夏枯草，麦夏枯）

Prunella vulgaris var. **vulgaris**

Prunella vulgaris var. *elongata* Makino, Bot. Mag. (Tokyo) 10: 66 (1896); *Prunella vulgaris* var. *japonica* Kudô, J. Coll. Sci. Imp. Univ. Tokyo 43: 23 (1921); *Prunella vulgaris* var. *leucantha* Schur, Man. Cult. Pl. 853 (1949).

甘肃、福建；朝鲜、日本、印度、巴基斯坦、不丹、尼泊尔、土库曼斯坦、乌兹别克斯坦、吉尔吉斯斯坦、塔吉克斯坦、哈萨克斯坦、俄罗斯、欧洲、非洲、北美洲。

狭叶夏枯草（变种）

●**Prunella vulgaris** var. **lanceolata** (W. P. C. Barton) Fernald, Rhodora 15 (178): 183 (1913).

Prunella pennsylvanica Willd. var. *lanceolata* W. P. C. Barton, Fl. Philadelph. Prodr. 64 (1815); *Prunella vulgaris* var. *elongata* Benth., Labiat. Gen. Spec. 417 (1834).

四川、云南。

迷迭香属 Rosmarinus L.

迷迭香

☆**Rosmarinus officinalis** L., Sp. Pl. 1: 23 (1753).

中国引种；亚洲西南部、欧洲、非洲。

钩子木属 Rostrinucula Kudô

钩子木（火香，钩子）

●**Rostrinucula dependens** (Rehder) Kudô, Mém. Fac. Agric. Taihoku Imp. Univ. 2 (2): 304 (1929).

Elsholtzia dependens Rehder, Pl. Wilson. 3 (2): 383 (1916).

陕西、四川、贵州、云南。

长叶钩子木（长叶钩子）

●**Rostrinucula sinensis** (Hemsl.) C. Y. Wu, Acta Phytotax. Sin. 10 (3): 233, pl. 43 (1965).

Leucosceptrum sinense Hemsl., J. Linn. Soc., Bot. J. Linn. Soc., Bot. 26 (175): 310 (1890); *Elsholtzia cavaleriei* H. Lév. et Vaniot, Repert. Spec. Nov. Regni Veg. 8 (182-184): 424 (1910); *Leucosceptrum bodinieri* H. Lév., Repert. Spec. Nov. Regni Veg. 9 (208-210): 224 (1911); *Comanthosphace sinensis* (Hemsl.) Bhatti et Ingr. var. *pentaloba* Bhatti et Ingr., Fontqueria 42: 7 (1995).

湖南、湖北、贵州、广西。

石蚕属 Rubiteucris Kudô

掌叶石蚕

Rubiteucris palmata (Benth. ex Hook. f.) Kudô, Mém. Fac.

Sci. Taihoku Imp. Univ. 2 (2): 297 (1929).
Teucrium palmatum Benth. ex Hook. f., Fl. Brit. Ind. 4 (12): 702 (1885).
陕西、甘肃、湖北、四川、贵州、云南、西藏、台湾；印度。

心叶石蚕（腺毛莸）

Rubiteucris siccanea (W. W. Sm.) P. D. Cantino, Syst. Bot. 23 (3): 381 (1999).
Caryopteris siccanea W. W. Sm., Notes Roy. Bot. Gard. Edinb. 10 (46): 18 (1917); *Cardioteucris cordifolia* C. Y. Wu, Acta Bot. Sin. 10 (3): 248 (1962).
四川、云南；缅甸。

鼠尾草属 Salvia L.

铁线鼠尾草

●**Salvia adiantifolia** E. Peter, Acta Horti Gothob. 10 (2): 64, f. 3 (1935).
江西、湖南、福建、广东、广西。

五福花鼠尾草

●**Salvia adoxoides** C. Y. Wu, Fl. Reipubl. Popularis Sin. 66: 584, pl. 42 (1977).
广西。

橙色鼠尾草（马蹄叶红仙茅）

●**Salvia aerea** H. Lév., Repert. Spec. Nov. Regni Veg. 12 (341-345): 532 (1913).
Salvia lichiangensis W. W. Sm., Notes Roy. Bot. Gard. Edinb. 9 (42): 124 (1916); *Salvia pinetorum* Hand.-Mazz., Anz. Akad. Wiss. Wien, Math.-Naturwiss. Kl. 62: 236 (1925).
四川、贵州、云南。

翅柄鼠尾草

●**Salvia alatipetiolata** Y. Z. Sun, Bull. Nanjing Bot. Gard. 5: 63 (1960).
四川。

附片鼠尾草

●**Salvia appendiculata** E. Peter, Acta Horti Gothob. 10 (2): 65, f. 4 (1935).
广东。

暗紫鼠尾草

●**Salvia atropurpurea** C. Y. Wu, Fl. Yunnan. 1: 676, pl. 165, f. 4-6 (1977).
云南。

暗红鼠尾草

●**Salvia atrorubra** C. Y. Wu, Fl. Yunnan. 1: 679, pl. 166, f. 5-8 (1977).
云南。

白马鼠尾草

●**Salvia baimaensis** S. W. Su et Z. A. Shen, Acta Bot. Yunnan. 6 (1): 57, pl. 2 (1984).
安徽。

开萼鼠尾草

●**Salvia bifidocalyx** C. Y. Wu et Y. C. Huang, Fl. Yunnan. 1: 675, pl. 165, f. 1-3 (1977).
云南。

南丹参

●**Salvia bowleyana** Dunn, J. Linn. Soc., Bot. 38 (267): 363 (1908).
浙江、江西、湖南、福建、广东、广西。

南丹参（原变种）（七里麻，七里蕉，丹参）

●**Salvia bowleyana** var. **bowleyana**
Salvia miltiorrhiza Bunge var. *australis* E. Peter, Acta Horti Gothob. 9 (6): 143 (1934).
浙江、江西、湖南、福建、广东、广西。

近二回羽裂南丹参（变种）

●**Salvia bowleyana** var. **subbipinnata** C. Y. Wu, Fl. Reipubl. Popularis Sin. 66: 582 (1977).
浙江、江西、福建。

短冠鼠尾草

●**Salvia brachyloma** E. Peter, Acta Horti Gothob. 9 (6): 124 (1934).
四川、云南。

短隔鼠尾草

●**Salvia breviconnectivata** Y. Z. Sun, Fl. Yunnan. 1: 686, pl. 168, f. 8-9 (1977).
云南。

短唇鼠尾草

●**Salvia brevilabra** Franch., Bull. Soc. Philom. Paris, sér. 8. 3. 149 (1891).
Salvia souliei Duthie ex Veitch, Hort. Veitch. 434 (1906); *Salvia blinii* H. Lév., Repert. Spec. Nov. Regni Veg. 9 (208-210): 219 (1911).
四川。

戟叶鼠尾草（紫丹参）

●**Salvia bulleyana** Diels, Notes Roy. Bot. Gard. Edinb. 5 (25): 233 (1912).
云南。

钟萼鼠尾草

Salvia campanulata Wall. ex Benth., in Wallich, Pl. Asiat. Rar. 1: 67 (1830).
云南、西藏；缅甸、印度、不丹、尼泊尔。

钟萼鼠尾草（原变种）
Salvia campanulata var. **campanulata**
云南；印度、尼泊尔。

截萼钟萼鼠尾草（变种）
Salvia campanulata var. **codonantha** (E. Peter) E. Peter, Repert. Spec. Nov. Regni Veg. 39 (1015-1025): 180 (1936).
Salvia codonantha E. Peter, Acta Horti Gothob. 9 (6): 127 (1934).
云南、西藏；缅甸。

裂萼钟萼鼠尾草（变种）
Salvia campanulata var. **fissa** E. Peter, Repert. Spec. Nov. Regni Veg. 39 (1015-1025): 179 (1936).
云南；印度。

微硬毛钟萼鼠尾草（变种）
Salvia campanulata var. **hirtella** E. Peter, Repert. Spec. Nov. Regni Veg. 39 (1015-1025): 179 (1936).
云南、西藏；印度、不丹、尼泊尔。

栗色鼠尾草
Salvia castanea Diels, Notes Roy. Bot. Gard. Edinb. 5 (25): 233 (1912).
Salvia castanea f. *pubescens* E. Peter, Acta Horti Gothob. 9 (6): 134 (1934); *Salvia castanea* f. *glabrescens* E. Peter, Acta Horti Gothob. 9 (6): 134 (1934); *Salvia castanea* f. *tomentosa* E. Peter, Repert. Spec. Nov. Regni Veg. 39: 181 (1936).
四川、贵州、云南、西藏；尼泊尔。

贵州鼠尾草
●**Salvia cavaleriei** H. Lév., Repert. Spec. Nov. Regni Veg. 8 (182-184): 422 (1910).
陕西、江西、湖南、湖北、四川、贵州、云南、广东、广西。

贵州鼠尾草（原变种）
●**Salvia cavaleriei** var. **cavaleriei**
Salvia betonicoides H. Lév., Repert. Spec. Nov. Regni Veg. 8 (182-184): 421 (1910); *Salvia marchandii* H. Lév., Repert. Spec. Nov. Regni Veg. 12 (343-345): 533 (1913).
四川、贵州、广东、广西。

紫背贵州鼠尾草（变种）（女菀）
●**Salvia cavaleriei** var. **erythrophylla** (Hemsl.) E. Peter, Acta Horti Gothob. 10 (2): 60 (1935).
Salvia japonica Thunb. var. *erythrophylla* Hemsl., J. Linn. Soc., Bot. 26 (175): 284 (1890); *Salvia japonica* f. *erythrophylla* (Hemsl.) Kudô, Mém. Fac. Agric. Taihoku Imp. Univ. 2: 173 (1929).
陕西、湖南、湖北、云南、广西。

血盆草（变种）（罗汉草，破罗子，反背红）
●**Salvia cavaleriei** var. **simplicifolia** E. Peter, Acta Horti Gothob. 10 (2): 61 (1935).
Salvia delavayi H. Lév., Repert. Spec. Nov. Regni Veg. 9 (208-210): 220 (1911); *Salvia tsaiana* E. Peter, Bull. Fan Mem. Inst. Biol. Bot., 8: 53 (1937).
江西、湖南、湖北、四川、贵州、云南、广东、广西。

黄山鼠尾草
●**Salvia chienii** E. Peter, Acta Horti Gothob. 10 (2): 62 (1935).
安徽、江西。

黄山鼠尾草（原变种）
●**Salvia chienii** var. **chienii**
Salvia anhweiensis Migo, J. Shanghai Sci. Inst. 4: 159 (1939).
安徽。

婺源黄山鼠尾草（变种）
●**Salvia chienii** var. **wuyuania** H. T. Sun, Fl. Reipubl. Popularis Sin. 66: 583 (1977).
江西。

华鼠尾草（石见穿，紫参，活血草）
●**Salvia chinensis** Benth., Labiat. Gen. Spec. 7: 725 (1835).
Salvia japonica Thunb. var. *integrifolia* Franch. et Sav., Enum. Pl. Jap. 1 (2): 371 (1875); *Salvia tashiroi* Hayata, Icon. Pl. Formosan. 8: 98 (1919); *Salvia japonica* var. *chinensis* (Benth.) E. Peter, Acta Horti Gothob. 10 (2): 67 (1935).
山东、安徽、江苏、浙江、江西、湖南、湖北、四川、福建、台湾、广东、广西。

崇安鼠尾草
●**Salvia chunganensis** C. Y. Wu et Y. C. Huang, Fl. Reipubl. Popularis Sin. 66: 182, 584 (1977).
福建。

朱唇（小红花）
△**Salvia coccinea** Buc'hoz ex Etl., Comm. Bot-Med. Salvia 23 (1777).
栽培于中国各地，现已在云南归化；原产于美洲。

圆苞鼠尾草
●**Salvia cyclostegia** E. Peter, Acta Horti Gothob. 9 (6): 118 (1934).
四川、云南。

圆苞鼠尾草（原变种）
●**Salvia cyclostegia** var. **cyclostegia**
四川、云南。

紫花圆苞鼠尾草（变种）
●**Salvia cyclostegia** var. **purpurascens** C. Y. Wu, Fl. Yunnan. 1: 664 (1977).
四川、云南。

犬形鼠尾草（山藿香）
●**Salvia cynica** Dunn, Notes Roy. Bot. Gard. Edinb. 8 (37): 164 (1913).
四川。

大别山丹参
●**Salvia dabieshanensis** J. Q. He, Acta Bot. Yunnan. 11 (4): 409, f. 1 (1989).
安徽。

新疆鼠尾草
Salvia deserta Schangin, Bot. Gart. Dorpat., Suppl. 2. 6 (1824).
新疆；吉尔吉斯斯坦、哈萨克斯坦、俄罗斯。

新疆鼠尾草（原变种）
Salvia deserta var. **deserta**
新疆；吉尔吉斯斯坦、哈萨克斯坦、俄罗斯。

白花新疆鼠尾草（变种）
●**Salvia deserta** var. **albiflora** G. J. Liu, Fl. Xinjiang. 4: 520 (2004).
新疆。

毛地黄鼠尾草
●**Salvia digitaloides** Diels, Notes Roy. Bot. Gard. Edinb. 5 (25): 234 (1912).
四川、贵州、云南。

毛地黄鼠尾草（原变种）（银紫丹参，白元参，玉名喇叭）
●**Salvia digitaloides** var. **digitaloides**
四川、贵州、云南。

近无毛毛地黄鼠尾草（变种）
●**Salvia digitaloides** var. **glabrescens** E. Peter, Acta Horti Gothob. 9 (6): 114 (1934).
四川、贵州、云南。

长花鼠尾草
●**Salvia dolichantha** E. Peter, Acta Horti Gothob. 9 (6): 113 (1934).
四川。

雪山鼠尾草
●**Salvia evansiana** Hand.-Mazz., Anz. Akad. Wiss. Wien, Math.-Naturwiss. Kl. 62: 236 (1925).
四川、云南。

雪山鼠尾草（原变种）（埃望鼠尾草，紫花丹参）
●**Salvia evansiana** var. **evansiana**
四川、云南。

葶花雪花鼠尾草（变种）
●**Salvia evansiana** var. **scaposa** E. Peter, Acta Horti Gothob. 9 (6): 122 (1934).
Salvia rockiana E. Peter, Lingnan Sci. J. 15 (1): 45 (1936).
云南。

蕨叶鼠尾草
●**Salvia filicifolia** Merr., Lingnan Sci. J. 13 (1): 47, pl. 7 (1934).
Salvia japonica var. *filicifolia* (Merr.) Metcalf et E. Peter, Lingnan Sci. J. 16 (2): 155 (1937).
湖南、广东。

黄花鼠尾草
●**Salvia flava** G. Forrest ex Diels, Notes Roy. Bot. Gard. Edinb. 5 (25): 235 (1912).
四川、云南。

黄花鼠尾草（原变种）（黄花丹参）
●**Salvia flava** var. **flava**
Salvia chingii C. Y. Wu ex Sun, J. Nanjing Coll. Pharm. 5: 64 (1960).
四川、云南。

大花黄花鼠尾草（变种）
●**Salvia flava** var. **megalantha** Diels, Notes Roy. Bot. Gard. Edinb. 5 (25): 236 (1912).
云南。

草莓状鼠尾草
●**Salvia fragarioides** C. Y. Wu, Fl. Yunnan. 1: 689, pl. 169, f. 3-5 (1977).
云南。

大叶鼠尾草
●**Salvia grandifolia** W. W. Sm., Notes Roy. Bot. Gard. Edinb. 9 (42): 123 (1916).
四川、云南。

木里鼠尾草
●**Salvia handelii** E. Peter, Acta Horti Gothob. 9 (6): 129, f. 2 (1934).
四川。

阿里山鼠尾草
●**Salvia hayatae** Makino ex Hayata, Icon. Pl. Formosan. 8: 96 (1919).
台湾。

阿里山鼠尾草（原变种）
●**Salvia hayatae** var. **hayatae**
Salvia scapiformis Hance f. *gracilis* Hayata, J. Coll. Sci. Imp. Univ. Tokyo 25 (19): 183 (1908); *Salvia scapiformis* f. *hirsuta* Hayata, J. Coll. Sci. Imp. Univ. Tokyo 25 (19): 182 (1908); *Salvia arisanensis* Hayata, Icon. Pl. Formosan. 8: 97 (1919); *Salvia scapiformis* var. *arisanensis* (Hayata) Kudô, Mém. Fac. Agric. Taihoku Imp. Univ. 2: 175 (1929).
台湾。

羽叶阿里山鼠尾草（变种）

●**Salvia hayatae** var. **pinnata** (Hayata) C. Y. Wu, Fl. Reipubl. Popularis Sin. 66: 192, pl. 44, f. 4-6 (1977).
Salvia keitaoensis Hayata, Icon. Pl. Formosan. 8: 96, f. 34a-d (1919); *Salvia scapiformis* Hayata f. *keitaoensi*, Mém. Fac. Agric. Taihoku Imp. Univ. 2: 175 (1929); *Salvia scapiformis* f. *keitaoensi* (Hayata) Kudô, Mém. Fac. Agric. Taihoku Imp. Univ. 2: 175 (1929).
台湾。

异色鼠尾草

●**Salvia heterochroa** E. Peter, Acta Horti Gothob. 9 (6): 132 (1934).
云南。

瓦山鼠尾草

●**Salvia himmelbaurii** E. Peter, Acta Horti Gothob. 9 (6): 117 (1934).
四川。

河南鼠尾草（丹参）

●**Salvia honania** L. H. Bailey, Gentes Herb. 1: 43 (1920).
河北、湖北。

湖北鼠尾草

●**Salvia hupehensis** E. Peter, Acta Horti Gothob. 9 (6): 130 (1934).
河南、陕西、湖北。

林华鼠尾草

●**Salvia hylocharis** Diels, Notes Roy. Bot. Gard. Edinb. 5 (25): 236 (1912).
Salvia forrestii Diels, Notes Roy. Bot. Gard. Edinb. 5 (25): 235, f. 3 (1912); *Salvia hylocharis* var. *subsimplex* C. Y. Wu, Fl. Reipubl. Popularis Sin. 66: 118 (1977).
云南、西藏。

鼠尾草

Salvia japonica Thunb. in Syst. Veg. ed. 14. 72 (1784).
安徽、江苏、浙江、江西、湖南、湖北、四川、福建、台湾、广东、广西；日本、朝鲜。

鼠尾草（原变种）

Salvia japonica var. **japonica**
Salvia fortunei Benth., in A. DC., Prodr. 12: 354 (1848); *Salvia chinensis* Benth. f. *alatopinnata* Matsum. et Kudô, Bot. Mag. (Tokyo) 26 (310): 299 (1912); *Salvia japonica* f. *alatopinnata* (Matsum. et Kudô) Kudô, Mém. Fac. Agric. Taihoku Imp. Univ. 2: 171 (1929); *Salvia japonica* f. *lanuginosa* (Fr.) Stib., Acta Horti Gothob. 10: 66 (1935).
安徽、江苏、浙江、江西、湖北、四川、福建、台湾、广东、广西；日本、朝鲜。

多小叶鼠尾草（变种）（硃砂草，春丹参）

●**Salvia japonica** var. **multifoliolata** E. Peter, Acta Horti Gothob. 10 (2): 68 (1935).
Salvia szechuanica T. Yamaz., J. Jap. Bot. 44 (7): 223, f. 1, 2 (1969).
四川、广东。

关公须（关羽须，关爷须，叶下红）

●**Salvia kiangsiensis** C. Y. Wu, Fl. Reipubl. Popularis Sin. 66: 584 (1977).
江西、湖南、福建。

荞麦地鼠尾草（丹参，红根）

●**Salvia kiaometiensis** H. Lév., Bull. Acad. Int. Géogr. Bot. 25: 25 (1915).
Salvia benecincta W. W. Sm., Notes Roy. Bot. Gard. Edinb. 9 (42): 123 (1916).
四川、云南。

洱源鼠尾草

●**Salvia lankongensis** C. Y. Wu, Fl. Yunnan. 1: 666, pl. 162, f. 13-17 (1977).
云南。

舌瓣鼠尾草

●**Salvia liguliloba** Y. Z. Sun, Contr. Biol. Lab. Chin. Assoc. Advancem. Sci., Sect. Bot. 10: 29 (1935).
安徽、浙江。

东川鼠尾草

●**Salvia mairei** H. Lév., Repert. Spec. Nov. Regni Veg. 12 (341-345): 532 (1913).
Salvia leclerei H. Lév., Repert. Spec. Nov. Regni Veg. 12 (341-345): 532 (1913); *Salvia calthaefolia* H. Lév., Repert. Spec. Nov. Regni Veg. 13 (368-369): 343 (1914).
云南。

鄂西鼠尾草

●**Salvia maximowicziana** Hemsl., J. Linn. Soc., Bot. 26 (175): 285 (1890).
陕西、甘肃、湖北、四川、云南、西藏。

鄂西鼠尾草（原变种）

●**Salvia maximowicziana** var. **maximowicziana**
Salvia fargesii H. Lév., Repert. Spec. Nov. Regni Veg. 9 (208-210): 220 (1911).
陕西、甘肃、湖北、四川、云南、西藏。

多花鄂西鼠尾草（变种）（红秦艽）

●**Salvia maximowicziana** var. **floribunda** E. Peter, Acta Horti Gothob. 9 (6): 116 (1934).
四川。

美丽鼠尾草

●**Salvia meiliensis** S. W. Su, Acta Bot. Yunnan. 6 (1): 59, pl. 3 (1984).
安徽。

湄公鼠尾草
- **Salvia mekongensis** E. Peter, Acta Horti Gothob. 9 (6): 136 (1934).
云南。

丹参
Salvia miltiorrhiza Bunge, Mém. Acad. Imp. Sci. St.-Pétersbourg Divers Savans 2: 124 (1833).
辽宁、河北、北京、山西、山东、河南、陕西、安徽、江苏、浙江、湖南、湖北；日本。

丹参（原变种）
Salvia miltiorrhiza var. **miltiorrhiza**
Salvia anomala Vaniot, Bull. Acad. Int. Géogr. Bot. 14 (183): 190 (1904); *Salvia miltiorrhiza* f. *alba* C. Y. Wu et H. W. Li, Fl. Reipubl. Popularis Sin. 66: 582 (1977).
辽宁、河北、北京、山西、山东、河南、陕西、安徽、江苏、浙江、湖南、湖北；日本。

单叶丹参（变种）
- **Salvia miltiorrhiza** var. **charbonnelii** (H. Lév.) C. Y. Wu, Fl. Reipubl. Popularis Sin. 66: 148 (1977).
Salvia charbonnelii H. Lév., Repert. Spec. Nov. Regni Veg. 9 (208-210): 220 (1911).
河北、山西、河南、湖北。

南川鼠尾草
- **Salvia nanchuanensis** H. T. Sun, Fl. Reipubl. Popularis Sin. 66: 162, 582 (1977).
Salvia japonica var. *pinnata* Diels in Engler, Bot. Jahrb. 29: 558 (1900).
湖北、四川、重庆、贵州、广西。

南川鼠尾草（原变种）
- **Salvia nanchuanensis** var. **nanchuanensis**
Salvia nanchuanensis f. *intermed* H. T. Sun, Fl. Reipubl. Popularis Sin. 66: 583 (1977).
湖北、四川。

蕨叶南川鼠尾草（变种）
- **Salvia nanchuanensis** var. **pteridifolia** H. T. Sun, Fl. Reipubl. Popularis Sin. 66: 583, pl. 37, f. 8 (1977).
重庆、贵州、广西。

台湾琴柱草
- **Salvia nipponica** var. **formosana** (Hayata) Kudô, Mém. Fac. Agric. Taihoku Imp. Univ. 2 (2): 157 (1929).
Salvia formosana Hayata, Icon. Pl. Formosan. 8: 99 (1919).
台湾。

云生丹参
Salvia nubicola Wall. ex Sweet, Brit. Fl. Gard. 2: pl. 140 (1826).
Salvia glutinosa L. subsp. *nubicola* (Wall. ex Sweet) Murata, Fl. Afghanistan. 8: 135 (1966).
西藏；印度、巴基斯坦、不丹、尼泊尔、阿富汗。

撒尔维亚
☆**Salvia officinalis** L., Sp. Pl. 1: 23 (1753).
中国栽培；原产于欧洲。

峨眉鼠尾草
- **Salvia omeiana** E. Peter, Acta Horti Gothob. 9 (6): 119 (1934).
四川。

峨眉鼠尾草（原变种）（白生麻，南茄草，白气草）
- **Salvia omeiana** var. **omeiana**
四川。

宽苞峨眉鼠尾草（变种）
- **Salvia omeiana** var. **grandibracteata** E. Peter, Acta Horti Gothob. 9 (6): 120 (1934).
四川。

宝兴鼠尾草
- **Salvia paohsingensis** C. Y. Wu, Fl. Reipubl. Popularis Sin. 66: 580 (1977).
四川。

拟丹参
- **Salvia paramiltiorrhiza** H. W. Li et X. L. Huang, Acta Phytotax. Sin. 19: 245 (1981).
Salvia miltiorrhiza Bunge var. *hupehensis* E. Peter, Acta Horti Gothob. 9 (6): 143 (1934); *Salvia paramiltiorrhiza* H. W. Li et X. L. Huang f. *purpureorubra* H. W. Li, Acta Phytotax. Sin. 19 (2): 248 (1981).
安徽、湖北。

少花鼠尾草
- **Salvia pauciflora** Kunth, Nov. Gen. Sp. 2: 303 (1818).
云南。

岩生鼠尾草（新拟）
- **Salvia petrophila** G. X. Hu, E. D. Liu et Yan Liu, Nord. J. Bot. 32 (2): 190 (2014).
贵州、广西。

秦岭鼠尾草
- **Salvia piasezkii** Maxim., Mélanges Biol. Bull. Phys.-Math. Acad. Imp. Sci. Saint-Pétersbourg 11: 304 (1881).
陕西、甘肃。

荔枝草（皱皮葱，雪里青，过冬青）
Salvia plebeia R. Br., in A. DC., Prodr. 500 (1810).
Ocimum virgatum Thunb., Fl. Jap. 250 (1784); *Salvia brachiata* Roxb., Fl. Ind., ed. 1820. 1: 146 (1820); *Lumnitzera fastigiata* (Roth) Spreng., Syst. Veg. 2: 67 (1825); *Salvia minutiflora* Bunge, Mém. Savantes Etranges Acad. Pétersbourg

2: 124 (1833); *Salvia plebeia* var. *latifolia* E. Peter, Acta Horti Gothob. 9 (6): 141 (1934).

除甘肃、青海、新疆、西藏外各省均有分布；朝鲜、日本、越南、缅甸、泰国、马来西亚、印度尼西亚、印度、阿富汗、俄罗斯、澳大利亚。

长冠鼠尾草（紫参，丹参，劲枝丹参）

Salvia plectranthoides Griff., Not. Pl. Asiat. 4: 199 (1854).

Salvia japonica Thunb. var. *parvifoliola* Hemsl., J. Linn. Soc., Bot. 26 (175): 285 (1890); *Salvia japonica* var. *gracillima* Diels, Bot. Jahrb. Syst. 29 (3-4): 558 (1900); *Salvia pinnata* L. ex Pavol., Nuovo Giorn. Bot. Ital. 15 (3): 434 (1908); *Salvia japonica* var. *kaiscianensis* Pamp., Nuovo Giorn. Bot. Ital., n.s. 17 (4): 709 (1910); *Salvia tuberifera* H. Lév., Repert. Spec. Nov. Regni Veg. 8 (182-184): 421 (1910).

甘肃、陕西、湖南、湖北、四川、重庆、贵州、云南、广西；印度、不丹。

毛唇鼠尾草

●**Salvia pogonochila** Diels, Repert. Spec. Nov. Regni Veg. Beih. 12: 478 (1922).

四川。

洪桥鼠尾草

●**Salvia potaninii** Krylov, Trudy Bot. Muz. Imp. Akad. Nauk 14: 141, pl. 3 (1915).

四川。

康定鼠尾草

●**Salvia prattii** Hemsl., J. Linn. Soc., Bot. 29 (202): 316 (1892).

Salvia prattii var. *souliei* (H. Lév.) Kudô, Mém. Fac. Agric. Taihoku Imp. Univ. 2: 164 (1929); *Salvia souliei* H. Lév., Repert. Spec. Nov. Regni Veg. 9 (222-226): 219 (1911).

青海、四川。

红根草（红地胆，红根子，小丹参）

●**Salvia prionitis** Hance, J. Bot. 8 (88): 74 (1870).

Salvia japonica Thunb. var. *prionitis* (Hance) Kudô, Mém. Fac. Agric. Taihoku Imp. Univ. 2: 173 (1929).

安徽、浙江、江西、湖南、广东、广西。

甘西鼠尾草

●**Salvia przewalskii** Maxim., Bull. Acad. Imp. Sci. Saint-Pétersbourg 27 (4): 526 (1881).

甘肃、湖北、四川、云南、西藏。

甘西鼠尾草（原变种）（紫丹参，红秦艽）

●**Salvia przewalskii** var. **przewalskii**

Salvia tatsiensis Franch., Bull. Soc. Philom. Paris, sér. 8. 3: 149 (1915).

甘肃、四川、云南、西藏。

白花甘西鼠尾草（变种）

●**Salvia przewalskii** var. **alba** X. L. Huang et H. W. Li, Acta Phytotax. Sin. 19 (2): 245 (1981).

Salvia przewalskii f. *albiflora* Y. H. Wu, J. Wuhan Bot. Res. 23 (3): 235 (2005).

四川、云南。

少毛甘西鼠尾草（变种）

●**Salvia przewalskii** var. **glabrescens** E. Peter, Acta Horti Gothob. 9 (6): 115 (1934).

四川、云南、西藏。

褐毛甘西鼠尾草（变种）

●**Salvia przewalskii** var. **mandarinorum** (Diels) E. Peter, Acta Horti Gothob. 9 (6): 115 (1934).

Salvia mandarinorum Diels, Bot. Jahrb. Syst. 29 (3-4): 557 (1900); *Salvia thibetica* H. Lév., Repert. Spec. Nov. Regni Veg. 9 (208-210): 219 (1911); *Salvia feddei* H. Lév., Repert. Spec. Nov. Regni Veg. 12 (341-345): 532 (1913); *Salvia labellifera* H. Lév., Repert. Spec. Nov. Regni Veg. 12 (341-345): 532 (1913).

甘肃、湖北、四川、云南。

红褐甘西鼠尾草（变种）

●**Salvia przewalskii** var. **rubrobrunnea** C. Y. Wu, Fl. Yunnan. 1: 662 (1977).

云南。

祁门鼠尾草

●**Salvia qimenensis** S. W. Su et J. Q. He, Acta Bot. Yunnan. 6 (1): 55, pl. 1 (1984).

安徽。

粘毛鼠尾草

Salvia roborowskii Maxim., Bull. Acad. Imp. Sci. Saint-Pétersbourg 27 (4): 527 (1881).

甘肃、青海、四川、云南、西藏；不丹、尼泊尔。

地埂鼠尾草

Salvia scapiformis Hance, J. Bot. 23 (276): 368 (1885).

浙江、江西、湖南、贵州、福建、台湾、广东、广西；菲律宾。

地埂鼠尾草（原变种）（田芹茶，山字止）

Salvia scapiformis var. **scapiformis**

福建、台湾、广东；菲律宾。

钟萼地埂鼠尾草（变种）

●**Salvia scapiformis** var. **carphocalyx** E. Peter, Acta Horti Gothob. 10 (2): 63 (1935).

江西、湖南、广东。

硬毛地埂鼠尾草（变种）（白补药）

●**Salvia scapiformis** var. **hirsuta** E. Peter, Acta Horti Gothob. 10 (2): 63 (1935).

浙江、贵州、福建、广东、广西。

裂萼鼠尾草
Salvia schizocalyx E. Peter, Acta Horti Gothob. 9 (6): 123 (1934).
云南；缅甸。

裂瓣鼠尾草
●**Salvia schizochila** E. Peter, Acta Horti Gothob. 9 (6): 126 (1934).
云南。

锡金鼠尾草
Salvia sikkimensis E. Peter, Repert. Spec. Nov. Regni Veg. 39 (1015-1025): 177 (1936).
西藏；印度、不丹。

锡金鼠尾草（原变种）
Salvia sikkimensis var. **sikkimensis**
西藏；印度、不丹。

张萼锡金鼠尾草（变种）
Salvia sikkimensis var. **chaenocalyx** E. Peter, Repert. Spec. Nov. Regni Veg. 9: 129 (1936).
西藏；印度、不丹。

橙香鼠尾草
●**Salvia smithii** E. Peter, Acta Horti Gothob. 9 (6): 131, pl. 2 (1934).
四川。

苣叶鼠尾草
●**Salvia sonchifolia** C. Y. Wu, Fl. Yunnan. 1: 679, pl. 167, f. 1-4 (1977).
云南、广西。

一串红（象牙红，西洋红，墙下红）
☆**Salvia splendens** Sellow ex Wied-Neuw., Reise Bras. 1: 46 (1820).
中国广为栽培；原产于巴西。

近掌麦鼠尾草
●**Salvia subpalmatinervis** E. Peter, Acta Horti Gothob. 9 (6): 135 (1934).
云南。

佛光草（小灯台草，小铜台草，湖广草）
●**Salvia substolonifera** E. Peter, Acta Horti Gothob. 9 (6): 138 (1934).
浙江、江西、湖南、湖北、四川、重庆、贵州、云南、福建。

椴叶鼠尾草（新拟）
△**Salvia tiliifolia** Vahl, Symb. Bot. 3: 7 (1794).
归化于四川、云南；原产于中南美洲。

黄鼠狼花（三角鼠尾草，川西鼠尾草）
●**Salvia tricuspis** Franch., Bull. Soc. Philom. Paris 3: 150 (1891).
Salvia marretii H. Lév., Repert. Spec. Nov. Regni Veg. 9 (208-210): 219 (1911).
山西、陕西、甘肃、四川。

三叶鼠尾草（紫丹参，小红丹参，紫丹参）
●**Salvia trijuga** Diels, Notes Roy. Bot. Gard. Edinb. 5 (25): 237 (1912).
四川、云南、西藏。

荫生鼠尾草（山苏子，山椒子）
●**Salvia umbratica** Hance, J. Bot. 8 (88): 75 (1870).
河北、北京、山西、河南、陕西、甘肃、安徽、湖北。

野丹参
●**Salvia vasta** H. W. Li, Bull. Bot. Res., Harbin 3 (3): 67, f. 1 (1983).
湖北。

野丹参（原变种）
●**Salvia vasta** var. **vasta**
Salvia vasta f. *purpurea* H. W. Li, Bull. Bot. Res., Harbin 3 (3): 70 (1983).
湖北。

齿唇丹参（变种）
●**Salvia vasta** var. **fimbriata** H. W. Li, Bull. Bot. Res. 3 (3): 70 (1983).
湖北。

马鞭鼠尾草（新拟）
☆**Salvia verbenaca** L., Sp. Pl. 1: 25 (1753).
Salvia oblongata Vahl, Enum. Pl. 1: 256 (1804); *Salvia spielmanniana* M. Bieb., Fl. Taur.-Caucas. 1: 21 (1808); *Salvia neglecta* Ten., Index Sem. (Napoli) 18 (1829); *Salvia marquandii* Druce, J. Bot. 44: 405 (1906); *Salvia weihaiensis* C. Y. Wu et H. W. Li, Fl. Reipubl. Popularis Sin. 66: 585 (1977).
曾可能栽培于中国，在山东威海海滨曾采集到一份标本（该标本为威海鼠尾草 *Salvia weihaiensis* C. Y. Wu et H. W. Li 的模式标本），但该种未在中国建立起自然居群，目前野外是否有分布存疑；原产于欧洲。

西藏鼠尾草
●**Salvia wardii** E. Peter, Repert. Spec. Nov. Regni Veg. 39 (1015-1025): 176 (1936).
西藏。

云南鼠尾草（紫丹参，小丹参，紫参）
●**Salvia yunnanensis** C. H. Wright, Bull. Misc. Inform. Kew 1896 (117-118): 164 (1896).

Salvia bodinieri Vaniot, Bull. Acad. Int. Géogr. Bot. 14 (183): 191 (1904); *Salvia esquirolii* H. Lév., Repert. Spec. Nov. Regni Veg. 8 (182-184): 421 (1910).

四川、贵州、云南。

四棱草属 Schnabelia Hand.-Mazz.

金腺四棱草（新拟）（金腺莸，八瓜金）

●**Schnabelia aureoglandulosa** (Vaniot) P. D. Cantino, Syst. Bot. 23 (3): 381 (1999).

Ocimum aureoglandulosum Vaniot, Bull. Acad. Int. Géogr. Bot. 14: 171 (1904); *Caryopteris aureoglandulosa* (Vaniot) C. Y. Wu, Fl. Yunnan. 1: 484 (1977).

湖北、四川、贵州、云南。

单花四棱草（新拟）（莸，单花莸）

●**Schnabelia nepetifolia** (Benth.) P. D. Cantino, Syst. Bot. 23 (3): 381 (1999).

Teucrium nepetifolium Benth., in A. DC., Prodr. 12: 580 (1848); *Caryopteris nepetifolia* (Benth.) Maxim., Bull. Acad. Imp. Sci. Saint-Pétersbourg 23: 390 (1877).

安徽、江苏、浙江、福建。

四棱草

●**Schnabelia oligophylla** Hand.-Mazz., Anz. Akad. Wiss. Wien, Math.-Naturwiss. Kl. 58: 93 (1921).

江西、湖南、四川、云南、福建、广东、广西、海南。

四棱草（原变种）（四方草，假马鞭草，四棱筋骨草）

●**Schnabelia oligophylla** var. **oligophylla**

江西、湖南、四川、福建、广东、广西、海南。

长叶四棱草（变种）（牛奶藤，四轮筋骨草，万年青）

●**Schnabelia oligophylla** var. **oblongifolia** C. Y. Wu et C. Chen, Acta Phytotax. Sin. 9 (1): 11 (1964).

四川、云南。

三花四棱草（新拟）（三花莸，野荆芥、蜂子草、六月寒）

●**Schnabelia terniflora** (Maxim.) P. D. Cantino, Syst. Bot. 23 (3): 382 (1999).

Caryopteris terniflora Maxim., Bull. Soc. Imp. Naturalistes Moscou 54 (1): 40 (1879).

河北、山西、河南、陕西、甘肃、江西、湖北、四川、贵州、云南。

四齿四棱草（四齿筋骨草）

●**Schnabelia tetrodonta** (Y. Z. Sun) C. Y. Wu et C. Chen, Acta Phytotax. Sin. 9 (1): 7, pl. 1, f. 8-12 (1964).

Chienodoxa tetrodonta Y. Z. Sun, Acta Phytotax. Sin. 1 (1): 22, pl. 6 (1951).

四川、贵州。

黄芩属 Scutellaria L.

腺毛黄芩

●**Scutellaria adenotricha** X. H. Guo et S. B. Zhou, Bull. Bot. Res., Harbin 21 (4): 504, f. 1 (2001).

福建。

阿尔泰黄芩

●**Scutellaria altaica** Fisch. ex Sweet, Brit. Fl. Gard. 45 (1823).

Scutellaria altaicola C. Y. Wu et H. W. Li, Fl. Reipubl. Popularis Sin. 65 (2): 586 (1977).

新疆。

滇黄芩

●**Scutellaria amoena** C. H. Wright, Bull. Misc. Inform. Kew 1896 (117-118): 164 (1896).

四川、贵州、云南。

滇黄芩（原变种）

●**Scutellaria amoena** var. **amoena**

Scutellaria purpureo-coerulea Pax et K. Hoffm., Repert. Spec. Nov. Regni Veg. Beih. 12: 476 (1922).

四川、贵州、云南。

灰毛滇黄芩（变种）

●**Scutellaria amoena** var. **cinerea** Hand.-Mazz., Symb. Sin. 7 (4): 915 (1936).

四川、云南。

安徽黄芩

●**Scutellaria anhweiensis** C. Y. Wu, Fl. Reipubl. Popularis Sin. 65 (2): 579 (1977).

Scutellaria huangshanensis X. W. Wang et Z. W. Xue, Guihaia 4 (3): 201 (1984); *Scutellaria anhweiensis* var. *fanchangnica* X. L. Liu, W. C. Ye et W. Zhu, Bull. Bot. Res., Harbin 12 (2): 161 (1992).

安徽。

南台湾黄芩

●**Scutellaria austrotaiwanensis** C. X. Xie et T. C. Huang, Taiwania 42 (2): 111, f. 12 (1997).

台湾。

腋花黄芩

●**Scutellaria axilliflora** Hand.-Mazz., Acta Horti Gothob. 13 (10): 337 (1939).

浙江、福建。

腋花黄芩（原变种）

●**Scutellaria axilliflora** var. **axilliflora**

福建。

大花腋花黄芩（变种）

●**Scutellaria axilliflora** var. **medullifera** (Y. Z. Sun) C. Y. Wu et H. W. Li, Fl. Reipubl. Popularis Sin. 65 (2): 205 (1977).

Scutellaria medullifera Y. Z. Sun ex C. H. Hu, Acta Phytotax. Sin. 11 (1): 40 (1966).
浙江。

黄芩（香水水草）
Scutellaria baicalensis Georgi, Bemerk. Reise Russ. Reich 1772. 1: 223 (1775).
Scutellaria macrantha Fisch., Iconogr. Bot. Pl. Crit. 5: 52, pl. 488, f. 681 (1827); *Scutellaria lanceolaria* Miq., Ann. Mus. Bot. Lugduno-Batavi 2: 110 (1865).
黑龙江、辽宁、内蒙古、河北、山西、山东、河南、陕西、甘肃、江苏、湖北；朝鲜、蒙古、日本、俄罗斯。

竹林黄芩
●**Scutellaria bambusetorum** C. Y. Wu, Fl. Yunnan. 1: 563, pl. 137, f. 1-3 (1977).
云南。

半枝莲（赶山鞭，瘦黄芩，牙刷草）
Scutellaria barbata D. Don, Prodr. Fl. Nepal. 109 (1825).
Scutellaria rivularis Wall. ex Benth., Numer. List n. 214 (1829); *Scutellaria minor* L. var. *indica* Benth., In A. DC. Prodr. 12: 427 (1848); *Scutellaria adenophylla* Miq., J. Bot. Neerl. 1: 117 (1861); *Scutellaria cavaleriei* H. Lév. et Vaniot, Repert. Spec. Nov. Regni Veg. 8 (182-184): 402 (1910); *Scutellaria komarovii* H. Lév. et Vaniot, Repert. Spec. Nov. Regni Veg. 8 (182-184): 402 (1910).
河北、山东、河南、陕西、江苏、浙江、江西、湖南、湖北、四川、贵州、云南、福建、台湾、广东、广西；朝鲜、日本、越南、老挝、缅甸、泰国、印度、尼泊尔。

囊距黄芩
●**Scutellaria calcarata** C. Y. Wu et H. W. Li, Fl. Yunnan. 1: 550, pl. 133, f. 1-6 (1977).
云南。

莸状黄芩
●**Scutellaria caryopteroides** Hand.-Mazz., Oesterr. Bot. Z. 85: 219 (1936).
河南、陕西、湖北。

尾叶黄芩
●**Scutellaria caudifolia** Y. Z. Sun, Acta Phytotax. Sin. 11 (1): 42 (1966).
四川、贵州。

尾叶黄芩（原变种）（土黄芁）
●**Scutellaria caudifolia** var. **caudifolia**
四川、贵州。

斜叶尾叶黄芩（变种）（野鸡黄）
●**Scutellaria caudifolia** var. **obliquifolia** C. Y. Wu et S. Chow, Fl. Reipubl. Popularis Sin. 65 (2): 585, pl. 46, f. 6-9 (1977).
四川。

浙江黄芩（散血丹）
●**Scutellaria chekiangensis** C. Y. Wu, Fl. Reipubl. Popularis Sin. 65 (2): 579 (1977).
浙江、四川。

赤水黄芩
●**Scutellaria chihshuiensis** C. Y. Wu et H. W. Li, Fl. Reipubl. Popularis Sin. 65 (2): 579, pl. 32 (1977).
贵州。

祁门黄芩
●**Scutellaria chimenensis** C. Y. Wu, Fl. Reipubl. Popularis Sin. 65 (2): 583 (1977).
安徽。

中甸黄芩
●**Scutellaria chungtienensis** C. Y. Wu, Fl. Yunnan. 1: 557 (1977).
云南。

方枝黄芩
●**Scutellaria delavayi** H. Lév., Repert. Spec. Nov. Regni Veg. 9 (208-210): 221 (1911).
Scutellaria sessilifolia Hemsl. var. *delavayi* (H. Lév.) Doan in Lectome, Fl. Gen. Indo-Chine 4: 1000 (1936).
湖南、四川、云南。

纤弱黄芩
Scutellaria dependens Maxim., Prim. Fl. Amur. 219 (1859).
Scutellaria oldhamii Miq., Ann. Mus. Bot. Lugduno-Batavi 3: 197 (1867); *Scutellaria nipponica* Franch. et Sav., Enum. Pl. Jap. 1 (2): 337 (1875).
黑龙江、吉林、内蒙古、山东；朝鲜、日本、不丹、俄罗斯。

异色黄芩
Scutellaria discolor Wall. ex Benth., in Wallich, Pl. Asiat. Rar. 1: 66 (1830).
四川、贵州、云南、广西；越南、老挝、柬埔寨、缅甸、泰国、马来西亚、印度尼西亚、印度、尼泊尔。

异色黄芩（原变种）（挖耳草，一支箭，紫背草）
Scutellaria discolor var. **discolor**
Scutellaria salvia H. Lév., Bull. Acad. Int. Géogr. Bot. 24 (295-297): 252 (1914).
贵州、云南、广西；越南、老挝、柬埔寨、缅甸、泰国、印度尼西亚、马来西亚、印度、尼泊尔。

地盆草（变种）（结筋草）
● Scutellaria discolor var. hirta Hand.-Mazz., Acta Horti Gothob. 13 (10): 341 (1939).

四川、云南。

蓝花黄芩
● Scutellaria formosana N. E. Br., Gard. Chron. 16: 212 (1894).

江西、云南、福建、广东、广西、海南。

蓝花黄芩（原变种）
● Scutellaria formosana var. formosana

江西、云南、福建、广东、海南。

多毛蓝花黄芩（变种）
● Scutellaria formosana var. pubescens C. Y. Wu et H. W. Li, Fl. Hainan. 4: 532 (1977).

广西、海南。

灰岩黄芩
● Scutellaria forrestii Diels, Notes Roy. Bot. Gard. Edinb. 5 (25): 239 (1912).

Scutellaria forrestii var. muliensis C. Y. Wu, Fl. Reipubl. Popularis Sin. 65 (2): 582 (1977); Scutellaria forrestii var. intermedia C. Y. Wu et H. W. Li, Fl. Yunnan. 1: 559, pl. 135, f. 10 (1977).

四川、云南。

岩霍黄芩（犁头草，摇铃草，岩米菜）
● Scutellaria franchetiana H. Lév., Repert. Spec. Nov. Regni Veg. 9 (208-210): 221 (1911).

Scutellaria angulosa Benth. var. franchetiana (H. Lév.) Kudô, Mém. Fac. Agric. Taihoku Imp. Univ. 2: 171 (1929).

陕西、湖北、四川、贵州。

盔状黄芩
Scutellaria galericulata L., Sp. Pl. 2: 599 (1753).

内蒙古、陕西、新疆；蒙古、日本、土库曼斯坦、乌兹别克斯坦、吉尔吉斯斯坦、塔吉克斯坦、哈萨克斯坦、俄罗斯、亚洲西南部、欧洲、北美洲。

粗齿黄芩
● Scutellaria grossecrenata Merr. et Chun ex H. W. Li, Fl. Reipubl. Popularis Sin. 65 (2): 579 (1977).

广东。

连钱黄芩
Scutellaria guilielmii A. Gray, A. A. A. S. Bull. 21: 25 (1873).

Scutellaria lantienensis Hand.-Mazz., Symb. Sin. 7 (4): 913, pl. 13, f. 13, 14 (1936).

陕西、浙江、湖南；日本。

海南黄芩
● Scutellaria hainanensis C. Y. Wu, Fl. Hainan. 4: 532 (1977).

海南。

河南黄芩
● Scutellaria honanensis C. Y. Wu et H. W. Li, Fl. Reipubl. Popularis Sin. 65 (2): 584 (1977).

河南、湖北。

湖南黄芩（小叶十大川）
● Scutellaria hunanensis C. Y. Wu, Fl. Reipubl. Popularis Sin. 65 (2): 583 (1977).

湖南。

连翘叶黄芩
● Scutellaria hypericifolia H. Lév., Repert. Spec. Nov. Regni Veg. 9 (208-210): 221 (1911).

四川。

连翘叶黄芩（原变种）（黄芩，魁芩，条芩）
● Scutellaria hypericifolia var. hypericifolia

Scutellaria pachyrrhiza Pax et K. Hoffm., Repert. Spec. Nov. Regni Veg. Beih. 12: 476 (1922).

四川。

多毛连翘叶黄芩（变种）
● Scutellaria hypericifolia var. pilosa C. Y. Wu, Fl. Reipubl. Popularis Sin. 65 (2): 582 (1977).

四川。

裂叶黄芩
● Scutellaria incisa Y. Z. Sun, Acta Phytotax. Sin. 11 (1): 39 (1966).

浙江、江西。

韩信草
Scutellaria indica L., Sp. Pl. 2: 600 (1753).

河南、陕西、安徽、江苏、浙江、江西、湖南、湖北、四川、贵州、云南、福建、台湾、广东、广西；日本、越南、老挝、柬埔寨、缅甸、泰国、马来西亚、印度尼西亚、印度。

韩信草（原变种）
Scutellaria indica var. indica

Scutellaria leucodasys Miq., J. Bot. Neerl. 1: 116 (1861); Scutellaria tashiroi Hayata, Icon. Pl. Formosan. 8: 85 (1919); Scutellaria indica f. ramosa C. Y. Wu, Fl. Reipubl. Popularis Sin. 65 (2): 176, 580 (1977).

河南、陕西、安徽、江苏、浙江、江西、湖南、湖北、四川、贵州、云南、福建、台湾、广东、广西；日本、越南、老挝、柬埔寨、缅甸、泰国、马来西亚、印度尼西亚、印度。

长毛韩信草（变种）
● Scutellaria indica var. elliptica Y. Z. Sun ex C. H. Hu, Acta Phytotax. Sin. 11 (1): 40 (1966).

安徽、浙江、江西、湖南、湖北、四川、贵州、福建、广东、广西。

小叶韩信草（变种）
Scutellaria indica var. **parvifolia** Makino, Sintei Somoku Dzusetsu ed. 3. 3: 846 (1912).
Scutellaria parvifolia Koidz., Bot. Mag. (Tokyo) 38 (449): 92 (1924); *Scutellaria indica* var. *typica* Kudô, Mém. Fac. Agric. Taihoku Imp. Univ. 2: 255 (1929); *Scutellaria microflora* F. P. Metcalf, Lingnan Sci. J. 13 (1): 136, pl. 10 (1934); *Scutellaria parvifolia* Koidz. var. *vulgaris* H. Hara, J. Jap. Bot. 14 (1): 52 (1938).
安徽、湖南、云南、台湾、广东、广西；日本。

缩茎韩信草（变种）
Scutellaria indica var. **subacaulis** (Y. Z. Sun) C. Y. Wu et C. Chen, Fl. Yunnan. 1: 553 (1977).
Scutellaria indica f. *subacaulis* Y. Z. Sun, Acta Phytotax. Sin. 11 (1): 40 (1966); *Scutellaria tashiroi* Hayata, Icon. Pl. Formosan. 8: 85 (1919); *Scutellaria indica* f. *ramosa* C. Y. Wu et C. Chen, Fl. Reipubl. Popularis Sin. 65 (2): 580 (1977).
河南、江苏、浙江、江西、湖南、云南、福建、广东；日本。

永泰黄芩
●**Scutellaria inghokensis** F. P. Metcalf, Lingnan Sci. J. 12 (4): 593, pl. 47 (1933).
福建。

爪哇黄芩
Scutellaria javanica Jungh., Java 1: 621 (1853).
海南；印度尼西亚、菲律宾。

藏黄芩
●**Scutellaria kingiana** Prain, J. Asiat. Soc. Bengal, Pt. 2, Nat. Hist. 59: 308 (1890).
Scutellaria tibetica C. Y. Wu et H. W. Li, Fl. Reipubl. Popularis Sin. 65 (2): 587 (1977).
西藏。

光紫黄芩
Scutellaria laeteviolacea Koidz., in Mayebara, Fl. Austro-Higo. 50 (1931).
Scutellaria indica L. f. *humilis* Makino, Bot. Mag. (Tokyo) 10 (115): 314 (1896); *Scutellaria ussuriensis* (Regel) Kudô f. *humilis*, Mém. Fac. Agric. Taihoku Imp. Univ. 2: 257 (1929); *Scutellaria simplex* Migo, Bot. Mag. (Tokyo) 51 (605): 230 (1937).
安徽、江苏；日本。

散黄芩
●**Scutellaria laxa** Dunn, Notes Roy. Bot. Gard. Edinb. 8 (37): 166 (1913).
云南。

丽江黄芩（小黄芩，小黄芪）
●**Scutellaria likiangensis** Diels, Notes Roy. Bot. Gard. Edinb. 5 (25): 239 (1912).
云南。

长叶并头草
●**Scutellaria linarioides** C. Y. Wu, Fl. Yunnan. 1: 564, pl. 137, f. 4 (1977).
四川、云南。

罗甸黄芩
●**Scutellaria lotienensis** C. Y. Wu et S. Chow, Fl. Reipubl. Popularis Sin. 65 (2): 583, pl. 33, f. 1-3 (1977).
贵州。

淡黄黄芩
●**Scutellaria lutescens** C. Y. Wu, Fl. Yunnan. 1: 550, pl. 133, f. 11-12 (1977).
云南。

乐东黄芩（乐东吕宋黄芩）
●**Scutellaria luzonica** var. **lotungensis** C. Y. Wu et C. Chen, Fl. Hainan. 4: 532 (1977).
海南。

大齿黄芩
●**Scutellaria macrodonta** Hand.-Mazz., Oesterr. Bot. Z. 85: 218 (1936).
河北、河南。

长管黄芩
●**Scutellaria macrosiphon** C. Y. Wu, Fl. Yunnan. 1: 547, pl. 131, f. 10-12 (1977).
云南。

毛茎黄芩
Scutellaria mairei H. Lév., Repert. Spec. Nov. Regni Veg. 11 (286-290): 298 (1912).
Scutellaria hebeclada W. W. Sm., Notes Roy. Bot. Gard. Edinb. 10 (46): 65 (1917).
云南。

龙头黄芩
●**Scutellaria meehanioides** C. Y. Wu, Fl. Reipubl. Popularis Sin. 65 (2): 579 (1977).
陕西、甘肃、湖北。

龙头黄芩（原变种）
●**Scutellaria meehanioides** var. **meehanioides**
陕西、湖北。

少齿龙头黄芩（变种）
●**Scutellaria meehanioides** var. **paucidentata** C. Y. Wu et H. W. Li, Fl. Reipubl. Popularis Sin. 65 (2): 580 (1977).

甘肃。

大叶黄芩
- Scutellaria megaphylla C. Y. Wu et H. W. Li, Fl. Reipubl. Popularis Sin. 65 (2): 580 (1977).
山东。

小紫黄芩
- Scutellaria microviolacea C. Y. Wu, Fl. Yunnan. 1: 548, pl. 132, f. 1-3 (1977).
云南。

毛叶黄芩
- Scutellaria mollifolia C. Y. Wu et H. W. Li, Fl. Reipubl. Popularis Sin. 65 (2): 578 (1977).
四川。

念珠根茎黄芩
Scutellaria moniliorrhiza Kom., Trudy Imp. S.-Peterburgsk. Bot. Sada 25 (2): 346 (1907).
吉林；朝鲜、俄罗斯。

变黑黄芩
- Scutellaria nigricans C. Y. Wu, Fl. Reipubl. Popularis Sin. 65 (2): 578 (1977).
四川。

黑心黄芩
- Scutellaria nigrocardia C. Y. Wu et H. W. Li, Fl. Reipubl. Popularis Sin. 65 (2): 578 (1977).
广东。

钝叶黄芩
- Scutellaria obtusifolia Hemsl., J. Linn. Soc., Bot. 26 (175): 296 (1890).
湖北、四川、贵州、广西。

钝叶黄芩（原变种）
- Scutellaria obtusifolia var. obtusifolia
湖北、四川、贵州。

三脉钝叶黄芩（变种）
- Scutellaria obtusifolia var. trinervata (Vaniot) C. Y. Wu et H. W. Li, Fl. Reipubl. Popularis Sin. 65 (2): 147 (1977).
Scutellaria trinervata Vaniot, Bull. Acad. Int. Géogr. Bot. 14 (183): 189 (1904); Scutellaria vaniotiana H. Lév. ex Dunn, Notes Roy. Bot. Gard. Edinb. 6 (28): 174 (1915).
贵州、广西。

少齿黄芩
Scutellaria oligodonta Juz., Bot. Mater. Gerb. Bot. Inst. Komarova Akad. Nauk S. S. S. R. 14: 370 (1951).
新疆；吉尔吉斯斯坦。

少脉黄芩
- Scutellaria oligophlebia Merr. et Chun ex H. W. Li, Fl. Reipubl. Popularis Sin. 65 (2): 577 (1977).
广东。

峨眉黄芩
- Scutellaria omeiensis C. Y. Wu, Fl. Reipubl. Popularis Sin. 65 (2): 215 (1977).
湖北、四川、贵州。

峨眉黄芩（原变种）
- Scutellaria omeiensis var. omeiensis
四川。

锯叶峨眉黄芩（变种）
- Scutellaria omeiensis var. serratifolia C. Y. Wu et S. Chow, Fl. Reipubl. Popularis Sin. 65 (2): 584 (1977).
湖北、四川、贵州。

直萼黄芩（紫花地丁，屏风草，小黄芩）
- Scutellaria orthocalyx Hand.-Mazz., Acta Horti Gothob. 9 (5): 75 (1934).
四川、云南。

展毛黄芩
- Scutellaria orthotricha C. Y. Wu et H. W. Li, Fl. Reipubl. Popularis Sin. 65 (2): 587 (1977).
新疆。

京黄芩
Scutellaria pekinensis Maxim., Prim. Fl. Amur. 476 (1859).
黑龙江、吉林、内蒙古、河北、山东、河南、陕西、安徽、江苏、浙江、江西、湖北、四川、福建；朝鲜、日本、俄罗斯。

京黄芩（原变种）（筋骨草，丹参）
- Scutellaria pekinensis var. pekinensis
Scutellaria indica L. var. pekinensis Franch., Pl. David. 240 (1844); Scutellaria planipes Nakai et Kitag., Rep. First Sci. Exped. Manchoukuo sect IV 1: 50 (1934).
吉林、河北、山东、河南、陕西、浙江。

大花京黄芩（变种）
- Scutellaria pekinensis var. grandiflora C. Y. Wu et H. W. Li, Fl. Reipubl. Popularis Sin. 65 (2): 580 (1977).
四川。

紫茎京黄芩（变种）
- Scutellaria pekinensis var. purpureicaulis (Migo) C. Y. Wu et H. W. Li, Fl. Reipubl. Popularis Sin. 65 (2): 183 (1977).
Scutellaria japonica L. var. purpureicaulis Migo, J. Shanghai Sci. Inst. 3: 97 (1935).
山东、安徽、江苏、浙江、湖北、福建。

短促京黄芩（变种）
Scutellaria pekinensis var. **transitra** (Makino) H. Hara ex H. W. Li, Fl. Reipubl. Popularis Sin. 65 (2): 182 (1977).
Scutellaria transitra Makino, Bot. Mag. (Tokyo) 18 (208): 70 (1904); *Scutellaria ussuriensis* (Regel) Kudô var. *transitra* (Makino) Nakai, Bot. Mag. (Tokyo) 35: 199 (1921).
安徽、江苏、浙江、江西、湖南、福建；朝鲜、日本。

黑龙江京黄芩（变种）（黄底芩，小黄芩，胡草芩）
Scutellaria pekinensis var. **ussuriensis** (Regel) Hand.-Mazz., Acta Horti Gothob. 13 (10): 339 (1939).
Scutellaria japonica L. var. *ussuriensis* Regel, Mém. Acad. Imp. Sci. St.-Pétersbourg, Sér. 7. 4: 118 (1861); *Scutellaria ussuriensis* (Regel) Kudô, Rep. Veg. Tomakomai Forest. 53 (1916); *Scutellaria transitra* Makino var. *ussuriensis* (Regel) H. Hara, Bot. Mag. (Tokyo) 51 (604): 142 (1937); *Scutellaria dentata* H. Lév., Repert. Spec. Nov. Regni Veg. 9 (211-213): 246 (1911).
黑龙江、吉林、内蒙古；朝鲜、日本、俄罗斯。

屏边黄芩
●**Scutellaria pingbienensis** C. Y. Wu et H. W. Li, Fl. Yunnan. 1: 548, pl. 132, f. 11-13 (1977).
云南。

伏黄芩
●**Scutellaria playfairii** Kudô, Mém. Fac. Sci. Agr. Taihoku Univ. 2: 254 (1929).
台湾。

伏黄芩（原变种）
●**Scutellaria playfairii** var. **playfairii**
Scutellaria javanica L. var. *playfairi* (Kudô) Huang et Cheng, Encycl. Nat. Sci. 8: 836 (1972); *Scutellaria procumbens* Ohwi var. *tomentosa* Ohwi, Acta Phytotax. Geobot. 4 (1): 33 (1935); *Scutellaria tashiroi* Hayata var. *tomentosa* (Ohwi) T. Yamaz., J. Jap. Bot. 44 (6): 175 (1969).
台湾。

少毛伏黄芩（变种）
●**Scutellaria playfairii** var. **procumbens** (Ohwi) C. Y. Wu et H. W. Li, Fl. Reipubl. Popularis Sin. 65 (2): 146 (1977).
Scutellaria procumbens Ohwi, Repert. Spec. Nov. Regni Veg. 36 (936-941): 52 (1934).
台湾。

平卧黄芩
Scutellaria prostrata Jacquem. ex Benth., Labiat. Gen. Spec. 7: 733 (1835).
新疆；印度。

深裂黄芩
Scutellaria przewalskii Juz., Bot. Mater. Gerb. Bot. Inst. Komarova Akad. Nauk S. S. S. R. 14: 400 (1951).
甘肃、新疆；吉尔吉斯斯坦。

假韧黄芩
●**Scutellaria pseudotenax** C. Y. Wu, Fl. Yunnan. 1: 553, pl. 133, f. 9-10 (1977).
Scutellaria pseudotenax f. *brevipetala* C. Y. Wu et C. Chen, Fl. Yunnan. 1: 554 (1976).
云南。

紫心黄芩（雷打不烂，连线草，红连线草）
●**Scutellaria purpureocardia** C. Y. Wu, Fl. Yunnan. 1: 548, pl. 132, f. 4-10 (1977).
云南。

四裂花黄芩
●**Scutellaria quadrilobulata** Y. Z. Sun, Acta Phytotax. Sin. 11 (1): 41, pl. 6, f. 4-6 (1966).
湖北、四川、云南。

四裂花黄芩（原变种）（土香花，土薄荷）
●**Scutellaria quadrilobulata** var. **quadrilobulata**
湖北、四川、云南。

四裂花黄芩（变种）
●**Scutellaria quadrilobulata** var. **pilosa** C. Y. Wu et S. Chow, Fl. Reipubl. Popularis Sin. 65 (2): 583 (1977).
贵州、云南。

狭叶黄芩
Scutellaria regeliana Nakai, Bot. Mag. (Tokyo) 35 (419): 197 (1921).
黑龙江、吉林、内蒙古、河北；蒙古、朝鲜、俄罗斯。

狭叶黄芩（原变种）
Scutellaria regeliana var. **regeliana**
Scutellaria galericulata L. var. *angustifolia* Regel, Mém. Acad. Imp. Sci. St.-Pétersbourg, Sér. 7. 4: 118, n. 388 (1861).
黑龙江、吉林、内蒙古、河北；蒙古、朝鲜、俄罗斯。

塔头狭叶黄芩（变种）（香水水草）
Scutellaria regeliana var. **ikonnikovii** (Juz.) C. Y. Wu et H. W. Li, Fl. Reipubl. Popularis Sin. 65 (2): 226 (1977).
Scutellaria ikonnikovii Juz., Bot. Mater. Gerb. Bot. Inst. Komarova Akad. Nauk S. S. S. R. 14: 358 (1951).
黑龙江、吉林、内蒙古；蒙古、俄罗斯。

甘肃黄芩
●**Scutellaria rehderiana** Diels, Notizbl. Bot. Gart. Berlin-Dahlem 10 (99): 889 (1930).
Scutellaria kansuensis Hand.-Mazz., Acta Horti Gothob. 9 (5): 76 (1934).
山西、陕西、甘肃。

显脉黄芩
●**Scutellaria reticulata** C. Y. Wu et W. T. Wang, Fl. Reipubl.

Popularis Sin. 65 (2): 578 (1977).
广西。

棱茎黄芩
Scutellaria scandens Buch.-Ham. ex D. Don, Prodr. Fl. Nepal. 110 (1825).
Scutellaria angulosa Benth., in Wallich, Pl. Asiat. Rar. 1: 67 (1830); *Scutellaria celtidifolia* A. Ham., Ser. Bull. Bot. 5: 27 (1832).
西藏；尼泊尔。

喜荫黄芩
●**Scutellaria sciaphila** S. Moore, J. Bot. 13 (152): 228 (1875).
山东、江苏、江西。

并头黄芩
Scutellaria scordifolia Fisch. ex Schrank, Denkschr. Bayer. Bot. Ges. Regensburg 2: 55 (1822).
黑龙江、辽宁、内蒙古、河北、山西、河南、陕西、甘肃、青海；蒙古、日本、土库曼斯坦、乌兹别克斯坦、塔吉克斯坦、俄罗斯。

并头黄芩（原变种）（头巾草，山麻子）
Scutellaria scordifolia var. **scordifolia**
Scutellaria galericulata L. var. *scordifolia* Regel, Mém. Acad. Imp. Sci. St.-Pétersbourg Sér. 7. 4: 118, n. 388 (1861); *Scutellaria scordifolia* f. *glabrescens* Franch., Nouv. Arch. Mus. Hist. Nat. sér. 2. 6: 120 (1883); *Scutellaria scordifolia* f. *ammophila* Kitag., Lin. Fl. Manshur. 386 (1939).
黑龙江、内蒙古、河北、山西、青海；蒙古、日本、俄罗斯。

喜沙并头黄芩（变种）
●**Scutellaria scordifolia** var. **ammophila** (Kitag.) C. Y. Wu et W. T. Wang, Fl. Reipubl. Popularis Sin. 65 (2): 234 (1977).
Scutellaria scordifolia f. *ammophila* Kitag., Lin. Fl. Manshur. 386 (1939).
黑龙江、辽宁、内蒙古、河北、陕西。

微柔毛并头黄芩（变种）
●**Scutellaria scordifolia** var. **puberula** Regel ex Kom., Trudy Imp. S.-Peterburgsk. Bot. Sada 25 (2): 344 (1907).
黑龙江、内蒙古、河北、山西。

多毛并头黄芩（变种）
●**Scutellaria scordifolia** var. **villosissima** C. Y. Wu et W. T. Wang, Fl. Reipubl. Popularis Sin. 65 (2): 234 (1977).
山西、河南、陕西、甘肃、青海。

雾灵山并头黄芩（变种）
●**Scutellaria scordifolia** var. **wulingshanensis** (Nakai et Kitag.) C. Y. Wu et W. T. Wang, Fl. Reipubl. Popularis Sin. 65 (2): 233 (1977).
Scutellaria wulingshanensis Nakai et Kitag., Rep. First Sci. Exped. Manchoukuo 1: 53 (1934).
河北、山西。

石蜈蚣草
●**Scutellaria sessilifolia** Hemsl., J. Linn. Soc., Bot. 26 (175): 297 (1890).
Scutellaria sessilifolia f. *ramiflora* C. Y. Wu et S. Chow, Fl. Reipubl. Popularis Sin. 65 (2): 585 (1977); *Scutellaria sessilifolia* f. *terminalis* C. Y. Wu et S. Chow, Fl. Reipubl. Popularis Sin. 65 (2): 585 (1977).
四川。

山西黄芩
●**Scutellaria shansiensis** C. Y. Wu et H. W. Li, Fl. Reipubl. Popularis Sin. 65 (2): 586 (1977).
山西。

瑞丽黄芩（挖耳草）
●**Scutellaria shweliensis** W. W. Sm., Notes Roy. Bot. Gard. Edinb. 10 (46): 66 (1917).
云南。

西畴黄芩
●**Scutellaria sichourensis** C. Y. Wu et H. W. Li, Fl. Yunnan. 1: 543, pl. 130, f. 8-11 (1977).
云南。

宽苞黄芩
Scutellaria sieversii Bunge, Fl. Altaic. 2: 394 (1830).
Scutellaria soongorica Juz. var. *grandiflora* C. Y. Wu et H. W. Li, Fl. Reipubl. Popularis Sin. 65 (2): 586 (1977).
新疆；哈萨克斯坦、俄罗斯。

白花黄芩
●**Scutellaria spectabilis** Pax et K. Hoffm. ex Limpr., Repert. Spec. Nov. Regni Veg. Beih. 12: 476 (1922).
四川。

狭管黄芩
●**Scutellaria stenosiphon** Hemsl., J. Linn. Soc., Bot. 26 (175): 297 (1890).
广东。

沙滩黄芩（瓜子兰）
Scutellaria strigillosa Hemsl., J. Linn. Soc., Bot. 26 (175): 297 (1890).
Scutellaria schmidtii Kudô, J. Coll. Sci. Imp. Univ. Tokyo 43 (8): 13 (1921).
辽宁、河北、山东、江苏、浙江；朝鲜、日本、俄罗斯。

两广黄芩（山韩信草）
●**Scutellaria subintegra** C. Y. Wu et H. W. Li, Fl. Reipubl. Popularis Sin. 65 (2): 582 (1977).
广东、广西。

仰卧黄芩
Scutellaria supina L., Sp. Pl. 2: 598 (1753).
Scutellaria irregularis Juz., Bot. Mater. Gerb. Bot. Inst. Bot. Acad. Nauk Kazakhsk. S. S. S. R. 14: 369 (1951); *Scutellaria tschimganica* Juz., Fl. URSS 20: 510 (1954).
新疆；蒙古、哈萨克斯坦、俄罗斯。

台北黄芩
●**Scutellaria taipeiensis** T. C. Huang, A. Hsiao et M. J. Wu, Taiwania 48 (2): 133, f. 1-5 (2003).
台湾。

台湾黄芩
●**Scutellaria taiwanensis** C. Y. Wu, Fl. Reipubl. Popularis Sin. 65 (2): 580, pl. 40, f. 15-21 (1977).
台湾。

大坪子黄芩
●**Scutellaria tapintzensis** C. Y. Wu et H. W. Li, Fl. Yunnan. 1: 556, pl. 135, f. 1-4 (1977).
云南。

太鲁阁黄芩
●**Scutellaria tarokoensis** T. Yamaz., J. Jap. Bot. 67 (6): 316 (1992).
台湾。

海安山黄芩
●**Scutellaria tashiroi** Hayata var. **haianshanensis** T. Yamaz., J. Jap. Bot. 67 (6): 316 (1992).
台湾。

偏花黄芩（土黄芩）
●**Scutellaria tayloriana** Dunn, Notes Roy. Bot. Gard. Edinb. 8 (37): 166 (1913).
Scutellaria tayloriana var. *polytricha* Hand.-Mazz., Symb. Sin. 7 (4): 914 (1936).
湖南、贵州、广东、广西。

韧黄芩
●**Scutellaria tenax** W. W. Sm., Notes Roy. Bot. Gard. Edinb. 12 (59): 222 (1920).
四川、云南。

韧黄芩（原变种）
●**Scutellaria tenax** var. **tenax**
四川、云南。

展毛韧黄芩（变种）
●**Scutellaria tenax** var. **patentipilosa** (Hand.-Mazz.) C. Y. Wu, Fl. Yunnan. 1: 556, pl. 134, f. 7 (1977).
Scutellaria veronicifolia Rydb. var. *patentipilosa* Hand.-Mazz., Acta Horti Gothob. 13 (10): 342 (1939).
四川、云南。

柔弱黄芩
●**Scutellaria tenera** C. Y. Wu et H. W. Li, Fl. Reipubl. Popularis Sin. 65 (2): 581 (1977).
浙江、江西、湖南。

大姚黄芩
●**Scutellaria teniana** Hand.-Mazz., Acta Horti Gothob. 13 (10): 342 (1939).
Scutellaria indica L. var. *ambigua* Hand.-Mazz., Symb. Sin. 7 (4): 914 (1936).
云南。

天全黄芩
●**Scutellaria tienchuanensis** C. Y. Wu et C. Chen, Fl. Reipubl. Popularis Sin. 65 (2): 581 (1977).
四川。

细花黄芩
●**Scutellaria tenuiflora** C. Y. Wu, Fl. Reipubl. Popularis Sin. 65 (2): 584 (1977).
陕西。

缙云黄芩
●**Scutellaria tsinyunensis** C. Y. Wu et S. Chow, Fl. Reipubl. Popularis Sin. 65 (2): 577, pl. 29 (1977).
Scutellaria yunnanensis H. Lév. var. *subsessilifolia* Y. Z. Sun, Acta Phytotax. Sin. 11 (1): 43 (1966).
四川。

假活血草
●**Scutellaria tuberifera** C. Y. Wu et C. Chen, Fl. Yunnan. 1: 566, pl. 137, f. 6 (1977).
安徽、江苏、浙江、云南。

图们黄芩
Scutellaria tuminensis Nakai, Bot. Mag. (Tokyo) 35 (419): 198 (1921).
吉林；俄罗斯。

紫苏叶黄芩
Scutellaria violacea Heyne ex Benth var. **sikkimensis** Hook. f., Fl. Brit. Ind. 4 (12): 668 (1885).
Scutellaria coleifolia H. Lév., Repert. Spec. Nov. Regni Veg. 13 (368-369): 343 (1914).
四川、云南；印度。

粘毛黄芩（下巴子，黄花黄芩，腺毛黄芩）
●**Scutellaria viscidula** Bunge, Enum. Pl. China Bor. 52 (1833).
内蒙古、河北、山西、山东。

巍山黄芩
●**Scutellaria weishanensis** C. Y. Wu et H. W. Li, Fl. Yunnan. 1: 563, pl. 136, f. 8 (1977).
云南。

文山黄芩
- **Scutellaria wenshanensis** C. Y. Wu et H. W. Li, Fl. Yunnan. 1: 563, pl. 136, f. 8 (1977).

云南。

南粤黄芩
- **Scutellaria wongkei** Dunn, Bull. Misc. Inform. Kew 1914 (9): 329 (1914).

广东。

荨麻叶黄芩
- **Scutellaria yangbiensis** H. W. Li, Novon 3 (2): 157 (1993).

Scutellaria urticifolia C. Y. Wu et H. W. Li, Fl. Yunnan. 1: 545, pl. 131, f. 1-7 (1977).

云南。

英德黄芩
- **Scutellaria yingtakensis** Y. Z. Sun, Acta Phytotax. Sin. 11 (1): 42 (1966).

江西、湖南、四川、贵州、福建、广东、广西。

红茎黄芩
- **Scutellaria yunnanensis** H. Lév., Repert. Spec. Nov. Regni Veg. 9 (208-210): 221 (1911).

四川、贵州、云南。

红茎黄芩（原变种）（多子草）
- **Scutellaria yunnanensis** var. **yunnanensis**

四川、云南。

楔叶红茎黄芩（变种）
- **Scutellaria yunnanensis** var. **cuneata** C. Y. Wu et W. T. Wang, Fl. Yunnan. 1: 543, pl. 129, f. 14 (1977).

云南。

柳叶红茎黄芩（变种）（血沟丹，土黄芩，一麻消）
- **Scutellaria yunnanensis** var. **salicifolia** Y. Z. Sun, Acta Phytotax. Sin. 11 (1): 43 (1966).

四川、贵州。

毒马草属 Sideritis L.

紫花毒马草

Sideritis balansae Boiss., Diagn. Pl. Orient. ser. 2. 4: 35 (1859).

新疆；俄罗斯、亚洲西南部。

毒马草

Sideritis montana L., Sp. Pl. 2: 575 (1753).

新疆；土库曼斯坦、俄罗斯、亚洲西南部、欧洲。

筒冠花属 Siphocranion Kudô

筒冠花（草藤乌，大花冠筒花）

Siphocranion macranthum (Hook. f.) C. Y. Wu, Acta Phytotax. Sin. 8 (1): 56 (1959).

Plectranthus macranthus Hook. f., Fl. Brit. Ind. 4 (12): 616 (1885); *Isodon macranthus* (Hook. f.) Kudô, Mém. Fac. Agric. Taihoku Imp. Univ. 2: 138 (1929); *Siphocranion macranthum* var. *microphyllum* C. Y. Wu, Acta Phytotax. Sin. 8 (1): 57 (1959); *Siphocranion macranthum* var. *prainianum* (H. Lév.) C. Y. Wu et H. W. Li, Acta Phytotax. Sin. 10 (3): 239 (1965).

四川、贵州、云南、西藏、广西；越南、缅甸、印度。

光柄筒冠花
- **Siphocranion nudipes** (Hemsl.) Kudô, Mém. Fac. Agric. Taihoku Imp. Univ. 2 (2): 53 (1929).

Plectranthus nudipes Hemsl., J. Linn. Soc., Bot. 26 (175): 272 (1890); *Hancea nudipes* (Hemsl.) Dunn, Notes Roy. Bot. Gard. Edinb. 8 (37): 170 (1913).

江西、湖北、四川、贵州、云南、福建、广东。

楔翅藤属 Sphenodesme Jack

多花楔翅藤
- **Sphenodesme floribunda** Chun et F. G. Hoow, Acta Phytotax. Sin. 7 (1): 79, pl. 24, f. 2 (1958).

海南。

爪楔翅藤（司芬双藤）

Sphenodesme involucrata (C. Presl) B. L. Rob., Proc. Amer. Acad. Arts 51: 531 (1916).

Vitex involucrata C. Presl, Bot. Bemerk. 148 (1884); *Symphorema unguiculata* Kurz, Forest Fl. Burma 2: 255 (1877).

台湾、广东、海南；马来西亚、印度。

毛楔翅藤

Sphenodesme mollis Craib, Bull. Misc. Inform. Kew 1912 (3): 154 (1912).

Sphenodesme annamitica D. Pop, Bull. Soc. Hist. Nat. Toulouse 64: 573 (1932).

云南；越南、泰国。

山白藤（楔翅藤）

Sphenodesme pentandra var. **wallichiana** (Schauer) Munir, Gard. Bull. Straits Settlem. ser. 3. 21: 360 (1966).

Sphenodesme wallichiana Schauer, in A. DC., Prodr. 11: 622 (1847).

云南、广东、海南；越南、老挝、柬埔寨、缅甸、泰国、马来西亚、印度、孟加拉国。

假水苏属 Stachyopsis Popov et Vved.

心叶假水苏

Stachyopsis lamiiflora (Rupr.) Popov et Vved., Trudy Turkestansk. Naucn. Obsc. 2: 122 (1923).

Stachys lamiiflora Rupr., Mém. Acad. Imp. Sci. St.-Pétersbourg, Sér. 7. 14: 67 (1869).

新疆；吉尔吉斯斯坦、哈萨克斯坦。

多毛假水苏
Stachyopsis marrubioides (Regel) Ikonn.-Gal., Izv. Bot. Sada Akad. Nauk S. S. S. R. 26: 72 (1927).
Phlomis marrubioides Regel, Trudy Imp. S.-Peterburgsk. Bot. Sada 6: 375 (1880); *Phlomis oblongata* Schrenk ex Fisch. et C. A. Mey. var. *canescens* Regel, Trudy Imp. S.-Peterburgsk. Bot. Sada 9 (2): 593 (1886); *Stachyopsis oblongata* (Schrenk ex Fisch. et C. A. Mey.) Popov et Vved. var. *canescens* (Regel) Popov et Vved., Trudy Turkestansk. Naucn. Obsc. 1: 122 (1923).
新疆；哈萨克斯坦。

假水苏
Stachyopsis oblongata (Schrenk ex Fisch. et C. A. Mey.) Popov et Vved., Trudy Turkestansk. Naucn. Obsc. 1: 121 (1923).
Phlomis oblongata Schrenk ex Fisch. et C. A. Mey., Enum. Pl. Nov. 1: 29 (1841).
新疆；吉尔吉斯斯坦、塔吉克斯坦、哈萨克斯坦。

水苏属 Stachys L.

少毛甘露子（蚕子，野寄榴菜）
●**Stachys adulterina** Hemsl., J. Linn. Soc., Bot. 26 (175): 300 (1890).
湖北、四川。

蜗儿菜（宝蛤菜）
●**Stachys arrecta** L. H. Bailey, Gentes Herbarum 1: 43 (1920).
河北、山西、陕西、安徽、江苏、浙江、湖南、湖北。

田野水苏
Stachys arvensis L., Sp. Pl. 2: 814 (1763).
福建、台湾、广东、广西；俄罗斯、欧洲、南美洲、北美洲。

毛水苏
Stachys baicalensis Fisch. ex Benth., Labiat. Gen. Spec. 5: 543 (1834).
黑龙江、吉林、辽宁、内蒙古、山西、山东、陕西；日本、朝鲜、俄罗斯。

毛水苏（原变种）
Stachys baicalensis var. **baicalensis**
Stachys palustris L. var. *hispida* Ledeb., Fl. Ross. (Ledeb.) 3: 414 (1849); *Stachys baicalensis* Fisch. ex Benth. var. *hispida* (Ledeb.) Nakai, Bot. Mag. (Tokyo) 34 (400): 46 (1920); *Stachys riederi* Cham. var. *hispida* (Ledeb.) H. Hara, Bot. Mag. (Tokyo) 41: 144 (1937); *Stachys aspera* L. var. *baicalensis* (Fisch. ex Benth.) Maxim., Bull. Soc. Imp. Naturalistes Moscou 54: 45 (1879); *Stachys ringens* Oett., Trudy Bot. Sada Imp. Yur'evsk. Univ. 6: 216 (1906); *Stachys japonica* Miq. f. *villosa* Kudô, J. Coll. Sci. Imp. Univ. Tokyo 43: 32 (1921).
黑龙江、吉林、辽宁、内蒙古、山西、山东、陕西；俄罗斯。

狭叶毛水苏（变种）
Stachys baicalensis var. **angustifolia** Honda, Bot. Mag. (Tokyo) 46 (545): 374 (1932).
Stachys japonica Miq. f. *angustifolia* Miq., Ann. Mus. Bot. Lugduno-Batavi 3: 197 (1867); *Stachys riederi* Cham. f. *angustifolia*, Bot. Mag. (Tokyo) 51: 144 (1937).
吉林；朝鲜、日本、俄罗斯。

小刚毛毛水苏（变种）（紫丁香）
Stachys baicalensis var. **hispidula** (Regel) Nakai, Bot. Mag. (Tokyo) 34 (400): 46 (1920).
Stachys palustris L. var. *hispidula* Regel, Mém. Acad. Imp. Sci. St.-Pétersbourg, Sér. 7. 4: 119 (1861); *Stachys baicalensis* f. *intermedia* Kudô, J. Coll. Sci. Imp. Univ. Tokyo 43: 32 (1921); *Stachys riederi* Cham. var. *hispida* (Ledeb.) H. Hara, Bot. Mag. (Tokyo) 41: 144 (1937).
吉林、辽宁、内蒙古、河北；朝鲜、日本、俄罗斯。

华水苏（水苏）
Stachys chinensis Bunge ex Benth., Labiat. Gen. Spec. 5: 544 (1834).
Stachys aspera Michx. var. *chinensis* (Bunge ex Benth.) Maxim., Bull. Soc. Imp. Naturalistes Moscou 54: 45 (1879); *Stachys baicalensis* Fisch. ex Benth. var. *chinensis* (Bunge ex Benth.) Kom., Trudy Imp. S.-Peterburgsk. Bot. Sada 25 (2): 371 (1907); *Stachys chanetii* H. Lév., Repert. Spec. Nov. Regni Veg. 9 (208-210): 222 (1911).
黑龙江、吉林、辽宁、内蒙古、河北、山西、陕西、甘肃；俄罗斯。

地蚕
●**Stachys geobombycis** C. Y. Wu, Acta Phytotax. Sin. 10 (3): 222 (1965).
浙江、江西、湖南、湖北、福建、广东、广西。

地蚕（原变种）（冬虫夏草，五眼草，野麻子）
●**Stachys geobombycis** var. **geobombycis**
浙江、江西、湖南、湖北、福建、广东、广西。

白花地蚕（变种）
●**Stachys geobombycis** var. **alba** C. Y. Wu et H. W. Li, Acta Phytotax. Sin. 10 (3): 223 (1965).
湖南、广东、广西。

西南水苏
●**Stachys kouyangensis** (Vaniot) Dunn, Notes Roy. Bot. Gard. Edinb. 8 (37): 167 (1913).
Lamium kouyangensis Vaniot, Bull. Acad. Int. Géogr. Bot. 14 (183): 175 (1904).
湖南、湖北、四川、贵州、云南、西藏。

西南水苏（原变种）（破布草，麻布草，野甘露）
●**Stachys kouyangensis** var. **kouyangensis**
Stachys cardiophylla Prain ex Dunn, J. Linn. Soc., Bot. 39 (274): 492 (1911).
湖北、四川、贵州、云南。

粗齿西南水苏（变种）（黄狼鼠花）
●**Stachys kouyangensis** var. **franchetiana** (H. Lév.) C. Y. Wu, Acta Phytotax. Sin. 10 (3): 228 (1965).
Stachys franchetiana H. Lév., Repert. Spec. Nov. Regni Veg. 9 (211-213): 246 (1911).
四川、云南、西藏。

细齿西南水苏（变种）
●**Stachys kouyangensis** var. **leptodon** (Dunn) C. Y. Wu, Acta Phytotax. Sin. 10 (3): 227 (1965).
Stachys leptodon Dunn, Notes Roy. Bot. Gard. Edinb. 8 (37): 167 (1913).
贵州、云南。

具瘤西南水苏（变种）
●**Stachys kouyangensis** var. **tuberculata** (Hand.-Mazz.) C. Y. Wu, Acta Phytotax. Sin. 10 (3): 227 (1965).
Stachys sieboldii Miq. var. *tuberculata* Hand.-Mazz., Acta Horti Gothob. 13 (10): 348 (1939).
云南。

柔毛西南水苏（变种）
●**Stachys kouyangensis** var. **villosissima** C. Y. Wu, Acta Phytotax. Sin. 10 (3): 228 (1965).
云南。

绵毛水苏
☆**Stachys lanata** Jacq., Icon. Pl. Rar. (Jacq.) 1: 11, t. 107 (1781).
中国栽培；亚洲西南部、欧洲。

多枝水苏
Stachys melissifolia Benth., Labiat. Gen. Spec. 5: 538 (1834).
Stachys splendens Wall., Pl. Asiat. Rar. 1: 64 (1830).
西藏；印度、尼泊尔。

针筒菜
Stachys oblongifolia Wall. ex Benth., in Wallich, Pl. Asiat. Rar. 1: 64 (1830).
河南、安徽、江苏、江西、湖南、湖北、四川、贵州、云南、福建、台湾、广东、广西；越南、印度。

针筒菜（原变种）（野油麻，地参，水茴香）
Stachys oblongifolia var. **oblongifolia**
Stachys modica Hance, J. Bot. 20 (238): 292 (1882); *Stachys imaii* Nakai, Bot. Mag. (Tokyo) 26 (306): 169 (1912); *Stachys subargentea* Hayata, Icon. Pl. Formosan. 8: 94 (1919); *Stachys palustris* L. var. *imaii* (Nakai) Nakai, Bot. Mag. (Tokyo) 34 (400): 48 (1920).
河南、安徽、江苏、江西、湖南、湖北、四川、贵州、云南、台湾、广东、广西；印度。

细柄针筒菜（变种）（臭草）
Stachys oblongifolia var. **leptopoda** (Hayata) C. Y. Wu, Acta Phytotax. Sin. 10 (3): 222 (1965).
Stachys leptopoda Hayata, Icon. Pl. Formosan. 8: 93 (1919); *Stachys oblongifolia* f. *leptopoda* (Hayata) Kudô, Mém. Fac. Agric. Taihoku Imp. Univ. 2: 188 (1929).
四川、云南、福建、台湾、广东、广西；越南。

沼生水苏
Stachys palustris L., Sp. Pl. 2: 580 (1753).
新疆；蒙古、印度、俄罗斯、吉尔吉斯斯坦、塔吉克斯坦、哈萨克斯坦、亚洲西南部、欧洲、北美洲。

狭齿水苏（野地笋，记榴菜）
●**Stachys pseudophlomis** C. Y. Wu, Acta Phytotax. Sin. 10 (3): 226 (1965).
湖北、四川。

甘露子
Stachys sieboldii Miq., Ann. Mus. Bot. Lugduno-Batavi 2: 112 (1865).
内蒙古、河北、山西、山东、陕西、宁夏、甘肃、青海、新疆、湖北、四川；日本、欧洲、北美洲。

甘露子（原变种）（地蚕，甘露儿，地牯牛）
Stachys sieboldii var. **sieboldii**
Stachys affinis Bunge, Enum. Pl. China Bot. 51 (1833); *Stachys tuberifera* Naudin ex Gard., Bull. Soc. Natl. Acclim. France 59: 394 (1887).
内蒙古、河北、山西、山东、陕西、宁夏、甘肃、青海、新疆；日本、欧洲、北美洲。

近无毛甘露子（变种）
●**Stachys sieboldii** var. **glabrescens** C. Y. Wu, Acta Phytotax. Sin. 10 (3): 222 (1965).
湖北、四川。

软毛甘露子（变种）
●**Stachys sieboldii** var. **malacotricha** Hand.-Mazz., Acta Horti Gothob. 9 (5): 83 (1934).
山西、陕西。

直花水苏
●**Stachys strictiflora** C. Y. Wu, Acta Phytotax. Sin. 10 (3): 220 (1965).
云南。

直花水苏（原变种）
●**Stachys strictiflora** var. **strictiflora**
云南。

宽齿直花水苏（变种）

●**Stachys strictiflora** var. **latidens** C. Y. Wu et H. W. Li, Acta Phytotax. Sin. 10 (3): 221 (1965).
云南。

林地水苏

Stachys sylvatica L., Sp. Pl. 2: 580 (1753).
新疆；俄罗斯、吉尔吉斯斯坦、哈萨克斯坦、亚洲西南部、欧洲。

大理水苏

●**Stachys taliensis** C. Y. Wu, Acta Phytotax. Sin. 10 (3): 225 (1965).
云南。

黄花地钮菜（地钮菜，黄花水苏）

●**Stachys xanthantha** C. Y. Wu, Acta Phytotax. Sin. 10 (3): 224 (1965).
Stachys xanthantha var. *gracilis* C. Y. Wu et H. W. Li, Acta Phytotax. Sin. 10 (3): 225 (1965).
四川。

台钱草属 Suzukia Kudô

齿唇台钱草

Suzukia luchuensis Kudô, J. Soc. Trop. Agric. 3: 226 (1931).
台湾；日本。

台钱草

●**Suzukia shikikunensis** Kudô, J. Soc. Trop. Agric. 2: 146 (1930).
Glechoma shikikunensis (Kudô) Masam., Hokuriku J. Bot. 4: 88 (1955).
台湾。

六苞藤属 Symphorema Roxb.

六苞藤

Symphorema involucratum Roxb., Pl. Coromandel 2: 46, pl. 186 (1798).
云南；缅甸、泰国、印度、斯里兰卡。

柚木属 Tectona L. f.

柚木

☆**Tectona grandis** L. f., Suppl. Pl. 151 (1781).
云南、福建、台湾、广东、广西等地普遍引种。

香科科属 Teucrium L.

安龙香科科

●**Teucrium anlungense** C. Y. Wu et S. Chow, Acta Phytotax. Sin. 10 (4): 338, pl. 71, f. 8-13 (1965).
贵州、云南。

二齿香科科（细沙虫草）

Teucrium bidentatum Hemsl., J. Linn. Soc., Bot. 26 (175): 312 (1890).
Teucrium bidentatum var. *purpureum* Diels, Bot. Jahrb. Syst. 29 (3-4): 552 (1900); *Plectranthus hanceiformis* H. Lév., Cat. Pl. Yun-Nan 141 (1916); *Kinostemon bidentatum* (Hemsl.) Kudô, Trans. Nat. Hist. Soc. Taiwan 19: 2 (1929).
湖北、四川、贵州、云南、台湾、广西；越南。

大花香科科

Teucrium grandifolium R. A. Clement, Edinb. J. Bot. 50 (1): 37 (1993).
西藏；不丹。

全叶香科科

●**Teucrium integrifolium** C. Y. Wu et S. Chow, Acta Phytotax. Sin. 10 (4): 345, pl. 74 (1965).
贵州。

穗花香科科

Teucrium japonicum Houtt., Nat. Hist. 2 (9): 282, t. 56, f. 1 (1778).
河北、河南、甘肃、江苏、浙江、江西、湖南、四川、贵州、广东；朝鲜、日本。

穗花香科科（原变种）（野藿香，石蚕，北藿香）

Teucrium japonicum var. **japonicum**
江苏、浙江、江西、湖南、四川、贵州、广东；朝鲜、日本。

小叶穗花香科科（变种）（假荆芥）

●**Teucrium japonicum** var. **microphyllum** C. Y. Wu et S. Chow, Acta Phytotax. Sin. 10 (4): 334, pl. 68, f. 17 (1965).
河北、河南、甘肃。

崇明穗花香科科（变种）

●**Teucrium japonicum** var. **tsungmingense** C. Y. Wu et S. Chow, Acta Phytotax. Sin. 10 (4): 334, pl. 68, f. 8 (1965).
江苏、浙江。

大唇香科科（山苏麻，野薄荷）

●**Teucrium labiosum** C. Y. Wu et S. Chow, Acta Phytotax. Sin. 10 (4): 342, pl. 71, f. 1-7 (1965).
四川、贵州、云南。

巍山香科科

●**Teucrium manghuaense** Y. Z. Sun, Acta Phytotax. Sin. 10 (4): 339, pl. 72, f. 7-11 (1965).
云南。

巍山香科科（原变种）（蒙化石蚕）

●**Teucrium manghuaense** var. **manghuaense**
云南。

狭苞巍山香科科（变种）
●**Teucrium manghuaense** var. **angustum** C. Y. Wu et S. Chow, Acta Phytotax. Sin. 10 (4): 340, pl. 72, f. 12-14 (1965).
云南。

矮生香科科
●**Teucrium nanum** C. Y. Wu et S. Chow, Acta Phytotax. Sin. 10 (4): 337, pl. 70, f. 1-6 (1965).
四川、云南。

峨眉香科科
●**Teucrium omeiense** Y. Z. Sun ex S. Chow, Acta Phytotax. Sin. 10 (4): 340, pl. 72, f. 1-6 (1965).
四川、云南。

峨眉香科科（原变种）（峨眉石蚕，野菸）
●**Teucrium omeiense** var. **omeiense**
四川。

蓝叶峨眉香科科（变种）
●**Teucrium omeiense** var. **cyanophyllum** C. Y. Wu et S. Chow, Acta Phytotax. Sin. 10 (4): 341 (1965).
云南。

庐山香科科
●**Teucrium pernyi** Franch., Nouv. Arch. Mus. Hist. Nat. sér 2. 6: 125 (1883).
Teucrium ningpoense Hemsl., J. Linn. Soc., Bot. 26 (175): 313 (1890); *Kinostemon ningpoense* (Hemsl.) Kudô, J. Soc. Trop. Agric. 2: 146 (1930); *Teucrium huoshanense* S. W. Su et J. Q. He, Acta Bot. Yunnan. 7 (1): 95 (1985).
河南、安徽、江苏、浙江、江西、湖南、湖北、福建、广东、广西。

长毛香科科（铁马鞭，土合香）
●**Teucrium pilosum** (Pamp.) C. Y. Wu et S. Chow, Acta Phytotax. Sin. 10 (4): 335, pl. 68, f. 1 (1965).
Teucrium japonicum Houtt. var. *pilosum* Pamp., Nuovo Giorn. Bot. Ital., n.s. 17 (4): 711 (1910); *Teucrium japonicum* f. *lanatum* Y. Z. Sun ex C. H. Hu, Acta Phytotax. Sin. 11 (1): 36 (1996).
浙江、江西、湖南、湖北、四川、贵州、广西。

铁轴草（凤凰草，红杆一棵蒿，黑头草）
Teucrium quadrifarium Buch.-Ham. ex D. Don, Prodr. Fl. Nepal. 108 (1825).
Teucrium fortunei Benth. in A. DC., Prodr. 12: 583 (1848); *Teucrium fulvum* Hance, Ann. Bot. Syst. 3: 270 (1852); *Teucrium fulvoaureum* H. Lév., Repert. Spec. Nov. Regni Veg. 8 (182-184): 426 (1910); *Teucrium kouytchouense* H. Lév., Repert. Spec. Nov. Regni Veg. 8 (182-184): 426 (1910).
江西、湖南、贵州、云南、福建、广东；缅甸、印度尼西亚、尼泊尔、印度。

沼泽香科科
Teucrium scordioides Schreb., Pl. Vert. Unilab. Gen. Sp. 37 (1774).
新疆；土库曼斯坦、吉尔吉斯斯坦、塔吉克斯坦、哈萨克斯坦、俄罗斯、亚洲西南部、欧洲。

蒜味香科科
Teucrium scordium L., Sp. Pl. 2: 565 (1753).
甘肃、西藏；俄罗斯、欧洲。

香科科
●**Teucrium simplex** Vaniot, Bull. Acad. Int. Géogr. Bot. 14 (183): 186 (1904).
贵州、云南。

台湾香科科
●**Teucrium taiwanianum** T. H. Hsieh et T. C. Huang, Taiwania 41 (2): 86, f. 11-13 (1996).
台湾。

秦岭香科科
●**Teucrium tsinlingense** C. Y. Wu et S. Chow, Acta Phytotax. Sin. 10 (4): 334, pl. 68, f. 9-10 (1965).
陕西、甘肃。

秦岭香科科（原变种）
●**Teucrium tsinlingense** var. **tsinlingense**
陕西。

紫萼秦岭香科科（变种）
●**Teucrium tsinlingense** var. **porphyreum** C. Y. Wu et S. Chow, Acta Phytotax. Sin. 10 (4): 335 (1965).
甘肃。

黑龙江香科科
Teucrium ussuriense Kom., Izv. Bot. Sada Akad. Nauk S. S. S. R. 30: 208 (1932).
Teucrium japonicum Houtt. var. *continentale* Kitag., Lin. Fl. Manshur. 388 (1939).
辽宁、河北、山西；俄罗斯。

裂苞香科科
Teucrium veronicoides Maxim., Bull. Acad. Imp. Sci. Saint-Pétersbourg 23 (2): 388 (1877).
辽宁、安徽、湖南、四川、云南；朝鲜、日本。

血见愁
Teucrium viscidum Blume, Bijdr. Fl. Ned. Ind. 14: 827 (1825).
陕西、甘肃、安徽、江苏、浙江、江西、湖南、湖北、四川、贵州、云南、西藏、福建、台湾、广东、广西；朝鲜、日本、缅甸、马来西亚、印度尼西亚、菲律宾、印度。

血见愁（原变种）（山藿香，肺形草，布地锦）
Teucrium viscidum var. **viscidum**

Teucrium stoloniferum Roxb., Fl. Ind., ed. 1832. 2 (3): 3 (1832); *Teucrium philippinense* Merr., Philipp. J. Sci. 7 (2): 100 (1912).

江苏、浙江、江西、湖南、四川、云南、西藏、福建、台湾、广东、广西；朝鲜、日本、缅甸、印度尼西亚、菲律宾、印度。

血见愁光萼（变种）

●**Teucrium viscidum** var. **leiocalyx** C. Y. Wu et S. Chow, Acta Phytotax. Sin. 10 (4): 332, pl. 67, f. 8 (1965).

陕西、甘肃、湖北、四川。

血见愁长苞（变种）

●**Teucrium viscidum** var. **longibracteatum** C. Y. Wu et S. Chow, Acta Phytotax. Sin. 10 (4): 332 (1965).

湖南。

大唇血见愁（变种）

●**Teucrium viscidum** var. **macrostephanum** C. Y. Wu et S. Chow, Acta Phytotax. Sin. 10 (4): 333 (1965).

贵州、云南、广西。

微毛血见愁（变种）

●**Teucrium viscidum** var. **nepetoides** (H. Lév.) C. Y. Wu et S. Chow, Acta Phytotax. Sin. 10 (4): 331, pl. 67, f. 7 (1965). *Teucrium nepetoides* H. Lév., Repert. Spec. Nov. Regni Veg. 8 (185-187): 450 (1910).

陕西、安徽、浙江、江西、湖北、四川、贵州。

百里香属 Thymus L.

阿尔泰百里香

Thymus altaicus Klokov et Des.-Shost., Žurn. Inst. Bot. Vseukrajins'k. Akad. Nauk. 10 (18): 159 (1936). *Thymus altaicus* Serg., Sist. Zametki Mater. Gerb. Krylova Tomsk. Gosud. Univ. Kuybysheva 6-7, pl. 2 (1932).

新疆；俄罗斯。

黑龙江百里香

Thymus amurensis Klokov, Bot. Mater. Gerb. Bot. Inst. Komarova Akad. Nauk S. S. S. R. 16: 299 (1954).

黑龙江；俄罗斯。

短毛百里香

Thymus curtus Klokov, Bot. Mater. Gerb. Bot. Inst. Komarova Akad. Nauk S. S. S. R. 16: 302 (1954).

黑龙江；俄罗斯。

长齿百里香

Thymus disjunctus Klokov, Bot. Mater. Gerb. Bot. Inst. Komarova Akad. Nauk S. S. S. R. 16: 295 (1954).

黑龙江、吉林、辽宁；俄罗斯。

斜叶百里香

Thymus inaequalis Klokov, Bot. Mater. Gerb. Bot. Inst. Komarova Akad. Nauk S. S. S. R. 16: 303 (1954).

黑龙江、内蒙古；俄罗斯。

短节百里香

●**Thymus mandschuricus** Ronning, Repert. Spec. Nov. Regni Veg. 29 (774-780): 96 (1931).

黑龙江。

异株百里香

Thymus marschallianus Willd., Sp. Pl. 3 (1): 141 (1800).

新疆；吉尔吉斯斯坦、哈萨克斯坦、俄罗斯。

百里香

●**Thymus mongolicus** (Ronniger) Ronniger., Acta Horti Gothob. 9 (5): 99 (1934). *Thymus serpyllum* L. var. *mongolicus* Ronniger., Notizbl. Bot. Gart. Berlin-Dahlem 10: 890 (1930); *Thymus serphyllum* subsp. *mongolicus* Roniger., Notizbl. Bot. Gart. Berlin-Dahlem 10 (99): 890 (1930).

内蒙古、河北、山西、陕西、甘肃、青海。

显脉百里香

Thymus nervulosus Klokov, Bot. Mater. Gerb. Bot. Inst. Komarova Akad. Nauk S. S. S. R. 16: 302 (1954).

黑龙江；俄罗斯。

拟百里香

Thymus proximus Serg., Sist. Zametki Mater. Gerb. Krylova Tomsk. Gosud. Univ. Kuybysheva 10 (6-7): 3 (1936).

新疆；哈萨克斯坦、俄罗斯。

地椒

Thymus quinquecostatus Čelak., Oesterr. Bot. Z. 39 (7): 263 (1889).

黑龙江、吉林、辽宁、内蒙古、河北、山西、山东、河南、陕西、甘肃；朝鲜、日本、俄罗斯。

地椒（原变种）

Thymus quinquecostatus var. **quinquecostatus**

辽宁、河北、山东、河南、陕西；朝鲜、日本。

亚洲地椒（变种）

●**Thymus quinquecostatus** var. **asiaticus** (Kitag.) C. Y. Wu et Y. C. Huang, Fl. Reipubl. Popularis Sin. 66: 259 (1977). *Thymus serpyllum* L. var. *asiaticus* Kitag., Rep. First Sci. Exped. Manchoukuo 4: 92 (1936); *Thymus asiaticus* (Kitag.) Kitag., Rep. First Sci. Exped. Manchoukuo 4: 92 (1936).

内蒙古。

展毛地椒（变种）

Thymus quinquecostatus var. **przewalskii** (Kom.)Ronniger, Acta Horti Gothob. 9 (5): 100 (1934). *Thymus serphyllum* L. var. *przewalskii* Kom., Trudy Imp. S.-Peterburgsk. Bot. Sada 25 (2): 379 (1907); *Thymus przewalskii* (Kom.) Nakai, Bot. Mag. (Tokyo) 35 (419): 202

(1921).

黑龙江、吉林、辽宁、内蒙古、河北、山西、河南、陕西、甘肃；朝鲜、俄罗斯。

叉枝芥属（新拟）Tripora P. D. Cantino

叉枝芥（新拟）（芥）

Tripora divaricata (Maxim.) P. D. Cantino, Syst. Bot. 23 (3): 382 (1999).

Caryopteris divaricata Maxim., Bull. Acad. Imp. Sci. Saint-Pétersbourg 23: 390 (1877).

山西、河南、陕西、甘肃、江西、湖北、四川、云南；朝鲜、日本。

假紫珠属 Tsoongia Merr.

假紫珠（钟君木，钟木，似荆）

Tsoongia axillariflora Merr., Philipp. J. Sci. 23 (3): 264 (1923).

Tsoongia axillariflora var. *trifoliolata* H. L. Li, J. Arnold Arbor. 26 (1): 121 (1945).

云南、广东、广西、海南；越南、缅甸。

牡荆属 Vitex L.

穗花牡荆

●**Vitex agnus-castus** L., Sp. Pl. 2: 638 (1753).

江苏、上海。

长叶荆

Vitex burmensis Moldenke, Phytologia 8 (1): 30 (1961).

Vitex lanceolata C. P'ei, Mem. Sci. Soc. China 1 (3): 114 (1932); *Vitex lanceifolia* S. C. Huang, Fl. Yunnan. 1: 450 (1977).

贵州、云南、西藏、广西；缅甸。

灰毛牡荆（灰牡荆，灰布荆）

Vitex canescens Kurz, J. Asiat. Soc. Bengal 42 (2): 101 (1873).

Vitex kweichowensis C. P'ei, Sinensia 2 (4): 71, f. 1-2 (1931).

江西、湖南、湖北、四川、贵州、云南、西藏、广东、广西、海南；越南、老挝、柬埔寨、缅甸、泰国、马来西亚、印度。

金沙荆

●**Vitex duclouxii** P. Dop, Bull. Soc. Hist. Nat. Toulouse 57: 208 (1928).

四川、云南、西藏。

广西牡荆

●**Vitex kwangsiensis** C. P'ei, Mem. Sci. Soc. China 1 (3): 93 (1932).

广西。

黄荆

●**Vitex negundo** L., Sp. Pl. 2: 638 (1753).

内蒙古、河北、山西、山东、河南、陕西、宁夏、甘肃、青海、安徽、江苏、浙江、江西、湖南、湖北、四川、贵州、云南、西藏、福建、台湾、广东、广西、海南；日本、亚洲东南部、非洲东部。

黄荆（原变种）

●**Vitex negundo** var. **negundo**

Vitex negundo f. *alba* C. P'ei, Mem. Sci. Soc. China, 1 (3): 104 (1932); *Vitex negundo* f. *intermedia* C. P'ei, Mem. Sci. Soc. China, 1 (3): 105 (1932); *Vitex negundo* f. *laxipaniculata* C. P'ei, Mem. Sci. Soc. China, 1 (3): 104 (1932).

河南、陕西、青海、安徽、江苏、浙江、江西、湖南、湖北、四川、贵州、云南、西藏、福建、台湾、广东、广西、海南；日本、亚洲东南部、非洲东部。

牡荆（变种）

Vitex negundo var. **cannabifolia** (Siebold et Zucc.) Hand.-Mazz., Acta Horti Gothob. 9: 67 (1934).

Vitex cannabifolia Siebold et Zucc., Abh. Math.-Phys. Cl. Königl. Bayer. Akad. Wiss. 4 (3): 152 (1846); *Vitex negundo* f. *intermedia* C. P'ei, Mem. Sci. Soc. China 1 (3): 105 (1932).

河北、河南、湖南、四川、贵州、广东、广西；印度、尼泊尔、亚洲东南部。

荆条（变种）

Vitex negundo var. **heterophylla** (Franch.) Rehder, J. Arnold Arbor. 28: 258 (1947).

Vitex incisa Lam. var. *heterophylla* Franch., Nouv. Arch. Mus. Hist. Nat. sér. 2. 6: 112 (1883); *Vitex chinensis* Mill., Gard. Dict., (ed. 8). 5 (1768); *Vitex incisa* Lam., Encycl. (Lamarck) 22 (2): 612 (1788); *Vitex negundo* var. *incisa* (Lam.) C. B. Clarke, Fl. Brit. Ind. 4 (12): 584 (1885).

内蒙古、河北、山西、山东、河南、陕西、宁夏、甘肃、安徽、江苏、江西、湖南、四川、贵州；印度、亚洲东南部。

小叶荆（变种）

●**Vitex negundo** var. **microphylla** Hand.-Mazz., Symb. Sin. 7 (4): 906 (1936).

Vitex microphylla (Hand.-Mazz.) C. P'ei ex C. Y. Wu, Fl. Yunnan. 1: 452 (1977).

四川、云南、西藏。

四川黄荆（变种）

●**Vitex negundo** var. **sichuanensis** J. L. Liu, Acta Phytotax. Sin. 33 (5): 501 (1995).

四川。

单叶黄荆（变种）

●**Vitex negundo** var. **simplicifolia** (B. N. Lin et S. W. Wang) D. K. Zang et J. W. Sun, J. Wuhan Bot. Res. 27 (1): 22 (2009).

Vitex simplicifolia B. N. Lin et S. W. Wang, Guihaia 14 (3): 209 (1994).
山东。

拟黄荆（变种）
●**Vitex negundo** var. **thyrsoides** C. P'ei et S. L. Liou, Fl. Reipubl. Popularis Sin. 65 (1): 212, pl. 16 (1982).
四川、广东。

长序荆
●**Vitex peduncularis** Wall. ex Schauer, in A. DC., Prodr. 11: 687 (1847).
云南；越南、老挝、柬埔寨、缅甸、泰国、印度、尼泊尔、孟加拉国。

莺哥木
Vitex pierreana Dop, Bull. Soc. Hist. Nat. Toulouse 57: 205 (1928).
海南；越南、老挝。

山牡荆
Vitex quinata (Lour.) F. W. Williams, Bull. Herb. Boissier, sér. 2. 5 (5): 431 (1905).
Cornutia quinata Lour., Fl. Cochinch. 2: 387 (1790).
浙江、江西、湖南、贵州、云南、西藏、福建、台湾、广东、广西；日本、马来西亚、泰国、菲律宾、印度。

山牡荆（原变种）
Vitex quinata var. **quinata**
Vitex quinata f. *lungchowensis* S. L. Liou, Fl. Reipubl. Popularis Sin., 65 (1): 212, t. 15, f. 3 (1982).
浙江、江西、湖南、福建、台湾、广东、广西；日本、马来西亚、菲律宾、印度。

微毛布惊（变种）
Vitex quinata var. **puberula** (H. J. Lam) Moldenke, Phytologia 8 (2): 77 (1961).
Vitex heterophylla Roxb. var. *puberula* H. J. Lam, Verbenac. Malay. Archip. 189 (1919).
贵州、云南、西藏、台湾、广东、海南；泰国、菲律宾。

单叶蔓荆
Vitex rotundifolia L. f., Suppl. Pl. 294 (1781).
Vitex ovata Thunb., Fl. Jap. 257 (1784); *Vitex trifolia* L. var. *ovata* (Thunb.) Makino, Bot. Mag. (Tokyo) 17: 92 (1903); *Vitex trifolia* var. *simplicifolia* Cham., Linnaea 107 (1832); *Vitex trifolia* var. *unifoliolata* Schauer, in A. DC., Prodr. 11: 683 (1847).
辽宁、河北、山东、安徽、江苏、浙江、江西、福建、台湾、广东；日本、越南、缅甸、泰国、马来西亚、印度、太平洋岛屿。

广东牡荆
●**Vitex sampsonii** Hance, J. Bot. 6 (64): 115 (1868).
江西、湖南、广东、广西。

蔓荆
Vitex trifolia L., Sp. Pl. 2: 638 (1753).
山西、云南、福建、台湾、广东、广西；日本、缅甸、泰国、印度尼西亚、菲律宾、澳大利亚、亚洲东南部、太平洋岛屿。

蔓荆（原变种）（白叶，水稔子，三叶蔓荆）
Vitex trifolia var. **trifolia**
Vitex bicolor Willd., Enum. Hort. Berol. Alt. 660 (1809); *Vitex trifolia* var. *trifoliolata* Schauer, in A. DC., Prodr. 11: 683 (1847); *Vitex negundo* L. var. *bicolor* (Willd.) H. J. Lam, Verbenac. Malay. Archip. 191 (1919); *Vitex trifolia* var. *bicolor* (Willd.) Moldenke, Known Geogr. Distrib. Verbenaceae 79 (1942).
云南、福建、台湾、广东、广西；澳大利亚、亚洲东南部、太平洋岛屿。

异叶蔓荆（变种）
Vitex trifolia var. **subtrisecta** (Kuntze) Moldenke, Phytologia 8 (2): 88 (1961).
Vitex agnus-castus L. var. *subtrisecta* Kuntze, Revis. Gen. Pl. 2: 510 (1891).
云南、广东；日本、缅甸、泰国、印度尼西亚、菲律宾、澳大利亚、太平洋岛屿。

太行荆（变种）
●**Vitex trifolia** var. **taihangensis** (L. B. Guo et S. Q. Zhou) S. L. Chen, Novon 1 (2): 58 (1991).
Vitex taihangensis L. B. Guo et S. Q. Zhou, Bull. Bot. Res. 9 (4): 61, pl. 1 (1989).
山西。

越南牡荆
Vitex tripinnata (Lour.) Merr., Trans. Amer. Philos. Soc. 24 (2): 335 (1935).
Tripinna tripinnata Lour., Fl. Cochinch. 2: 391 (1790); *Vitex annamensis* Dop, Bull. Soc. Hist. Nat. Toulouse 57: 203 (1928).
海南；越南、柬埔寨。

黄毛牡荆
Vitex vestita Wall. ex Schauer, in A. DC., Prodr. 11: 692 (1847).
云南、广西；亚洲东南部。

黄毛牡荆（原变种）
Vitex vestita var. **vestia**
云南；亚洲东南部。

短管黄毛牡荆（变种）
●**Vitex vestita** var. **brevituba** Z. Y. Huang et S. Y. Liu, J. Trop. et Subtrop. Bot. 13 (4): 366, f. 1 (2005).
广西。

滇牡荆
●**Vitex yunnanensis** W. W. Sm., Notes Roy. Bot. Gard. Edinb. 9 (42): 141 (1916).
四川、云南。

保亭花属 Wenchengia C. Y. Wu et S. Chow

保亭花（连丝果）
●**Wenchengia alternifolia** C. Y. Wu et S. Chow, Acta Phytotax. Sin. 10 (3): 251, pl. 47 (1965).
海南。

新塔花属 Ziziphora L.

新塔花
Ziziphora bungeana Juz., Fl. URSS 21: 664 (1954).
新疆；蒙古、土库曼斯坦、乌兹别克斯坦、吉尔吉斯斯坦、塔吉克斯坦、哈萨克斯坦、俄罗斯。

南疆新塔花
Ziziphora pamiroalaica Juz. ex Nevski, Trudy Bot. Inst. Akad. Nauk S. S. S. R., Ser. 1. Fl. Sist. Vyssh. Rast. 4: 328 (1937).
新疆；塔吉克斯坦。

小新塔花
Ziziphora tenuior L., Sp. Pl. 1: 21 (1753).
新疆；土库曼斯坦、乌兹别克斯坦、吉尔吉斯斯坦、塔吉克斯坦、哈萨克斯坦、俄罗斯、亚洲西南部、欧洲。

天山新塔花
Ziziphora tomentosa Juz., Fl. URSS 21: 667 (1954).
新疆；吉尔吉斯斯坦。

239. 透骨草科 PHRYMACEAE
[5 属：36 种]

野胡麻属 Dodartia L.

野胡麻
●**Dodartia orientalis** L., Sp. Pl. 2: 633 (1753).
内蒙古、甘肃、新疆、四川。

肉果草属 Lancea Hook. f. et Thomson

粗毛肉果草
●**Lancea hirsuta** Bonati, Bull. Soc. Bot. France 56: 467 (1909).
四川、云南。

肉果草
Lancea tibetica Hook. f. et Thomson, Hooker's J. Bot. Kew Gard. Misc. 9: 244, pl. 7 (1857).
甘肃、青海、四川、云南、西藏；蒙古、印度、不丹。

通泉草属 Mazus Lour.

高山通泉草
●**Mazus alpinus** Masam., J. Soc. Trop. Agric. 2: 153 (1930).
台湾。

早落通泉草
●**Mazus caducifer** Hance, J. Bot. 20 (238): 292 (1882).
安徽、浙江、江西。

琴叶通泉草
●**Mazus celsioides** Hand.-Mazz., Symb. Sin. 7 (4): 833, pl. 25, f. 9 (1936).
云南、西藏。

台湾通泉草
Mazus fauriei Bonati, Bull. Herb. Boissier, ser. 2. 2 (8): 537, f. s.n. A (1908).
Mazus japonicus (Thunb.) Kuntze var. *tenuiracemus* Hayata ex Makino et Nemoto, Fl. Japan., ed. 2. 2: 1063 (1931); *Mazus taihokuensis* Masam., J. Soc. Trop. Agric. 4: 194 (1932).
台湾；日本。

福建通泉草
●**Mazus fukienensis** P. C. Tsoong, Kew Bull. 9 (3): 445 (1954).
福建。

纤细通泉草
●**Mazus gracilis** Hemsl., J. Linn. Soc., Bot. 26 (74): 181 (1890).
河南、江苏、浙江、江西、湖北。

长柄通泉草
Mazus henryi P. C. Tsoong, Kew Bull. 9 (3): 444 (1954).
Mazus henryi var. *elatior* P. C. Tsoong, Kew Bull. 9 (3): 444 (1954).
云南；老挝。

低矮通泉草
●**Mazus humilis** Hand.-Mazz., Anz. Akad. Wiss. Wien, Math.-Naturwiss. Kl. 63: 11 (1926).
四川、云南、广西。

白花通泉草
●**Mazus japonicus** (Thunb.) Kuntze var. **leucanthus** X. D. Dong et J. H. Li, Bull. Bot. Res. 23 (1): 2 (2003).
云南。

贵州通泉草
●**Mazus kweichowensis** P. C. Tsoong et H. P. Yang, Fl. Reipubl. Popularis Sin. 67 (2): 399, f. 1-4 (1979).
贵州。

狭叶通泉草
●**Mazus lanceifolius** Hemsl., J. Linn. Soc., Bot. 26: 181 (1890).
湖北、四川。

莲座通泉草
●**Mazus lecomtei** Bonati, Bull. Herb. Boissier, 2 (8): 538, f. s.n. B (1908).
Mazus lecomtei var. *ramosus* Bonati, Bull. Herb. Boissier, sér. 2. 8 (8): 539 (1908).
四川、云南。

长蔓通泉草
●**Mazus longipes** Bonati, Bull. Herb. Boissier, sér. 2. 8 (8): 532, f. s.n. (1908).
贵州、云南。

匍茎通泉草
Mazus miquelii Makino, Bot. Mag. (Tokoy) 16 (186): 162 (1902).
Vandellia japonica Miq., Ann. Mus. Bot. Lugduno-Batavi 2: 118 (1865); *Mazus rugosus* Lour. var. *stolonifer* Maxim., Mélanges Biol. Bull. Phys.-Math. Acad. Imp. Sci. Saint-Pétersbourg 9: 403 (1874); *Mazus stolonifer* (Maxim.) Makino, in Iinuma, Somoku-Dzusetsu, ed. 3. 11 (fasc. 3): 868, pl. 69 (1912); *Mazus miquelii* Makino var. *stolonifer* (Maxim.) Nakai, Bot. Mag. (Tokyo) 48 (575): 783 (1934); *Mazus fargesii* Bonati, Bull. Herb. Boissier, sér. 2. 8 (8): 532 (1908); *Mazus wilsonii* Bonati, Bull. Herb. Boissier, sér. 2. 8 (8): 535 (1908); *Mazus japonicus* Bonati, Bull. Herb. Boissier, sér. 2. 8 (8): 536 (1908), not (Thunb.) Kuntze (1891).
安徽、江苏、浙江、江西、湖南、湖北、福建、台湾、广西；日本。

稀花通泉草
●**Mazus oliganthus** H. L. Li, Brittonia 8 (1): 34 (1954).
云南。

岩白翠（岩白菜）
●**Mazus omeiensis** H. L. Li, Taiwania 1 (2-4): 161 (1950).
Mazus neriifolius H. L. Li, Taiwania 1 (2-4): 161 (1950); *Mazus crassifolius* P. C. Tsoong, Kew Bull. 9 (3): 443 (1954).
四川、贵州。

长匍通泉草
●**Mazus procumbens** Hemsl., J. Linn. Soc., Bot. 26 (174): 182 (1890).
湖北。

美丽通泉草
●**Mazus pulchellus** Hemsl., J. Linn. Soc., Bot. 26 (174): 182 (1890).
Mazus pulchellus var. *primuliformis* Bonati, Bull. Herb. Boissier, sér. 2. 8 (8): 529 (1908).
湖北、四川、云南。

通泉草
Mazus pumilus (Burm. f.) Steenis, Nova Guinea, n.s. 9 (1): 31 (1958).
Lobelia pumila Burm. f., Fl. Ind. 186, pl. 60, f. 3 (1768).
黑龙江、辽宁、山西、山东、河南、甘肃、安徽、江苏、江西、湖南、湖北、四川、贵州、云南、福建、台湾、广东、广西、海南；朝鲜、日本、越南、泰国、印度尼西亚、菲律宾、印度（锡金）、克什米尔、不丹、尼泊尔、俄罗斯、巴布亚新几内亚。

通泉草（原变种）
Mazus pumilus var. **pumilus**
Lindernia japonica Thunb. in Syst. Veg. ed. 14. 567 (1784); *Mazus japonicus* (Thunb.) Kuntze, Revis. Gen. Pl. 2: 462 (1891); *Mazus rugosus* Lour., Fl. Cochinch. 2: 385 (1790).
黑龙江、辽宁、山西、山东、河南、甘肃、安徽、江苏、江西、湖南、湖北、四川、贵州、云南、福建、台湾、广东、广西、海南；朝鲜、日本、越南、泰国、印度尼西亚、菲律宾、印度、克什米尔、不丹、尼泊尔、俄罗斯、巴布亚新几内亚。

多枝通泉草（变种）
Mazus pumilus var. **delavayi** (Bonati) T. L. Chin ex D. Y. Hong, Novon 6 (4): 374 (1996).
Mazus delavayi Bonati, Bull. Herb. Boissier, 2 (8): 530, f. s.n. (1908); *Mazus japonicus* (Thunb.) Kuntze var. *delavayi* (Bonati) P. C. Tsoong, Fl. Reipubl. Popularis Sin. 67 (2): 189, pl. 25, f. 3 (1979).
四川、云南、广西；印度、克什米尔、不丹、尼泊尔。

大萼通泉草（变种）
●**Mazus pumilus** var. **macrocalyx** (Bonati) T. Yamaz., J. Jap. Bot. 55 (1): 11 (1980).
Mazus macrocalyx Bonati, Bull. Herb. Boissier, ser. 2. 2 (8): 529 (1908); *Mazus japonicus* (Thunb.) Kuntze var. *macrocalyx* (Bonati) P. C. Tsoong, Fl. Reipubl. Popularis Sin. 67 (2): 191, pl. 25, f. 4-5 (1979).
云南。

匍茎通泉草（变种）
●**Mazus pumilus** var. **wangii** (H. L. Li) T. L. Chin ex D. Y. Hong, Novon 6 (4): 374 (1996).
Mazus wangii H. L. Li, Brittonia 8 (1): 37 (1954); *Mazus japonicus* var. *wangii* (H. L. Li) P. C. Tsoong, Fl. Reipubl. Popularis Sin. 67 (2): 189, pl. 25, f. 2 (1979).
云南。

丽江通泉草
●**Mazus rockii** H. L. Li, Brittonia 8 (1): 35 (1954).

云南。

林地通泉草
●**Mazus saltuarius** Hand.-Mazz., Anz. Akad. Wiss. Wien, Math.- Naturwiss. Kl. 63: 10 (1926).
江西、湖南。

茄叶通泉草
●**Mazus solanifolius** P. C. Tsoong et H. P. Yang, Fl. Reipubl. Popularis Sin. 67 (2): 399, pl. 23, f. 5-6 (1979).
四川。

毛果通泉草
●**Mazus spicatus** Vaniot, Bull. Acad. Int. Géogr. Bot. 15 (185-186): 85 (1905).
Mazus bodinieri Bonati, Bull. Herb. Boissier, sér. 2. 8 (8): 530 (1908); *Mazus angusticalyx* P. C. Tsoong, Kew Bull. 9 (3): 444 (1954).
陕西、湖南、湖北、四川、贵州、广西。

弹刀子菜
Mazus stachydifolius (Turcz.) Maxim., Bull. Acad. Imp. Sci. Saint-Pétersbourg 20 (3): 438 (1875).
Tittmannia stachydifolia Turcz., Bull. Soc. Imp. Naturalistes Moscou 7: 156 (1837); *Vandellia stachydifolia* Walp., Repert. Bot. Syst. (Walpers) 3: 294 (1844); *Mazus villosus* Hemsl., J. Bot. 14 (163): 209 (1876); *Mazus simadus* Masam., Trans. Nat. Hist. Soc. Taiwan 30: 35 (1940).
黑龙江、吉林、辽宁、河北、山西、山东、河南、陕西、安徽、江苏、浙江、江西、湖北、四川、台湾、广东；朝鲜、蒙古、俄罗斯。

西藏通泉草
Mazus surculosus D. Don, Prodr. Fl. Nepal. 87 (1825).
云南、西藏；印度、克什米尔、不丹、尼泊尔。

台南通泉草
●**Mazus tainanensis** T. H. Hsieh, Taiwania 45 (2): 143 (2000).
台湾。

休宁通泉草
●**Mazus xiuningensis** X. H. Guo et X. L. Liu, Acta Phytotax. Sin. 28 (2): 163, pl. 1 (1990).
安徽。

沟酸浆属 Mimulus L.

葡生沟酸浆
●**Mimulus bodinieri** Vaniot, Bull. Acad. Int. Géogr. Bot. 15 (185-186): 86 (1905).
云南。

小苞沟酸浆
●**Mimulus bracteosus** P. C. Tsoong, Acta Phytotax. Sin. 3 (4): 415 (1955).
Mimulus bracteosus f. *salicifolia* P. C. Tsoong, Acta Phytotax. Sin. 3 (4): 415 (1955).
四川。

四川沟酸浆
●**Mimulus szechuanensis** Pai, Contr. Inst. Bot. Natl. Acad. Peiping. 2: 119 (1934).
Mimulus szechuanensis var. *glandulosa* Pai, Contr. Inst. Bot. Natl. Acad. Peiping. 2: 119 (1934).
陕西、甘肃、湖南、湖北、四川、云南。

沟酸浆
Mimulus tenellus Bunge, Enum. Pl. Chin. Bor. 49 (1833).
吉林、辽宁、河北、山西、山东、陕西、河南、甘肃、浙江、江西、湖南、湖北、四川、贵州、云南、西藏、台湾；日本、越南、印度、尼泊尔。

沟酸浆（原变种）
●**Mimulus tenellus** var. **tenellus**
吉林、辽宁、河北、山西、山东、河南、陕西。

尼泊尔沟酸浆（变种）
Mimulus tenellus var. **nepalensis** (Benth.) P. C. Tsoong, Fl. Reipubl. Popularis Sin. 67 (2): 171 (1979).
Mimulus nepalensis Benth., Scroph. Ind. 29 (1835); *Mimulus assamicus* Griff., Madras J. Lit. Sci. 4: 375 (1836); *Mimulus formosanus* Hayata, Icon. Pl. Formosan. 9: 79 (1920); *Mimulus tenellus* subsp. *nepalensis* (Benth.) D. Y. Hong, Icon. Corm. Sinicorum 4: 13 (1975).
河南、甘肃、浙江、江西、湖南、湖北、四川、贵州、云南、西藏、台湾；日本、越南、印度、尼泊尔。

南红藤（变种）（宽叶沟酸浆）
●**Mimulus tenellus** var. **platyphyllus** (Franch.) P. C. Tsoong, Fl. Reipubl. Popularis Sin. 67 (2): 171 (1979).
Mimulus nepalensis Benth. var. *platyphyllus* Franch., Pl. David. 2: 103 (1888); *Mimulus tenellus* var. *maior* (H. J. P. Winkl.) Hand.-Mazz., Symb. Sin. 7 (4): 833 (1936).
四川、云南。

高大沟酸浆（变种）
●**Mimulus tenellus** var. **procerus** (A. L. Grant) Hand.-Mazz., Symb. Sin. 7 (4): 832 (1936).
Mimulus nepalensis Benth. var. *procerus* A. L. Grant, Ann. Missouri Bot. Gard. 11: 207, pl. 3, f. 2 (1924).
四川、云南。

西藏沟酸浆
●**Mimulus tibeticus** P. C. Tsoong et H. P. Yang, Fl. Reipubl. Popularis Sin. 67 (2): 399, f. 45 (1979).
西藏。

透骨草属 Phryma L.

透骨草（药曲草，粘人裙，倒刺草）
Phryma leptostachya L. subsp. **asiatica** (H. Hara) Kitam., Acta Phytotax. Geobot. 17: 7 (1957).
Phryma leptostachya var. *asiatica* H. Hara, Enum. Spermatoph. Jap. 1: 297 (1948); *Phryma asiatica* (Hara) Degener et I. Degener, Phytologia 22 (3): 212 (1971); *Phryma esquirolii* H. Lév., Repert. Spec. Nov. Regni Veg. 12: 534 (1913); *Phryma oblongifolia* Koidz., Bot. Mag. (Tokyo) 43: 400 (1929); *Phryma leptostachya* var. *oblongifolia* (Koidz.) Honda, Bot. Mag. (Tokyo) 50: 608 (1936); *Phryma leptostachya* var. *melanostachya* Kitag., Rep. Inst. Sci. Res. Manchoukuo 1: 323 (1937); *Phryma leptostachya* f. *melanostachya* (Kitag.) Kitag., Neolin. Fl. Manshur. 578 (1979); *Phryma nana* Koidz., Acta Phytotax. Geobot. 8. 191 (1939); *Phryma leptostachya* var. *nana* (Koidz.) Hara, Enum. Spermatoph. Jap. 1: 297 (1948); *Phryma humilis* Koidz., Acta Phytotax. Geobot. 8. 192 (1939); *Phryma leptostachya* var. *humilis* (Koidz.) Hara, Enum. Spermatoph. Jap. 1: 297 (1948).
黑龙江、吉林、辽宁、河北、山西、山东、河南、陕西、甘肃、安徽、江苏、浙江、江西、福建；越南、朝鲜、日本、印度、巴基斯坦、克什米尔、尼泊尔、俄罗斯。

240. 泡桐科 PAULOWNIACEAE
[1 属：7 种]

泡桐属 Paulownia Siebold et Zucc.

南方泡桐
●**Paulownia × taiwaniana** T. W. Hu et H. J. Chang, Taiwania 20 (2): 166 (1975).
Paulownia australis T. Gong, Acta Phytotax. Sin. 14 (2): 43, pl. 3 (1976).
浙江、湖南、福建、台湾、广东。

楸叶泡桐（山东泡桐，无籽泡桐，小叶泡桐）
●**Paulownia catalpifolia** T. Gong ex D. Y. Hong, Novon 7 (4): 366 (1997).
山东。

兰考泡桐
●**Paulownia elongata** S. Y. Hu, Quart. J. Taiwan Mus. 12 (1-2): 41, pl. 3 (1959).
河北、山西、山东、河南、陕西、安徽、江苏、湖北。

川泡桐
Paulownia fargesii Franch., Bull. Mus. Natl. Hist. Nat. 2 (6): 280 (1896).
湖南、湖北、四川、贵州、云南；越南。

白花泡桐
Paulownia fortunei (Seem.) Hemsl., J. Linn. Soc., Bot. 26: 180 (1890).
Campsis fortunei Seem., J. Bot. 5 (60): 373 (1867); *Paulownia meridionalis* Dode, Bull. Soc. Dendrol. France 8: 162 (1908); *Paulownia duclouxii* Dode, Bull. Soc. Dendrol. France 8: 162 (1908); *Paulownia mikado* T. Itô, J. Hort. Assoc. Japan 23 (1): 5 (1910).
安徽、浙江、江西、湖南、湖北、四川、贵州、云南、福建、台湾、广东、广西；越南、老挝。

台湾泡桐（黄毛泡桐，木桐木）
●**Paulownia kawakamii** T. Itô, Icon. Pl. Japon. 1 (4): 1, pl. 15 (1912).
Paulownia thyrsoidea Rehder, Pl. Wilson. 1 (3): 576 (1913); *Paulownia rehderiana* Hand.-Mazz., Anz. Akad. Wiss. Wien, Math.-Naturwiss. Kl. 58: 153 (1921); *Paulownia viscosa* Hand.-Mazz., Sinensia 5 (1-2): 7 (1934).
浙江、江西、湖南、湖北、贵州、福建、台湾、广东、广西。

毛泡桐
Paulownia tomentosa (Thunb.) Steud., Nomencl. Bot. ed. 2. 2: 278 (1841).
Bignonia tomentosa Thunb., Nova Acta Regiae Soc. Sci. Upsal. 4: 35 (1783).
辽宁、河北、山西、山东、河南、陕西、甘肃、安徽、江苏、江西、湖南、湖北、四川；朝鲜、日本、欧洲、北美洲。

毛泡桐（原变种）
Paulownia tomentosa var. **tomentosa**
Incarvillea tomentosa (Thunb.) Spreng., Syst. Veg. (ed. 16) 2: 836 (1825); *Paulownia imperialis* Siebold et Zucc., Fl. Jap. (Siebold) 1: 27, pl. 10 (1835); *Paulownia grandifolia* Hort. ex Wettstein, Pflanzenr. (Engler). 35 (IV): 67 (1891); *Paulownia imperialis* var. *lanata* Dode, Bull. Soc. Dendrol. France 8: 160 (1908); *Paulownia tomentosa* var. *lanata* (Dode) C. K. Schneid., Ill. Handb. Laubholzk. 2: 618 (1911); *Paulownia recurva* Rehder, Pl. Wilson. 1 (3): 577 (1913); *Paulownia tomentosa* var. *japonica* Elwes, Gard. Chron. ser. 3. 69: 273 (1921); *Paulownia lilacina* Sprague, Bot. Mag. (Lond). 147: t. 8926-7 (1938).
辽宁、河北、山西、山东、河南、陕西、安徽、江苏、江西、湖南、湖北；朝鲜、日本、欧洲、北美洲广为栽培。

光泡桐（变种）
●**Paulownia tomentosa** var. **tsinlingensis** (Pai) T. Gong, Acta Phytotax. Sin. 14 (2): 43 (1976).
Paulownia fortunei (Seem.) Hemsl. var. *tsinlingensis* Pai, Contr. Inst. Bot. Natl. Acad. Peiping. 3: 59 (1935); *Paulownia glabrata* Rehder, Pl. Wilson. 1 (3): 575 (1913); *Paulownia shensiensis* Pai, Contr. Inst. Bot. Natl. Acad. Peiping. 3. 59 (1935).
山西、山东、河南、陕西、甘肃、湖北、四川。

241. 列当科 OROBANCHACEAE

[32 属：476 种]

野菰属 Aeginetia L.

短梗野菰

Aeginetia acaulis (Roxb.) Walp., Repert. Bot. Syst. (Walpers) 3: 481 (1844).
Orobanche acaulis Roxb., Pl. Coromandel 3: 89 (1819); *Orobanche pedunculata* Roxburgh, Hort. Bengal. 45 (1814); *Aeginetia pedunculata* Roxb. ex Wall., in Wallich, Pl. Asiat. Rar. 10: 13, pl. 219 (1831).

贵州、广西；柬埔寨、缅甸、印度尼西亚、菲律宾、印度。

野菰（土灵芝草，马口含珠，鸭脚板）

Aeginetia indica L., Sp. Pl. 2: 632 (1753).
Orobanche aeginetia L., Sp. Pl., (ed. 2). 883 (1763); *Aeginetia japonica* Siebold et Zucc., Fl. Jap. sect. 1. 17 (1835); *Phelipaea indica* (L.) A. Spreng. ex Steud., Nomencl. ed. 2. 318 (1842).

安徽、江苏、浙江、江西、湖南、四川、贵州、云南、福建、台湾、广东、广西；日本、越南、老挝、柬埔寨、缅甸、泰国、马来西亚、印度尼西亚、菲律宾、印度、不丹、尼泊尔、孟加拉国、斯里兰卡。

中国野菰（横杯草）

Aeginetia sinensis Beck, Pflanzenr. IV. 261 (Heft 96): 19 (1930).

安徽、浙江、江西、福建；日本。

黑蒴属 Alectra Thunb.

黑蒴

Alectra arvensis (Benth.) Merr., Philipp. J. Sci. 12 (2): 109 (1917).
Glossostylis avensis Benth., Scroph. Ind. 49 (1835); *Melasma arvense* (Benth.) Hand.-Mazz., Symb. Sin. 7 (4): 843 (1936); *Alectra indica* Benth. Prodr. 10: 339 (1846); *Alectra dentata* (Benth.) Kuntze, Revis. Gen. Pl. 2: 458 (1891); *Sopubia formosana* Hayata, J. Coll. Sci. Imp. Univ. Tokyo 25 (19): 175 (1908); *Micrargeria formosana* (Hayata) Hayata, Icon. Pl. Formosan. 5: 126 (1915).

云南、台湾、广东、广西；缅甸、印度尼西亚、菲律宾、印度、不丹。

草苁蓉属 Boschniakia C. A. Mey. ex Bong.

丁座草（千斤坠，枇杷芋，半夏）

Boschniakia himalaica Hook. f. et Thomson, Fl. Brit. Ind. 4 (11): 327 (1884).
Xylanche himalaica (Hook. f. et Thomson) G. Beck, Monogr. Orob. 58 (1890); *Boschniakia kawakamii* Hayata, Icon. Pl. Formosan. 4: 19 (1914); *Boschniakia handelii* Beck, Monogr. Orob. 328, f. 23 (H-O) (1930); *Boschniakia handelii* f. *minor* Beck, Monogr. Orob. 329 (1930).

陕西、甘肃、青海、湖北、四川、云南、西藏、台湾；印度北部、不丹、尼泊尔。

草苁蓉

Boschniakia rossica (Cham. et Schltdl.) B. Fedtsch., Fl. Europ. Ross. 896, f. 875 (1910).
Orobanche rossica Cham. et Schlecht., Linnaea 3 (2): 132 (1828).

黑龙江、吉林、辽宁、内蒙古；朝鲜、日本、俄罗斯、北美洲（阿拉斯加）。

草苁蓉（原变种）

Boschniakia rossica (Cham. et Schltdl.) B. Fedtsch., Fl. Europ. Ross. 896, f. 875 (1910).
Boschniakia glabra C. A. Mey. ex Bong., Mém. Acad. Imp. Sci. St.-Pétersbourg Divers Savans 2: 159 (1833); *Orobanche glabra* (C. A. Mey. ex Bong.) Hook., Fl. Bor.-Amer. 2 (8): 91 (1837).

黑龙江、吉林、辽宁、内蒙古；朝鲜、日本、俄罗斯、北美洲（阿拉斯加）。

黄色草苁蓉（变种）

●**Boschniakia rossica** var. **flavida** Y. Zhang et J. Y. Ma, Bull. Bot. Res., Harbin 23 (4): 390 (2003).

内蒙古、大兴安岭。

来江藤属 Brandisia Hook. f. et Thomson

茎花来江藤

●**Brandisia cauliflora** P. C. Tsoong et L. T. Lu, Fl. Reipubl. Popularis Sin. 67 (2): 394 (1979).

广西。

异色来江藤

Brandisia discolor Hook. f. et Thomson, J. Linn. Soc., Bot. 8: 11, pl. 4 (1864).

云南；越南、老挝、缅甸、泰国、印度。

退毛来江藤

Brandisia glabrescens Rehder, Pl. Wilson. 1 (3): 574 (1913).

云南；越南。

退毛来江藤（原变种）

Brandisia glabrescens var. **glabrescens**

云南；越南。

黄背退毛来江藤（变种）

●**Brandisia glabrescens** var. **hypochrysa** P. C. Tsoong, Fl.

Reipubl. Popularis Sin. 67 (2): 394 (1979).
云南。

来江藤
●**Brandisia hancei** Hook. f., Fl. Brit. Ind. 4 (11): 257 (1884).
Brandisia laetevirens Rehder, Pl. Wilson. 1 (3): 573 (1913).
陕西、湖北、四川、贵州、云南、广东、广西。

广西来江藤
●**Brandisia kwangsiensis** H. L. Li, J. Arnold Arbor. 28 (1): 133 (1947).
贵州、云南、广西。

总花来江藤
●**Brandisia racemosa** Hemsl., Bull. Misc. Inform. Kew 1895 (100-101): 114 (1895).
贵州、云南。

红花来江藤
Brandisia rosea W. W. Sm., Notes Roy. Bot. Gard. Edinb. 10 (46): 10 (1918).
四川、云南、西藏；印度、不丹。

红花来江藤（原变种）
Brandisia rosea var. **rosea**
四川、云南；印度、不丹。

黄花红花来江藤（变种）
Brandisia rosea var. **flava** C. E. C. Fisch., Bull. Misc. Inform. Kew 1934 (2): 93 (1934).
云南、西藏；不丹。

岭南来江藤
●**Brandisia swinglei** Merr., Philipp. J. Sci. 13 (3): 157 (1918).
湖南、广东、广西。

黑草属 Buchnera L.

黑草（坡饼，鬼羽箭）
Buchnera cruciata Buch.-Ham. ex D. Don, Prodr. Fl. Nepal. 91 (1825).
Buchnera stricta Benth., Companion Bot. Mag. (Tokyo) 1: 367 (1835); *Buchnera densiflora* Hook. et Arn., Bot. Beechey Voy. 203 (1841).
江西、湖南、湖北、贵州、云南、福建、广东、广西；越南、老挝、柬埔寨、缅甸、泰国、马来西亚、印度尼西亚、印度、尼泊尔。

火焰草属 Castilleja Mutis ex L. f.

火焰草
Castilleja pallida (L.) Spreng. Syst. Veg. 2: 774 (1825).
Bartsia pallida L., Sp. Pl. 2: 602 (1753).
黑龙江、内蒙古；蒙古、俄罗斯、欧洲、北美洲。

胡麻草属 Centranthera R. Br.

胡麻草
Centranthera cochinchinensis (Lour.) Merr., Trans. Amer. Philos. Soc. ser. 2. 24 (2): 353 (1935).
Digitalis cochinchinensis Lour., Fl. Cochinch. 2: 378 (1790).
安徽、江苏、江西、湖南、四川、云南、西藏、福建、广东、广西、海南；朝鲜、日本、越南、老挝、柬埔寨、缅甸、泰国、马来西亚、印度尼西亚、菲律宾、印度、尼泊尔、斯里兰卡、大洋洲。

胡麻草（原变种）
Centranthera cochinchinensis var. **cochinchinensis**
Razumovia longiflora Merr., Bull. Torrey Bot. Club 64 (9): 593 (1937); *Centranthera cochinchinensis* var. *longiflora* (Merr.) P. C. Tsoong, Fl. Reipubl. Popularis Sin. 67 (2): 405 (1979).
安徽、福建、广东、广西、海南；朝鲜、日本、越南、老挝、柬埔寨、缅甸、泰国、马来西亚、印度尼西亚、菲律宾、印度、尼泊尔、斯里兰卡、大洋洲。

中南胡麻草（变种）
Centranthera cochinchinensis var. **lutea** (Hara) H. Hara, Enum. Spermatoph. Jap. 1: 246 (1948).
Razumovia cochinchinensis var. *lutea* H. Hara, J. Jap. Bot. 17: 397 (1941); *Centranthera rubra* H. L. Li, Bot. Bull. Acad. Sin. 2: 76 (1961).
安徽、江苏、江西、湖南、四川、云南、西藏、福建、广东、广西、海南；朝鲜、日本、越南、老挝、柬埔寨、缅甸、泰国、马来西亚、菲律宾、印度。

西南胡麻草（变种）
Centranthera cochinchinensis var. **nepalensis** (D. Don) Merr., Anniv. Vol. Bot. Gard. Calcutta 56 (1942).
Centranthera nepalensis D. Don, Prodr. Fl. Nepal. 88 (1825).
四川、西藏、云南；印度、尼泊尔、斯里兰卡。

大花胡麻草
Centranthera grandiflora Benth., Scroph. Ind. 50 (1835).
Razumovia grandiflora (Wall. ex Benth.) Merr., Bull. Torrey Bot. Club 64 (9): 590 (1937).
贵州、云南、西藏、广西；越南、缅甸、印度、不丹、尼泊尔。

矮胡麻草
Centranthera tranquebarica (Spreng.) Merr., Sunyatsenia 5 (4): 182 (1940).
Razumovia tranquebarica Spreng., Mant. Prim. Fl. Hal. 45 (1807); *Centranthera humifusa* Wall. ex Benth., Scroph. Ind. 50 (1835); *Centranthera tonkinensis* Bonati, Notul. Syst. (Paris) 1 (11): 337 (1911).
福建、广东、广西、海南；越南、老挝、柬埔寨、泰国、马来西亚、印度、斯里兰卡。

假野菰属 Christisonia Gardner

假野菰（竹花，竹子花，花菰）
Christisonia hookeri C. B. Clarke, Fl. Brit. Ind. 4 (11): 321 (1884).
Christisonia sinensis Beck, Pflanzenr. 4: 314, f. 20 (G-J) (1930); *Gleadovia lepoense* Hu, Sunyatsenia 4 (1-2): 6-7, t. 3 (1939); *Gleadovia kwangtungense* Hu, Sunyatsenia 4 (1-2): 7-9, f. 1 (1939).
四川、贵州、云南、广东、广西、海南；老挝、泰国、印度、斯里兰卡。

肉苁蓉属 Cistanche Hoffmanns. et Link

肉苁蓉（苁蓉，大芸）
Cistanche deserticola Ma, Acta Sci. Nat. Univ. Intramongol. 1960 (1): 63, f. 1 (1960).
内蒙古、宁夏、甘肃、新疆；蒙古。

兰州肉苁蓉
Cistanche lanzhouensis Z. Y. Zhang, Bull. Bot. Res. 4 (4): 114 f. 1-6 (1984).
Cistanche ningxiaensis D. Z. Ma et J. A. Duan, Acta Bot. Boreal.-Occid. Sin. 13 (1): 75 (1993).
内蒙古、甘肃、宁夏；蒙古东部和南部。

盐生肉苁蓉
Cistanche salsa (C. A. Mey.) Beck in Engler et Prantl, Nat. Pflanzenfam. 4 (3b): 129 (1895).
Phelipaea salsa C. A. Mey., Fl. Altaic. 2: 461 (1830); *Cistanche salsa* var. *albiflora* P. F. Tu et Z. C. Lou, Bull. Bot. Res. 14 (1): 32, f. 1-7 (1994).
内蒙古、甘肃、青海、新疆；蒙古、土库曼斯坦、乌兹别克斯坦、吉尔吉斯斯坦、塔吉克斯坦、哈萨克斯坦、亚洲西南部。

沙苁蓉
●**Cistanche sinensis** Beck, Pflanzenr. IV. 261 (Heft 96): 38 (1930).
Cistanche feddeana K. S. Hao, Repert. Spec. Nov. Regni Veg. 34: 222 (1934).
内蒙古、甘肃、宁夏、新疆。

管花肉苁蓉
Cistanche tubulosa Wight, Icon. Pl. Ind. Orient. 4: pl. 1420 et 1420b (1850).
Phelipaea tubulosa Schenk, Pl. Spec. Schubert 23 (1840); *Cistanche lutea* Wight, Ill. Ind. Bot. 2: 180 (1850); *Cistanche tubulosa* var. *tomentosa* Hook. f., Fl. Brit. Ind. 4: 324 (1884).
新疆；印度、巴基斯坦、阿拉伯半岛、亚洲中部、非洲北部。

芯芭属 Cymbaria L.

达乌里芯芭
Cymbaria daurica L., Sp. Pl. 2: 618 (1753).
黑龙江、吉林、内蒙古、河北；蒙古、俄罗斯。

蒙古芯芭
●**Cymbaria mongolica** Maxim., Mém. Acad. Imp. Sci. St.-Pétersbourg 29: 66, pl. 4, f. 11-20 (1881).
Cymbaria linearifolia K. S. Hao, Repert. Spec. Nov. Regni Veg. 36 (947-950): 224 (1934).
内蒙古、河北、山西、陕西、甘肃、青海。

小米草属 Euphrasia L.

东北小米草
Euphrasia amurensis Freyn, Oesterr. Bot. Z. 52 (10): 404 (1902).
黑龙江、内蒙古；俄罗斯。

短唇小米草
●**Euphrasia brevilabris** Yi. F. Wang, Y. S. Lian et G. Z. Du, Acta Phytotax. Sin. 45 (5): 706, f. 1 (2007).
甘肃。

多腺小米草
●**Euphrasia durietziana** Ohwi, Acta Phytotax. Geobot. 2 (3): 149 (1933).
Euphrasia durietzii Yamam., J. Soc. Trop. Agric. 6: 561, f. 13 (1934).
台湾。

长腺小米草
Euphrasia hirtella Jord. ex Reut., Compt. Rend. Soc. Haller. 4: 120 (1854).
Euphrasia hirtella var. *paupera* T. Yamaz., Acta Phytotax. Geobot. 19 (4-6): 167 (1963).
黑龙江、吉林、内蒙古、新疆、西藏；朝鲜、蒙古、哈萨克斯坦、俄罗斯、欧洲。

大花小米草
Euphrasia jaeschkei Wettst., Monogr. Euphrasia. 80, pl. 11, f. 5 (1896).
西藏；印度、巴基斯坦、尼泊尔。

光叶小米草
●**Euphrasia matsudae** Yamam., Trans. Nat. Hist. Soc. Taiwan 20: 107 (1930).
Euphrasia exilis Ohwi, Acta Phytotax. Geobot. 2 (4): 306 (1933); *Euphrasia bilineata* Ohwi, Acta Phytotax. Geobot. 2 (4): 306 (1933); *Euphrasia masamuneana* Ohwi, Acta Phytotax. Geobot. 2 (4): 307 (1933); *Euphrasia filicaulis* Y. Kimura, Acta Phytotax. Geobot. 13: 203 (1943).
台湾。

高山小米草
●**Euphrasia nankotaizanensis** Yamam., Trans. Nat. Hist. Soc. Taiwan 20: 104 (1930).
台湾。

小米草

Euphrasia pectinata Ten., Fl. Nap. 1: 36 (1811).
黑龙江、吉林、辽宁、内蒙古、河北、山西、山东、宁夏、甘肃、青海、新疆、四川；朝鲜、蒙古、俄罗斯、欧洲。

小米草（原亚种）

Euphrasia pectinata subsp. **pectinata**
Euphrasia tatarica Fisch. ex Spreng., Syst. Veg. ed. 16. 2: 777 (1825).
黑龙江、吉林、辽宁、内蒙古、河北、山西、山东、宁夏、甘肃、青海、新疆、四川；朝鲜、蒙古、俄罗斯、欧洲。

四川小米草（亚种）（小米草四川亚种）

●**Euphrasia pectinata** subsp. **sichuanica** D. Y. Hong, Fl. Reipubl. Popularis Sin. 67 (2): 406 (1979).
四川。

高枝小米草（亚种）（小米草高枝亚种）

Euphrasia pectinata subsp. **simplex** (Freyn) D. Y. Hong, Fl. Reipubl. Popularis Sin. 67 (2): 406 (1979).
Euphrasia maximowiczii Wettst. var. *simplex* Freyn, Oesterr. Bot. Z. 52 (10): 404 (1902); *Euphrasia subpetiolaris* Pugsley, J. Bot. 74. 282 (1936); *Euphrasia tatarica* Fisch. ex Spreng. var. *simplex* (Freyn) T. Yamaz., Acta Phytotax. Geobot. 19 (4-6): 168 (1963).
黑龙江、吉林、辽宁、内蒙古、河北、山西、山东、新疆；朝鲜、俄罗斯。

矮小米草

●**Euphrasia pumilio** Ohwi, Acta Phytotax. Geobot. 2 (4): 306 (1933).
Euphrasia fukuyamai Masam., Trans. Nat. Hist. Soc. Taiwan 26: 54 (1936); *Euphrasia kanzanensis* Masam., Trans. Nat. Hist. Soc. Taiwan 26: 53 (1936).
台湾。

短腺小米草

Euphrasia regelii Wettst., Monogr. Euphrasia. 81, pl. 3, f. 111; pl. 11, f. 6 (1896).
内蒙古、河北、山西、陕西、甘肃、青海、新疆、湖北、四川、云南、西藏；蒙古、克什米尔、乌兹别克斯坦、吉尔吉斯斯坦、塔吉克斯坦、哈萨克斯坦。

短腺小米草（原亚种）

Euphrasia regelii subsp. **regelii**
Euphrasia kingdon-wardii Pugsley, J. Bot. 74: 282 (1936); *Euphrasia fangii* H. L. Li, Notul. Nat. Acad. Nat. Sci. Philadelphia 254: 3 (1953); *Euphrasia forrestii* H. L. Li, Notul. Nat. Acad. Nat. Sci. Philadelphia 254: 6 (1953); *Euphrasia rockii* H. L. Li, Notul. Nat. Acad. Nat. Sci. Philadelphia 254: 5 (1953).
内蒙古、河北、山西、陕西、甘肃、青海、新疆、湖北、四川、云南、西藏；蒙古、克什米尔、乌兹别克斯坦、吉尔吉斯斯坦、塔吉克斯坦、哈萨克斯坦。

川藏短腺小米草（亚种）

●**Euphrasia regelii** subsp. **kangtienensis** D. Y. Hong, Fl. Reipubl. Popularis Sin. 67 (2): 406 (1979).
四川、西藏。

大鲁阁小米草

●**Euphrasia tarokoana** Ohwi, Acta Phytotax. Geobot. 2 (3): 149 (1933).
台湾。

台湾小米草

●**Euphrasia transmorrisonensis** Hayata, Icon. Pl. Formosan. 5: 125, f. 48-A (1915).
台湾。

台湾小米草（原变种）

●**Euphrasia transmorrisonensis** var. **transmorrisonensis**
Euphrasia tatakensis Masam., Trans. Nat. Hist. Soc. Taiwan 28: 433 (1938).
台湾。

台湾碎雪草（变种）

●**Euphrasia transmorrisonensis** var. **durietziana** (Ohwi) T. C. Huang et M. J. Wu, Fl. Taiwan ed. 2. 4: 595 (1998).
台湾。

蔗寄生属 **Gleadovia** Gamble et Prain

宝兴蔗寄生

●**Gleadovia mupinense** Hu, Sunyatsenia 4 (1-2): 2, pl. 1 (1939).
四川。

蔗寄生（石腊竹）

Gleadovia ruborum Gamble et Prain, J. Asiat. Soc. Bengal, Pt. 2, Nat. Hist. 69 (2): 489 (1900).
Gleadovia yunnanense Hu, Sunyatsenia 4 (1-2): 4, pl. 2 (1939).
湖南、湖北、四川、云南、广西；印度。

齿鳞草属 **Lathraea** L.

齿鳞草

Lathraea japonica Miq., Ann. Mus. Bot. Lugduno-Batavi 3: 205 (1867).
Lathraea miqueliana Franch. et Sav., Enum. Pl. Jap. 2: 461 (1879); *Lathraea japonica* var. *miqueliana* (Franch. et Sav.) Ohwi, Fl. Jap. 811 (1965); *Lathraea nakaharai* Makino, Bot. Mag. (Tokyo) 28 (329): 156 (1914); *Lathraea chinfushanica* Hu et Tang, Bull. Fan Mem. Inst. Biol. Bot. 5: 315 (1934).
陕西、甘肃、四川、贵州、广东；朝鲜、日本。

方茎草属 Leptorhabdos Schrenk ex Fisch. et C. A. Mey

方茎草
Leptorhabdos parviflora (Benth.) Benth., in A. DC., Prodr. 10: 510 (1846).
Gerardia parviflora Benth., Scroph. Ind. 48 (1835); *Leptorhabdos micrantha* Schrenk, Enum. Pl. Nov. 1: 24 (1841).
甘肃、新疆、西藏；印度、巴基斯坦、克什米尔、阿富汗、土库曼斯坦、乌兹别克斯坦、吉尔吉斯斯坦、塔吉克斯坦、哈萨克斯坦、亚洲西南部。

豆列当属 Mannagettaea Harry Sm.

矮生豆列当
Mannagettaea hummelii Harry Sm., Acta Horti Gothob. 8: 138. Pl. 3a, f. 4 (1933).
Gleadovia kokonorica Keng f., Sunyatsenia 7 (1): 3, pl. 1 (1948); *Mannagettaea ircutensis* Popov, Bot. Mater. Gerb. Bot. Inst. Komarova Akad. Nauk S. S. S. R. 16: 10, pl. 2 (1954).
甘肃、青海；俄罗斯。

豆列当
●**Mannagettaea labiata** Harry Sm., Acta Horti Gothob. 8: 137, pl. 3b, f. 3 (1933).
四川。

山罗花属 Melampyrum L.

天柱山罗花
●**Melampyrum aphraditis** S. B. Zhou et X. H. Guo, Bull. Bot. Res. 23 (3): 263 (2003).
安徽。

滇川山罗花
●**Melampyrum klebelsbergianum** Soó, J. Bot. 65 (5): 144 (1927).
Chingyungia scutellarioidea T. M. Ai, Bull. Bot. Res., Harbin 15 (2): 182 (1995).
四川、贵州、云南。

圆苞山罗花
Melampyrum laxum Miq., Ann. Mus. Bot. Lugduno-Batavi 2: 123 (1865).
浙江、福建；日本。

山罗花
Melampyrum roseum Maxim., Prim. Fl. Amur. 210 (1859).
黑龙江、吉林、辽宁、河北、山西、山东、河南、陕西、甘肃、安徽、江苏、浙江、江西、湖南、湖北、贵州、福建、广东；朝鲜、日本、俄罗斯。

山罗花（原变种）
Melampyrum roseum var. **roseum**
Melampyrum roseum var. *hirsutum* Beauverd, Prim. Fl. Amur. 210 (1859); *Melampyrum roseum* subsp. *hirsutum* (Beauverd) Soó, J. Bot. 65: 143 (1927)
黑龙江、吉林、辽宁、河北、山西、山东、河南、陕西、甘肃、安徽、江苏、浙江、江西、湖南、湖北、贵州、福建、广东；朝鲜、日本、俄罗斯。

钝叶山罗花（变种）
●**Melampyrum roseum** var. **obtusifolium** (Bonati) D. Y. Hong, Fl. Reipubl. Popularis Sin. 67 (2): 405 (1979).
Melampyrum obtusifolium Bonati, Nuovo Giorn. Bot. Ital., n.s. 17 (4): 713 (1910); *Scutellaria esquirolii* H. Lév. et Vaniot, Repert. Spec. Nov. Regni Veg. 8 (182-184): 402 (1910); *Melampyrum laxum* Miq. var. *henryanum* Beauverd, Mém. Soc. Phys. Genève 38: 542 (1916); *Melampyrum esquirolii* (H. Lév. et Vaniot) Hand.-Mazz., Symb. Sin. 7 (4): 846 (1936).
湖北、贵州、广东。

卵叶山罗花（变种）
Melampyrum roseum var. **ovalifolium** (Nakai) Nakai ex Beauverd, Mém. Soc. Phys. Genève 38: 549 (1916).
Melampyrum ovalifolium Nakai, Bot. Mag. (Tokyo) 23: 6 (1909).
浙江；朝鲜、日本。

狭叶山罗花（变种）
Melampyrum roseum var. **setaceum** Maxim. ex Palib., Trudy Imp. S.-Peterburgsk. Bot. Sada 18 (2): 168 (1900).
Melampyrum setaceum (Maxim. ex Palib.) Nakai, Bot. Mag. (Tokyo) 23: 9 (1909).
辽宁；朝鲜、俄罗斯。

鹿茸草属 Monochasma Maxim. ex Franch. et Sav.

单花鹿茸草
●**Monochasma monantha** Hemsl., J. Linn. Soc., Bot. 26 (194): 203 (1890).
广东。

沙氏鹿茸草
Monochasma savatieri Franch. ex Maxim., Mém. Acad. Imp. Sci. Saint-Pétersbourg, Sér. 7. 29: 58, pl. 2, f. 19-29 (1881).
浙江、江西、福建；日本。

鹿茸草
Monochasma sheareri (S. Moore) Maxim. ex Franch. et Sav., Enum. Pl. Jap. 2: 458 (1876).
Bungea sheareri S. Moore, J. Bot. 13 (152): 229 (1875).
安徽、江苏、浙江、江西、湖北、广西；日本。

疗齿草属 Odontites Ludw.

疗齿草
Odontites vulgaris Moench, Methodus (Moench) 499 (1794).
Euphrasia odontites L., Sp. Pl. 2: 604 (1753); *Euphrasia serotina* Lam., Fl. Franç. 2: 350 (1778); *Odontites serotina* (Lam.) Dumort., Fl. Belg. (Dumortier) 32 (1827).
黑龙江、吉林、辽宁、内蒙古、河北、山西、陕西、宁夏、甘肃、青海、新疆；蒙古、乌兹别克斯坦、吉尔吉斯斯坦、塔吉克斯坦、哈萨克斯坦、俄罗斯、欧洲。

脐草属 Omphalotrix Maxim.

脐草
Omphalotrix longipes Maxim., Mém. Acad. Imp. Sci. Saint Pétersbourg, Sér. 7. 9: 209 (1858).
黑龙江、吉林、辽宁、内蒙古、河北、北京；朝鲜、俄罗斯。

列当属 Orobanche L.

分枝列当（瓜列当）
Orobanche aegyptiaca Pers., Syn. Pl. (Persoon) 2 (1): 181 (1807).
Orobanche ramosa L. Sp. Pl. 2: 633 (1753); *Orobanche indica* Buch.-Ham. ex Roxb., Fl. Ind., ed. 1832. 3: 27 (1832); *Phelipaea aegyptiaca* (Pers.) Walp., Repert. Bot. Syst. (Walpers) 3: 463 (1844); *Phelipanche aegyptiaca* (Pers.) Pomel, Nouv. Mat. Fl. Atl. 107 (1874).
新疆；印度、巴基斯坦、克什米尔、尼泊尔、孟加拉国、阿富汗、土库曼斯坦、乌兹别克斯坦、吉尔吉斯斯坦、塔吉克斯坦、哈萨克斯坦、俄罗斯、亚洲西南部、非洲。

白花列当
Orobanche alba Stephan, Sp. Pl. 3 (1): 350 (1800).
四川、西藏；巴基斯坦、克什米尔、尼泊尔、阿富汗、土库曼斯坦、亚洲西南部、欧洲。

多色列当
Orobanche alsatica Kirschl., Prod. Fl. Alsat. 109 (1836).
Orobanche bartlingii Griseb., Spic. Fl. Rumel. 2: 57 (1845); *Orobanche alsatica* var. *libanotidis* (Rupr.) Beck, Monogr. Orob. 177, t. 3, fig. 49 (2) (1890); *Orobanche alsatica* subsp. *libanotidis* (Rupr.) Tzvelev, Novit. Syst. Pl. Vasc. (Leningrad) 10: 363 (1973).
湖北、四川；乌兹别克斯坦、吉尔吉斯斯坦、哈萨克斯坦、俄罗斯、亚洲西南部、欧洲。

美丽列当
Orobanche amoena C. A. Mey., Fl. Altaic. 2: 457 (1830).
辽宁、内蒙古、河北、山西、陕西、新疆；蒙古、土库曼斯坦、乌兹别克斯坦、吉尔吉斯斯坦、塔吉克斯坦、哈萨克斯坦。

光药列当
Orobanche brassicae (Novopokr.) Novopokr., Izv. Donsk. Inst. Sel'sk. Kohz. Melior. 9: 47 (1929).
Orobanche mutelii F. W. Schultz subsp. *brassicae* Novopokr., Izv. Donsk. Inst. Sel'sk. Kohz. Melior. 8: 52, pl. 1 (1928); *Phelipanche brassicae* (Novopokr.) Soják, Cas. Nar. Mus. Odd. Prir. 140: 129 (1972).
福建；印度、俄罗斯、亚洲西南部、欧洲。

丝毛列当
Orobanche caryophyllacea Sm., Trans. L. Soc. London 4: 169 (1797).
Orobanche vulgaris Poir., Encycl. 4 (2): 621 (1798); *Orobanche galii* Duby, Bot. Gall. 1: 349 (1828); *Orobanche quadrifida* C. Koch, Linnaea 22: 665 (1849).
新疆；土库曼斯坦、乌兹别克斯坦、塔吉克斯坦、俄罗斯、亚洲西南部、欧洲。

弯管列当
Orobanche cernua Loefl., Iter Hispan. 152 (1758).
吉林、内蒙古、河北、山西、陕西、甘肃、青海、新疆、四川、西藏；蒙古、尼泊尔、巴基斯坦、阿富汗、土库曼斯坦、乌兹别克斯坦、吉尔吉斯斯坦、塔吉克斯坦、哈萨克斯坦、俄罗斯、亚洲西南部、欧洲。

弯管列当（原变种）
●**Orobanche cernua** var. **cernua**
吉林、内蒙古、河北、山西、陕西、甘肃、青海、新疆。

欧亚列当（变种）
Orobanche cernua var. **cumana** (Wall.) G. Beck, Monogr. Orob. 143, pl. 2, f. 33 (3) (1890).
Orobanche cumana Wall., Orobanches Gen. Diask. 58 (1825).
吉林、内蒙古、河北、甘肃、青海；蒙古、尼泊尔、阿富汗、土库曼斯坦、乌兹别克斯坦、吉尔吉斯斯坦、塔吉克斯坦、哈萨克斯坦、俄罗斯、亚洲西南部、欧洲。

直管列当（变种）
Orobanche cernua var. **hansii** (A. Kern.) Beck, Monogr. Orob. 144, pl. 2, f. 33 (4) (1890).
Orobanche hansii A. Kern., Nov. Pl. Spec. Decas 2: 15 (1870).
新疆、四川、西藏；巴基斯坦、阿富汗、乌兹别克斯坦、土库曼斯坦、吉尔吉斯斯坦、塔吉克斯坦、哈萨克斯坦、亚洲西南部。

西藏列当
Orobanche clarkei Hook. f., Fl. Brit. Ind. 4 (11): 326 (1884).
西藏；巴基斯坦、克什米尔、塔吉克斯坦。

长齿列当
Orobanche coelestis Boiss. et Reut. ex Beck, Monogr. Orob. 114 (1890).

Phelipaea coelestis (Boiss. et Reut.) Reut., in A. DC., Prodr. 11: 5 (1847); *Phelipaea heldreichii* Reut., in A. DC., Prodr. 11: 8 (1847); *Orobanche coelestis* (Reut.) Boiss. et Reut. ex Beck f. persia Beck, Monogr. Orob. 115 (1890); *Orobanche heldreichii* (Reut.) Beck, Monogr. Orob. 116, pl. 2, f. 22 (1890); *Phelipanche coelestis* (Boiss. et Reut.) Soják, Čas. Nár. Mus., Odd. Přír. 140 (3-4): 130 (1972).

新疆南部；俄罗斯、哈萨克斯坦南部、塔吉克斯坦、乌兹别克斯坦、土库曼斯坦、巴基斯坦、亚洲西南部、欧洲。

列当（兔儿拐棍，独根草）

Orobanche coerulescens Stephan, Sp. Pl. 3 (1): 349 (1800).
Orobanche ammophila C. A. Mey., Fl. Altaic. 2: 454 (1830); *Orobanche canescens* Bunge, Enum. Pl. Chin. Bor. 50, n. 282 (1831); *Orobanche coerulescens* f. *pekinensis* Beck, Monogr. Orob. 138 (1890); *Orobanche bodinieri* H. Lév., Repert. Spec. Nov. Regni Veg. 9 (222-226): 451 (1911); *Orobanche mairei* H. Lév., Repert. Spec. Nov. Regni Veg. 12 (325-330): 285 (1913); *Orobanche nipponica* Makino, J. Jap. Bot. 5 (10): 40 (1928); *Orobanche japonensis* Makino, J. Jap. Bot. 6 (7): 9 (1929); *Orobanche pycnostachya* Hance var. *yunnanensis* Beck, Pflanzenr. (Engler). 4 261 (Heft 96): 118 (1930); *Orobanche korshinskyi* Novopokr., Bot. Mater. Gerb. Bot. Inst. Komarova Akad. Nauk S. S. S. R. 13: 311 (1950); *Orobanche coerulescens* f. *korshinskyi* (Novopokr.) Ma, Fl. Nei Mongol 5: 309 (1980).

黑龙江、辽宁、内蒙古、河北、甘肃、云南；蒙古、日本、俄罗斯、欧洲。

短唇列当

Orobanche elatior Sutton, Trans. L. Soc. London 4: 178 (1797).
Orobanche major L., Sp. Pl. 2: 632 (1753).
甘肃、新疆、湖北；印度、吉尔吉斯斯坦、塔吉克斯坦、哈萨克斯坦、俄罗斯、亚洲西南部、欧洲。

短齿列当

Orobanche kelleri Novopokr., Bot. Mater. Gerb. Bot. Inst. Komarova Akad. Nauk S. S. S. R. 13: 308 (1950).
Phelipanche kelleri (Novopokr.) Soják, Cas. Nar. Mus. Odd. Prir. 140 (3-4): 130 (1972).
新疆；哈萨克斯坦、俄罗斯。

缢筒列当

Orobanche kotschyi Reut., in A. DC., Prodr. 11: 33 (1847).
Orobanche kotschyi var. *gigantea* Beck, Monogr. Orob. 147, pl. 2, f. 35 (2) (1890).
新疆；巴基斯坦、阿富汗、土库曼斯坦、乌兹别克斯坦、吉尔吉斯斯坦、塔吉克斯坦、哈萨克斯坦、亚洲西南部。

丝多毛列当

Orobanche krylowii Beck, Oesterr. Bot. Z. 31: 309 (1881).
Orobanche major L. f. *krylowi* (Beck) Beck, Monogr. Orob. 171, pl. 3, f. 45 (3) (1890).
新疆；吉尔吉斯斯坦、哈萨克斯坦、俄罗斯。

毛列当

Orobanche lanuginosa (C. A. Mey.) Beck ex Krylov, Trudy Obshch. Estestvoisp. Imp. Kazansk. Univ. 9: 202 (1881).
Orobanche caesia Rchb., Pat. Icon. 7: 48, f. 936 (1829); *Phelipaea lanuginosa* C. A. Mey., Fl. Altaic. 2: 460 (1830); *Phelipanche caesia* (Rchb.) Soják, Cas. Nar. Mus. Odd. Prir. 140 (3-4): 129 (1972).
新疆、西藏；蒙古、巴基斯坦、克什米尔、阿富汗、乌兹别克斯坦、吉尔吉斯斯坦、塔吉克斯坦、哈萨克斯坦、俄罗斯、亚洲西南部、欧洲。

大花列当

●**Orobanche megalantha** Harry Sm., Acta Horti Gothob. 8 (6): 131, pl. 2a, f. 2a-e (1933).
Orobanche eximia Harry Sm., Acta Horti Gothob. 8 8 (6): 132, pl. 2b, f. 2f. (1933).
四川。

中华列当

●**Orobanche mongolica** Beck, Monogr. Orob. 117, pl. 2, f. 23 (1890).
辽宁、山东、陕西。

宝兴列当

●**Orobanche mupinensis** Hu, Bull. Fan Mem. Inst. Biol. (Bot.) 9 (4): 202, pl. 26 (1939).
四川。

毛药列当

●**Orobanche ombrochares** Hance, J. Linn. Soc., Bot. 13: 84 (1873).
Orobanche coerulescens Stephan f. *ombrochares* (Hance) Beck, Monogr. Orob. 138 (1890).
辽宁、内蒙古、河北、山西、陕西。

黄花列当

Orobanche pycnostachya Hance, J. Linn. Soc., Bot. 13: 84 (1873).
黑龙江、吉林、辽宁、内蒙古、河北、山西、山东、河南、陕西、宁夏、安徽、江苏、浙江、福建；朝鲜、蒙古、俄罗斯。

黄花列当（原变种）

Orobanche pycnostachya var. **pycnostachya**.
黑龙江、吉林、辽宁、内蒙古、河北、山西、山东、河南、陕西、宁夏、安徽、江苏、浙江、福建；朝鲜、蒙古、俄罗斯。

黑水列当（变种）

Orobanche pycnostachya var. **amurensis** Beck, Monogr. Orob. 141 (1890).
Orobanche amurensis (Beck) Kom., Acta Horti Petrop. 25: 469 (1907).

黑龙江、吉林、辽宁、内蒙古、河北、山西；朝鲜、俄罗斯。

四川列当
●Orobanche sinensis Harry Sm., Acta Horti Gothob. 8 (6): 128, pl. 1a, f. 1a-i (1933).
青海、四川、西藏。

四川列当（原变种）
●Orobanche sinensis var. sinensis
青海、四川、西藏。

蓝花列当（变种）
●Orobanche sinensis var. cyanescens (Harry Sm.) Z. Y. Zhang, Acta Phytotax. Sin. 26 (5): 395 (1988).
Orobanche cyanescens Harry Sm., Acta Horti Gothob. 8 (6): 130, pl. 1b, f. 1k-n (1933).
四川。

长苞列当
Orobanche solmsii C. B. Clarke, Fl. Brit. Ind. 4 (11): 325 (1884).
新疆、西藏；印度（锡金）、巴基斯坦、克什米尔、不丹、尼泊尔。

淡黄列当
Orobanche sordida C. A. Mey., Fl. Altaic. 2: 455 (1830).
新疆；哈萨克斯坦、俄罗斯。

多齿列当
Orobanche uralensis Beck, Monogr. Orob. 132 (1890).
Phelipaea pallens Bunge ex Ledeb., Fl. Ross. 3: 312 (1847); Phelipanche pallens (Bunge ex Ledeb.) Čas. Nár. Muz. Praze, Řada Prír 140 (3-4): 130 (1972); Phelipanche uralensis (Beck) Czerep., Vasc. Pl. Russia et Adj. States 332 (1995).
新疆；土库曼斯坦、吉尔吉斯斯坦、塔吉克斯坦、哈萨克斯坦、俄罗斯。

滇列当
●Orobanche yunnanensis (Beck) Hand.-Mazz., Symb. Sin. 7 (4): 875 (1936).
Orobanche alsatica Kirschl. var. yunnanensis Beck, Pflanzenr. 4 (261, Heft 96): 259 (1930).
四川、贵州、云南。

马先蒿属 Pedicularis L.

蒿叶马先蒿
Pedicularis abrotanifolia M. Bieb. ex Steven, Mém. Soc. Imp. Naturalistes Moscou 6: 22 (1823).
Pedicularis abrotanifolia var. altaica Maxim., Bull. Acad. Imp. Sci. Saint-Pétersbourg 32 (4): 592, f. 104 (1888).
新疆；蒙古、哈萨克斯坦、俄罗斯。

蓍草叶马先蒿
Pedicularis achilleifolia Stephan ex Willd., Sp. Pl. 3 (1): 219 (1800).
新疆；蒙古、吉尔吉斯斯坦、哈萨克斯坦、俄罗斯。

阿拉善马先蒿
●Pedicularis alaschanica Maxim., Bull. Acad. Imp. Sci. Saint-Pétersbourg 24 (1): 59 (1877).
内蒙古、宁夏、甘肃、青海、四川、西藏。

阿拉善马先蒿（原亚种）
●Pedicularis alaschanica subsp. alaschanica
内蒙古、宁夏、甘肃、青海、四川、西藏。

西藏马先蒿（亚种）
●Pedicularis alaschanica subsp. tibetica (Maxim.) P. C. Tsoong, Acta Phytotax. Sin. 3 (3): 298 (1954).
Pedicularis alaschanica var. tibetica Maxim., Bull. Acad. Imp. Sci. Saint-Pétersbourg 32 (4): 578 (1888).
西藏。

艾伯特马先蒿
Pedicularis albertii Regel, Trudy Imp. S.-Peterburgsk. Bot. Sada 6: 353 (1880).
新疆。

阿洛马先蒿
●Pedicularis aloensis Hand.-Mazz., Anz. Akad. Wiss. Wien, Math.- Naturwiss. Kl. 60: 99 (1923).
云南。

狐尾马先蒿
●Pedicularis alopecuros Franch. ex Maxim., Bull. Acad. Imp. Sci. Saint-Pétersbourg 32 (4): 548 (1888).
四川、云南。

狐尾马先蒿（原变种）
●Pedicularis alopecuros var. alopecuros
四川、云南。

毛药狐尾马先蒿（变种）
●Pedicularis alopecuros var. lasiandra P. C. Tsoong, Fl. Reipubl. Popularis Sin. 68: 416 (1963).
四川。

阿尔泰马先蒿
Pedicularis altaica Stephan ex Stev., Mém. Soc. Imp. Naturalistes Moscou 6: 48 (1823).
新疆；蒙古、哈萨克斯坦、俄罗斯（阿尔泰）。

高额马先蒿
●Pedicularis altifrontalis P. C. Tsoong, Fl. Reipubl. Popularis Sin. 68: 404, pl. 36, f. 1-3 (1963).
西藏。

丰管马先蒿
●*Pedicularis amplituba* H. L. Li, Proc. Acad. Nat. Sci. Philadelphia 101 (1): 129, pl. 11, f. 179 (1949).
云南。

鸭首马先蒿
●*Pedicularis anas* Maxim., Bull. Acad. Imp. Sci. Saint-Pétersbourg 32 (4): 578 (1888).
甘肃、四川、西藏。

鸭首马先蒿（原变种）
●*Pedicularis anas* var. **anas**
甘肃、四川、西藏。

西藏鸭首马先蒿（变种）
●*Pedicularis anas* var. **tibetica** Bonati, Bull. Herb. Boissier, sér. 2. 7 (7): 544 (1907).
四川、西藏。

黄花鸭首马先蒿（变种）
●*Pedicularis anas* var. **xanthantha** (H. L. Li) P. C. Tsoong, Fl. Reipubl. Popularis Sin. 68: 200 (1963).
Pedicularis xanthantha H. L. Li, Proc. Acad. Nat. Sci. Philadelphia 100: 332, t. 19, f. 55 (1948).
甘肃。

角盔马先蒿
●*Pedicularis angularis* P. C. Tsoong, Fl. Reipubl. Popularis Sin. 68: 408, pl. 42, f. 1-3 (1963).
四川。

狭唇马先蒿
●*Pedicularis angustilabris* H. L. Li, Proc. Acad. Nat. Sci. Philadelphia 101 (1): 82, pl. 7, f. 146 (1949).
四川、云南。

狭裂马先蒿
●*Pedicularis angustiloba* P. C. Tsoong, Acta Phytotax. Sin. 3 (3): 303, pl. 43, f. 1 (1954).
西藏。

奇异马先蒿
●*Pedicularis anomala* P. C. Tsoong et H. P. Yang, Acta Phytotax. Sin. 18 (2): 243, pl. 5 (1980).
西藏。

春黄菊叶马先蒿
Pedicularis anthemifolia Fisch. ex Colla, Herb. Brit. 4: 370 (1835).
新疆；蒙古、吉尔吉斯斯坦、哈萨克斯坦、俄罗斯。

春黄菊叶马先蒿（原亚种）
Pedicularis anthemifolia subsp. **anthemifolia**
Pedicularis amoena Adams ex Stev., Mém. Soc. Imp. Naturalistes Moscou 5: 25 (1823); *Pedicularis hulteniana* H. L. Li, Proc. Acad. Nat. Sci. Philadelphia 100 (7): 310, pl. 18. f. 40 (1948).
新疆；蒙古、吉尔吉斯斯坦、哈萨克斯坦、俄罗斯。

高升春黄菊叶马先蒿（亚种）
Pedicularis anthemifolia subsp. **elatior** (Regel) P. C. Tsoong, Fl. Reipubl. Popularis Sin. 68: 167 (1963).
Pedicularis amoena Adams ex Steven var. *elatior* Regel, Trudy Imp. S.-Peterburgsk. Bot. Sada 6 (2): 348 (1880); *Pedicularis macrochila* Vved., Byull. Sredne-Aziatsk. Gosud. Univ. 11 (suppl.): 24 (1925).
新疆；吉尔吉斯斯坦、哈萨克斯坦。

鹰嘴马先蒿
●*Pedicularis aquilina* Bonati, Bull. Soc. Bot. France. 55 (4): 245 (1908).
云南。

刺齿马先蒿
●*Pedicularis armata* Maxim., Bull. Acad. Imp. Sci. Saint-Pétersbourg 24 (1): 56 (1877).
甘肃、青海、四川。

刺齿马先蒿（原变种）
●*Pedicularis armata* var. **armata**
甘肃、青海、四川。

三斑刺黄马先蒿（变种）
●*Pedicularis armata* var. **trimaculata** X. F. Lu, Novon 6 (2): 190 (1996).
甘肃、青海。

埃氏马先蒿
●*Pedicularis artselaeri* Maxim., Bull. Acad. Imp. Sci. Saint-Pétersbourg 24 (1): 84 (1877).
河北、山西、陕西、湖北、四川。

埃氏马先蒿（原变种）
●*Pedicularis artselaeri* var. **artselaeri**
河北、山西、陕西、湖北、四川。

五台埃氏马先蒿（变种）
●*Pedicularis artselaeri* var. **wutaiensis** Hurus., J. Jap. Bot. 22 (5-6): 71 (1948).
山西。

全缘马先蒿
●*Pedicularis aschistorrhyncha* C. Marquand et Airy Shaw, J. Linn. Soc., Bot. 48 (321): 210 (1929).
西藏。

深绿马先蒿
●*Pedicularis atroviridis* P. C. Tsoong, Acta Phytotax. Sin. 3 (3): 287, pl. 38, f. 1 (1954).

西藏。

阿墩子马先蒿
- **Pedicularis atuntsiensis** Bonati, Notes Roy. Bot. Gard. Edinb. 8: 135 (1913).

云南。

金黄马先蒿
- **Pedicularis aurata** (Bonati) H. L. Li, Proc. Acad. Nat. Sci. Philadelphia 101 (1): 152 (1949).

Phtheirospermum auratum Bonati, Notes Roy. Bot. Gard. Edinb. 13 (63-64): 105 (1921).

云南、西藏。

腋花马先蒿
- **Pedicularis axillaris** Franch. ex Maxim., Bull. Acad. Imp. Sci. Saint-Pétersbourg 32 (4): 555 (1888).

四川、云南、西藏。

腋花马先蒿（原亚种）
- **Pedicularis axillaris** subsp. **axillaris**

Pedicularis heterophylla Bonati, Bull. Soc. Bot. France. 55 (4): 244 (1908); *Pedicularis lacerata* Bonati, Notes Roy. Bot. Gard. Edinb. 13: 110 (1921).

四川、云南、西藏。

巴氏腋花马先蒿（亚种）
- **Pedicularis axillaris** subsp. **balfouriana** (Bonati) P. C. Tsoong, Fl. Reipubl. Popularis Sin. 68: 90 (1963).

Pedicularis balfouriana Bonati, Notes Roy. Bot. Gard. Edinb. 5 (23): 82, pl. 71 (1911); *Pedicularis axillaris* var. *balfouriana* (Bonati) H. L. Li, Proc. Acad. Nat. Sci. Philadelphia 10 (1): 167 (1949).

云南。

巴塘马先蒿
- **Pedicularis batangensis** Bureau et Franch., J. Bot. (Morot) 5 (7): 106 (1891).

四川。

美丽马先蒿
- **Pedicularis bella** Hook. f., Fl. Brit. Ind. 4 (11): 313 (1884).

西藏；印度（锡金）、不丹。

美丽马先蒿（原亚种）
- **Pedicularis bella** subsp. **bella**

西藏；印度（锡金）、不丹。

全叶美丽马先蒿（亚种）
- **Pedicularis bella** subsp. **holophylla** (C. Marquand et Airy Shaw) P. C. Tsoong, Acta Phytotax. Sin. 3 (3): 277 (1954).

Pedicularis bella var. *holophylla* C. Marquand et Airy Shaw, J. Linn. Soc., Bot. 48 (321): 211 (1929); *Pedicularis bella* f. *holophylla* C. Marquand et Airy Shaw, J. Linn. Soc., Bot. 48 (321): 211 (1929).

西藏。

二色马先蒿
- **Pedicularis bicolor** Diels, Bot. Jahrb. Syst. 29 (3-4): 570 (1900).

陕西。

二齿马先蒿
- **Pedicularis bidentata** Maxim., Bull. Acad. Imp. Sci. Saint-Pétersbourg 32 (4): 533 (1888).

四川。

皮氏马先蒿
- **Pedicularis bietii** Franch., Bull. Soc. Bot. France. 47 (1): 34 (1900).

四川、西藏。

双生马先蒿
- **Pedicularis binaria** Maxim., Bull. Acad. Imp. Sci. Saint-Pétersbourg 32 (4): 579 (1888).

四川。

波密马先蒿
- **Pedicularis bomiensis** H. P. Yang, Acta Phytotax. Sin. 18 (2): 241, pl. 3 (1980).

西藏。

短盔马先蒿
- **Pedicularis brachycrania** H. L. Li, Proc. Acad. Nat. Sci. Philadelphia 100: 307, pl. 17, f. 35 (1948).

四川、云南。

短花马先蒿
Pedicularis breviflora Regel, Trudy Imp. S.-Peterburgsk. Bot. Sada 6 (2): 352 (1879).

新疆；吉尔吉斯斯坦、哈萨克斯坦。

短唇马先蒿
- **Pedicularis brevilabris** Franch., Bull. Soc. Bot. France. 47 (1): 33 (1900).

甘肃、四川。

头花马先蒿
- **Pedicularis cephalantha** Franch. ex Maxim., Bull. Acad. Imp. Sci. Saint-Pétersbourg 32 (4): 540 (1888).

四川、云南。

头花马先蒿（原变种）
- **Pedicularis cephalantha** var. **cephalantha**

四川、云南。

四川头花马先蒿（变种）
- **Pedicularis cephalantha** var. **szetchuanica** Bonati, Notes Roy. Bot. Gard. Edinb. 13 (63-64): 118 (1921).

四川、云南。

俯垂马先蒿
●**Pedicularis cernua** Bonati, Bull. Soc. Bot. France. 54 (6): 373 (1907).
四川、云南。

俯垂马先蒿（原亚种）
●**Pedicularis cernua** subsp. **cernua**
四川、云南。

宽叶俯垂马先蒿（亚种）
●**Pedicularis cernua** subsp. **latifolia** (H. L. Li) P. C. Tsoong, Fl. Reipubl. Popularis Sin. 68: 306 (1963).
Pedicularis cernua var. *latifolia* H. L. Li, Proc. Acad. Nat. Sci. Philadelphia 100 (7): 373 (1948).
云南。

碎米蕨叶马先蒿
Pedicularis cheilanthifolia Schrenk, Bull. Cl. Phys.-Math. Acad. Imp. Sci. Saint-Pétersbourg, sér. 2. 1: 79 (1843).
甘肃、青海、新疆、西藏；蒙古、印度、阿富汗、吉尔吉斯斯坦、塔吉克斯坦、哈萨克斯坦。

碎米蕨叶马先蒿（原亚种）
Pedicularis cheilanthifolia subsp. **cheilanthifolia**
甘肃、青海、新疆；蒙古、印度、阿富汗、吉尔吉斯斯坦、塔吉克斯坦、哈萨克斯坦。

斯文氏碎米蕨叶马先蒿（亚种）
Pedicularis cheilanthifolia subsp. **svenhedinii** (Paulsen) P. C. Tsoong, Fl. Reipubl. Popularis Sin. 68: 197 (1963).
Pedicularis svenhedinii Paulsen, S. Tibet, Bot. 6 (3): 44 (1921).
西藏；印度。

碎米蕨叶马先蒿（原变种）
Pedicularis cheilanthifolia var. **cheilanthifolia**
甘肃、青海、新疆、西藏；蒙古、印度、阿富汗、吉尔吉斯斯坦、塔吉克斯坦、哈萨克斯坦。

艾唇碎米蕨叶马先蒿（变种）
●**Pedicularis cheilanthifolia** var. **isochila** Maxim., Bull. Acad. Imp. Sci. Saint-Pétersbourg 32 (4): 567 (1888).
甘肃、青海。

成县马先蒿
●**Pedicularis chengxianensis** Z. G. Ma et Z. Z. Ma, Bull. Bot. Res., Harbin 13 (1): 62 (1993).
甘肃。

鹅首马先蒿
●**Pedicularis chenocephala** Diels, Notizbl. Bot. Gart. Berlin-Dahlem 10 (99): 892 (1930).
甘肃、四川。

中国马先蒿
●**Pedicularis chinensis** Maxim., Bull. Acad. Imp. Sci. Saint-Pétersbourg 24 (1): 57 (1877).
内蒙古、河北、北京、山西、陕西、甘肃、青海。

秦氏马先蒿
●**Pedicularis chingii** Bonati, Arch. Bot. Bull. Mens. 1: 4 (1927).
甘肃。

雀儿山马先蒿
●**Pedicularis cholashanensis** T. Yamaz., J. Jap. Bot. 75 (4): 220 (2000).
四川。

科尔格马先蒿
Pedicularis chorgossica Regel et Winkler, Trudy Imp. S.-Peterburgsk. Bot. Sada 6: 350 (1879).
新疆；吉尔吉斯斯坦。

春丕马先蒿
Pedicularis chumbica Prain, J. Asiat. Soc. Bengal 58 (2): 259 (1889).
西藏；印度（锡金）。

灰色马先蒿
●**Pedicularis cinerascens** Franch., Bull. Soc. Bot. France. 47 (1): 30 (1900).
四川。

克氏马先蒿
Pedicularis clarkei Hook. f., Fl. Brit. Ind. 4 (11): 310 (1884).
西藏；印度、不丹、尼泊尔。

江达马先蒿
●**Pedicularis columbigera** Yamaz., J. Jap. Bot. 75 (4): 213 (2000).
西藏。

康泊东叶马先蒿
Pedicularis comptoniaefolia Franch. ex Maxim., Bull. Acad. Imp. Sci. Saint-Pétersbourg 32: 586 (1888).
四川、云南；缅甸。

聚花马先蒿
Pedicularis confertiflora Prain, J. Asiat. Soc. Bengal, Pt. 2, Nat. Hist. 58 (2): 258 (1889).
四川、云南、西藏；印度（锡金）、不丹、尼泊尔。

聚花马先蒿（原亚种）
Pedicularis confertiflora subsp. **confertiflora**
Pedicularis villosula Franch. ex F. B. Forbes et Hemsl., J. Linn. Soc., Bot. 26 (174): 220 (1890); *Pedicularis handel-mazzettii* Bonati, Notes Roy. Bot. Gard. Edinb. 13 (63-64): 124 (1921).
四川、云南、西藏；印度（锡金）、不丹、尼泊尔。

小叶聚花马先蒿（亚种）
●**Pedicularis confertiflora** subsp. **parvifolia** (Hand.-Mazz.) P.

C. Tsoong, Fl. Reipubl. Popularis Sin. 68: 290 (1963).
Pedicularis parvifolia Hand.-Mazz., Anz. Kaiserl. Akad. Wiss. Wien, Math.-Naturwiss. Kl. 57: 88 (1920); *Pedicularis subacaulis* Bonati, Notes Roy. Bot. Gard. Edinb. 15: 165 (1926); *Pedicularis villosula* var. *parvifolia* (Hand.-Mazz.) Hand.-Mazz., Symb. Sin. 7 (4): 868 (1936).
云南。

连齿马先蒿
●**Pedicularis confluens** P. C. Tsoong, Fl. Reipubl. Popularis Sin. 68: 404, f. 8-12 (1963).
四川。

结球马先蒿
●**Pedicularis conifera** Maxim., J. Linn. Soc., Bot. 26 (174): 206 (1890).
湖北。

连叶马先蒿
●**Pedicularis connata** H. L. Li, Proc. Acad. Nat. Sci. Philadelphia 100 (7): 342, pl. 20, f. 63 (1948).
四川、云南。

拟紫堇马先蒿
●**Pedicularis corydaloides** Hand.-Mazz., Symb. Sin. 7 (4): 851, pl. 15, f. 4 (1936).
云南、西藏。

伞房马先蒿
●**Pedicularis corymbifera** H. P. Yang, Acta Phytotax. Sin. 18 (2): 244, pl. 7 (1980).
西藏。

凸额马先蒿
●**Pedicularis cranolopha** Maxim., Bull. Acad. Imp. Sci. Saint-Pétersbourg 24 (1): 55 (1877).
甘肃、青海、四川、云南。

凸额马先蒿（原变种）
●**Pedicularis cranolopha** var. **cranolopha**
甘肃、青海、四川、云南。

格氏凸额马先蒿（变种）
●**Pedicularis cranolopha** var. **garnieri** (Bonati) P. C. Tsoong, Fl. Reipubl. Popularis Sin. 68: 359 (1963).
Pedicularis garnieri Bonati, Bull. Soc. Bot. France. 55 (4): 243 (1908).
四川。

长角凸额马先蒿（变种）
●**Pedicularis cranolopha** var. **longicornuta** Prain, Hooker's Icon. Pl. 23 (1): pl. 2208B (1894).
Pedicularis birostris Bureau et Franch., J. Bot. (Morot) 5: 107-108 (1891).
甘肃、青海、四川、云南。

缘毛马先蒿
●**Pedicularis craspedotricha** Maxim., Bull. Acad. Imp. Sci. Saint-Pétersbourg 32 (4): 564 (1888).
甘肃、四川。

波齿马先蒿
●**Pedicularis crenata** Maxim., Bull. Acad. Imp. Sci. Saint-Pétersbourg 32 (4): 559 (1888).
四川、云南。

波齿马先蒿（原亚种）
●**Pedicularis crenata** subsp. **crenata**
四川、云南。

全裂波齿马先蒿（亚种）
●**Pedicularis crenata** subsp. **crenatiformis** (Bonati) P. C. Tsoong, Fl. Reipubl. Popularis Sin. 68: 129 (1963).
Pedicularis crenata var. *crenatiformis* Bonati, Notes Roy. Bot. Gard. Edinb. 15 (73): 159 (1926).
云南。

细波齿马先蒿
●**Pedicularis crenularis** H. L. Li, Proc. Acad. Nat. Sci. Philadelphia 101 (1): 48, pl. 4, f. 120 (1949).
云南。

具冠马先蒿
●**Pedicularis cristatella** Pennell et H. L. Li, Proc. Acad. Nat. Sci. Philadelphia 100 (7): 291 (1948).
Pedicularis cristata Maxim., Bull. Acad. Imp. Sci. Saint-Pétersbourg 32 (4): 547, f. 31 (1888), not Vitm. (1789).
甘肃、四川。

克洛氏马先蒿
●**Pedicularis croizatiana** H. L. Li, Proc. Acad. Nat. Sci. Philadelphia 101 (1): 187, pl. 14, f. 218 (1949).
四川、西藏。

隐花马先蒿
Pedicularis cryptantha C. Marquand et Airy Shaw, J. Linn. Soc., Bot. 48 (321): 211 (1929).
云南、西藏；不丹。

隐花马先蒿（原亚种）
Pedicularis cryptantha subsp. **cryptantha**
云南、西藏；不丹。

直立隐花马先蒿（亚种）
●**Pedicularis cryptantha** subsp. **erecta** P. C. Tsoong, Acta Phytotax. Sin. 3 (3): 275 (1954).
西藏。

弯管马先蒿
●**Pedicularis curvituba** Maxim., Bull. Acad. Imp. Sci. Saint-

Pétersbourg 24 (1): 60 (1877).
内蒙古、河北、陕西、甘肃。

弯管马先蒿（原亚种）
●Pedicularis curvituba subsp. **curvituba**
内蒙古、河北、陕西、甘肃。

洛氏弯管马先蒿（亚种）
●Pedicularis curvituba subsp. **provotii** (Franch.) P. C. Tsoong, Fl. Reipubl. Popularis Sin. 68: 215 (1963).
Pedicularis provotii Franch., J. Bot. (Morot) 4 (18): 318 (1890); *Pedicularis borodowskii* Palib., Trudy Imp. S.-Peterburgsk. Bot. Sada 14 (5): 134 (1895).
内蒙古、河北、陕西、甘肃。

斗叶马先蒿
●Pedicularis cyathophylla Franch., Bull. Soc. Bot. France. 47 (1): 25 (1900).
Pedicularis xiangchengensis H. P. Yang, Acta Phytotax. Sin. 28 (2): 137, pl. 3, f. 3 (1990).
四川、云南。

拟斗叶马先蒿
●Pedicularis cyathophylloides H. Limpr., Repert. Spec. Nov. Regni Veg. 18 (513-523): 243 (1922).
四川、西藏。

环喙马先蒿
●Pedicularis cyclorhyncha H. L. Li, Proc. Acad. Nat. Sci. Philadelphia 101 (1): 128, pl. 11, f. 178 (1949).
云南。

舟形马先蒿
●Pedicularis cymbalaria Bonati, Notes Roy. Bot. Gard. Edinb. 13 (63-64): 136 (1921).
四川、云南。

道氏马先蒿
Pedicularis daltonii Prain, J. Asiat. Soc. Bengal, Pt. 2, Nat. Hist. 58 (2): 270 (1889).
西藏；印度（锡金）、不丹。

稻城马先蒿
●Pedicularis daochengensis H. P. Yang, Bull. Bot. Res., Harbin 10 (1): 29 (1990).
四川。

毛穗马先蒿
Pedicularis dasystachys Schrenk, Bull. Cl. Phys.-Math. Acad. Imp. Sci. Saint-Pétersbourg 2: 195 (1844).
新疆；蒙古、哈萨克斯坦、俄罗斯。

胡萝卜叶马先蒿
●Pedicularis daucifolia Bonati, Bull. Soc. Bot. France. 55 (5): 313 (1908).
四川。

大卫氏马先蒿
●Pedicularis davidii Franch., Nouv. Arch. Mus. Hist. Nat. sér. 2. 10: 67 (1888).
陕西、甘肃、四川、云南。

大卫氏马先蒿（原变种）
●Pedicularis davidii var. **davidii**
陕西、甘肃、四川、云南。

五齿大卫氏马先蒿（变种）
●Pedicularis davidii var. **pentodon** P. C. Tsoong, Fl. Reipubl. Popularis Sin. 68: 413 (1963).
四川。

宽齿大卫氏马先蒿（变种）
●Pedicularis davidii var. **platyodon** P. C. Tsoong, Fl. Reipubl. Popularis Sin. 68: 413 (1963).
四川。

弱小马先蒿
●Pedicularis debilis Franch. ex Maxim., Bull. Acad. Imp. Sci. Saint-Pétersbourg 32 (4): 549 (1888).
云南。

弱小马先蒿（原亚种）
●Pedicularis debilis subsp. **debilis**
云南。

极弱弱小马先蒿（亚种）
●Pedicularis debilis subsp. **debilior** P. C. Tsoong, Fl. Reipubl. Popularis Sin. 68: 416 (1963).
Pedicularis liana Pennell, Proc. Acad. Nat. Sci. Philadelphia 100 (7): 370 (1948).
云南。

美观马先蒿
●Pedicularis decora Franch., Bull. Soc. Bot. France. 47 (1): 28 (1900).
Pedicularis lasiantha H. L. Li, Proc. Acad. Nat. Sci. Philadelphia 101 (1): 64, pl. 6, f. 132 (1949).
陕西、甘肃、湖北、四川。

极丽马先蒿
●Pedicularis decorissima Diels, Notizbl. Bot. Gart. Berlin-Dahlem 10 (99): 891 (1930).
甘肃、青海、四川。

三角叶马先蒿
●Pedicularis deltoidea Franch. ex Maxim., Bull. Acad. Imp. Sci. Saint-Pétersbourg 32 (4): 604, f. 133 (1888).
四川、云南、西藏。

密穗马先蒿
●Pedicularis densispica Franch. ex Maxim., Bull. Acad. Imp.

Sci. Saint-Pétersbourg 32 (4): 594 (1888).
四川、云南、西藏。

密穗马先蒿（原亚种）
- **Pedicularis densispica** subsp. **densispica**

四川、云南、西藏。

许氏密穗马先蒿（亚种）
- **Pedicularis densispica** subsp. **schneideri** (Bonati) P. C. Tsoong, Acta Phytotax. Sin. 3 (3): 297 (1954).

Pedicularis densispica var. *schneideri* Bonati, Notes Roy. Bot. Gard. Edinb. 13 (63-64): 133 (1921).

云南、西藏。

绿盔密穗马先蒿（亚种）
- **Pedicularis densispica** subsp. **viridescens** P. C. Tsoong, Acta Phytotax. Sin. 3 (3): 297 (1954).

西藏。

二岐马先蒿
- **Pedicularis dichotoma** Bonati, Bull. Soc. Bot. France. 55 (4): 247 (1908).

Pedicularis dichotoma var. *wardiana* Bonati, Notes Roy. Bot. Gard. Edinb. 13 (63-64): 123 (1921).

四川、云南、西藏。

重头马先蒿
- **Pedicularis dichrocephala** Hand.-Mazz., Symb. Sin. 7 (4): 863, pl. 15, f. 9 (1936).

云南。

铺散马先蒿
Pedicularis diffusa Prain, J. Asiat. Soc. Bengal 62 (1): 7, pl. 1 (1893).

西藏；印度（锡金）、不丹、尼泊尔。

铺散马先蒿（原亚种）
Pedicularis diffusa subsp. **diffusa**

西藏；印度（锡金）、不丹、尼泊尔。

高升铺散马先蒿（亚种）
- **Pedicularis diffusa** subsp. **elatior** P. C. Tsoong, Acta Phytotax. Sin. 3 (3): 312 (1954).

西藏。

全裂马先蒿
- **Pedicularis dissecta** (Bonati) Pennell et H. L. Li, Proc. Acad. Nat. Sci. Philadelphia 101 (1): 142 (1949).

Pedicularis petitmenginii Bonati var. *dissecta* Bonati, Bull. Soc. Bot. France. 55 (4): 245 (1908); *Pedicularis davidii* Franch. var. *flaccida* Diels ex Bonati, Bull. Soc. Bot. France. 55 (4): 245 (1908).

陕西。

细裂叶马先蒿
- **Pedicularis dissectifolia** H. L. Li, Proc. Acad. Nat. Sci. Philadelphia 101: 119, pl. 10, f. 173 (1949).

云南。

修花马先蒿
- **Pedicularis dolichantha** Bonati, Notes Roy. Bot. Gard. Edinb. 13 (63-64): 107 (1921).

云南。

长舟马先蒿
- **Pedicularis dolichocymba** Hand.-Mazz., Anz. Kaiserl. Akad. Wiss. Wien, Math.-Naturwiss. Kl. 57: 102 (1920).

Pedicularis macrocalyx Bonati, Notes Roy. Bot. Gard. Edinb. 15 (73): 156 (1926).

四川、云南、西藏。

长舌马先蒿
- **Pedicularis dolichoglossa** H. L. Li, Proc. Acad. Nat. Sci. Philadelphia 100 (7): 356, pl. 22, f. 72 (1948).

云南。

长根马先蒿
Pedicularis dolichorrhiza Schrenk, Bull. Cl. Phys.-Math. Acad. Imp. Sci. Saint-Pétersbourg 1: 80 (1843).

新疆；阿富汗、吉尔吉斯斯坦、塔吉克斯坦、哈萨克斯坦。

长穗马先蒿
- **Pedicularis dolichostachya** H. L. Li, Proc. Acad. Nat. Sci. Philadelphia 100: 313, pl. 18, f. 41 (1948).

四川。

杜氏马先蒿
- **Pedicularis duclouxii** Bonati, Bull. Soc. Bot. France. 55 (4): 245 (1908).

Pedicularis muliensis Hand.-Mazz., Symb. Sin. 7: 869, pl. 15, f. 11 (1936); *Pedicularis wangii* H. L. Li, Proc. Acad. Nat. Sci. Philadelphia 100 (7): 293, t. 17, f. 24 (1948).

四川、云南。

独龙马先蒿
- **Pedicularis dulongensis** H. P. Yang, Acta Phytotax. Sin. 28 (2): 143, pl. 1, f. 4-5 (1990).

云南。

邓氏马先蒿
- **Pedicularis dunniana** Bonati, Notes Roy. Bot. Gard. Edinb. 8 (36): 44 (1913).

Pedicularis aequibarbis Hand.-Mazz., Anz. Akad. Wiss. Wien, Math.-Naturwiss. Kl. 57: 103 (1920).

四川、云南。

高升马先蒿
Pedicularis elata Willd., Sp. Pl. 3 (1): 210 (1800).

新疆；蒙古、哈萨克斯坦、俄罗斯。

爱氏马先蒿
- **Pedicularis elliotii** P. C. Tsoong, Acta Phytotax. Sin. 3 (3): 287, pl. 38, f. 2 (1954).
西藏。

丁青马先蒿
- **Pedicularis elsholtzioides** T. Yamaz., J. Jap. Bot. 75 (4): 213 (2000).
西藏。

哀氏马先蒿
Pedicularis elwesii Hook. f., Fl. Brit. Ind. 4 (11): 312 (1884).
云南、西藏；缅甸、印度（锡金）、不丹、尼泊尔。

哀氏马先蒿（原亚种）
Pedicularis elwesii subsp. **elwesii**
云南、西藏；缅甸、印度（锡金）、不丹、尼泊尔。

高大哀氏马先蒿（亚种）
- **Pedicularis elwesii** subsp. **major** (H. L. Li) P. C. Tsoong, Fl. Reipubl. Popularis Sin. 68: 324 (1963).
Pedicularis elwesii var. *major* H. L. Li, Proc. Acad. Nat. Sci. Philadelphia 101 (1): 145 (1949).
云南、西藏。

矮小哀氏马先蒿（亚种）
- **Pedicularis elwesii** subsp. **minor** (H. L. Li) P. C. Tsoong, Fl. Reipubl. Popularis Sin. 68: 324 (1963).
Pedicularis elwesii var. *minor* H. L. Li, Proc. Acad. Nat. Sci. Philadelphia 101 (1): 145 (1949).
西藏。

卓越马先蒿
Pedicularis excelsa Hook. f., Fl. Brit. Ind. 4 (11): 311 (1884).
西藏；印度（锡金）、不丹、尼泊尔。

法氏马先蒿
- **Pedicularis fargesii** Franch., Bull. Soc. Bot. France. 47 (1): 26 (1900).
甘肃、湖南、湖北、四川。

帚状马先蒿
- **Pedicularis fastigiata** Franch., Bull. Soc. Bot. France. 47 (1): 25 (1900).
云南。

国楣马先蒿
- **Pedicularis fengii** H. L. Li, Proc. Acad. Nat. Sci. Philadelphia 101 (1): 120, pl. 10, f. 174 (1949).
云南。

费氏马先蒿
- **Pedicularis fetisowii** Regel, Trudy Imp. S.-Peterburgsk. Bot. Sada 6 (2): 349 (1880).
新疆。

羊齿叶马先蒿
- **Pedicularis filicifolia** Hemsl., J. Linn. Soc., Bot. 26: 208 (1890).
湖北。

拟蕨马先蒿
- **Pedicularis filicula** Franch. ex Maxim., Bull. Acad. Imp. Sci. Saint-Pétersbourg 32 (4): 573 (1888).
四川、云南。

拟蕨马先蒿（原变种）
- **Pedicularis filicula** var. **filicula**
四川、云南。

木里拟蕨马先蒿（变种）
- **Pedicularis filicula** var. **saganaica** Hand.-Mazz., Symb. Sin. 7 (4): 858 (1936).
四川、云南。

假拟蕨马先蒿
Pedicularis filiculiformis P. C. Tsoong, Acta Phytotax. Sin. 3 (3): 275 (1954).
西藏；不丹。

软弱马先蒿
- **Pedicularis flaccida** Prain, J. Asiat. Soc. Bengal, Pt. 2, Nat. Hist. 62 (1): 8 (1893).
四川。

黄花马先蒿
Pedicularis flava Pall., Reise Russ. Reich. 3: 736 (1776).
内蒙古；蒙古、俄罗斯。

阜莱氏马先蒿
Pedicularis fletcheri P. C. Tsoong, Acta Phytotax. Sin. 3 (3): 294, pl. 41, f. 1 (1954).
西藏东南部；不丹。

曲茎马先蒿
Pedicularis flexuosa Hook. f., Fl. Brit. Ind. 4 (11): 308 (1884).
西藏；印度（锡金）、不丹、尼泊尔。

多花马先蒿
- **Pedicularis floribunda** Franch., Bull. Soc. Bot. France. 47 (1): 31 (1900).
四川。

福氏马先蒿
- **Pedicularis forrestiana** Bonati, Notes Roy. Bot. Gard. Edinb. 5: 86, pl. 73 (1911).
云南。

福氏马先蒿（原亚种）
●Pedicularis forrestiana subsp. forrestiana
云南。

扇苞福氏马先蒿（亚种）
●Pedicularis forrestiana subsp. flabellifera P. C. Tsoong, Kew Bull. 9 (3): 449 (1954).
云南。

草莓状马先蒿
●Pedicularis fragarioides P. C. Tsoong, Fl. Reipubl. Popularis Sin. 68: 409, pl. 43, f. 1-4 (1963).
四川。

佛氏马先蒿
●Pedicularis franchetiana Maxim., Bull. Acad. Imp. Sci. Saint-Pétersbourg 32 (4): 553 (1888).
四川。

糠秕马先蒿
Pedicularis furfuracea Wall. ex Benth., Scroph. Ind. 53 (1835).
西藏；印度、不丹、尼泊尔。

戛氏马先蒿
●Pedicularis gagnepainiana Bonati, Arch. Bot. Bull. Mens. 1: 218 (1927).
贵州。

显盔马先蒿
●Pedicularis galeata Bonati, Notes Roy. Bot. Gard. Edinb. 13 (63-64): 130 (1921).
云南。

平坝马先蒿
●Pedicularis ganpinensis Vaniot ex Bonati, Bull. Acad. Geogr. Bot. 13 (177-179): 245 (1904).
贵州。

嘎克什马先蒿
Pedicularis garckeana Prain ex Maxim., Bull. Acad. Imp. Sci. Saint-Pétersbourg 32 (4): 529 (1888).
西藏；印度（锡金）。

地管马先蒿
●Pedicularis geosiphon Harry Sm. et P. C. Tsoong, Fl. Reipubl. Popularis Sin. 68: 400, pl. 18, f. 1-2 (1963).
甘肃、四川。

奇氏马先蒿
●Pedicularis giraldiana Diels ex Bonati, Bull. Soc. Bot. France. 57: 60 (1911).
Pedicularis plicata Maxim. var. *giraldiana* (Diels ex Bonati) H. Limpr., Repert. Spec. Nov. Regni Veg. 20: 206 (1924).
山西。

退毛马先蒿
●Pedicularis glabrescens H. L. Li, Proc. Acad. Nat. Sci. Philadelphia 100: 317, pl. 18, f. 43 (1948).
云南。

球花马先蒿
Pedicularis globifera Hook. f., Fl. Brit. Ind. 4 (11): 308 (1884).
西藏；印度（锡金）、尼泊尔。

贡山马先蒿
●Pedicularis gongshanensis H. P. Yang, Acta Phytotax. Sin. 28 (2): 143, pl. 2, f. 1-3 (1990).
云南。

细瘦马先蒿
●Pedicularis gracilicaulis H. L. Li, Proc. Acad. Nat. Sci. Philadelphia 101: 32, pl. 2, f. 108 (1949).
云南。

纤细马先蒿
Pedicularis gracilis Wall. ex Benth., Scroph. Ind. 52 (1835).
四川、贵州、云南、西藏；印度（锡金）、巴基斯坦、不丹、尼泊尔、阿富汗。

纤细马先蒿（原亚种）
Pedicularis gracilis subsp. gracilis
西藏；印度（锡金）、巴基斯坦、不丹、尼泊尔、阿富汗。

大果纤细马先蒿（亚种）
Pedicularis gracilis subsp. macrocarpa (Prain) P. C. Tsoong, Acta Phytotax. Sin. 3 (3): 307 (1954).
Pedicularis gracilis var. *macrocarpa* Prain, Ann. Roy. Bot. Gard. (Calcutta) 3: 138, pl. 21, A-C (1890); *Pedicularis brunoniana* Wall. subsp. *typica* Pennell, Acad. Nat. Sci. Philadelphia Monogr. 5: 129 (1943).
西藏；印度。

中国纤细马先蒿（亚种）
●Pedicularis gracilis subsp. sinensis (H. L. Li) P. C. Tsoong, Fl. Reipubl. Popularis Sin. 68: 79 (1963).
Pedicularis gracilis var. *sinensis* H. L. Li, Proc. Acad. Nat. Sci. Philadelphia 100 (7): 279, pl. 16, f. 15 (1948).
四川、贵州、云南。

纤细马先蒿坚挺亚种（亚种）
Pedicularis gracilis subsp. stricta (Prain) Tsoong, Fl. Reipubl. Popularis Sin. 68: 78, pl. 12, f. 1-3 (1963).
Pedicularis gracilis f. *stricta* Prain, Ann. Roy. Bot. Gard. (Calcutta) 3: 137, pl. 19 (1890).
西藏；印度、巴基斯坦、不丹、尼泊尔、阿富汗。

细管马先蒿
●**Pedicularis gracilituba** H. L. Li, Proc. Acad. Nat. Sci. Philadelphia 101: 173, pl. 13, f. 210 (1949).
四川、云南。

细管马先蒿（原亚种）
●**Pedicularis gracilituba** subsp. **gracilituba**
四川、云南。

刺毛细管马先蒿（亚种）
●**Pedicularis gracilituba** subsp. **setosa** (H. L. Li) P. C. Tsoong, Fl. Reipubl. Popularis Sin. 68: 101 (1963).
Pedicularis gracilituba var. *setosa* H. L. Li, Proc. Acad. Nat. Sci. Philadelphia 101 (1): 174 (1949).
云南。

野苏子
Pedicularis grandiflora Fisch., Mém. Soc. Imp. Naturalistes Moscou 3: 60 (1812).
吉林、内蒙古；俄罗斯。

鹤首马先蒿
●**Pedicularis gruina** Franch. ex Maxim., Bull. Acad. Imp. Sci. Saint-Pétersbourg 32 (4): 536 (1888).
云南。

鹤首马先蒿（原亚种）
●**Pedicularis gruina** subsp. **gruina**
四川、云南。

多毛鹤首马先蒿（亚种）
●**Pedicularis gruina** subsp. **pilosa** (Bonati) P. C. Tsoong, Fl. Reipubl. Popularis Sin. 68: 136, pl. 27, f. 4-6 (1963).
Pedicularis polyphylla Franch. ex Maxim. var. *pilosa* Bonati, Notes Roy. Bot. Gard. Edinb. 5 (23): 80 (1911); *Pedicularis margaritae* Bonati, Notes Roy. Bot. Gard. Edinb. 5 (23): 81, pl. 70 (1911); *Pedicularis polyphylloides* Bonati, Notes Roy. Bot. Gard. Edinb. 8 (36): 38 (1913); *Pedicularis gruina* var. *cinerascens* Franch. ex H. L. Li, Proc. Acad. Nat. Sci. Philadelphia 101 (1): 35 (1949).
云南。

多叶鹤首马先蒿（亚种）
●**Pedicularis gruina** subsp. **polyphylla** (Franch. ex Maxim.) P. C. Tsoong, Fl. Reipubl. Popularis Sin. 68: 136, pl. 27, f. 1-3 (1963).
Pedicularis polyphylla Franch. ex Maxim., Bull. Acad. Imp. Sci. Saint-Pétersbourg 32 (4): 543, f. 16 (1888); *Pedicularis gruina* var. *polyphylla* (Franch. ex Maxim.) H. L. Li, Proc. Acad. Nat. Sci. Philadelphia 101 (1): 36 (1949).
云南。

吉隆马先蒿
●**Pedicularis gyirongensis** H. P. Yang, Bull. Bot. Res., Harbin 2 (4): 138, f. 1, 4-6 (1982).
西藏。

旋喙马先蒿
●**Pedicularis gyrorhyncha** Franch. ex Maxim., Bull. Acad. Imp. Sci. Saint-Pétersbourg 32 (4): 545 (1888).
云南。

哈巴山马先蒿
●**Pedicularis habachanensis** Bonati, Notes Roy. Bot. Gard. Edinb. 15 (73): 151 (1926).
云南。

哈巴山马先蒿（原亚种）
●**Pedicularis habachanensis** subsp. **habachanensis**
云南。

多羽片哈巴山马先蒿（亚种）
●**Pedicularis habachanensis** subsp. **multipinnata** P. C. Tsoong, Fl. Reipubl. Popularis Sin. 68: 419, pl. 77, f. 4-5 (1963).
云南。

汉姆氏马先蒿
●**Pedicularis hemsleyana** Prain, Hooker's Icon. Pl. 2 (1): pl. 2210 (1892).
四川。

亨氏马先蒿
Pedicularis henryi Maxim., Bull. Acad. Imp. Sci. Saint-Pétersbourg 32 (4): 560 (1888).
江苏、浙江、江西、湖南、湖北、贵州、云南、广东、广西；越南、老挝。

粗毛马先蒿
●**Pedicularis hirtella** Franch. ex F. B. Forbes et Hemsl., J. Linn. Soc., Bot. 26 (174): 209 (1890).
云南。

全萼马先蒿
●**Pedicularis holocalyx** Hand.-Mazz., Symb. Sin. 7: 849 (1936).
Pedicularis szetschuanica Maxim. var. *elata* Bonati, Bull. Soc. Bot. France 54: 187 (1907); *Pedicularis spicata* Pall. var. *australis* Bonati, Bull. Herb. Boissier, sér. 2. 7 (7): 545 (1907).
湖北、四川。

河南马先蒿
●**Pedicularis honanensis** P. C. Tsoong, Fl. Reipubl. Popularis Sin. 68: 413, pl. 58, f. 4-6 (1963).
河南。

矮马先蒿
●**Pedicularis humilis** Bonati, Notes Roy. Bot. Gard. Edinb. 13 (63-64): 106 (1921).
云南。

玛多马先蒿
- Pedicularis hypophylla T. Yamaz., J. Jap. Bot. 78: 202, pl. 1, f. c; pl. 2, f. d (2003).
青海。

生驹氏马先蒿
- Pedicularis ikomai Sasaki, Trans. Nat. Hist. Soc. Taiwan 20: 164 (1930).
台湾。

不等裂马先蒿
- Pedicularis inaequilobata P. C. Tsoong, Fl. Reipubl. Popularis Sin. 68: 415, pl. 61, f. 4-5 (1963).
云南。

孱弱马先蒿
- Pedicularis infirma H. L. Li, Proc. Acad. Nat. Sci. Philadelphia 101 (1): 161, pl. 13, f. 202 (1949).
云南。

折喙马先蒿
- Pedicularis inflexirostris F. S. Yang, D. Y. Hong et X. Q. Wang, Novon 13 (3): 364, f. 1 (2003).
四川、西藏。

硕大马先蒿
- Pedicularis ingens Maxim., Bull. Acad. Imp. Sci. Saint-Pétersbourg 32 (4): 565 (1888).
甘肃、青海、四川。

显著马先蒿
- Pedicularis insignis Bonati, Notes Roy. Bot. Gard. Edinb. 13 (63-64): 109 (1921).
云南、西藏。

全叶马先蒿
Pedicularis integrifolia Hook. f., Fl. Brit. Ind. 4 (11): 308 (1884).
青海、四川、云南、西藏；印度（锡金）、不丹、尼泊尔。

全叶马先蒿（原亚种）
Pedicularis integrifolia subsp. integrifolia
青海、西藏；印度（锡金）、不丹、尼泊尔。

全叶马先蒿（亚种）
- Pedicularis integrifolia subsp. integerrima (Pennell et H. L. Li) P. C. Tsoong, Fl. Reipubl. Popularis Sin. 68: 296, pl. 62, f. 3 (1963).
Pedicularis integerrima Pennell et H. L. Li, Proc. Acad. Nat. Sci. Philadelphia 100 (7): 351, pl. 21, f. 69 (1948).
四川、云南、西藏。

康定马先蒿
- Pedicularis kangtingensis P. C. Tsoong, Fl. Reipubl. Popularis Sin. 68: 398, pl. 9, f. 6-8 (1963).
四川。

甘肃马先蒿
- Pedicularis kansuensis Maxim., Bull. Acad. Imp. Sci. Saint-Pétersbourg. 27 (4): 516 (1881).
甘肃、青海、四川、西藏。

甘肃马先蒿（原亚种）
- Pedicularis kansuensis subsp. kansuensis
Pedicularis verticillata L. var. chinensis Maxim., Bull. Acad. Imp. Sci. Saint-Pétersbourg 24 (1): 63 (1877); Pedicularis goniantha Bureau et Franch., J. Bot. (Morot) 5: 128 (1891); Pedicularis futtereri Diels ex Futterer, Durch Asien Bot. Repr. 3: 20, t. 3, f. B. (1911); Pedicularis szetschuanica Maxim. var. longispicata Bonati ex H. Limpr., Repert. Spec. Nov. Regni Veg. Beih. 12: 485 (1922).
甘肃、青海、四川、西藏。

青海甘肃马先蒿（亚种）
- Pedicularis kansuensis subsp. kokonorica P. C. Tsoong, Fl. Reipubl. Popularis Sin. 68: 403 (1963).
Pedicularis goniantha Bureau et Franch., J. Bot. Agric. 5: 128 (1891).
青海、西藏。

厚毛甘肃马先蒿（亚种）
- Pedicularis kansuensis subsp. villosa P. C. Tsoong, Acta Phytotax. Sin. 3 (3): 311 (1954).
西藏。

雅江甘肃马先蒿（亚种）
- Pedicularis kansuensis subsp. yargongensis (Bonati) P. C. Tsoong, Fl. Reipubl. Popularis Sin. 68: 168 (1963).
Pedicularis yargongensis Bonati, Bull. Soc. Bot. France. 55 (5): 312 (1908); Pedicularis yargongensis var. longibracteata Bonati, Bull. Soc. Bot. France. 55 (5): 312 (1908).
四川、云南。

卡里马先蒿
- Pedicularis kariensis Bonati, Notes Roy. Bot. Gard. Edinb. 13 (63-64): 120 (1921).
云南。

川口马先蒿（喀瓦谷池马先蒿）
- Pedicularis kawaguchii T. Yamaz., J. Jap. Bot. 55 (10): 289, pl. 1, f. 3 (a-b) (1980).
西藏。

甲拉马先蒿
- Pedicularis kialensis Franch., Bull. Soc. Bot. France. 47 (1): 22 (1900).
四川。

江西马先蒿
- **Pedicularis kiangsiensis** P. C. Tsoong et S. H. Cheng, Fl. Reipubl. Popularis Sin. 68: 401, pl. 23, f. 1-3 (1963).
浙江、江西。

宫布马先蒿
- **Pedicularis kongboensis** P. C. Tsoong, Acta Phytotax. Sin. 3 (3): 304, pl. 43, f. 2 (1954).
西藏。

宫布马先蒿（原变种）
- **Pedicularis kongboensis** var. **kongboensis**
西藏。

钝裂宫布马先蒿（变种）
- **Pedicularis kongboensis** var. **obtusata** P. C. Tsoong, Acta Phytotax. Sin. 3 (3): 305 (1954).
西藏。

滇东马先蒿
- **Pedicularis koueytchensis** Bonati, Arch. Bot. Bull. Mens. 1: 217 (1927).
云南。

库尔马先蒿
Pedicularis kuruchuensis T. Yamaz., J. Jap. Bot. 75 (4): 218 (2000).
西藏；不丹。

拉氏马先蒿
- **Pedicularis labordei** Vaniot ex Bonati, Bull. Acad. Int. Géogr. Bot. 13 (177-179): 242 (1904).
Pedicularis stapfii Bonati, Arch. Bot. Caen. Bull. 3 (1927).
四川、贵州、云南。

绒舌马先蒿
Pedicularis lachnoglossa Hook. f., Fl. Brit. Ind. 4 (11): 311 (1884).
Pedicularis lachnoglossa var. *macrantha* Bonati, Notes Roy. Bot. Gard. Edinb. 8 (36): 41 (1913); *Pedicularis macrantha* (Bonati) H. Lév., Cat. Pl. Yun-Nan 263 (1917).
四川、云南、西藏；印度（锡金）、不丹、尼泊尔。

元宝草马先蒿
- **Pedicularis lamioides** Hand.-Mazz., Symb. Sin. 7: 869, pl. 25, f. 4 (1936).
云南。

兰坪马先蒿
- **Pedicularis lanpingensis** H. P. Yang, Acta Bot. Yunnan. 6 (3): 278, pl. 1, f. 4-7 (1984).
云南。

毛颏马先蒿
- **Pedicularis lasiophrys** Maxim., Bull. Acad. Imp. Sci. Saint-Pétersbourg 24 (1): 68 (1877).
甘肃、青海、四川。

毛颏马先蒿（原变种）
- **Pedicularis lasiophrys** var. **lasiophrys**
甘肃、青海、四川。

毛被毛颏马先蒿（变种）
- **Pedicularis lasiophrys** var. **sinica** Maxim., Bull. Acad. Imp. Sci. Saint-Pétersbourg 32: 564 (1888).
甘肃、四川。

阔苞马先蒿
- **Pedicularis latibracteata** T. Yamaz., J. Jap. Bot. 76: 96, f. 1A (2001).
云南。

宽喙马先蒿
- **Pedicularis latirostris** P. C. Tsoong, Fl. Reipubl. Popularis Sin. 68: 411, pl. 45, f. 1-5 (1963).
甘肃。

粗管马先蒿
- **Pedicularis latituba** Bonati, Bull. Soc. Bot. France. 55 (4): 243 (1908).
四川、西藏。

疏花马先蒿
- **Pedicularis laxiflora** Franch., Bull. Soc. Bot. France. 47 (1): 27 (1900).
四川。

疏穗马先蒿
- **Pedicularis laxispica** H. L. Li, Proc. Acad. Nat. Sci. Philadelphia 100 (7): 362, pl. 22, f. 77 (1948).
云南。

勒公氏马先蒿
- **Pedicularis lecomtei** Bonati, Bull. Soc. Bot. France. 55 (7): 543 (1908).
云南。

勒氏马先蒿
- **Pedicularis legendrei** Bonati, Bull. Soc. Bot. France. 57: 60 (1911).
四川。

纤管马先蒿
- **Pedicularis leptosiphon** H. L. Li, Proc. Acad. Nat. Sci. Philadelphia 101 (1): 194, pl. 16, f. 225 (1949).
四川、云南。

拉萨马先蒿
- **Pedicularis lhasana** T. Yamaz., J. Jap. Bot. 75 (4): 214 (2000).

西藏。

藏东马先蒿
●**Pedicularis liguliflora** T. Yamaz., J. Jap. Bot. 75 (4): 215 (2000).
西藏。

丽江马先蒿
●**Pedicularis likiangensis** Franch. ex Maxim., Bull. Acad. Imp. Sci. Saint-Pétersbourg 32 (4): 597 (1888).
四川、云南、西藏。

丽江马先蒿（原亚种）
Pedicularis likiangensis subsp. **likiangensis**
Pedicularis lineata Franch. ex Maxim. var. *dissecta* Bonati, Notes Roy. Bot. Gard. Edinb. 15 (73): 148 (1926).
四川、云南、西藏。

美丽丽江马先蒿（亚种）
●**Pedicularis likiangensis** subsp. **pulchra** P. C. Tsoong, Fl. Reipubl. Popularis Sin. 68: 403 (1963).
云南。

林氏马先蒿
●**Pedicularis limprichtiana** Hand.-Mazz., Anz. Akad. Wiss. Wien, Math.-Naturwiss. Kl. 62: 239 (1925).
四川、云南。

条纹马先蒿
Pedicularis lineata Franch. ex Maxim., Bull. Acad. Imp. Sci. Saint-Pétersbourg 32 (4): 597 (1888).
Pedicularis sparsissima P. C. Tsoong, Kew Bull. 9 (3): 447 (1954).
陕西、甘肃、四川、云南；缅甸。

凌氏马先蒿
●**Pedicularis lingelsheimiana** H. Limpr., Repert. Spec. Nov. Regni Veg. 18 (513-523): 244 (1922).
四川。

巴颜喀拉山马先蒿
●**Pedicularis lobatorostrata** T. Yamaz., J. Jap. Bot. 78: 201, pl. 3, f. b; pl. 4 (2003).
青海。

长萼马先蒿
●**Pedicularis longicalyx** H. P. Yang, Acta Phytotax. Sin. 18 (2): 243, pl. 6 (1980).
西藏。

长茎马先蒿
●**Pedicularis longicaulis** Franch. ex Maxim., Bull. Acad. Imp. Sci. Saint-Pétersbourg 32 (4): 577 (1888).
云南。

长花马先蒿
Pedicularis longiflora Rudolph, Mém. Acad. Imp. Sci. St. Pétersbourg Hist. Acad. 4: 345, pl. 3 (1811).
内蒙古、河北、甘肃、青海、四川；蒙古、印度、巴基斯坦、不丹、尼泊尔、土库曼斯坦、乌兹别克斯坦、吉尔吉斯斯坦、塔吉克斯坦、哈萨克斯坦、俄罗斯。

长花马先蒿（原变种）
Pedicularis longiflora var. **longiflora**
内蒙古、河北、甘肃、青海、四川；蒙古、印度、巴基斯坦、不丹、尼泊尔、土库曼斯坦、乌兹别克斯坦、吉尔吉斯斯坦、塔吉克斯坦、哈萨克斯坦、俄罗斯。

红原长花马先蒿（变种）
●**Pedicularis longiflora** var. **hongyuanensis** Y. Tang, Novon 8 (4): 455 (1998).
四川。

管状长花马先蒿（变种）
Pedicularis longiflora var. **tubiformis** (Klotzsch) P. C. Tsoong, Acta Phytotax. Sin. 3 (3): 318 (1954).
Pedicularis tubiformis Klotzsch, Bot. Ergebn. Reise Waldemar 106 (1862); *Pedicularis longiflora* subsp. *tubiformis* (Klotzsch) Pennell, Acad. Nat. Sci. Philadelphia Monogr. 5: 150 (1943).
四川、云南、西藏；印度、巴基斯坦、不丹、尼泊尔。

阴山长花马先蒿（变种）
●**Pedicularis longiflora** var. **yingshanensis** Z. Y. Chu et Y. Z. Zhao, Acta Sci. Nat. Univ. Intramongol. 19 (1): 175 (1988).
内蒙古。

长梗马先蒿
●**Pedicularis longipes** Maxim., Bull. Acad. Imp. Sci. Saint-Pétersbourg 32 (4): 554 (1888).
四川。

长柄马先蒿
●**Pedicularis longipetiolata** Franch. ex Maxim., Bull. Acad. Imp. Sci. Saint-Pétersbourg 32 (4): 541 (1888).
四川、云南。

长把马先蒿
●**Pedicularis longistipitata** P. C. Tsoong, Fl. Reipubl. Popularis Sin. 68: 402, pl. 30, f. 8-9 (1963).
西藏。

盔须马先蒿
●**Pedicularis lophotricha** H. L. Li, Proc. Acad. Nat. Sci. Philadelphia 101 (1): 71, pl. 6, f. 138 (1949).
四川。

小根马先蒿
Pedicularis ludwigii Regel, Bull. Soc. Imp. Naturalistes Moscou 41 (1): 107 (1868).

Pedicularis leptorhiza Rupr., Mém. Acad. Imp. Sci. St.-Pétersbourg, Sér. 7. 7: 62 (1869).

新疆；乌兹别克斯坦、吉尔吉斯斯坦、塔吉克斯坦、哈萨克斯坦。

龙陵马先蒿

●*Pedicularis lunglingensis* Bonati, Notes Roy. Bot. Gard. Edinb. 15 (73): 160 (1926).

云南。

浅黄马先蒿

●*Pedicularis lutescens* Franch. ex Maxim., Bull. Acad. Imp. Sci. Saint-Pétersbourg 32 (4): 605 (1888).

四川、云南。

浅黄马先蒿（原亚种）

●*Pedicularis lutescens* subsp. **lutescens**

Pedicularis truchetii Bonati, Notes Roy. Bot. Gard. Edinb. 15 (73): 155 (1926).

四川、云南。

短叶浅黄马先蒿（亚种）

●*Pedicularis lutescens* subsp. **brevifolia** (Bonati) P. C. Tsoong, Fl. Reipubl. Popularis Sin. 68: 277 (1963).

Pedicularis lutescens var. *brevifolia* Bonati, Notes Roy. Bot. Gard. Edinb. 13 (63-64): 135 (1921).

云南。

长柄浅黄马先蒿（亚种）

●*Pedicularis lutescens* subsp. **longipetiolata** (H. L. Li) P. C. Tsoong, Fl. Reipubl. Popularis Sin. 68: 277 (1963).

Pedicularis lutescens var. *longipetiolata* H. L. Li, Proc. Acad. Nat. Sci. Philadelphia 100 (7): 361 (1948).

四川。

多枝浅黄马先蒿（亚种）

●*Pedicularis lutescens* subsp. **ramosa** (Bonati) P. C. Tsoong, Fl. Reipubl. Popularis Sin. 68: 277 (1963).

Pedicularis lutescens var. *ramosa* Bonati, Notes Roy. Bot. Gard. Edinb. 13 (63-64): 135 (1921).

四川、云南。

东川浅黄马先蒿（亚种）

●*Pedicularis lutescens* subsp. **tongtchuanensis** (Bonati) P. C. Tsoong, Fl. Reipubl. Popularis Sin. 68: 276 (1963).

Pedicularis lutescens var. *tongtchuanensis* Bonati, Notes Roy. Bot. Gard. Edinb. 13 (63-64): 135 (1921).

云南。

琴盔马先蒿

Pedicularis lyrata Prain ex Maxim., Bull. Acad. Imp. Sci. Saint-Pétersbourg 32 (4): 606 (1888).

青海、四川、西藏；印度（锡金）。

瘠瘦马先蒿

●*Pedicularis macilenta* Franch., J. Linn. Soc., Bot. 26 (174): 212 (1890).

四川、云南。

长喙马先蒿

●*Pedicularis macrorhyncha* H. L. Li, Proc. Acad. Nat. Sci. Philadelphia 101 (1): 108, pl. 10, f. 168 (1949).

云南。

大管马先蒿

●*Pedicularis macrosiphon* Franch., Nouv. Arch. Mus. Hist. Nat. sér. 2. 10: 66 (1888).

Pedicularis tribuloides Bonati, Notes Roy. Bot. Gard. Edinb. 13 (63-64): 111 (1921); *Pedicularis lucifuga* Bonati, Notes Roy. Bot. Gard. Edinb. 13 (63-64): 112 (1921); *Pedicularis macrosiphon* var. *tribuloides* (Bonati) H. L. Li, Proc. Acad. Nat. Sci. Philadelphia 101 (1): 173 (1949).

四川、云南。

梅氏马先蒿

●*Pedicularis mairei* Bonati, Bull. Soc. Bot. France. 59 (1911).

云南。

鸡冠子花

Pedicularis mandshurica Maxim., Bull. Acad. Imp. Sci. Saint-Pétersbourg 24 (1): 79 (1877).

辽宁、河北；朝鲜。

玛丽马先蒿

Pedicularis mariae Regel, Trudy Imp. S.-Peterburgsk. Bot. Sada 6 (2): 352 (1880).

新疆；哈萨克斯坦。

克兰氏马先蒿

Pedicularis maximowiczii Krasn., Zap. Imp. Russk. Geogr. Obsc. Obscej Geogr. 19: 339 (1888).

新疆；吉尔吉斯斯坦、哈萨克斯坦。

马克逊马先蒿

●*Pedicularis maxonii* Bonati, Notes Roy. Bot. Gard. Edinb. 15 (73): 166 (1926).

Pedicularis sabaensis Bonati, Notes Roy. Bot. Gard. Edinb. 15 (73): 166 (1926); *Pedicularis trigonophylla* Hand.-Mazz., Symb. Sin. 7 (4): 867, pl. 15, f. 8 (1936).

云南。

迈亚马先蒿

●*Pedicularis mayana* Hand.-Mazz., Symb. Sin. 7: 858, pl. 15, f. 10 (1936).

云南。

硕花马先蒿

Pedicularis megalantha D. Don, Prodr. Fl. Nepal. 94 (1825).

西藏；印度、巴基斯坦、不丹、尼泊尔。

大唇马先蒿
Pedicularis megalochila H. L. Li, Taiwania 1 (1): 91, pl. 1, f. 7 (1948).
西藏；不丹。

大唇马先蒿（原变种）
Pedicularis megalochila var. **megalochila**
西藏；不丹。

舌状大唇马先蒿（变种）
●**Pedicularis megalochila** var. **ligulata** P. C. Tsoong, Acta Phytotax. Sin. 3 (3): 279 (1954).
西藏。

山萝花马先蒿
●**Pedicularis melampyriflora** Franch. ex Maxim., Bull. Acad. Imp. Sci. Saint-Pétersbourg 32 (4): 603 (1888).
四川、云南。

膜叶马先蒿
●**Pedicularis membranacea** H. L. Li, Proc. Acad. Nat. Sci. Philadelphia 101 (1): 168, pl. 13, f. 207 (1949).
四川。

迈氏马先蒿
Pedicularis merrilliana H. L. Li, Proc. Acad. Nat. Sci. Philadelphia 101 (1): 96, pl. 8, f. 155 (1949).
甘肃、四川；不丹。

后生四川马先蒿
●**Pedicularis metaszetschuanica** P. C. Tsoong, Fl. Reipubl. Popularis Sin. 68: 193, 410, pl. 42, f. 4-6 (1963).
四川。

翘喙马先蒿
●**Pedicularis meteororhyncha** H. L. Li, Proc. Acad. Nat. Sci. Philadelphia 100 (7): 376, pl. 23, f. 88 (1948).
云南。

小花马先蒿
●**Pedicularis micrantha** H. L. Li, Proc. Acad. Nat. Sci. Philadelphia 101 (1): 106, pl. 9, f. 164 (1949).
云南。

小萼马先蒿
Pedicularis microcalyx Hook. f., Fl. Brit. Ind. 4 (11): 315 (1884).
西藏；印度、不丹、尼泊尔。

小唇马先蒿
●**Pedicularis microchila** Franch. ex Maxim., Bull. Acad. Imp. Sci. Saint-Pétersbourg 32 (4): 595 (1888).
四川、云南。

细小马先蒿
●**Pedicularis minima** P. C. Tsoong et S. H. Cheng, Fl. Reipubl. Popularis Sin. 68: 403 (1963).
四川。

微唇马先蒿
●**Pedicularis minutilabris** P. C. Tsoong, Fl. Reipubl. Popularis Sin. 68: 407, pl. 41, f. 1-5 (1963).
四川。

柔毛马先蒿
Pedicularis mollis Wall. ex Benth., Scroph. Ind. 53 (1835).
西藏；印度（锡金）、不丹、尼泊尔。

蒙氏马先蒿
●**Pedicularis monbeigiana** Bonati, Bull. Soc. Bot. Genève, Sér. 2. 5: 112 (1913).
四川、云南。

穆坪马先蒿
●**Pedicularis moupinensis** Franch., Nouv. Arch. Mus. Hist. Nat. sér. 2. 10: 67 (1888).
甘肃、四川。

藓生马先蒿
Pedicularis muscicola Maxim., Bull. Acad. Imp. Sci. Saint-Pétersbourg 24 (1): 54 (1877).
内蒙古、河北、山西、陕西、甘肃、湖北、青海。

藓状马先蒿
●**Pedicularis muscoides** H. L. Li, Proc. Acad. Nat. Sci. Philadelphia 101: 91, pl. 8, f. 151 (1949).
四川、云南、西藏。

藓状马先蒿（原变种）
●**Pedicularis muscoides** var. **muscoides**
四川、云南、西藏。

玫瑰色藓状马先蒿（变种）
●**Pedicularis muscoides** var. **rosea** H. L. Li, Proc. Acad. Nat. Sci. Philadelphia 101 (1): 92 (1949).
云南。

谬氏马先蒿
●**Pedicularis mussotii** Franch., Bull. Soc. Bot. France. 47 (1): 24 (1900).
四川、云南。

谬氏马先蒿（原变种）
●**Pedicularis mussotii** var. **mussotii**
四川。

刺冠谬氏马先蒿（变种）
●**Pedicularis mussotii** var. **lophocentra** (Hand.-Mazz.) H. L. Li, Proc. Acad. Nat. Sci. Philadelphia 101 (1): 180 (1949).

Pedicularis lophocentra Hand.-Mazz., Anz. Akad. Wiss. Wien, Math.-Naturwiss. Kl. 59: 251 (1922).

四川、云南。

变形谬氏马先蒿（变种）

●*Pedicularis mussotii* var. **mutata** Bonati, Bull. Soc. Bot. France. 54 (3): 375 (1907).

四川、云南。

喀什马先蒿

●*Pedicularis mustanghatana* T. Yamaz., J. Jap. Bot. 68 (3): 144 (1993).

新疆。

菌生马先蒿

●*Pedicularis mychophila* C. Marquand et Airy Shaw, J. Linn. Soc., Bot. 48 (321): 212 (1929).

西藏。

万叶马先蒿

Pedicularis myriophylla Pall., Reise Russ. Reich. 3: 737 (1776).

河北、新疆；蒙古、俄罗斯。

万叶马先蒿（原变种）

Pedicularis myriophylla var. **myriophylla**

河北、新疆；蒙古、俄罗斯。

紫色万叶马先蒿（变种）

Pedicularis myriophylla var. **purpurea** Bunge in Walpers, Repert. Bot. Syst. 3: 410 (1844).

河北；蒙古。

南川马先蒿

●*Pedicularis nanchuanensis* P. C. Tsoong, Fl. Reipubl. Popularis Sin. 68: 399, pl. 16, f. 5-7 (1963).

四川。

蓼菜叶马先蒿

●*Pedicularis nasturtiifolia* Franch., Bull. Soc. Bot. France. 47 (1): 28 (1900).

陕西、湖北、四川。

新粗管马先蒿

●*Pedicularis neolatituba* P. C. Tsoong, Fl. Reipubl. Popularis Sin. 68: 418, pl. 72, f. 1-3 (1963).

四川。

黑马先蒿

Pedicularis nigra (Bonati) Vaniot ex Bonati, Notes Roy. Bot. Gard. Edinb. 13: 130 (1921).

Pedicularis collettii Prain var. *nigra* Bonati, Bull. Acad. Int. Géogr. Bot. 13: 240 (1904); *Pedicularis tongtchouanensis* Bonati, Notes Roy. Bot. Gard. Edinb. 13 (63-64): 129 (1921).

贵州、云南；泰国。

芒康马先蒿

●*Pedicularis ningjungensis* T. Yamaz., J. Jap. Bot. 75 (4): 216 (2000).

西藏。

聂拉木马先蒿

●*Pedicularis nyalamensis* H. P. Yang, Acta Phytotax. Sin. 18 (2): 241, pl. 2 (1980).

西藏。

林芝马先蒿

●*Pedicularis nyingchiensis* H. P. Yang et Tateishi, Acta Phytotax. Sin. 31 (3): 288, pl. 1 (1993).

西藏。

暗昧马先蒿

●*Pedicularis obscura* Bonati, Notes Roy. Bot. Gard. Edinb. 15 (73): 149 (1926).

云南。

齿唇马先蒿

●*Pedicularis odontochila* Diels, Bot. Jahrb. Syst. 36 (5, Beibl. 82): 97 (1905).

陕西。

贡嘎马先蒿

●*Pedicularis odontocorys* T. Yamaz., J. Jap. Bot. 76: 98, f. 1B (2001).

四川。

具齿马先蒿

Pedicularis odontophora Prain, J. Asiat. Soc. Bengal, Pt. 2, Nat. Hist. 58 (2): 275 (1889).

西藏；印度（锡金）。

欧氏马先蒿

Pedicularis oederi Vahl, Dansk Oekonom. Plantel, ed. 2. 580 (1806).

河北、山西、陕西、甘肃、青海、新疆、四川、云南、西藏；蒙古、日本、不丹、吉尔吉斯斯坦、塔吉克斯坦、哈萨克斯坦、俄罗斯、欧洲、北美洲。

欧氏马先蒿（原亚种）

Pedicularis oederi subsp. **oederi**

Pedicularis versicolor Wahlenb., Veg. Helvet. 118 (1813).

河北、山西、陕西、甘肃、青海、新疆、四川、云南、西藏；蒙古、日本、不丹、吉尔吉斯斯坦、塔吉克斯坦、哈萨克斯坦、俄罗斯、欧洲、北美洲。

鳃叶欧氏马先蒿（亚种）

Pedicularis oederi subsp. **branchyophylla** (Pennell) P. C. Tsoong, Acta Phytotax. Sin. 3 (3): 274 (1954).

Pedicularis branchyophylla Pennell, Scroph. West. Himal. 142,

pl. 25A (1943).
西藏；不丹。

多羽片欧氏马先蒿（亚种）
●**Pedicularis oederi** subsp. **multipinna** (H. L. Li) P. C. Tsoong, Fl. Reipubl. Popularis Sin. 68: 334 (1963).
Pedicularis oederi var. *multipinna* H. L. Li, Proc. Acad. Nat. Sci. Philadelphia 101 (1): 89 (1949).
四川。

欧氏马先蒿（原变种）
Pedicularis oederi var. **oederi**
河北、山西、陕西、甘肃、青海、新疆、四川、云南、西藏；蒙古、日本、不丹、吉尔吉斯斯坦、塔吉克斯坦、哈萨克斯坦、俄罗斯、欧洲、北美洲。

狭花欧氏马先蒿（变种）
●**Pedicularis oederi** var. **angustiflora** (Limpr.) P. C. Tsoong, Fl. Reipubl. Popularis Sin. 68: 334 (1963).
Pedicularis angustiflora Limpr., Repert. Spec. Nov. Regni Veg. Beih. 18: 244 (1922).
四川。

异盔欧氏马先蒿（变种）
Pedicularis oederi var. **heteroglossa** Prain, J. Asiat. Soc. Bengal 58 (2): 276 (1889).
河北、山西、陕西、甘肃、青海、新疆、四川、云南、西藏；蒙古、不丹、尼泊尔、吉尔吉斯斯坦、塔吉克斯坦、哈萨克斯坦、俄罗斯、欧洲、北美洲。

中国欧氏马先蒿（变种）
●**Pedicularis oederi** var. **sinensis** (Maxim.) Hurus., J. Jap. Bot. 22 (5-6): 73 (1948).
Pedicularis versicolor Wahlenb. var. *sinensis* Maxim., Bull. Acad. Imp. Sci. Saint-Pétersbourg 32: t. 7, f. 177b (1888).
河北、山西、陕西、甘肃、青海、四川、云南。

少花马先蒿
●**Pedicularis oligantha** Franch. ex Maxim., Bull. Acad. Imp. Sci. Saint-Pétersbourg 3 (4): 542 (1888).
云南。

奥氏马先蒿
●**Pedicularis oliveriana** Prain, J. Asiat. Soc. Bengal 58 (2): 257 (1889).
Pedicularis oliveriana subsp. *lasiantha* P. C. Tsoong, Acta Phytotax. Sin. 3 (3): 327 (1954).
西藏。

峨眉马先蒿
●**Pedicularis omiiana** Bonati, Bull. Soc. Bot. France. 54 (4): 184 (1907).
四川、云南。

峨眉马先蒿（原亚种）
●**Pedicularis omiiana** subsp. **omiiana**
四川、云南。

铺散峨眉马先蒿（亚种）
●**Pedicularis omiiana** subsp. **diffusa** (Bonati) P. C. Tsoong, Fl. Reipubl. Popularis Sin. 68: 97 (1963).
Pedicularis omiiana var. *diffusa* Bonati, Bull. Soc. Bot. France. 54: 376 (1907).
四川。

直盔马先蒿
●**Pedicularis orthocoryne** H. L. Li, Proc. Acad. Nat. Sci. Philadelphia 101: 89 (1949).
Pedicularis oederi Vahl var. *bracteosa* Bonati, Notes Roy. Bot. Gard. Edinb. 8: 142 (1913).
四川、云南。

尖果马先蒿
Pedicularis oxycarpa Franch. ex Maxim., Bull. Acad. Imp. Sci. Saint-Pétersbourg 32 (4): 540 (1888).
四川、云南。

白氏马先蒿
●**Pedicularis paiana** H. L. Li, Proc. Acad. Nat. Sci. Philadelphia 101 (1): 61 (1949).
Pedicularis tristis L. var. *macrantha* Maxim., Bull. Acad. Imp. Sci. Saint-Pétersbourg 32 (4): 567 (1888).
甘肃、四川。

沼生马先蒿
Pedicularis palustris L., Sp. Pl. 2: 607 (1753).
黑龙江、内蒙古、新疆；蒙古、哈萨克斯坦、俄罗斯、欧洲。

沼生马先蒿（原亚种）
Pedicularis palustris subsp. **palustris**
Pedicularis erecta Gilib., Excerc. Bot. 1: 135 (1782).
黑龙江、内蒙古、新疆；蒙古、哈萨克斯坦、俄罗斯、欧洲。

卡氏沼生马先蒿（亚种）
Pedicularis palustris subsp. **karoi** (Freyn) P. C. Tsoong, Fl. Reipubl. Popularis Sin. 68: 117 (1963).
Pedicularis karoi Freyn, Oesterr. Bot. Z. 46 (1): 26 (1896).
黑龙江、内蒙古；蒙古、俄罗斯。

潘氏马先蒿
Pedicularis pantlingii Prain, J. Asiat. Soc. Bengal, Pt. 2, Nat. Hist. 58 (2): 273 (1889).
云南、西藏；缅甸、印度、不丹、尼泊尔。

潘氏马先蒿（原亚种）
Pedicularis pantlingii subsp. **pantlingii**
Pedicularis furfuracea Wall. ex Benth. var. *integrifolia* Hook. f., Fl. Brit. Ind. 4 (11): 316 (1884).
云南、西藏；缅甸、印度、不丹、尼泊尔。

短果潘氏马先蒿（亚种）
●**Pedicularis pantlingii** subsp. **brachycarpa** P. C. Tsoong ex C. Y. Wu et Hong Wang, Acta Bot. Yunnan. 23 (3): 174 (2001).

云南。

缅甸潘氏马先蒿（亚种）
Pedicularis pantlingii subsp. **chimiliensis** (Bonati) P. C. Tsoong, Fl. Reipubl. Popularis Sin. 68: 142 (1963).
Pedicularis pantlingii var. *chimiliensis* Bonati, Notes Roy. Bot. Gard. Edinb. 13 (63-64): 125 (1921).
云南；缅甸。

派氏马先蒿
●**Pedicularis paxiana** H. Limpr., Repert. Spec. Nov. Regni Veg. Beih. 12: 483 (1922).
四川。

拟篦齿马先蒿
●**Pedicularis pectinatiformis** Bonati, Bull. Soc. Bot. France. 54 (6): 372 (1907).
四川。

五角马先蒿
●**Pedicularis pentagona** H. L. Li, Proc. Acad. Nat. Sci. Philadelphia 100 (7): 347, pl. 21, f. 66 (1948).
四川、云南、西藏。

裴氏马先蒿
●**Pedicularis petelotii** P. C. Tsoong, Acta Phytotax. Sin. 3 (3): 308 (1954).
云南；越南。

伯氏马先蒿
●**Pedicularis petitmenginii** Bonati, Bull. Herb. Boissier, sér. 2. 7 (7): 542 (1907).
四川。

法且利亚叶马先蒿
●**Pedicularis phaceliifolia** Franch., Bull. Soc. Bot. France. 47 (1): 27 (1900).
四川、云南。

费尔氏马先蒿
●**Pedicularis pheulpinii** Bonati, Bull. Soc. Bot. France. 55 (4): 247 (1908).
青海、四川。

费尔氏马先蒿（原亚种）
●**Pedicularis pheulpinii** subsp. **pheulpinii**
四川。

祁连费尔氏马先蒿（亚种）
●**Pedicularis pheulpinii** subsp. **chilienensis** P. C. Tsoong, Fl. Reipubl. Popularis Sin. 68: 416 (1963).
青海。

臌萼马先蒿
Pedicularis physocalyx Bunge, Bull. Sci. Acad. Imp. Sci. Saint-Pétersbourg 8: 251 (1841).
Pedicularis flava Pall. var. *conica* Bunge, Mém. Acad. Imp. Sci. St.-Pétersbourg 4: 570 (1835); *Pedicularis fedschenkoi* Bonati, Bull. Soc. Bot. France. 61: 233 (1914).
新疆；哈萨克斯坦、俄罗斯（欧洲部分、东西伯利亚）。

绵穗马先蒿
●**Pedicularis pilostachya** Maxim., Bull. Acad. Imp. Sci. Saint-Pétersbourg 24 (1): 64 (1877).
甘肃、青海。

松林马先蒿
●**Pedicularis pinetorum** Hand.-Mazz., Symb. Sin. 7: 861, pl. 15, f. 12-14 (1936).
云南。

皱褶马先蒿
●**Pedicularis plicata** Maxim., Bull. Acad. Imp. Sci. Saint-Pétersbourg 32 (4): 598 (1888).
甘肃、青海、四川、云南、西藏。

皱褶马先蒿（原亚种）
●**Pedicularis plicata** subsp. **plicata**
甘肃、青海、四川、云南、西藏。

浅黄皱褶马先蒿（亚种）
●**Pedicularis plicata** subsp. **luteola** (H. L. Li) P. C. Tsoong, Fl. Reipubl. Popularis Sin. 68: 150 (1963).
Pedicularis luteola H. L. Li, Proc. Acad. Nat. Sci. Philadelphia 100 (7): 331, pl. 19, f. 54 (1948).
四川、云南。

皱褶马先蒿（原变种）
●**Pedicularis plicata** subsp. **plicata**
甘肃、青海、四川、云南、西藏。

凸尖皱褶马先蒿（变种）
●**Pedicularis plicata** var. **apiculata** P. C. Tsoong, Acta Phytotax. Sin. 3 (3): 309 (1954).
Pedicularis plicata subsp. *apiculata* (P. C. Tsoong) P. C. Tsoong, Acta Phytotax. Sin. 3 (3): 309 (1954).
西藏。

远志状马先蒿
Pedicularis polygaloides Hook. f., Fl. Brit. Ind. 4 (11): 317 (1884).
西藏；印度（锡金）、不丹。

多齿马先蒿
●**Pedicularis polyodonta** H. L. Li, Proc. Acad. Nat. Sci. Philadelphia 100 (7): 358, pl. 22, f. 75 (1948).
Pedicularis lyrata Prain ex Maxim. var. *cordifolia* Franch., Bull. Soc. Bot. France. 47 (1): 33 (1900).
四川。

波氏马先蒿
- **Pedicularis potaninii** Maxim., Bull. Acad. Imp. Sci. Saint-Pétersbourg 32 (4): 570 (1888).
甘肃。

悬岩马先蒿
- **Pedicularis praeruptorum** Bonati, Notes Roy. Bot. Gard. Edinb. 13 (63-64): 126 (1921).
Pedicularis aphyllocaulis Hand.-Mazz., Anz. Akad. Wiss. Wien, Math.-Naturwiss. Kl. 62: 239 (1925).
云南。

帕兰氏马先蒿
- **Pedicularis prainiana** Maxim., Bull. Acad. Imp. Sci. Saint-Pétersbourg 32 (4): 567 (1888).
西藏；不丹。

高超马先蒿
- **Pedicularis princeps** Bureau et Franch., J. Bot. (Morot) 5 (8): 129 (1891).
四川、云南。

鼻喙马先蒿
- **Pedicularis proboscidea** Stev., Mém. Soc. Imp. Naturalistes Moscou 6: 33 (1823).
新疆；蒙古、哈萨克斯坦、俄罗斯（东西伯利亚）。

普氏马先蒿
- **Pedicularis przewalskii** Maxim., Bull. Acad. Imp. Sci. Saint-Pétersbourg 24 (1): 55 (1877).
甘肃、青海、四川、云南、西藏。

普氏马先蒿（原亚种）
- **Pedicularis przewalskii** subsp. **przewalskii**
甘肃、青海、四川、西藏。

南方普氏马先蒿（亚种）
- **Pedicularis przewalskii** subsp. **australis** (H. L. Li) P. C. Tsoong, Acta Phytotax. Sin. 3 (3): 317 (1954).
Pedicularis przewalskii var. *australis* H. L. Li, Proc. Acad. Nat. Sci. Philadelphia 101 (1): 113 (1949).
云南、西藏。

粗毛普氏马先蒿（亚种）
- **Pedicularis przewalskii** subsp. **hirsuta** (H. L. Li) P. C. Tsoong, Fl. Reipubl. Popularis Sin. 68: 352 (1963).
Pedicularis przewalskii var. *hirsuta* H. L. Li, Proc. Acad. Nat. Sci. Philadelphia 101 (1): 113 (1949).
云南。

矮小普氏马先蒿（亚种）
- **Pedicularis przewalskii** subsp. **microphyton** (Bureau et Franch.) P. C. Tsoong, Fl. Reipubl. Popularis Sin. 68: 353 (1963).
Pedicularis microphyton Bureau et Franch., J. Bot. (Morot) 5 (7): 107 (1891); *Pedicularis przewalskii* var. *microphyton* (Bureau et Franch.) P. C. Tsoong, Proc. Acad. Nat. Sci. Philadelphia 101 (1): 114 (1949); *Pedicularis coppeyi* Bonati, Bull. Soc. Bot. France 57 (Mém. 18): 14 (1910).
四川、西藏。

普氏马先蒿（原变种）
- **Pedicularis przewalskii** var. **przewalskii**
甘肃、青海、四川、西藏。

有冠普氏马先蒿（变种）
- **Pedicularis przewalskii** var. **cristata** H. L. Li, P. C. Tsoong, Proc. Acad. Nat. Sci. Philadelphia 101 (1): 114 (1949).
甘肃、青海、四川、西藏。

紫色普氏马先蒿（变种）
- **Pedicularis przewalskii** var. **purpurea** (Bonati) H. L. Li, Proc. Acad. Nat. Sci. Philadelphia 101 (1): 114 (1949).
Pedicularis microphyton Bureau et Franch. var. *purpurea* Bonati, Bull. Soc. Bot. France. 55 (4): 244 (1908).
四川、西藏。

假头花马先蒿
- **Pedicularis pseudocephalantha** Bonati, Bull. Soc. Bot. Genève. Sér. 2. 5: 314 (1913).
Pedicularis strobilacea Franch. var. *riparia* Bonati, Notes Roy. Bot. Gard. Edinb. 13: 117 (1921).
云南。

假弯管马先蒿
- **Pedicularis pseudocurvituba** P. C. Tsoong, Fl. Reipubl. Popularis Sin. 68: 411, pl. 49, f. 5-8 (1963).
青海。

假硕大马先蒿
- **Pedicularis pseudoingens** Bonati, Notes Roy. Bot. Gard. Edinb. 8 (37): 135 (1913).
云南。

假山萝花马先蒿
- **Pedicularis pseudomelampyriflora** Bonati, Notes Roy. Bot. Gard. Edinb. 15: 155 (1926).
四川、云南、西藏。

假藓生马先蒿
- **Pedicularis pseudomuscicola** Bonati, Bull. Soc. Bot. France. 54 (6): 371 (1907).
四川。

假司氏马先蒿
- **Pedicularis pseudosteiningeri** Bonati, Notes Roy. Bot. Gard. Edinb. 15 (73): 157 (1926).
四川、云南。

假多色马先蒿
Pedicularis pseudoversicolor Hand.-Mazz., Anz. Kaiserl. Akad. Wiss. Wien, Math.-Naturwiss. Kl. 57: 104 (1920).
云南、西藏；不丹。

蕨叶马先蒿
●**Pedicularis pteridifolia** Bonati, Bull. Misc. Inform. Kew 1908 (6): 252 (1908).
四川。

侏儒马先蒿
●**Pedicularis pygmaea** Maxim., Bull. Acad. Imp. Sci. Saint-Pétersbourg 32 (4): 595 (1888).
青海、云南。

侏儒马先蒿（原亚种）
●**Pedicularis pygmaea** subsp. **pygmaea**
青海。

德钦侏儒马先蒿（亚种）
●**Pedicularis pygmaea** subsp. **deqinensis** H. Wang, Acta Bot. Yunnan. 23 (2): 174 (2001).
云南。

青海马先蒿
●**Pedicularis qinghaiensis** T. Yamaz., J. Jap. Bot. 78: 200, pl. 1, f. b; pl. 2, f. c (2003).
青海。

曲乡马先蒿
●**Pedicularis quxiangensis** H. P. Yang, Bull. Bot. Res., Harbin 2 (4): 137, f. 1 (1-3) (1982).
西藏。

多枝马先蒿
●**Pedicularis ramosissima** Bonati, Bull. Soc. Bot. France. 55 (4): 246 (1908).
Pedicularis deqinensis H. P. Yang, Acta Phytotax. Sin. 28 (2): 137 (1990).
四川。

反曲马先蒿
●**Pedicularis recurva** Maxim., Bull. Acad. Imp. Sci. Saint-Pétersbourg 32 (4): 563 (1888).
甘肃、四川。

疏裂马先蒿
●**Pedicularis remotiloba** Hand.-Mazz., Symb. Sin. 7: 868, pl. 15, f. 7 (1936).
云南。

爬行马先蒿
●**Pedicularis reptans** P. C. Tsoong, Acta Phytotax. Sin. 3 (3): 290, pl. 39, f. 2 (1954).
西藏。

返顾马先蒿
Pedicularis resupinata L., Sp. Pl. 2: 608 (1753).
黑龙江、吉林、辽宁、内蒙古、河北、山西、山东、陕西、甘肃、安徽、湖北、四川、贵州、广西；朝鲜、蒙古、日本、哈萨克斯坦、俄罗斯。

返顾马先蒿（原亚种）
Pedicularis resupinata subsp. **resupinata**
黑龙江、吉林、辽宁、内蒙古、河北、山西、山东、陕西、甘肃、安徽、湖北、四川、贵州、广西；朝鲜、蒙古、日本、哈萨克斯坦、俄罗斯。

粗茎返顾马先蒿（亚种）
●**Pedicularis resupinata** subsp. **crassicaulis** (Vaniot ex Bonati) P. C. Tsoong, Fl. Reipubl. Popularis Sin. 68: 121 (1963).
Pedicularis crassicaulis Vaniot ex Bonati, Bull. Acad. Int. Géogr. Bot. 13 (177-179): 241 (1904); *Pedicularis resupinata* var. *crassicaulis* (Vaniot ex Bonati) H. Limpr., Repert. Spec. Nov. Regni Veg. 23: 336 (1927).
湖北、四川、贵州、广西。

鼬臭返顾马先蒿（亚种）
●**Pedicularis resupinata** subsp. **galeobdolon** (Diels) P. C. Tsoong, Fl. Reipubl. Popularis Sin. 68: 121 (1963).
Pedicularis galeobdolon Diels, Bot. Jahrb. Syst. 36 (Beibl. 82): 96 (1915); *Pedicularis resupinata* var. *galeobdolon* H. Limpr., Repert. Spec. Nov. Regni Veg. 20 (561-576): 238 (1924).
陕西、湖北、四川。

毛叶返顾马先蒿（亚种）
●**Pedicularis resupinata** subsp. **lasiophylla** P. C. Tsoong, Fl. Reipubl. Popularis Sin. 68: 402 (1963).
陕西。

雷丁马先蒿
●**Pedicularis retingensis** P. C. Tsoong, Acta Phytotax. Sin. 3 (3): 305, pl. 44, f. 1 (1954).
西藏。

大王马先蒿
Pedicularis rex C. B. Clarke ex Maxim., Bull. Acad. Imp. Sci. Saint-Pétersbourg 32 (4): 589 (1888).
湖北、四川、贵州、云南、西藏；缅甸北部、印度北部。

大王马先蒿（原亚种）
Pedicularis rex subsp. **rex**
Pedicularis lopingensis Hand.-Mazz., Anz. Akad. Wiss. Wien, Math.-Naturwiss. Kl. 238 (1925); *Pedicularis rex* var. *lopingensis* (Hand.-Mazz.) Hand.-Mazz., Symb. Sin. 7: 854 (1936).
湖北、四川、贵州、云南、西藏；缅甸北部、印度北部。

立氏大王马先蒿（亚种）
●**Pedicularis rex** subsp. **lipskyana** (Bonati) P. C. Tsoong, Fl. Reipubl. Popularis Sin. 68: 111, pl. 21, f. 1-3 (1963).
Pedicularis lipskyana Bonati, Bull. Soc. Bot. France. 57: 58 (1911); *Pedicularis rex* var. *purpurea* Bonati, Bull. Soc. Bot. France. 55 (5): 311 (1908); *Pedicularis lamarum* H. Limpr., Repert. Spec. Nov. Regni Veg. 18 (513-523): 243 (1922).
湖北、四川。

矮小大王马先蒿（亚种）
●**Pedicularis rex** subsp. **parva** (Bonati) P. C. Tsoong, Fl. Reipubl. Popularis Sin. 68: 111 (1963).
Pedicularis rex var. *parva* Bonati, Notes Roy. Bot. Gard. Edinb. 15 (73): 151 (1926).
云南。

察隅马先蒿（亚种）
●**Pedicularis rex** subsp. **zayuensis** H. P. Yang, Acta Phytotax. Sin. 28 (1): 136 (1990).
西藏。

假斗大王马先蒿（亚种）
●**Pedicularis rex** subsp. **pseudocyathus** (Vaniot ex Bonati) P. C. Tsoong, Fl. Reipubl. Popularis Sin. 68: 111 (1963).
Pedicularis rex var. *pseudocyathus* Vaniot ex Bonati, Bull. Acad. Int. Géogr. Bot. 13 (177-179): 240 (1904).
贵州。

大王马先蒿（原变种）
●**Pedicularis rex** var. **rex**
贵州、西藏。

洛氏大王马先蒿（变种）
●**Pedicularis rex** var. **rockii** (Bonati) H. L. Li, Proc. Acad. Nat. Sci. Philadelphia 100 (7): 339 (1948).
Pedicularis rockii Bonati, Notes Roy. Bot. Gard. Edinb. 15 (73): 152 (1926).
西藏。

拟鼻花马先蒿
Pedicularis rhinanthoides Schrenk ex Fisch. et C. A. Mey., Enum. Pl. Nov. 1: 22 (1841).
河北、山西、陕西、新疆、甘肃、青海、四川、云南、西藏；蒙古、印度、塔吉克斯坦、吉尔吉斯斯坦、哈萨克斯坦、俄罗斯。

拟鼻花马先蒿（原亚种）
Pedicularis rhinanthoides subsp. **rhinanthoides**
河北、山西、陕西、新疆、甘肃、青海、四川、云南、西藏；蒙古、印度、塔吉克斯坦、吉尔吉斯斯坦、哈萨克斯坦、俄罗斯。

大唇拟鼻花马先蒿（亚种）
●**Pedicularis rhinanthoides** subsp. **labellata** (Jacquem.) Pennell, Acad. Nat. Sci. Philadelphia Monogr. 5: 152 (1943).
Pedicularis labellata Jacquem., Voy. Inde 118, pl. 123 (1844); *Pedicularis rhinanthoides* var. *labellata* (Jacquem.) Prain, J. Asiat. Soc. Bengal 58 (2): 272 (1889); *Pedicularis rhinanthoides* subsp. *labellata* (Jacquem.) Tsoong, Acta Phytotax. Sin. 3 (3): 298 (1955); *Pedicularis biondiana* Diels, Bot. Jahrb. Syst. 29 (3-4): 571 (1900).
河北、山西、陕西、甘肃、青海、四川、云南、西藏。

西藏拟鼻花马先蒿（亚种）
●**Pedicularis rhinanthoides** subsp. **tibetica** (Bonati) P. C. Tsoong, Fl. Reipubl. Popularis Sin. 68: 263 (1963).
Pedicularis rhinanthoides var. *tibetica* Bonati, Bull. Soc. Bot. Genève, Sér. 2. 5: 113 (1913); *Pedicularis labellata* Jacquem. var. *tibetica* (Bonati) Hand.-Mazz., Syst. Bot. 7 (4): 863 (1936).
四川、云南。

根茎马先蒿
●**Pedicularis rhizomatosa** P. C. Tsoong, Acta Phytotax. Sin. 3 (3): 281, pl. 34, f. 2. (1954).
西藏。

红毛马先蒿
●**Pedicularis rhodotricha** Maxim., Bull. Acad. Imp. Sci. Saint-Pétersbourg 32 (4): 566 (1888).
Pedicularis ramalana Britten, River of Golden Sand 426 (1924).
四川、云南。

喙齿马先蒿
●**Pedicularis rhynchodonta** Bureau et Franch., J. Bot. (Morot) 5 (7): 108 (1891).
Pedicularis rhynchodonta f. *maxima* Bonati, Bull. Soc. Bot. France. 55 (5): 313 (1908).
四川。

喙毛马先蒿
●**Pedicularis rhynchotricha** P. C. Tsoong, Acta Phytotax. Sin. 3 (3): 299 (1954).
西藏。

坚挺马先蒿
●**Pedicularis rigida** Franch. ex Maxim., Bull. Acad. Imp. Sci. Saint-Pétersbourg 32 (4): 587 (1888).
云南。

那曲马先蒿
●**Pedicularis rigidescens** T. Yamaz., J. Jap. Bot. 78: 199, pl. 2, f. b; pl. 3, f. a (2003).
青海、西藏。

拟坚挺马先蒿
●**Pedicularis rigidiformis** Bonati, Arch. Bot. Bull. Mens. 1: 219 (1927).

贵州。

日照马先蒿
●Pedicularis rizhaoensis H. P. Yang, Acta Phytotax. Sin. 28 (2): 141, pl. 2, f. 1-2 (1990).
四川。

劳氏马先蒿
●Pedicularis roborowskii Maxim., Bull. Acad. Imp. Sci. Saint-Pétersbourg 27 (4): 512 (1881).
甘肃、青海、四川。

壮健马先蒿
Pedicularis robusta Hook. f., Fl. Brit. Ind. 4 (11): 306 (1884).
西藏；印度（锡金）。

圆叶马先蒿
Pedicularis rotundifolia C. E. C. Fisch., Bull. Misc. Inform. Kew 1940 (5): 190 (1940).
西藏；缅甸。

罗氏马先蒿
Pedicularis roylei Maxim., Bull. Acad. Imp. Sci. Saint-Pétersbourg 27 (4): 517 (1881).
四川、云南、西藏；印度、克什米尔、不丹、尼泊尔、阿富汗。

罗氏马先蒿（原亚种）
Pedicularis roylei subsp. **roylei**
四川、云南、西藏；印度、克什米尔、不丹、尼泊尔、阿富汗。

大花罗氏马先蒿（亚种）
●Pedicularis roylei subsp. **megalantha** P. C. Tsoong, Fl. Reipubl. Popularis Sin. 68: 402 (1963).
西藏。

萧氏马先蒿（亚种）
●Pedicularis roylei subsp. **shawii** (P. C. Tsoong) P. C. Tsoong, Fl. Reipubl. Popularis Sin. 68: 159 (1963).
Pedicularis shawii P. C. Tsoong, Acta Phytotax. Sin. 3 (3): 309 (1954); Pedicularis roylei var. cinerascens C. Marquand et Airy Shaw, J. Linn. Soc., Bot. 48 (321): 213 (1929).
西藏。

罗氏马先蒿（原变种）
Pedicularis roylei var. **roylei**
四川、云南、西藏；印度、克什米尔、不丹、尼泊尔、阿富汗。

短盔罗氏马先蒿（变种）
Pedicularis roylei var. **brevigaleata** P. C. Tsoong, Acta Phytotax. Sin. 3 (3): 311 (1954).
四川、云南、西藏；不丹。

红色马先蒿
Pedicularis rubens Stephan ex Willd., Sp. Pl. 3 (1): 219 (1800).
黑龙江、吉林、辽宁、内蒙古、河北；蒙古、俄罗斯。

粗野马先蒿
●Pedicularis rudis Maxim., Bull. Acad. Imp. Sci. Saint-Pétersbourg 24 (1): 67 (1877).
内蒙古、陕西、甘肃、青海、四川、西藏。

若尔盖马先蒿
●Pedicularis ruoergaiensis H. P. Yang, Acta Phytotax. Sin. 27 (3): 222, pl. 1, f. 1-3 (1989).
四川。

岩居马先蒿
●Pedicularis rupicola Maxim., Bull. Acad. Imp. Sci. Saint-Pétersbourg. 32: 599 (1888).
云南。

岩居马先蒿（原亚种）
●Pedicularis rupicola subsp. **rupicola**
Pedicularis rupicola var. typica H. L. Li, Proc. Acad. Nat. Sci. Philadelphia 100 (7): 327, t. 19, f. 52 (1948); nom. illeg.
四川、云南、西藏。

川西岩居马先蒿（亚种）
●Pedicularis rupicola subsp. **zambalensis** (Bonati) P. C. Tsoong, Fl. Reipubl. Popularis Sin. 68: 157 (1963).
Pedicularis rupicola var. zambalensis Bonati, Bull. Soc. Bot. France. 55 (5): 313 (1908).
四川、云南。

柳叶马先蒿
●Pedicularis salicifolia Bonati, Bull. Soc. Bot. Genève 1923, Sér. 2. 15: 112 (1924).
云南。

丹参花马先蒿
●Pedicularis salviiflora Franch. ex F. B. Forbes et Hemsl., J. Linn. Soc., Bot. 26 (174): 215 (1890).
四川、云南。

丹参花马先蒿（原变种）
●Pedicularis salviiflora var. **salviiflora**
四川、云南。

滑果丹参花马先蒿（变种）
●Pedicularis salviiflora var. **leiocarpa** H. P. Yang, Acta Phytotax. Sin. 28 (2): 136 (1990).
四川。

旌节马先蒿
Pedicularis sceptrum-carolinum L., Sp. Pl. 2: 608 (1753).
黑龙江、吉林、辽宁、内蒙古；日本、朝鲜、蒙古、俄罗斯、欧洲中部和北部。

旌节马先蒿（原亚种）
Pedicularis sceptrum-carolinum subsp. **sceptrum-carolinum**

Pedicularis sceptrum-carolinum var. *glabra* Bunge, Fl. Ross. 3: 302 (1847).
黑龙江、吉林、辽宁；日本、蒙古、俄罗斯、哈萨克斯坦、欧洲中部和北部。

有毛旌节马先蒿（亚种）
Pedicularis sceptrum-carolinum subsp. **pubescens** (Bunge) P. C. Tsoong, Fl. Reipubl. Popularis Sin. 68: 37 (1963).
Pedicularis sceptrum-carolinum var. *pubescens* Bunge, Fl. Ross. (Ledeb.) 3: 303 (1847); *Pedicularis pubescens* (Bunge) Pai, Inst. Bot. Nat. Acad. Peip. 2: 125, f. 7 (1934); *Pedicularis sceptrum-carolinum* f. *pubescens* (Bunge) Kitag., Neolin. Fl. Manshur. 568 (1979); *Pedicularis sceptrum-carolinum* var. *glabra* Bunge, Fl. Ross. (Ledeb.) 3: 302 (1847).
黑龙江、吉林、辽宁；朝鲜、俄罗斯。

裂喙马先蒿
Pedicularis schizorrhyncha Prain, J. Asiat. Soc. Bengal, Pt. 2, Nat. Hist. 58 (2): 260 (1889).
Pedicularis cacumidenta T. Yamaz., J. Jap. Bot. 78: 74 (2003).
西藏；印度（锡金）、不丹、尼泊尔。

鹬形马先蒿
●**Pedicularis scolopax** Maxim., Bull. Acad. Imp. Sci. Saint-Pétersbourg 27 (4): 513 (1881).
甘肃、青海。

赛氏马先蒿
Pedicularis semenowii Regel, Bull. Soc. Imp. Naturalistes Moscou 41: 108 (1868).
Pedicularis pycnantha Boiss. var. *semenowii* (Regel) Prain, Ann. Roy. Bot. Gard. (Calcutta) 3: 180 (1890).
新疆、西藏；印度、吉尔吉斯斯坦、哈萨克斯坦、阿富汗。

半扭卷马先蒿
●**Pedicularis semitorta** Maxim., Bull. Acad. Imp. Sci. Saint-Pétersbourg 32 (4): 546 (1888).
甘肃、青海、四川。

山西马先蒿
●**Pedicularis shansiensis** P. C. Tsoong, Fl. Reipubl. Popularis Sin. 68: 397, pl. 2, f. 1-3 (1963).
河北、山西、陕西。

休氏马先蒿
●**Pedicularis sherriffii** P. C. Tsoong, Acta Phytotax. Sin. 3 (3): 286, pl. 37, f. 2 (1954).
西藏。

之形喙马先蒿
Pedicularis sigmoidea Franch. ex Maxim., Bull. Acad. Imp. Sci. Saint-Pétersbourg 32 (4): 535 (1888).
云南。

矽镁马先蒿
●**Pedicularis sima** Maxim., Bull. Acad. Imp. Sci. Saint-Pétersbourg 27 (4): 514 (1881).
甘肃、四川、西藏。

管花马先蒿
Pedicularis siphonantha D. Don, Prodr. Fl. Nepal. 95 (1825).
青海、四川、云南、西藏；印度、不丹、尼泊尔。

管花马先蒿（原变种）
Pedicularis siphonantha var. **siphonantha**
Pedicularis siphonantha var. *typica* Prain, Ann. Roy. Bot. Gard. (Calcutta) 3: 114, t. 2 (1890), *nom. illeg.*
西藏；印度、不丹、尼泊尔。

台氏管花马先蒿（变种）
●**Pedicularis siphonantha** var. **delavayi** (Franch. ex Maxim.) P. C. Tsoong, Fl. Reipubl. Popularis Sin. 68: 374 (1963).
Pedicularis delavayi Franch. ex Maxim., Bull. Acad. Imp. Sci. Saint-Pétersbourg 32 (4): 531 (1888).
四川、云南。

斑唇管芹马先蒿（变种）
●**Pedicularis siphonantha** var. **stictochila** H. Wang et W. B. Yu, Novon 18: 127 (2008).
青海、四川、云南。

史氏马先蒿
●**Pedicularis smithiana** Bonati, Notes Roy. Bot. Gard. Edinb. 5 (23): 83, pl. 72 (1911).
Pedicularis praealta Bonati, Notes Roy. Bot. Gard. Edinb. 13 (63-64): 122 (1921).
四川、云南。

准噶尔马先蒿
Pedicularis songarica Schrenk ex Fisch. et C. A. Mey., Enum. Pl. Nov. 2: 25 (1842).
新疆；哈萨克斯坦。

花楸叶马先蒿
●**Pedicularis sorbifolia** P. C. Tsoong, Fl. Reipubl. Popularis Sin. 68: 400 (1963).
四川。

苏氏马先蒿
●**Pedicularis souliei** Franch., Bull. Soc. Bot. France. 47 (1): 23 (1900).
四川。

泊兰氏马先蒿
●**Pedicularis sparsiflora** Bonati, Bull. Misc. Inform. Kew 1908 (6): 253 (1908).
中国西部。

团花马先蒿
●**Pedicularis sphaerantha** P. C. Tsoong, Acta Phytotax. Sin. 3 (3): 291 (1954).
西藏。

穗花马先蒿
Pedicularis spicata Pall., Reise Russ. Reich. 3: 738 (1776).
黑龙江、吉林、辽宁、内蒙古、河北、山西、陕西、甘肃、湖北、四川；朝鲜、蒙古、日本、俄罗斯。

穗花马先蒿（原亚种）
Pedicularis spicata subsp. **spicata**
Pedicularis spicata var. *sensinowii* Bonati, Bull. Soc. Bot. Genève sér. 2. I: 328 (1912).
黑龙江、吉林、辽宁、内蒙古、河北、山西、陕西、甘肃、湖北、四川；朝鲜、蒙古、日本、俄罗斯。

显苞穗花马先蒿（亚种）
●**Pedicularis spicata** subsp. **bracteata** P. C. Tsoong, Fl. Reipubl. Popularis Sin. 68: 405 (1963).
河北。

狭果穗花马先蒿（亚种）
●**Pedicularis spicata** subsp. **stenocarpa** P. C. Tsoong, Fl. Reipubl. Popularis Sin. 68: 405 (1963).
河北。

施氏马先蒿
●**Pedicularis stadlmanniana** Bonati, Notes Roy. Bot. Gard. Edinb. 5 (23): 87, pl. 75 (1911).
云南。

司氏马先蒿
●**Pedicularis steiningeri** Bonati, Bull. Soc. Bot. France. 55 (5): 311 (1908).
四川。

狭盔马先蒿
●**Pedicularis stenocorys** Franch., Bull. Soc. Bot. France. 47 (1): 32 (1900).
四川。

狭盔马先蒿（原亚种）
●**Pedicularis stenocorys** subsp. **stenocorys**
Pedicularis pseudostenocorys Bonati, Bull. Soc. Bot. France. 18: 29 (1910); *Pedicularis porphyrantha* H. L. Li, Proc. Acad. Nat. Sci. Philadelphia 100 (7): 355, pl. 21, f. 72 (1948).
四川。

黑毛狭盔马先蒿（亚种）
●**Pedicularis stenocorys** subsp. **melanotricha** P. C. Tsoong, Fl. Reipubl. Popularis Sin. 68: 415 (1963).
四川。

极狭狭盔马先蒿（变种）
●**Pedicularis stenocorys** var. **angustissima** P. C. Tsoong, Fl. Reipubl. Popularis Sin. 68: 415 (1963).
四川。

狭室马先蒿
●**Pedicularis stenotheca** P. C. Tsoong, Acta Phytotax. Sin. 3 (3): 312, pl. 44, f. 2 (1954).
西藏。

斯氏马先蒿
●**Pedicularis stewardii** H. L. Li, Proc. Acad. Nat. Sci. Philadelphia 101 (1): 139, pl. 11, f. 188 (1949).
贵州。

扭喙马先蒿
●**Pedicularis streptorhyncha** P. C. Tsoong, Fl. Reipubl. Popularis Sin. 68: 397, pl. 7, f. 1-3 (1963).
四川。

红纹马先蒿
Pedicularis striata Pall., Reise Russ. Reich. 3: 737 (1776).
辽宁、内蒙古、河北、山西、陕西、宁夏、甘肃；蒙古、俄罗斯。

红纹马先蒿（原亚种）
Pedicularis striata subsp. **striata**
辽宁、内蒙古、河北、山西、陕西、宁夏、甘肃；蒙古、俄罗斯。

蛛丝红纹马先蒿（亚种）
●**Pedicularis striata** subsp. **arachnoidea** (Franch.) P. C. Tsoong, Fl. Reipubl. Popularis Sin. 68: 65 (1963).
Pedicularis striata var. *arachnoidea* Franch., Nouv. Arch. Mus. Hist. Nat. sér. 2. 6: 106 (1883); *Pedicularis striata* var. *poliocalyx* Diels, Notizbl. Bot. Gart. Berlin-Dahlem 10 (99): 892 (1930).
内蒙古、宁夏、甘肃。

球状马先蒿
Pedicularis strobilacea Franch. ex F. B. Forbes et Hemsl., J. Linn. Soc., Bot. 26 (174): 216 (1890).
云南；缅甸。

长柱马先蒿
●**Pedicularis stylosa** H. P. Yang, Acta Phytotax. Sin. 18 (2): 242, pl. 4 (1980).
西藏。

针齿马先蒿
●**Pedicularis subulatidens** P. C. Tsoong, Acta Phytotax. Sin. 3 (3): 296 (1954).
西藏。

桑科西马先蒿（新拟）

- **Pedicularis sunkosiana** T. Yamaz., J. Jap. Bot. 78: 198, pl. 1, f. a; pl. 2, f. a (2003).

西藏。

华丽马先蒿

- **Pedicularis superba** Franch. ex Maxim., Bull. Acad. Imp. Sci. Saint-Pétersbourg 32 (4): 588 (1888).

四川、云南。

四川马先蒿

- **Pedicularis szetschuanica** Maxim., Bull. Acad. Imp. Sci. Saint-Pétersbourg 32 (4): 601 (1888).

甘肃、青海、四川、西藏。

四川马先蒿（原亚种）

- **Pedicularis szetschuanica** subsp. **szetschuanica**

Pedicularis szetschuanica var. *angustifolia* Bonati, Bull. Herb. Boissier, sér. 2. 7 (7): 545 (1907); *Pedicularis szetschuanica* subsp. *angustifolia* (Bonati) Tsoong, Acta Phytotax. Sin. 3 (3): 311 (1954).

甘肃、青海、四川、西藏。

网脉四川马先蒿（亚种）

- **Pedicularis szetschuanica** subsp. **anastomosans** P. C. Tsoong, Fl. Reipubl. Popularis Sin. 68: 405 (1963).

西藏。

宽叶四川马先蒿（亚种）

- **Pedicularis szetschuanica** subsp. **latifolia** P. C. Tsoong, Fl. Reipubl. Popularis Sin. 68: 405 (1963).

四川。

大山马先蒿

- **Pedicularis tachanensis** Bonati, Notes Roy. Bot. Gard. Edinb. 13 (63-64): 116 (1921).

云南。

大海马先蒿

- **Pedicularis tahaiensis** Bonati, Notes Roy. Bot. Gard. Edinb. 13 (63-64): 114 (1921).

云南。

塔布马先蒿

- **Pedicularis takpoensis** P. C. Tsoong, Acta Phytotax. Sin. 3 (3): 276 (1954).

西藏。

大理马先蒿

- **Pedicularis taliensis** Bonati, Notes Roy. Bot. Gard. Edinb. 5 (23): 87, pl. 74 (1911).

云南。

颤喙马先蒿

- **Pedicularis tantalorhyncha** Franch. ex Bonati, Bull. Soc. Bot. France. 56: 466 (1909).

云南、西藏。

大炮马先蒿

- **Pedicularis tapaoensis** P. C. Tsoong, Fl. Reipubl. Popularis Sin. 68: 417 (1963).

四川。

塔氏马先蒿

- **Pedicularis tatarinowii** Maxim., Bull. Acad. Imp. Sci. Saint-Pétersbourg 24 (1): 60 (1877).

Pedicularis myriophylla Pall. var. *tatarinowii* (Maxim.) Hurus., J. Jap. Bot. 23: 106 (1949).

内蒙古、河北、山西。

打箭马先蒿

- **Pedicularis tatsienensis** Bureau et Franch., J. Bot. (Morot) 5 (7): 108 (1891).

四川、云南。

泰氏马先蒿

- **Pedicularis tayloriana** P. C. Tsoong, Acta Phytotax. Sin. 3 (3): 283, pl. 36, f. 1 (1954).

Pedicularis taylorii P. C. Tsoong, Bull. Brit. Mus. (Nat. Hist.), Bot. 1: 10 (1955).

西藏。

宿叶马先蒿

- **Pedicularis tenacifolia** P. C. Tsoong, Fl. Reipubl. Popularis Sin. 68: 416, pl. 70, f. 5-7 (1963).

西藏。

细茎马先蒿

- **Pedicularis tenera** H. L. Li, Proc. Acad. Nat. Sci. Philadelphia 100 (7): 320, pl. 18, f. 45 (1948).

四川。

纤茎马先蒿

Pedicularis tenuicaulis Prain, J. Asiat. Soc. Bengal, Pt. 2, Nat. Hist. 58 (2): 259 (1889).

西藏；印度（锡金）、不丹、尼泊尔。

纤裂马先蒿

Pedicularis tenuisecta Franch. ex Maxim., Bull. Acad. Imp. Sci. Saint-Pétersbourg 32 (4): 558 (1888).

四川、贵州、云南；老挝。

狭管马先蒿

- **Pedicularis tenuituba** Pennell et H. L. Li, Proc. Acad. Nat. Sci. Philadelphia 101 (1): 195, pl. 16, f. 227 (1949).

四川、云南。

三叶马先蒿

- **Pedicularis ternata** Maxim., Bull. Acad. Imp. Sci. Saint-Pétersbourg 24 (1): 64 (1877).

内蒙古、甘肃、青海。

灌丛马先蒿
- *Pedicularis thamnophila* (Hand.-Mazz.) H. L. Li, Proc. Acad. Nat. Sci. Philadelphia 100 (7): 339 (1948).

四川、云南。

灌丛马先蒿（原亚种）
- *Pedicularis thamnophila* subsp. *thamnophila*

Pedicularis rex C. B. Clarke ex Maxim. var. *thamnophila* Hand.-Mazz., Symb. Sin. 7 (4): 854 (1936).

四川、云南。

杯状灌丛马先蒿（亚种）
- *Pedicularis thamnophila* subsp. *cupuliformis* (H. L. Li) P. C. Tsoong, Fl. Reipubl. Popularis Sin. 68: 113 (1963).

Pedicularis cupuliformis H. L. Li, Proc. Acad. Nat. Sci. Philadelphia 100 (7): 340, pl. 20 f. 61 (1948).

四川。

西藏马先蒿
- *Pedicularis tibetica* Franch., Bull. Soc. Bot. France. 47 (1): 24 (1900).

Pedicularis limprichtii Fedde, Repert. Spec. Nov. Regni Veg. 18: 122 (1922); *Pedicularis dielsiana* H. Limpr., Repert. Spec. Nov. Regni Veg. Beih. 12: 483 (1922); *Pedicularis ludovicii* H. Limpr., Repert. Spec. Nov. Regni Veg. 20: 247 (1924).

四川、西藏。

绒毛马先蒿
- *Pedicularis tomentosa* H. L. Li, Proc. Acad. Nat. Sci. Philadelphia 100 (7): 357, pl. 22, f. 74 (1948).

云南。

东俄洛马先蒿
- *Pedicularis tongolensis* Franch., Bull. Soc. Bot. France. 47 (1): 29 (1900).

四川。

扭旋马先蒿
- *Pedicularis torta* Maxim., Bull. Acad. Imp. Sci. Saint-Pétersbourg 32 (1): 538 (1888).

陕西、甘肃、湖北、四川。

台湾马先蒿
- *Pedicularis transmorrisonensis* Hayata, Icon. Pl. Formosan. 5: 126 (1915).

Pedicularis refracta (Maxim.) Maxim. var. *transmorrisonensis* (Hayata) Hurus., J. Jap. Bot. 22 (5-6): 74 (1948).

台湾。

三角齿马先蒿
- *Pedicularis triangularidens* P. C. Tsoong, Fl. Reipubl. Popularis Sin. 68: 406 (1963).

四川。

三角齿马先蒿（原亚种）
- *Pedicularis triangularidens* subsp. *triangularidens*

Pedicularis szetschuanica Maxim. var. *ovatifolia* H. L. Li, Proc. Acad. Nat. Sci. Philadelphia 317 (1948).

四川。

猫眼草三角齿马先蒿（亚种）
- *Pedicularis triangularidens* subsp. *chrysosplenioides* P. C. Tsoong, Fl. Reipubl. Popularis Sin. 68: 407, pl. 39, f. 4-8 (1963).

四川。

三角齿马先蒿（原变种）
- *Pedicularis triangularidens* var. *triangularidens*

四川。

狭裂三角齿马先蒿（变种）
- *Pedicularis triangularidens* var. *angustiloba* P. C. Tsoong, Fl. Reipubl. Popularis Sin. 68: 407, pl. 39, f. 7-8 (1963).

四川。

毛舟马先蒿
- *Pedicularis trichocymba* H. L. Li, Proc. Acad. Nat. Sci. Philadelphia 101 (1): 72, pl. 7, f. 139 (1949).

四川。

毛盔马先蒿
Pedicularis trichoglossa Hook. f., Fl. Brit. Ind. 4 (11): 310 (1884).

青海、四川、云南、西藏；缅甸、印度、不丹、尼泊尔。

须毛马先蒿
- *Pedicularis trichomata* H. L. Li, Proc. Acad. Nat. Sci. Philadelphia 101 (1): 70, pl. 6, f. 135 (1949).

云南。

三色马先蒿
- *Pedicularis tricolor* Hand.-Mazz., Anz. Kaiserl. Akad. Wiss. Wien, Math.-Naturwiss. Kl. 59: 250 (1922).

四川、云南。

三色马先蒿（原变种）
- *Pedicularis tricolor* var. *tricolor*

四川、云南。

等凹三色马先蒿（变种）
- *Pedicularis tricolor* var. *aequiretusa* P. C. Tsoong, Fl. Reipubl. Popularis Sin. 68: 419, pl. 82, f. 8 (1963).

云南。

阴郁马先蒿
Pedicularis tristis L., Sp. Pl. 2: 608 (1753).

山西、甘肃；蒙古、俄罗斯。

蔡氏马先蒿
- *Pedicularis tsaii* H. L. Li, Proc. Acad. Nat. Sci. Philadelphia

100 (7): 299, pl. 17, f. 31 (1948).
云南。

苍山马先蒿
●**Pedicularis tsangchanensis** Franch. ex Maxim., Bull. Acad. Imp. Sci. Saint-Pétersbourg 32 (4): 571 (1888).
云南。

察郎马先蒿
●**Pedicularis tsarungensis** H. L. Li, Proc. Acad. Nat. Sci. Philadelphia 101 (1): 100, pl. 9, f. 158 (1949).
云南、西藏。

茨口马先蒿
Pedicularis tsekouensis Bonati, Bull. Soc. Bot. France. 54: 373 (1907).
四川、云南；缅甸北部。

蒋氏马先蒿
●**Pedicularis tsiangii** H. L. Li, Proc. Acad. Nat. Sci. Philadelphia 101 (1): 47, pl. 4, f. 119 (1949).
贵州。

水泽马先蒿
Pedicularis uliginosa Bunge, Del. Sem. Hort. Dorpater 8 (1839).
新疆；蒙古、阿富汗、吉尔吉斯斯坦、塔吉克斯坦、哈萨克斯坦、俄罗斯。

伞花马先蒿
●**Pedicularis umbelliformis** H. L. Li, Proc. Acad. Nat. Sci. Philadelphia 101 (1): 100, pl. 9, f. 157 (1949).
云南。

坛萼马先蒿
●**Pedicularis urceolata** P. C. Tsoong, Fl. Reipubl. Popularis Sin. 68: 414 (1963).
四川。

蔓生马先蒿
●**Pedicularis vagans** Hemsl., J. Linn. Soc., Bot. 26 (174): 218 (1890).
四川。

变色马先蒿
●**Pedicularis variegata** H. L. Li, Proc. Acad. Nat. Sci. Philadelphia 101 (1): 193, pl. 15, f. 224 (1949).
四川、云南。

秀丽马先蒿
Pedicularis venusta Schangin ex Bunge, Bull. Cl. Phys.-Math. Acad. Imp. Sci. Saint-Pétersbourg. 8: 251 (1841).
黑龙江、内蒙古、新疆；蒙古、俄罗斯（西伯利亚、远东）。

马鞭草叶马先蒿
●**Pedicularis verbenifolia** Franch. ex Maxim., Bull. Acad. Imp. Sci. Saint-Pétersbourg 32 (4): 549 (1888).
四川、云南。

地黄叶马先蒿
●**Pedicularis veronicifolia** Franch., Bull. Soc. Bot. France. 47 (1): 30 (1900).
四川、云南。

轮叶马先蒿
Pedicularis verticillata L., Sp. Pl. 2: 608 (1753).
黑龙江、吉林、辽宁、内蒙古、河北、山西、陕西、甘肃、青海、四川、西藏；日本、俄罗斯、欧洲、北美洲。

轮叶马先蒿（原亚种）
Pedicularis verticillata subsp. **verticillata**
Pedicularis stevenii Bunge, Fl. Altaic. 2: 427 (1830); *Pedicularis menziesii* Benth., in A. DC., Prodr. 10: 563 (1846); *Pedicularis sikangensis* H. L. Li, Proc. Acad. Nat. Sci. Philadelphia 100 (7): 323, pl. 18, f. 48 (1948); *Pedicularis calosantha* H. L. Li, Proc. Acad. Nat. Sci. Philadelphia 100 (7): 324-325, pl. 18, f. 49 (1948); *Pedicilariopsis verticillata* (L.) Á. Löve et D. Löve, Bot. Not. 128 (4): 519 (1975).
黑龙江、吉林、辽宁、内蒙古、河北、山西、陕西、甘肃、青海、四川、西藏；日本、俄罗斯、欧洲、北美洲。

宽裂轮叶马先蒿（亚种）
Pedicularis verticillata subsp. **latisecta** (Hultén) P. C. Tsoong, Fl. Reipubl. Popularis Sin. 68: 163 (1963).
Pedicularis verticillata var. *latisecta* Hultén, Bih. Kongl. Svenska Vetensk.-Akad. Handl. 8: 125 (1930).
山西；欧洲。

唐古特轮叶马先蒿（亚种）
●**Pedicularis verticillata** subsp. **tangutica** (Bonati) P. C. Tsoong, Fl. Reipubl. Popularis Sin. 68: 163 (1963).
Pedicularis tangutica Bonati, Bull. Soc. Bot. Genève. 2: 328 (1912); *Pedicularis bonatiana* H. L. Li, Proc. Acad. Nat. Sci. Philadelphia 100 (7): 325, pl. 19, f. 50 (1948).
内蒙古、山西、陕西、甘肃、青海、四川。

维氏马先蒿
Pedicularis vialii Franch. et F. B. Forbes et Hem, J. Linn. Soc., Bot. 26 (174): 219 (1890).
四川、云南、西藏；缅甸。

堇色马先蒿
Pedicularis violascens Schrenk ex Fisch. et C. A. Mey., Enum. Pl. Nov. 2: 22 (1842).
Pedicularis tenuicalyx P. C. Tsoong, Kew Bull. 9 (3): 448 (1954).
新疆；吉尔吉斯斯坦、哈萨克斯坦。

瓦氏马先蒿
Pedicularis wallichii Bunge in Walpers, Repert. Bot. Syst. 3: 415 (1844).

西藏；不丹、尼泊尔。

王红马先嵩（新拟）

●*Pedicularis wanghongiae* M. L. Liu et W. B. Yu, Phytotaxa 217 (1): 59 (2005).

云南、西藏。

华氏马先嵩

●*Pedicularis wardii* Bunge, Repert. Bot. Syst. 3: 415 (1844).

云南、西藏。

维西马先嵩

●*Pedicularis weixiensis* H. P. Yang, Acta Phytotax. Sin. 28 (2): 139, pl. 2, f. 4-6. (1990).

云南。

魏氏马先嵩

●*Pedicularis wilsonii* Bonati, Bull. Soc. Bot. France. 54: 376 (1907).

四川。

西侧山马先嵩

●*Pedicularis xiqingshanensis* H. Y. Feng et J. Z. Sun, Acta Bot. Yunnan. 21 (1): 28, f. 1 (1999).

甘肃。

盐源马先嵩

●*Pedicularis yanyuanensis* H. P. Yang, Acta Phytotax. Sin. 27 (3): 224, pl. 1, f. 4-6 (1989).

四川。

瑶山马先嵩

●*Pedicularis yaoshanensis* H. Wang, Novon 16 (2): 286, pl. 1 (2006).

云南。

季川马先嵩

●*Pedicularis yui* H. L. Li, Proc. Acad. Nat. Sci. Philadelphia 101 (1): 102, pl. 9. f. 160 (1949).

云南。

季川马先嵩（原变种）

●*Pedicularis yui* var. **yui**

云南。

缘毛季川马先嵩（变种）

●*Pedicularis yui* var. **ciliata** P. C. Tsoong, Fl. Reipubl. Popularis Sin. 68: 417 (1963).

云南。

云南马先嵩

●*Pedicularis yunnanensis* Franch. ex Maxim., Bull. Acad. Imp. Sci. Saint-Pétersbourg 32 (4): 572 (1888).

云南。

察隅马先嵩

●*Pedicularis zayuensis* H. P. Yang, Acta Phytotax. Sin. 18 (2): 240, pl. 1 (1980).

西藏。

中甸马先嵩

●*Pedicularis zhongdianensis* H. P. Yang, Acta Bot. Yunnan. 6 (3): 277, pl. 1, f. 1-3 (1984).

云南。

钟山草属 Petitmenginia Bonati

滇毛冠四蕊草

Petitmenginia comosa Bonati, Notul. Syst. (Paris) 1: 335 (1911).

Sopubia comosa (Bonati) T. Yamaz., J. Jap. Bot. 55 (1): 6 (1980).

云南；老挝、柬埔寨、泰国。

毛冠四蕊草

●**Petitmenginia matsumurae** T. Yamaz., J. Jap. Bot. 25 (9-12): 214, f. 2 (1950).

江苏。

黄筒花属 Phacellanthus Siebold et Zucc.

黄筒花

Phacellanthus tubiflorus Siebold et Zucc., Abh. Math.-Phys. Cl. Königl. Bayer. Akad. Wiss. 4 (3): 141 (1846).

Phacellanthus continentalis Kom., Bull. Acad. Imp. Sci. Saint-Pétersbourg 273, f. 1 (1930); *Tienmuia triandra* Hu, Bull. Fan Mem. Inst. Biol. (Bot.) 9 (1): 6, pl. 2, f. 1-8 (1939).

吉林、陕西、甘肃、浙江、湖南、湖北；朝鲜、日本、俄罗斯。

松嵩属 Phtheirospermum Bunge ex Fisch. et C. A. Mey.

松嵩

Phtheirospermum japonicum (Thunb.) Kanitz, Exp. Asiae Orient. 12 (1878).

Gerardia japonica Thunb. in Syst. Veg. ed. 14. 553 (1784); *Phtheirospermum chinense* Bunge, Index Sem. [St. Petersburg] 1: 35 (1835).

黑龙江、吉林、辽宁、内蒙古、河北、北京、河南、宁夏、甘肃、安徽、江苏、江西、湖南、湖北、贵州、福建、广东、广西、海南、香港、澳门；朝鲜、日本、俄罗斯。

木里松嵩

●**Phtheirospermum muliense** C. Y. Wu et D. D. Tao, Acta Bot. Yunnan. 18 (3): 307 (1996).

四川。

黑籽松蒿

Phtheirospermum parishii Hook. f., Fl. Brit. Ind. 4 (11): 304 (1884).
四川；缅甸、泰国、印度。

细裂叶松蒿（草柏枝，裂叶松蒿）

Phtheirospermum tenuisectum Bureau et Franch., J. Bot. (Morot) 5 (8): 129 (1891).
青海、四川、贵州、云南、西藏；不丹。

五翅萼属 Pseudobartsia D. Y. Hong

五齿萼

●**Pseudobartsia glandulosa** (Benth.) W. B. Yu et D. Z. Li, Phytotaxa 217 (2): 197 (2015).
Euphrasia glandulosa Benth., in A. DC., Prodr. 10: 555 (1846); *Phtheirospermum glandulosum* Benth. ex Hook. f., Fl. Brit. Ind. 4 (11): 304 (1884); *Pseudobartsia yunnanensis* D. Y. Hong, Fl. Reipubl. Popularis Sin. 67 (2): 406, pl. 105 (1979).
云南。

翅茎草属 Pterygiella Oliv.

齿叶翅茎草

●**Pterygiella bartschioides** Hand.-Mazz., Anz. Akad. Wiss. Wien, Math.-Naturwiss. Kl. 60: 18 (1923).
云南。

圆茎翅茎草

●**Pterygiella cylindrica** P. C. Tsoong, Fl. Reipubl. Popularis Sin. 68. 419, pl. 89, f. 7. (1963).
四川、云南。

杜氏翅茎草

●**Pterygiella duclouxii** Franch., Bull. Soc. Bot. France. 47 (1): 22 (1900).
四川、云南。

翅茎草

●**Pterygiella nigrescens** Oliv., Hooker's Icon. Pl. 25 (3): pl. 2463 (1896).
云南。

川滇翅茎木

●**Pterygiella suffruticosa** D. Y. Hong, Novon 6 (4): 372, f. 1 (1996).
云南、四川。

阴行草属 Siphonostegia Benth.

阴行草

Siphonostegia chinensis Benth., Bot. Beechey Voy. 203, pl. 44 (1837).
黑龙江、吉林、辽宁、内蒙古、河北、山西、山东、河南、陕西、甘肃、安徽、江苏、江西、湖南、四川、贵州、云南、福建、台湾、广东、广西；朝鲜、日本、俄罗斯。

腺毛阴行草

●**Siphonostegia laeta** S. Moore, J. Bot. 18 (205): 5 (1880).
安徽、江苏、浙江、江西、湖南、福建、广东。

短冠草属 Sopubia Buch.-Ham. ex D. Don

毛果短冠草

●**Sopubia matsumurae** (T. Yamaz.) C. Y. Wu, Novon 9 (2): 288 (1999).
Sopubia lasiocarpa P. C. Tsoong, Fl. Reipubl. Popularis Sin. 67 (2): 405 (1979).
江苏、浙江、湖南。

孟连短冠草

●**Sopubia menglianensis** Y. Y. Qian, J. Trop. Subtrop. Bot. 9 (1): 43, pl. 1 (2001).
云南。

坚挺短冠草

Sopubia stricta G. Don, Gen. Hist. 4: 559 (1838).
广东、广西；老挝、缅甸、印度、马来西亚。

短冠草

Sopubia trifida Buch.-Ham. ex D. Don, Prodr. Fl. Nepal. 88 (1825).
江西、湖南、四川、贵州、云南、广东、广西；老挝、马来西亚、印度尼西亚、印度、巴基斯坦、不丹、尼泊尔、菲律宾、非洲。

独脚金属 Striga Lour.

狭叶独脚金

Striga angustifolia (D. Don) C. J. Saldanha, Bull. Bot. Surv. India 5: 70 (1963).
Buchnera angustifolia D. Don, Prodr. Fl. Nepal. 91 (1825).
海南；缅甸、越南、印度、不丹、尼泊尔、斯里兰卡。

独脚金

Striga asiatica (L.) Kuntze, Revis. Gen. Pl. 2: 466 (1891).
Buchnera asiatica L., Sp. Pl. 2: 630 (1753); *Striga lutea* Lour., Fl. Cochinch. 1: 22 (1790); *Striga hirsuta* Benth., in A. DC., Prodr. 10: 502 (1846); *Striga hirsuta* var. *humilis* Benth., in A. DC., Prodr. 10: 503 (1846); *Striga asiatica* var. *humilis* (Benth.) D. Y. Hong, Fl. Reipubl. Popularis Sin. 67 (2): 359 (1979).
江西、湖南、贵州、云南、福建、台湾、广东、广西；泰国、越南、柬埔寨、菲律宾、印度、不丹、尼泊尔、斯里兰卡、亚洲西南部、非洲。

密花独脚金

Striga densiflora (Benth.) Benth., Companion Bot. Mag. (Tokyo) 1: 363 (1836).

Buchnera densiflora Benth., Scroph. Ind. 41 (1835).
云南；印度。

大独脚金
Striga masuria (Buch.-Ham. ex Benth.) Benth., Companion Bot. Mag. (Tokyo) 1: 364 (1838).
Buchnera masuria Buch.-Ham. ex Benth., Scroph. Ind. 41 (1835). 1: 364 (1836).
江苏、湖南、四川、贵州、云南、福建、台湾、广东、广西；越南、老挝、柬埔寨、缅甸、泰国、菲律宾、印度、尼泊尔。

直果草属 Triphysaria Fisch. et C. A. Mey.

直果草
●**Triphysaria chinensis** (D. Y. Hong) D. Y. Hong, Novon 6 (4): 374 (1996).
Orthocarpus chinensis D. Y. Hong, Fl. Reipubl. Popularis Sin. 67 (2): 405, f. 97 (1979).
湖北。

美丽桐属 Wightia Wall.

美丽桐
Wightia speciosissima (D. Don) Merr., J. Arnold Arbor. 19 (1): 67 (1938).
Gmelina speciosissima D. Don, Prodr. Fl. Nepal. 104 (1825); *Wightia gigantea* Wall., Pl. Asiat. Rar. 1: 71, t. 81 (1830); *Wightia lacei* Craib, Bull. Misc. Inform. Kew 114 (1913); *Wightia alpinii* Craib, Bull. Misc. Inform. Kew 1913 (1): 44 (1913); *Wightia elliptica* Merr., J. Arnold Arbor. 19 (1): 66 (1938).
云南；越南、缅甸、泰国、印度、不丹、尼泊尔。

马松蒿属 Xizangia D. Y. Hong

马松蒿（齿叶翅茎草）
●**Xizangia bartsioides** (Hand.-Mazz.) C. Y. Wu et D. D. Tao, Novon 9 (2): 288 (1999).
Pterygiella bartschioides Hand.-Mazz., Anz. Akad. Wiss. Wien, Math.-Naturwiss. Kl. 60: 186 (1923); *Xizangia serrata* D. Y. Hong, Acta Phytotax. Sin. 24 (2): 141, pl. 1 (1986).
云南、西藏。

242. 狸藻科 LENTIBULARIACEAE
[2 属：25 种]

捕虫堇属 Pinguicula L.

高山捕虫堇（捕虫堇）
Pinguicula alpina L., Sp. Pl. 1: 17 (1753).
陕西、湖北、四川、贵州、云南、西藏；蒙古、缅甸、印度、克什米尔、不丹、尼泊尔、俄罗斯。

北捕虫堇
Pinguicula villosa L., Sp. Pl. 1: 17 (1753).
内蒙古；日本、俄罗斯（远东、西伯利亚）、欧洲北部、北美洲。

狸藻属 Utricularia L.

黄花狸藻
Utricularia aurea Lour., Fl. Cochinch. 1: 26 (1790).
Utricularia flexuosa Vahl, Enum. Pl. 1: 198 (1804); *Utricularia extensa* Hance, Ann. Bot. Syst. 3: 3 (1852); *Utricularia vulgaris* L. var. *pilosa* Makino, Bot. Mag. (Tokyo) 9: 111 (1895); *Utricularia pilosa* (Makino) Makino, Bot. Mag. (Tokyo) 11: 70 (1897).
安徽、江苏、浙江；朝鲜、日本、越南、柬埔寨、泰国、马来西亚、印度尼西亚、菲律宾、印度、巴基斯坦、克什米尔、尼泊尔、斯里兰卡、巴布亚新几内亚、澳大利亚。

南方狸藻
Utricularia australis R. Br., in A. DC., Prodr. 430 (1810).
Utricularia neglecta Lehm., Nov. Stirp. Pug. 1: 38 (1828); *Utricularia japonica* Makino, Bot. Mag. (Tokyo) 28 (325): 28, f. 3 (1914); *Utricularia tenuicaulis* Miki, Bot. Mag. (Tokyo) 49: 847 (1935); *Utricularia vulgaris* L. var. *formosana* Kuo, Biol. Bull. Natl. Taiwan Norm. Univ. 3: 28, f. 2 (1968).
陕西、安徽、江苏、浙江、江西、湖南、湖北、四川、重庆、贵州、云南、西藏、福建、台湾、广东、广西、海南；朝鲜、蒙古、日本、缅甸、印度尼西亚、菲律宾、印度、巴基斯坦、克什米尔、不丹、尼泊尔、斯里兰卡、阿富汗、俄罗斯、巴布亚新几内亚、澳大利亚、新西兰、亚洲西南部、欧洲、非洲。

肾叶耳挖草（块茎挖耳草）
Utricularia brachiata Oliv., J. Linn. Soc., Bot. 3: 187 (1859).
四川、云南、西藏；印度（锡金）、不丹、尼泊尔。

环翅狸藻（少花狸藻，丝叶狸藻）
Utricularia gibba L., Sp. Pl. 1: 18 (1753).
Utricularia exoleta R. Br., in A. DC., Prodr. 430 (1810); *Utricularia diantha* Roxb. ex Roem. et Schult., Mant. Pl. 1: 169 (1822); *Utricularia biflora* Hayata, J. Coll. Sci. Imp. Univ. Tokyo 30: 210 (1911) not Larm. (1791); *Utricularia gibba* subsp. *exoleta* (R. Br.) P. Taylor, Mitt. Bot. Staatssamml. München. 4: 101 (1961).
安徽、江苏、浙江、湖南、湖北、四川、福建、台湾、广东、广西；日本、印度尼西亚、菲律宾、马来西亚、印度、孟加拉国、斯里兰卡、葡萄牙、澳大利亚、非洲。

长距挖耳草
Utricularia forrestii P. Taylor, Kew Bull. 41: 13 (1986).
云南；缅甸。

海南挖耳草
Utricularia foveolata Edgew., Proc. Linn. Soc. London 1: 351

(1847).
Utricularia scandens Oliv., J. Linn. Soc., Bot. 3: 181 (1859); *Utricularia baoulensis* A. Chev., Bull. Soc. Bot. France 58: 186 (1912); *Utricularia tenerrima* Merr., Philipp. J. Sci. 7 (4): 247 (1912).
广东、海南；马来西亚、印度尼西亚、菲律宾、印度、非洲。

禾叶挖耳草
Utricularia graminifolia Vahl, Enum. Pl. (Vahl) 1: 195 (1804).
Utricularia parviflora Buch.-Ham. ex Sm., Exot. Bot. 2: 120, sub. t. 119 (1808); *Vesiculina graminifolia* (Vahl) Raf., Fl. Tellur. 4: 109 (1836); *Utricularia caerulea* L. var. *graminifolia* (Vahl) Bhattach., Bull. Bot. Soc. Bengal 30: 76 (1976); *Utricularia purpurascens* Graham, Cat. Pl. Bombay 165 (1839); *Utricularia conferta* Wight, Hooker's J. Bot. Kew Gard. Misc. 1: 372 (1849); *Utricularia uliginoides* Wight, Hooker's J. Bot. Kew Gard. Misc. 1: 372 (1849); *Utricularia pedicellata* Wight, Hooker's J. Bot. Kew Gard. Misc. 1: 373 (1849); *Utricularia subrecta* Lace, Bull. Misc. Inform, Kew 405 (1915); *Utricularia equiseticaulis* Blatt. et McCann, J. Bombay Nat. Hist. Soc. 10: 122 (1931).
湖北、福建、云南、广东、广西、海南；缅甸、泰国、印度、斯里兰卡。

毛挖耳草
Utricularia hirta Klein ex Link, Jahrb. Gewächsk. 1 (3): 55 (1820).
Utricularia hirta var. *elongata* Pellegr. in P. H. Lecomte et al., Fl. Indo-Chine 4: 479 (1930); *Utricularia tayloriana* J. Joseph et Mani., Bull. Bot. Surv. India 24: 109 (1983).
广西南部；印度、孟加拉国、老挝、越南、柬埔寨、泰国、马来西亚、斯里兰卡。

异枝狸藻（中狸藻）
Utricularia intermedia Hayne, J. Bot. (Schrader) 1 (1): 18 (1800).
Lentibularia intermedia (Hayne) Wieuwland et Lunell., Amer. Midl. Naturalist 5: 9 (1917).
黑龙江、吉林、内蒙古、四川、西藏；朝鲜、蒙古、日本、俄罗斯、欧洲、北美洲。

毛籽挖耳草
Utricularia kumaonensis Oliv., J. Linn. Soc., Bot. 3: 189 (1859).
Diurospermum album Edgew., Proc. Linn. Soc. London 1: 351 (1847).
云南；缅甸、印度、不丹、尼泊尔。

长梗狸藻（长梗挖耳草）
Utricularia limosa R. Br., in A. DC., Prodr. 432 (1810).
Nelipus limosa (R. Br.) Raf., Fl. Tellur. 4: 109 (1836); *Utricularia verticillata* Benj., Linnaea 20: 312 (1847).
广东、广西、海南；越南、老挝、泰国、马来西亚、印度尼西亚、澳大利亚北部。

莽山挖耳草
●**Utricularia mangshanensis** G. W. Hu, Ann. Bot. Fenn. 44: 389, f. 1 (2007).
湖南。

细叶狸藻（小狸藻）
Utricularia minor L., Sp. Pl. 1: 18 (1753).
Xananthes minor (L.) Raf., Fl. Tellur. 4: 108 (1836); *Lentibularia minor* (L.) Raf., Fl. Tellur. 4: 108 (1836); *Utricularia minor* var. *multispinosa* Miki, Bot. Mag. (Tokyo) 48: 337 (1934); *Utricularia nepalensis* Kitam., Acta Phytotax. Geobot. 15 (5): 133 (1954).
黑龙江、吉林、内蒙古、山西、新疆、四川、云南、西藏；蒙古、日本、缅甸、印度、巴基斯坦、克什米尔、不丹、尼泊尔、阿富汗、乌兹别克斯坦、吉尔吉斯斯坦、俄罗斯、巴布亚新几内亚、亚洲西南部、欧洲、北美洲。

斜果挖耳草
Utricularia minutissima Vahl, Enum. Pl. (Vahl) 1: 204 (1804).
Utricularia nipponica Makino, Bot. Mag. (Tokyo) 20: 95 (1906); *Utricularia siamensis* Ostenf., Repert. Spec. Nov. Regni Veg. 2: 68 (1906); *Utricularia nigricaulis* Ridl., J. Linn. Soc., Bot. 38: 317 (1908); *Utricularia brevilabris* Lace, Bull. Misc. Inform. Kew 404 (1915); *Utricularia lilliput* Pellegr., Bull. Mus. Hist. Nat. (Paris) 26: 181 (1920); *Utricularia brevilabris* var. *parviflora* Pellegr., Fl. Indo-Chine 4: 481 (1930); *Utricularia evrardii* Pellegr., Fl. Indo-Chine 4: 476 (1930).
江苏、江西、福建、广东、广西；日本南部、越南、老挝、柬埔寨、缅甸、泰国、印度尼西亚、菲律宾、马来西亚、印度、斯里兰卡、巴布亚新几内亚、澳大利亚北部。

多序挖耳草
Utricularia multicaulis Oliv., J. Linn. Soc., Bot. 3: 188 (1859).
云南、西藏；缅甸、印度、不丹。

合苞挖耳草
●**Utricularia peranomala** P. Taylor, Kew Bull. 41: 12 (1986).
广西。

盾鳞狸藻
Utricularia punctata Wall. ex A. DC., Prodr. 8: 5 (1844).
Utricularia fluitans Ridl., J. Straits Branch Roy. Asiat. Soc. 61: 32 (1912).
福建、广西；越南、缅甸、泰国、马来西亚、印度尼西亚。

怒江挖耳草
●**Utricularia salwinensis** Hand.-Mazz., Symb. Sin. 7 (4): 873, pl. 24, f. 11 (1936).
云南、西藏。

尖萼挖耳草（亚种）（直茎黄挖耳草）
Utricularia scandens Benj. subsp. **firmula** (Oliv.) Z. Yu. Li, Bull. Bot. Res., Harbin 8 (2): 29 (1988).
Utricularia wallichiana Benj. var. *firmula* Oliv., J. Linn. Soc., Bot. 3: 182 (1859); *Utricularia scandens* var. *firmula* (Oliv.) Subramanyam et Banerjee, Bull. Bot. Surv. India 10: 106 (1968); *Utricularia recta* P. Taylor, Kew Bull. 41: 10 (1986).
贵州、云南、广东、广西；缅甸、印度、不丹、尼泊尔。

圆叶挖耳草（圆叶狸藻，条纹挖耳草）
Utricularia striatula Sm., Cycl. 37: Utricularia no. 17 (1819).
Utricularia orbiculata Wall. ex A. DC., in A. DC., Prodr. 8: 18 (1844); *Utricularia glochidiata* Wight, Hooker's J. Bot. Kew Gard. Misc. 1: 373 (1849); *Utricularia harlandii* Oliv. ex Benth., Fl. Hongk. 257 (1861); *Meloneura striatula* (Sm.) Barnhart, Mém. New York Bot. Gard. 6: 50 (1916); *Utricularia taikankoensis* Yamam., J. Soc. Trop. Agric. 3: 241 (1931).
安徽、浙江、江西、湖南、湖北、四川、重庆、贵州、云南、西藏、福建、台湾、广东、广西、海南；越南、缅甸、泰国、马来西亚、印度尼西亚、菲律宾、印度、不丹、尼泊尔、斯里兰卡、巴布亚新几内亚、热带非洲、印度洋岛（北安达曼岛）。

齿萼挖耳草
Utricularia uliginosa Vahl, Enum. Pl. (Vahl) 1: 203 (1804).
Utricularia affinis Wight, Hooker's J. Bot. Kew Gard. Misc. 1: 373 (1849); *Utricularia caerulea* L. var. *affinis* (Wight) Thwaites, Enum. Pl. Zeyl. (Thwaites) 171 (1860); *Utricularia brachypoda* Wight, Hooker's J. Bot. Kew Gard. Misc. 1: 373 (1849); *Utricularia griffithii* Wight, Hooker's J. Bot. Kew Gard. Misc. 1: 373 (1849); *Utricularia decipiens* Dalzell, Hooker's J. Bot. Kew Gard. Misc. 3: 279 (1851); *Utricularia reticulata* Sm. var. *uliginosa* (Vahl) C. B. Clarke in J. D. Hooker, Fl. Brit. Ind. 4: 331 (1884); *Utricularia elachista* K. I. Goebel, Ann. Jard. Bot. Buitenzorg 9: 76, f. 37-50 (1891); *Utricularia yakusimensis* Masam., Fl. Geo. Yakus. 409 (1934); *Utricularia macrophylla* Masam. et Syozi, Trans. Nat. Hist. Soc. Taiwan 34: 305 (1944); *Utricularia nayarii* Janarth. et A. N. Henry, Bull. Bot. Surv. India 28: 195 (1988).
台湾、广东、广西、海南；日本、朝鲜、印度、印度尼西亚、缅甸、越南、泰国、马来西亚、斯里兰卡、澳大利亚、太平洋岛屿（关岛、新科罗地亚、帕劳）。

狸藻
Utricularia vulgaris L., Sp. Pl. 1: 18 (1753).
黑龙江、吉林、辽宁、内蒙古、河北、山西、陕西、宁夏、甘肃、青海、新疆、山东、河南、四川、西藏；蒙古、巴基斯坦、阿富汗、乌兹别克斯坦、哈萨克斯坦、俄罗斯，广布于北半球温带地区、亚洲西南部、欧洲、非洲北部。

狸藻（原亚种）
Utricularia vulgaris subsp. **vulgaris**
Lentibularia vulgaris (L.) Moench, Methodus 521 (1794).
黑龙江、吉林、辽宁、内蒙古、河北、山西、陕西、甘肃、青海、新疆、山东、河南、四川；广布于北半球温带地区。

弯距狸藻（亚种）
Utricularia vulgaris subsp. **macrorhiza** (Leconte) R. T. Clausen, Cornell Univ. Agric. Exp. Sta. Mem. 291: 9 (1949).
Utricularia macrorhiza Leconte, Ann. Lyceum Nat. Hist. New York. 1 (1): 73, pl. 6, f. 2 (1824); *Megozipa macrorhiza* (Leconte) Raf., Fl. Tellur. 4: 110 (1836); *Utricularia vulgaris* var. *americana* A. Gray, Manual ed. 5. 318 (1867); *Lentibularia vulgaris* var. *americana* (A. Gray.) Nieuwl. et Lunell., Amer. Midl. Naturalist 5 (1): 9 (1917).
黑龙江、吉林、辽宁、内蒙古、河北、山西、山东、陕西、宁夏、甘肃、青海、新疆、四川；蒙古、俄罗斯、北美洲。

钩突挖耳草
●**Utricularia warburgii** K. I. Goebel, Ann. Jard. Bot. Buitenzorg 9: 66 (1890).
安徽、江苏、浙江、江西、福建、湖南、四川。

243. 爵床科 ACANTHACEAE
[37 属: 313 种]

老鼠簕属 Acanthus L.

小花老鼠簕
Acanthus ebracteatus Vahl, Symb. Bot. 2: 75, t. 40 (1791).
Dilivaria ebracteata (Vahl) Pers., Syn. Pl. 2: 179 (1806); *Acanthus ilicifolius* L. var. *ebracteatus* (Vahl) Benoist, Fl. Brit. Ind. 4: 481 (1879).
广东、海南；越南、缅甸、泰国、印度尼西亚、印度、巴布亚新几内亚、澳大利亚、太平洋岛屿。

老鼠簕（新拟）（厦门老鼠簕）
Acanthus ilicifolius L., Sp. Pl. 2: 639 (1753).
Dilivaria ilicifolia (L.) Juss., Gen. Pl. 103 (1789); *Acanthus xiamenensis* R. T. Zhang, Wuyi Sci. J. 5: 237 (1985); *Acanthus ebracteatus* Vahl var. *xiamenensis* (R. T. Zhang) C. Y. Wu et C. C. Hu, Fl. Reipubl. Popularis Sin. 70: 47 (2002); *Acanthus ilicifolius* var. *xiamenensis* (R. T. Zhang) Y. F. Deng, N. H. Xia et H. B. Chen, J. Trop. Subtrop. Bot. 14 (6): 530 (2006).
福建、广东、广西、海南；越南、柬埔寨、缅甸、泰国、马来西亚、印度尼西亚、菲律宾、印度、斯里兰卡、巴布亚新几内亚、澳大利亚、太平洋岛屿。

刺苞老鼠簕（白穗虾蟆花）
Acanthus leucostachyus Wall. ex Nees, in Wallich, Pl. Asiat. Rar. 3: 98 (1832).

云南；越南、老挝、缅甸、泰国、印度。

穿心莲属 Androgarphis Wall. ex Nees

疏花穿心莲 [须药草，白花穿心莲，腺毛疏花穿心莲（新拟）]

Andrographis laxiflora (Blume) Lindau in Engler et Prantl, Nat. Pflanzenfam. 4 (3b): 323 (1895).
Justicia laxiflora Blume, Bijdr. Fl. Ned. Ind. 789 (1826); *Andrographis tenuiflora* T. Anderson, J. Linn. Soc., Bot. 9: 502 (1867); *Andrographis tenera* Kuntze, Revis. Gen. Pl. 2: 382 (1891); *Andrographis monglunensis* Hung T. Chang et H. Zhu, Acta Sci. Nat. Univ. Sunyatseni 28 (2): 64 (1989); *Andrographis laxiflora* var. *glomeruliflora* (Bremek.) H. Chu, Bull. Bot. Res., Harbin 11 (1): 46 (1991).

贵州、云南、广西、海南；越南、老挝、柬埔寨、缅甸、泰国、马来西亚、印度尼西亚、印度。

穿心莲（一见喜，印度草，榄核莲）

Andrographis paniculata (Burm. f.) Wall. ex Nees in Wallich, Pl. Asiat. Rar. 3: 116 (1832).
Justicia paniculata Burm. f., Fl. Indica 9 (1768).

安徽、江苏、浙江、江西、湖南、湖北、云南、福建、广东、广西、海南；原产于印度、斯里兰卡，栽培或归化于越南、老挝、柬埔寨、缅甸、泰国、马来西亚、印度尼西亚、加勒比海地区。

十万错属 Asystasia Blume

十万错

Asystasia nemorum Nees, in Wallich, Pl. Asiat. Rar. 3: 90 (1832).

云南、广东、广西；越南、老挝、缅甸、泰国、印度。

宽叶十万错

Asystasia gangetica (L.) T. Anderson, Enum. Pl. Zeyl. 235 (1860).
Justicia gangetica L., Cent. Pl. II 3 (1756).

云南、台湾、广东、广西；亚洲、印度洋岛屿、太平洋岛屿、马达加斯加。

宽叶十万错（原亚种）

△**Asystasia gangetica** subsp. **gangetica**
Ruellia zeylanica Roxb., Hort. Bengal. 46 (1814); *Asystasia coromandeliana* Nees, in Wallich, Pl. Asiat. Rar. 3: 89 (1832)

云南、广东、广西；亚洲热带、太平洋岛屿。

小花十万错（亚种）

△**Asystasia gangetica** subsp. **micrantha** (Nees) Ensermu, Proc. XIII Plen. Meet. AETFAT, Zomba Malawi 1: 343 (1994).
Asystasia coromandeliana Burkill et C. B. Clarke var. *micrantha* Nees, in A. DC., Prodr. 11: 165 (1847); *Asystasia bojeriana* Nees, Prodr. 11: 166 (1847).

台湾、广东；亚洲、印度洋岛屿、太平洋岛屿、马达加斯加。

囊管花

Asystasia salicifolia Craib, Bull. Misc. Inform. Kew 1918: 367 (1918).

云南；老挝、缅甸、泰国、印度。

白接骨（尼氏拟马偕花）

Asystasia neesiana (Wall.) Nees, in Wallich, Pl. Asiat. Rar. 3: 89 (1832).
Ruellia neesiana Wall., Pl. Asiat. Rar. 1. 73. t. 83 (1831); *Asystasia chinensis* S. Moore, J. Bot. 13 (152): 228 (1875); *Asystasiella neesiana* (Wall.) Lindau in Engler et Prantl, Nat. Pflanzenfam. 4 (3b): 326 (1895).

安徽、江苏、浙江、江西、湖南、湖北、四川、贵州、云南、福建、台湾、广东、广西；越南、老挝、缅甸、泰国、马来西亚、印度尼西亚、印度。

海榄雌属 Avicennia L.

海榄雌（咸水矮让木，海豆）

Avicennia marina (Forssk.) Vierh., Denkschr. Kaiserl. Akad. Wiss., Math.-Naturwiss. Kl. 71: 435 (1907).
Sceura marina Forssk., Fl. Aegypt.-Arab. 2: 37 (1775).

福建、台湾、广东、海南；亚洲东南部和南部、非洲东部、澳大利亚北部。

假杜鹃属 Barleria L.

假杜鹃

Barleria cristata L., Sp. Pl. 2: 636 (1753).
Barleria ciliata Roxb., Fl. Ind., ed. 1832. 3: 38 (1832); *Barleria dichotoma* Roxb., Fl. Ind., ed. 1832. 3: 39 (1832); *Barleria napalensis* Nees, in Wallich, Pl. Asiat. Rar. 3: 91 (1832); *Barleria laciniata* Nees in Wallich, Pl. Asiat. Rar. 3: 91 (1832); *Barleria cavaleriei* H. Lév., Repert. Spec. Nov. Regni Veg. 12 (309-311): 21 (1913); *Barleria cristata* var. *mairei* H. Lév., Repert. Spec. Nov. Regni Veg. 12: 285 (1913).

四川、贵州、云南、福建、台湾、广东、广西、海南；越南、老挝、柬埔寨、缅甸、泰国、新加坡、印度尼西亚、菲律宾、印度、巴基斯坦、不丹、尼泊尔、斯里兰卡。

全缘萼假杜鹃

●**Barleria integrisepala** H. P. Tsui, Acta Bot. Yunnan. 12 (3): 270, pl. 1 (1990).

四川。

花叶假杜鹃

☆**Barleria lupulina** Lindl., Edwards's Bot. Reg. 18: 1483 (1832).

栽培于广东、广西；原产于毛里求斯、马达加斯加、委内瑞拉、法属圭亚那。

黄花假杜鹃

Barleria prionitis L., Sp. Pl. 2: 636 (1753).

云南；越南、老挝、缅甸、泰国、印度、斯里兰卡、非洲、马达加斯加。

紫萼假杜鹃

Barleria strigosa Willd., Sp. Pl. 3: 379 (1800).

Barleria purpureosepala H. P. Tsui, Fl. Reipubl. Popularis Sin. 70: 348 (2002).

云南；越南、柬埔寨、缅甸、泰国、马来西亚、印度尼西亚、印度、不丹、尼泊尔、斯里兰卡。

百簕花属 Blepharis Juss.

百簕花

Blepharis maderaspatensis (L.) B. Heyne ex Roth, Nov. Pl. Sp. 320 (1821).

Acanthus maderaspatensis L., Sp. Pl. 2: 639 (1753).

海南；越南、印度、斯里兰卡、热带非洲。

色萼花属 Chroesthes Benoist

色萼花

Chroesthes lanceolata (T. Anderson) B. Hansen, Nord. J. Bot. 3 (2): 209 (1983).

Asystasia lanceolata T. Anderson, J. Linn. Soc., Bot. 9: 524 (1867); *Asystasia kerrii* Craib, Bull. Misc. Inform. Kew 1911: 438 (1911); *Asystasia silvicola* W. W. Sm., Notes Roy. Bot. Gard. Edinb. 10 (49-50): 170 (1918); *Chroesthes silvicola* (W. W. Sm.) E. Hossain, Notes Roy. Bot. Gard. Edinb. 32 (3): 405 (1973); *Chroesthes pubiflora* Benoist, Bull. Mus. Natl. Hist. Nat. 33. 107 (1927); *Chroesthes racemiflora* Bremek., Dansk Bot. Ark. 20: 73 (1961).

云南、广西；越南、老挝、缅甸、泰国。

鳄嘴花属 Clinacanthus Nees

鳄嘴花（扭序花）

Clinacanthus nutans (Burm. f.) Lindau, Bot. Jahrb. Syst. 18: 63 (1893).

Justicia nutans Burm. f., Fl. Ind. (N. L. Burman) 10. t. 5. f. 1 (1768); *Clinacanthus burmanni* Nees in A. DC., Prodr. 11: 511 (1847); *Clinacanthus nutans* var. *robinsoni* R. Benoist, Notul. Syst. (Paris) 5: 130 (1935).

云南、广东、广西、海南；越南、泰国、马来西亚、印度尼西亚。

钟花草属 Codonacanthus Nees

钟花草（针刺草，赤水纤穗爵床）

Codonacanthus pauciflorus (Nees) Nees, in A. DC., Prodr. 11: 103 (1847).

Asystasia pauciflora Nees, in Wallich, Pl. Asiat. Rar. 3: 90 (1832); *Codonacanthus acuminatus* Nees, in A. DC., Prodr. 11: 103 (1847); *Leptostachya rependa* Q. H. Chen, Guizhou Sci. 19 (2): 54 (2001).

江西、贵州、云南、福建、台湾、广东、广西、海南；日本、越南、柬埔寨、缅甸、泰国、印度、不丹。

秋英爵床属 Cosmianthemum Bremek.

广西秋英爵床

●**Cosmianthemum guangxiense** H. S. Lo et D. Fang, Guihaia 17: 42 (1997).

Cosmianthemum longiflorum D. Fang et H. S. Lo, Guihaia 17 (1): 43 (1997).

广西。

秋英爵床

Cosmianthemum knoxiifolium (C. B. Clarke) B. Hansen, Nordic J. Bot. 5: 195 (1985).

Gymnostachyum knoxiifolium C. B. Clarke, J. Asiat. Soc. Bengal, Pt. 2, Nat. Hist. 74: 663 (1908); *Pseuderanthemum parviflorum* Ridl., J. Linn. Soc., Bot. 41: 294 (1913); *Ptyssiglottis parviflora* (Ridl.) Ridl., Fl. Malay Penins. 2: 604 (1923); *Sphinctacanthus malayanus* Ridl., J. Straits Branch Roy. Asiat. Soc. 86: 306 (1923).

海南；越南、泰国、马来西亚。

海南秋英爵床（琼紫叶）

●**Cosmianthemum viriduliflorum** (C. Y. Wu et H. S. Lo) H. S. Lo, Guihaia 17 (1): 42 (1997).

Graptophyllum viriduliflorum C. Y. Wu et H. S. Lo, Fl. Hainan. 3: 594, f. 928 (1974).

海南。

鳔冠花属 Cystacanthus T. Anderson

缩序火焰花

Cystacanthus abbreviatus Craib, Bull. Misc. Inform. Kew 1911: 438 (1911).

Phlogacanthus abbreviatus (Craib) Benoist in Lectome, Fl. Gen. Indo-Chine 4: 172 (1935).

云南；越南。

丽江鳔冠花

●**Cystacanthus affinis** W. W. Sm., Notes Roy. Bot. Gard. Edinb. 9 (42): 103 (1916).

四川、云南、西藏。

广西火焰花

Cystacanthus colaniae (Benoist) Y. F. Deng, Fl. China 19: 477 (2011).

Phlogacanthus colaniae Benoist, Notul. Syst. (Paris) 5 (2): 109 (1936).

云南、广西、海南；越南。

鳔冠花（鳔刺草）

Cystacanthus paniculatus T. Anderson, J. Linn. Soc., Bot. 9: 458 (1867).
Phlogacanthus paniculatus (T. Anderson) J. B. Imlay, Kew Bull. 3: 128 (1939).
云南；缅甸。

金塔火焰花（火焰花）

Cystacanthus pyramidalis Benoist, Bull Soc. Bot. France. 74: 907 (1928).
Phlogacanthus pyramidalis (Benoist) Benoist in Lectome, Fl. Gen. Indo-Chine 4: 172 (1935).
海南；越南。

糙叶火焰花

Cystacanthus vitellinus (Roxb.) Y. F. Deng, Fl. China 19: 477 (2011).
Justicia vitellina Roxb., Fl. Ind. 1: 117 (1820); Phlogacanthus asperulus Nees, in Wallich, Pl. Asiat. Rar. 3: 99 (1832).
云南；缅甸、印度、不丹。

金江鳔冠花

●Cystacanthus yangtsekiangensis (H. Lév.) Rehder, J. Arnold Arbor. 16: 315 (1935).
Strobilanthes yangtsekiangensis H. Lév., Cat. Pl. Yun-Nan 6 (1915).
云南。

滇鳔冠花

●Cystacanthus yunnanensis W. W. Sm., Notes Roy. Bot. Gard. Edinb. 9 (42): 104 (1916).
云南。

狗肝菜属 Dicliptera Juss.

印度狗肝菜

Dicliptera bupleuroides Nees, in Wallich, Pl. Asiat. Rar. 3: 111 (1832).
Dicliptera roxburghiana Nees var. bupleuroides (Nees) C. B. Clarke, Fl. Brit. Ind. 4: 554 (1885).
四川、贵州、云南；越南、老挝、柬埔寨、缅甸、泰国、印度。

狗肝菜（华九头狮子草）

Dicliptera chinensis (L.) Juss., Ann. Mus. Natl. Hist. Nat. 9: 267 (1807).
Justicia chinensis L., Sp. Pl. 1: 16 (1753); Dicliptera roxburghiana Nees, in Wallich, Pl. Asiat. Rar. 3: 111 (1832); Dicliptera burmanni Nees, in Wallich, Pl. Asiat. Rar. 3: 112 (1832).
四川、贵州、云南、福建、台湾、广东、广西、海南；越南、印度、孟加拉国。

优雅狗肝菜（金江狗肝菜）

●Dicliptera elegans W. W. Sm., Notes Roy. Bot. Gard. Edinb. 10 (49-50): 174 (1918).
Dicliptera mairei Benoist, Bull. Mus. Natl. Hist. Nat. 2: 150 (1930).
四川、云南。

毛狗肝菜

●Dicliptera induta W. W. Sm., Notes Roy. Bot. Gard. Edinb. 10 (49-50): 175 (1918).
云南。

恋岩花属 Echinacanthus Nees

黄花岩恋花

●Echinacanthus lofuensis (H. Lév.) J. R. I. Wood, Edinb. J. Bot. 51 (20): 186 (1994).
Strobilanthes lofouensis H. Lév., Feddes Repert. Spec. Nov. Regni Veg. 12: 99 (1913); Echinacanthus flaviflorus H. S. Lo et D. Fang, Acta Bot. Yunnan. 7 (2): 141 (1985).
贵州、广西。

长柄恋岩花

Echinacanthus longipes H. S. Lo et D. Fang, Acta Bot. Yunnan. 7 (2): 138 (1985).
云南、广西；越南。

龙州恋岩花

●Echinacanthus longzhouensis H. S. Lo, Acta Bot. Yunnan. 7 (2): 140 (1985).
广西。

可爱花属 Eranthemum L.

华南可爱花

●Eranthemum austrosinense H. S. Lo, Acta Phytotax. Sin. 17 (4): 85, pl. 4, f. 2 (1979).
贵州、云南、广东、广西。

华南可爱花（原变种）

●Eranthemum austrosinense var. austrosinense
贵州、云南、广东、广西。

毛冠可爱花（变种）

●Eranthemum austrosinensis var. pubipetalum (S. Z. Huang ex H. P. Tsui) T. L. Li et Y. F. Deng, J. Trop. Subtrop. Bot. 15 (3): 259 (2007).
Eranthemum pubipetalum S. Z. Huang ex H. P. Tsui, Fl. Reipubl. Popularis Sin. 70: 347 (2002).
贵州、云南、广西。

喜花草（可爱花，爱春花，蓝花仔）

☆Eranthemum pulchellum Andrews, Bot. Repos. 2: pl. 88

(1800).

Eranthemum nervosum (Vahl) R. Br. ex Roem. et Schult, Syst. Veg. ed. 15. 1: 174 (1817).

在中国南部和西南部栽培于庭院供观赏；印度、热带喜马拉雅地区。

云南可爱花

Eranthemum tetragonum A. Dietrich ex Nees, in A. DC., Prodr. 11: 454 (1847).

云南；越南、老挝、柬埔寨、缅甸、泰国。

裸柱草属 Gymnostachyum Nees

云南裸柱草（滇越裸柱草）

Gymnostachyum listeri Prain, J. Asiat. Soc. Bengal, Pt. 2, Nat. Hist. 49: 171 (1900).

Cryptophragmium tonkinense Benoist, Bull. Soc. Bot. France 81 (7-8): 603 (1934); *Parajusticia petelotii* Benoist, Notul. Syst. (Paris) 5: 128 (1936).

云南、广西；越南、孟加拉国。

华裸柱草

●**Gymnostachyum sinense** (H. S. Lo) H. Chu, Bull. Bot. Res., Harbin 11 (1): 48 (1991).

Andrographis sinensis H. S. Lo, Bull. Bot. Res., Harbin 1 (4): 103 (1981).

广西。

矮裸柱草

●**Gymnostachyum subrosulatum** H. S. Lo, Acta Phytotax. Sin. 17 (4): 86 (1979).

Gymnostachyum kwangsiense H. S. Lo, Acta Phytotax. Sin. 17 (4): 86 (1979).

广西。

水蓑衣属 Hygrophila R. Br.

连丝草

Hygrophila biplicata (Nees) Sreem., Bull. Bot. Surv. India 10: 223 (1969).

Adenosma biplicata Nees, in Wallich, Pl. Asiat. Rar. 3: 79 (1832).

云南；缅甸、泰国。

小叶水蓑衣

Hygrophila erecta (Burm. f.) Hochr., Candollea 5: 230 (1934).

Ruellia erecta Burm. f., Fl. Ind. 135, pl. 41, f. 3 (1768); *Hygrophila phlomoides* var. *roxburghii* C. B. Clarke, Fl. Brit. Ind. 4: 408 (1884).

云南、广西、海南；越南、老挝、缅甸、泰国、印度。

毛水蓑衣

Hygrophila phlomoides Nees, in Wallich, Pl. Asiat. Rar. 3: 80 (1832).

云南；越南、老挝、柬埔寨、缅甸、泰国、印度尼西亚、菲律宾、印度、巴基斯坦。

大安水蓑衣

●**Hygrophila pogonocalyx** Hayata, Icon. Pl. Formosan. 9: 81 (1920).

台湾。

小狮子草

Hygrophila polysperma (Roxb.) T. Anderson, J. Linn. Soc., Bot. 9: 456 (1867).

Justicia polysperma Roxb., Fl. Ind. 1: 120 (1820); *Hemiadelphis polysperma* (Roxb.) Nees, in Wallich, Pl. Asiat. Rar. 3: 80 (1832).

云南、台湾、广东、广西；越南、缅甸、印度、不丹、斯里兰卡。

水蓑衣

Hygrophila ringens (L.) R. Brown ex Spreng., Syst. Veg. (ed. 16) 2: 828 (1825).

Ruellia ringens L., Sp. Pl. 2: 635 (1753).

河南、安徽、江苏、浙江、江西、湖南、湖北、四川、重庆、贵州、云南、福建、台湾、广东、广西、海南；日本、越南、老挝、柬埔寨、缅甸、泰国、马来西亚、印度尼西亚、菲律宾、印度、巴基斯坦、不丹、尼泊尔。

水蓑衣（原变种）

Hygrophila ringens var. **ringens**

Ruellia salicifolia Vahl, Symb. Bot. 3: 84 (1794); *Ruellia quadrivalvis* Buch.-Ham., Trans. L. Soc. London 14: 291 (1824); *Hygrophila megalantha* Merr., Philipp. J. Sci. 12 (2): 110 (1917).

河南、安徽、江苏、浙江、江西、湖南、湖北、四川、重庆、贵州、云南、福建、台湾、广东、广西、海南；日本、越南、老挝、柬埔寨、缅甸、泰国、马来西亚、印度尼西亚、菲律宾、印度、巴基斯坦、不丹、尼泊尔。

贵港水蓑衣（变种）

●**Hygrophila ringens** var. **longihirsuta** (H. S. Lo et D. Fang) Y. F. Deng, Fl. China 19: 431 (2011).

Hygrophila salicifolia (Vahl) Nees var. *longihirsuta* H. S. Lo et D. Fang, Guihaia 17 (1): 41 (1997).

广西。

枪刀药属 Hypoestes Soland. ex R. Br.

枪刀菜

Hypoestes cumingiana (Nees) Benth. et Hook. f., Gen. Pl. 2: 1122 (1876).

Peristrophe cumingiana Nees, in A. DC., Prodr. 11: 498 (1847).

台湾；菲律宾。

六角英（红丝线）

Hypoestes purpurea (L.) R. Br., in A. DC., Prodr. 474 (1810).
Justicia purpurea L., Sp. Pl. 1: 16 (1753); *Hypoestes sinica* Miq., J. Bot. Neerl. 1: 117 (1861); *Peristrophe purpurea* (L.) Hochr., Candollea 5: 234 (1934).
台湾、广东、广西、海南；老挝、菲律宾。

三花枪刀药

Hypoestes triflora (Forssk.) Roem. et Schult., Syst. Veg. (ed. 15 bis) 1: 141 (1817).
Justicia triflora Forssk. Fl. Aegypt.-Arab. 4 (1775); *Dicliptera riparia* var. *yunnanensis* Hand.-Mazz., Symb. Sin. 7 (4): 898 (1936).
云南；缅甸、印度、不丹、尼泊尔；非洲。

叉序草属 Isoglossa Oerst.

叉序草

Isoglossa collina (T. Anderson) B. Hansen, Nordic J. Bot. 5 (1): 12 (1985).
Justicia collina T. Anderson, J. Linn. Soc., Bot. 9: 515 (1867); *Dianthera collina* (T. Anderson) C. B. Clarke, Fl. Brit. Ind. 4 (12): 543 (1885); *Dianthera sinensis* W. W. Sm., Notes Roy. Bot. Gard. Edinb. 12 (59): 204 (1920); *Chingiacanthus patulus* Hand.-Mazz., Sinensia 5 (1-2): 11 (1934).
江西、湖南、云南、西藏、广东、广西；缅甸、印度、不丹。

光叉序草

●**Isoglossa glabra** (Hand.-Mazz.) B. Hansen, Nordic J. Bot. 5: 12 (1985).
Chingiacanthus glaber Hand.-Mazz., Sinensia 5 (1-2): 12 (1934).
广西。

爵床属 Justicia L.

棱茎爵床（棱茎野靛棵）

●**Justicia acutangula** H. S. Lo et D. Fang, Guihaia 17 (1): 56 (1997).
Mananthes acutangula (H. S. Lo et D. Fang) C. Y. Wu et C. C. Hu, Fl. Reipubl. Popularis Sin. 70: 291 (2002).
贵州、广西。

鸭嘴花

☆/△**Justicia adhatoda** L., Sp. Pl. 1: 15 (1753).
Adhatoda vasica Nees in Wallich, Pl. Asiat. Rar. 3: 103 (1829-1830).
云南、广东、广西、海南；马来西亚、印度尼西亚、印度、尼泊尔、巴基斯坦、斯里兰卡。

绵毛杜根藤

●**Justicia albovelata** W. W. Sm., Notes Roy. Bot. Gard. Edinb. 10 (49-50): 182 (1918).
Calophanoides albovelata (W. W. Sm.) C. Y. Wu ex H. B. Tsui, Vasc. Pl. Hengduan Mount. 2: 1876 (1994).
云南。

大叶杜根藤（大叶赛爵床）

Justicia alboviridis Benoist, Notul. Syst. (Paris) 5: 115 (1936).
Calophanoides alboviridis (Benoist) C. Y. Wu et H. S. Lo, Fl. Hainan. 3: 597 (1974).
海南；越南北部。

钝萼爵床（钝萼野靛棵）

●**Justicia amblyosepala** D. Fang et H. S. Lo, Guihaia 17 (1): 55 (1997).
Mananthes amblyosepala (D. Fang et H. S. Lo) C. Y. Wu et C. C. Hu, Fl. Reipubl. Popularis Sin. 70: 291 (2002).
广西。

桂南爵床（桂南野靛棵）

●**Justicia austroguangxiensis** H. S. Lo et D. Fang, Guihaia 17 (1): 54 (1997).
Mananthes austroguangxiensis (H. S. Lo et D. Fang) C. Y. Wu et C. C. Hu, Fl. Reipubl. Popularis Sin. 70: 291 (2002); *Justicia austroguanxiensis* f. *albinervia* D. Fang et H. S. Lo, Guihaia 17 (1): 55 (1997); *Mananthes austroguangxiensis* f. *albinervia* (D. Fang et et H. S. Lo) C. Y. Wu et C. C. Hu, Fl. Reipubl. Popularis Sin. 70: 292 (2002).
广西。

华南爵床（华南野靛棵）

●**Justicia austrosinensis** H. S. Lo et D. Fang, Guihaia 17 (1): 52 (1997).
Mananthes austrosinensis (H. S. Lo) C. Y. Wu et C. C. Hu, Fl. Reipubl. Popularis Sin. 70: 292 (2002).
江西、贵州、云南、广东、广西。

虾衣花（麒麟吐珠）

☆**Justicia brandegeeana** Wassh. et L. B. Sm., Fl. Ilustr. Catarin. 1, fasc. Acan. 102 (1969).
Beloperone guttata Brandegee, Univ. Calif. Publ. Bot. 4 (15): 278 (1912).
中国南部栽培；墨西哥、美国（佛罗里达）。

心叶爵床（心叶野靛棵）

Justicia cardiophylla D. Fang et H. S. Lo, Guihaia 17 (1): 57 (1997).
Mananthes cardiophylla (D. Fang et H. S. Lo) C. Y. Wu et C. C. Hu, Fl. Reipubl. Popularis Sin. 70: 293 (2002).
广西；越南。

珊瑚花

☆**Justicia carnea** Lindl., Edwards's Bot. Reg. 17: pl. 1397 (1831).
Jacobinia carnea (Lindl.) Nichols., Ill. Dict. Gard. 2: 206

(1885); *Cyrtanthera carnea* (Lindl.) Bremek., Verh. Kon. Ned. Akad. Wetensch., Afd. Natuurk. Sect. 2. 45 (21): 50 (1948).
中国南部栽培；原产于巴西。

尾叶爵床
●**Justicia caudatifolia** (H. S. Lo et D. Fang) Z. P. Hao, Y. F. Deng et T. F. Daniel, J. Trop. Subtrop. Bot. 18: 486 (2010).
Leptostachya caudatifolia H. S. Lo et D. Fang, Guihaia 17 (1): 45 (1997).
广西。

圆苞杜根藤
●**Justicia championii** T. Anderson, Fl. Hongk. 264 (1861).
Adhatoda chinensis Benth., Hooker's J. Bot. Kew Gard. Misc. 5: 134 (1853); *Dicliptera cyclostegia* Hand.-Mazz., Anz. Akad. Wiss. Wien, Math.-Naturwiss. Kl. 235 (1925).
安徽、浙江、江西、湖南、湖北、贵州、云南、福建、广东、广西、海南。

大明爵床（大明野靛棵）
●**Justicia damingensis** (H. S. Lo) H. S. Lo, Guihaia 17 (1): 58 (1997).
Mananthes damingensis H. S. Lo, Bull. Bot. Res., Harbin 1 (4): 106 (1981).
广西。

矮爵床
●**Justicia demissa** N. H. Xia et Y. F. Deng, J. Trop. Subtrop. Bot. 13: 534 (2005).
Rostellularia humilis H. S. Lo, Fl. Hainan. 3: 598, f. 940 (1974).
海南。

小叶散爵床
Justicia diffusa Willd., Sp. Pl. 1: 87 (1797).
Rostellaria hedyotidifolia Nees, in Wallich, Pl. Asiat. Rar. 3: 100 (1832); *Rostellularia diffusa* (Willd.) Nees, in Wallich, Pl. Asiat. Rar. 3: 100 (1832); *Justicia diffusa* var. *prostrata* Roxb. ex C. B. Clarke in J. D. Hooker, Fl. Brit. Ind. 4: 538 (1885); *Rostellularia diffusa* var. *prostrata* (Roxb. ex C. B. Clarke) H. S. Lo, Bull. Bot. Surv. India 30 (1-4): 131 (1988).
云南、福建、台湾、广东、广西、海南；越南、缅甸、泰国、印度、孟加拉国、斯里兰卡。

锈背爵床（锈背野靛棵）
●**Justicia ferruginea** H. S. Lo et D. Fang, Guihaia 17 (1): 58 (1997).
Mananthes ferruginea (H. S. Lo et D. Fang) C. Y. Wu et C. C. Hu, Fl. Reipubl. Popularis Sin. 70: 294 (2002).
广西。

小驳骨（接骨草，尖尾风）
Justicia gendarussa Burm. f., Fl. Indica 10 (1768).
Gendarussa vulgaris Nees, in Wallich, Pl. Asiat. Rar. 3: 104 (1832).
云南、福建、台湾、广东、广西、海南、香港；印度、斯里兰卡、中南半岛至马来半岛。

大爵床
Justicia grossa C. B. Clarke, Fl. Brit. Ind. 4: 535 (1885).
海南；越南、老挝、缅甸、泰国、马来西亚。

海南赛爵床
●**Justicia hainanensis** (C. Y. Wu et H. S. Lo) N. H. Xia et Y. F. Deng, J. Trop. Subtrop. Bot. 13: 533 (2005).
Calophanoides hainanensis C. Y. Wu et H. S. Lo, Fl. Hainan. 3: 597, f. 938 (1974).
广东、海南。

早田氏爵床
●**Justicia hayatae** Yamam., Icon. Pl. Formosan. Suppl. 2: 34 (1926).
Justicia procumbens L. var. *hayatae* (Yamam.) Ohwi, Bull. Nat. Sci. Mus. Tokyo 33: 86 (1953); *Rostellularia hayatae* (Yamam.) S. S. Ying, Mem. Coll. Agric. Natl. Taiwan Univ. 29 (2): 45 (1989); *Justicia hayatae* var. *ciliata* Yamam., Icon. Pl. Formosan., Suppl. 2: 35 (1926); *Justicia ciliata* (Yamam.) C. F. Hsieh et T. C. Huang, Taiwania 19 (1): 21 (1974).
台湾、香港。

那坡爵床
Justicia kampotiana Benoist, Notul. Syst. (Paris) 5 (2): 118 (1936).
Mananthes kampotiana (Benoist) C. Y. Wu et C. C. Hu, Fl. Reipubl. Popularis Sin. 70: 294 (2002).
广西；柬埔寨。

贵州爵床
●**Justicia kouytcheensis** (H. Lév.) E. Hossain, Notes Roy. Bot. Gard. Edinb. 32 (3): 407 (1973).
Ruellia repens L. var. *kouytcheensis* H. Lév., Repert. Spec. Nov. Regni Veg. 13 (355-358): 175 (1914); *Calophanoides kouytcheensis* (H. Lév.) H. S. Lo, Bull. Bot. Res., Harbin 8 (1): 5 (1988).
贵州、云南。

广西爵床
●**Justicia kwangsiensis** (H. S. Lo) H. S. Lo, Guihaia 17 (1): 50 (1997).
Calophanoides kwangsiensis H. S. Lo, Acta Phytotax. Sin. 17 (4): 86 (1979); *Justicia buxifolia* H. S. Lo et D. Fang, Guihaia 17 (1): 51 (1997).
广东、广西、海南。

紫苞爵床（紫苞野靛棵，阔苞花）
●**Justicia latiflora** Hemsl., J. Linn. Soc., Bot. 26 (175): 245 (1890).
Mananthes latiflora (Hemsl.) C. Y. Wu et C. C. Hu, Fl.

Reipubl. Popularis Sin. 70: 295 (2002).

湖南、湖北、重庆、贵州。

南岭爵床

●**Justicia leptostachya** Hemsl., J. Linn. Soc., Bot. 26 (175): 245 (1890).

Mananthes leptostachya (Hemsl.) H. S. Lo, Bull. Bot. Res., Harbin 1 (4): 104 (1981).

湖南、广东、广西。

广东爵床（广东野靛棵，连山爵床）

●**Justicia lianshanica** (H. S. Lo) H. S. Lo, Guihaia 17 (1): 55 (1997).

Manathes lianshanica H. S. Lo, Bull. Bot. Res., Harbin 1 (4): 105 (1981).

广东、广西。

小齿爵床

●**Justicia microdonta** W. W. Sm., Notes Roy. Bot. Gard. Edinb. 10 (49-50): 183 (1918).

Mananthes microdonta (W. W. Sm.) C. Y. Wu et C. C. Hu, Fl. Reipubl. Popularis Sin. 70: 296 (2002).

四川、云南。

喀西爵床

Justicia mollissima (Nees) Y. F. Deng et T. F. Daniel, Fl. China 19: 451 (2011).

Rostellaria mollissima Nees, in Wallich, Pl. Asiat. Rar. 3: 101 (1832); *Justicia khasiana* C. B. Clarke, Fl. Brit. Ind. 4: 537 (1885); *Justicia procumbens* L. var. *latispica* C. B. Clarke, Fl. Brit. Ind. 4: 539 (1885).

云南；印度。

狭叶爵床

Justicia neesiana (Nees) T. Anderson, J. Linn. Soc., Bot. 9: 513 (1867).

Gendarussa neesiana Nees, in Wallich, Pl. Asiat. Rar. 3: 105 (1832); *Justicia multinodis* Benoist, Not. Syst. 5: 114 (1935); *Calophanoides multinodis* (Benoist) C. Y. Wu et H. S. Lo, Fl. Hainan. 3: 568 (1974).

云南、海南；越南、老挝、泰国。

线叶爵床

Justicia neolinearifolia N. H. Xia et Y. F. Deng, J. Trop. Subtrop. Bot. 13: 534 (2005).

Rostellularia linearifolia Bremek., Proc. Kon. Ned. Akad. Wetensch., B 60: 5 (1957); *Rostellularia linearifolia* subsp. *liangkwangensis* H. S. Lo, Acta Phytotax. Sin. 17 (4): 87 (1979); *Justicia neolinearifolia* subsp. *liangkwangensis* (H. S. Lo) N. H. Xia et Y. F. Deng, J. Trop. Subtrop. Bot. 13: 534 (2005).

云南、广东、广西；泰国。

琴叶爵床（琴叶野靛棵）

Justicia panduriformis Benoist, Notul. Syst. (Paris) 5 (2): 116 (1936).

Mananthes panduriformis (Benoist) C. Y. Wu et C. C. Hu, Fl. Reipubl. Popularis Sin. 70: 297 (2002).

云南、广西；越南北部。

野靛棵

Justicia patentiflora Hemsl., Hooker's Icon. Pl. 28: pl. 2792 (1905).

Mananthes patentiflora (Hemsl.) Bremek., Verh. Kon. Ned. Akad. Wetensch., Afd. Natuurk. Sect. 2. 45 (2): 59 (1948).

云南；越南。

毛萼爵床

Justicia poilanei Benoist, Notul. Syst. (Paris) 5: 125 (1936).

云南；越南。

爵床

Justicia procumbens L., Sp. Pl. 1: 15 (1753).

Rostellularia proscumbens (L.) Nees, in Wallich, Pl. Asiat. Rar. 3: 101 (1832); *Justicia procumbens* var. *linearifolia* Yamam. Icon. Pl. Formosan. 2: 32 (1926); *Justicia procumbens* var. *linearifolia* Yamam. Icon. Pl. Formosan. 2: 32 (1926).

秦岭以南；亚洲、大洋洲。

黄花爵床（黄花野靛棵）

●**Justicia pseudospicata** H. S. Lo et D. Fang, Guihaia 17 (1): 52 (1997).

Mananthes pseudospicata (H. S. Lo et D. Fang) C. Y. Wu et C. C. Hu, Fl. Reipubl. Popularis Sin. 70: 298 (2002).

广西。

杜根藤

Justicia quadrifaria (Nees) T. Anderson, J. Linn. Soc., Bot. 9: 514 (1867).

Gendarussa quadrifaria Nees, in Wallich, Pl. Asiat. Rar. 3: 105 (1832); *Adhatoda quadrifaria* (Nees) Nees, in A. DC., Prodr. 11: 396 (1847); *Adhatoda zollingeriana* Nees, in A. DC., Prodr. 11: 396 (1847); *Calophanoides quadrifaria* (Nees) Ridl., Fl. Malay Penins. 2: 592 (1923).

湖南、湖北、四川、重庆、贵州、云南、广东、广西、海南；越南、老挝、缅甸、泰国、印度尼西亚、印度。

旱杜根藤

Justicia siccanea W. W. Sm., Notes Roy. Bot. Gard. Edinb. 10 (46): 43 (1917).

Calophanoides siccanea (W. W. Sm.) C. Y. Wu et C. C. Hu, Fl. Reipubl. Popularis Sin. 70: 285 (2002).

四川、云南。

椭苞爵床

Justicia simplex D. Don, Prodr. Fl. Nepal. 118 (1825).

Rostellularia rotundifolia Nees, in Wallich, Pl. Asiat. Rar. 3: 100 (1832); *Justicia orbiculata* Wall. ex T. Anderson, J. Linn. Soc., Bot. 9: 512 (1867); *Justicia procumbens* var. *simplex* (D.

Don) Yamaz., Fl. E. Himalaya 302 (1966).

云南；日本、马来西亚、印度、尼泊尔，喜马拉雅地区。

针子草

Justicia vagabunda Benoist, Notul. Syst. (Paris) 5: 114 (1936).

Rhaphidospora vagabunda (Benoist) C. Y. Wu ex C. C. Hu, Fl. Reipubl. Popularis Sin. 70: 253 (2002).

云南；越南、柬埔寨。

黑叶小驳骨（黑叶接骨草，大驳骨）

☆/△**Justicia ventricosa** Wall. ex Hook. f., Bot. Mag. (Tokyo) 54: 2766 (1827).

Gendarussa ventricosa (Wall. ex Hook. f.) Nees, in Wallich, Pl. Asiat. Rar. 3: 104 (1832); *Adhatoda ventricosa* (Wall. ex Hook. f.) Nees, in A. DC., Prodr. 11: 407 (1848).

云南、广东、广西、海南、香港；原产于越南、老挝、柬埔寨、缅甸、泰国。

高山杜根藤（高山赛爵床）

●**Justicia wardii** W. W. Sm., Notes Roy. Bot. Gard. Edinb. 10 (49-50): 184 (1918).

Calophanoides wardii (W. W. Sm.) C. Y. Wu ex C. C. Hu, Fl. Reipubl. Popularis Sin. 70: 286 (2002).

云南。

黄白杜根藤

●**Justicia xantholeuca** W. W. Sm., Notes Roy. Bot. Gard. Edinb. 11 (55): 212 (1919).

Calophanoides xantholeuca (W. W. Sm.) C. Y. Wu ex C. C. Hu, Fl. Reipubl. Popularis Sin. 70: 286 (2002).

云南。

滇东杜根藤

●**Justicia xerobatica** W. W. Sm., Notes Roy. Bot. Gard. Edinb. 11 (55): 213 (1919).

Calophanoides xerobatica (W. W. Sm.) C. Y. Wu ex C. C. Hu, Fl. Reipubl. Popularis Sin. 70: 287 (2002).

四川、云南。

干地杜根藤

●**Justicia xerophila** W. W. Sm., Notes Roy. Bot. Gard. Edinb. 11 (55): 214 (1919).

Calophanoides xerophila (W. W. Sm.) C. Y. Wu ex C. C. Hu, Fl. Reipubl. Popularis Sin. 70: 287 (2002).

云南。

木柄杜根藤

●**Justicia xylopoda** W. W. Sm., Notes Roy. Bot. Gard. Edinb. 11 (55): 214 (1919).

Calophanoides xylopoda (W. W. Sm.) C. Y. Wu ex C. C. Hu, Fl. Reipubl. Popularis Sin. 70: 288 (2002).

四川、云南。

滇杜根藤

●**Justicia yunnanensis** W. W. Sm., Notes Roy. Bot. Gard. Edinb. 11 (55): 215 (1919).

Calophanoides yunnanensis (W. W. Sm.) C. Y. Wu ex H. P. Tsui, Vasc. Pl. Hengduan Mount. 2: 1877 (1994).

云南。

银脉爵床属 Kudoacanthus Hosok.

银脉爵床

●**Kudôacanthus albonervosa** Hosok., Trans. Nat. Hist. Soc. Taiwan 23: 95 (1933).

Codonacanthus albonervosa (Hasok) Yuen P. Yang, Man. Taiwan Vasc. Pl. 4: 178 (1999).

台湾。

鳞花草属 Lepidagathis Willd.

齿叶鳞花草

Lepidagathis fasciculata (Retz.) Nees, in Wallich, Pl. Asiat. Rar. 3: 95 (1832).

Ruellia fasciculata Retz., Observ. Bot. 4: 28 (1786).

云南、海南；孟加拉国、老挝、缅甸、泰国北部、马来西亚。

台湾鳞花草（台湾鳞球花）

Lepidagathis formosensis C. B. Clarke ex Hayata, J. Coll. Sci. Imp. Univ. Tokyo 30 (1): 213 (1911).

台湾、广东。

海南鳞花草

●**Lepidagathis hainanensis** H. S. Lo, Fl. Hainan. 3: 598, f. 925 (1974).

广西、海南。

卵叶鳞花草（卵叶鳞球花）

Lepidagathis inaequalis C. B. Clarke ex Elmer, Leafl. Philipp. Bot. 5 (91): 1695 (1913).

台湾；日本琉球群岛、菲律宾。

鳞花草

Lepidagathis incurva Buch.-Ham. ex D. Don, Prodr. Fl. Nepal. 119 (1825).

Lepidagathis hyalina Nees, in Wallich, Pl. Asiat. Rar. 3: 95 (1832).

云南、广东、广西、海南；越南、缅甸、泰国、印度、孟加拉国。

小琉球鳞花草（小琉球鳞球花）

Lepidagathis secunda (Blanco) Nees, in A. DC., Prodr. 11: 259 (1847).

Ruellia secunda Blanco, Fl. Filip. 495 (1837).

台湾；菲律宾。

柳叶鳞花草（柳叶鳞球花）
- Lepidagathis stenophylla C. B. Clarke ex Hayata, J. Coll. Sci. Imp. Univ. Tokyo 30 (1): 214 (1911).

台湾、香港。

纤穗爵床属 Leptostachya Nees

纤穗爵床（穗序钟花草）

Leptostachya wallichii Nees, in Wallich, Pl. Asiat. Rar. 3: 105 (1832).
Dianthera leptostachya C. B. Clarke, Fl. Brit. Ind. 4: 542 (1885); Codonacanthus spicatus Hand.-Mazz., Sinensia 5 (1-2): 13 (1934).

广东、广西、海南；越南、老挝、缅甸、泰国、马来西亚、印度尼西亚、印度、不丹。

太平爵床属 Mackaya Harv.

太平爵床

Mackaya tapingensis (W. W. Sm.) Y. F. Deng et C. Y. Wu, Novon 19 (3): 308 (2009).
Eranthemum tapingense W. W. Sm., Notes Roy. Bot. Gard. Edinb. 10 (49-50): 177 (1918); Pseuderanthemum tapingense (W. W. Sm.) C. Y. Hu et H. S. Lo, Fl. Hainan. 4: 558 (1974).

云南；缅甸。

瘤子草属 Nelsonia R. Br.

瘤子草

Nelsonia canescens (Lam.) Spreng., Syst. Veg. 1: 42 (1825).
Justicia canescens Lam., Tabl. Encycl. 1: 41 (1791); Nelsonia campestris R. Br., Prodr. Fl. Nov. Holland. 481 (1810); Nelsonia brunelloides (Lam.) Kuntze, Revis. Gen. Pl. 2: 493 (1891).

云南、广西；越南、老挝、柬埔寨、缅甸、泰国、马来西亚、印度尼西亚、菲律宾、印度、不丹、尼泊尔，非洲（马达加斯加）。

蛇根叶属 Ophiorrhiziphyllon Kurz

蛇根叶

Ophiorrhiziphyllon macrobotryum Kurz, J. Asiat. Soc. Bengal, Pt. 2, Nat. Hist. 40: 76 (1871).

云南；越南、老挝、缅甸、泰国。

地皮消属 Pararuellia Bremek. et Nann.-Bremek.

节翅地皮消
- Pararuellia alata H. P. Tsui, Novon 18: 33 (2008).

湖北、重庆、云南。

罗甸地皮消
- Pararuellia cavaleriei (H. Lév.) E. Hossain, Notes Roy. Bot. Gard. Edinb. 32 (3): 409 (1973).
Ruellia cavaleriei H. Lév., Repert. Spec. Nov. Regni Veg. 12 (309-311): 21 (1913).

贵州、云南、广西。

地皮消（莲楠草）
- Pararuellia delavayana (Baill.) E. Hossain, Notes Roy. Bot. Gard. Edinb. 32 (3): 409 (1973).
Ruellia delavayana Baill., Hist. Pl. (Bailon) 10: 408 (1891); Hemigraphis drymophila Diels, Notes Roy. Bot. Gard. Edinb. 5 (25): 161 (1912); Ruellia esquirolii H. Lév., Repert. Spec. Nov. Regni Veg. 12 (309-311): 21 (1913).

四川、贵州、云南。

云南地皮消
- Pararuellia glomerata Y. M. Shui et W. H. Chen, Bot. Stud. (Taipei) 50: 261, f. 1, 3 (2009).

云南。

海南地皮消（海南莲楠草）
- Pararuellia hainanensis C. Y. Wu et H. S. Lo, Fl. Hainan. 3: 593, f. 928 (1974).

广西、海南。

观音草属 Peristrophe Nees

观音草（染色九头狮子草，蓝茶）

Peristrophe bivalvis (L.) Merr., Interpr. Herb. Amboin. 476 (1917).
Justicia bivalvis L., Syst. Nat. ed. 10. 2: 850 (1759); Justicia baphica Spreng., Neue Entdeck. Pflanzenk. 3: 82 (1820); Justicia roxburghiana Roem. et Schult., Mant. Pl. 1: 140 (1822); Justicia tinctoria Roxb., Fl. Ind. (ed. 1832). 1: 123 (1832); Hypoestes bodinieri H. Lév., Repert. Spec. Nov. Regni Veg. 12 (309-311): 21 (1913).

江西、湖南、贵州、云南、福建、台湾、广东、广西、海南；越南、老挝、柬埔寨、泰国、马来西亚、印度尼西亚、印度。

野山蓝（大叶观音草）

Peristrophe fera C. B. Clarke, Fl. Brit. Ind. 4: 556 (1885).
Peristrophe jalappifolia Nees ex C. B. Clarke, in A. DC., Prodr. 11: 494 (1847); Peristrophe fera var. intermedia C. B. Clarke. Fl. Brit. Ind. 4: 557 (1885).

贵州、云南、海南；印度。

海南山蓝
- Peristrophe floribunda (Hemsl.) C. Y. Wu et H. S. Lo, Fl. Hainan. 3: 561 (1974).
Dicliptera crinita (Thunb.) Nees var. floribunda Hemsl., J.

Linn. Soc., Bot. 26: 248 (1890).

浙江。

九头狮子草（接长草，土细辛）
Peristrophe japonica (Thunb.) Bremek., Boissiera 7: 194 (1943).

Dianthera japonica Thunb., Syst. Veg. (ed. 14) 64 (1784); *Justicia crinita* Thunb., Fl. Jap. [Thunberg] 20 (1784); *Peristrophe chinensis* Nees, in A. DC., Prodr. 11: 494 (1847); *Dicliptera buergeriana* Miq., Ann. Mus. Bot. Lugduno-Batavi 2: 125 (1865); *Dicliptera uraiensis* Hayata, Icon. Pl. Formosan. 9: 85 (1920); *Peristrophe guangxiensis* H. S. Lo et D. Fang, Guihaia 17 (1): 44 (1997).

河南、安徽、江苏、浙江、江西、湖南、湖北、四川、重庆、贵州、云南、福建、台湾、广东、广西、海南；日本。

五指山蓝
Peristrophe lanceolaria (Roxb.) Nees, in Wallich, Pl. Asiat. Rar. 3: 114 (1832).

Justicia lanceolaria Roxb., Fl. Ind. i. 122 (1820).

云南、海南；越南、老挝、缅甸、泰国、印度。

岩观音草（岩山蓝）
Peristrophe montana Nees, in Wallich, Pl. Asiat. Rar. 3: 113 (1832).

海南；印度、斯里兰卡。

双萼观音草
Peristrophe paniculata (Forssk.) Brummitt, Kew Bull. 38: 451 (1983).

Dianthera paniculata Fossk., Fl. Aegypt.-Arab. 7 (1775); *Dianthera bicalyculata* Retz., Acta Holm. 1775: 279 (1776); *Justicia bicalyculata* (Retz.) Vahl, Symb. Bot. 2: 13 (1791); *Peristrophe bicalyculata* (Retz.) Nees, in Wallich, Pl. Asiat. Rar. 3: 113 (1832).

四川、云南、广西；越南、柬埔寨、缅甸、泰国、马来西亚、印度尼西亚、菲律宾、印度、巴基斯坦、尼泊尔、澳大利亚、非洲。

糙叶山蓝
●**Peristrophe strigosa** C. Y. Wu et H. S. Lo, Fl. Hainan. 3: 596, f. 932 (1974).

海南。

天目山蓝
●**Peristrophe tianmuensis** H. S. Lo, Bull. Bot. Res., Harbin 8 (1): 4, f. 1, 4 (1988).

浙江。

滇观音草
●**Peristrophe yunnanensis** W. W. Sm., Notes Roy. Bot. Gard. Edinb. 10 (49-50): 187 (1918).

四川、云南。

肾苞草属 Phaulopsis Willd.

肾苞草
Phaulopsis dorsiflora (Retz.) Santapau, Kew Bull. 1948: 276 (1948).

Ruellia dorsiflora Retz., Observ. Bot. 6: 31 (1791); *Micranthus oppositafolius* J. C. Wendl., Bot. Beob. 39 (1798); *Blechum anisophyllum* Juss., Ann. Mus. Hist. Nat. 9: 270 (1807); *Aetheilema reniforme* Nees, in Wallich, Pl. Asiat. Rar. 3: 94 (1832).

云南；越南、缅甸、泰国、印度、印度洋群岛、不丹、孟加拉国。

火焰花属 Phlogacanthus Nees

火焰花
Phlogacanthus curviflorus (Wall.) Nees, in Wallich, Pl. Asiat. Rar. 3: 99 (1832).

Justicia curviflorus Wall., Pl. Asiat. Rar. 2: 9 (1831).

云南、西藏；越南、老挝、缅甸、泰国、印度、不丹。

毛脉火焰花
Phlogacanthus pubinervius T. Anderson, J. Linn. Soc., Bot. 9: 508 (1867).

Aeschynanthus dunnii H. Lév., Repert. Spec. Nov. Regni Veg. 9 (222-226): 453 (1911); *Lonicera menelii* H. Lév., Fl. Kouy-Tchéou 63 (1915).

贵州、云南、广西；缅甸、印度、不丹。

山壳骨属 Pseuderanthemum Radlk.

狭叶钩粉草
Pseuderanthemum coudercii Benoist, Notul. Syst. (Paris) 5: 111 (1936).

海南；柬埔寨。

云南山壳骨
Pseuderanthemum crenulatum (Wall. ex Lindl.) Radlk., Sitzungsber. Math.-Phys. Cl. Königl. Bayer. Akad. Wiss. München. 13 (1): 286 (1883).

Eranthemum crenulatum Wall. ex Lindl., Bot. Reg. 11: pl. 879 (1825); *Eranthemum graciliflorum* Nees, in Wallich, Pl. Asiat. Rar. 3: 107 (1832); *Pseuderanthemum graciliflorum* (Nees) Ridl., Fl. Malay Penins. 2: 591 (1923); *Eranthemum malaccense* C. B. Clarke, Fl. Brit. Ind. 4: 498 (1885).

贵州、云南、广西；越南、老挝、泰国、马来西亚、印度。

海康钩粉草（兰心草）
●**Pseuderanthemum haikangense** C. Y. Wu et H. S. Lo, Fl. Hainan. 3: 595 (1974).

云南、广东、海南。

山壳骨

Pseuderanthemum latifolium (Vahl) B. Hansen, Nordic J. Bot. 9 (2): 213 (1989).
Justicia latifolia Vahl, Symb. Bot. 2: 4 (1791); *Justicia palatifera* Wall., Pl. Asiat. Rar. 1: 80 (1830); *Eranthemum palatiferum* (Wall.) Nees, in Wallich, Pl. Asiat. Rar. 3: 108 (1829); *Antheliacanthus micranthus* Ridl., J. Fed. Malay States Mus. 10: 109 (1920).
云南、广东、广西、海南；越南、老挝、柬埔寨、缅甸、泰国、马来西亚、印度。

多花山壳骨

Pseuderanthemum polyanthum (C. B. Clarke ex Oliv.) Merr., Brittonia 4: 175 (1941).
Eranthemum polyanthum C. B. Clarke ex Oliv., Hooker's Icon. 20: pl. 2000 (1891).
云南、广西；越南、缅甸、泰国、马来西亚、印度。

瑞丽山壳骨

●**Pseuderanthemum shweliense** (W. W. Sm.) C. Y. Wu et C. C. Hu, Fl. Reipubl. Popularis Sin. 70: 226 (2002).
Eranthemum shweliense W. W. Sm., Notes Roy. Bot. Gard. Edinb. 10 (49-50): 176 (1918).
云南。

红河山壳骨

Pseuderanthemum teysmannii (Miq.) Ridl., Fl. Malay Penins. 2: 592 (1923).
Strobilanthes teysmannii Miq., Fl. Ned. Ind. 2: 799 (1858).
云南；泰国、印度尼西亚。

灵芝草属 Rhinacanthus Nees

滇灵枝草

●**Rhinacanthus beesianus** Diels, Notes Roy. Bot. Gard. Edinb. 5 (25): 164 (1912).
云南。

灵枝草（白鹤灵芝，仙鹤灵芝草）

☆**Rhinacanthus nasutus** (L.) Kurz, J. Asiat. Soc. Bengal, Pt. 2, Nat. Hist. 39 (2): 79 (1870).
Justicia nasuta L., Sp. Pl. 1: 16 (1753); *Rhinacanthus communis* Nees, in Wallich, Pl. Asiat. Rar. 3: 109 (1832).
云南、广东、海南；越南、柬埔寨、老挝、缅甸、泰国、马来西亚、印度尼西亚、菲律宾、印度、斯里兰卡、马达加斯加。

芦莉草属 Ruellia L.

赛山蓝

☆**Ruellia blechum** L., Syst. Nat. ed. 10. 2: 1120 (1759).
台湾归化；原产于热带美洲。

楠草

Ruellia repens L., Mant. Pl. 1: 89 (1767).
Dipteracanthus lanceolatus Nees, in Wallich, Pl. Asiat. Rar. 3: 82 (1832); *Dipteracanthus repens* (L.) Hassk., Hoev. et De Vriese, Tijdschr. 10: 129 (1843).
云南、台湾、广东、广西、海南；越南、缅甸、泰国、马来西亚、印度尼西亚、菲律宾、巴布亚新几内亚。

芦莉草

☆**Ruellia tuberosa** L., Sp. Pl. 2: 635 (1753).
云南（河口）与台湾归化；原产于热带美洲。

飞来蓝

●**Ruellia venusta** Hance, J. Bot. 6 (63): 92 (1868).
Ruellia seclusa S. Moore, J. Bot. 14: 208 (1876); *Leptosiphonium venustum* (Hance) E. Hossain, Notes Roy. Bot. Gard. Edinb. 32 (3): 408 (1973).
安徽、江西、湖南、湖北、福建、广东、广西。

孩儿草属 Rungia Nees

腋花孩儿草

●**Rungia axilliflora** H. S. Lo, Acta Phytotax. Sin. 16 (4): 92, pl. 1 (1978).
贵州、广西。

囊花孩儿草

●**Rungia bisaccata** D. Fang et H. S. Lo, Guihaia 17 (1): 48 (1997).
广西。

中华孩儿草（明萼草）

Rungia chinensis Benth., Fl. Hongk. 166 (1861).
安徽、浙江、江西、福建、台湾、广东、广西；越南。

密花孩儿草

●**Rungia densiflora** H. S. Lo, Acta Phytotax. Sin. 16 (4): 94, pl. 2 (1978).
安徽、浙江、江西、广东。

广西孩儿草

●**Rungia guangxiensis** H. S. Lo et D. Fang, Guihaia 17 (1): 46 (1997).
广西。

金沙鼠尾黄（小苞孩儿草）

●**Rungia hirpex** Benoist, Bull. Mus. Natl. Hist. Nat., Sér. 2. 2: 149 (1930).
云南。

长柄孩儿草

●**Rungia longipes** D. Fang et H. S. Lo, Guihaia 17 (1): 49 (1997).
广西。

矮孩儿草

●**Rungia mina** H. S. Lo, Acta Phytotax. Sin. 16 (4): 93 (1978).

云南。

中越孩儿草（大苞鼠尾黄）
Rungia monetaria (Benoist) B. Hansen, Nordic J. Bot. 9: 211 (1989).
Justicia monetaria Benoist, Bull. Soc. Bot. France 81 (7-8): 605 (1934).
云南；越南。

那坡孩儿草
●**Rungia napoensis** D. Fang et H. S. Lo, Guihaia 17 (1): 46 (1997).
广西。

孩儿草
Rungia pectinata (L.) Nees, in A. DC., Prodr. 11: 469 (1841).
Justicia pectinata L., Amoen. Acad. 4: 299 (1760); *Rungia parviflora* Nees var. *pectinata* (L.) C. B. Clarke, Fl. Brit. Ind. 4: 550 (1885); *Rungia pectinata* var. *clarkeana* Hand.-Mazz. Symb. Sin. 7 (4): 898 (1936).
云南、广东、广西、海南；越南、老挝、缅甸、泰国、印度、不丹、尼泊尔、孟加拉国、斯里兰卡。

屏边孩儿草
●**Rungia pinpienensis** H. S. Lo, Acta Phytotax. Sin. 16 (4): 91 (1978).
云南。

尖苞孩儿草
●**Rungia pungens** D. Fang et H. S. Lo, Guihaia 17 (1): 47 (1997).
云南、广西。

匍匐鼠尾黄
Rungia stolonifera C. B. Clarke, Fl. Brit. Ind. 4: 547 (1885).
Justicia stolonifera (C. B. Clarke) B. Hansen, Nord. J. Bot. 9 (2): 210 (1989).
云南；印度、孟加拉国。

台湾明萼草
●**Rungia taiwanensis** T. Yamaz., J. Jap. Bot. 43 (2): 61, f. 1 (1968).
台湾。

云南孩儿草
●**Rungia yunnanensis** H. S. Lo, Acta Phytotax. Sin. 16 (4): 92 (1978).
云南。

黄脉爵床属 Sanchezia Ruiz et Pav.

小苞黄脉爵床
☆**Sanchezia parvibracteata** Sprague et Hutch., Bull. Misc. Inform. Kew 1908: 253 (1908).
广东、香港；中美洲。

叉柱花属 Staurogyne Wall.

短穗叉柱花
Staurogyne brachystachya Benoist, Bull. Mus. Hist. Nat. (Paris) 5: 174 (1933).
云南、广西；越南。

弯花叉柱花
Staurogyne chapaensis Benoist, Bull. Mus. Hist. Nat. (Paris) 5: 172 (1933).
湖南、云南、广东、广西；越南。

叉柱花（糙叶叉柱花）
Staurogyne concinnula (Hance) Kuntze, Rev. Gén. Pl. 2: 497 (1891).
Ebermaiera concinnula Hance, J. Bot. 6 (70): 300 (1868).
福建、台湾、广东、海南；日本。

菲律宾哈哼花
Staurogyne debilis (T. Anderson) C. B. Clarke ex Merr., Philipp. J. Sci. 2 (4): 302 (1907).
Ebermaiera debilis T. Anderson, J. Linn. Soc., Bot. 9: 452 (1867).
台湾；菲律宾。

海南叉柱花
●**Staurogyne hainanensis** C. Y. Wu et H. S. Lo, Fl. Hainan. 3: 589, f. 915 (1974).
海南。

灰背叉柱花
Staurogyne hypoleuca Benoist, Notul. Syst. (Paris) 2: 338 (1911).
Ophiorrhiziphyllon hypoleucum Benoist, Fl. Gen. Indo-Chine 4: 637 (1935).
云南；越南。

楔叶叉柱花
●**Staurogyne longicuneata** H. S. Lo, Bull. Bot. Res., Harbin 8 (1): 2, f. 1, 2 (1988).
云南。

保亭叉柱花
●**Staurogyne paotingensis** C. Y. Wu et H. S. Lo, Fl. Hainan. 3: 589 (1974).
海南。

中越叉柱花
Staurogyne petelotii Benoist, Arch. Bot. Caen. Bull. 4: 75 (1930).
云南；越南。

瘦叉柱花
Staurogyne rivularis Merr., Philipp. J. Sci. 7: 247 (1912).
云南、海南；越南。

大花叉柱花
Staurogyne sesamoides (Hand.-Mazz.) B. L. Burtt, Notes Roy. Bot. Gard. Edinb. 22 (4): 310 (1958).
Loxostigma sesamoides Hand.-Mazz., Oesterr. Bot. Z. 85: 217 (1936); *Staurogyne dolichocalyx* E. Hossain, Notes Roy. Bot. Gard. Edinb. 31 (3): 380 (1972).
广东、广西；越南。

金长莲（秤砣草）
●**Staurogyne sichuanica** H. S. Lo, Bull. Bot. Res., Harbin 8 (1): 2 (1988).
四川。

中华叉柱花
●**Staurogyne sinica** C. Y. Wu et H. S. Lo, Fl. Hainan. 3: 59, f. 916 (1974).
广东、海南。

狭叶叉柱花（叉柱花）
●**Staurogyne stenophylla** Merr. et Chun, Sunyatsenia 2 (3-4): 322, f. 46 (1935).
海南。

琼海叉柱花
●**Staurogyne strigosa** C. Y. Wu et H. S. Lo, Fl. Hainan. 3: 590 (1974).
海南。

密长叉柱花
Staurogyne vicina Benoist, Bull. Mus. Natl. Hist. Nat., Sér. 2. 5: 171 (1933).
云南；越南。

云南叉柱花
●**Staurogyne yunnanensis** H. S. Lo, Bull. Bot. Res., Harbin 8 (1): 3, f. 1, 3 (1988).
云南。

马蓝属 Strobilanthes Blume

矩尖马蓝（镇康马蓝）
Strobilanthes abbreviata Y. F. Deng et J. R. I. Wood, Bot. J. L. Soc. 150 (3): 377, f. 11-12 (2006).
云南；越南、柬埔寨、缅甸、泰国、印度。

紧贴马蓝
Strobilanthes adpressa J. R. I. Wood, Kew Bull. 58: 110 (2003).
云南；越南。

肖笼鸡
Strobilanthes affinis (Griff.) Terao ex J. R. I. Wood et J. R. Benn., Kew Bull. 58: 134 (2003).
Adenosma affinis Griff., Not. Pl. Asiat. 4: 133 (1854); *Tarphochlamys affinis* (Griff.) Bremek., Verh. Kon. Ned. Akad. Wetensch., Afd. Natuurk. Sect. 2. 41 (1): 157 (1944); *Strobilanthes acrocephala* T. Anderson, J. Linn. Soc., Bot. 9: 473 (1867); *Strobilanthes darrisii* H. Lév., Repert. Spec. Nov. Regni Veg. 12: 18 (1913); *Strobilanthes thirionni* H. Lév., Repert. Spec. Nov. Regni Veg. 12: 18 (1913).
湖南、贵州、云南、广西；越南、缅甸、印度。

海南马蓝
Strobilanthes anamiticus Kuntze, Revis. Gen. Pl. 2: 498 (1891).
Strobilanthes maclurei Merr., Philipp. J. Sci. 21 (4): 354 (1922); *Championella maclurei* (Merr.) C. Y. Wu et H. S. Lo, Fl. Hainan. 3: 547 (1974).
云南、广西、海南；越南。

山一笼鸡（野古蓝）
Strobilanthes aprica (Hance) T. Anderson, Fl. Hongk. 262 (1861).
Gutzlaffia aprica Hance, Hooker's J. Bot. Kew Gard. Misc. 1: 143 (1849); *Gutzlaffia cavaleriei* H. Lév., Feddes Repert. Spec. Nov. Regni Veg. 12: 18 (1913); *Strobilanthes dielsiana* W. W. Sm., Notes Roy. Bot. Gard. Edinb. 8 (38): 207 (1914); *Strobilanthes mairei* H. Lév., Cat. Pl. Yun-Nan 6 (1915); *Gutzlaffia apricus* var. *glabra* (J. B. Imlay) H. S. Lo, Bull. Bot. Res., Harbin 1 (4): 102 (1981).
江西、四川、贵州、云南、广东、广西；越南、老挝、柬埔寨、缅甸、泰国。

银毛马蓝
Strobilanthes argentea J. B. Imlay, Bull. Misc. Inform. Kew 1939: 121 (1939).
云南；泰国。

翅柄马蓝
Strobilanthes atropurpurea Nees, in Wallich, Pl. Asiat. Rar. 3: 86 (1832).
浙江、江西、湖南、湖北、四川、重庆、贵州、云南、西藏、台湾、广东、广西；越南、缅甸、印度、巴基斯坦、不丹、尼泊尔。

翅柄马蓝（原变种）（薄萼马蓝）
Strobilanthes atropurpurea var. **atropurpurea**
Ruellia alata Wall. ex Nees, in Wallich, Pl. Asiat. Rar. 1: 26 (1830); *Pteracanthus alatus* (Wall. ex Nees) Bremek., Verh. Kon. Ned. Akad. Wetensch., Afd. Natuurk. Sect. 2. 41 (1): 199 (1944); *Strobilanthes wallichii* Nees, in Wallich, Pl. Asiat. Rar. 3: 87 (1832); *Strobilanthes wallichii* Nees var. *microphylla* Nees, in A. DC., Prodr. 11: 193 (1847); *Strobilanthes densa*

Benoist, Bull. Mus. Natl. Hist. Nat. 28: 188 (1922); *Hemigraphis cuneata* S. Y. Hu, J. Arnold Arbor. 61 (1): 88 (1980).

浙江、江西、湖南、湖北、四川、重庆、贵州、云南、西藏、台湾、广东、广西；越南、缅甸、印度、巴基斯坦、不丹、尼泊尔。

镇宁马蓝（变种）

Strobilanthes atropurpurea var. **stenophylla** (C. B. Clarke) Y. F. Deng et J. R. I. Wood, J. Trop. Subtrop. Bot. 18: 482 (2010).
Strobilanthes stenophylla C. B. Clarke in J. D. Hooker, Fl. Brit. Ind. 4: 472 (1884); *Strobilanthes martini* H. Lév., Repert. Spec. Nov. Regni Veg. 12: 99 (1913).

贵州；印度。

景东马蓝

●**Strobilanthes atroviridis** Y. F. Deng et J. R. I. Wood, J. Trop. Subtrop. Bot. 18 (5): 480, f. 7 (2010).

云南。

耳叶马蓝

Strobilanthes auriculata Nees, in Wallich, Pl. Asiat. Rar. 3: 86 (1832).

云南、广东、广西；缅甸、泰国、马来西亚、印度、巴基斯坦、尼泊尔、孟加拉国。

耳叶马蓝（原变种）

Strobilanthes auriculata var. **auriculata**
Strobilanthes edgeworthiana Nees, in A. DC., Prodr. 11: 190 (1874); *Strobilanthes auriculata* Nees var. *siamensis* C. B. Clarke, Bull. Herb. Boissier 2, Ser. 5. 716 (1905); *Perilepta auriculata* (Nees) Bremek., Verh. Kon. Ned. Akad. Wetensch., Afd. Natuurk. Sect. 2. 41 (1): 194 (1944); *Perilepta siamensis* (C. B. Clarke) Bremek., Verh. Kon. Ned. Akad. Wetensch., Afd. Natuurk. Sect. 2. 41 (1): 194 (1944).

云南、广西；缅甸、泰国、马来西亚、印度、巴基斯坦、尼泊尔、孟加拉国。

红背耳叶马蓝（变种）（红背马蓝）

☆**Strobilanthes auriculata** var. **dyeriana** (Mast.) J. R. I. Wood, Kew Bull. 58: 92 (2003).
Strobilanthes dyeriana Mast., Gard. Chron. 1: 442 (1893); *Perilepta dyeriana* (Mast.) Bremek., Verh. Kon. Ned. Akad. Wetensch., Afd. Natuurk. Sect. 2. 41 (1): 194 (1944).

云南、广东栽培；原产于越南、缅甸。

华南马蓝（南岭马蓝）

●**Strobilanthes austrosinensis** Y. F. Deng et J. R. I. Wood, J. Trop. Subtrop. Bot. 18 (5): 470, f. 1 (2010).

江西、湖南、广东、广西。

桂越马蓝

Strobilanthes bantonensis Lindau, Bull. Herb. Boissier 5: 650 (1897).

广西；越南。

湖南马蓝

●**Strobilanthes biocullata** Y. F. Deng et J. R. I. Wood, Novon 20: 406, f. 1, 2 (2010).

湖南、广东、广西。

双萼马蓝

Strobilanthes bipartita Terao ex J. R. I. Wood, Kew Bull. 58: 122 (2003).

云南；老挝。

折苞马蓝（折苞耳叶马蓝）

Strobilanthes brunnescens Benoist, Bull. Mus. Natl. Hist. Nat. 27: 544 (1921).
Strobilanthes refracta D. Fang, Y. G. Wei et J. Murata, Acta Phytotax. Sin. 38 (2): 185 (2000); *Perilepta refracta* (D. Fang, Y. G. Wei et J. Murata) C. Y. Wu et C. C. Hu, Fl. Reipubl. Popularis Sin. 70: 120 (2002).

云南、广西；越南。

头花马蓝（金足草）

Strobilanthes capitata (Nees) T. Anderson, J. Linn. Soc., Bot. 9: 475 (1867).
Goldfussia capitata Nees, in Wallich, Pl. Asiat. Rar. 3: 88 (1832).

西藏；缅甸、印度、不丹、尼泊尔。

黄球花

Strobilanthes chinensis (Nees) J. R. I. Wood et Y. F. Deng, Bot. J. L. Soc. 150 (3): 388 (2006).
Ruellia chinensis Nees, in A. DC., Prodr. 11: 147 (1847); *Hemigraphis chinensis* (Nees) T. Anderson ex Hemsl., J. Linn. Soc., Bot. 26 (175): 238 (1890); *Sericocalyx chinensis* (Nees) Bremek., Verh. Kon. Ned. Akad. Wetensch., Afd. Natuurk. Sect. 2. 41 (1): 163 (1944).

云南、广东、广西、海南；越南、老挝、柬埔寨。

金三角马蓝

Strobilanthes chrysodelta J. R. I. Wood, Kew Bull. 64: 41 (2009).

云南；缅甸。

奇瓣马蓝（奇瓣紫云菜）

●**Strobilanthes cognata** Benoist, Bull. Mus. Natl. Hist. Nat. 28: 189 (1922).
Pteracanthus cognatus (Benoist) C. Y. Wu et C. C. Hu, Fl. Reipubl. Popularis Sin. 70: 133 (2002).

湖南、湖北、贵州。

密苞马蓝（密苞紫云菜）

●**Strobilanthes compacta** D. Fang et H. S. Lo, Guihaia 17 (1): 31 (1997).

广东、广西。

密序马蓝（密序紫云菜）

Strobilanthes congesta Terao, Notes Roy. Bot. Gard. Edinb. 40 (1): 153 (1982).

Pteracanthus congestus (Terao) C. Y. Wu et C. C. Hu, Fl. Reipubl. Popularis Sin. 70: 133 (2002).

云南；缅甸。

四苞马蓝（墨脱四苞蓝）

Strobilanthes cruciata (Bremek.) Terao, Acta Phytotax. Geobot. 31 (13): 59 (1980).

Tetragoga cruciata Bremek., Verh. Kon. Ned. Akad. Wetensch., Afd. Natuurk. Sect. 2. 41 (1): 300 (1944); *Tetragoga nagaensis* Bremek., Verh. Kon. Ned. Akad. Wetensch., Afd. Natuurk. Sect. 2. 41 (1): 299 (1944).

云南、西藏、海南；缅甸、泰国、印度尼西亚、印度。

直立半插花

Strobilanthes cumingiana (Nees) Y. F. Deng et J. R. I. Wood, J. Trop. Subtrop. Bot. 18 (5): 483 (2010).

Ruellia cumingiana Nees, in A. DC., Prodr. 11: 148 (1847); *Hemigraphis cumingiana* (Nees) Fern.-Vill., Fl. Filip. ed. 3. 4 (13A): 153 (1880).

台湾；马来西亚、印度尼西亚、菲律宾。

楔叶马蓝

Strobilanthes cuneata (Shakya) J. R. I. Wood, Edinb. J. Bot. 51: 218 (1994).

Dossifluga cuneata Shakya, J. Jap. Bot. 50 (14): 99 (1975).

西藏；尼泊尔。

板蓝（马蓝）

Strobilanthes cusia (Nees) Kuntze, Rev. Gén. Pl. 2: 499 (1891).

Goldfussia cusia Nees, in Wallich, Pl. Asiat. Rar. 3: 88 (1832); *Strobilanthes flaccidifolius* Nees, in A. DC., Prodr. 11: 194 (1847); *Dipteracanthus calycinus* Champ. ex Benth., Hooker's J. Bot. Kew Gard. Misc. 5: 133 (1853); *Strobilanthes championi* T. Anderson ex Benth., Fl. Hongk. 261 (1866); *Baphicacanthus cusia* (Nees) Bremek., Verh. Kon. Ned. Akad. Wetensch., Afd. Natuurk. Sect. 2. 41 (1): 190 (1944).

浙江、湖南、四川、贵州、云南、福建、台湾、广东、广西、海南；越南、老挝、缅甸、泰国、印度、不丹、孟加拉国。

环毛马蓝（环毛紫云菜）

●**Strobilanthes cyclus** C. B. Clarke ex W. W. Sm., Notes Roy. Bot. Gard. Edinb. 10 (49-50): 192 (1918).

云南。

弯花马蓝（弯花紫云菜）

●**Strobilanthes cyphantha** Diels, Notes Roy. Bot. Gard. Edinb. 5 (25): 162 (1912).

Pteracanthus cyphanthus (Diels) C. Y. Wu et C. C. Hu, Fl. Reipubl. Popularis Sin. 70: 134 (2002).

甘肃、四川、云南、西藏。

串花马蓝

Strobilanthes cystolithigera Lindau, Bull. Herb. Boissier 5: 651 (1897).

Strobilanthes botryantha D. Fang et H. S. Lo, Guihaia 17 (1): 35 (1997); *Pteracanthus botryanthus* (D. Fang et H. S. Lo) C. Y. Wu et C. C. Hu, Fl. Reipubl. Popularis Sin. 70: 131 (2002); *Strobilanthes myriostachya* D. Fang et H. S. Lo, Guihaia 17 (1): 35 (1997).

云南、广西、海南；越南。

曲枝假蓝

Strobilanthes dalzielii (W. W. Sm.) Benoist, Fl. Indo-Chine 4: 679 (1935).

Acanthopale dalzielii W. W. Sm., Notes Roy. Bot. Gard. Edinb. 11 (55): 193 (1919); *Championella dalzielii* (W. W. Sm.) Bremek., Verh. Kon. Ned. Akad. Wetensch., Afd. Natuurk. Sect. 2. 41 (1): 150 (1944); *Pteroptychia dazielii* (W. W. Sm.) H. S. Lo, Fl. Hainan. 3: 592 (1974); *Championella dalziellii* var. *glabra* Benoist, Bull. Mus. Naturk. His. Naturk. 28: 190 (1922); *Strobilanthes dalziellii* var. *inaequalis* Benoist, Notul. Syst. (Paris) 5: 109 (1935).

江西、湖南、湖北、贵州、云南、福建、台湾、广东、广西、海南；越南、老挝、泰国。

球花马蓝

Strobilanthes dimorphotricha Hance, J. Bot. 21 (12): 355 (1883).

浙江、江西、湖南、湖北、四川、重庆、贵州、云南、福建、台湾、广东、广西、海南；越南、老挝、缅甸、泰国、印度。

球花马蓝（原亚种）（圆苞金足草，腺萼马蓝，土大黄）

Strobilanthes dimorphotricha subsp. **dimorphotricha**

Strobilanthes pluriformis C. B. Clarke, Publ. Bur. Sci. Gov. Lab. 35: 93 (1906); *Strobilanthes seguinii* H. Lév., Repert. Spec. Nov. Regni Veg. 12: 19 (1913); *Goldfussia seguini* (H. Lév.) C. Y. Wu et C. C. Hu, Fl. Reipubl. Popularis Sin. 70: 169 (2002); *Strobilanthes marchandii* H. Lév., Repert. Spec. Nov. Regni Veg. 12: 19 (1913); *Strobilanthes equitans* H. Lév., Repert. Spec. Nov. Regni Veg. 12: 20 (1913); *Goldfussia equitans* (H. Lév.) E. Hossain, Notes Roy. Bot. Gard. Edinb. 32 (3): 406 (1973); *Strobilanthes chaffanjonii* H. Lév., Repert. Spec. Nov. Regni Veg. 12: 20 (1913); *Goldfussia chaffonjonii* (H. Lév.) E. Hossain, Notes Roy. Bot. Gard. Edinb. 32 (2): 406 (1973); *Strobilanthes psilostachys* C. B. Clarke ex W. W. Sm., Notes Roy. Bot. Gard. Edinb. 10 (49-50): 198 (1918); *Strobilanthes laxicalyx* Hayata, Icon. Pl. Formosan. 9: 82 (1920); *Goldfussia dimorphotricha* (Hance) Bremek., Verh. Kon. Ned. Akad. Wetensch., Afd. Natuurk. Sect. 2. 41 (1): 231 (1944).

浙江、江西、湖南、湖北、四川、重庆、贵州、云南、福建、台湾、广东、广西、海南；越南、印度。

泰国马蓝（亚种）

Strobilanthes dimorphotricha subsp. **rex** (C. B. Clarke) J. R. I. Wood, Kew Bull. 61 (1): 13 (2006).

Strobilanthes rex C. B. Clarke, Bot. Jahrb. Syst. 41: 68 (1907); *Goldfussia rex* (C. B. Clarke) Bremek., Verh. Kon. Ned. Akad. Wetensch., Afd. Natuurk. Sect. 2. 41 (1): 232 (1944); *Strobilanthes penstemonoides* (Nees) T. Anderson var. *rex* (C. B. Clarke) Benoist in Lectome, Fl. Gen. Indo-Chine 4: 667 (1935); *Strobilanthes anfractuosa* C. B. Clarke, Bot. Jahrb. Syst. 41: 66 (1907).

云南；越南、老挝、缅甸、泰国。

异色马蓝

Strobilanthes discolor (Nees) T. Anderson, J. Linn. Soc., Bot. 9: 477 (1867).

Goldfussia discolor Nees, in A. DC., Prodr. 11: 172 (1847); *Diflugossa nagaensis* Bremek., Verh. Kon. Ned. Akad. Wetensch., Afd. Natuurk. Sect. 2. 41 (1): 237 (1944).

西藏；印度。

林马蓝（林紫云菜）

●**Strobilanthes dryadum** Benoist, Bull. Mus. Natl. Hist. Nat. 28: 94 (1922).

Pteracanthus dryadum (Benoist) C. Y. Wu et C. C. Hu, Fl. Reipubl. Popularis Sin. 70: 135 (2002).

云南、广西。

长苞马蓝（长苞蓝）

Strobilanthes echinata Nees, in Wallich, Pl. Asiat. Rar. 3: 85 (1832).

Strobilanthes jugorum Benoist, Bull. Soc. Bot. France 81: 601 (1934); *Tetraglochidium jugorum* (Benoist) Bremek., Proc. Kon. Ned. Adad. Wetensch., Ser. B. 60: 2 (1957); *Goldfussia echinata* (Nees) N. P. Balakr., Fl. Jowai 2: 355 (1983).

云南、广东、广西；越南、老挝、柬埔寨、缅甸、泰国、马来西亚、印度尼西亚、印度、不丹。

白头马蓝（四苞蓝）

Strobilanthes esquirolii H. Lév., Repert. Spec. Nov. Regni Veg. 12: 18 (1913).

Strobilanthes leucocephalus Craib, Kew Bull. 130 (1914); *Strobilanthes heterochrous* Hand.-Mazz., Oest. Bot. Reilsch. 87: 125 (1938); *Pyrrothrix heterochroa* (Hand.-Mazz.) C. Y. Wu et C. C. Hu, Fl. Reipubl. Popularis Sin. 70: 154 (2002); *Tetragoga esquirolii* (H. Lév.) E. Hossain, Notes Roy. Bot. Gard. Edinb. 32 (2): 410 (1973); *Tetragoga angustiphylla* Q. H. Chen, Guizhou Sci. 19 (1): 56 (2002).

贵州、云南；越南、老挝、泰国。

腾冲马蓝

Strobilanthes euantha J. R. I. Wood, Kew Bull. 58: 697 (2003).

云南；缅甸。

棒果马蓝

Strobilanthes extensa (Nees) Nees, in A. DC., Prodr. 11: 191 (1847).

Goldfussia extensa Nees, in Wallich, Pl. Asiat. Rar. 3: 88 (1832); *Strobilanthes claviculatus* C. B. Clarke ex W. W. Sm., Notes Roy. Bot. Gard. Edinb. 10 (49-50): 191 (1918); *Pteracanthus claviculatus* (C. B. Clarke ex W. W. Sm.) C. Y. Wu ex C. C. Hu, Fl. Reipubl. Popularis Sin. 70: 132 (2002); *Pteracanthus duclouxii* (C. B. Clarke ex Benoist) C. Y. Wu et C. C. Hu, Fl. Reipubl. Popularis Sin. 70: 135 (2002).

四川、云南；印度、不丹、尼泊尔。

冯氏马蓝

●**Strobilanthes fengiana** Y. F. Deng et J. R. I. Wood, J. Trop. Subtrop. Bot. 18 (5): 481 (2010).

云南。

锈背马蓝（锈背耳叶马蓝）

●**Strobilanthes ferruginea** D. Fang et H. S. Lo, Guihaia 17 (1): 29 (1997).

Perilepta ferruginea (D. Fang et H. S. Lo) C. Y. Wu et C. C. Hu, Fl. Reipubl. Popularis Sin. 70: 119 (2002).

广西。

流苏马蓝

Strobilanthes fimbriata Nees, in Wallich, Pl. Asiat. Rar. 3: 85 (1832).

Endopogon macrostegius Nees, in A. DC., Prodr. 11: 104 (1847); *Strobilanthes macrostegia* (Nees) C. B. Clarke, Fl. Brit. Ind. 4 (11): 456 (1884); *Strobilanthes neesii* Kurz, J. Asiat. Soc. Bengal, Pt. 2, Nat. Hist. 42 (2): 93 (1873).

西藏；缅甸、印度、孟加拉国。

城口马蓝

●**Strobilanthes flexa** Benoist, Bull. Mus. Natl. Hist. Nat. 28: 186 (1922).

Pteracanthus flexus (Benoist) C. Y. Wu et C. C. Hu, Fl. Reipubl. Popularis Sin. 70: 136 (2002).

湖北、四川、重庆、贵州、云南。

曲茎马蓝

Strobilanthes flexicaulis Hayata, Icon. Pl. Formosan. 5: 135, f. 50 (1915).

Strobilanthes prionophylla Hayata, Icon. Pl. Formosan. 9: 84 (1920); *Strobilanthes fauriei* Benoist, Bull. Mus. Natl. Hist. Nat. 28: 187 (1922); *Strobilanthes glandulifera* Hatus., Sci. Bull. Agric. Hoome Econ. Div. Univ. Ryukyus, Okinawa 3: 22 (1956); *Triaenacanthus flexicaulis* (Hayata) C. F. Hsieh et T. C. Huang, Taiwania 19 (1): 22 (1974); *Parachampionella flexicaulis* (Hayata) C. F. Hsieh et T. C. Huang, Fl. Taiwan 4: 652 (1978).

台湾；日本。

溪畔黄球花（岸生半柱花）

Strobilanthes fluviatilis (C. B. Clark ex W. W. Sm.) Moylan et Y. F. Deng, Bot. J. Linn. Soc. 150: 389 (2006).
Hemigraphis fluviatilis C. B. Clarke ex W. W. Sm., Notes Roy. Bot. Gard. Edinb. 10 (49-50): 182 (1918); *Sericocalyx fluviatillis* (C. B. Clark ex W. W. Sm.) Bremek., Verh. Kon. Ned. Akad. Wetensch., Afd. Natuurk. Sect. 2. 41 (1): 163 (1944).
贵州、云南、广西；缅甸、泰国。

台湾马蓝（台湾金足草）

●**Strobilanthes formosanus** S. Moore, J. Bot. 15: 294 (1877).
Goldfussia formosana (S. Moore) C. F. Hsieh et T. C. Huang, Taiwania 19 (1): 21 (1974).
台湾。

腺毛马蓝

●**Strobilanthes forrestii** Diels, Notes Roy. Bot. Gard. Edinb. 5 (25): 162 (1912).
Strobilanthes panpienkaiensis H. Lév., Cat. Pl. Yun-Nan 6 (1915); *Strobilanthes rotundifolius* Benoist, Bull. Mus. Natl. Hist. Nat. 28: 97 (1922); *Pteracanthus rotundifolius* (Benoist) Bremek., Verh. Kon. Ned. Akad. Wetensch., Afd. Natuurk. Sect. 2. 41 (1): 199 (1944); *Pteracanthus forrestii* (Diels) C. Y. Wu, Index Fl. Yunnan. 2: 1628 (1984).
云南。

腺苞马蓝（腺苞金足草）

●**Strobilanthes glandibracteata** D. Fang et H. S. Lo, Guihaia 17 (1): 38 (1997).
Goldfussia glandibracteata (D. Fang et H. S. Lo) C. Y. Wu ex C. C. Hu, Fl. Reipubl. Popularis Sin. 70: 164 (2002).
广西。

球序马蓝

Strobilanthes glomerata (Nees) T. Anderson, J. Linn. Soc., Bot. 9: 475 (1867).
Goldfussia glomerata Nees, in Wallich, Pl. Asiat. Rar. 3: 88 (1832).
西藏；印度尼西亚（引种）、印度。

广西马蓝

●**Strobilanthes guangxiensis** S. Z. Huang, Guihaia 6 (3): 179, f. 1-6 (1986).
Pteracanthus guangxiensis (S. Z. Huang) C. Y. Wu et C. C. Hu, Fl. Reipubl. Popularis Sin. 70: 141 (2002).
广西。

叉花草（腾越金足草）

Strobilanthes hamiltoniana (Steud.) Bosser et Heine, Bull. Mus. Natl. Hist. Nat., B, Adansonia, Sér. 4. 10 (2): 148 (1988).
Ruellia hamiltoniana Steud., Nomencl. Bot., ed. 2. 2: 481 (1841); *Strobilanthes colorata* (Nees) T. Anderson, J. Linn. Soc., Bot. 9: 481 (1867); *Diflugossa colorata* (Nees) Bremek., Verh. Kon. Ned. Akad. Wetensch., Afd. Natuurk. Sect. 2. 41 (1): 237 (1944).
西藏；缅甸、印度、不丹、尼泊尔。

曲序马蓝

Strobilanthes helicta T. Anderson, J. Linn. Soc., Bot. 9: 479 (1867).
Asystasia calycina Nees, in Wallich, Pl. Asiat. Rar. 3: 90 (1832); *Echinacanthus calycinus* (Nees) Nees, in A. DC., Prodr. 11: 168 (1847); *Pteracanthus calycinus* (Nees) Bremek., Verh. Kon. Ned. Akad. Wetensch., Afd. Natuurk. Sect. 2. 41 (1): 199 (1944).
云南、西藏；缅甸、印度、不丹、尼泊尔。

南一笼鸡

●**Strobilanthes henryi** Hemsl., J. Linn. Soc., Bot. 26 (175): 240 (1890).
Strobilanthes anisandra Benoist, Bull. Mus. Natl. Hist. Nat. 28: 190 (1922); *Gutzlaffia henryi* (Hemsl.) C. B. Clarke ex S. Moore, J. Bot. 63: 167 (1925); *Gutzlaffia forrestii* S. Moore, J. Bot. 63: 167 (1925); *Paragutzlaffia henryi* (Hemsl.) H. P. Tsui, Acta Bot. Yunnan. 12 (3): 274 (1990).
湖南、湖北、四川、重庆、贵州、云南、西藏。

异序马蓝（异序紫云菜）

●**Strobilanthes heteroclita** D. Fang et H. S. Lo, Guihaia 17 (1): 32 (1997).
广西。

红毛马蓝（泰北红毛蓝，红毛蓝，红毛紫云菜）

Strobilanthes hossei C. B. Clarke, Bot. Jahrb. Syst. 41: 67 (1907).
Strobilanthes rufohirtus C. B. Clarke ex W. W. Sm., Notes Roy. Bot. Gard. Edinb. 10 (49-50): 199 (1918); *Pyrrothrix rufohirta* (C. B. Clarke) C. Y. Wu et C. C. Hu, Fl. Reipubl. Popularis Sin. 70: 155 (2002); *Strobilanthes fulvihispida* D. Fang et H. S. Lo, Guihaia 17 (1): 37 (1997); *Championella fulvihispida* (D. Fang et H. S. Lo) C. Y. Wu et C. C. Hu, Fl. Reipubl. Popularis Sin. 70: 96 (2002); *Pyrrothrix hossei* (C. B. Clarke) C. Y. Wu et C. C. Hu, Fl. Reipubl. Popularis Sin. 70: 155 (2002).
云南、广西；越南、老挝、缅甸、泰国、马来西亚、印度尼西亚。

湖北马蓝

●**Strobilanthes hupehensis** W. W. Sm., Notes Roy. Bot. Gard. Edinb. 10 (49-50): 193 (1918).
湖南、湖北。

锡金马蓝

Strobilanthes inflata T. Anderson, J. Linn. Soc., Bot. 9: 476 (1867).
云南、西藏；缅甸、印度尼西亚、印度、不丹、尼泊尔。

锡金马蓝（原变种）
Strobilanthes inflata var. **inflata**
Strobilanthes wardii W. W. Sm., Notes Roy. Bot. Gard. Edinb. 10 (49-50): 201 (1921); *Pteracanthus inflatus* (T. Anderson) Bremek., Verh. Kon. Ned. Akad. Wetensch., Afd. Natuurk. Sect. 2. 41 (1): 199 (1944).
云南；缅甸、印度、不丹、尼泊尔。

铜毛马蓝（变种）（铜毛紫云菜）
Strobilanthes inflata var. **aenobarba** (W. W. Sm.) J. R. I. Wood et Y. F. Deng, Bot. J. L. Soc. 150 (3): 386 (2006).
Strobilanthes aenobarba W. W. Sm., Notes Roy. Bot. Gard. Edinb. 13 (63-64): 185 (1921); *Pteracanthus aenobarbus* (W. W. Sm.) C. Y. Wu et C. C. Hu, Fl. Reipubl. Popularis Sin. 70: 128 (2002).
云南、西藏；缅甸、印度尼西亚。

贡山马蓝（变种）
Strobilanthes inflata var. **gongshanensis** (H. P. Tusi) J. R. I. Wood et Y. F. Deng, Bot. J. Linn. Soc. 150 (3): 387 (2006).
Pteracanthus gongshanensis H. P. Tsui, Acta Bot. Yunnan. 12 (3): 277 (1990); *Strobilanthes unilateralis* J. R. I. Wood, Edinb. J. Bot. 51 (2): 264 (1994).
云南；缅甸、印度尼西亚。

日本马蓝（日本黄猄草）
Strobilanthes japonica (Thunb.) Miq., Ann. Mus. Bot. Lugduno-Batavi 2: 124 (1866).
Ruellia japonica Thunb. in Syst. Veg. ed. 14. 576 (1784); *Acanthopale japonica* (Thunb.) C. B. Clarke ex S. Moore, J. Asiat. Soc. Bengal 74 (2): 659 (1907); *Championella japonica* (Thunb.) Bremek., Verh. Kon. Ned. Akad. Wetensch., Afd. Natuurk. Sect. 2. 41 (1): 150 (1944); *Strobilanthes bonatiana* H. Lév., Repert. Spec. Nov. Regni Veg. 12: 20 (1913).
湖南、湖北、四川、重庆、贵州；日本栽培。

合页草（具柄合页草）
●**Strobilanthes kingdonii** J. R. I. Wood, Edinb. J. Bot. 51: 244 (1994).
云南、西藏。

薄叶马蓝（贵阳黄猄草）
●**Strobilanthes labordei** H. Lév., Repert. Spec. Nov. Regni Veg. 12 (309-311): 20 (1913).
Strobilanthes debilis Hemsl., J. Linn. Soc., Bot. 26 (175): 239 (1890), not C. B. Clarke (1884); *Acanthopale labordei* (H. Lév.) Hand.-Mazz., Sinensia 5 (1-2): 20 (1934); *Championella labordei* (H. Lév.) E. Hossain, Notes Roy. Bot. Gard. Edinb. 32 (3): 405 (1973).
江西、湖南、贵州、福建、广东、广西。

白毛马蓝（白毛紫云菜）
Strobilanthes lachenensis C. B. Clarke, Fl. Brit. Ind. 4: 465 (1884).

Strobilanthes xanthantha Diels, Notes Roy. Bot. Gard. Edinb. 5 (25): 163 (1912); *Championella xanthantha* (Diels) Bremek., Verh. Kon. Ned. Akad. Wetensch., Afd. Natuurk. Sect. 2 41 (1): 150 (1944); *Strobilanthes leucotricha* Benoist, Bull. Mus. Hist. Nat. (Paris) 28: 96 (1922); *Pteracanthus leucotrichus* (Benoist) C. Y. Wu et C. C. Hu, Fl. Reipubl. Popularis Sin. 70: 143 (2002); *Pteracanthus lachenensis* (C. B. Clarke) Bremek., Verh. Kon. Ned. Akad. Wetensch., Afd. Natuurk. Sect. 2 41 (1): 279 (1944).
四川、云南、西藏；印度、不丹、尼泊尔。

莴苣叶紫云菜
●**Strobilanthes lactucifolia** H. Lév., Feddes Repert. Spec. Nov. Regni Veg. 12: 534 (1913).
贵州。

蒙自马蓝（蒙自金足草，马红金足草，宣威金足草，观音山金足草）
Strobilanthes lamiifolia (Nees) T. Anderson, J. Linn. Soc., Bot. 9: 476 (1867).
Goldfussia lamiifolia Nees, in Wallich, Pl. Asiat. Rar. 3: 58 (1832); *Ruellia rotundifolia* D. Don, Prodr. Fl. Nepal. 120 (1825); *Goldfussia rotundifolia* (D. Don) Bremek., Verh. Kon. Ned. Akad. Wetensch., Afd. Natuurk. Sect. 2. 41: 199 (1944); *Strobilanthes feddei* H. Lév., Repert. Spec. Nov. Regni Veg. 12: 20 (1913); *Strobilanthes mahongensis* H. Lév., Cat. Pl. Yun-Nan 6 (1915); *Goldfussia mahongensis* (H. Lév.) E. Hossain, Notes Roy. Bot. Gard. Edinb. 32 (3): 407 (1973); *Strobilanthes hancockii* C. B. Clarke ex W. W. Sm., Notes Roy. Bot. Gard. Edinb. 10 (49-50): 193 (1918); *Goldfussia hancockii* (C. B. Clarke ex W. W. Sm.) Bremek., Verh. Kon. Ned. Akad. Wetensch., Afd. Natuurk. Sect. 2. 41 (1): 231 (1944); *Strobilanthes austinii* C. B. Clarke ex W. W. Sm., Notes Roy. Bot. Gard. Edinb. 10 (49-50): 190 (1918); *Goldfussia austinii* (C. B. Clarke ex W. W. Sm.) Bremek., Verh. Kon. Ned. Akad. Wetensch., Afd. Natuurk. Sect. 2. 41 (1): 231 (1944).
四川、贵州、云南、西藏；印度、不丹、尼泊尔。

野芝麻马蓝
●**Strobilanthes lamium** C. B. Clarke ex W. W. Sm., Notes Roy. Bot. Gard. Edinb. 10 (49-50): 195 (1918).
Pteracanthus lamius (C. B. Clarke ex W. W. Sm.) C. Y. Wu et C. C. Hu, Fl. Reipubl. Popularis Sin. 70: 143 (2002).
湖南、湖北、重庆。

兰屿马蓝
●**Strobilanthes lanyuensis** Seok, C. F. Hsieh et J. Murata, J. Jap. Bot. 79: 151 (2004).
台湾。

闭花马蓝
●**Strobilanthes larium** Hand.-Mazz., Symb. Sin. 7: 893, f. 2 (1936).
湖南、湖北、四川、重庆。

薄萼马蓝
- **Strobilanthes latisepalus** Hemsl, J. Linn. Soc., Bot. 26 (175): 241 (1890).
湖北。

李恒马蓝
- **Strobilanthes lihengiae** Y. F. Deng et J. R. I. Wood, Bot. J. Linn. Soc. 150 (3): 379, f. 13, 15 (2006).
云南。

弄岗马蓝（弄岗耳叶马蓝）
- **Strobilanthes longgangensis** D. Fang et H. S. Lo, Guihaia 17 (1): 33 (1997).
Perilepta longgangensis (D. Fang et H. S. Lo) C. Y. Wu et C. C. Hu, Fl. Reipubl. Popularis Sin. 70: 119 (2002).
广西。

长花马蓝（长花紫云菜，长花黄猄草）
- **Strobilanthes longiflora** Benoist, Bull. Mus. Natl. Hist. Nat. 28. 94 (1922).
Championella longiflora (Benoist) C. Y. Wu et C. C. Hu, Fl. Reipubl. Popularis Sin. 70: 91 (2002).
云南。

长穗腺背蓝
Strobilanthes longispica (H. P. Tsui) J. R. I. Wood et Y. F. Deng, Bot. J. Linn. Soc. 150 (3): 383 (2006).
Adenacanthus longispicus H. P. Tsui, Fl. Reipubl. Popularis Sin. 70: 348 (2002); *Strobilanthes tripartita* J. R. I. Wood, Kew Bull. 58: 108 (2003).
云南；缅甸。

长穗马蓝（长穗糯米香）
- **Strobilanthes longispicatus** Hayata, Icon. Pl. Formosan. 9: 83 (1920).
Semnostachya longespicata (Hayata) C. F. Hsieh et T. C. Huang, Taiwania 19 (1): 22 (1974).
台湾。

龙州马蓝（龙州耳叶马蓝）
Strobilanthes longzhouensis H. S. Lo et D. Fang, Guihaia 17 (1): 34 (1997).
Perilepta longzhouensis (H. S. Lo et D. Fang) C. Y. Wu et C. C. Hu, Fl. Reipubl. Popularis Sin. 70: 120 (2002).
广西、海南；越南。

瑞丽叉花草（蝎序金足草，墨脱马蓝）
Strobilanthes mastersii T. Anderson, J. Linn. Soc., Bot. 9: 481 (1867).
Strobilanthes scoriarum W. W. Sm., Notes Roy. Bot. Gard. Edinb. 10 (49-50): 199 (1918); *Diflugossa scoriarum* (W. W. Sm.) E. Hossain, Notes Roy. Bot. Gard. Edinb. 32 (3): 406 (1973); *Strobilanthes shweliensis* W. W. Sm., Notes Roy. Bot. Gard. Edinb. 12 (59): 224 (1920); *Diflugossa shweliensis* (W. W. Sm.) E. Hossain, Notes Roy. Bot. Gard. Edinb. 32 (3): 406 (1973).
云南、西藏；印度。

墨脱马蓝
- **Strobilanthes medogensis** (H. W. Li) J. R. I. Wood et Y. F. Deng, Bot. J. Linn. Soc. 150: 383 (2006).
Goldfussia medogensis H. W. Li, Fl. Xizang. 4: 413 (1988).
西藏。

卵叶马蓝
Strobilanthes mogokensis Lace, Bull. Misc. Inform. Kew 1915: 406 (1915).
云南；缅甸。

尾苞马蓝（尾苞紫云菜）
Strobilanthes mucronato-producta Lindau, Bull. Herb. Boissier 5: 650 (1897).
云南、广西；越南。

分枝马蓝
Strobilanthes multidens C. B. Clarke, Fl. Brit. Ind. 4: 461 (1884).
Strobilanthes agrestis C. B. Clarke, Fl. Brit. Ind. 4 (11): 466 (1884); *Pteracanthus agrestis* (C. B. Clarke) Bremek., Verh. Kon. Ned. Akad. Wetensch., Afd. Natuurk. Sect. 2. 41 (1): 199 (1944); *Goldfussia multidens* (C. B. Clarke) Bremek., Verh. Kon. Ned. Akad. Wetensch., Afd. Natuurk. Sect. 2. 41 (1): 232 (1944).
西藏；印度、不丹、尼泊尔。

鼠尾马蓝
Strobilanthes myura Benoist, Bull. Mus. Natl. Hist. Nat. 28: 95 (1922).
贵州。

琴叶马蓝（森林马蓝）
- **Strobilanthes nemorosa** Benoist, Bull. Mus. Natl. Hist. Nat. 28: 97 (1922).
Strobilanthes panduratus Hand.-Mazz., Symb. Sin. 7 (4): 893 (1936); *Pteracanthus panduratus* (Hand.-Mazz.) C. Y. Wu et C. C. Hu, Fl. Reipubl. Popularis Sin. 70: 146 (2002); *Diflugossa muliensis* H. P. Tsui, Acta Bot. Yunnan. 12 (3): 275 (1990); *Pteracanthus nemorosus* (Benoist) C. Y. Wu et C. C. Hu, Fl. Reipubl. Popularis Sin. 70: 144 (2002).
四川、云南。

宁明马蓝（宁明金足草）
- **Strobilanthes ningmingensis** D. Fang et H. S. Lo, Guihaia 17 (1): 39 (1997).
Goldfussia ningmingensis (D. Fang et H. S. Lo) C. Y. Wu ex C. C. Hu, Fl. Reipubl. Popularis Sin. 70: 165 (2002).
广西。

沙坝马蓝（沙坝紫云菜）

Strobilanthes nobilis C. B. Clarke, Fl. Brit. Ind. 4: 471 (1884).

Strobilanthes petelotii Benoist, Bull. Soc. Bot. France 731 (1933).

云南；越南、缅甸、印度。

少花马蓝（少花黄猄草）

Strobilanthes oliganthus Miq., Ann. Mus. Bot. Lugduno-Batavi 2: 124 (1866).

Acanthopale oligantha (Miq.) C. B. Clarke ex S. Moore, J. Asiat. Soc. Bengal 74 (2): 659 (1907); *Championella oligantha* (Miq.) Bremek., Verh. Kon. Ned. Akad. Wetensch., Afd. Natuurk. Sect. 2. 41 (1): 150 (1944).

安徽、浙江、江西、福建；朝鲜、日本。

菱叶马蓝

Strobilanthes oligocephala T. Anderson ex C. B. Clarke, Fl. Brit. Ind. 4: 461 (1884).

Goldfussia thomsonii Hooker, Bot. Mag. (Tokyo) 85: t. 5119 (1859); *Strobilanthes paupera* C. B. Clarke in J. D. Hooker, Fl. Brit. Ind. 4 (11): 463 (1884); *Diflugossa paupera* (C. B. Clarke) Bremek., Verh. Kon. Ned. Akad. Wetensch., Afd. Natuurk. Sect. 2. 41 (1): 246 (1944); *Goldfussia oligocephala* (T. Anderson ex C. B. Clarke) Bremek., Verh. Kon. Ned. Akad. Wetensch., Afd. Natuurk. Sect. 2. 41 (1): 232 (1944).

西藏；印度、不丹、尼泊尔。

山马蓝（山紫云菜，白升麻）

Strobilanthes oresbia W. W. Sm., Notes Roy. Bot. Gard. Edinb. 10 (49-50): 196 (1918).

Goldfussia grandissima H. P. Tsui, Acta Bot. Yunnan. 12 (3): 276 (1990); *Strobilanthes grandissima* (H. P. Tsui) J. R. I. Wood, Edinb. J. Bot. 51: 207 (1994); *Pteracanthus grandissimus* (H. P. Tsui) C. Y. Wu et C. C. Hu, Fl. Reipubl. Popularis Sin. 70: 140 (2002); *Pteracanthus oresbius* (W. W. Sm.) C. Y. Wu et C. C. Hu, Fl. Reipubl. Popularis Sin. 70: 145 (2002).

四川、重庆、云南、西藏；缅甸、印度。

滇西马蓝

●**Strobilanthes ovata** Y. F. Deng et J. R. I. Wood, Novon 20: 143, f. 1 (2010).

云南。

卵苞马蓝（卵苞金足草）

●**Strobilanthes ovatibracteata** H. S. Lo et D. Fang, Guihaia 17: 40 (1997).

Goldfussia ovatibracteata (H. S. Lo et D. Fang) C. Y. Wu ex C. C. Hu, Fl. Reipubl. Popularis Sin. 70: 166 (2002).

广西。

尖萼马蓝

●**Strobilanthes oxycalycina** J. R. I. Wood, Edinb. J. Bot. 51: 250 (1994).

西藏。

小叶马蓝

●**Strobilanthes parvifolia** J. R. I. Wood, Kew Bull. 64: 25 (2009).

西藏。

翅枝马蓝

Strobilanthes pateriformis Lindau, Bull. Herb. Boissier 5: 653 (1897).

Pteracanthus pateriformis (Lindau) Bremak., Verh. Kon. Ned. Akad. Wetensch., Afd. Natuurk. Sect. 2. 41 (1): 305 (1944); *Strobilanthes alatiramosa* H. S. Lo et D. Fang, Guihaia 17 (1): 29 (1997); *Pteracanthus alatiramosus* (H. S. Lo et D. Fang) C. Y. Wu et C. C. Hu, Fl. Reipubl. Popularis Sin. 70: 129 (2002).

四川、贵州、云南、广西、海南；越南、老挝、泰国、印度尼西亚。

圆苞马蓝（圆苞金足草）

Strobilanthes penstemonoides (Nees) T. Anderson, J. Linn. Soc., Bot. 9: 477 (1867).

Goldfussia penstemonoides Nees, in Wallich, Pl. Asiat. Rar. 3: 88 (1832); *Ruellia capitata* Buch.-Ham. ex D. Don, Prodr. Fl. Nepal. 120 (1825); *Goldfussia flexuosa* Nees, in Wallich, Pl. Asiat. Rar. 3: 88 (1832).

云南、西藏；印度、不丹、尼泊尔。

松林马蓝（松林叉花草，松林紫云菜）

●**Strobilanthes pinetorum** W. W. Sm., Notes Roy. Bot. Gard. Edinb. 10 (49-50): 197 (1918).

Diflugossa pinetorum (W. W. Sm.) C. Y. Wu et C. C. Hu, Fl. Reipubl. Popularis Sin. 70: 174 (2002).

云南。

羽裂马蓝

●**Strobilanthes pinnatifidus** C. Z. Zheng, J. Hangzhou Univ., Nat. Sci. Ed. 8 (4): 431 (1981).

Pteracanthus pinnatifidus (C. Z. Zheng) C. Y. Wu et C. C. Hu, Fl. Reipubl. Popularis Sin. 70: 147 (2002).

浙江。

多脉马蓝（多脉紫云菜）

Strobilanthes polyneuros C. B. Clarke ex W. W. Sm., Notes Roy. Bot. Gard. Edinb. 10 (49-50): 198 (1918).

云南；越南、缅甸、泰国。

金佛山马蓝（匍匐马蓝）

●**Strobilanthes procumbens** Y. F. Deng et J. R. I. Wood, J. Trop. Subtrop. Bot. 18 (5): 476, f. 5 (2010).

重庆。

阳朔马蓝

●**Strobilanthes pseudocollina** K. J. He et D. H. Qin, Acta

Phytotax. Sin. 45: 701, f. 1 (2007).
广西。

延苞马蓝（延苞蓝）
Strobilanthes pteroclada Benoist, Bull. Mus. Natl. Hist. Nat. 28: 187 (1922).
Hymenochlaena pteroclada (Benoist) C. Y. Wu et C. C. Hu, Fl. Reipubl. Popularis Sin. 70: 193 (2002).
贵州、广西；越南。

翅轴马蓝
Strobilanthes pterygorrhachis C. B. Clarke, J. Linn. Soc., Bot. 25: 54 (1889).
西藏；印度。

毛长马蓝
Strobilanthes pubiflora J. R. I. Wood, Edinb. J. Bot. 51 (2): 254 (1994).
西藏；印度、不丹。

四列马蓝（四川马蓝）
Strobilanthes quadrifaria (Wall. ex Nees) Y. F. Deng, Acta Phytotax. Sin. 45 (6): 849, f. 1 (2007).
Ruellia quadrifaria Wall. ex Nees, in Wallich, Pl. Asiat. Rar. 3: 83 (1832); *Hemigraphis quadrifaria* (Wall. ex Nees) T. Anders, J. Linn. Soc., Bot. 9: 463 (1867); *Sericocalyx quadrifaria* (Wall. ex Nees) Bremek., Verh. Kon. Ned. Akad. Wetensch., Afd. Natuurk. Sect. 2. 41 (1): 163 (1944).
云南；老挝、缅甸、泰国。

兰嵌马蓝
●**Strobilanthes rankanensis** Hayata, Icon. Pl. Formosan. 9: 84 (1920).
Parachampionella rankanensis (Hayata) Bremek., Verh. Kon. Ned. Akad. Wetensch., Afd. Natuurk. Sect. 2. 41 (1): 151 (1944).
台湾。

匍匐半插花
Strobilanthes reptans (G. Forst.) Moylan ex Y. F. Deng et J. R. I. Wood, Fl. China 19: 390 (2011).
Ruellia reptans G. Forster, Fl. Ins. Austr. 44 (1786); *Ruellia primulifolia* Nees, Nova Actorum Acad. Caes. Leop.-Carol. Nat. Cur. 19 (Suppl. 1): 362 (1843); *Hemigraphis primulifolia* (Nees) Fern.-Vill., Fl. Filip. ed. 3. 4 (13A): 153 (1880); *Hemigraphis pacifica* Hosok., Trans. Nat. Hist. Soc. Taiwan 25: 127 (1935).
台湾；日本、马来西亚、印度尼西亚、菲律宾、巴布亚新几内亚、澳大利亚、太平洋岛屿（新喀里多尼亚）。

凹苞马蓝（凹苞耳叶马蓝）
●**Strobilanthes retusa** D. Fang, Acta Phytotax. Sin. 38 (2): 187, f. 1, 6-9 (2000).
Perilepta retusa (D. Fang) C. Y. Wu et C. C. Hu, Fl. Reipubl. Popularis Sin. 70: 121 (2002).
广西。

短柄马蓝
Strobilanthes rhombifolia C. B. Clarke, Fl. Brit. Ind. 4: 461 (1884).
Goldfussia sessilis Nees, in A. DC., Prodr. 11: 172 (1847).
西藏；印度。

西畴马蓝
●**Strobilanthes rostrata** Y. F. Deng et J. R. I. Wood, J. Trop. Subtrop. Bot. 18 (5): 476 (2010).
云南。

红色马蓝
Strobilanthes rubescens T. Anderson, J. Linn. Soc., Bot. 9: 479 (1867).
Pteracanthus rubescens (T. Anderson) Bremek., Verh. Kon. Ned. Akad. Wetensch., Afd. Natuurk. Sect. 2. 41 (1): 199 (1944).
云南；印度、不丹。

菜头肾
●**Strobilanthes sarcorrhiza** (C. Ling) C. Z. Cheng ex Y. F. Deng et N. H. Xia, Novon 17: 154 (2007).
Championella sarcorrhiza C. Ling, Acta Phytotax. Sin. 13 (3): 93 (1975).
浙江。

偏花马蓝
Strobilanthes secunda T. Anderson, J. Linn. Soc., Bot. 9: 480 (1867).
西藏；缅甸。

齿叶马蓝
Strobilanthes serrata J. B. Imlay, Bull. Misc. Inform. Kew 1939: 117 (1939).
Gutzlaffia glandulosa Lace, Bull. Misc. Inform. Kew 1915: 406 (1915).
云南；泰国、缅甸。

西蒙马蓝
Strobilanthes simonsii T. Anderson, J. Linn. Soc., Bot. 9: 474 (1867).
西藏；印度、不丹。

安龙马蓝（安龙花）
●**Strobilanthes sinica** (H. S. Lo) Y. F. Deng, Fl. China 19: 391 (2011).
Dyschoriste sinica H. S. Lo, Acta Phytotax. Sin. 17 (4): 85 (1979).
贵州。

美丽马蓝（聚花金足草）
Strobilanthes speciosa Blume, Bijdr. Fl. Ned. Ind. 799

(1826).
Goldfussia speciosa (Blume) Bremek., Verh. Kon. Ned. Akad. Wetensch., Afd. Natuurk. Sect. 2. 41 (1): 227 (1944); *Baphicacanthus multibractealata* H. T. Chang et H. Chu, Acta Sci. Nat. Univ. Sunyatseni 28 (2): 65 (1989).

云南；越南、老挝、柬埔寨、缅甸、泰国、印度尼西亚。

黄连山马蓝

●**Strobilanthes spiciformis** Y. F. Deng et J. R. I. Wood, J. Trop. Subtrop. Bot. 18 (5): 473, f. 3 (2010).

云南。

匍枝马蓝

●**Strobilanthes stolonifera** Benoist, Bull. Mus. Natl. Hist. Nat. 28: 98 (1922).

云南。

糙毛马蓝

●**Strobilanthes strigosa** D. Fang et H. S. Lo, Guihaia 17: 36 (1997).

广西。

四川马蓝

●**Strobilanthes szechuanica** (Batalin) J. R. I. Wood et Y. F. Deng, Bot. J. Linn. Soc. 150: 375 (2006).

Hemigraphis szechuanica Batalin, Trudy Imp. S.-Peterburgsk. Bot. Sada 13: 384 (1894).

四川。

毛冠马蓝

Strobilanthes tamburensis C. B. Clarke in J. D. Hooker, Fl. Brit. Ind. 4: 454 (1884).

西藏；印度、不丹、尼泊尔。

陶氏马蓝

●**Strobilanthes taoana** Y. F. Deng et J. R. I. Wood, J. Trop. Subtrop. Bot. 18 (5): 47, f. 6 (2010).

云南。

结壮马蓝

●**Strobilanthes tenax** Dunn, Bull. Misc. Inform. Kew 1920: 209 (1920).

西藏。

纤序马蓝

Strobilanthes tenuiflora J. R. I. Wood, Kew Bull. 58: 691 (2003).

云南；泰国。

四子马蓝（黄猄草）

Strobilanthes tetrasperma (Champ. ex Benth.) Druce, Rep. Bot. Soc. Exch. Club Brit. Isles 1916: 649 (1917).

Ruellia tetrasperma Champ. ex Benth., Hooker's J. Bot. Kew Gard. Misc. 5: 132 (1853); *Acanthopale tetrasperma* (Champ. ex Benth.) Hand.-Mazz., Beih. Bot. Centralbl. 56 (2): 454 (1937); *Championella tetrasperma* (Champ. ex Benth.) Bremek., Verh. Kon. Ned. Akad. Wetensch., Afd. Natuurk. Sect. 2. 41 (1): 150 (1944); *Strobilanthes radicans* T. Anderson ex Benth., Fl. Hongk. 262 (1861).

江西、湖南、湖北、四川、重庆、贵州、福建、广东、广西、海南；越南。

汤氏马蓝（聂拉木马蓝）

Strobilanthes thomsonii T. Anderson, J. Linn. Soc., Bot. 9: 478 (1867).

西藏；印度、不丹。

西藏马蓝

Strobilanthes tibetica J. R. I. Wood, Edinb. J. Bot. 51 (2): 262 (1994).

Pteracanthus tibeticus (J. R. I. Wood) C. Y. Wu et C. C. Hu, Fl. Reipubl. Popularis Sin. 70: 148 (2002).

西藏；印度。

尖药花（十三年花）

Strobilanthes tomentosa (Nees) J. R. I. Wood, Kew Bull. 64: 16 (2009).

Aechmanthera tomentosa Nees, in Wallich, Pl. Asiat. Rar. 3: 87 (1832); *Aechmanthera gossypina* (Wall.) Nees, in Wallich, Pl. Asiat. Rar. 3: 87 (1832); *Aechmanthera tomentosa* var. *wallichii* (Nees) C. B. Clarke, Fl. Brit. Ind. 4: 428 (1884); *Strobilanthes cavaleriei* H. Lév., Repert. Spec. Nov. Regni Veg. 12: 18 (1913); *Strobilanthes bodinieri* H. Lév., Repert. Spec. Nov. Regni Veg. 12: 19 (1913).

贵州、云南、广西；老挝、缅甸、印度、巴基斯坦、不丹、尼泊尔、孟加拉国。

糯米香

Strobilanthes tonkinensis Lindau, Bull. Herb. Boissier 5 (8): 651 (1897).

云南、广西；越南、泰国。

急流马蓝（急流紫云菜）

Strobilanthes torrentium Benoist, Bull. Mus. Natl. Hist. Nat. 28: 188 (1922).

云南；缅甸、印度。

截头马蓝

●**Strobilanthes truncata** D. Fang et H. S. Lo, Guihaia 17 (1): 31 (1997).

广西；越南。

管花马蓝

●**Strobilanthes tubiflos** (C. B. Clarke) J. R. I. Wood, Edinb. J. Bot. 51: 264 (1994).

Strobilanthes petiolaris Nees var. *tubiflos* C. B. Clarke, Fl. Brit. Ind. 4: 458 (1884).

西藏。

尾叶马蓝

Strobilanthes urophylla Nees, in A. DC., Prodr. 11: 192 (1847).
Pteracanthus urophyllus (Nees) Bremek., Verh. Kon. Ned. Akad. Wetensch., Afd. Natuurk. Sect. 2. 41 (1): 286 (1944).
西藏；印度（卡西山区）。

河口马蓝

●**Strobilanthes vallicola** Y. F. Deng et J. R. I. Wood, Bot. J. L. Soc. 150 (3): 380, pl. 8, f. 14-15 (2006).
云南。

变色马蓝

●**Strobilanthes versicolor** Diels, Notes Roy. Bot. Gard. Edinb. 5 (25): 163 (1912).
Pteracanthus versicolor (Diels) H. W. Li, Fl. Xizang. 4: 415 (1985).
四川、云南、西藏。

启无马蓝

●**Strobilanthes wangiana** Y. F. Deng et J. R. I. Wood, J. Trop. Subtrop. Bot. 18 (5): 473, f. 2 (2010).
云南。

乐山马蓝

●**Strobilanthes wilsonii** J. R. I. Wood et Y. F. Deng, Bot. J. Linn. Soc. 150 (3): 374, f. 4, 9 (2006).
四川。

云南马蓝（滇紫云菜）

●**Strobilanthes yunnanensis** Diels, Notes Roy. Bot. Gard. Edinb. 5 (25): 164 (1912).
Strobilanthes limprichtii Diels, Repert. Spec. Nov. Regni Veg. Beih. 12: 488 (1912); *Strobilanthes hygrophiloides* C. B. Clarke ex W. W. Sm., Notes Roy. Bot. Gard. Edinb. 10 (49-50): 194 (1918); *Strobilanthes mekongensis* W. W. Sm., Notes Roy. Bot. Gard. Edinb. 10 (49-50): 195 (1918); *Pteracanthus yunnanensis* (Diels) C. Y. Wu et C. C. Hu, Fl. Reipubl. Popularis Sin. 70: 150 (2002).
甘肃、四川、云南、西藏。

山牵牛属 Thunbergia Retz.

翼叶山牵牛

☆/△**Thunbergia alata** Bojer ex Sims, Bot. Mag. (Tokyo) 52: pl. 2591 (1825).
云南、广东；原产于非洲。

红花山牵牛

Thunbergia coccinea Wall., Tent. Fl. Napal. 1: 48 (1826).
Hexacentris coccinea (Wall.) Nees, in Wallich, Pl. Asiat. Rar. 3: 78 (1832).
云南、西藏；老挝、缅甸、泰国。

二色山牵牛（二色老鸦嘴）

Thunbergia eberhardtii Benoist, Bull. Mus. Natl. Hist. Nat. 27: 543 (1921).
海南；越南。

碗花草（铁贯藤）

Thunbergia fragrans Roxb., Pl. Coromandel 1 (3): 47 (1795).
Thunbergia bodinieri H. Lév., Repert. Spec. Nov. Regni Veg. 12 (309-311): 21 (1913); *Thunbergia hainanensis* C. Y. Wu et H. S. Lo, Fl. Hainan. 3: 591 (1974); *Thunbergia fragrans* subsp. *hainanensis* (C. Y. Wu et H. S. Lo) H. P. Tsui, Fl. Reipubl. Popularis Sin. 70: 31 (2002); *Thunbergia fragrans* subsp. *lanceolata* H. P. Tsui, Fl. Reipubl. Popularis Sin. 70: 30 (2002).
四川、贵州、云南、台湾、广东、广西、海南；越南、老挝、柬埔寨、泰国、印度尼西亚、菲律宾、印度、斯里兰卡。

山牵牛（大花山牵牛，大花老鸦嘴）

Thunbergia grandiflora Roxb., Bot. Reg. 6: pl. 495 (1820).
Thunbergia lacei Gamble, Bull. Misc. Inform. Kew 1913, 116 (1913); *Thunbergia adenophora* W. W. Sm., Notes Roy. Bot. Gard. Edinb. 10: 74 (1918); *Thunbergia chinensis* Merr., Philipp. J. Sci. 21 (5): 510 (1922).
云南、福建、广东、广西、海南；越南、缅甸、泰国、印度。

羽脉山牵牛

Thunbergia lutea T. Anderson, J. Linn. Soc., Bot. 9: 448 (1866).
Thunbergia salwenensis W. W. Sm., Notes Roy. Bot. Gard. Edinb. 12 (59): 224 (1920).
云南、西藏；缅甸、印度、不丹。

244. 紫葳科 BIGNONIACEAE
[12 属：35 种]

凌霄花属 Campsis Lour.

凌宵（紫葳，苕华，堕胎花）

Campsis grandiflora (Thunb.) K. Schum. in Engler et Prantl, Nat. Pflanzenfam. 4 (3b): 230 (1894).
Bignonia grandiflora Thunb., Fl. Jap. 253 (1784); *Bignonia chinensis* Lam., Encycl. 1: 423 (1785); *Tecoma chinensis* (Lam.) K. Koch, Dendrologie 2 (1): 307 (1872); *Campsis chinensis* (Lam.) Voss, Vilm. Ill. Blumengäertn., ed. 3. 1: 801 (1894); *Campsis adrepens* Lour., Fl. Cochinch. 2: 378 (1790); *Tecoma grandiflora* Loisel., Herb. Gén. Amateur 286 (1821).
河北、山西、山东、福建、台湾（栽培）、广东、广西；日本、越南、印度、巴基斯坦。

梓属 Catalpa Scop.

楸（楸树，木王）
- **Catalpa bungei** C. A. Mey., Bull. Sci. Acad. Imp. Sci. Saint-Pétersbourg 2: 51 (1837).
Catalpa syringifolia Bunge, Enum. Pl. China Bor. 45 (1833); *Catalpa bungei* var. *intermedia* Pamp., Nuovo Giorn. Bot. Ital., n.s. 17 (4): 715 (1910).
河北、山西、山东、河南、陕西、甘肃、江苏、浙江、湖南，栽培于贵州、云南、广西。

灰楸（白花灰楸，紫楸，楸木）
- **Catalpa fargesii** Bureau, Nouv. Arch. Mus. Hist. Nat. sér. 3. 7: 195, pl. 3 (1894).
Catalpa vesita Diels, Bot. Jahrb. Syst. 29 (5): 577 (1901); *Catalpa fargesii* E. H. Wilson., Bull. Soc. Dendrol. France 199 (1907); *Catalpa duclouxii* Dode, Bull. Soc. Dendrol. France 201 (1907); *Catalpa fargesii* f. *duclouxii* (Dode) Gilmour, Bot. Mag. (Tokyo) 159 (1936); *Catalpa sutchuenensis* Dode, Bull. Soc. Dendrol. France 204 (1907).
河北、山西、山东、河南、甘肃、湖南、湖北、四川、贵州、云南、广东、广西。

梓（楸，花楸，水桐）
- **Catalpa ovata** G. Don, Gen. Hist. 4: 230 (1837).
Bignolia catalpa L. Sp. Pl. 2: 622 (1753); *Catalpa kaempferi* Siebold et Zucc., Abh. Math.-Phys. Cl. Königl. Bayer. Akad. Wiss. 4 (3): 142 (1846); *Catalpa henryi* Dode, Bull. Soc. Dendrol. France 199 (1907).
黑龙江、吉林、辽宁、内蒙古、河北、山西、山东、河南、陕西、宁夏、甘肃、青海、新疆、安徽、江苏、湖北、四川。

藏楸
- **Catalpa tibetica** Forrest, Notes Roy. Bot. Gard. Edinb. 13 (63-64): 155 (1921).
云南、西藏。

厚膜树属 Fernandoa Welw. ex Seem.

广西厚膜树
- **Fernandoa guangxiensis** D. D. Tao, Acta Phytotax. Sin. 24 (2): 149, f. 1 (1986).
云南、广西。

角蒿属 Incarvillea Juss.

高波罗花
- **Incarvillea altissima** Forrest, Notes Roy. Bot. Gard. Edinb. 13 (63-64): 164 (1921).
四川、云南、西藏。

两头毛
Incarvillea arguta (Royle) Royle, Ill. Bot. Himal. Mts. 296 (1836).
Incarvillea diffusa Royle, Ill. Bot. Himal. Mts. 8: t. 72 (1835).
甘肃、四川、贵州、云南、西藏；印度、尼泊尔。

两头毛（原变种）
Incarvillea arguta var. **arguta**
Incarvillea arguta var. *daochengensis* Q. S. Zhao, J. Sichuan Univ., Nat. Sci. Ed. 4: 94 (1983).
甘肃、四川、贵州、云南、西藏；印度、尼泊尔。

长梗两头毛（变种）
- **Incarvillea arguta** var. **longipedicellata** Q. S. Zhao, J. Sichuan Univ., Nat. Sci. Ed. 4: 93, pl. 2 (1983).
四川、西藏。

四川波罗花
- **Incarvillea beresovskii** Batalin, Trudy Imp. S.-Peterburgsk. Bot. Sada 14 (1): 181 (1895).
Incarvillea longiracemosa Sprague, Bull. Misc. Inform. Kew 1907 (8): 320 (1907); *Incarvillea lutea* Bureau et Franch. subsp. *longiracemosa* (Sprague) Grierson, Notes Roy. Bot. Gard. Edinb. 23 (3): 335 (1961); *Incarvillea wilsonii* Sprague, Bull. Misc. Inform. Kew 1912 (1): 43 (1912).
四川、西藏。

密生波罗花（全缘角蒿，密生角蒿，欧切）
- **Incarvillea compacta** Maxim., Bull. Acad. Imp. Sci. Saint-Pétersbourg 27 (4): 521 (1881).
Incarvillea bonvalotii Bureau et Franch., J. Bot. (Morot) 5 (9): 141 (1891).
甘肃、青海、四川、云南、西藏。

红波罗花（鸡肉参，土地黄，波罗花）
- **Incarvillea delavayi** Bureau et Franch., J. Bot. (Morot) 5 (9): 138 (1891).
四川、云南。

裂叶波罗花
- **Incarvillea dissectifoliola** Q. S. Zhao, Acta Phytotax. Sin. 26 (1): 78, pl. 1 (1988).
四川。

单叶波罗花
- **Incarvillea forrestii** H. R. Fletcher, Notes Roy. Bot. Gard. Edinb. 18: 310 (1935).
四川、云南。

黄波罗花（黄花角蒿，圆麻参，土生地）
- **Incarvillea lutea** Bureau et Franch., J. Bot. (Morot) 5 (9): 1378 (1891).
Incarvillea principis Bureau et Franch., J. Bot. (Morot) 5 (9): 136 (1891).
四川、云南、西藏。

鸡肉参
Incarvillea mairei (H. Lév.) Grierson, Notes Roy. Bot. Gard.

Edinb. 23 (3): 341 (1961).

青海、四川、云南、西藏；不丹、尼泊尔。

鸡肉参（原变种）
●**Incarvillea mairei** var. **mairei**
Tecoma mairei H. Lév., Cat. Pl. Yun-Nan 20 (1915); *Incarvillea grandiflora* Poir. var. *brevipes* Sprague, Bull. Misc. Inform. Kew 1909 (6): 263 (1909); *Incarvillea compacta* Maxim. var. *brevipes* (Sprague) Wehrh., Die Garten-stauden 2: 947 (1931); *Incarvillea racemosa* Q. S. Zhao, J. Sichuan Univ., Nat. Sci. Ed. 4: 92 (1983).

四川、云南、西藏。

大花鸡肉参（变种）
Incarvillea mairei var. **grandiflora** (Wehrh.) Grierson, Notes Roy. Bot. Gard. Edinb. 23 (3): 344 (1961).
Incarvillea compacta Maxim. var. *grandiflora* Wehrh., Die Garten-stauden 2: 947 (1931); *Incarvillea grandiflora* Bureau et Franch., J. Bot. (Morot) 5 (9): 138 (1891).

青海、四川、云南、西藏；不丹、尼泊尔。

多小叶鸡肉参（变种）
●**Incarvillea mairei** var. **multifoliolata** (C. Y. Wu et W. C. Yin) C. Y. Wu et W. C. Yin, Fl. Reipubl. Popularis Sin. 69: 45 (1990).
Incarvillea mairei var. *mairei* f. *multifoliolata* C. Y. Wu et W. C. Yin, Fl. Yunnan. 2: 271 (1979).

四川、云南。

聚叶角蒿
Incarvillea potaninii Batalin, Trudy Imp. S.-Peterburgsk. Bot. Sada 11 (2): 492 (1892).

内蒙古；蒙古。

角蒿
●**Incarvillea sinensis** Lam., Encycl. (Lamarck) 3 (1): 243 (1789).

黑龙江、内蒙古、河北、山西、山东、河南、陕西、宁夏、甘肃、青海、四川、云南、西藏。

角蒿（原变种）
●**Incarvillea sinensis** var. **sinensis**
Incarvillea variabilis Batalin, Trudy Imp. S.-Peterburgsk. Bot. Sada 12 (1): 177 (1892); *Incarvillea sinensis* subsp. *variabilis* (Batalin) Grierson, Notes Roy. Bot. Gard. Edinb. 23 (3): 324 (1961).

黑龙江、内蒙古、河北、山西、山东、河南、陕西、宁夏、甘肃、青海、四川、云南、西藏。

黄花角蒿（变种）
●**Incarvillea sinensis** var. **przewalskii** (Batalin) C. Y. Wu et W. C. Yin, Fl. Reipubl. Popularis Sin. 69: 36 (1990).
Incarvillea variabilis Batalin var. *przewalskii* Batalin, Trudy Imp. S.-Peterburgsk. Bot. Sada 14 (8): 180 (1895); *Incarvillea sinensis* subsp. *variabilis* (Batalin) Grierson f. *przewalskii* (Batalin) Grierson, Notes Roy. Bot. Gard. Edinb. 23 (3): 325 (1961).

陕西、甘肃、青海、四川。

藏波罗花（乌确码子布，角蒿）
●**Incarvillea younghusbandii** Sprague, Bull. Misc. Inform. Kew 1907 (8): 320 (1907).

青海、西藏。

猫尾木属 Markhamia Seem. ex Baill.

西南猫尾木
Markhamia stipulata (Wall.) Seem. ex K. Schum. in Engler et Prantl, Nat. Pflanzenfam. 4 (3b): 242 (1895).
Spathodea stipulata Wall., Pl. Asiat. Rar. 3: 20 (1832).

云南、福建、广东、广西、海南；越南、老挝、柬埔寨、缅甸、泰国。

西南猫尾木（原变种）
Markhamia stipulata var. **stipulata**
Spathodea velutina Kurz, J. Asiat. Soc. Bengal 42 (2): 90 (1873); *Markhamia stipulata* var. *velutina* (Kurz) Sprague, Kew Bull. 1919: 310 (1919); *Markhamia indica* P. H. Ho, Bot. Jahrb. Syst. 1: 172 (1881); *Dolichandrone stipulata* (Wall.) C. B. Clarke var. *velutina* (Kurz) C. B. Clarke in J. D. Hooker, Fl. Brit. Ind. 4 (11): 379 (1884).

云南、广东、广西、海南；越南、老挝、柬埔寨、缅甸、泰国。

毛叶猫尾木（变种）
Markhamia stipulata var. **kerrii** Sprague, Bull. Misc. Inform. Kew 1919 (8): 310 (1919).
Spathodea cauda-felina Hance, J. Bot. 10 (117): 257 (1872); *Dolichandrone cauda-felina* (Hance) Benth. et Hook. f., Gen. Pl. 2: 1046 (1876); *Markhamia cauda-felina* (Hance) Sprague, Bull. Misc. Inform. Kew 1911 (10): 433 (1911); *Markhamia stipulata* var. *cauda-felina* (Hance) Santisuk, Thai Forest Bull. Bot. 8: 15 (1974); *Dolichandrone stipulata* (Wall.) C. B. Clarke var. *kerrii* (Sprague) C. Y. Wu et W. C. Qin, Fl. Yunnan. 2: 724 (1979).

云南、福建、广东、广西、海南；越南、老挝、缅甸、泰国。

火烧花属 Mayodendron Kurz

火烧花（缅木）
Mayodendron igneum (Kurz) Kurz, Prelim. Rep. Forest Veg. Pegu App. D: pl. 1 (1875).
Spathodea igneum Kurz, J. Asiat. Soc. Bengal, Pt. 2, Nat. Hist. 42 (2): 77 (1871); *Radermachera ignea* (Kurz) Steenis, Blumea 23 (1): 127 (1976).

云南、台湾、广东、广西；越南、老挝、缅甸、泰国。

老鸦烟筒花属 Millingtonia L. f.

老鸦烟筒花（烟筒花，姊妹树，铜罗汉）
Millingtonia hortensis L. f., Suppl. Pl. 291 (1781).
云南；越南、老挝、柬埔寨、缅甸、泰国、马来西亚、印度尼西亚、印度。

照夜白属 Nyctocalos Teijsm. et Binn.

照夜白
Nyctocalos brunfelsiiflorum Teijsm. et Binn., J. Bot. Neerl. 1: 367 (1862).
Nyctocalos shanica MacGregor et W. W. Sm., Rec. Bot. Surv. India 4: 280 (1911).
云南；缅甸、泰国、马来西亚、印度尼西亚。

羽叶照夜白
●**Nyctocalos pinnatum** Steenis, Acta Bot. Neerl. 2: 306 (1953).
云南。

木蝴蝶属 Oroxylum Vent.

木蝴蝶（千张纸，破故纸，毛鸦船）
Oroxylum indicum (L.) Kurz Forest Fl. Burma 2: 237 (1877).
Bignonia indica L., Sp. Pl. 2: 625 (1953); *Calosanthes indica* (L.) Blume, Bijdr. Fl. Ned. Ind. 760 (1826); *Bignonia pentandra* Lour., Fl. Cochinch. 2: 379 (1790).
四川、贵州、云南、福建、台湾、广东、广西；越南、老挝、柬埔寨、缅甸、泰国、马来西亚、印度尼西亚、菲律宾、印度、不丹、尼泊尔。

翅叶木属 Pauldopia Steenis

翅叶木（细口袋花，紫豇豆，金丝岩柘）
Pauldopia ghorta (Buch.-Ham. ex G. Don) Steenis, Acta Bot. Neerl. 18: 427 (1969).
Bignonia ghorta Buch.-Ham. ex G. Don, Gen. Hist. 4: 222 (1838); *Stereospermum ghorta* (Buch.-Ham. ex G. Don) C. B. Clarke, Fl. Brit. Ind. 4 (11): 384 (1884); *Tecoma bipinnata* Collett et Hemsl., J. Linn. Soc., Bot. 28: 102 (1890); *Radermachera bipinnata* (Collett et Hemsl.) Steenis ex Chatterjee, Bull. Bot. Soc. Bengal 2: 71 (1948); *Radermachera alata* Dop, Bull. Mus. Natl. Hist. Nat. 32 (3): 184 (1926).
云南；越南、老挝、缅甸、泰国、印度、尼泊尔、斯里兰卡。

菜豆树属 Radermachera Zoll. et Moritzi

美叶菜豆树（牛尾连，红花树）
●**Radermachera frondosa** Chun et F. G. Hoow, Acta Phytotax. Sin. 7 (1): 75, pl. 23 (1958).
广东、广西、海南。

广西菜豆树
Radermachera glandulosa (Blume) Miq., Ann. Mus. Bot. Lugduno-Batavi 3: 250 (1867).
Spathodea glandulosa Blume, Bijdr. Fl. Ned. Ind. 762 (1862); *Stereospermum glandulosum* (Blume) Miq., Fl. Ned. Ind., Eerste Bijv. 565 (1860); *Bignonia porteriana* Wall. ex A. DC., Prodr. 9: 165 (1845).
广东、广西；老挝、缅甸、泰国、马来西亚、印度尼西亚、菲律宾、印度。

海南菜豆树（大叶牛尾连，牛尾林，大叶牛尾林）
Radermachera hainanensis Merr., Philipp. J. Sci. 21 (4): 353 (1922).
云南、广东、海南；老挝、柬埔寨、泰国。

小萼菜豆树
●**Radermachera microcalyx** C. Y. Wu et W. C. Yin, Fl. Yunnan. 2: 711, pl. 197, f. 1-4 (1979).
云南、广西。

豇豆树
●**Radermachera pentandra** Hemsl., Hooker's Icon. Pl. 28 (2): pl. 2728 (1902).
云南。

菜豆树（山菜豆，苦苓舅，豇豆树）
Radermachera sinica (Hance) Hemsl., Hooker's Icon. Pl. 28 (2): pl. 2728 (1902).
Stereospermum sinicum Hance, J. Bot. 20 (229): 16 (1882); *Radermachera tonkinensis* Dop, Bull. Mus. Natl. Hist. Nat. 32 (4): 233 (1926).
贵州、云南、台湾、广东、广西；越南、缅甸、印度、不丹。

滇菜豆树（蛇尾树，豇豆树，土厚朴）
●**Radermachera yunnanensis** C. Y. Wu et W. C. Yin, Fl. Yunnan. 2: 712 (1979).
云南。

羽叶楸属 Stereospermum Cham.

羽叶楸
Stereospermum colais (Buch.-Ham. ex Dillwyn) Mabb., Taxon 27: 553 (1978).
Bignonia colais Buch.-Ham. ex Dillwyn, Rev. Hortus Malab. 6 (26): 28 (1839); *Stereospermum tetragonum* DC., Biblioth. Universelle Geneve 17: 124 (1838); *Dipterosperma personatum* Hassk., Flora 25 (Beibl.): 28 (1842); *Stereospermum personatum* (Hassk.) Chatterjee, Bull. Bot. Soc. Bengal 2: 70 (1948); *Stereospermum colais* var. *puberula* (Dop) D. D. Tao, Fl. Reipubl. Popularis Sin. 69: 25 (1990).
贵州、云南、广西、海南；越南、老挝、柬埔寨、缅甸、

泰国、马来西亚、印度尼西亚、印度、不丹、尼泊尔、孟加拉国、斯里兰卡。

毛叶羽叶楸
Stereospermum neuranthum Kurz, J. Asiat. Soc. Bengal, Pt. 2, Nat. Hist. 42 (2): 91 (1873).
云南；越南、老挝、柬埔寨、缅甸、泰国、印度。

伏毛萼羽叶楸
●**Stereospermum strigillosum** C. Y. Wu et W. C. Yin, Fl. Yunnan. 2: 710 (1979).
云南。

245. 马鞭草科 VERBENACEAE
[6 属：7 种]

假连翘属 Duranta L.

假连翘（莲荞，番仔刺，篱笆树）
Duranta erecta L., Sp. Pl. 2: 637 (1753).
Duranta repens L., Sp. Pl. 2: 637 (1753).
浙江、江西、湖南、福建、台湾、广东、广西、海南；北美洲、南美洲。

膜藻藤属 Hymenopyramis Wall. ex Griff.

膜藻藤
Hymenopyramis cana Craib, Bull. Misc. Inform. Kew 1922: 240 (1922).
海南（东方县及昌江县）；泰国。

马缨丹属 Lantana L.

马缨丹（五色梅，五彩花，臭草）
△**Lantana camara** L., Sp. Pl. 2: 627 (1753).
归化于福建、台湾、广东、广西、海南；热带和亚热带美洲。

过江藤属 Phyla Lour.

过江藤（蓬莱草，苦舌草，水马齿苋）
Phyla nodiflora (L.) Greene, Pittonia 4 (20E): 46 (1899).
Verbena nodiflora L., Sp. Pl. 1: 20 (1753); *Lippia nodiflora* (L.) Michx., Fl. Bor.-Amer. 2: 15 (1803).
江苏、江西、湖南、湖北、四川、贵州、云南、西藏、福建、台湾、广东、广西、海南；热带和亚热带地区。

假马鞭属 Stachytarpheta Vahl

假马鞭（假败酱，倒团蛇，玉龙鞭）
Stachytarpheta jamaicensis (L.) Vahl, Enum. Pl. 1: 206 (1804).
Verbena jamaicensis L., Sp. Pl. 1: 19 (1753); *Stachytarpheta indica* C. B. Clarke, Fl. Brit. Ind. 4 (12): 564 (1885).
云南、福建、台湾、广东、广西、海南；亚洲东南部、美洲热带。

马鞭草属 Verbena L.

长苞马鞭草
△**Verbena bracteata** Cav. ex Lag. et J. D. Rodr., Anales Ci. Nat. 4 (12): 260 (1801).
辽宁；原产于北美洲。

马鞭草（铁马鞭，马鞭子，马鞭稍）
Verbena officinalis L., Sp. Pl. 1: 20 (1753).
Verbena officinalis var. *ramosa* H. Lév., Repert. Spec. Nov. Regni Veg. 10: 440 (1912).
山西、陕西、甘肃、新疆、安徽、江苏、浙江、江西、湖南、湖北、四川、贵州、云南、西藏、福建、台湾、广东、广西、海南；世界温带及热带地区。

246. 角胡麻科 MARTYNIACEAE
[1 属：1 种]

角胡麻属 Martynia L.

角胡麻
Martynia annua L., Sp. Pl. 2: 618 (1753).
云南；原产于中美洲，各地引种或归化，越南、老挝、柬埔寨、缅甸、印度、巴基斯坦、尼泊尔、斯里兰卡、中美洲。

247. 粗丝木科 STEMONURACEAE
[1 属：3 种]

粗丝木属 Gomphandra Wall. ex Lindl.

吕宋毛蕊木
Gomphandra luzoniensis (Merr.) Merr., Enum. Philipp. Fl. Pl. 2: 490 (1923).
Urandra luzoniensis Merr., Philipp. J. Sci. 3: 242 (1908); *Stemonurus luzoniensis* (Merr.) R. A. Howard, J. Arnold Arbor. 21 (4): 468 (1940).
台湾；菲律宾。

毛粗丝木
Gomphandra mollis Merr., J. Arnold Arbor. 23 (2): 175 (1942).
Gomphandra tonkinensis Gagnep., Notul. Syst. (Paris) 13 (1-2): 134 (1947); *Stemonurus mollis* (Merr.) R. A. Howard, J. Arnold Arbor. 33 (3): 269 (1952).

云南；越南。

粗丝木（海南粗丝木，毛蕊木）

Gomphandra tetrandra (Wall.) Sleumer, Notizbl. Bot. Gart. Berlin-Dahlem 15 (2): 238 (1940).

Lasianthera tetrandra Wall., Fl. Ind., ed. 1820. 2: 328 (1824); *Gomphandra cambodiana* Pierre ex Gagnep., Notul. Syst. (Paris) 1 (7): 199 (1910); *Gomphandra pauciflora* Craib, Bull. Misc. Inform. Kew 123 (1914); *Gomphandra hainanensis* Merr., Philipp. J. Sci. 21 (4): 348 (1922); *Stemonurus hainanensis* (Merr.) Hu, J. Arnold Arbor. 5 (4): 229 (1924); *Stemonurus chingianus* Hand.-Mazz., Sinensia 2 (1): 3 (1931); *Gomphandra chingiana* (Hand.-Mazz.) Sleumer, Notizbl. Bot. Gart. Berlin-Dahlem 15 (2): 238 (1940); *Nyssa sinensis* Oliv. var. *oblongifolia* W. P. Fang et Soong, Acta Phytotax. Sin. 13 (2): 8 (1975).

贵州、云南、广东、广西、海南；越南、老挝、柬埔寨、缅甸、泰国、印度、斯里兰卡。

248. 心翼果科 CARDIOPTERIDACEAE

[2 属：4 种]

心翼果属 Cardiopteris Wall. ex Royle

心翼果（裂叶心翼果）

Cardiopteris quinqueloba (Hassk.) Hassk., Retzia 1: 64 (1855).

Peripterygium quinquelobum Hassk., Tijdschr. Nat. Geschied. 10: 142 (1843); *Cardiopteris lobata* Wall. ex Benn. et R. Br., Pl. Jav. Rar. 246 (1852).

云南、广西、海南；越南、缅甸、泰国、马来西亚、印度尼西亚、印度、不丹。

大心翼果

Cardiopteris platycarpa Gagnep. in P. H. Lecomte et al., Fl. Indo-Chine 1: 847, f. 105 (1910).

Peripterygium platycarpum (Gagnep.) Sleumer, Notizbl. Bot. Gart. Berlin-Dahlem 15: 257 (1940).

云南；越南北部。

琼榄属 Gonocaryum Miq.

台湾琼榄

Gonocaryum calleryanum (Baill.) Becc., Malesia 1: 123 (1877).

Phlebocalymna calleryana Baill., Adansonia 9: 147 (1869); *Gonocaryum diospyrosifolium* Hayata, Icon. Pl. Formosan. 2: 106 (1912).

台湾；印度尼西亚、菲律宾。

琼榄（黄蒂，金蒂，黄柄木）

Gonocaryum lobbianum (Miers) Kurz, J. Asiat. Soc. Bengal, Pt. 2, Nat. Hist. 39 (II): 72 (1870).

Platea lobbiana Miers, Ann. Mag. Nat. Hist. ser. 2. 10: 110 (1852); *Gonocaryum maclurei* Merr., Philipp. J. Sci. 21 (4): 348 (1922).

云南、海南；越南、老挝、柬埔寨、缅甸、泰国、马来西亚、印度尼西亚。

249. 青荚叶科 HELWINGIACEAE

[1 属：4 种]

青荚叶属 Helwingia Willd.

中华青荚叶

Helwingia chinensis Batalin, Trudy Imp. S.-Peterburgsk. Bot. Sada 13 (1): 97 (1893).

陕西、甘肃、湖南、湖北、四川、贵州、云南、西藏；缅甸、泰国。

中华青荚叶（原变种）

Helwingia chinensis var. **chinensis**

Helwingia chinensis var. *longipetiolata* Wangerin, Repert. Spec. Nov. Regni Veg. 4 (73-74): 337 (1907); *Helwingia chinensis* var. *longipedicellata* Wangerin, Repert. Spec. Nov. Regni Veg. 4 (73-74): 337 (1907); *Helwingia chinensis* var. *macrocarpa* Pamp., Nuovo Giorn. Bot. Ital., n.s. 17 (4): 681, f. 16a (1910).

陕西、甘肃、湖南、湖北、四川、贵州、云南、西藏；缅甸、泰国。

钝齿青荚叶（变种）

●**Helwingia chinensis** var. **crenata** (Lingelsh. ex H. Limpr.) W. P. Fang, Acta Phytotax. Sin. 1 (2): 171 (1951).

Helwingia crenata Lingelsh. ex H. Limpr, Repert. Spec. Nov. Regni Veg. Beih. 12: 453 (1922); *Helwingia himalaica* Hook. f. et Thomson ex C. B. Clarke var. *crenata* (Lingelsh. ex H. Limpr.) H. L. Li, J. Arnold Arbor. 25 (3): 310 (1944); *Helwingia chinensis* f. *megaphylla* W. P. Fang, Acta Phytotax. Sin. 1 (2): 172 (1951).

陕西、甘肃、四川、贵州、云南。

西域青荚叶（喜马拉雅青荚叶）

Helwingia himalaica Hook. f. et Thomson ex C. B. Clarke in J. D. Hooker, Fl. Brit. Ind. 2: 726 (1879).

Helwingia japonica (Thunb.) F. Dictr. var. *himalaica* (Hook. f. et Thomson) Franch., Pl. David. 2: 67 (1885); *Helwingia chinensis* Batalin f. *oblanceolata* S. S. Chien, Sinensia 2: 102 (1931); *Helwingia omeiensis* (W. P. Fang) H. Hara et S. Kurosawa var. *oblanceolata* (S. S. Chien) H. Hara et S. Kurosawa, Fl. E. Himalaya 3: 410, f. 78 (1975); *Helwingia himalaica* f. *oblanceolata* (S. S. Chien) W. P. Fang et T. P. Soong, J. Sichuan Univ., Nat. Sci. Ed. 1: 74 (1982); *Helwingia himalaica* var. *parvifolia* H. L. Li, J. Arnold Arbor. 25 (3): 310

(1944); *Helwingia japonica* var. *nanchuanensis* W. P. Fang, Acta Phytotax. Sin. 1 (2): 167 (1951); *Helwingia himalaica* var. *nanchuanensis* (W. P. Fang) W. P. Fang et T. P. Soong, Fl. Sichuanica 1: 379 (1981); *Helwingia himalaica* var. *prunifolia* W. P. Fang et T. P. Soong, J. Sichuan Univ., Nat. Sci. Ed. 1: 75, pl. 6, f. 1 (1982); *Helwingia himalaica* var. *gracilipes* W. P. Fang et T. P. Soong, J. Sichuan Univ., Nat. Sci. Ed. 1: 75, pl. 6, f. 2 (1982).

湖南、湖北、四川、重庆、贵州、云南、西藏、广东、广西；越南北部、缅甸北部、印度北部、不丹、尼泊尔。

青荚叶

Helwingia japonica (Thunb.) F. Dietr., Nachtr. Vollst. Lex. Gärtn. 3: 680 (1817).

山西、山东、河南、陕西、甘肃、安徽、江苏、浙江、江西、湖南、湖北、四川、贵州、云南、福建、台湾、广东、广西；朝鲜南部、日本。

青荚叶（原变种）

Helwingia japonica var. **japonica**

Helwingia rusciflora Willd, Sp. Pl. 4: 716 (1806), *nom. illeg. superfl.*; *Helwingia szechuanensis* W. P. Fang, Acta Phytotax. Sin. 1 (2): 167, pl. 1 (1951); *Helwingia japonica* var. *szechuanensis* (W. P. Fang) W. P. Fang et T. P. Soong, Fl. Sichuanica 1: 377 (1981).

山西、山东、河南、安徽、江苏、浙江、江西、湖南、湖北、四川、贵州、云南、福建、台湾、广东、广西；朝鲜南部、日本。

乳突青荚叶（变种）

●**Helwingia japonica** var. **papillosa** W. P. Fang et Z. P. Song, Fl. Sichuanica 1: 473 (1981).

陕西、甘肃、四川。

白粉青荚叶（变种）

●**Helwingia japonica** var. **hypoleuca** Hemsl. ex Rehder in Sargent, Pl. Wilson. 2 (3): 570 (1916).

Helwingia japonica var. *grisea* W. P. Fang et T. P. Soong, Fl. Sichuanica 1: 473, pl. 144, f. 9-10 (1981).

陕西、湖北、四川、贵州、云南。

台湾青荚叶（变种）

●**Helwingia japonica** var. **zhejiangensis** (W. P. Fang et T. P. Soong) M. B. Deng et Yo. Zhang, J. Pl. Res. Environ. 11 (3): 58 (2002).

Helwingia zhejiangensis W. P. Fang et T. P. Soong, J. Sichuan Univ., Nat. Sci. Ed. 1: 73 (1982); *Helwingia japonica* subsp. *taiwaniana* Yuen P. Yang et H. Y. Liu, Taiwania 47 (2): 177 (2002).

浙江、台湾。

峨眉青荚叶

●**Helwingia omeiensis** (W. P. Fang) H. Hara et S. Kuros. in H. Hara, Fl. E. Himalaya 410, f. 78, a-f (1975).

Helwingia himalaica Hook. f. et Thomson ex C. B. Clarke f. *omeiensis* W. P. Fang, Acta Phytotax. Sin. 1: 169 (1951); *Helwingia omeiensis* var. *oblonga* W. P. Fang et T. P. Soong, Fl. Sichuanica 1: 383, pl. 147, 9-11 (1981).

陕西、甘肃、湖南、湖北、四川、贵州、云南、广西。

250. 冬青科 AQUIFOLIACEAE

[1 属：205 种]

冬青属 Ilex L.

满树星（百介树，白杆根，青心木）

●**Ilex aculeolata** Nakai, Bot. Mag. (Tokyo) 44 (517): 13 (1930).

Ilex rhamnifolia Merr., Sunyatsenia 1 (4): 201 (1934).

浙江、江西、湖南、湖北、贵州、福建、广东、广西。

棱枝冬青

●**Ilex angulata** Merr. et Chun, Sunyatsenia 2 (3-4): 266, f. 30 (1935).

广西、海南。

阿里山冬青

●**Ilex arisanensis** Yamam., Icon. Pl. Formosan. Suppl. 1: 30, f. 10 (1925).

台湾。

秤星树

Ilex asprella (Hook. et Arn.) Champ. ex Benth., Hooker's J. Bot. Kew Gard. Misc. 4: 329 (1852).

Prinos asprellus Hook. et Arn., Bot. Beechey Voy. 176, pl. 36 (1833).

浙江、江西、湖南、福建、台湾、广东、广西；越南、菲律宾。

秤星树（原变种）（假青梅，灯花树，岗梅）

Ilex asprella var. **asprella**

Ilex axyphylla Miq., J. Bot. Neerl. 1: 124 (1861); *Ilex asprella* var. *gracilipes* (Merr.) Loes., Nova Acad. Caes. Leop.-Carol. German. Nat. Cur. 78: 427 (1901); *Ilex gracilipes* Merr., Philipp. J. Sci. 3 (4): 237 (1908); *Ilex merrillii* Briq., Annuaire Conserv. Jard. Bot. Genéve 20: 421 (1919).

浙江、江西、湖南、福建、台湾、广东、广西；菲律宾。

大埔秤星树（变种）

●**Ilex asprella** var. **tapuensis** S. Y. Hu, J. Arnold Arbor. 30 (3): 271 (1949).

广东。

黑果冬青

Ilex atrata W. W. Sm., Notes Roy. Bot. Gard. Edinb. 10 (46): 40 (1917).

云南、西藏；缅甸。

黑果冬青（原变种）
Ilex atrata var. **atrata**
Ilex atrata var. *glabra* C. Y. Wu ex Y. R. Li, Bull. Bot. Res. 5 (1): 5 (1985).
云南；缅甸。

长梗黑果冬青（变种）
●**Ilex atrata** var. **wangii** S. Y. Hu, J. Arnold Arbor. 30 (3): 305 (1949).
云南、西藏。

两广冬青
●**Ilex austrosinensis** C. J. Tseng, Acta Phytotax. Sin. 22 (5): 415 (1984).
广东、广西、海南。

双齿冬青
●**Ilex bidens** C. Y. Wu ex Y. R. Li, Bull. Bot. Res. 5 (1): 25, pl. 7, f. 4 (1985).
云南。

刺叶冬青（双子冬青，壮刺冬青，耗子刺）
●**Ilex bioritsensis** Hayata, J. Coll. Sci. Imp. Univ. Tokyo 30 (1): 53 (1911).
Ilex pernyi Franch. f. *veitchii* (Rehder) Rehder, Bull. Torrey Bot. Club (1870); *Ilex veitchii* J. H. Veitch, Gard. Chron. ser. 3. 52: 289 (1912); *Ilex pernyi* var. *veitchii* Rehder, Mitt. Deutsch. Dendrol. Ges. 23: 263 (1914); *Ilex diplosperma* S. Y. Hu, Icon. Pl. Omeiensium 2: pl. 163 (1946); *Ilex bioritsensis* var. *ovatifolia* H. L. Li, Fl. Taiwan 3: 607 (1977).
河北、湖南、湖北、四川、贵州、云南、台湾。

短叶冬青
●**Ilex brachyphylla** (Hand.-Mazz.) S. Y. Hu, J. Arnold Arbor. 31 (1): 61 (1950).
Ilex ficoidea Hemsl. var. *brachyphylla* Hand.-Mazz., Symb. Sin. 7 (3): 658, pl. 10, f. 23 (1933).
湖南。

短梗冬青（毛枝冬青，华东冬青）
Ilex buergeri Miq., Verslagen Meded. Afd. Natuurk. Kon. Akad. Wetensch. ser. 2. 2: 84 (1866).
Ilex subpuberula Miq., Verslagen Meded. Afd. Natuurk. Kon. Akad. Wetensch. ser. 2. 2: 84 (1866); *Ilex buergeri* f. *subpuberula* (Miq.) Loes., Nova Actorum Acad. Caes. Leop.-Carol. German. Nat. Cur. 78: 311 (1901).
安徽、浙江、江西、湖南、湖北、福建、广东、广西；日本。

黄杨冬青
●**Ilex buxoides** S. Y. Hu, J. Arnold Arbor. 31 (3): 242 (1950).
福建、广东、广西。

茎花冬青
●**Ilex cauliflora** H. W. Li ex Y. R. Li, Bull. Bot. Res. 5 (1): 24, pl. 7, f. 3 (1985).
云南。

华中枸骨（针齿冬青，小果冬青，蜀鄂冬青）
●**Ilex centrochinensis** S. Y. Hu, J. Arnold Arbor. 30 (4): 351 (1949).
Meliosma wallichii Planch. ex Hook. f., Fl. Brit. Ind. 2 (4): 6 (1876); *Ilex dipyrena* Wall. var. *leptacantha* (Lindl. et Paxton) Loes., Nova Actorum Acad. Caes. Leop.-Carol. German. Nat. Cur. 78: 278 (1901); *Ilex aquifolium* L. var. *chinensis* Loes., Nova Actorum Acad. Caes. Leop.-Carol. German. Nat. Cur. 78: 236 (1901); *Ilex huoshanensis* Y. H. He, Acta Phytotax. Sin. 40 (4): 380, f. 1 (2002).
安徽（栽培）、湖北、重庆、云南。

矮杨梅冬青
●**Ilex chamaebuxus** C. Y. Wu ex Y. R. Li, Bull. Bot. Res. 5 (1): 26, pl. 8, f. 1 (1985).
云南。

凹叶冬青
●**Ilex championii** Loes., Nova Actorum Acad. Caes. Leop.-Carol. German. Nat. Cur. 78: 349 (1901).
Ilex memecylifolia Champ. ex Benth. var. *nummularifolia* Champ. ex Benth., Hooker's J. Bot. Kew Gard. Misc. 4: 329 (1852).
江西、湖南、贵州、福建、广东、广西。

沙坝冬青
Ilex chapaensis Merr., J. Arnold Arbor. 21 (3): 373 (1940).
Ilex megistocarpa Merr., J. Arnold Arbor. 21 (3): 373 (1940); *Ilex howii* Merr. et Chun, Sunyatsenia 5 (1-3): 107 (1940).
贵州、云南、福建、广东、广西、海南；越南。

纸叶冬青
●**Ilex chartacifolia** C. Y. Wu ex Y. R. Li, Bull. Bot. Res. 5 (1): 11, pl. 3, f. 3 (1985).
云南。

纸叶冬青（原变种）
●**Ilex chartacifolia** var. **chartacifolia**
云南。

无毛纸叶冬青（变种）
●**Ilex chartacifolia** var. **glabra** C. Y. Wu ex Y. R. Li, Bull. Bot. Res. 5 (1): 12, pl. 3, f. 3 (1985).
云南。

城步冬青
●**Ilex chengbuensis** C. J. Qi et Q. Z. Lin, Bull. Bot. Res. 20 (1): 1, f. 1 (2000).
湖南。

城口冬青
●**Ilex chengkouensis** C. J. Tseng, Bull. Bot. Res. 1 (1-2): 15, f.

2 (1981).
四川、重庆。

龙陵冬青（密花冬青）
●**Ilex cheniana** T. R. Dudley, Holly Soc. J. 6 (4): 15 (1988).
Ilex congesta H. W. Li ex Y. R. Li, Bull. Bot. Res. 5 (1): 4, pl. 1, 4 (1985).
云南。

冬青
Ilex chinensis Sims, Bot. Mag. (Tokyo) 46: pl. 2043 (1819).
Ilex purpurea Hassk., Cat. Hort. Bot. Bogor. 230 (1844); *Ilex oldhamii* Miq., Ann. Mus. Bot. Lugduno-Batavi 3: 105 (1867); *Ilex purpurea* var. *oldhamii* (Miq.) Loes. ex Diels, Bot. Jahrb. Syst. 29 (3-4): 435 (1900); *Ilex myriadenia* Hance, J. Bot. 21 (10): 296 (1883); *Ilex purpurea* var. *myriadenia* (Hance) Loes., Nova Actorum Acad. Caes. Leop.-Carol. German. Nat. Cur. 78: 113 (1901); *Callicarpa cavaleriei* H. Lév., Repert. Spec. Nov. Regni Veg. 9 (222-226): 445 (1911); *Embelia rubroviolacea* H. Lév., Repert. Spec. Nov. Regni Veg. 10 (257-259): 375 (1912); *Celastrus bodinieri* H. Lév., Repert. Spec. Nov. Regni Veg. 13 (363-367): 263 (1914); *Ilex jinggangshanensis* C. J. Tseng, Bull. Bot. Res. 1 (1-2): 8 (1981).
河南、安徽、江苏、浙江、江西、湖南、湖北、云南、福建、台湾、广东、广西；日本。

苗山冬青
●**Ilex chingiana** Hu et T. Tang, Bull. Fan Mem. Inst. Biol. 9: 252 (1940).
湖南、贵州、广东、广西。

苗山冬青（原变种）
●**Ilex chingiana** var. **chingiana**
湖南、贵州、广西。

巨果冬青（变种）
●**Ilex chingiana** var. **megacarpa** (H. G. Ye et H. S. Chen) L. G. Lei, Fl. China 11: 396 (2008).
Ilex megacarpa H. G. Ye et H. S. Chen, J. Trop. Subtrop. Bot. 9 (4): 311, f. 1 (2001).
广东。

毛苗山冬青（变种）
●**Ilex chingiana** var. **puberula** S. Y. Hu, J. Arnold Arbor. 30 (4): 382 (1949).
广西。

铁仔冬青
●**Ilex chuniana** S. Y. Hu, J. Arnold Arbor. 32 (4): 397 (1951).
广东、海南。

纤齿枸骨（睫刺冬青，毛刺冬青，纤刺枸骨）
●**Ilex ciliospinosa** Loes., Pl. Wilson. 1 (1): 78 (1911).
Ilex bioritsensis var. *ciliospinosa* (Loes.) H. F. Comber, Notes Roy. Bot. Gard. Edinb. 18 (86): 43 (1933).
湖北、四川、云南、西藏。

灰冬青
Ilex cinerea Champ. ex Benth., Hooker's J. Bot. Kew Gard. Misc. 4: 327 (1852).
Ilex cinerea var. *faberi* Loes., Nova Actorum Acad. Caes. Leop.-Carol. German. Nat. Cur. 78: 335 (1901).
广东、海南、香港；越南。

越南冬青（革叶冬青）
Ilex cochinchinensis (Lour.) Loes., Nova Actorum Acad. Caes. Leop.-Carol. German. Nat. Cur. 78: 230 (1901).
Hexadica cochinchinensis Lour., Fl. Cochinch. 2: 562 (1790); *Ilex ardisioides* Loes., Nova Actorum Acad. Caes. Leop.-Carol. German. Nat. Cur. 78: 359 (1901); *Ilex cleyeroides* Hayata, Icon. Pl. Formosan. 3: 53 (1913); *Ilex oligadenia* Merr. et Chun, Sunyatsenia 5 (1-3): 108, pl. 14 (1940).
台湾、广东、广西、海南；越南、柬埔寨。

密花冬青
●**Ilex confertiflora** Merr., Lingnan Sci. J. 13 (1): 35 (1934).
广东、广西、海南。

密花冬青（原变种）
●**Ilex confertiflora** var. **confertiflora**
广东、广西、海南。

广西密花冬青（变种）
●**Ilex confertiflora** var. **kwangsiensis** S. Y. Hu, J. Arnold Arbor. 31 (1): 72 (1950).
广西。

珊瑚冬青
●**Ilex corallina** Franch., Bull. Soc. Bot. France 33: 452 (1886).
甘肃、湖南、湖北、四川、贵州、云南。

珊瑚冬青（原变种）（红果冬青，红珊瑚冬青）
●**Ilex corallina** var. **corallina**
Ilex corallina var. *pubescens* S. Y. Hu, J. Arnold Arbor. 31 (1): 66 (1950); *Ilex corallina* var. *macrocarpa* S. Y. Hu, J. Arnold Arbor. 31 (1): 67 (1950).
甘肃、湖南、湖北、四川、贵州、云南。

刺叶珊瑚冬青（变种）
●**Ilex corallina** var. **loeseneri** H. Lév., J. Arnold Arbor. 14: 242 (1933).
Ilex corallina var. *aberrans* Hand.-Mazz., Symb. Sin. 7 (3): 657 (1933).
四川、贵州、云南。

枸骨
Ilex cornuta Lindl. et Paxton, Paxton's Fl. Gard. 1 (3): 43 (1850).
Ilex reevesiana Fortune, Gard. Chron. 1851: 5 (1851); *Ilex furcata* Lindl. ex Göpp., Gartenflora 1853: 322 (1854); *Ilex*

fortunei Lindl., Gard. Chron. 1857: 868 (1857); *Ilex cornuta* var. *fortunei* (Lindl.) S. Y. Hu, J. Arnold Arbor. 30 (4): 356 (1949); *Ilex cornuta* f. *gaetana* Loes., Nova Actorum Acad. Caes. Leop.-Carol. German. Nat. Cur. 78: 281 (1901); *Ilex cornuta* var. *burfordii* De France, Natl. Hort. Mag. 13: 193 (1934); *Ilex burfordii* S. R. Howell, Descr. Cat. Howell Nurs. 19 (1935); *Ilex cornuta* f. *burfordii* (De France) Rehder, Bibliog. Cult. Trees Shrubs 400 (1949).

北京、山东、河南、安徽、江苏、浙江、江西、湖南、湖北、福建、广东、海南；朝鲜。

齿叶冬青（波缘冬青，钝齿冬青，圆齿冬青）

Ilex crenata Thunb., Syst. Veg. ed. 14. 168 (1784).
Celastrus adenophylla Miq., Ann. Mus. Bot. Lugduno-Batavi 2: 85 (1865); *Ilex crenata* var. *longifolia* Goldring, Garden (London) 31: 129 (1887); *Ilex crenata* var. *latifolia* Goldring, Garden (London) 31: 129 (1887); *Ilex crenata* var. *nummularia* Yatabe, Bot. Mag. (Tokyo) 6 (62): 157 (1892); *Ilex crenata* f. *kusnetzoffii* Loes., Nova Actorum Acad. Caes. Leop.-Carol. German. Nat. Cur. 78: 202 (1901); *Ilex crenata* f. *genuina* Loes., Nova Actorum Acad. Caes. Leop.-Carol. German. Nat. Cur. 78: 201 (1901), *non. inval.*; *Ilex crenata* var. *typica* f. *genuina* Loes., Nova Actorum Acad. Caes. Leop.-Carol. German. Nat. Cur. 78: 201 (1901); *Ilex crenata* var. *mariesii* Bean ex Dallim., Holly Yew Box 122 (1908); *Ilex crenata* var. *major* G. Nicholson ex Dallim., Holly Yew Box 121 (1908); *Ilex crenata* var. *multicrenata* C. J. Tseng, Acta Phytotax. Sin. 22 (5): 414 (1984).

山东、安徽、江苏、浙江、江西、湖南、湖北、福建、台湾、广东、广西、海南；朝鲜、日本。

铜光冬青

●*Ilex cupreonitens* C. Y. Wu ex Y. R. Li, Bull. Bot. Res. 5 (1): 14, pl. 4, f. 3 (1985).
云南。

弯尾冬青（镰尾冬青）

Ilex cyrtura Merr., Brittonia 4 (1): 101 (1941).
贵州、云南、广东、广西；缅甸、不丹。

大别山冬青（小苦丁茶）

●*Ilex dabieshanensis* K. Yao et M. B. Deng, Acta Phytotax. Sin. 25 (4): 324, pl. 1 (1987).
安徽。

毛枝冬青

●*Ilex dasyclada* C. Y. Wu ex Y. R. Li, Bull. Bot. Res. 5 (1): 13 (1985).
云南。

黄毛冬青

●*Ilex dasyphylla* Merr., Lingnan Sci. J. 7: 311 (1929).
Ilex flaveomollissima F. P. Metcalf, Lingnan Sci. J. 11 (1): 14 (1932).

江西、湖南、福建、广东、广西。

德宏冬青

●*Ilex dehongensis* S. K. Chen et Y. X. Feng, Bot. Bull. Acad. Sin. 40: 173, f. 1 (1999).
云南。

陷脉冬青

Ilex delavayi Franch., J. Bot. (Morot) 12 (15-16): 255 (1898).
四川、云南、西藏；缅甸。

陷脉冬青（原变种）（代拉氏冬青，溜枝冬青）

●*Ilex delavayi* var. *delavayi*
四川、云南、西藏。

丽江陷脉冬青（变种）

●*Ilex delavayi* var. *comberiana* S. Y. Hu, J. Arnold Arbor. 31 (1): 48 (1950).
云南。

高山陷脉冬青（变种）

Ilex delavayi var. *exalta* H. F. Comber, Notes Roy. Bot. Gard. Edinb. 18 (86): 44 (1933).
四川、云南；缅甸。

线叶陷脉冬青（变种）

●*Ilex delavayi* var. *linearifolia* S. Y. Hu, J. Arnold Arbor. 31 (1): 48 (1950).
云南。

木里陷脉冬青（变种）（木里瘤枝冬青）

●*Ilex delavayi* var. *muliensis* D. Fang et Z. M. Tan, J. Sichuan Univ., Nat. Sci. Ed. 2: 81 (1983).
四川。

细齿冬青

Ilex denticulata Wall. ex Wight, Ill. Ind. Bot. 2: 147, pl. 149 (1850).
Ilex nilagirica Miq. ex Hook. f., Fl. Brit. Ind. 1 (3): 600 (1875).
云南；印度。

滇贵冬青

●*Ilex dianguiensis* C. J. Tseng, Bull. Bot. Lab. N. E. Forest. Inst., Harbin 1 (1-2): 25 (1981).
贵州、云南。

双果冬青

●*Ilex dicarpa* Y. R. Li, Acta Bot. Yunnan. 3 (3): 352, f. 2 (1981).
西藏。

双核枸骨（二核冬青，刺叶冬青）

Ilex dipyrena Wall., in Roxburgh Fl. Ind., ed. 1820. 1: 473 (1820).

Ilex dentonii Hort. ex Loudon, Encycl. Pl. 2: 1302 (1855); *Ilex monopyrena* G. Watt ex Loes., Nova Actorum Acad. Caes. Leop.-Carol. German. Nat. Cur. 78: 275 (1901); *Ilex dipyrena* var. *paucispinosa* Loes., Nova Actorum Acad. Caes. Leop.-Carol. German. Nat. Cur. 89: 283 (1908); *Ilex dipyrena* var. *connexiva* W. W. Sm., Notes Roy. Bot. Gard. Edinb. 10 (46): 41 (1917); *Ilex bioritsensis* Hayata var. *integra* H. F. Comber, Notes Roy. Bot. Gard. Edinb. 18 (86): 43 (1933).
湖北、四川、云南、西藏；缅甸、印度、不丹、尼泊尔。

长柄冬青
●**Ilex dolichopoda** Merr. et Chun, Sunyatsenia 5 (1-3): 107, pl. 13 (1940).
海南。

龙里冬青（狭沟冬青，方氏冬青，长叶冬青）
●**Ilex dunniana** H. Lév., Repert. Spec. Nov. Regni Veg. 9 (222-226): 458 (1911).
Ilex latifolia Thunb. var. *fangii* Rehder, J. Arnold Arbor. 11 (3): 163 (1930); *Ilex fangii* (Rehder) S. Y. Hu, Icon. Pl. Omeiensium 2: pl. 167 (1946); *Ilex intermedia* var. *fangii* (Rehder) S. Y. Hu, J. Arnold Arbor. 31 (1): 79 (1950); *Ilex chieniana* S. Y. Hu, Icon. Pl. Omeiensium 2: pl. 166 (1946).
湖北、四川、贵州、云南。

显脉冬青（凸脉冬青）
●**Ilex editicostata** Hu et T. Tang, Bull. Fan Mem. Inst. Biol. Bot. 9: 247 (1940).
Ilex chowii S. Y. Hu, Icon. Pl. Omeiensium 2: pl. 157 (1946); *Ilex editicostata* var. *chowii* (S. Y. Hu) S. Y. Hu, J. Arnold Arbor. 30 (3): 294 (1949).
安徽、浙江、江西、湖南、湖北、四川、贵州、福建、广东、广西。

厚叶冬青
●**Ilex elmerrilliana** S. Y. Hu, J. Arnold Arbor. 31 (2): 229 (1950).
Ilex subrotundifolia C. J. Qi et Q. Z. Lin, J. Centr. S. Forest. Coll. 19 (4): 80 (1999).
安徽、浙江、江西、湖南、湖北、四川、贵州、福建、广东、广西。

平核冬青
●**Ilex estriata** C. J. Tseng, Bull. Bot. Lab. N. E. Forest. Inst., Harbin 1 (1-2): 37 (1981).
四川。

柃叶冬青
●**Ilex euryoides** C. J. Tseng, Bull. Bot. Res., Harbin 1 (1-2): 16 (1981).
湖北。

高冬青
Ilex excelsa (Wall.) Hook. f., Fl. Brit. Ind. 1 (3): 603 (1875).
Cassine excelsa Wall., Fl. Ind., ed. 1820. 2: 376 (1824).
云南、广西；印度、不丹、尼泊尔、孟加拉国。

高冬青（原变种）
Ilex excelsa var. **excelsa**
Ilex doniana DC., Prodr. 2: 644 (1825); *Ilex nepalensis* Spreng., Syst. Veg. ed. 16. 4 (2, Cur. Post.): 48 (1827); *Ilex elliptica* Siebold ex Miq., Ann. Mus. Bot. Lugduno-Batavi 3: 104 (1867); *Ilex exsulca* Wall. ex Brandis in J. D. Hooker, Fl. Brit. Ind. 76 (1874).
云南、广西；印度、不丹、尼泊尔。

毛背高冬青（变种）
Ilex excelsa var. **hypotricha** (Loes.) S. Y. Hu, J. Arnold Arbor. 30 (3): 308 (1949).
Ilex hypotricha Loes., Nova Actorum Acad. Caes. Leop.-Carol. German. Nat. Cur. 78: 103 (1901).
云南；印度、不丹、尼泊尔、孟加拉国。

狭叶冬青
●**Ilex fargesii** Franch., J. Bot. (Morot) 12 (15-16): 255 (1898).
陕西、甘肃、湖南、湖北、四川。

狭叶冬青（原变种）（法氏冬青）
●**Ilex fargesii** var. **fargesii**
Ilex fargesii f. *megalophylla* Loes., Pl. Wilson. 1 (1): 77 (1911).
陕西、甘肃、湖南、湖北、四川。

线叶冬青（变种）
●**Ilex fargesii** var. **angustifolia** C. Y. Chang, Fl. Tsinling. 1 (3): 451, f. 179 (1981).
陕西、甘肃。

短叶冬青（变种）
●**Ilex fargesii** var. **brevifolia** S. Andrews, Kew Mag. 3 (3): 134 (1986).
湖北。

凤庆冬青
●**Ilex fengqingensis** C. Y. Wu ex Y. R. Li, Bull. Bot. Res. 5 (1): 10, pl. 3, f. 1 (1985).
云南。

锈毛冬青
●**Ilex ferruginea** Hand.-Mazz., Symb. Sin. 7 (3): 657, pl. 10, f. 24 (1933).
贵州、云南、广西。

硬叶冬青
●**Ilex ficifolia** C. J. Tseng ex S. K. Chen et Y. X. Feng, Acta Phytotax. Sin. 37 (2): 143 (1999).
Ilex ficifolia f. *daiyunshanensis* C. J. Tseng, Bull. Bot. Res., Harbin 1 (1-2): 5 (1981); *Ilex suaveolens* (H. Lév.) Loes. var. *brevipetiola* W. S. Wu et Y. X. Luo, Bull. Bot. Res., Harbin12

(1): 123, f. 1-3 (1992).
浙江、江西、湖南、福建、广东、广西。

榕叶冬青（仿腊树，野香雪）
Ilex ficoidea Hemsl., J. Linn. Soc., Bot. 23 (153): 116 (1886).
Ilex warburgii Loes., Nova Actorum Acad. Caes. Leop.-Carol. German. Nat. Cur. 78: 326 (1901); *Ilex buergeri* Miq. var. *glabra* Loes., Nova Actorum Acad. Caes. Leop.-Carol. German. Nat. Cur. 89: 286 (1908); *Ilex glomeratiflora* Hayata, Icon. Pl. Formosan. 3: 53 (1913).
安徽、浙江、江西、湖南、湖北、四川、贵州、云南、福建、台湾、广东、广西、海南；日本。

台湾冬青
Ilex formosana Maxim., Mém. Acad. Imp. Sci. St.-Pétersourg, Sér. 7. 29 (3): 28, 46 (1881).
安徽、浙江、江西、湖南、湖北、四川、贵州、云南、福建、台湾、广东、广西；菲律宾。

台湾冬青（原变种）（糊樗）
Ilex formosana var. **formosana**
Ilex kelungensis Loes., Nova Actorum Acad. Caes. Leop.-Carol. German. Nat. Cur. 78: 335 (1901); *Ilex formosana* var. *ruijinensis* C. J. Tseng, Bull. Bot. Res. 1 (1-2): 26 (1981); *Ilex lanceolata* H. E. Chiang, Quart. J. Exp. Forest, NTU. 3 (2): 113, f. 1 (1989).
安徽、浙江、江西、湖南、湖北、四川、贵州、云南、福建、台湾、广东、广西；菲律宾。

大核台湾冬青（变种）
●**Ilex formosana** var. **macropyrena** S. Y. Hu, J. Arnold Arbor. 31 (1): 70 (1950).
湖南、广东、广西。

滇西冬青
●**Ilex forrestii** H. F. Comber, Notes Bot. Gard. Edinb. 18 (86): 46 (1933).
四川、云南、西藏。

滇西冬青（原变种）（福氏冬青，怒江冬青）
●**Ilex forrestii** var. **forrestii**
Ilex forrestii var. *multiflora* H. F. Comber, Notes Roy. Bot. Gard. Edinb. 18 (86): 48 (1933).
四川、云南、西藏。

无毛滇西冬青（变种）（无毛怒江冬青）
●**Ilex forrestii** var. **glabra** S. Y. Hu, J. Arnold Arbor. 31 (3): 256 (1950).
四川、云南。

薄叶冬青
Ilex fragilis Hook. f., Fl. Brit. Ind. 1 (3): 602 (1875).
Ilex fragilis f. *kingii* Loes., Nova Actorum Acad. Caes. Leop.-Carol. German. Nat. Cur. 78: 493 (1901); *Ilex burmanica* Merr., Brittonia 4 (1): 102 (1941); *Ilex opienensis* S. Y. Hu, Icon. Pl. Omeiensium 2: pl. 173 (1946).
四川、贵州、云南、西藏；缅甸北部、印度、不丹、尼泊尔。

康定冬青
Ilex franchetiana Loes., Pl. Wilson. 1 (1): 77 (1911).
湖北、四川、贵州、云南、西藏；缅甸。

康定冬青（原变种）（范氏冬青，山枇杷，黑皮紫条）
Ilex franchetiana var. **franchetiana**
湖北、四川、贵州、云南、西藏；缅甸。

小叶康定冬青（变种）（小叶范氏冬青）
●**Ilex franchetiana** var. **parvifolia** S. Y. Hu, Icon. Pl. Omeiensium 2: pl. 160 (1946).
Ilex fargesii Franch. var. *parvifolia* (S. Y. Hu) S. Andrews, Kew Mag. 3 (3): 134 (1986).
四川。

福建冬青
●**Ilex fukienensis** S. Y. Hu, J. Arnold Arbor. 31: 253 (1950).
Ilex fukienensis f. *puberula* C. J. Tseng et H. H. Liu, Bull. Bot. Res. 1 (1-2): 34 (1981).
福建。

长叶枸骨（乔氏冬青，单核冬青）
Ilex georgei H. F. Comber, Notes Bot. Gard. Edinb. 18: 50 (1933).
Ilex pernyi Franch. var. *manipurensis* Loes., Nova Actorum Acad. Caes. Leop.-Carol. German. Nat. Cur. 78: 279 (1901).
四川、云南、西藏；印度、缅甸。

景东冬青
●**Ilex gintungensis** H. W. Li ex Y. R. Li, Bull. Bot. Res., Harbin 5 (1): 17, pl. 5: 3 (1985).
云南。

团花冬青
Ilex glomerata King, J. Asiat. Soc. Bengal 64 (2): 135 (1895).
湖南、广东、广西；越南、缅甸、马来西亚。

伞花冬青（米碎木）
Ilex godajam (Colebr. ex Wall.) Wall. ex Hook. f., Fl. Brit. Ind. 1 (3): 604 (1875).
Prinos godajam Colebr. ex Wall., in Wallich, Pl. Asiat. Rar. 3: 38, pl. 261 (1832); *Ilex godajam* var. *genuina* Kurz, J. Asiat. Soc. Bengal 44 (2): 158 (1875); *Ilex capitellata* Pierre, Fl. Forest. Cochinch. 4: pl. 278b (1893); *Ilex godajam* var. *capitellata* (Pierre) Loes., Nova Actorum Acad. Caes. Leop.-Carol. German. Nat. Cur. 78: 102 (1901); *Ilex rotunda* Thunb. var. *piligera* Loes., Nova Actorum Acad. Caes. Leop.-Carol. German. Nat. Cur. 78: 108 (1901).

湖南、云南、广西、海南；越南、老挝、缅甸、印度、不丹、尼泊尔。

海岛冬青（圆叶冬青）
Ilex goshiensis Hayata, J. Coll. Sci. Imp. Univ. Tokyo 30 (1): 54 (1911).
Ilex buxifolia Hance, J. Bot. 14 (168): 364 (1876), not Gardner (1845); *Ilex hanceana* Maxim. f. *rotundata* Makino ex Yamam., Icon. Pl. Formosan. suppl. 1: 34 (1925); *Ilex hanceana* f. *goshiensis* Yamam., Sylva. 4: 105 (1927).
福建、台湾、广东、海南；日本。

纤花冬青
●**Ilex graciliflora** Champ. ex Benth., Hooker's J. Bot. Kew Gard. Misc. 4: 328 (1852).
香港。

纤枝冬青
●**Ilex gracilis** C. J. Tseng, Bull. Bot. Res. 1 (1-2): 28 (1981).
云南。

广南冬青
●**Ilex guangnanensis** C. J. Tseng et Y. R. Li, Bull. Bot. Res. 5 (1): 18, pl. 5, f. 4 (1985).
云南。

贵州冬青
●**Ilex guizhouensis** C. J. Tseng, Bull. Bot. Res., Harbin 1 (1-2): 36 (1981).
贵州。

海南冬青
●**Ilex hainanensis** Merr., Lingnan Sci. J. 13 (1): 60 (1934).
Ilex rotunda Thunb. var. *hainanina* Loes., Nova Actorum Acad. Caes. Leop.-Carol. German. Nat. Cur. 78: 108 (1901); *Ilex hunanensis* C. J. Qi et Q. Z. Lin, Bull. Bot. Res. 20 (1): 2, f. 3 (2000).
湖南、贵州、云南、广东、广西、海南。

青茶香
●**Ilex hanceana** Maxim., Mém. Acad. Imp. Sci. St.-Pétersbourg, Sér. 7. 29 (3): 33 (1881).
Ilex buxifolia Hance, J. Bot. 14: 364 (1876), not Gardner (1845).
湖南、福建、广东、广西、海南。

早田氏冬青
Ilex hayatana Loes., Repert. Spec. Nov. Regni Veg. 50 (1250-1255): 333 (1941).
台湾；日本。

硬毛冬青
●**Ilex hirsuta** C. J. Tseng ex S. K. Chen et Y. X. Feng, Acta Phytotax. Sin. 37 (2): 143 (1999).
Ilex dasyphylla Merr. var. *lichuanensis* S. Y. Hu, J. Arnold Arbor. 61 (1): 81 (1980).
江西、湖南、湖北。

贡山冬青
●**Ilex hookeri** King, J. Asiat. Soc. Bengal, Pt. 2, Nat. Hist. 55 (3): 266, pl. 14 (1886).
Osmanthus dinggyensis P. Y. Bai, Acta Bot. Yunnan. 1 (1): 152 (1979).
云南、西藏；缅甸、印度、不丹。

秀英冬青
●**Ilex huana** C. J. Tseng ex S. K. Chen et Y. X. Feng, Acta Phytotax. Sin. 37 (2): 143 (1999).
Ilex angulata Merr. et Chun var. *longipedunculata* S. Y. Hu, J. Arnold Arbor. 30 (3): 313 (1949).
海南。

细刺枸骨
●**Ilex hylonoma** Hu et T. Tang, Bull. Fan Mem. Inst. Biol. Bot. 9: 250 (1940).
浙江、湖南、湖北、四川、贵州、福建、广东、广西。

细刺枸骨（原变种）（刺叶冬青）
●**Ilex hylonoma** var. **hylonoma**
四川、贵州。

光叶细刺枸骨（变种）（刺叶冬青，光枝刺缘冬青）
●**Ilex hylonoma** var. **glabra** S. Y. Hu, J. Arnold Arbor. 30 (4): 351 (1949).
浙江、湖南、湖北、贵州、福建、广东、广西。

全缘冬青
Ilex integra Thunb. in Syst. Veg. (ed. 14)168 (1784).
Othera japonica Thunb., Nova Gen. Pl. 56 (1783); *Winterlia integra* (Thunb.) K. Koch in Syst. Veg. ed. 14. 168 (1784); *Ilex integra* var. *leucoclada* Maxim. in Syst. Veg. ed. 14. 168 (1784); *Ilex asiatica* Spreng., Syst. Veg. ed. 16. 1: 496 (1826); *Ilex othera* Spreng., Syst. Veg. ed. 16. 1: 496 (1826); *Prinos integra* Hook. et Arn., Bot. Beechey Voy. 261 (1841).
浙江、台湾；朝鲜、日本。

中型冬青
●**Ilex intermedia** Loes., Nova Actorum Acad. Caes. Leop.-Carol. German. Nat. Cur. 78: 273 (1901).
江西、湖南、湖北、四川、贵州。

错枝冬青
Ilex intricata Hook. f., Fl. Brit. Ind. 1 (3): 602 (1875).
Ilex intricata f. *macrophylla* H. F. Comber, Notes Roy. Bot. Gard. Edinb. 18 (86): 53 (1933).
四川、云南、西藏；缅甸、印度、不丹、尼泊尔。

蕉岭冬青
●**Ilex jiaolingensis** C. J. Tseng et H. H. Liu, Bull. Bot. Res., Harbin 1 (1-2): 32 (1981).

广东。

缙云冬青
- **Ilex jinyunensis** Z. M. Tan, J. Sichuan Univ., Nat. Sci. Ed. 2. 81, pl. 4 (1983).
重庆。

九万山冬青
- **Ilex jiuwanshanensis** C. J. Tseng, Bull. Bot. Res., Harbin 1 (1-2): 5 (1981).
广西。

扣树
- **Ilex kaushue** S. Y. Hu, J. Arnold Arbor. 30 (4): 372 (1949).
Ilex macrophylla Blume, Bijdr. Fl. Ned. Ind. 17: 1150 (1826); *Ilex kudingcha* C. J. Tseng, Bull. Bot. Res. 1 (1-2): 21 (1981); *Ilex latifolia* Thunb. f. *puberula* D. Fang et Z. M. Tan, J. Sichuan Univ., Nat. Sci. Ed. 2: 80, pl. 6, 1 (1983).
湖南、湖北、四川、云南、广东、广西、海南。

皱柄冬青
- **Ilex kengii** S. Y. Hu, J. Arnold Arbor. 31 (3): 244 (1950).
Ilex kengii f. *tiantangshanensis* C. J. Tseng et H. H. Liu, Bull. Bot. Res., Harbin 1 (1-2): 34 (1981); *Ilex yanlingensis* C. J. Qi et Q. Z. Lin, Bull. Bot. Res., Harbin 20 (1): 2, f. 2 (2000).
浙江、湖南、贵州、福建、广东、广西。

江西满树星
- **Ilex kiangsiensis** (S. Y. Hu) C. J. Tseng et B. W. Liu, Bull. Bot. Res., Harbin 1 (1-2): 39 (1981).
Ilex aculeolata Nakai var. *kiangsiensis* S. Y. Hu, J. Arnold Arbor. 30 (3): 278 (1949).
江西、湖南、广东。

凸脉冬青
Ilex kobuskiana S. Y. Hu, J. Arnold Arbor. 31 (2): 236 (1950).
广东、海南；越南。

昆明冬青
- **Ilex kunmingensis** H. W. Li ex Y. R. Li, Bull. Bot. Res. 5 (1): 19, pl. 6, f. 1 (1985).
云南。

昆明冬青（原变种）
- **Ilex kunmingensis** var. **kunmingensis**
云南。

头状昆明冬青（变种）
- **Ilex kunmingensis** var. **capitata** Y. R. Li, Bull. Bot. Res., Harbin 5 (1): 19 (1985).
云南。

兰屿冬青（草野氏冬青）
Ilex kusanoi Hayata, J. Coll. Sci. Imp. Univ. Tokyo 30 (1): 55 (1911).

Ilex taiwaniana Hayata, J. Coll. Sci. Imp. Univ. Tokyo 30 (1): 58 (1911); *Ilex poneantha* Koidz., Pl. Nov. Amami-Ohsim. 13 (1928).
台湾；日本。

广东冬青
- **Ilex kwangtungensis** Merr., J. Arnold Arbor. 8 (1): 8 (1927).
Ilex kwangtungensis var. *pilosior* Hand.-Mazz., Symb. Sin. 7 (3): 654 (1933); *Ilex kwangtungensis* var. *pilosissima* Hand.-Mazz., Symb. Sin. 7 (3): 655 (1933); *Ilex shweliensis* H. F. Comber, Notes Roy. Bot. Gard. Edinb. 18 (86): 57 (1933); *Ilex phanerophlebia* Merr., Lingnan Sci. J. 13 (1): 36 (1934).
浙江、江西、湖南、贵州、云南、福建、广东、广西、海南。

剑叶冬青
- **Ilex lancilimba** Merr., Lingnan Sci. J. 7: 312 (1929).
福建、广东、广西、海南。

大叶冬青
Ilex latifolia Thunb. in Syst. Veg. ed. 14. 168 (1784).
Ilex tarajo Goppert, Gartenflora 3: 325 (1854).
河南、安徽、江苏、浙江、江西、湖南、湖北、云南、福建、广东、广西；日本。

阔叶冬青（长叶冬青）
- **Ilex latifrons** Chun, Sunyatsenia 2 (1): 69, pl. 18 (1934).
Ilex kwangtungensis Merr. var. *pilosissinma* Hand.-Mazz., Symb. Sin. 7 (3): 655 (1933); *Ilex latifrons* Chun var. *pilosissima* (Hand.-Mazz.) Chun, Sunyatsenia 2 (1): 70 (1934).
云南、广东、广西、海南。

毛核冬青
- **Ilex liana** S. Y. Hu, J. Arnold Arbor. 32 (4): 398 (1951).
云南。

保亭冬青
- **Ilex liangii** S. Y. Hu, J. Arnold Arbor. 31 (3): 246 (1950).
海南。

溪畔冬青
- **Ilex lihuaensis** T. R. Dudley., Holly Soc. J. 9 (4): 9 (1991).
Ilex rivularis Y. K. Li, Acta Phytotax. Sin. 24 (5): 399 (1986), not Gardner (1842).
贵州。

汝昌冬青
- **Ilex linii** C. J. Tseng, Acta Sci. Nat. Univ. Amoiensis. 9 (4): 305 (1962).
浙江、江西、福建、广东。

木姜冬青
- **Ilex litseifolia** Hu et T. Tang, Bull. Fan Mem. Inst. Biol. Bot. 9:

247 (1939).
Ilex editicostata H. H. Hu et T. Tang var. *litseifolia* (Hu et T. Tang) S. Y. Hu, J. Arnold Arbor. 30 (3): 294 (1949).
浙江、江西、湖南、贵州、福建、广东、广西。

矮冬青（罗浮冬青）
●**Ilex lohfauensis** Merr., Philipp. J. Sci. 13 (3): 144 (1918).
Ilex hanceana Maxim. var. *anhweiensis* Loes. ex Rehder, J. Arnold Arbor. 8 (3): 156 (1927); *Ilex hanceana* var. *lohfauensis* (Merr.) Chun, Sunyatsenia 1 (4): 261 (1934).
安徽、浙江、江西、湖南、贵州、福建、广东、广西。

长尾冬青
●**Ilex longecaudata** H. F. Comber, Notes Roy. Bot. Gard. Edinb. 18 (86): 54 (1933).
云南。

长尾冬青（原变种）
●**Ilex longecaudata** var. **longecaudata**
云南。

无毛长尾冬青（变种）
●**Ilex longecaudata** var. **glabra** S. Y. Hu, J. Arnold Arbor. 31 (3): 246 (1950).
云南。

龙州冬青（变种）（柞叶冬青）
●**Ilex longzhouensis** C. J. Tseng, Acta Phytotax. Sin. 22 (5): 413 (1984).
Ilex xylosmaefolia C. Y. Wu ex Y. R. Li, Bull. Bot. Res., Harbin 5 (1): 3, pl. 1, 3 (1985).
云南、广西。

忍冬叶冬青
●**Ilex lonicerifolia** Hayata, Icon. Pl. Formosan. 3: 54, pl. 8 (1913).
台湾。

忍冬叶冬青（原变种）
●**Ilex lonicerifolia** var. **lonicerifolia**
Ilex hakkuensis Yamam., Icon. Pl. Formosan. Suppl. 1: 3 (1925); *Ilex lonicerifolia* var. *hakkuensis* (Yamam.) S. Y. Hu, J. Arnold Arbor. 30 (3): 291 (1949).
台湾。

无毛忍冬叶冬青（变种）（松田氏冬青）
●**Ilex lonicerifolia** var. **matsudai** (Yamam.) Yamam., J. Soc. Trop. Agric. 5: 55 (1933).
Ilex matsudai Yamam., Icon. Pl. Formosan. 1: 37, f. 17 (1925).
台湾。

鲁甸冬青
●**Ilex ludianensis** S. C. Huang ex Y. R. Li, Bull. Bot. Res., Harbin 5 (1): 7 (1985).
云南。

楠叶冬青
●**Ilex machilifolia** H. W. Li ex Y. R. Li, Bull. Bot. Res. 5 (1): 2, pl. 1 (1985).
云南。

长圆叶冬青
Ilex maclurei Merr., Lingnan Sci. J. 13 (1): 35 (1934).
广东；越南。

大果冬青
●**Ilex macrocarpa** Oliv., Hooker's Icon. Pl. 18 (4): pl. 1787 (1888).
河南、陕西、安徽、江苏、浙江、江西、湖南、湖北、四川、贵州、云南、福建、广东、广西。

大果冬青（原变种）（见水蓝，狗沾子，臭樟树）
●**Ilex macrocarpa** var. **macrocarpa**
Ilex henryi Loes., Nova Actorum Acad. Caes. Leop.-Carol. German. Nat. Cur. 78: 491 (1901); *Ilex macrocarpa* var. *genuina* Loes., Nova Actorum Acad. Caes. Leop.-Carol. German. Nat. Cur. 78: 491 (1901); *Ilex dubia* (G. Don) Britton, Stern et Poggenb. var. *hupehensis* Loes., Nova Actorum Acad. Caes. Leop.-Carol. German. Nat. Cur. 78: 488 (1901); *Ilex montana* Torr. et A. Gray var. *hupehensis* (Loes.) Fernald, Rhodora 41 (no. 489): 428 (1939); *Ilex macrocarpa* var. *trichophylla* Loes., Nova Actorum Acad. Caes. Leop.-Carol. German. Nat. Cur. 78: 491 (1901); *Diospyros bodinieri* H. Lév., Fl. Kouy-Tchéou 144 (1914); *Celastrus salicifolia* H. Lév., Repert. Spec. Nov. Regni Veg. 13 (363-367): 263 (1914); *Ilex macrocarpa* var. *brevipedunculata* S. Y. Hu, Icon. Pl. Omeiensium 2: pl. 171 (1946).
河南、陕西、安徽、江苏、浙江、江西、湖南、湖北、四川、贵州、云南、福建、广东、广西。

长梗大果冬青（变种）（长梗冬青）
●**Ilex macrocarpa** var. **longipedunculata** S. Y. Hu, Icon. Pl. Omeiensium 2: pl. 171 (1946).
安徽、江苏、浙江、湖南、湖北、四川、贵州、云南、广西。

柔毛冬青（变种）（黎氏冬青）
●**Ilex macrocarpa** var. **reevesiae** (S. Y. Hu) S. Y. Hu, J. Arnold Arbor. 30 (3): 274 (1949).
Ilex reevesiae S. Y. Hu, J. W. China Border Res. Soc. 15 (B): 92 (1945).
陕西、四川。

大柄冬青
Ilex macropoda Miq., Ann. Mus. Bot. Lugduno-Batavi 3: 105 (1867).
Ilex costata Blume ex Miq., Cat. Mus. Bot. Lugd.-Bati 167 (1870); *Ilex dubia* (G. Don) Trel. var. *macropoda* (Miq.) Loes., Nova Actorum Acad. Caes. Leop.-Carol. German. Nat. Cur. 78: 487 (1901); *Ilex montana* Torr. et A. Gray var. *macropoda*

(Miq.) Fernald, Rhodora 41 (no. 489): 428 (1939); *Ilex dubia* var. *pseudomacropoda* Loes., Pl. Wilson. 1 (1): 82 (1911); *Ilex macropoda* var. *pseudomacropoda* (Loes.) Nakai, Bot. Mag. (Tokyo) 44 (517): 37 (1930).

河南、安徽、浙江、江西、湖南、湖北、福建；朝鲜、日本。

大柱头冬青
●**Ilex macrostigma** C. Y. Wu ex Y. R. Li, Bull. Bot. Res. 5 (1): 20, pl. 6, f. 2 (1985).

云南。

乳头冬青
●**Ilex mamillata** C. Y. Wu ex C. J. Tseng, Acta Phytotax. Sin. 22 (5): 414 (1984).

云南、广西。

红河冬青
●**Ilex manneiensis** S. Y. Hu, J. Arnold Arbor. 30 (3): 298 (1949).

Ilex manneiensis var. *glabra* C. Y. Wu ex Y. R. Li, Bull. Bot. Res. 5 (1): 1, pl. 8, 2 (1985).

云南。

麻栗坡冬青
●**Ilex marlipoensis** H. W. Li ex Y. R. Li, Bull. Bot. Res. 5 (1): 16, pl. 5, f. 1 (1985).

云南。

倒卵叶冬青
Ilex maximowicziana Loes., Nova Actorum Acad. Caes. Leop.-Carol. German. Nat. Cur. 78: 339 (1901).

Ilex crenata Thunb. var. *scoriatum* Yamam., Icon. Pl. Formosan. Suppl. 1: 31 (1925); *Ilex scoriatulum* Koidz., Bot. Mag. (Tokyo) 43: 389 (1929).

台湾；日本。

墨脱冬青
●**Ilex medogensis** Y. R. Li, Acta Bot. Yunnan. 3 (3): 351, f. 1 (1981).

西藏。

黑叶冬青
●**Ilex melanophylla** H. T. Chang, Acta Sci. Nat. Univ. Sunyatseni 2: 39 (1959).

湖南、广东、广西。

黑毛冬青（多花冬青）
Ilex melanotricha Merr., Brittonia 4 (1): 101 (1941).

Ilex fargesii Franch. subsp. *melanotricha* (Merr.) S. Andrews, Kew Mag. 3 (3): 134 (1986).

重庆、云南、西藏；缅甸。

谷木叶冬青（谷木冬青）
Ilex memecylifolia Champ. ex Benth., Hooker's J. Bot. Kew Gard. Misc. 4: 328 (1852).

Ilex memecylifolia var. *oblongifolia* Champ. ex Benth., Hooker's J. Bot. Kew Gard. Misc. 4: 329 (1852).

江西、贵州、福建、广东、广西；越南。

河滩冬青（鄂黔矛叶冬青，穿鱼柳）
●**Ilex metabaptista** Loes., Nova Actorum Acad. Caes. Leop.-Carol. German. Nat. Cur. 78: 238 (1901).

湖南、湖北、四川、重庆、贵州、云南、广西。

河滩冬青（原变种）
●**Ilex metabaptista** var. **metabaptista**

湖南、湖北、四川、重庆、贵州、云南、广西。

紫金牛叶冬青（变种）
●**Ilex metabaptista** var. **bodinieri** (Loes. ex H. Lév.) Barriera, Fl. China 11: 422 (2008).

Ilex fargesii Franch. var. *bodinieri* Loes. ex H. Lév., Fl. Kouy-Tchéou 200 (1914); *Maesa myrsinoides* H. Lév., Repert. Spec. Nov. Regni Veg. 10 (257-259): 375 (1912); *Ilex metabaptista* var. *myrsinoides* (H. Lév.) Rehder, J. Arnold Arbor. 14 (3): 240 (1933); *Myrsine feddei* H. Lév., Repert. Spec. Nov. Regni Veg. 10 (257-259): 376 (1912); *Embelia cavaleriei* H. Lév., Fl. Kouy-Tchéou 284 (1914).

重庆、贵州、广西。

小果冬青（细果冬青，球果冬青）
Ilex micrococca Maxim., Mém. Acad. Imp. Sci. St.-Pétersbourg, Sér. 7. 29 (3): 39 (1881).

Ilex pseudogodajam Franch., J. Bot. (Morot) 12 (15-16): 256 (1898); *Ilex micrococca* var. *longifolia* Hayata, Icon. Pl. Formosan. 3: 55, pl. 9 (1913); *Ilex micrococca* f. *pilosa* S. Y. Hu, J. Arnold Arbor. 30 (3): 263 (1949); *Ilex micrococca* f. *tsangii* T. R. Dudley, Feddes Repert. 91 (9-10): 578 (1980); *Ilex micrococca* f. *luteocarpa* H. Ohba et S. Akiyama, in Iwatsuki et al., Fl. Jap. 2c: 90 (1999).

湖南、湖北、四川、重庆、贵州、云南、广东、广西；日本、越南。

小核冬青
●**Ilex micropyrena** C. Y. Wu ex Y. R. Li, Bull. Bot. Res. 5 (1): 20, pl. 6, f. 3 (1985).

云南。

米谷冬青
●**Ilex miguensis** S. Y. Hu, J. Arnold Arbor. 32 (4): 396 (1951).

西藏。

南川冬青
●**Ilex nanchuanensis** Z. M. Tan, J. Sichuan Univ., Nat. Sci. Ed. 2: 79, pl. 2 (1983).

重庆。

南宁冬青
●**Ilex nanningensis** Hand.-Mazz., Sinensia 5 (1-2): 2 (1934).

广东、广西、海南。

宁德冬青
●**Ilex ningdeensis** C. J. Tseng, Bull. Bot. Res., Harbin 1 (1-2): 19 (1981).
福建。

亮叶冬青
●**Ilex nitidissima** C. J. Tseng, Bull. Bot. Res. 1 (1-2): 35 (1981).
江西、湖南、广西。

小圆叶冬青
Ilex nothofagifolia Kingdon-Ward, Gard. Chron. ser. 3. 81: 194 (1927).
Ilex intricata Hook. f. var. *oblata* W. E. Evans, Notes Roy. Bot. Gard. Edinb. 13 (63-64): 163 (1921); *Ilex oblata* (W. E. Evans) H. F. Comber, Notes Roy. Bot. Gard. Edinb. 18: 55 (1933).
云南、西藏；缅甸、印度。

云中冬青
●**Ilex nubicola** C. Y. Wu ex Y. R. Li, Bull. Bot. Res. 5 (1): 13, pl. 4, f. 1 (1985).
云南。

洼皮冬青
●**Ilex nuculicava** S. Y. Hu, J. Arnold Arbor. 30 (4): 385 (1949).
海南。

洼皮冬青（原变种）
●**Ilex nuculicava** var. **nuculicava**
Ilex cinerea Merr., Lingnan Sci. J. 5: 115 (1928); *Ilex nuculicava* var. *brevipedicellata* S. Y. Hu, J. Arnold Arbor. 30 (4): 387 (1949); *Ilex nuculicava* f. *brevipedicellata* (S. Y. Hu) T. R. Dudley, Holly Soc. J. 6 (4): 15 (1988).
海南。

秋花洼皮冬青（变种）
●**Ilex nuculicava** var. **auctumnalis** S. Y. Hu, J. Arnold Arbor. 30 (4): 387 (1949).
海南。

光枝洼皮冬青（变种）
●**Ilex nuculicava** var. **glabra** S. Y. Hu, J. Arnold Arbor. 30 (4): 387 (1949).
海南。

长圆果冬青
Ilex oblonga C. J. Tseng, Bull. Bot. Res. 1 (1-2): 23 (1981).
广西。

隐脉冬青
●**Ilex occulta** C. J. Tseng, Bull. Bot. Res. 1 (1-2): 18 (1981).
广东、广西。

疏齿冬青（少齿冬青，刘明根树）
●**Ilex oligodonta** Merr. et Chun, Sunyatsenia 1 (1): 67 (1930).
湖南、福建、广东。

峨眉冬青
●**Ilex omeiensis** Hu et Tang, Bull. Fan Mem. Inst. Biol. 9: 245 (1940).
四川。

具柄冬青（长梗冬青，刻脉冬青）
Ilex pedunculosa Miq., Verslagen Meded. Afd. Natuurk. Kon. Akad. Wetensch. ser. 2. 2: 83 (1866).
Ilex pedunculosa f. *continentalis* Loes. ex Diels, Nova Actorum Acad. Caes. Leop.-Carol. German. Nat. Cur. 78: 110 (1900); *Ilex pedunculosa* f. *genuina* Loes., Nova Actorum Acad. Caes. Leop.-Carol. German. Nat. Cur. 78: 110 (1901); *Ilex purpurea* Hassk. var. *leveilleana* Loes., Fl. Kouy-Tchéou 201 (1914); *Ilex impressivena* Yamam., Icon. Pl. Formosan. Suppl. 1: 3 (1925); *Ilex morii* Yamam., Icon. Pl. Formosan. Suppl. 1: 3 (1925); *Ilex pedunculosa* var. *aurantiaca* Koidz., Acta Phytotax. Geobet. 3: 149 (1934); *Ilex pedunculosa* var. *aiwanensis* S. Y. Hu, J. Arnold Arbor. 30: 336 (1949); *Ilex pedunculosa* f. *aurantiaca* (Koidz) Ohwi, Monogr. Syst. Bot. Missouri Bot. Gard. (1978); *Ilex pedunculosa* f. *longipedunculata* S. Watan., J. Phytogeogr. Taxon. 28 (2): 62 (1980).
河南、陕西、安徽、浙江、江西、湖南、湖北、四川、贵州、福建、台湾、广西；日本。

上思冬青
Ilex peiradena S. Y. Hu, J. Arnold Arbor. 31 (1): 62 (1950).
广西；越南。

五棱苦丁茶
●**Ilex pentagona** S. K. Chen, Y. X. Feng et C. F. Liang, Acta Phytotax. Sin. 36 (4): 357, pl. 1 (1998).
湖南、贵州、云南、广西。

巨叶冬青
●**Ilex perlata** C. Chen et S. C. Huang ex Y. R. Li, Bull. Bot. Res., Harbin 5 (1): 8, pl. 2, f. 3 (1985).
云南。

猫儿刺（老鼠刺，狗骨头，裴氏冬青）
●**Ilex pernyi** Franch., Nouv. Arch. Mus. Hist. Nat. sér. 2. 5: 221 (1883).
河南、陕西、甘肃、安徽、浙江、江西、湖南、湖北、四川、贵州、西藏。

皱叶冬青
Ilex perryana S. Y. Hu, J. Arnold Arbor. 30 (4): 367 (1949).
Ilex georgei H. F. Comber var. *rugosa* H. F. Comber, Notes Roy. Bot. Gard. Edinb. 18 (86): 51 (1933).
云南、西藏；缅甸、印度。

平和冬青
- **Ilex pingheensis** C. J. Tseng, Bull. Bot. Res., Harbin 9 (4): 29 (1989).

福建。

平南冬青
- **Ilex pingnanensis** S. Y. Hu, J. Arnold Arbor. 31 (1): 59 (1950).

广东、广西。

多脉冬青（青皮树）
- **Ilex polyneura** (Hand.-Mazz.) S. Y. Hu, J. Arnold Arbor. 30 (3): 263 (1949).

Ilex micrococca Maxim. var. *polyneura* Hand.-Mazz., Symb. Sin. 7 (3): 654 (1933); *Ilex polyneura* var. *glabra* S. Y. Hu, J. Arnold Arbor. 30 (3): 265 (1949).

四川、贵州、云南、西藏。

多核冬青
- **Ilex polypyrena** C. J. Tseng et B. W. Liu, Bull. Bot. Res., Harbin 1 (1-2): 2 (1981).

广西。

假楠叶冬青
- **Ilex pseudomachilifolia** C. Y. Wu ex Y. R. Li, Bull. Bot. Res., Harbin 5 (1): 3, pl. 1, 1-2 (1985).

云南。

毛冬青
- **Ilex pubescens** Hook. et Arn., Bot. Beechey Voy. 176, pl. 35 (1833).

安徽、浙江、江西、湖南、湖北、贵州、云南、福建、台湾、广东、广西、海南。

毛冬青（原变种）（茶叶冬青，密毛假黄杨，密毛冬青）
- **Ilex pubescens** var. **pubescens**

Ilex trichoclada Hayata, Icon. Pl. Formosan. 3: 56 (1913); *Ilex pubescens* var. *glabra* H. T. Chang, Acta Sci. Nat. Vaiv. Sunyatseni. 2: 40 (1959).

安徽、浙江、江西、湖南、湖北、贵州、云南、福建、台湾、广东、广西、海南。

广西毛冬青（变种）
- **Ilex pubescens** var. **kwangsiensis** Hand.-Mazz., Sinensia 3 (8): 189 (1933).

贵州、云南、广西。

有毛冬青
- **Ilex pubigera** (C. Y. Wu ex Y. R. Li) S. K. Chen et Y. X. Feng, Fl. Reipubl. Popularis Sin. 45 (2): 34 (1999).

Ilex purpurea Hassk. var. *pubigera* C. Y. Wu ex Y. R. Li, Bull. Bot. Res., Harbin 5 (1): 5, pl. 2, 1 (1985).

云南。

毛叶冬青
- **Ilex pubilimba** Merr. et Chun, Sunyatsenia 5 (1-3): 109 (1940).

Ilex hirsuticarpa Tardieu, Notul. Syst. (Paris) 12 (1-2): 120 (1945).

海南；越南。

点叶冬青
- **Ilex punctatilimba** C. Y. Wu ex Y. R. Li, Bull. Bot. Res., Harbin 5 (1): 21, I. 6, f. 4 (1985).

云南。

梨叶冬青
- **Ilex pyrifolia** C. J. Tseng, Bull. Bot. Res., Harbin 1 (1-2): 3 (1981).

四川。

黔灵山冬青
- **Ilex qianlingshanensis** C. J. Tseng, Bull. Bot. Res., Harbin 1 (1-2): 10 (1981).

贵州。

庆元冬青
- **Ilex qingyuanensis** C. Z. Zheng, J. Hangzhou Univ., Nat. Sci. Ed. 2: 73, f. 1-5 (1980).

浙江、福建。

网脉冬青
- **Ilex reticulata** C. J. Tseng, Acta Phytotax. Sin. 22 (5): 414 (1984).

广西。

微凹冬青
- **Ilex retusifolia** S. Y. Hu, J. Arnold Arbor. 31 (2): 238 (1950).

广西。

粗枝冬青
- **Ilex robusta** C. J. Tseng, Bull. Bot. Res., Harbin 1 (1-2): 6 (1981).

广西。

粗脉冬青
- **Ilex robustinervosa** C. J. Tseng ex S. K. Chen et Y. X. Feng, Acta Phytotax. Sin. 37 (2): 144 (1999).

广东。

高山冬青（洛氏冬青，黑毛冬青）
- **Ilex rockii** S. Y. Hu, J. Arnold Arbor. 30 (3): 336 (1949).

四川、云南、西藏。

铁冬青（救必应，熊胆木，白银香）

Ilex rotunda Thunb., Syst. Veg. ed. 14. 168 (1784).

Ilex microcarpa Lindl. ex Paxton, Paxton's Fl. Gard. 1: 43 (1850); *Ilex rotunda* var. *microcarpa* (Lindl. ex Paxton) S. Y. Hu, J. Arnold Arbor. 30 (3): 310 (1949); *Ilex laevigata* Blume ex Miq., Cat. Mus. Bot. Lugd.-Bat. 167 (1870); *Ilex koshunensis* Yamam., Icon. Pl. Formosan. 1: 36, f. 16 (1925); *Ilex sasakii* Yamam., Icon. Pl. Formosan. Suppl. 1: 39, f. 19 (1925); *Ilex rotunda* var. *sinensis* Masam., Trans. Nat. Hist. Soc. Taiwan 25: 13 (1935); *Ilex unicanaliculata* C. J. Tseng, Bull. Bot. Res. 1 (1-2): 12 (1981).

安徽、江苏、浙江、江西、湖南、湖北、贵州、云南、福建、台湾、广东、广西、海南；朝鲜、日本、越南。

柳叶冬青（水黄柞）
Ilex salicina Hand.-Mazz., Sinensia 3 (8): 187 (1933).

广西；越南。

石生冬青
●**Ilex saxicola** C. J. Tseng et H. H. Liu, Bull. Bot. Res., Harbin 1 (1-2): 33 (1981).

广西。

落霜红（硬毛冬青）
Ilex serrata Thunb., Syst. Veg. ed. 14. 168 (1784).
Ilex subtilis Miq., Verslagen Meded. Afd. Natuurk. Kon. Akad. Wetensch. ser. 2. 2: 84 (1866); *Ilex serrata* var. *subtilis* (Miq.) Yatabe, Bot. Mag. (Tokyo) 62: 158 (1892); *Ilex serrata* f. *subtilis* (Miq.) Ohwi, Fl. Jap. 850 (1978); *Ilex sieboldi* Miq., Verslagen Meded. Afd. Natuurk. Kon. Akad. Wetensch. ser. 2. 2: 84 (1868); *Ilex serrata* var. *sieboldii* (Miq.) Rehder, Cycl. Amer. Hort. ed. 2. 798 (1900).

浙江、江西、湖南、四川、福建；日本。

神农架冬青
●**Ilex shennongjiaensis** T. R. Dudley et S. C. Sun, J. Arnold Arbor. 64 (1): 63 (1983).

湖北。

石枚冬青
●**Ilex shimeica** K. F. Kwok, Acta Phytotax. Sin. 8 (4): 357 (1963).

海南。

锡金冬青
Ilex sikkimensis Kurz, J. Asiat. Soc. Bengal, Pt. 2, Nat. Hist. 44 (2): 202 (1875).
Ilex sikkimensis var. *coccinea* H. F. Comber, Notes Roy. Bot. Gard. Edinb. 18 (86): 58 (1933).

云南、西藏；缅甸、印度、不丹、尼泊尔。

中华冬青
●**Ilex sinica** (Loes.) S. Y. Hu, J. Arnold Arbor. 31 (2): 231 (1950).
Ilex malabarica Bedd. var. *sinica* Loes., Nova Actorum Acad. Caes. Leop.-Carol. German. Nat. Cur. 89: 281 (1908).

云南、广西。

华南冬青
Ilex sterrophylla Merr. et Chun, Sunyatsenia 5 (1-3): 110 (1940).
Ilex suaveolens (H. Lév.) Loes. var. *sterrophylla* (Merr. et Chun) H. T. Chang, Acta Sci. Nat. Univ. Sunyatseni 2: 40 (1959).

广东、广西、海南；越南。

黔桂冬青（施冬青）
Ilex stewardii S. Y. Hu, J. Arnold Arbor. 31 (2): 219 (1950).

湖南、贵州、广东、广西；越南。

粗毛冬青
●**Ilex strigillosa** T. R. Dudley, Acta Bot. Yunnan. 6 (1): 43 (1984).

广东。

香冬青
●**Ilex suaveolens** (H. Lév.) Loes., Ber. Deutsch. Bot. Ges. 32: 541 (1914).
Celastrus suaveolens H. Lév., Repert. Spec. Nov. Regni Veg. 13 (363-367): 263 (1914); *Ilex debaoensis* C. J. Tseng, Bull. Bot. Res. 1 (1-2): 3 (1981).

安徽、浙江、江西、湖南、湖北、四川、贵州、云南、福建、广东、广西。

薄革叶冬青
●**Ilex subcoriacea** Z. M. Tan, J. Sichuan Univ., Nat. Sci. Ed. 2: 79, pl. 3 (1983).

四川。

拟钝齿冬青
●**Ilex subcrenata** S. Y. Hu, J. Arnold Arbor. 32 (4): 395 (1951).

广西。

拟榕叶冬青
Ilex subficoidea S. Y. Hu, J. Arnold Arbor. 30 (4): 384 (1949).

江西、湖南、福建、广东、广西、海南；越南。

拟长尾冬青
●**Ilex sublongecaudata** C. J. Tseng et s. Liu ex Y. R. Li, Bull. Bot. Res., Harbin 5 (1): 23, pl. 7, f. 2 (1985).

云南。

微香冬青
●**Ilex subodorata** S. Y. Hu, J. Arnold Arbor. 31 (1): 74 (1950).

贵州、云南。

异齿冬青（次糙冬青，突脉冬青）
●**Ilex subrugosa** Loes., Pl. Wilson. 1 (1): 80 (1911).
Ilex latifolia Thunb. var. *subrugosa* (Loes.) Hu et T. Tang, Bull. Fan Mem. Inst. Biol. Bot. 9: 253 (1940).

四川、云南、西藏。

太平山冬青
Ilex sugerokii Maxim., Mém. Acad. Imp. Sci. Saint Pétersbourg, Sér. 7. 29 (3): 35, pl. 1, f. 7e (1881).

Ilex sugerokii f. *brevipedunculata* Maxim., Mém. Acad. Imp. Sci. Saint Pétersbourg, Sér. 7. 29 (3): 36, pl. 1, f. 7d (1881); *Ilex sugerokii* subsp. *brevipedunculata* (Maxim.) Makino, Bot. Mag. (Tokyo) 27 (316): 78 (1913); *Ilex sugerokii* var. *brevipedunculata* (Maxim.) S. Y. Hu, J. Arnold Arbor. 30 (3): 343 (1949); *Ilex taisanensis* Hayata, J. Coll. Sci. Imp. Univ. Tokyo 30 (1): 57 (1911); *Ilex sugerokii* subsp. *longipedunculata* (Maxim.) Makino, Bot. Mag. (Tokyo) 27 (316): 78 (1913); *Ilex pedunculosa* Miq. var. *taiwanensis* S. Y. Hu, J. Arnold Arbor. 30 (3): 336 (1949); *Ilex taiwanensis* (S. Y. Hu) H. L. Li, Woody Fl. Taiwan 461 (1963).
台湾；日本。

遂昌冬青
● **Ilex suichangensis** C. Z. Zheng, Bull. Bot. Res. 8 (4): 8, f. 1 (1988).
浙江。

铃木冬青
● **Ilex suzukii** S. Y. Hu, J. Arnold Arbor. 30 (4): 376 (1949).
Ilex lupingsanensis H. E. Chiang, Quart. J. Exp. Forest, NTU. 3 (2): 114, f. 3 (1989).
台湾。

合核冬青
● **Ilex synpyrena** C. J. Tseng, Bull. Bot. Res., Harbin 1 (1-2): 17 (1981).
云南。

蒲桃叶冬青
● **Ilex syzygiophylla** C. J. Tseng ex S. K. Chen et Y. X. Feng, Acta Phytotax. Sin. 37 (2): 144 (1999).
广东。

四川冬青
● **Ilex szechwanensis** Loes., Nova Actorum Acad. Caes. Leop.-Carol. German. Nat. Cur. 78: 347 (1901).
江西、湖南、湖北、四川、重庆、贵州、云南、西藏、广东、广西。

四川冬青（原变种）
Ilex szechwanensis var. **szechwanensis**
Ilex szechwanensis f. *calva* Loes. ex Diels, Bot. Jahrb. Syst. 29 (3-4): 436 (1900); *Ilex szechwanensis* f. *puberula* Loes., Nova Actorum Acad. Caes. Leop.-Carol. German. Nat. Cur. 78: 348 (1901); *Ilex crenata* Thunb. var. *scoriarum* W. W. Sm., Notes Roy. Bot. Gard. Edinb. 10 (46): 41 (1917); *Ilex szechwanensis* var. *scoriarum* (W. W. Sm.) C. Y. Wu., Fl. Xizang. 3: 118 (1986); *Ilex szechwanensis* var. *heterophylla* C. Y. Wu ex Y. R. Li, Bull. Bot. Res., Harbin 5 (1): 7 (1985).
江西、湖南、湖北、四川、重庆、贵州、云南、西藏、广东、广西。

桂南四川冬青（变种）
● **Ilex szechwanensis** var. **huiana** T. R. Dudley, Acta Bot. Yunnan. 6 (1): 49 (1984).
广西。

毛叶川冬青（变种）
● **Ilex szechwanensis** var. **mollissima** C. Y. Wu ex Y. R. Li, Bull. Bot. Res., Harbin 5 (1): 6 (1985).
云南。

卷边冬青
● **Ilex tamii** T. R. Dudley in F. C. Galle, Hollies Gen. Ilex. 244 (1997).
Ilex revoluta P. C. Tam, Acta Phytotax. Sin. 8: 356 (1963).
广东、海南。

薄核冬青
● **Ilex tenuis** C. J. Tseng, Bull. Bot. Res., Harbin 1 (1-2): 20 (1981).
广东。

灰叶冬青
● **Ilex tetramera** (Rehder) C. J. Tseng, Bull. Bot. Res., Harbin 1 (1-2): 21 (1981).
Symplocos tetramera Rehder, Pl. Wilson. 2: 598 (1916).
湖南、四川、重庆、贵州、云南、广西。

灰叶冬青（原变种）
● **Ilex tetramera** var. **tetramera**
Ilex odorata Buch.-Ham. ex D. Don var. *tephrophylla* Loes., Nova Actorum Acad. Caes. Leop.-Carol. German. Nat. Cur. 89: 286 (1908); *Ilex tephrophylla* (Loes.) S. Y. Hu, J. Arnold Arbor. 31 (1): 67 (1950).
湖南、四川、重庆、贵州、云南、广西。

无毛灰叶冬青（变种）
● **Ilex tetramera** var. **glabra** (C. Y. Wu ex Y. R. Li) T. R. Dudley, Holly Soc. J. 6 (4): 28 (1988).
Ilex tephrophylla (Loes.) S. Y. Hu var. *glabra* C. Y. Wu ex Y. R. Li, Bull. Bot. Res. 5 (1): 12, pl. 3, f. 4 (1985).
云南。

毛果冬青
● **Ilex trichocarpa** H. W. Li ex Y. R. Li, Bull. Bot. Res., Harbin 5 (1): 9, pl. 2, 4 (1985).
云南。

三花冬青
Ilex triflora Blume, Bijdr. Fl. Ned. Ind. 17: 1150 (1826).
安徽、浙江、江西、湖南、湖北、四川、贵州、云南、福建、台湾、广东、广西、海南；越南、缅甸、泰国、马来西亚、印度尼西亚、印度、孟加拉国。

三花冬青（原变种）
Ilex triflora var. **triflora**
Ilex griffithii Hook. f., Fl. Brit. Ind. 1 (3): 601 (1875); *Ilex lobbiana* Rolfe, J. Linn. Soc., Bot. 21 (135): 309 (1884); *Ilex*

triflora var. *lobbiana* (Rolfe) Loes., Nova Actorum Acad. Caes. Leop.-Carol. German. Nat. Cur. 78: 346 (1901); *Ilex horsfieldii* Miq., Fl. Ned. Ind. 1 (2): 594 (1895); *Ilex triflora* var. *horsfieldii* (Miq.) Loes., Nova Actorum Acad. Caes. Leop.-Carol. German. Nat. Cur. 78: 347 (1901); *Ilex triflora* var. *javensis* Loes., Nova Actorum Acad. Caes. Leop.-Carol. German. Nat. Cur. 78: 347 (1901); *Ilex triflora* var. *kurziana* Loes., Nova Actorum Acad. Caes. Leop.-Carol. German. Nat. Cur. 78: 346 (1901); *Ilex theicarpa* Hand.-Mazz., Sinensia 3 (8): 188 (1933); *Ilex fleuryana* Tardieu, Notul. Syst. (Paris) 12 (1-2): 119 (1945); *Ilex szechwanensis* f. *villosa* D. Fang et Z. M. Tan, J. Sichuan Univ., Nat. Sci. Ed. 2: 78, pl. 5, 2 (1983); *Ilex viridis* var. *brevipedicellata* Z. M. Tan, J. Sichuan Univ., Nat. Sci. Ed. 2: 77, pl. 1 (1983); *Ilex leptophylla* D. Fang et Z. M. Tan, J. Sichuan Univ., Nat. Sci. Ed. 2: 78, pl. 5, 1 (1983).
安徽、浙江、江西、湖南、湖北、四川、贵州、福建、广东、广西、海南；越南、缅甸、泰国、马来西亚、印度尼西亚、印度、孟加拉国。

钝头冬青（变种）（金平氏冬青）

●**Ilex triflora** var. **kanehirai** (Yamam.) S. Y. Hu, J. Arnold Arbor. 30 (3): 332 (1949).

Ilex crenata var. *kanehirae* Yamam., Icon. Pl. Formosan. Suppl. 1: 3, f. 11 (1925); *Ilex kanehirai* (Yamam.) Koidz., Bot. Mag. (Tokyo)43 (512): 389 (1929); *Ilex kanehirai* var. *glabra* Kaneh., Formosan Trees, (rev. ed.) f. 330 (1936).
浙江、江西、湖南、福建、台湾、广东。

细枝冬青

●**Ilex tsangii** S. Y. Hu, J. Arnold Arbor. 30 (4): 380 (1949).
广东、广西。

细枝冬青（原变种）

●**Ilex tsangii** var. **tsangii**
广东。

瑶山细枝冬青（变种）

●**Ilex tsangii** var. **guangxiensis** T. R. Dudley, Acta Bot. Yunnan. 6 (1): 46 (1984).
广西。

蒋英冬青

●**Ilex tsiangiana** C. J. Tseng, Bull. Bot. Res., Harbin 1 (1-2): 36 (1981).
云南。

紫果冬青

●**Ilex tsoii** Merr. et Chun, Sunyatsenia 1 (1): 66 (1930).
安徽、江苏、浙江、江西、湖南、湖北、四川、贵州、福建、广东、广西。

紫果冬青（原变种）

●**Ilex tsoii** var. **tsoii**
安徽、江苏、浙江、江西、湖南、湖北、四川、贵州、福建、广东、广西。

广西紫果冬青（变种）

●**Ilex tsoii** var. **guangxiensis** T. R. Dudley, Acta Bot. Yunnan. 6 (1): 46 (1984).
广西。

雪山冬青

●**Ilex tugitakayamensis** Sasaki, Trans. Nat. Hist. Soc. Taiwan 21: 153, f. 3 (1931).
台湾。

罗浮冬青

●**Ilex tutcheri** Merr., Philipp. J. Sci. 13 (3): 143 (1918).
广东、广西。

伞序冬青（多核冬青）

Ilex umbellulata (Wall.) Loes., Nova Actorum Acad. Caes. Leop.-Carol. German. Nat. Cur. 78: 99 (1901).

Ehretia umbellulata Wall., Fl. Ind., ed. 1820. 2: 344 (1824); *Pseudehretia umbellulata* (Wall.) Turcz., Bull. Soc. Imp. Naturalistes Moscou 36: 607 (1863); *Ilex godajam* (Colebr. ex Wall.) Wall. ex Hook. f. var. *sulcata* (Wall. ex Hook. f.) Kurz, J. Asiat. Soc. Bengal 44 (2): 158 (1875); *Ilex sulcata* Wall. ex Hook. f., Fl. Brit. Ind. 1 (3): 604 (1875); *Ilex umbellulata* var. *megalophylla* Loes., Nova Actorum Acad. Caes. Leop.-Carol. German. Nat. Cur. 89 (2): 2 (1908).
云南；越南、缅甸、泰国、印度、孟加拉国。

乌来冬青

Ilex uraiensis Yamam., J. Soc. Trop. Agric. 4: 486 (1932).

Ilex uraiensis var. *formosae* (Loes) S. Y. Hu, J. Arnold Arbor. 30 (4): 383 (1949); *Ilex uraiensis* var. *macrophylla* S. Y. Hu, J. Arnold Arbor. 34 (2): 158 (1953); *Ilex formosae* (Loes.) Li, Woody Fl. Taiwan 463 (1963).
福建、台湾；日本。

细脉冬青

●**Ilex venosa** C. Y. Wu ex Y. R. Li, Bull. Bot. Res. 5 (1): 15, pl. 4, f. 4 (1985).
云南。

微脉冬青

Ilex venulosa Hook. f., Fl. Brit. Ind. 1 (3): 602 (1875).
云南；缅甸、印度、不丹、孟加拉国。

微脉冬青（原变种）

Ilex venulosa var. **venulosa**
云南；缅甸、印度、不丹、孟加拉国。

短梗微脉冬青（变种）

Ilex venulosa var. **simplicifrons** S. Y. Hu, J. Arnold Arbor. 31 (2): 217 (1950).
云南；印度。

湿生冬青
- *Ilex verisimilis* C. J. Tseng ex S. K. Chen et Y. X. Feng, Acta Phytotax. Sin. 37 (2): 144 (1999).

湖南、广东、广西。

绿叶冬青（亮叶冬青，细叶三花冬青）
- *Ilex viridis* Champ. ex Benth., Hooker's J. Bot. Kew Gard. Misc. 4: 329 (1852).

Ilex triflora Blume var. *viridis* (Champ. ex Benth.) Loes., Nova Actorum Acad. Caes. Leop.-Carol. German. Nat. Cur. 78: 345 (1901).

安徽、浙江、江西、湖南、贵州、福建、广东、广西、海南。

假枝冬青
- *Ilex wangiana* S. Y. Hu, J. Arnold Arbor. 31 (1): 54 (1950).

Ilex corallina Franch. var. *wangiana* (S. Y. Hu) Y. R. Li, Bull. Bot. Res. 5 (1): 16, pl. 5, f. 2 (1985).

云南。

滇缅冬青（柃叶冬青，碎束花）
- *Ilex wardii* Merr., Brittonia 4 (1): 102 (1941).

云南；缅甸。

假香冬青
- *Ilex wattii* Loes., Nova Actorum Acad. Caes. Leop.-Carol. German. Nat. Cur. 78: 322 (1901).

云南；印度。

温州冬青
- *Ilex wenchowensis* S. Y. Hu, J. Arnold Arbor. 30 (4): 360 (1949).

浙江。

尾叶冬青
- *Ilex wilsonii* Loes., Nova Actorum Acad. Caes. Leop.-Carol. German. Nat. Cur. 89: 287 (1908).

安徽、浙江、江西、湖南、湖北、四川、贵州、云南、福建、台湾、广东、广西。

尾叶冬青（原变种）（威氏冬青，江南冬青）
- *Ilex wilsonii* var. **wilsonii**

Ilex memecylifolia Champ. ex Benth. var. *plana* Loes., Nova Actorum Acad. Caes. Leop.-Carol. German. Nat. Cur. 89: 287 (1908).

安徽、浙江、江西、湖南、湖北、四川、贵州、云南、福建、台湾、广东、广西。

武冈尾叶冬青（变种）
- *Ilex wilsonii* var. **handel-mazzettii** T. R. Dudley, Acta Bot. Yunnan. 6 (1): 51 (1984).

湖南。

征镒冬青（乳头冬青）
- *Ilex wuana* T. R. Dudley, Holly Soc. J. 6 (4): 14 (1998).

Ilex mamillata C. Y. Wu ex Y. R. Li, Bull. Bot. Res., Harbin 5 (1): 22, pl. 7. f. 1 (1985), non C. Y. Wu ex C. J. Tseng (1984).

云南。

武功山冬青
- *Ilex wugongshanensis* C. J. Tseng ex S. K. Chen et Y. X. Feng, Acta Phytotax. Sin. 37 (2): 144 (1999).

江西。

小金冬青
- *Ilex xiaojinensis* Y. Q. Wang et P. Y. Chen, J. Trop. Subtrop. Bot. 3 (1): 31, f. 2 (1995).

广东。

西藏冬青
- *Ilex xizangensis* Y. R. Li, Acta Bot. Yunnan. 3 (3): 353, f. 3 (1981).

西藏。

阳春冬青
- *Ilex yangchunensis* C. J. Tseng, Bull. Bot. Res., Harbin 1 (1-2): 24 (1981).

广东。

独龙冬青
- *Ilex yuana* S. Y. Hu, J. Arnold Arbor. 32 (4): 396 (1951).

云南。

云南冬青
Ilex yunnanensis Franch., Pl. Delavay. 2: 128 (1899).

陕西、甘肃、湖北、四川、贵州、云南、西藏、台湾、广西；缅甸。

云南冬青（原变种）（万年青，滇冬青，椒子树）
Ilex yunnanensis var. **yunnanensis**

Ilex yunnanensis var. *brevipedunculata* S. Y. Hu, Icon. Pl. Omeiensium 2: pl. 158 (1946); *Ilex yunnanensis* var. *eciliata* S. Y. Hu, J. Arnold Arbor. 30 (3): 341 (1949).

陕西、甘肃、湖北、四川、贵州、云南、西藏、广西；缅甸。

高贵云南冬青（变种）（光叶云南冬青，光叶万年青）
- *Ilex yunnanensis* var. **gentilis** (Loes.) Rehder, Man. Cult. Trees 544 (1927).

Ilex yunnanensis f. *gentilis* Loes., Nova Actorum Acad. Caes. Leop.-Carol. German. Nat. Cur. 78: 132 (1901).

陕西、湖北、四川、贵州、云南、台湾。

小叶云南冬青（变种）（云南冬青）
- *Ilex yunnanensis* var. **parvifolia** (Hayata) S. Y. Hu, J. Arnold Arbor. 30 (3): 341 (1949).

Ilex parvifolia Hayata, J. Coll. Sci. Imp. Univ. Tokyo 30 (1): 57 (1911); *Ilex transarisanensis* Hayata ex Kaneh., Formosan Trees 127 (1917).

台湾。

硬叶云南冬青（变种）
● **Ilex yunnanensis** var. **paucidentata** S. Y. Hu, J. Arnold Arbor. 30 (3): 340 (1949).
云南。

浙江冬青
● **Ilex zhejiangensis** C. J. Tseng ex S. K. Chen et Y. X. Feng, Acta Phytotax. Sin. 37: 144 (1999).
浙江。

260. 鞘柄木科 TORRICELLIACEAE
[1 属：2 种]

鞘柄木属 Toricellia DC

角叶鞘柄木（烂泥树）
● **Toricellia angulata** Oliv., Icon. Pl. 19. t. 1893 (1889).
陕西、甘肃、湖南、湖北、四川、贵州、云南、西藏、广西。

鞘柄木（叨里木，大接骨）
Toricellia tiliifolia DC., Prodr. 4: 257 (1830).
云南、西藏；印度、不丹、尼泊尔。

261. 海桐花科 PITTOSPORACEAE
[1 属：46 种]

海桐花属 Pittosporum Banks ex Gaertn.

窄叶海桐
● **Pittosporum angustilimbum** C. Y. Wu, Fl. Yunnan. 3: 328 (1983).
云南。

聚花海桐
Pittosporum balansae DC., Bull. Herb. Boissier, sér. 2. 4: 1071 (1904).
云南、广东、广西、海南；越南、缅甸。

聚花海桐（原变种）
Pittosporum balansae var. **balansae**
Pittosporum confertum Merr. et Chun, Sunyatsenia 2 (3-4): 237, pl. 46 (1935).
广东、广西、海南；越南、缅甸。

窄叶聚花海桐（变种）
Pittosporum balansae var. **angustifolium** Gagnep. in P. H. Lecomte et al., Fl. Indo-Chine Suppl. 1: 215 (1939).
Pittosporum baileyanum Gowda, J. Arnold Arbor. 32 (4): 314 (1951).
广东、广西、海南；越南。

披针叶聚花海桐（变种）
Pittosporum balansae var. **chatterjeeanum** (Gowda) Zhi. Y. Zhang et Turland, Novon 12 (1): 152 (2002).
Pittosporum chatterjeeanum Gowda, J. Arnold Arbor. 32: 318 (1951).
云南；缅甸。

短萼海桐（山桂花，万里香）
● **Pittosporum brevicalyx** (Oliv.) Gagnep., Bull. Soc. Bot. France 55 (7): 545 (1908).
Pittosporum pauciflorum Hook. et Arn. var. *brevicalyx* Oliv., Hooker's Icon. Pl. 16 (4): pl. 1579 (1887); *Pittosporum neelgherrense* Wight et Arn. var. *laxiflorum* Franch., Bull. Soc. Bot. France 33: 414 (1886); *Pittosporum brevicalyx* var. *brevistamineum* Gagnep., Bull. Soc. Bot. France. 55 (7): 545 (1908); *Euonymus provicarii* H. Lév., Cat. Pl. Yun-Nan 34 (1915).
江西、湖南、湖北、四川、贵州、云南、西藏、广东、广西。

皱叶海桐（黄木）
● **Pittosporum crispulum** Gagnep., Bull. Soc. Bot. France. 55 (7): 546 (1908).
Pittosporum lignilobum Hu et Wang, Bull. Fan Mem. Inst. Biol., n.s. 1: 98 (1943).
湖北、四川、贵州、云南。

牛耳枫叶海桐
● **Pittosporum daphniphylloides** Hayata, J. Coll. Sci. Imp. Univ. Tokyo 30 (1): 34 (1911).
湖南、湖北、四川、贵州、台湾。

牛耳枫叶海桐（原变种）
● **Pittosporum daphniphylloides** var. **daphniphylloides**
湖南、湖北、四川、贵州、台湾。

大叶海桐（变种）
● **Pittosporum daphniphylloides** var. **adaphniphylloides** (Hu et F. T. Wang) W. T. Wang, Bull. Bot., Harbin 9 (1): 4 (1943).
Pittosporum adaphniphylloides Hu et F. T. Wang, Bull. Fan Mem. Inst. Biol. Bot., n.s. 1: 101 (1943).
湖南、湖北、四川、贵州。

突肋海桐
● **Pittosporum elevaticostatum** H. T. Chang et S. Z. Yan, Acta Phytotax. Sin. 16 (4): 87 (1978).
湖北、四川、贵州。

褐毛海桐
● **Pittosporum fulvipilosum** H. T. Chang et S. Z. Yan, Acta Phytotax. Sin. 16 (4): 88 (1978).

广东。

光叶海桐
Pittosporum glabratum Lindl., J. Hort. Soc. London 1: 230 (1846).
甘肃、江西、湖南、湖北、四川、贵州、福建、广东、广西、海南；越南。

光叶海桐（原变种）（一朵云，长果满天香）
Pittosporum glabratum var. **glabratum**
Pittosporum fortunei Turcz., Bull. Soc. Imp. Naturalistes Moscou 236: 562 (1863).
甘肃、江西、湖南、湖北、四川、贵州、福建、广东、广西、海南；越南。

狭叶海桐（变种）（斩蛇剑，黄栀子）
●**Pittosporum glabratum** var. **neriifolium** Rehder et E. H. Wilson, Pl. Wilson. 3 (2): 328 (1916).
Pittosporum cavaleriei H. Lév., Repert. Spec. Nov. Regni Veg. 11 (301-303): 492 (1913).
江西、湖南、湖北、四川、贵州、福建、广东、广西。

文县海桐（变种）
●**Pittosporum glabratum** var. **wenxianense** (G. H. Wang et Y. S. Lian) Zhi. Y. Zhang et Turland, Novon 12 (1): 152 (2002).
Pittosporum wenxianense G. H. Wang et Y. S. Lian, Acta Phytotax. Sin. 34 (2): 210 (1996).
甘肃。

小柄果海桐
●**Pittosporum henryi** Gowda, J. Arnold Arbor. 32 (4): 319 (1951).
四川、贵州。

异叶海桐
●**Pittosporum heterophyllum** Franch., Bull. Soc. Bot. France 33: 415 (1886).
四川、云南、西藏。

异叶海桐（原变种）（臭皮，臭椿皮）
●**Pittosporum heterophyllum** var. **heterophyllum**
Pittosporum truncatum E. Pritz. var. *tsaii* Gowda, J. Arnold Arbor. 32 (4): 340 (1951).
四川、云南、西藏。

带叶海桐（变种）
●**Pittosporum heterophyllum** var. **ledoides** Hand.-Mazz., Symb. Sin. 7 (2): 448 (1931).
Pittosporum ledoides (Hand.-Mazz.) C. Y. Wu, Fl. Yunnan. 3: 328 (1983).
云南。

无柄异叶海桐（变种）
●**Pittosporum heterophyllum** var. **sessile** Gowda, J. Arnold Arbor. 32 (4): 342 (1951).
云南。

海金子（崖花海桐，崖花子）
Pittosporum illicioides Makino, Bot. Mag. (Tokyo) 14 (154): 32 (1900).
Pittosporum oligocarpum Hayata, J. Coll. Sci. Imp. Univ. Tokyo 30 (1): 35 (1911); *Pittosporum oligospermum* Hayata, Icon. Pl. Formosan. 3: 31 (1913); *Pittosporum illicioides* var. *oligocarpum* (Hayata) Kitam., Acta Phytotax. Geobot. 26 (1-2): 5 (1974); *Pittosporum kobuskianum* Gowda, J. Arnold Arbor. 32 (4): 303 (1951); *Pittosporum sahnianum* Gowda, J. Arnold Arbor. 32 (4): 305 (1951); *Pittosporum illicioides* var. *angustifolium* Huang ex S. Y. Lu, Quart. J. Chin. Forest. 10 (2): 144 (1977); *Pittosporum illicioides* var. *stenophyllum* P. L. Chiu, Fl. Reipubl. Popularis Sin. 35 (2): 16 (1979).
安徽、江苏、浙江、江西、湖南、湖北、四川、贵州、福建、台湾、广东、广西；日本。

滇西海桐
Pittosporum johnstonianum Gowda, J. Arnold Arbor. 32 (4): 335 (1951).
四川、云南；缅甸。

滇西海桐（原变种）
Pittosporum johnstonianum var. **johnstonianum**
四川、云南；缅甸。

密花海桐（变种）
●**Pittosporum johnstonianum** var. **glomerulatum** C. Y. Wu, Fl. Yunnan. 3: 325 (1983).
云南。

羊脆木
Pittosporum kerrii Craib, Bull. Misc. Inform. Kew 1925 (1): 16 (1925).
云南；泰国、老挝、缅甸。

昆明海桐
●**Pittosporum kunmingense** H. T. Chang et S. Z. Yan, Acta Phytotax. Sin. 16 (4): 88 (1978).
贵州、云南。

广西海桐
●**Pittosporum kwangsiense** H. T. Chang et S. Z. Yan, Acta Phytotax. Sin. 16 (4): 89 (1978).
云南、广西。

贵州海桐
●**Pittosporum kweichowense** Gowda, J. Arnold Arbor. 32 (3): 296 (1951).
湖南、贵州、云南。

贵州海桐（原变种）（密脉海桐，长果海桐）
●**Pittosporum kweichowense** var. **kweichowense**

Pittosporum densinervatum H. T. Chang et S. Z. Yan, Acta Phytotax. Sin. 16 (4): 86 (1978); *Pittosporum longicarpum* S. K. Wu ex W. C. Yin, Fl. Yunnan. 3: 314, pl. 90: 2 (1983).
湖南、贵州、云南。

黄杨叶海桐（变种）
●**Pittosporum kweichowense** var. **buxifolium** (K. M. Feng ex C. Y. Wu) Zhi. Y. Zhang et Turland, Novon 12 (1): 153 (2002). *Pittosporum buxifolium* K. M. Feng ex C. Y. Wu, Fl. Yunnan. 3: 318 (1983).
云南。

罗汉松叶海桐（变种）
●**Pittosporum kweichowense** var. **podocarpifolium** (C. Y. Wu) Zhi. Y. Zhang et Turland, Novon 12 (1): 153 (2002). *Pittosporum podocarpifolium* C. Y. Wu, Fl. Yunnan. 3: 318 (1983).
云南。

卵果海桐
●**Pittosporum lenticellatum** Chun ex H. Peng et Y. F. Deng, Novon 11 (4): 440 (2001). *Pittosporum ovoideum* H. T. Chang et S. Z. Yan, Acta Sci. Nat. Univ. Sunyatseni (1974), not Gowda (1951).
贵州、广西。

薄萼海桐
●**Pittosporum leptosepalum** Gowda, J. Arnold Arbor. 32 (4): 339 (1951).
广东、广西。

滇越海桐
Pittosporum merrillianum Gowda, J. Arnold Arbor. 32: 319 (1951).
云南；越南。

滇藏海桐
Pittosporum napaulense (DC.) Rehder et E. H. Wilson, Pl. Wilson. 3 (2): 326 (1916). *Senacia napaulensis* DC., Prodr. 1: 347 (1824); *Pittosporum floribundum* Wight et Arn. ex Royle, Prodr. Fl. Ind. Orient. 1: 154 (1834); *Pittosporum verticillatum* Wall., Rapp. Annuel Trav. Soc. Hist. Nat. Île Maurice 16 (1842); *Pittosporum napaulense* var. *rawalpindiense* Gowda, J. Arnold Arbor. 32 (4): 332 (1951).
云南、西藏；缅甸、印度、巴基斯坦、不丹、尼泊尔、孟加拉国。

贫脉海桐
●**Pittosporum oligophlebium** H. T. Chang et S. Z. Yan, Acta Phytotax. Sin. 16 (4): 89 (1978).
云南。

峨眉海桐
●**Pittosporum omeiense** H. T. Chang et S. Z. Yan, Acta Phytotax. Sin. 16 (4): 86 (1978).
湖北、四川、贵州。

圆锥海桐
●**Pittosporum paniculiferum** H. T. Chang et S. Z. Yan, Acta Phytotax. Sin. 16 (4): 90 (1978). *Pittosporum polycarpum* H. T. Chang et S. Z. Yan, Acta Phytotax. Sin. 16 (4): 90 (1978).
四川、云南。

小果海桐
●**Pittosporum parvicapsulare** H. T. Chang et S. Z. Yan, Acta Phytotax. Sin. 16 (4): 87 (1978).
浙江、江西、湖南、贵州、广西。

小叶海桐
●**Pittosporum parvilimbum** H. T. Chang et S. Z. Yan, Acta Phytotax. Sin. 16 (4): 88 (1978).
广西。

少花海桐
Pittosporum pauciflorum Hook. et Arn., Bot. Beechey Voy. 168, pl. 32 (1833).
江西、湖南、福建、台湾、广东、广西、海南；越南。

少花海桐（原变种）
Pittosporum pauciflorum var. **pauciflorum**
Pittosporum ovoideum Gowda, J. Arnold Arbor. 32 (4): 322 (1951), not H. T. Chang et S. Z. Yan (1974).
江西、湖南、福建、广东、广西；越南。

长果海桐（变种）
●**Pittosporum pauciflorum** var. **oblongum** H. T. Chang et S. Z. Yan, Acta Phytotax. Sin. 16 (4): 87 (1978).
广东。

台琼海桐（变种）
Pittosporum pentandrum (Blanco) Merr. var. **formosanum** (Hayata) Z. Y. Zhang et Turland, Novon 12 (1): 153 (2002). *Pittosporum formosanum* Hayata, J. Coll. Sci. Imp. Univ. Tokyo 22: 32, pl. 4 (1906); *Pittosporum formosanum* var. *hainanense* Gagnep. in Retzius, Observ. Bot. 1: 238 (1909); *Pittosporum pentandrum* var. *hainanense* (Gagnep.) H. L. Li, J. Wash. Acad. Sci. 43: 45 (1953).
台湾、广西、海南；越南。

全秃海桐
●**Pittosporum perglabratum** H. T. Chang et S. Z. Yan, Acta Phytotax. Sin. 16 (4): 89 (1978).
四川、贵州。

缝线海桐
●**Pittosporum perryanum** Gowda, J. Arnold Arbor. 32 (3): 290 (1951).
Pittosporum membranifolium S. C. Huang ex C. Y. Wu, Fl.

Yunnan. 3: 314 (1983).

四川、贵州、云南、广东、广西、海南。

缝线海桐（原变种）（珠木，黄珠子）

●**Pittosporum perryanum** var. **perryanum**

四川、贵州、云南、广东、广西、海南。

狭叶缝线海桐（变种）

●**Pittosporum perryanum** var. **linearifolium** H. T. Chang et S. Z. Yan, Acta Sci. Nat. Univ. Sunyatseni 1974 (2): 35 (1974).

贵州。

扁片海桐

●**Pittosporum planilobum** H. T. Chang et S. Z. Yan, Acta Phytotax. Sin. 16 (4): 89 (1978).

广西。

柄果海桐

Pittosporum podocarpum Gagnep., Notul. Syst. (Paris) 8 (4): 211 (1939).

陕西、甘肃、湖南、湖北、四川、贵州、云南、西藏、福建、广东、广西；越南、缅甸、印度。

柄果海桐（原变种）（广栀仁）

Pittosporum podocarpum var. **podocarpum**

Pittosporum glabratum Merr. var. *ciliicalyx* Franch., Bull. Soc. Bot. France 33: 414 (1886); *Pittosporum monanthum* C. Y. Wu, Fl. Yunnan. 3: 318. pl. 91: 2 (1983); *Pittosporum glabratum* var. *chinense* Pamp., Nuovo Giorn. Bot. Ital., n.s 17 (2): 285 (1910).

陕西、甘肃、湖南、湖北、四川、贵州、云南、西藏、福建、广西；越南、缅甸、印度。

线叶柄果海桐（变种）

Pittosporum podocarpum var. **angustatum** Gowda, J. Arnold Arbor. 32 (3): 295 (1951).

陕西、甘肃、湖南、湖北、四川、贵州、云南、福建、广东、广西；缅甸、印度。

合江海桐（变种）

●**Pittosporum podocarpum** var. **hejiangense** (H. Y. Su) Z. Y. Zhang et Turland, Novon 12 (1): 153 (2002).

Pittosporum hejiangense H. Y. Su, Bull. Bot. Res., Harbin 4 (4): 201, f. 1 (1984).

四川。

毛花柄果海桐（变种）

●**Pittosporum podocarpum** var. **molle** W. D. Han, Bull. Nanjing Bot. Gard. 1988-1989: 123 (1990).

贵州、福建。

秀丽海桐

Pittosporum pulchrum Gagnep., Bull. Soc. Bot. France 55 (7): 546 (1908).

广西；越南。

秦岭海桐

●**Pittosporum qinlingense** Y. Ren et X. Liu, Acta Phytotax. Sin. 40 (2): 170, pl. 1 (2002).

陕西、甘肃。

折萼海桐

●**Pittosporum reflexisepalum** C. Y. Wu, Fl. Yunnan. 3: 326 (1983).

云南。

厚圆果海桐

●**Pittosporum rehderianum** Gowda, J. Arnold Arbor. 32 (3): 297 (1951).

陕西、甘肃、湖北、四川、云南。

厚圆果海桐（原变种）

●**Pittosporum rehderianum** var. **rehderianum**

陕西、甘肃、湖北、四川、云南。

厚皮香海桐（变种）

●**Pittosporum rehderianum** var. **ternstroemioides** (C. Y. Wu) Zhi. Y. Zhang et Turland, Novon 12 (1): 154 (2002).

Pittosporum ternstroemioides C. Y. Wu, Fl. Yunnan. 3: 320 (1983).

云南。

石生海桐

●**Pittosporum saxicola** Rehder et E. H. Wilson, Pl. Wilson. 3 (2): 329 (1916).

四川。

尖萼海桐

●**Pittosporum subulisepalum** Hu et Wang, Bull. Fan Mem. Inst. Biol. Bot., n.s 1 (1): 100 (1943).

安徽、湖南。

薄片海桐

●**Pittosporum tenuivalvatum** H. T. Chang et S. Z. Yan, Acta Phytotax. Sin. 16 (4): 87 (1978).

广西。

海桐

Pittosporum tobira (Thunb.) W. T. Aiton, Hort. Kew. ed. 2. 2: 27 (1811).

Euonymus tobira Thunb., Nova Acta Regiae Soc. Sci. Upsal. 3: 208 (1780).

原产于台湾，引种于江苏、浙江、湖北、四川、贵州、云南、福建、台湾、广东、广西、海南；朝鲜、日本。

海桐（原变种）

Pittosporum tobira var. **tobira**

Pittosporum tobira var. *chinense* S. Kobay., J. Jap. Bot. 57 (3): 74 (1982).

原产于台湾，引种于江苏、浙江、湖北、四川、贵州、云南、福建、广东、广西、海南；朝鲜、日本。

秃序海桐（变种）
●**Pittosporum tobira** var. **calvescens** Ohwi, J. Jap. Bot. 12 (5): 331 (1936).
Pittosporum makinoi Nakai, Fl. Sylv. Kor. 21: 84 (1936); *Pittosporum tobira* var. *fukienense* Gowda, J. Arnold Arbor. 32 (4): 310 (1951).
福建、台湾。

四子海桐
Pittosporum tonkinense Gagnep., Bull. Soc. Bot. France 55 (7): 547 (1908).
贵州、云南、广西；越南。

棱果海桐（瘦鱼蓼，鸡骨头，公栀子）
●**Pittosporum trigonocarpum** H. Lév., Repert. Spec. Nov. Regni Veg. 11 (301-303): 492 (1913).
湖南、四川、贵州、广西。

崖花子（菱叶海桐）
●**Pittosporum truncatum** E. Pritz., Bot. Jahrb. Syst. 29 (3-4): 378 (1900).
陕西、甘肃、湖南、湖北、四川、贵州、云南。

管花海桐
●**Pittosporum tubiflorum** H. T. Chang et S. Z. Yan, Acta Phytotax. Sin. 16 (4): 89 (1978).
湖南、重庆、贵州。

波叶海桐
●**Pittosporum undulatifolium** H. T. Chang et S. Z. Yan, Acta Sci. Nat. Univ. Sunyatseni 1974 (2): 41 (1974).
四川、贵州。

荚蒾叶海桐
●**Pittosporum viburnifolium** Hayata, Icon. Pl. Formosan. 3: 32 (1913).
台湾。

木果海桐（山枝仁，山枝茶）
●**Pittosporum xylocarpum** Hu et Wang, Bull. Fan Mem. Inst. Biol. Bot., n.s. 1 (1): 95 (1943).
湖北、四川、贵州、云南。

262. 五加科 ARALIACEAE
[21 属：180 种]

楤木属 Aralia L.

芹叶龙眼独活
●**Aralia apioides** Hand.-Mazz., Symb. Sin. 7 (3): 701, pl. 11, f. 7 (1933).
四川、云南、西藏。

野楤头
Aralia armata (Wall. ex G. Don) Seem., J. Bot. 6 (65): 134 (1868).
Panax armatus Wall. ex G. Don, Gen. Hist. 3: 386 (1834); *Aralia tengyuehensis* C. Y. Wu, Fl. Yunnan. 2: 493 (1979); *Aralia thomsonii* Seem. ex C. B. Clarke var. *glabrescens* C. Y. Wu, Fl. Yunnan. 2: 498 (1979).
云南；泰国、缅甸、印度。

浓紫龙眼独活
●**Aralia atropurpurea** Franch., J. Bot. (Morot) 10 (18): 301 (1896).
Aralia yunnanensis Franch., J. Bot. (Morot) 10: 303 (1896); *Aralia fargesii* Franch. var. *yunnanensis* (Franch.) H. L. Li, Sargentia 2: 103 (1942); *Eleutherococcus melanocarpus* H. Lév., Bull. Géogr. Bot. 24 (295-297): 282 (1914); *Aralia melanocarpa* (H. Lév.) Lauener, Notes Roy. Bot. Gard. Edinb. 32: 94 (1972); *Panax atropurpureus* (Franch.) Hand.-Mazz., Vegetationsbilder 22 (8): 9 (1932); *Aralia dumetorum* Hand.-Mazz., Symb. Sin. 7 (3): 701 (1933).
四川、云南。

台湾楤木
Aralia bipinnata Blanco, Fl. Filip. 222 (1837).
Aralia hypoleuca C. Presl, Epimel. Bot. 250 (1849); *Aralia glauca* Merr., Philipp. J. Sci. 2: 291 (1907); *Aralia bipinnata* f. *inermis* Steenis, Bull. Bot. Gard. Buiterz., sér. 3. 17: 392 (1948).
台湾；日本、印度尼西亚、菲律宾、巴布亚新几内亚。

圆叶羽叶参（圆叶楤木）
●**Aralia caesia** Hand.-Mazz., Symb. Sin. 7 (3): 702 (1933).
Aralia staphyleina Hand.-Mazz., Symb. Sin. 7 (3): 703 (1933); *Pentapanax caesia* (Hand.-Mazz.) C. B. Shang, J. Nanjing Inst. Forest. 1985 (2): 26 (1985).
四川、云南。

台湾羽叶参
●**Aralia castanopsidicola** (Hayata) J. Wen, Brittonia 45 (1): 52 (1993).
Pentapanax castanopsisicola Hayata, Icon. Pl. Formosan. 5: 74, pl. 8, f. 15 (1915).
台湾。

黄毛楤木
●**Aralia chinensis** L., Sp. Pl. 1: 273 (1753).
江西、贵州、福建、广东、广西、海南、香港。

食用土当归
●**Aralia cordata** Thunb., Fl. Jap. 127 (1784).
Aralia taiwaniana Y. C. Liu et F. Y. Lu, Quart. J. Chin. Forest. 9 (2): 136 (1976).

安徽（黄山）、浙江、江西、湖北（恩施、宣恩）、福建（崇安）、台湾、广西。

东北土当归（长白楤木，香秸颗）

Aralia continentalis Kitag., Bot. Mag. (Tokyo) 49 (580): 228, f. 3 (1935).

Aralia cordata Thunb. var. *continentalis* (Kitag.) Y. C. Zhu, Pl. Medic. Chinae Bor.-Orient. 787 (1989).

吉林、辽宁、河北、河南、陕西、安徽、四川、西藏；朝鲜、俄罗斯。

头序楤木（毛叶楤木，雷公种，鸡姆盼）

●**Aralia dasyphylla** Miq., Fl. Ned. Ind. 1 (1): 751 (1855).

Aralia chinensis L. var. *dasyphylloides* Hand.-Mazz., Symb. Sin. 7 (3): 704 (1933); *Aralia dasyphylloides* (Hand.-Mazz.) J. Wen, Novon 4 (4): 400 (1994).

安徽、浙江、江西、湖南、湖北、四川、重庆、贵州、福建、广东、广西。

秀丽楤木

●**Aralia debilis** J. Wen, Novon 4 (4): 400 (1994).

Aralia elegans C. N. Ho, Acta Phytotax. Sin. 2. 77 (1952).

广东、广西。

台湾毛楤木

●**Aralia decaisneana** Hance, Ann. Sci. Nat., Bot. sér. 5. 5: 215 (1866).

台湾。

云南羽叶参

●**Aralia delavayi** J. Wen, Acta Bot. Yunnan. 24 (5): 564 (2002).

Pentapanax yunnanensis Franch., J. Bot. (Morot) 10 (18): 305 (1896).

四川、云南。

棘茎楤木

●**Aralia echinocaulis** Hand.-Mazz., Symb. Sin. 7 (3): 704, pl. 11, f. 8 (1933).

安徽、浙江、江西、湖北、四川、贵州、云南、福建、广东、广西。

楤木

Aralia elata (Miq.) Seem., J. Bot. 6 (65): 134 (1868).

Dimorphanthus elatus Miq., Comm. Phytogr. 95. pl. 12 (1840).

黑龙江、吉林、辽宁、河北、河南、甘肃、安徽、江苏、浙江、江西、湖南、湖北、四川、重庆、贵州、云南、福建、广西；朝鲜、日本、俄罗斯。

楤木（原变种）（龙牙楤木，刺龙牙，刺老鸦）

Aralia elata var. **elata**

Aralia planchoniana Hance, J. Bot. 4 (41): 172 (1866); *Aralia chinensis* L. var. *elata* (Miq.) Lavallée, Arb. Segrez. 125 (1877); *Aralia spinosa* L. var. *elata* (Miq.) Sargent, Silva 5: 60 (1893); *Aralia hupehensis* G. Hoo, Acta Phytotax. Sin., Addit. 1: 172 (1965); *Aralia subcapitata* G. Hoo, Acta Phytotax. Sin., Addit. 1: 174 (1965); *Aralia emeiensis* Z. Y. Zhu, Chin. J. Chin. Med. Sichuan School 14 (1): 26, pl. 1 (1997).

河南、甘肃、安徽、江苏、浙江、江西、湖南、湖北、四川、重庆、贵州、云南、福建、广西；朝鲜、日本。

辽东楤木（变种）

Aralia elata var. **mandshurica** (Rupr. et Maxim.) J. Wen, Novon 4: 402 (1994).

Aralia mandschurica Rupr. et Maxim., Bull. Cl. Phys.-Math. Acad. Imp. Sci. Saint-Pétersbourg 15: 134 (1857); *Dimorphanthus mandschuricus* (Rupr. et Maxim.) Rupr. et Maxim., Mém. Acad. Imp. Sci. St.-Pétersbourg Divers Savans 9: 133 (1859); *Aralia chinensis* var. *mandschurica* (Rupr. et Maxim.) Rehder, Stand. Cycl. Hort. 1: 88 (1900); *Aralia mardshurica* Komarov, Acta Hort. Petrop. 25: 123 (1907).

黑龙江、吉林、辽宁、河北；朝鲜、俄罗斯。

龙眼独活

●**Aralia fargesii** Franch., J. Bot. (Morot) 10 (18): 302 (1896).

Aralia kansuensis G. Hoo, Acta Phytotax. Sin., Addit. 1: 174 (1965).

陕西、甘肃、青海、湖北、四川、重庆。

虎刺楤木

Aralia finlaysoniana (Wall. ex G. Don) Seem., J. Bot. 6: 134 (1868).

Panax finlaysonianus Wall. ex G. Don, Gen. Hist. 3: 386 (1834); *Aralia toranensis* Ha, Novosti Sist. Vyssh. Rast. 11: 230 (1974); *Aralia toranensis* var. *pubescens* Ha, Novosti Sist. Vyssh. Rast. 11: 232 (1974); *Aralia armata* var. *pubescens* Ha, Novosti Sist. Vyssh. Rast. 11: 235 (1974); *Aralia nguyen-taoi* Ha, Novosti Sist. Vyssh. Rast. 11: 232 (1974).

贵州、云南、广西、海南；泰国、越南。

小叶楤木

Aralia foliolosa Seem. ex C. B. Clarke, Fl. Brit. Ind. 2: 723 (1879).

Aralia foliolosa var. *sikkimensis* C. B. Clarke, Fl. Brit. Ind. 2: 723 (1879); *Aralia lantsangensis* G. Hoo, Acta Phytotax. Sin., Addit. 1: 171 (1965).

云南；越南、缅甸、泰国、印度、不丹、孟加拉国。

锈毛羽叶参

●**Aralia franchetii** J. Wen, Brittonia 45 (1): 52 (1993).

Pentapanax henryi Harms, Bot. Jahrb. Syst. 23 (1-2): 21 (1896); *Pentapanax henryi* var. *wangshanensis* W. C. Cheng, Contr. Biol. Lab. Sci. Soc. China, Bot., ser. 9: 205 (1934); *Pentapanax henryi* var. *fangii* G. Hoo, Acta Phytotax. Sin., Addit. 1: 168 (1965); *Pentapanax henryi* var. *tomentosus* G. Hoo, Acta Phytotax. Sin., Addit. 1: 168 (1965); *Pentapanax tomentellus* (Franch.) C. B. Shang var. *tomentosus* (G. Hoo) Y. F. Deng, Acta Bot. Yunnan. 24 (5): 605 (2002); *Pentapanax*

lanceolatus G. Hoo, Acta Phytotax. Sin., Addit. 1: 169 (1965).
安徽、浙江、江西、湖北、四川、广西。

总序羽叶参（喜马拉雅五叶参）
Aralia gigantea J. Wen, Brittonia 45 (1): 53 (1993)
Pentapanax racemosus Seem., J. Bot. 2 (22): 295 (1864); *Parapentapanax racemosus* (Seem.) Hutch., Gen. Fl. Pl. 2: 56 (1967).
西藏；印度、不丹、尼泊尔。

景东楤木
●**Aralia gintungensis** C. Y. Wu ex K. M. Feng, Fl. Yunnan. 2: 496 (1979).
云南。

光叶羽参
●**Aralia glabrifoliolata** (C. B. Shang) J. Wen, Acta Bot. Yunnan. 24 (5): 567 (2002).
Pentapanax glabrifoliolatus C. B. Shang, Acta Phytotax. Sin. 18 (1): 94, f. 6 (1980).
云南。

柔毛龙眼独活
●**Aralia henryi** Harms, Bot. Jahrb. Syst. 23 (1-2): 12 (1896).
Aralia pilosa Franch., J. Bot. (Morot) 10 (18): 302 (1896); *Aralia houheensis* W. X. Wang et Y. S. Fu, J. Wuhan Bot. Res. 13 (3): 207 (1995).
陕西、甘肃、安徽、湖南、湖北、四川、重庆、贵州、云南。

粉背羽叶参（湖南参）
●**Aralia hypoglauca** (C. J. Qi et T. R. Cao) J. Wen et Y. F. Deng, Acta Bot. Yunnan. 24 (5): 559 (2002).
Huaniopanax hypoglaucus C. J. Qi et T. R. Cao, Acta Phytotax. Sin. 26: 49 (1988); *Pentapanax hypoglaucus* (C. J. Qi et T. R. Cao) C. B. Shang et X. P. Li in Y. W. Yuan et al. (eds.), Proc. Int. Symp. Bot. Gard. 626 (1990).
湖南、广西。

独龙羽叶参
Aralia kingdon-wardii J. Wen, Lowry et Esser, Adansonia 23 (2): 308 (2001).
Gamblea longipes Merr., Brittonia 4: 128 (1941); *Pentapanax trifoliatus* K. M. Feng, Fl. Yunnan. 2: 506, pl. 147, f. 5-6 (1979); *Pentapanax longipes* (Merr.) C. B. Shang et C. F. Ji, Fl. China 13: 478 (2007).
云南、西藏；缅甸、印度、不丹。

羽叶参（五叶参）
Aralia leschenaultii (DC.) J. Wen, Brittonia 45 (1): 53 (1993).
Panax leschenaultii DC., Prodr. 4: 254 (1830); *Hedera fragrans* D. Don, Prodr. Fl. Nepal. 187 (1825); *Hedera trifoliata* Wight et Arn., Prodr. Fl. Ind. Orient. 1: 377 (1834); *Panax bijugum* Wall. ex G. Don, Gen. Hist. 3: 386 (1834); *Pentapanax umbellatum* Seem., J. Bot. 2. 295 (1864); *Pentapanax forrestii* W. W. Sm., Notes Roy. Bot. Gard. Edinb. 10 (46): 58 (1917); *Pentapanax truncicolus* Hand.-Mazz., Anz. Akad. Wiss. Wien, Math.-Naturwiss. Kl. 61: 2000 (1924); *Pentapanax longipedunculatus* Bui, Adansonia sér. 2. 9 (3): 392, f. 2 (1969); *Pentapanax leschenaultii* var. *simplex* K. M. Feng et Y. R. Li, Fl. Yunnan. 2: 506 (1979); *Pentapanax leschenaultii* var. *villosus* Y. R. Li, Acta Bot. Yunnan. 2 (1): 109, pl. 6 (1980).
云南、西藏；越南、泰国、不丹、印度、尼泊尔、孟加拉国、斯里兰卡。

李恒羽叶参
●**Aralia lihengiana** J. Wen, L. L. Deng et X. Shi, Adansonia 24 (2): 218 (2002).
云南。

陕鄂楤木
●**Aralia officinalis** Z. Z. Wang, Biol. Study Utilization Pl. Genus *Aralia*, 40 (2001).
陕西、湖北、四川、重庆。

寄生羽叶参
Aralia parasitica (D. Don) J. Wen, Brittonia 45: 53 (1993).
Hedera parasitica D. Don, Prodr. Fl. Nepal. 188 (1825); *Pentapanax parasiticum* (D. Don) Seem., J. Bot. 2 (22): 296 (1864); *Hedera glauca* Wall. ex G. Don, Gen. Hist. 3: 394 (1834); *Pentapanax parasiticus* var. *khasianus* C. B. Clarke in J. D. Hooker (ed. 2), Fl. Brit. Ind. 2 (6): 724 (1879).
四川、云南；泰国、印度、不丹、尼泊尔。

糙羽叶参（羽叶楤木）
●**Aralia plumosa** H. L. Li, Sargentia 2: 114, f. 14. (1942).
Aralia wilsonii Harms var. *plumosa* (H. L. Li) K. M. Feng, Index Fl. Yunnan. 1: 887 (1984); *Pentapanax plumosus* (H. L. Li) C. B. Shang, J. Nanjing Inst. Forest. 1985 (2): 26 (1985); *Pentapanax wilsonii* var. *plumosus* (H. L. Li) Y. F. Deng, Acta Bot. Yunnan. 24 (5): 606 (2002).
四川。

糙叶楤木
●**Aralia scaberula** G. Hoo, Acta Phytotax. Sin., Addit. 1: 173 (1965).
江西、福建。

粗毛楤木
Aralia searelliana Dunn, J. Linn. Soc., Bot. 35 (247): 498 (1903).
云南；缅甸、越南。

向氏羽叶参（向氏五叶参）
●**Aralia shangiana** J. Wen, Acta Bot. Yunnan. 24 (5): 563, f. 4 (2002).
云南。

长刺楤木（刺叶楤木）

●**Aralia spinifolia** Merr., Philipp. J. Sci. 15 (3): 249 (1919).
Aralia nantouensis S. S. Ying, Mem. Coll. Agric. Natl. Taiwan Univ. 28 (2): 44 (1988).
浙江、江西、湖南、福建、台湾、广东、广西、香港。

披针叶楤木

●**Aralia stipulata** Franch., J. Bot. (Morot) 10 (18): 304 (1896).
Eleutherococcus mairei H. Lév., Repert. Spec. Nov. Regni Veg. 13: 342 (1914); *Aralia taibaiensis* Z. Z. Wang et H. C. Zheng, J. Pl. Res. Environ. 3 (1): 60, f. 1 (1994); *Aralia gaoshania* Z. Y. Zhu, Chin. J. Chin. Med. Sichuan School 14 (1): 28, f. 2 (1997).
陕西、甘肃、湖北、四川、重庆、云南。

心叶羽叶参（心叶五叶参）

Aralia subcordata (Wall. ex Don) J. Wen, Brittonia 45 (1): 53 (1993).
Hedera subcordata Wall. ex Don, Gen. Hist. 3: 394 (1834); *Pentapanax subcordatus* (Don) Seem., J. Bot. 2 (22): 295 (1864); *Parapentapanax subcordatus* (Seem.) Hutch., Gen. Fl. Pl. 2: 56 (1967).
云南；印度。

云南楤木

Aralia thomsonii Seem. ex C. B. Clarke, in J. D. Hooker, Fl. Brit. Ind. 2 (6): 723 (1879).
Aralia thomsonii var. *petiolulosa* Ha, Novosti Sist. Vyssh. Rast. 11: 236 (1974); *Aralia thomsonii* var. *integerrima* Ha, Novosti Sist. Vyssh. Rast. 11: 236 (1974); *Aralia thomsonii* var. *brevipedicellata* K. M. Feng, Fl. Yunnan. 2: 498 (1979).
云南、广西；越南、缅甸、泰国、马来西亚、印度。

西藏土当归

Aralia tibetana G. Hoo, Acta Phytotax. Sin., Addit. 1: 175 (1965).
Panax tripinnatum Wall. ex G. Don, Gen. Hist. 3: 384 (1834).
四川、西藏；印度、不丹、尼泊尔。

马肠子树

●**Aralia tomentella** Franch., J. Bot. (Morot) 10 (18): 304 (1896).
Pentapanax larium Hand.-Mazz., Anz. Akad. Wiss. Wien, Math.-Naturwiss. Kl. 61: 121 (1924); *Pentapanax henryi* Harms var. *larium* (Hand.-Mazz.) Hand.-Mazz., Symb. Sin. 7 (3): 699 (1933); *Pentapanax tomentellus* (Franch.) C. B. Shang, J. Nanjing Inst. Forest. 1985 (2): 24 (1985); *Pentapanax tomentellus* var. *distinctus* C. B. Shang, J. Nanjing Inst. Forest. 1985 (2): 25 (1985).
云南、西藏。

波缘楤木

Aralia undulata Hand.-Mazz., Symb. Sin. 7 (3): 705, pl. 12, f. 6 (1933).
Aralia chapaensis N. S. Bui, Adansonia 4: 461 (1964); *Aralia undulata* var. *nudifolia* Z. Z. Wang, Biol. Study Utilization Pl. Genus *Aralia* 39 (2001); *Aralia undulata* var. *cirrhifolia* Z. Z. Wang, Biol. Study Utilization Pl. Genus *Aralia* 40 (2001).
江西、湖南、湖北、四川、重庆、云南、广东、广西；越南。

轮伞羽叶参

Aralia verticillata (Dunn) J. Wen, Brittonia 45 (1): 54 (1993).
Pentapanax verticillatum Dunn, J. Linn. Soc., Bot. 35 (247): 498 (1903).
云南、广西；越南。

偃毛楤木（越南楤木）

Aralia vietnamensis T. D. Ha, Novosti Sist. Vyssh. Rast. 11: 236, pl. 5 (1974).
Aralia strigosa C. Y. Wu ex C. B. Shang, J. Nanjing Inst. Forest. 1985 (2): 27, f. 1 (1985).
贵州、云南、广东、广西；越南。

西南羽叶参（西南楤木）

●**Aralia wilsonii** Harms, Pl. Wilson. 2: 567 (1916).
Pentapanax wilsonii (Harms) C. B. Shang, J. Nanjing Inst. Forest. 1985 (2): 26 (1985); *Aralia caesia* Hand.-Mazz. var. *pubescens* K. M. Feng et D. D. Tao, Vasc. Pl. Hengduan Mount. 1: 1273 (1993).
四川、云南。

罗伞属 Brassaiopsis Decne. et Planch.

狭叶罗伞

Brassaiopsis angustifolia K. M. Feng, Fl. Yunnan. 2: 471, pl. 138, f. 1-3 (1979).
云南；越南。

直序罗伞

Brassaiopsis bodinieri (H. Lév.) J. Wen et Lowry, Adansonia sér. 3. 28: 182 (2006).
Acanthopanax bodinieri H. Lév., Bull. Acad. Int. Géogr. Bot. 24 (294): 143 (1914).
贵州、云南；越南。

镇康罗伞

●**Brassaiopsis chengkangensis** Hu, Bull. Fan Mem. Inst. Biol. 10: 162 (1940).
云南。

纤齿罗伞

Brassaiopsis ciliata Dunn, J. Linn. Soc., Bot. 35 (247): 499 (1903).
Euaraliopsis ciliata (Dunn) Hutch., Gen. Fl. Pl. 2: 624 (1967).
四川、贵州、云南；越南。

翅叶罗伞

Brassaiopsis dumicola W. W. Sm., Notes Roy. Bot. Gard.

Edinb. 10 (46): 11 (1917).
Brassaiopsis gaussenii N. S. Bui, Adansonia sér. 2. 6: 440 (1966); *Euaraliopsis dumicola* (W. W. Sm.) Hutch., Gen. Fl. Pl. 2: 624 (1967).
云南；越南。

盘叶罗伞
●**Brassaiopsis fatsioides** Harms, Pl. Wilson. 2: 556 (1916).
Brassaiopsis palmipes Forrest ex W. W. Sm., Notes Roy. Bot. Gard. Edinb. 10 (46): 12 (1917); *Euaraliopsis palmipes* (Forrest ex W. W. Sm.) Hutch., Gen. Fl. Pl. 2: 624 (1967); *Brassaiopsis trevesioides* W. W. Sm., Notes Roy. Bot. Gard. Edinb. 10 (46): 13 (1917); *Euaraliopsis fatsioides* (Harms) Hutch., Gen. Fl. Pl. 2: 624 (1967).
四川、贵州、云南、西藏。

锈毛罗伞
●**Brassaiopsis ferruginea** (H. L. Li) G. Hoo, Acta Phytotax. Sin., Addit. 1: 149 (1965).
Dendropanax ferrugineus H. L. Li, Sargentia 2: 47, f. 8. (1942); *Euaraliopsis ferruginea* (H. L. Li) G. Hoo et C. J. Tseng, Fl. Reipubl. Popularis Sin. 54: 24 (1978); *Euaraliopsis emeiensis* Z. Y. Zhu, Chin. J. Chin. Med. School Sichuan 14 (2): 34 (1997).
四川、贵州、云南、福建、广东、广西。

榕叶罗伞树
Brassaiopsis ficifolia Dunn, J. Linn. Soc., Bot. 35 (247): 500 (1903).
Euaraliopsis ficifolia (Dunn) Hutch., Gen. Fl. Pl. 2: 624 (1967).
云南；越南。

罗伞（鸭脚罗伞，柏那参，掌叶树）
Brassaiopsis glomerulata (Blume) Regel, Gartenflora 12: 275 (1863).
Aralia glomerulata Blume, Bijdr. Fl. Ned. Ind. 15: 872 (1826); *Macropanax glomerulatus* (Blume) Miq., Fl. Ned. Ind. 1 (1): 764 (1856); *Hedera floribunda* Wall., Numer. List n. 4912 A (1832); *Brassaiopsis speciosa* Decne. et Planch., Rev. Hort. 16: 106 (1854); *Acanthopanax esquirolii* H. Lév., Bull. Acad. Int. Géogr. Bot. 24 (294): 143 (1914); *Brassaiopsis coriacea* W. W. Sm., Notes Roy. Bot. Gard. Edinb. 10 (46): 11 (1917); *Brassaiopsis acuminata* H. L. Li, Sargentia 2: 57, f. 9 (1942); *Brassaiopsis glomerulata* var. *brevipedicellata* H. L. Li, Sargentia 2: 59 (1942); *Brassaiopsis glomerulata* var. *coriacea* (W. W. Sm.) H. L. Li, Sargentia 2: 60 (1942); *Brassaiopsis glomerulata* var. *longipedicellata* H. L. Li, Sargentia 2: 60 (1942); *Brassaiopsis glomerulata* var. *angustifolia* Y. R. Li, Acta Bot. Yunnan. 2 (1): 109, pl. 5 (1980); *Brassaiopsis liana* Y. F. Deng, Acta Bot. Yunnan. 24 (5): 604 (2002).
四川、贵州、云南、广东、广西；越南、老挝、柬埔寨、缅甸、泰国、印度尼西亚、印度、不丹、尼泊尔。

细梗罗伞（细梗柏那参，细弱掌叶树）
Brassaiopsis gracilis Hand.-Mazz., Sinensia 3 (8): 197 (1933).
贵州、云南、广西；越南。

南星毛罗伞
Brassaiopsis grushvitzkyi J. Wen et al., Bot. J. Linn. Soc. 142: 461 (2003).
Grushvitzkya stellata Skvortsova et Aver., Bot. Žhurn. (Moscow et Leningrad) 79: 108 (1994).
云南；越南。

浅裂罗伞
Brassaiopsis hainla (Buch.-Ham.) Seem., J. Bot. 2: 291 (1864).
Hedera hainla Buch.-Ham., in D. Don, Prodr. Fl. Nepal. 187 (1825); *Pseudobrassaiopsis hainla* (Buch.-Ham.) R. N. Banerjee, J. Bombay Nat. Hist. Soc. 72: 72 (1975); *Hedera polyacantha* Wall., Pl. Asiat. Rar. 2: 82 (1831); *Brassaiopsis polyacantha* (Wall.) R. N. Banerjee, Indian Forester 93: 341 (1967); *Pseudobrassaiopsis polyacantha* (Wall.) R. N. Banerjee, J. Bombay Nat. Hist. Soc. 72: 72 (1975).
云南；泰国、缅甸、印度、不丹、尼泊尔。

粗毛罗伞
Brassaiopsis hispida Seem., J. Bot. 2 (22): 292 (1864).
Euaraliopsis hispida (Seem.) Hutch., Gen. Fl. Pl. 2: 624 (1967); *Pseudobrassaiopsis hispida* (Seem.) R. N. Banerjee, J. Bombay Nat. Hist. Soc. 72: 72 (1975).
云南、西藏；越南、缅甸、印度、不丹。

广西罗伞（广西柏那参，广西掌叶树）
●**Brassaiopsis kwangsiensis** G. Hoo, Acta Phytotax. Sin., Addit. 1: 150 (1965).
贵州、云南、广西。

茂名罗伞
●**Brassaiopsis moumingensis** C. B. Shang, J. Nanjing Inst. Forest. 1985 (2): 16 (1985).
Euaraliopsis moumingensis Y. R. Ling, Acta Phytotax. Sin. 15 (2): 84, t. 1, f. 1-2 (1977).
广东。

尖苞罗伞
Brassaiopsis producta (Dunn) C. B. Shang, Candollea 39 (2): 485 (1984).
Heptapleurum productum Dunn, J. Linn. Soc., Bot. 35 (247): 499 (1903); *Schefflera producta* (Dunn) R. Vig., Ann. Sci. Nat., Bot. sér. 9. 9: 351 (1909); *Brassaiopsis pentalocula* G. Hoo, Acta Phytotax. Sin., Addit. 1: 150 (1965); *Brassaiopsis spinibracteata* G. Hoo, Acta Phytotax. Sin., Addit. 1: 151-152 (1965); *Brassaiopsis acuminata* H. L. Li var. *multiflora* G. Hoo, Acta Phytotax. Sin., Addit. 1: 153 (1965); *Brassaiopsis lepidota* K. M. Feng et Y. R. Li, Fl. Yunnan. 2: 465, pl. 138, f.

4-6 (1979).

贵州、云南、广西；越南。

假榕叶罗伞

- **Brassaiopsis pseudoficifolia** Lowry et C. B. Shang, Acta Phytotax. Sin. 44: 641, f. 1 (2006).

云南。

栎叶罗伞（栎叶柏那参，栎叶掌叶树）

- **Brassaiopsis quercifolia** G. Hoo, Acta Phytotax. Sin., Addit. 1: 152 (1965).

广西。

瑞丽罗伞

- **Brassaiopsis shweliensis** W. W. Sm., Notes Roy. Bot. Gard. Edinb. 10 (46): 13 (1917).

Brassaiopsis karmalaica Philipson, Bull. Brit. Mus. (Nat. Hist.), Bot. 1: 19 (1951); *Brassaiopsis suberipetala* K. M. Feng et Y. R. Li, Fl. Yunnan. 2: 470, pl. 138, f. 7-9 (1979).

云南。

单叶罗伞

Brassaiopsis simplicifolia C. B. Clarke, Fl. Brit. Ind. 2: 735 (1879).

西藏；印度。

星毛罗伞

Brassaiopsis stellata K. M. Feng, Fl. Yunnan. 2: 463, pl. 137: 5-7 (1979).

云南、广西；越南。

西藏罗伞

- **Brassaiopsis tibetana** C. B. Shang, Acta Phytotax. Sin. 18 (1): 91, pl. 3 (1980).

Brassaiopsis zhangmuensis Y. R. Li, Acta Bot. Yunnan. 2 (1): 108, pl. 4 (1980).

西藏。

三裂罗伞

Brassaiopsis triloba K. M. Feng, Fl. Yunnan. 2: 463, pl. 137, f. 1-2 (1979).

云南、广西；越南。

显脉罗伞（显脉柏那参，显脉掌叶树）

- **Brassaiopsis tripteris** (H. Lév.) Rehder, J. Arnold Arbor. 15 (2): 115 (1934).

Heptapleurum tripteris H. Lév., Bull. Acad. Int. Géogr. Bot. 24 (294): 145 (1914); *Acanthopanax phanerophlebius* Merr. et Chun, Sunyatsenia 2 (1): 12, t. 6 (1934); *Brassaiopsis phanerophlebia* (Merr. et Chun) P. H. Hô, Acta Phytotax. Sin. 2 (1): 75 (1952); *Eleutherococcus phanerophlebius* (Merr. et Chun) S. Y. Hu, J. Arnold Arbor. 61 (1): 109 (1980).

贵州、云南、广东、广西。

人参木属 Chengiopanax C. B. Shang et J. Y. Huang

人参木（华人参木）

- **Chengiopanax fargesii** (Franch.) C. B. Shang et J. Y. Huang, Bull. Bot. Res., Harbin 13 (1): 48 (1993).

Heptapleurum fargesii Franch., J. Bot. (Morot) 10 (18): 306 (1896); *Acanthopanax fargesii* (Franch.) C. B. Shang, Candollea 39: 485 (1984); *Eleutherococcus fargesii* (Franch.) H. Ohashi, J. Jap. Bot. 62 (12): 358 (1987); *Acanthopanax sinensis* G. Hoo, Acta Phytotax. Sin., Addit. 1: 163 (1965).

湖南、重庆。

树参属 Dendropanax Decne. et Planch.

双室树参（双室木五加）

- **Dendropanax bilocularis** C. N. Ho, Acta Phytotax. Sin. 2: 76, pl. 4 (1952).

云南、广东、广西。

缅甸树参

Dendropanax burmanicus Merr., Brittonia 4: 129 (1941).

Dendropanax yunnanensis C. J. Tseng et G. Hoo, Acta Phytotax. Sin., Addit. 1: 142 (1965).

云南；缅甸。

榕叶树参

Dendropanax caloneurus (Harms) Merr., Brittonia 4: 132 (1941).

Gilibertia caloneura Harms, Notizbl. Bot. Gart. Berlin-Dahlem 13: 452 (1937); *Dendropanax ficifolius* C. J. Tseng et G. Hoo, Acta Phytotax. Sin., Addit. 1: 145 (1965).

云南；越南。

挤果树参（密花木五加）

- **Dendropanax confertus** H. L. Li, Sargentia 2: 42, f. 6 (1942).

江西、湖南、广东、广西。

大果树参

Dendropanax chevalieri (Vig.) Merr., J. Arnold Arbor. 19 (1): 59 (1938).

Gilibertia chevalieri R. Vig., Fl. Indo-Chine 2: 1181, f. 141 (1923); *Dendropanax macrocarpus* C. N. Ho, Acta Phytotax. Sin. 2 (1): 76 (1952); *Dendropanax hoi* C. B. Shang, Acta Phytotax. Sin. 37 (6): 607 (1999).

云南、广西；越南、印度。

树参（谢氏幻李葰，枫荷桂，木五加）

Dendropanax dentiger (Harms) Merr., Brittonia 4 (1): 132 (1941).

Gilibertia dentigera Harms, Bot. Jahrb. Syst. 29 (3-4): 487 (1900); *Textoria dentigera* (Harms) Nakai, J. Jap. Bot. 15: 8 (1939); *Dendropanax chevalieri* (Vig.) Merr. var. *dentiger*

(Harms) H. L. Li, Sargentia 2: 41 (1942); *Gilibertia sinensis* Nakai, J. Arnold Arbor. 5 (1): 24 (1924); *Textoria sinensis* (Nakai) Nakai, J. Jap. Bot. 15: 9 (1939); *Gilibertia intercedens* Hand.-Mazz., Symb. Sin. 7 (3): 691 (1933); *Gilibertia dentigera* var. *anodonta* Hand.-Mazz., Symb. Sin. 7 (3): 692 (1933); *Dendropanax inflatus* H. L. Li, Sargentia 2: 45 (1942); *Dendropanax inflatus* f. *prominens* C. J. Tseng et G. Hoo, Acta Phytotax. Sin., Addit. 1: 144 (1965); *Dendropanax inflatus* f. *multiflorus* C. J. Tseng et G. Hoo, Acta Phytotax. Sin., Addit. 1: 144 (1965); *Dendropanax inflatus* f. *paniculatus* C. J. Tseng et G. Hoo, Acta Phytotax. Sin., Addit. 1: 144 (1965).

安徽、浙江、江西、湖南、湖北、四川、贵州、云南、福建、广东、广西；越南、老挝、柬埔寨、泰国。

海南树参（海南杞李葚，海南木五加，豆腐木）

Dendropanax hainanensis (Merr. et Chun) Merr. et Chun, Sunyatsenia 4: 247 (1940).

Gilibertia hainanensis Merr. et Chun, Sunyatsenia 2 (3-4): 296, f. 37 (1935); *Textoria hainanensis* (Merr. et Chun) Nakai, J. Jap. Bot. 15: 10 (1939); *Gilibertia petelotii* Harms, Notizbl. Bot. Gard. Berlin-Dahlem 13: 453 (1937); *Dendropanax petelotii* (Harms) Merr., Brittonia 4: 134 (1941).

湖南、贵州、云南、广东、广西、海南；越南北部。

广西树参（广西木五加）

Dendropanax kwangsiensis H. L. Li, Sargentia 2: 45 (1942).

Dendropanax parvifloroides C. N. Ho, Acta Phytotax. Sin. 2 (1): 77, pl. 5 (1952); *Dendropanax crassifolius* Y. F. Deng et H. Peng, Acta Phytotax. Sin. 40 (5): 453 (2002).

云南、广东、广西；越南。

保亭树参

●**Dendropanax oligodontus** Merr. et Chun, Sunyatsenia 5 (1-3): 151 (1940).

海南。

长萼树参

●**Dendropanax productus** H. L. Li, Sargentia 2: 44, f. 7 (1942).

广东。

台湾树参

●**Dendropanax pellucidopunctatus** (Hayata) Kanehira, Trans. Nat. Hist. Soc. Taiwan 29: 158 (1939).

Gilibertia pellucidopunctata Hayata, Icon. Pl. Formosan. 2: 111 (1912); *Textoria pellucidopunctata* (Hayata) Kanehira et Sasaki, List Pl. Formosa 315 (1928).

台湾。

变叶树参（三层楼）

●**Dendropanax proteus** (Champ. ex Benth.) Benth., Fl. Hongk. 136 (1861).

Hedera protea Champ. ex Benth., Hooker's J. Bot. Kew Gard. Misc. 4: 122 (1852); *Gilibertia protea* (Champ. ex Benth.) Harms in Engler et Prantl, Nat. Pflanzenfam. 3 (8): 41 (1894); *Textoria protea* (Champ. ex Benth.) Nakai, J. Jap. Bot. 15: 8 (1939); *Hedera parviflora* Champ. ex Benth., Hooker's J. Bot. Kew Gard. Misc. 4: 122 (1852); *Gilibertia parviflora* Harms in Engler et Prantl, Nat. Pflanzenfam. 3 (8): 41 (1894); *Textoria parviflora* (Champ. ex Benth.) Nakai, J. Jap. Bot. 15: 7 (1939); *Dendropanax acuminatissimus* Merr., Philipp. J. Sci. 13 (3): 152 (1918); *Gilibertia acuminatissima* (Merr.) Hu, J. Arnold Arbor. 5 (4): 232 (1924); *Gilibertia angustiloba* Hu, J. Arnold Arbor. 11: 226 (1930); *Dendropanax angustilobus* (Hu) Merr., Brittonia 4 (1): 132 (1941); *Dendropanax brevistylus* Ling, Acta Phytotax. Sin. 1 (2): 213, f. 6 (1951); *Dendropanax gracilis* C. J. Tseng et G. Hoo, Acta Phytotax. Sin., Addit. 144 (1965); *Dendropanax parvifloroides* C. N. Ho var. *chartaceus* K. M. Feng et Y. R. Li in C. Y. Wu (eds.), Fl. Yunnan. 2: 423 (1979).

江西、湖南、云南、福建、广东、广西、海南。

星柱树参（星花木五加）

●**Dendropanax stellatus** H. L. Li, Sargentia 2: 42 (1942).

广西。

三裂树参

Dendropanax trifidus (Thunb.) Makino ex H. Hara, J. Jap. Bot. 16: 260 (1940).

Acer trifidum Thunb., Syst. Veg. ed. 14. 912 (1784); *Textoria japonica* (Jungh.) Miq., Ann. Mus. Bot. Lugduno-Batavi 1: 12 (1863); *Dendropanax japonicus* Seem., J. Linn. Soc., Bot. 23: 342 (1888); *Hedera japonica* Carrière, Rev. Hort. (Paris) 62: 162 (1890); *Gilibertia japonica* (Jungh.) Harms in Engler et Prantl, Nat. Pflanzenfam. 3 (8): 41 (1894); *Gilibertia trifida* (Thunb.) Makino, Bot. Mag. (Tokyo) 15: 91 (1901); *Textoria trifida* (Thunb.) Nakai ex Honda, Zingu-Sintino-Syokubut. 34 (1927).

台湾；日本。

五加属 Eleutherococcus Maxim.

宝兴五加

●**Eleutherococcus baoxinensis** (X. P. Fang et C. K. Hsieh) P. S. Hsu et S. L. Pan, Sida 15 (4): 594 (1993).

Acanthopanax baoxinensis X. P. Fang et C. K. Hsieh, Bull. Bot. Res., Harbin 7 (4): 89, f. 2 (1987).

四川。

短柄五加

●**Eleutherococcus brachypus** (Harms) Nakai, Fl. Sylv. Kor. 16: 27 (1927).

Acanthopanax brachypus Harms, Bot. Jahrb. Syst. 36 (5, Beibl. 82): 80 (1905); *Acanthopanax obovatus* G. Hoo, Acta Phytotax. Sin., Addit. 1: 162 (1965); *Eleutherococcus obovatus* (G. Hoo) H. Ohashi, J. Jap. Bot. 62 (12): 359 (1987).

陕西、宁夏、甘肃。

乌蔹莓五加
Eleutherococcus cissifolius (Griff. ex C. B. Clarke) Nakai, Chosen-shokubutsu. 1: 420 (1914).
Aralia cissifolia Griff. ex C. B. Clarke, Fl. Brit. Ind. 2: 722 (1879); *Acanthopanax cissifolius* (Griff. ex C. B. Clarke) Harms in Engler et Prantl, Nat. Pflanzenfam. 3 (8): 50 (1894); *Acanthopanax cissifolius* var. *glaber* Y. R. Li, Acta Bot. Yunnan. 2 (1): 107, pl. 2 (1980); *Eleutherococcus cissifolius* var. *glaber* (Y. R. Li) P. S. Hsu et S. L. Pan, Sida 15 (4): 594 (1993).

云南、西藏；印度、不丹、尼泊尔。

离柱五加
●**Eleutherococcus eleutheristylus** (G. Hoo) H. Ohashi, J. Jap. Bot. 62: 358 (1987).
Acanthopanax eleutheristylus G. Hoo, Acta Phytotax. Sin., Addit. 1: 155 (1965); *Acanthopanax eleutheristylus* var. *simplex* G. Hoo, Acta Phytotax. Sin., Addit. 1: 156 (1965); *Eleutherococcus eleutheristylus* var. *simplex* (G. Hoo) H. Ohashi, J. Jap. Bot. 62 (12): 358 (1987).

陕西、甘肃。

红毛五加（纪氏五加）
●**Eleutherococcus giraldii** (Harms) Nakai, J. Arnold Arbor. 5 (1): 9 (1924).
Acanthopanax giraldii Harms, Bot. Jahrb. Syst. 36 (3, Beibl. 82): 80 (1905); *Acanthopanax giraldii* var. *inermis* Harms et Rehder, Pl. Wilson. 2 (3): 560 (1916); *Eleutherococcus giraldii* var. *inermis* (Harms et Rehder) Nakai, Fl. Sylv. Kor. 16: 28 (1927); *Acanthopanax yui* H. L. Li, Sargentia 2: 79, f. 12 (1942); *Acanthopanax giraldii* var. *hispidus* G. Hoo, Acta Phytotax. Sin., Addit. 1: 157 (1965); *Acanthopanax yui* H. L. Li var. *longipedunculatus* G. Hoo, Acta Phytotax. Sin., Addit. 1: 157 (1965); *Acanthopanax yui* var. *parvispinosus* G. Hoo, Acta Phytotax. Sin., Addit. 1: 156 (1965); *Acanthopanax yui* var. *villosus* Y. R. Li, Fl. Yunnan. 2: 479 (1979); *Eleutherococcus yui* (H. L. Li) S. Y. Hu, J. Arnold Arbor. 61 (1): 111 (1980); *Eleutherococcus giraldii* (Harms) Nakai f. *hispidus* (G. Hoo) H. Ohashi, J. Jap. Bot. 62 (12): 358 (1987); *Eleutherococcus giraldii* var. *hispidus* (G. Hoo) K. L. Zhang, J. N.-W., Teach. Coll. (Nat. Sci.) 1988 (1): 12 (1988); *Eleutherococcus giraldii* var. *villosus* (Y. R. Li) P. S. Hsu et S. L. Pan, Sida 15 (4): 594 (1993); *Acanthopanax humillimus* Y. S. Lian et X. L. Chen, Acta Bot. Boreal.-Occid. Sin. 14 (6): 76 (1994); *Eleutherococcus humillimus* (Y. S. Lian et X. L. Chen) Y. F. Deng, Novon 13 (3): 305 (2003).

河南、陕西、宁夏、甘肃、青海、湖北、四川、云南。

糙叶五加
●**Eleutherococcus henryi** Oliv., Hooker's Icon. Pl. 18 (1): pl. 1711 (1887).

山西、河南、陕西、安徽、浙江、江西、湖北、四川。

糙叶五加（原变种）（亨利五加）
●**Eleutherococcus henryi** var. **henryi**
Acanthopanax henryi (Oliv.) Harms in Engler et Prantl, Nat. Pflanzenfam. 3 (8): 49 (1894).

山西、河南、陕西、安徽、浙江、江西、湖北、四川。

毛梗糙叶五加（变种）
●**Eleutherococcus henryi** var. **faberi** (Harms) S. Y. Hu, J. Arnold Arbor. 61 (1): 109 (1980).
Acanthopanax henryi var. *faberi* Harms, Mitt. Deutsch. Dendrol. Ges. 27: 12 (1918); *Acanthopanax connatistylus* S. C. Li et X. M. Liu, J. Anhui Agric. Coll. 14: 9 (1987); *Eleutherococcus huangshanensis* C. H. Kim et B. Y. Sun, Novon 3: 210, f. 1 (2000); *Eleutherococcus connalistylus* (S. C. Li et X. M. Liu) C. H. Kim et B. Y. Sun, J. Plant Sci (Korea) 42: 286 (2004).

陕西、安徽、浙江。

康定五加（箭炉五加）
●**Eleutherococcus lasiogyne** (Harms) S. Y. Hu, J. Arnold Arbor. 61 (1): 109 (1980).
Acanthopanax lasiogyne Harms, Pl. Wilson. 2 (3): 563 (1916); *Acanthopanax wardii* W. W. Sm., Notes Roy. Bot. Gard. Edinb. 10 (46): 7 (1917); *Acanthopanax ternatus* Rehder, J. Arnold Arbor. 2 (2): 124 (1920); *Eleutherococcus wardii* (W. W. Sm.) S. Y. Hu, J. Arnold Arbor. 61 (1): 110 (1980); *Acanthopanax lasiogyne* var. *ferrugineus* Y. R. Li, Acta Bot. Yunnan. 2 (1): 107, pl. 3 (1980); *Eleutherococcus lasiogyne* var. *ferrugineus* (Y. R. Li) H. Ohashi, J. Jap. Bot. 62 (12): 359 (1987).

四川、云南、西藏。

藤五加
●**Eleutherococcus leucorrhizus** Oliv., Hooker's Icon. Pl. 18 (1): pl. 1711 (1887).

河南、陕西、甘肃、安徽、浙江、江西、湖南、湖北、四川、贵州、云南、广东。

藤五加（原变种）
●**Eleutherococcus leucorrhizus** var. **leucorrhizus**
Acanthopanax leucorrhizus (Oliv.) Harms in Engler et Prantl, Nat. Pflanzenfam. 3 (8): 49 (1894); *Acanthopanax cuspidatus* G. Hoo, Acta Phytotax. Sin., Addit. 1: 160 (1965); *Acanthopanax leucorrhizus* f. *angustifoliatus* G. Hoo, Acta Phytotax. Sin., Addit. 1: 161 (1965); *Acanthopanax leucorrhizus* var. *axillaritomentosus* G. Hoo, Acta Phytotax. Sin., Addit. 1: 161. (1965); *Eleutherococcus leucorrhizus* Oliv. var. *axillaritomentosus* (G. Hoo) H. Ohashi, J. Jap. Bot. 62 (12): 359 (1987); *Eleutherococcus leucorrhizus* var. *brevipedunculatus* Y. R. Ling, Acta Phytotax. Sin. 15 (2): 84, t. 1, f. 3-4 (1977); *Eleutherococcus cuspidatus* (G. Hoo) H. Ohashi, J. Jap. Bot. 62 (12): 358 (1987).

陕西、甘肃、安徽、浙江、江西、湖北、四川、贵州、云南、广东。

糙叶藤五加（变种）

- **Eleutherococcus leucorrhizus** var. **fulvescens** (Harms et Rehder) Nakai, Fl. Sylv. Kor. 16: 27 (1927).
Acanthopanax leucorrhizus (Oliv.) Harms var. *fulvescens* Harms et Rehder, Pl. Wilson. 2 (3): 558 (1916); *Acanthopanax longipes* Hand.-Mazz., Symb. Sin. 7 (3): 696 (1933).

河南、江西、湖南、湖北、四川、贵州、云南、广东。

狭叶藤五加（变种）

- **Eleutherococcus leucorrhizus** var. **scaberulus** (Harms et Rehder) Nakai, Fl. Sylv. Kor. 16: 29 (1927).
Acanthopanax leucorrhizus (Oliv.) Harms var. *scaberulus* Harms et Rehder, Pl. Wilson. 2 (3): 558 (1916); *Acanthopanax simonii* Simon-Louis ex C. K. Schneid., Ill. Handb. Laubholzk. 2: 426, f. 290c (1909); *Eleutherococcus simonii* (Simon-Louis ex C. K. Schneid.) Hesse, Mitt. Deutsch. Dendrol. Ges. 22: 272 (1913); *Acanthopanax simonii* var. *longipedicellatus* G. Hoo, Acta Phytotax. Sin., Addit. 1: 162 (1965); *Eleutherococcus simonii* var. *longipedicellatus* (G. Hoo) H. Ohashi, J. Jap. Bot. 62 (12): 360 (1987).

河南、安徽、浙江、江西、湖南、湖北、四川、贵州、云南、广东。

蜀五加（四川五加）

- **Eleutherococcus leucorrhizus** var. **setchuenensis** (Harms) C. B. Shang et J. Y. Huang, J. Nanjing Forestry Univ. (Nat. Sci. Ed.) 31 (3): 15 (2007).
Acanthopanax setchuenensis Harms, Bot. Jahrb. Syst. 29: 488 (1900); *Eleutherococcus setchuenensis* (Harms) Nakai, Fl. Sylv. Kor. 16: 30 (1927); *Acanthopanax setchuenensis* var. *latifoliatus* G. Hoo, Acta Phytotax. Sin., Addit. 1: 161 (1965); *Eleutherococcus setchuenensis* var. *latifoliatus* (G. Hoo) H. Ohashi, J. Jap. Bot. 62 (12): 359 (1987).

河南、陕西、甘肃、湖北、四川、贵州。

细柱五加

- **Eleutherococcus nodiflorus** (Dunn) S. Y. Hu, J. Arnold Arbor. 61: 109 (1980).
Acanthopanax nodiflorus Dunn, J. Bot. 47 (6): 199 (1909); *Aralia scandens* Poir., Encycl. (Lamarck) Suppl. 1: 419 (1811); *Acanthopanax villosulus* Harms, Pl. Wilson. 2 (3): 562 (1916); *Eleutherococcus villosulus* (Harms) S. Y. Hu, J. Arnold Arbor. 61 (1): 110 (1980); *Acanthopanax gracilistylus* W. W. Sm. var. *villosulus* (Harms) H. L. Li, Sargentia 2: 85 (1942); *Acanthopanax gracilistylus* W. W. Sm., Notes Roy. Bot. Gard. Edinb. 10 (46): 6 (1917); *Eleutherococcus gracilistylus* (W. W. Sm.) S. Y. Hu, J. Arnold Arbor. 61 (1): 109 (1980); *Acanthopanax spinosus* (L. f.) Miq. var. *pubescens* Pamp., Nuovo Giorn. Bot. Ital., n.s. 17 (4): 678 (1910); *Acanthopanax gracilistylus* var. *pubescens* (Pamp.) H. L. Li, Sargentia 2: 85 (1942); *Eleutherococcus gracilistylus* var. *pubescens* (Pamp.) S. Y. Hu, J. Arnold Arbor. 61 (1): 109 (1980); *Eleutherococcus pubeseens* (Pamp.) C. H. Kim et B. Y. Sun, Novon 10 (3): 213 (2000); *Acanthopanax hondae* Matsuda, Bot. Mag. (Tokyo) 31: 333 (1917); *Acanthopanax gracilistylus* var. *nodiflorus* (Dunn) H. L. Li, Sargentia 2: 86 (1942); *Eleutherococcus gracilistylus* var. *nodiflorus* (Dunn) H. Ohashi, J. Jap. Bot. 62 (12): 359 (1987); *Acanthopanax gracilistylus* var. *major* G. Hoo, Acta Phytotax. Sin., Addit. 1: 159 (1965); *Eleutherococcus gracilistylus* var. *major* (G. Hoo) H. Ohashi, J. Jap. Bot. 62 (12): 358 (1987); *Acanthopanax gracilistylus* var. *trifoliolatus* C. B. Shang, J. Nanjing Inst. Forest. 1985 (2): 22 (1985); *Eleutherococcus gracilistylus* var. *trifoliolatus* (C. B. Shang) H. Ohashi, J. Jap. Bot. 62 (12): 359 (1987).

山西、河南、陕西、甘肃、安徽、江苏、浙江、江西、湖南、湖北、四川、贵州、云南、福建、台湾、广东、广西。

匙叶五加（长梗匙叶五加）

- **Eleutherococcus rehderianus** (Harms) Nakai, J. Arnold Arbor. 5 (1): 9 (1924).
Acanthopanax rehderianus Harms, Pl. Wilson. 2 (3): 561 (1916); *Acanthopanax rehderianus* var. *longipedunculatus* G. Hoo, Acta Phytotax. Sin., Addit. 1: 158 (1965); *Eleutherococcus rehderianus* var. *longipedunculatus* (G. Hoo) H. Ohashi, J. Jap. Bot. 62 (12): 359 (1987).

陕西、湖北、四川。

匍匐五加

- **Eleutherococcus scandens** (G. Hoo) H. Ohashi, J. Jap. Bot. 62 (12): 359 (1987).
Acanthopanax scandens G. Hoo, Acta Phytotax. Sin., Addit. 1: 158 (1965).

安徽、浙江、江西、福建。

刺五加（坎拐棒子，一百针，老虎潦）

Eleutherococcus senticosus (Rupr. et Maxim.) Maxim., Mém. Div. Sav. Acad. Sci. St.-Petersb. 9: 132 (1859).
Hedera senticosa Rupr. et Maxim., Bull. Phys.-Math. Acad. Sci. Saint-Pétersbourg. 15: 134 (1856); *Acanthopanax senticosus* (Rupr. ex Maxim.) Harms in Engler et Prantl, Nat. Pflanzenfam. 3 (8): 50 (1897); *Eleutherococcus senticosus* var. *subinermis* Regel, Mém. Acad. Imp. Sci. St.-Pétersbourg, Sér. 7. 4 (4): 73. (1861); *Acanthopanax senticosus* f. *subinermis* (Regel) Harms, Mitt. Deutsch. Dendrol. Ges. 27: 8 (1918); *Acanthopanax senticosus* var. *subinermis* (Regel) Kitag., Neolin. Fl. Manshur. 471 (1979); *Eleutherococcus senticosus* f. *inermis* Kom., Fl. Manshur. 3: 121 (1905); *Acanthopanax cuspidatus* var. *tienchuanensis* G. Hoo, Acta Phytotax. Sin., Addit. 1: 166 (1965); *Acanthopanax senticosus* var. *brevistaminea* S. F. Gu, Bull. Bot. Res. 13 (2): 118, f. s.n. (1993).

黑龙江、吉林、辽宁、河北、山西、河南、陕西、四川；朝鲜、日本、俄罗斯。

无梗五加（乌鸦子，短梗五加）

Eleutherococcus sessiliflorus (Rupr. et Maxim.) S. Y. Hu, J. Arnold Arbor. 61 (1): 109 (1980).
Panax sessiliflorum Rupr. et Maxim., Bull. Phys.-Math. Acad.

Sci. Saint-Pétersbourg. 15: 133 (1856); *Acanthopanax sessiliflorus* (Rupr. et Maxim.) Seem., J. Bot. 5 (53): 239 (1867); *Acanthopanax sessiliflorus* var. *parviceps* Rehder, Mitt. Deutsch. Dendrol. Ges. 21: 192 (1912); *Eleutherococcus sessiliflorus* var. *parviceps* (Rehder) S. Y. Hu, J. Arnold Arbor. 61 (1): 110 (1980).

黑龙江、吉林、辽宁、河北、山西；朝鲜。

刚毛白簕

●**Eleutherococcus setosus** (H. L. Li) Y. R. Ling, Acta Phytotax. Sin. 15 (2): 85, pl. 1, f. 5-6 (1977).

Acanthopanax trifoliatus (L.) Merr. var. *setosus* H. L. Li, Sargentia 2: 87 (1942); *Acanthopanax setosus* (H. L. Li) C. B. Shang, J. Nanjing Inst. Forest. 1985 (3): 23 (1985); *Eleutherococcus trifoliatus* (L.) S. Y. Hu var. *setosus* (H. L. Li) H. Ohashi, J. Jap. Bot. 62: 360 (1987).

江西、湖南、贵州、云南、福建、台湾、广东、广西。

细刺五加

●**Eleutherococcus setulosus** (Franch.) S. Y. Hu, J. Arnold Arbor. 61 (1): 110 (1980).

Acanthopanax setulosus Franch., Nouv. Arch. Mus. Hist. Nat. sér. 2. 8: 249 (1886); *Acanthopanax zhejiangensis* X. J. Xue et S. T. Fang, Acta Phytotax. Sin. 21 (3): 350, pl. 1 (1983); *Eleutherococcus zhejiangensis* (X. J. Xue et S. T. Fang) H. Ohashi, J. Jap. Bot. 62 (12): 360 (1987); *Eleutherococcus pseudosetulosus* C. H. Kim et B. Y. Sun, Novon 10 (3): 213, f. 2 (2000).

甘肃、安徽、浙江、四川。

白簕

Eleutherococcus trifoliatus (L.) S. Y. Hu, J. Arnold Arbor. 61 (1): 110 (1980).

Zanthoxylum trifoliatum L., Sp. Pl. 1: 270 (1753); *Acanthopanax trifoliatus* (L.) Merr., Philipp. J. Sci. 1: suppl. 217 (1906); *Panax aculeatus* Aiton, Hort. Kew. (W. Aiton) 3: 448 (1789); *Acanthopanax aculeatum* (Aiton) Witte, Ann. Hort. Bot. 4: 8 (1861); *Acanthopanax sepium* Seem., J. Bot. 5 (53): 239 (1867).

安徽、江苏、浙江、江西、湖南、湖北、四川、贵州、云南、福建、台湾、广东、广西；日本、越南、泰国、菲律宾、印度。

轮伞五加

●**Eleutherococcus verticillatus** (G. Hoo) H. Ohashi, J. Jap. Bot. 62: 360 (1987).

Acanthopanax verticillatus G. Hoo, Acta Phytotax. Sin., Addit. 1: 159 (1965); *Acanthopanax xizangensis* Y. R. Li, Acta Bot. Yunnan. 2 (1): 106, pl. 1 (1980); *Eleutherococcus xizangensis* (Y. R. Li) H. Ohashi, J. Jap. Bot. 62 (12): 360 (1987).

西藏。

狭叶五加

●**Eleutherococcus wilsonii** (Harms) Nakai, J. Arnold Arbor. 5 (1): 9 (1924).

Acanthopanax wilsonii Harms, Pl. Wilson. 2 (3): 560 (1916).

陕西、甘肃、青海、湖北、四川、云南、西藏。

狭叶五加（原变种）

●**Eleutherococcus wilsonii** var. **wilsonii**

Acanthopanax stenophyllus Harms, Pl. Wilson. 2 (3): 564 (1916); *Eleutherococcus stenophyllus* (Harms) Nakai, J. Arnold Arbor. 5 (1): 9 (1924); *Acanthopanax stenophyllus* f. *angustissimus* Rehder, J. Arnold Arbor. 9 (2-3): 99 (1928); *Eleutherococcus stenophyllus* f. *angustissimus* (Rehder) S. Y. Hu, J. Arnold Arbor. 61 (1): 110 (1980); *Acanthopanax stenophyllus* f. *dilatatus* Rehder, J. Arnold Arbor. 13: 339 (1932); *Eleutherococcus stenophyllus* f. *dilatatus* (Rehder) S. Y. Hu, J. Arnold Arbor. 61 (1): 110 (1980); *Acanthopanax nanpingensis* X. P. Fang et C. K. Hsieh, Bull. Bot. Res. 7 (4): 87, f. 1 (1987); *Eleutherococcus nanpingensis* (X. P. Fang et C. K. Hsieh) P. S. Hsu et S. L. Pan, Sida 15 (4): 594 (1993).

陕西、甘肃、湖北、四川、云南、西藏。

毛狭叶五加（变种）

●**Eleutherococcus wilsonii** var. **pilosulus** (Rehder) P. S. Hsu et S. L. Pan, Sida 15 (4): 594 (1993).

Acanthopanax giraldii Harms var. *pilosulus* Rehder, J. Arnold Arbor. 9 (2-3): 99 (1928); *Eleutherococcus giraldii* (Harms) Nakai var. *pilosulus* (Rehder) S. Y. Hu, J. Arnold Arbor. 61 (1): 109 (1980); *Acanthopanax wilsonii* Harms var. *pilosulus* (Rehder) X. P. Fang et C. K. Hsieh, Bull. Bot. Res. 7 (4): 90 (1987); *Eleutherococcus wilsonii* var. *pilosulus* (Rehder) P. S. Hsu et S. L. Pan, Sida 15 (4): 594 (1993); *Eleutherococcus pilosulus* (Rehder) C. H. Kim et B. Y. Sun, Novon 10 (3): 210 (2000).

甘肃、青海。

八角金盘属 Fatsia Decne. et Planch.

八角金盘

☆**Fatsia japonica** (Thunb.) Decne. et Planch., Rev. Hort. (Paris). Ser. IV. 3: 105 (1854).

Aralia japonica Thunb., Nova Acta Regiae Soc. Sci. Upsal. 3: 207 (1780).

安徽、江苏、浙江、江西、云南、福建栽培；原产于日本。

多室八角金盘（多果八角金盘）

●**Fatsia polycarpa** Hayata, J. Coll. Sci. Imp. Univ. Tokyo 25 (19): 105, t. 13 (1908).

Diplofatsia polycarpa (Hayata) Nakai, J. Arnold Arbor. 5 (1): 18 (1924).

台湾。

萸叶五加属 Gamblea C. B. Clarke

萸叶五加

Gamblea ciliata C. B. Clarke, Fl. Brit. Ind. 2: 739 (1879).

陕西、安徽、浙江、江西、湖南、湖北、四川、贵州、云南、西藏、福建、广东、广西；越南、缅甸、印度、不丹、尼泊尔。

萸叶五加（原变种）
Gamblea ciliata var. **ciliata**
Acanthopanax evodiifolius Franch. var. *ferrugineus* W. W. Sm., Notes Roy. Bot. Gard. Edinb. 10 (46): 6 (1917); *Evodiopanax evodiifolius* (Franch.) Nakai var. *ferrugineus* (W. W. Sm.) Nakai, J. Arnold Arbor. 5 (1): 8 (1924); *Acanthopanax evodiifolius* var. *gracilis* W. W. Sm., Notes Roy. Bot. Gard. Edinb. 10 (46): 6 (1917); *Evodiopanax evodiifolius* var. *gracilis* (W. W. Sm.) S. Y. Hu, J. Arnold Arbor. 61 (1): 111 (1980); *Acanthopanax evodiifolius* var. *glaucus* K. M. Feng, Fl. Yunnan. 2: 486 (1979); *Evodiopanax evodiifolius* var. *glaucus* (K. M. Feng) H. Ohashi, J. Jap. Bot. 62 (12): 362 (1987); *Evodiopanax ferrugineus* (W. W. Sm.) Grushvztzky et Skvortsova, Novosti Sist. Vyssh. Rast. 22: 177 (1985); *Evodiopanax gracilis* (W. W. Sm.) Grushv. et Skvortsova, Novosti Sist. Vyssh. Rast. 22: 177 (1985).
四川、云南、西藏；缅甸、印度、不丹、尼泊尔。

吴茱萸五加（变种）
Gamblea ciliata var. **evodiifolia** (Franch.) C. B. Shang, Lowry et Frodin, Adansonia sér. 3. 22: 51 (2000).
Acanthopanax evodiifolius Franch., J. Bot. (Morot) 10 (18): 306 (1896); *Evodiopanax evodiifolium* (Franch.) Nakai, J. Arnold Arbor. 5 (1): 8 (1924).
陕西、安徽、浙江、江西、湖南、湖北、四川、贵州、云南、福建、广东、广西；越南。

大果萸叶五加
Gamblea pseudoevodiifolia (K. M. Feng) C. B. Shang et al, Adansonia sér. 3. 22: 55 (2000).
Acanthopanax evodiifolius Franch. var. *pseudoevodiifolius* K. M. Feng, Fl. Yunnan. 2: 485 (1979); *Evodiopanax evodiifolius* (Franch.) Nakai var. *pseudoevodiifolius* (K. M. Feng) H. Ohashi, J. Jap. Bot. 62 (12): 362 (1987); *Evodiopanax pseudoevodiifolius* (K. M. Feng) F. N. Wei, Guihaia 13 (3): 212 (1993).
云南、广西；老挝、越南。

常春藤属 Hedera L.

常春藤
Hedera nepalensis K. Koch var. **sinensis** (Tobler) Rehder, J. Arnold Arbor. 4: 250 (1923).
Hedera sinensis Tobler, Gatt. Heder. 80 (1912); *Hedera himalaica* (Hibberd) Carriere var. *sinensis* Tobler, Hedera 79, f. 39-42 (1912); *Hedera robusta* Pojarkova, Not. Syst. Lining. 14: 258, f. 1 (1951); *Hedera potaninii* Pojarkova, Notul. Syst. (Paris) 14: 261, f. 3 (1951); *Hedera shensiensis* Pojarkova, Not. Syst. Lining. 14: 261, f. 3 (1951).
山东、河南、陕西、甘肃、安徽、江苏、浙江、江西、湖南、湖北、四川、贵州、云南、西藏、福建、广东、广西；越南、老挝。

台湾菱叶常春藤
●**Hedera rhombea** var. **formosana** (Nakai) H. L. Li, Woody Fl. Taiwan 669, f. 276 (1963).
Hedera formosana Nakai, J. Arnold Arbor. 5 (1): 25 (1924).
台湾。

幌伞枫属 Heteropanax Seem.

短梗幌伞枫（短硬罗汉伞）
Heteropanax brevipedicellatus H. L. Li, Sargentia 2: 94 (1942).
江西、福建、广东、广西；越南北部。

华幌伞枫
Heteropanax chinensis (Dunn) H. L. Li, Sargentia 2: 95 (1942).
Heteropanax fragrans (Roxb.) Seem. var. *chinensis* Dunn, J. Linn. Soc., Bot. 38 (267): 360 (1908).
云南、广西；越南。

幌伞枫（大蛇药，五加通）
Heteropanax fragrans (Roxb) Seem., Fl. Vit. 114 (1865).
Panax fragrans Roxb., Fl. Ind. ed. 1832. 2: 76 (1832); *Heteropanax fragrans* var. *attenuatus* C. B. Clarke in J. D. Hooker (ed.), Fl. Brit. Ind. 2 (6): 735 (1879); *Heteropanax fragrans* var. *subcordatus* C. B. Clarke in J. D. Hooker (ed.), Fl. Brit. Ind. 2 (6): 735 (1879); *Heteropanax fragrans* var. *ferrugineus* Y. F. Deng, Acta Bot. Yunnan. 24 (5): 605 (2002).
云南、福建、广东、广西、海南；越南、缅甸、泰国、印度尼西亚、印度、不丹、尼泊尔。

海南幌伞枫
●**Heteropanax hainanensis** C. B. Shang, Adansonia sér. 3. 19 (1): 80 (1997).
海南。

亮叶幌伞枫
Heteropanax nitentifolius G. Hoo, Acta Phytotax. Sin., Addit. 1: 166 (1965).
云南；越南。

云南幌伞枫
●**Heteropanax yunnanensis** G. Hoo, Acta Phytotax. Sin., Addit. 1: 167 (1965).
云南。

刺楸属 Kalopanax Miq.

刺楸（鼓钉刺，刺枫树，刺桐）
Kalopanax septemlobus (Thunb.) Koidz., Bot. Mag. (Tokyo) 39 (468): 306 (1925).

Acer septemlobum Thunb. in Syst. Veg. ed. 14. 912 (1784); *Acanthopanax septemlobus* (Thunb.) Koidz. ex Rehd., Man. Cult. Trees 859 (1927); *Acer pictum* Thunb. in Syst. Veg. ed. 14. 912 (1784); *Kalopanax pictus* (Thunb.) Nakai, Fl. Sylv. Kor. 16: 34 (1927); *Panax ricinifolium* Siebold et Zucc., Abh. Math.-Phys. Cl. Königl. Bayer. Akad. Wiss. 4 (2): 199 (1843); *Kalopanax ricinifolius* (Siebold et Zucc.) Miq., Ann. Mus. Bot. Lugduno-Batavi 1: 16 (1863); *Acanthopanax ricinifolius* (Siebold et Zucc.) Seem., J. Bot. 6 (65): 140 (1868); *Aralia maximowiczii* Van Houtte, Ann. Gén. Hort. 20: 39, pl. 2067 (1874); *Acanthopanax ricinifolium* var. *maximowiczi* (Van Houtte) C. K. Schneid., Ill. Handb. Laubholzk. 2: 429 (1909); *Kalopanax ricinifolius* var. *maximowiczii* (Van Houtte) Nakai, J. Arnold Arbor. 5 (1): 13 (1924); *Kalopanax septemlobus* var. *maximowiczii* (Van Houtte) Hand.-Mazz., Symb. Sin. 7 (3): 699 (1933); *Kalopanax ricinifolius* var. *magnificus* Zabel, Gartenwelt 11: 535 (1907); *Kalopanax pictus* var. *magnificus* (Zabel) Nakai, Fl. Sylv. Kor. 16: 36 (1927); *Kalopanax septemlobus* var. *magnificus* (Zabel) Hand.-Mazz., Symb. Sin. 7 (3): 699 (1933); *Acanthopanax septemlobus* var. *magnificus* (Zabel) W. C. Cheng, Contr. Biol. Lab. Sci. Soc. China, Bot. Ser. 9: 204 (1934); *Kalopanax ricinifolium* var. *chinense* Nakai, J. Arnold Arbor. 5 (1): 13 (1924); *Kalopanax pictus* var. *typicum* Nakai, Fl. Sylv. Kor. 16: 35 (1927).

辽宁、河北、山东、河南、陕西、安徽、江苏、浙江、江西、湖南、湖北、四川、贵州、云南、福建、广东、广西；朝鲜、日本、俄罗斯。

大参属 Macropanax Miq.

显脉大参（钱氏大参）

●**Macropanax chienii** G. Hoo, Acta Phytotax. Sin., Addit. 1: 165 (1965).

云南。

十蕊大参（鸭麻树公）

●**Macropanax decandrus** G. Hoo, Acta Phytotax. Sin., Addit. 1: 164 (1965).

海南。

大参

Macropanax dispermus (Blume) Kuntze, Revis. Gen. Pl. 1: 271 (1891).

Aralia disperma Blume, Bijdr. Fl. Ned. Ind. 15: 872 (1826); *Hedera disperma* (Blume) DC., Prodr. 4: 265 (1830); *Hedera serrata* Wall., Numer. List n. 4915 (1831); *Macropanax floribundus* Miq., Fl. Ned. Ind. 1 (1): 764 (1855); *Brassaiopsis floribunda* (Miq.) Seem., J. Bot. 2 (22): 292 (1864); *Macropanax oreophilus* Miq., Bonplandia 4: 139 (1856); *Macropanax dispermus* var. *interger* C. B. Shang, Bull. Mus. Natl. Hist. Nat., B, Adansonia 5: 40 (1984).

云南；越南、老挝、缅甸、泰国、马来西亚、印度、不丹、尼泊尔。

疏脉大参

●**Macropanax paucinervis** C. B. Shang, Acta Phytotax. Sin. 18 (1): 93, pl. 5 (1980).

广西。

短梗大参（节梗大葱，卢氏梁王茶，七叶风）

●**Macropanax rosthornii** (Harms) C. Y. Wu ex G. Hoo, Acta Phytotax. Sin., Addit. 1: 166 (1965).

Nothopanax rosthornii Harms, Bot. Jahrb. Syst. 29 (3-4): 487 (1900); *Acanthopanax rosthornii* (Harms) Vig., Ann. Sci. Nat. Bot. sér. 9. 4: 42 (1906); *Heptapleurum esquirolii* H. Lév., Bull. Acad. Int. Géogr. Bot. 24 (294): 145 (1914); *Nothopanax emeiensis* Z. Y. Zhu, Chin. J. Chin. Med. School Sichuan 14 (2): 36 (1997).

甘肃、江西、湖南、湖北、四川、贵州、云南、福建、广东、广西。

粗齿大参

●**Macropanax serratifolius** K. M. Feng et Y. R. Li, Fl. Yunnan. 2: 473, pl. 140, f. 1-4 (1979).

云南、广西。

波缘大参

Macropanax undulatum (Wall. ex G. Don) Seem., J. Bot. 2: 294 (1864).

Hedera undulata Wall. ex G. Don, Gen. Hist. 3: 394 (1834); *Macropanax undulatus* var. *simplex* H. L. Li, Sargentia 2: 62 (1942); *Macropanax parviflorus* G. Hoo, Acta Phytotax. Sin., Addit. 1: 165 (1965).

贵州、云南、广西；越南、缅甸、泰国、印度、不丹、尼泊尔。

常春木属 Merrilliopanax H. L. Li

西藏常春木

Merrilliopanax alpinus (C. B. Clarke) C. B. Shang, Bull. Mus. Natl. Hist. Nat., B, Adansonia 5: 293 (1983).

Brassaiopsis alpina C. B. Clarke, Fl. Brit. Ind. 2: 736 (1879); *Pseudobrassaiopsis alpina* (C. B. Clarke) R. N. Banerjee, J. Bombay Nat. Hist. Soc. 72: 72 (1975); *Tetrapanax tibetanus* G. Hoo, Acta Phytotax. Sin., Addit. 1: 129 (1965); *Merrilliopanax tibetanus* C. Y. Wu et S. K. Wu, Acta Phytotax. Sin. 16 (4): 122 (1978).

西藏；印度、不丹、尼泊尔。

常春木

Merrilliopanax listeri (King) H. L. Li, Sargentia 2: 63 (1942).

Dendropanax listeri King, J. Asiat. Soc. Bengal 67 (2): 294 (1898); *Gilibertia listeri* (King) Hand.-Mazz., Anz. Akad. Wiss. Wien, Math.-Naturwiss. Kl. 60: 185 (1923); *Merrilliopanax chinensis* H. L. Li, Sargentia 2: 65 (1942).

云南；缅甸、印度。

长梗常春木

Merrilliopanax membranifolius (W. W. Sm.) C. B. Shang, Bull. Mus. Natl. Hist. Nat., B, Adansonia 5: 291 (1983).
Nothopanax membranifolius W. W. Sm., Notes Roy. Bot. Gard. Edinb. 10: 53 (1917); *Gilibertia membranifolia* (W. W. Sm.) Hand.-Mazz., Symb. Sin. 7 (3): 692 (1933); *Gilibertia myriantha* Hand.-Mazz., Anz. Akad. Wiss. Wien, Math.-Naturwiss. Kl. 60: 184 (1923).
云南；缅甸、印度。

梁王茶属 Metapanax J. Wen et Frodin

异叶梁王茶（梁王茶，大卫梁王茶）

Metapanax davidii (Franch.) J. Wen et Frodin, Brittonia 53: 117 (2001).
Panax davidii Franch., Nouv. Arch. Mus. Hist. Nat. sér. 2. 8: 248 (1886); *Nothopanax davidii* (Franch.) Harms, Bot. Jahrb. Syst. 29: 488 (1900); *Acanthopanax davidii* (Franch.) P. Vig., Ann. Sci. Nat., Bot. 4: 41 (1906); *Pseudopanax davidii* (Franch.) Philipson, New Zealand J. Bot. 3: 338 (1965); *Macropanax davidii* (Franch.) C. B. Shang et C. F. Ji, J. Nanjing Forest Univ., Nat. Sci. Ed. 30 (6): 43 (2006); *Acanthopanax diversifolius* Hemsl., J. Linn. Soc., Bot. 23: 340 (1888); *Nothopanax diversifolius* (Hemsl.) Harms in Engler et Prantl, Nat. Pflanzenfam. 3 (8): 48 (1894); *Nothopanax bockii* Harms, Bot. Jahrb. Syst. 29 (3-4): 488 (1900); *Acanthopanax bockii* (Harms) Vig., Ann. Sci. Nat., Bot. 4: 41 (1906); *Aralia bodinieri* H. Lév., Bull. Géogr. Bot. 24: 143 (1914); *Nothopanax bodinieri* (H. Lév.) S. Y. Hu, J. Arnold Arbor. 61 (1): 84 (1980); *Nothopanax latifolius* Hand.-Mazz., Anz. Akad. Wiss. Wien, Math.-Naturwiss. Kl. 61: 121 (1924); *Nothopanax davidii* var. *gongshanensis* C. B. Shang, Acta Phytotax. Sin. 18 (1): 91 (1980).
陕西、湖南、湖北、四川、贵州、云南；越南。

梁王茶（掌叶梁王茶，台氏梁王茶）

Metapanax delavayi (Franch.) J. Wen et Frodin, Brittonia 53: 118 (2001).
Panax delavayi Franch., J. Bot. (Morot) 10 (18): 305 (1896); *Nothopanax delavayi* (Franch.) Harms, Bot. Jahrb. Syst. 29: 488 (1900); *Acanthopanax delavayi* (Franch.) P. Vig., Ann. Sci. Nat., Bot. 4: 42 (1906); *Pseudopanax delavayi* (Franch.) Philipson, New Zealand J. Bot. 3: 338 (1965); *Macropanax delavayi* (Franch.) C. B. Shang et C. F. Ji, J. Nanjing Forest Univ., Nat. Sci. Ed. 30 (6): 43 (2006); *Nothopanax delavayi* var. *longicaudatus* K. M. Feng, Fl. Yunnan. 2: 453 (1979); *Metapanax delavayi* var. *longicaudatus* (K. M. Feng) R. Li et H. Li, Acta Bot. Yunnan. 24 (4): 426 (2002).
四川、贵州、云南；越南。

刺参属 Oplopanax (Torr. et A. Gray) Miq.

刺参（东北刺人参）

Oplopanax elatus (Nakai) Nakai, Fl. Sylv. Kor. 16: 38 (1927).
Echinopanax elatum Nakai, J. Coll. Sci. Imp. Univ. Tokyo 26: 276, t. 15 (1909).
吉林；朝鲜、俄罗斯。

兰屿加属 Osmoxylon Miq.

兰屿加

Osmoxylon pectinatum (Merr.) Philipson, Blumea 23: 111 (1976).
Boerlagiodendron pectinatum Merr., Philipp. J. Sci. 3 (4): 253 (1908); *Osmoxylon kotoense* Hayata, Icon. Pl. Formosan. 33 (1917); *Boerlagiodendron kotoense* (Hayata) Nakai, J. Arnold Arbor. 5 (1): 22 (1924).
台湾；菲律宾。

人参属 Panax L.

人参（棒槌）

Panax ginseng C. A. Mey., Bull. Cl. Phys.-Math. Acad. Imp. Sci. Saint-Pétersbourg 1: 350 (1843).
Panax quinquefolius L. var. *coreensis* Siebold, Syn. Pl. Oecon Jap. 12: 45 (1830); *Panax schin-seng* Nees, Pl. Med. Suppl. 1: 70 (1833), nom. illeg. superfl.; *Panax quinquefolium* var. *ginseng* (C. A. Mey.) Regel et Maack ex Regel, Gartenflora 11: 314 (1862); *Aralia ginseng* Baill., Hist. Pl. (Baillon) 7: 197 (1879); *Aralia quinquefolia* (L.) Decne. et Planch. var. *ginseng* (C. A. Mey.) Regel et Maack, Bull. Misc. Inform. Kew 1892 (64): 107 (1892).
黑龙江、吉林、辽宁，栽培于河北、山西；朝鲜、俄罗斯东部。

疙瘩七

Panax bipinnatifidus Seem., J. Bot. (Morot) 6 (62): 54 (1868).
甘肃、安徽、江西、湖北、四川、云南、西藏、广西；缅甸、印度、尼泊尔。

疙瘩七（原变种）

Panax bipinnatifidus var. **bipinnatifidus**
Aralia bipinnatifida (Seem.) C. B. Clarke, Fl. Brit. Ind. 2: 722 (1879); *Panax pseudoginseng* Wall. var. *bipinnatifidus* (Seem.) Li, Sargentia 2: 118 (1942); *Panax japonicus* (Nees) C. A. Mey. var. *bipinnatifidus* (Seem.) C. Y. Wu et K. M. Feng, Acta Phytotax. Sin. 13 (2): 43 (1975); *Aralia quinquefolia* (L.) Decne. et Planch. var. *elegantior* Burkill, Kew Bull. 1902: 8 (1902); *Panax pseudoginseng* var. *elegantior* (Burkill) G. Hoo et C. J. Tseng, Acta Phytotax. Sin. 11: 436 (1973); *Aralia quinquefolia* var. *major* Burkill, Kew Bull. 1902: 7 (1902); *Panax pseudoginseng* var. *major* (Burkill) H. L. Li, Sargentia 2: 119 (1942); *Panax major* K. C. Ting ex C. P'ei et Y. L. Chou, Icon. Ch. Med. Pl. 6: pl. 280 (1958); *Panax japonicus* var. *major* (Burkill) C. Y. Wu et K. M. Feng, Acta Phytotax. Sin. 13 (2): 43 (1975).

甘肃、安徽、江西、湖北、四川、云南、西藏、广西；缅甸、印度、尼泊尔。

狭叶竹节参（变种）

Panax bipinnatifidus var. **angustifolius** (Burkill) J. Wen in Z. K. Punja, Utiliz. Biotechnol. Genet. Cult. Approaches N. Amer. et Asian Ginseng Improv. 73 (2001).

Aralia quinquefolia (L.) Decne. et Planch. var. *angustifolia* Burkill, Kew Bull. 1902 (1): 7 (1902); *Panax pseudoginseng* Wall. var. *angustifolius* (Burkill) Li, Sargentia 2: 118 (1942); *Panax japonicus* (Nees) C. A. Mey. var. *angustifolius* (Burkill) C. Y. Cheng et C. Y. Chu, Bull. Med. Sin. 9 (9): 538 (1962).

西藏；印度、尼泊尔。

三七

☆**Panax notoginseng** (Burkill) F. H. Chen ex C. H. Chow, Acta Phytotax. Sin. 13 (2): 41, pl. 6, f. 3 (1975).

Aralia quinquefolia (L.) Decne. et Planch. var. *notoginseng* Burkill, Bull. Misc. Inform. Kew 1902 (1): 7 (1902); *Panax pseudoginseng* (Nees) C. A. Mey. var. *notoginseng* (Burkill) G. Hoo et C. J. Tseng, Acta Phytotax. Sin. 11 (4): 435 (1973).

浙江、江西、福建、广西，云南；越南。

假人参

Panax pseudoginseng Wall., Trans. Med. Soc. Calcutta 4: 117 (1829).

Aralia pseudoginseng (Wall.) Benth. ex C. B. Clarke, Fl. Brit. Ind. 2 (6): 721 (1879); *Aralia quinquefolia* (L.) Decne. et Planch. var. *pseudoginseng* (Wall.) Burkill, Kew Bull. 1902: 7 (1902).

西藏；尼泊尔。

西洋参

☆**Panax quinquefolius** L., Sp. Pl. 2: 1058 (1753).

Aralia quinquefolia (L.) Decne. et Planch., Rev. Hort. (Paris) Ser. IV. 3: 105 (1854).

黑龙江、吉林、辽宁、江苏、江西、贵州；原产于加拿大、美国。

屏边三七

Panax stipuleanatus C. T. Tsai et K. M. Feng, Acta Phytotax. Sin. 13 (2): 44, pl. 7, f. 6 (1975).

云南；越南。

越南参（新拟）

Panax vietnamensis Ha et Grushv., Bot. Žhurn. (Moscow et Leningrad) 70: 519 (1985).

安徽、浙江、江西、湖北、四川、贵州、云南；越南。

峨眉三七

●**Panax wangianum** S. C. Sun, Icon. Pl. Omeiensium 2 (2): t. 194 (1946).

Panax pseudoginseng Wall. var. *wangianus* (S. C. Sun) G. Hoo et C. J. Tseng, Acta Phytotax. Sin. 11: 436 (1973).

四川。

姜状三七

Panax zingiberensis C. Y. Wu et K. M. Feng, Acta Phytotax. Sin. 13 (2): 42, pl. 6, f. 5-6 (1975).

云南；越南。

南洋参属 Polyscias J. R. Forst. et G. Forst.

线叶南洋参

☆**Polyscias cumingiana** (C. Presl) Fern.-Vill. in Blanco (ed.), Blanes, Fl. Filip. ed. 3. 102 (1880).

Paratropia cumingiana C. Presl, Epimel. Bot. 250 (1831); *Aralia filicifolia* Moore ex E. Four., Ill. Hort. 23: 73, pl. 240 (1876); *Polyscias filicifolia* (Moore ex E. Fourn.) Bailey, Rhodora 18: 153 (1916).

福建、海南；太平洋西南部岛屿。

南洋参

☆**Polyscias fruticosa** (L.) Harms in Engler et Prantl, Nat. Pflanzenfam. 3 (8): 45 (1894).

Panax fruticosum L., Sp. Pl. ed. 2. 2: 1513 (1763); *Nothopanax fruticosus* (L.) Miq., Fl. Ned. Ind. 1 (1): 765 (1856).

海南；太平洋西南部岛屿。

银边南洋参

☆**Polyscias guilfoylei** (W. Bull) L. H. Bailey, Rhodora 18: 153 (1916).

Aralia guilfoylei W. Bull, Cat. 83: 4 (1873).

福建、广东、海南；太平洋西南部岛屿。

结节南洋参

☆**Polyscias nodosa** (Blume) Seem., J. Bot. 3: 181 (1865).

Aralia nodosa Blume, Bijdr. Fl. Ned. Ind. 873 (1826).

福建、广东；马来西亚、所罗门群岛。

圆叶南洋参

☆**Polyscias scutellaria** (Burm. f.) Fosberg, Occas. Pap. Univ. Hawaii 46: 9 (1948).

Crassula scutellaria Burm. f., Fl. Indica 78 (1768); *Aralia balfouriana* Andre, Rev. Hort. 70: 229 (1898); *Polyscias balfouriana* (André) L. H. Bailey, Rhodora 18: 153 (1916).

福建、广东；太平洋西南部岛屿。

鹅掌柴属 Schefflera J. R. Forst. et G. Forst.

鹅掌藤（七加皮）

●**Schefflera arboricola** (Hayata) Merr., Lingnan Sci. J. 5 (1-2): 139 (1929).

Heptapleurum arboricola Hayata, Icon. Pl. Formosan. 6: 23 (1916).

台湾、海南。

短序鹅掌柴（川黔鸭脚木）
Schefflera bodinieri (H. Lév.) Rehder, J. Arnold Arbor. 11 (3): 166 (1930).
Heptapleurum bodinieri H. Lév., Bull. Acad. Int. Géogr. Bot. 24 (294): 144 (1914); *Eleutherococcus bodinieri* H. Lév., Bull. Acad. Int. Géogr. Bot. 24 (294): 144 (1914); *Aralia octophylla* Lour., Fl. Cochinch. 1: 187 (1790); *Agalma octophyllum* (Lour.) Seem., J. Bot. 2: 298 (1864); *Agalma lutchuense* Nakai, J. Arnold Arbor. 5: 20 (1924); *Schefflera compacta* Frodin ex Lauener, Notes Roy. Bot. Gard. Edinb. 32 (1): 96 (1972).
湖北、四川、贵州、云南、广西；越南。

多核鹅掌柴
Schefflera brevipedicellata Harms, Notizbl. Bot. Gart. Berlin-Dahlem 13 (119): 449 (1937).
Schefflera polypyrena C. J. Tseng et G. Hoo, Acta Phytotax. Sin., Addit. 139 (1965); *Schefflera menglaensis* H. Chu et H. Wang, Acta Bot. Yunnan. 12 (4): 377, pl. 2 (1990).
云南、广西；越南。

异叶鹅掌柴
Schefflera chapana Harms, Notizbl. Bot. Gart. Berlin-Dahlem 13 (119): 449 (1937).
Schefflera diversifoliolata H. L. Li, Sargentia 2: 26, f. 3 (1942); *Schefflera pingpienensis* C. J. Tseng et G. Hoo, Acta Phytotax. Sin., Addit. 134 (1965); *Agalma diversifoliolatum* (H. L. Li) Hutch., Gen. Fl. Pl. 2: 622 (1967).
云南；越南。

中华鹅掌柴
●**Schefflera chinensis** (Dunn) H. L. Li, Sargentia 2: 17 (1942).
Oreopanax chinensis Dunn, J. Linn. Soc., Bot. 35 (247): 500 (1903); *Schefflera pentagyra* C. J. Tseng et G. Hoo, Acta Phytotax. Sin., Addit. 140 (1965).
江西、云南。

穗序鹅掌柴（德氏鸭脚木，绒毛鸭脚木，大五加皮）
Schefflera delavayi (Franch.) Harms, Bot. Jahrb. Syst. 29 (3-4): 486 (1900).
Heptapleurum delavayi Franch., J. Bot. (Morot) 10 (18): 307 (1896); *Agalma delavayi* (Franch.) Hutch., Gen. Fl. Pl. 2: 622 (1967); *Schefflera megalobotrya* Harms, Bot. Jahrb. Syst. 29 (3-4): 486 (1900); *Heptapleurum dunnianum* H. Lév., Repert. Spec. Nov. Regni Veg. 11 (286-290): 295 (1912); *Schefflera delavayi* var. *ochrascens* Hand.-Mazz., Anz. Akad. Wiss. Wien, Math.-Naturwiss. Kl. 61: 120 (1924); *Schefflera discolor* Merr., Lingnan Sci. J. 7: 318 (1929); *Agalma discolor* (Merr.) Hutch., Gen. Fl. Pl. 2: 622 (1967).
江西、湖南、湖北、四川、贵州、云南、福建、广东、广西；越南。

高鹅掌柴
Schefflera elata (Buch.-Ham.) Harms in Engler et Prantl, Nat. Pflanzenfam. 3 (8): 38 (1894).
Hedera elata Buch.-Ham., in D. Don, Prodr. Fl. Nepal. 187 (1825); *Agalma elatum* (Buch.-Ham.) Seem., J. Bot. 2 (22): 298 (1864); *Heptapleurum elatum* (Buch.-Ham.) C. B. Clarke, Fl. Brit. Ind. 2 (6): 728 (1879).
云南；越南、印度、不丹、尼泊尔。

密脉鹅掌柴
Schefflera elliptica (Blume) Harms in Engler et Prantl, Nat. Pflanzenfam. 3 (8): 39 (1894).
Sciodaphyllum ellipticum Blume, Bijdr. Fl. Ned. Ind. 878 (1826); *Hedera venosa* Wall., Numer. List n. 4920 (1831); *Paratropia pubigera* Brog. et Planch., Hort. Donat. 11 (1858); *Schefflera pubigera* (Brongn. ex Planch.) Frodin, World Checkl. et Bibliogr. Araliaceae 368 (2003); *Schefflera fukienensis* Merr., Sunyatsenia 3 (4): 255 (1937).
湖南、贵州、云南、西藏、广西；越南、泰国、印度。

文山鹅掌柴（国楣鹅掌柴）
●**Schefflera fengii** C. J. Tseng et G. Hoo, Acta Phytotax. Sin., Addit. 1: 137 (1965).
云南。

光叶鹅掌柴
Schefflera glabrescens (C. J. Tseng et G. Hoo) Frodin, World Checkl. et Bibliogr. Araliaceae 340 (2003).
Schefflera impressa (C. B. Clarke) Harms var. *glabrescens* C. J. Tseng et G. Hoo, Acta Phytotax. Sin., Addit. 1: 138 (1965).
云南、西藏；缅甸。

贵州鹅掌柴
●**Schefflera guizhouensis** C. B. Shang, Candollea 39: 484, f. 4 f-k (1984).
贵州。

海南鹅掌柴
Schefflera hainanensis Merr. et Chun, Sunyatsenia 2: 295, pl. 67 (1935).
Agalma hainanense (Merr. et Chun) Hutch., Gen. Fl. Pl. 2: 622 (1967).
海南；越南。

鹅掌柴
Schefflera heptaphylla (L.) Frodin, Bot. J. L. Soc. 104: 314 (1991).
Vitis heptaphylla L., Mant. Pl. 2: 212 (1771); *Aralia heptaphylla* (L.) Willd. ex Spreng., Syst. Veg. ed. 16. 1: 952 (1824); *Hedera heptaphyllum* (L.) Jungh. ex Miq., Fl. Ned. Ind. 1 (1): 752 (1856); *Paratropia cantoniensis* (Lour.) Hook. et Arn., Bot. Beechey Voy. 189 (1833); *Agalma lucescens* Seem., J. Bot. 2: 229 (1864); *Heptapleurum octophyllum* (Lour.) Benth. ex Hance, J. Linn. Soc., Bot. J. Linn. Soc., Bot. 13: 105 (1873); *Schefflera octophylla* (Lour.) Harms in Engler et Prantl, Nat. Pflanzenfam. 3 (8): 38 (1894); *Schefflera rubriflora* C. J. Tseng et G. Hoo, Acta Phytotax. Sin., Addit. 1: 139 (1965);

Schefflera atrifoliata R. H. Miao, Acta Sci. Nat. Univ. Sunyatseni 32 (4): 62 (1993).

浙江、江西、湖南、贵州、云南、西藏、福建、广东、广西；越南、泰国、日本、印度。

红河鹅掌柴

Schefflera hoi (Dunn) R. Vig., Ann. Sci. Nat., Bot. sér. 9. 9: 333 (1909).

Heptapleurum hoi Dunn, J. Linn. Soc., Bot. 35 (247): 498 (1903); *Agalma hoi* (Dunn) Hutch., Gen. Fl. Pl. 2: 622 (1967); *Schefflera salweenensis* W. W. Sm., Notes Roy. Bot. Gard. Edinb. 10 (46): 64 (1917); *Schefflera dumicola* W. W. Sm., Notes Roy. Bot. Gard. Edinb. 12 (59): 221 (1920); *Agalma dumicola* (W. W. Sm.) Hutch., Notes Roy. Bot. Gard. Edinb. 2: 622 (1967); *Schefflera stenomera* Hand.-Mazz., Anz. Akad. Wiss. Wien, Math.-Naturwiss. Kl. 61: 119 (1924); *Schefflera hoi* (Dunn) R. Vig. var. *macrophylla* H. L. Li, Sargentia 2: 31 (1942); *Schefflera salweensis* var. *macrophylla* (H. L. Li) Frodin, World Checkl. et Bibliogr. Araliaceae 373 (2003); *Schefflera hoi* f. *acuta* C. J. Tseng et G. Hoo, Acta Phytotax. Sin., Addit. 1: 135 (1965); *Schefflera dumicola* f. *acuta* (C. J. Tseng et G. Hoo) Frodin, World Checkl. et Bibliogr. Araliaceae 336 (2003).

四川、云南、西藏；越南。

白背鹅掌柴

Schefflera hypoleuca (Kurz) Harms in Engler et Prantl, Nat. Pflanzenfam. 3 (8): 38 (1894).

Heptapleurum hypoleucum Kurz, Forest Fl. Burma 1: 539 (1877).

云南、西藏；越南、缅甸、印度。

离柱鹅掌柴

Schefflera hypoleucoides Harms, Repert. Spec. Nov. Regni Veg. 16 (456-461): 246 (1919).

Schefflera trevesioides Harms, Notizbl. Bot. Gart. Berlin-Dahlem 13 (119): 451 (1937); *Schefflera hypoleucoides* var. *tomentosa* Grushv. et Skvortsova, Novosti Sist. Vyssh. Rast. 9: 230, f. 3-4 (1972); *Schefflera trevesioides* var. *tomentosa* (Grash et Skvorl.) Frodin, World Checkl. et Bibliogr. Araliaceae 380 (2003); *Schefflera hypoleucoides* var. *truncata* C. B. Shang, Acta Phytotax. Sin. 18 (1): 91 (1980).

云南、广西；越南、泰国。

粉背鹅掌柴（粉背叶鸭脚木）

•**Schefflera insignis** C. N. Ho, Acta Phytotax. Sin. 2: 73 (1952).

广东。

扁盘鹅掌柴

Schefflera khasiana (C. B. Clarke) R. Vig., Ann. Sci. Nat., Bot. sér. 9. 9: 351 (1909).

Heptapleurum khasianum C. B. Clarke, Fl. Brit. Ind. 2 (6): 730 (1879); *Schefflera yui* C. J. Tseng et G. Hoo, Acta Phytotax. Sin., Addit. 1: 135 (1965).

云南、西藏；越南、印度、不丹。

白花鹅掌柴

Schefflera leucantha R. Vig., Ann. Sci. Nat., Bot. sér. 9. 9: 358 (1909).

Schefflera yunnanensis H. L. Li, Sargentia 2: 32 (1942); *Schefflera kwangsiensis* Merr. ex H. L. Li, Sargentia 2: 33 (1942); *Schefflera tenuis* H. L. Li, Sargentia 2: 32 (1942).

云南、广东、广西；越南、泰国。

谅山鹅掌柴

Schefflera lociana Grushv. et Skvortsova, Bot. Žhurn. (Moscow et Leningrad) 60 (1): 1437 (1975).

Schefflera lociana var. *megaphylla* C. B. Shang, Acta Phytotax. Sin. 18 (1): 91 (1980).

广西；越南。

大叶鹅掌柴

Schefflera macrophylla (Dunn) R. Vig., Ann. Sci. Nat., Bot. sér. 9. 9: 330 (1909).

Heptapleurum macrophyllum Dunn, J. Linn. Soc., Bot. 35 (247): 499 (1903); *Schefflera macrophylla* var. *flava* Bui, Adansonian.s. 15 (2): 282 (1975).

云南；越南。

麻栗坡鹅掌柴

•**Schefflera marlipoensis** C. J. Tseng et G. Hoo, Acta Phytotax. Sin., Addit. 1: 137 (1965).

云南。

多叶鹅掌柴（上思鸭脚木）

Schefflera metcalfiana Merr. ex H. L. Li, Sargentia 2: 25, f. 2 (1942).

广西；越南。

星毛鹅掌柴（微星毛鸭母树，小星鸭脚木，鸭麻木）

•**Schefflera minutistellata** Merr. ex H. L. Li, Sargentia 2: 24 (1942).

Schefflera angustifoliolata C. N. Ho, Acta Phytotax. Sin. 2 (1): 74, pl. 2 (1952).

浙江、江西、湖南、贵州、云南、福建、广东、广西。

多脉鹅掌柴

•**Schefflera multinervia** H. L. Li, Sargentia 2: 29 (1942).

Agalma multinervium (H. L. Li) Hutch., Gen. Fl. Pl. 2: 622 (1967).

云南。

那坡鹅掌柴

•**Schefflera napuoensis** C. B. Shang, Candollea 39: 480 (1984).

Schefflera oblonga C. B. Shang, Acta Phytotax. Sin. 18 (1): 90, f. 2 (1980).

广西。

小叶鹅掌柴
●**Schefflera parvifoliolata** C. J. Tseng et G. Hoo, Acta Phytotax. Sin., Addit. 1: 136 (1965).
云南。

球序鹅掌柴（团花鸭脚木）
Schefflera pauciflora R. Vig., Ann. Sci. Nat., Bot. sér. 9. 9: 357 (1909).
Schefflera glomerulata H. L. Li, Sargentia 2: 32, f. 4 (1942).
贵州、云南、广东、广西；越南、老挝、印度。

樟叶鹅掌柴
Schefflera pes-avis R. Vig., Ann. Sci. Nat., Bot. sér. 9. 9: 334 (1909).
Schefflera cinnamomifoliolata C. B. Shang, Acta Phytotax. Sin. 18 (1): 89, f. 1 (1980).
广西；越南。

金平鹅掌柴
Schefflera petelotii Merr., Univ. Calif. Publ. Bot. 10 (9): 428 (1924).
Schefflera chinpingensis C. J. Tseng et G. Hoo, Acta Phytotax. Sin., Addit. 1: 135 (1965).
云南；越南。

多蕊木（脱辟木，大七叶莲，龙爪叶）
Schefflera puecklleri (K. Koch) Frodin, Baileya 23: 10 (1989).
Tupidanthus pueckleri K. Koch, Wochenschr. Gärtnerei Pflanzenk. 2: 348 (1859); *Tupidanthus calyptratus* Hook. f. et Thomson, Bot. Mag. (Tokyo) 82: pl. 4908 (1856); *Sciodaphyllum pulchrum* Wall., Rep. Hon. Company's Bot. Gard. 16 (1840); *Sciodaphyllum pulchellum* Griff., Rep. Hort. Bot. Calc. 17 (1843); *Paratropia pulchra* Decne. et Planch., Rev. Hort. (Paris) Ser. IV, 3: 106 (1854); *Aralia pulchra* Van Houtte ex Jäger, Gartenflora 16: 336 (1867); *Heptapleurum pulchrum* (Van Houtte ex Jäger) Voss, Vilm. Blumengärtn. ed. 3., 1: 408 (1894); *Paratropia wallichiana* Planch., Hort. Donat. 11 (1858); *Aralia elliptica* K. Koch, Wochenschr. Gärtnerei Pflanzenk. 10: 174 (1867).
云南、西藏；越南、老挝、柬埔寨、缅甸、泰国、印度、孟加拉国。

凹脉鹅掌柴
Schefflera rhododendrifolia (Griff.) Frodin, World Checkl. et Bibliogr. Araliaceae 317 (2004).
Panax rhododendrifolius Griff., Itin. Pl. Khasyah Mts. 487 (1848); *Hedera tomentosa* Buch.-Ham., in D. Don, Prodr. Fl. Nepal. 187 (1825); *Agalma tomentosum* (Buch.-Ham. ex D. Don) Seem., J. Bot. 2 (22): 298 (1864); *Agalma glaucam* Seem., J. Bot. 2: 299 (1864); *Heptapleurum glaucam* (Seem.) C. B. Clarke, Fl. Brit. Ind. 2: 728 (1879); *Heptapleurum impressum* C. B. Clarke in J. D. Hooker (ed.), Fl. Brit. Ind. 2 (6): 728 (1879); *Schefflera impressa* (C. B. Clarke) Harms in Engler et Prantl, Nat. Pflanzenfam. 3 (8): 38 (1894).
西藏；印度、不丹、尼泊尔。

瑞丽鹅掌柴
●**Schefflera shweliensis** W. W. Sm., Notes Roy. Bot. Gard. Edinb. 10 (46): 65 (1917).
Agalma shweliense (W. W. Sm.) Hutch., Gen. Fl. Pl. 2: 622 (1967).
云南。

台湾鹅掌柴
●**Schefflera taiwaniana** (Nakai) Kaneh., Formosan Trees, (rev. ed.) 527 (1936).
Agalma taiwanianum Nakai, J. Arnold Arbor. 5 (1): 19 (1924).
台湾。

西藏鹅掌柴
●**Schefflera wardii** C. Marquand et Airy Shaw, J. Linn. Soc., Bot. 48 (321): 186 (1929).
Agalma wardii (C. Marquand et Airy Shaw) Hutch., Gen. Fl. Pl. 2: 622 (1967).
云南、西藏。

光华鹅掌柴
●**Schefflera zhuana** Lowry et C. B. Shang, Acta Phytotax. Sin. 44: 644 (2006).
西藏。

华参属 Sinopanax H. L. Li

华参
●**Sinopanax formosana** (Hayata) H. L. Li, J. Arnold Arbor. 30 (3): 231 (1949).
Oreopanax formosanus Hayata, J. Coll. Sci. Imp. Univ. Tokyo 25 (19): 108, t. 14 (1908).
台湾。

通脱木属 Tetrapanax (K. Koch) K. Koch

通脱木（通草，木通树，天麻子）
Tetrapanax papyrifer (Hook.) K. Koch, Wochenschr. Gärtnerei Pflanzenk. 2: 371 (1859).
Aralia papyrifera Hook., Hooker's J. Bot. Kew Gard. Misc. 4: 53, t. 1-2 (1852); *Fatsia papyrifera* (Hook.) Miq. ex Witte, Fl. Jard. Pays-bas 4: 87 (1861); *Aralia mairei* H. Lév., Repert. Spec. Nov. Regni Veg. 13 (368-369): 342 (1914).
陕西、安徽、浙江、江西、湖南、湖北、四川、贵州、云南、福建、台湾、广东、广西。

刺通草属 Trevesia Vis.

刺通草（广叶葰，脱萝，税树）
Trevesia palmata (Roxb. ex Lindl.) Vis., Mem. Reale Accad.

Sci. Torino, ser. 2. 4: 262 (1842).
Gastonia palmata Roxb. ex Lindl., Bot. Reg. 11: pl. 894 (1825); *Gilibertia palmata* (Roxb. ex Lindl.) DC., Prodr. 4: 256 (1830); *Plerandra jatrophifolia* Hance, J. Bot. 19: 275 (1881); *Fatsia cavalerieri* H. Lév., Bull. Acad. Int. Géogr. Bot. 24 (294): 144 (1914); *Trevesia cavaleriei* (H. Lév.) Grushv. et Skvortsova, Bot. Žhurn. (Moscow et Lemingrad) 69: 1023 (1984); *Brassaiopsis papayoides* Hand.-Mazz., Anz. Akad. Wiss. Wien, Math.-Naturwiss. Kl. 61: 120 (1925); *Trevesia palmata* var. *costata* H. L. Li, Sargentia 2: 14 (1942).
贵州、云南、广西；越南、老挝、柬埔寨、泰国、印度、孟加拉国、尼泊尔。

263. 伞形科 APIACEAE

[101 属：628 种]

丝瓣芹属 Acronema Falc. ex Edgew.

高山丝瓣芹
●**Acronema alpinum** S. L. Liou et Shan, Acta Phytotax. Sin. 18 (2): 200, pl. 4, f. 3-7 (1980).
西藏。

星叶丝瓣芹
●**Acronema astrantiifolium** H. Wolff, Repert. Spec. Nov. Regni Veg. 27 (734-740): 192 (1929).
Pimpinella astrantiifolia (H. Wolff) M. Hiroe, Umbell. World 831 (1979).
四川、云南。

短柄丝瓣芹
●**Acronema brevipedicellatum** Z. H. Pan et M. F. Watson, Acta Phytotax. Sin. 42 (6): 562 (2004).
Acronema radiatum S. L. Liu, Fl. Reipubl. Popularis Sin. 55 (2): 128, pl. 51 (1985), non (W. W. Sm.) H. Wolff (1927).
云南、西藏。

条叶丝瓣芹
●**Acronema chienii** Shan, Acta Phytotax. Sin. 18 (2): 197, pl. 1 (1980).
四川、云南、西藏。

条叶丝瓣芹（原变种）
●**Acronema chienii** var. **chienii**
四川、西藏。

细裂丝瓣芹（变种）
●**Acronema chienii** var. **dissectum** Shan, Acta Phytotax. Sin. 18 (2): 198, f. 2 (1980).
四川、云南。

尖瓣芹
●**Acronema chinense** H. Wolff, Acta Horti Gothob. 2 (7): 309 (1926).
甘肃、青海、四川、西藏。

尖瓣芹（原变种）
●**Acronema chinense** var. **chinense**
Pimpinella chinensis (H. Wolff) M. Hiroe, Umbell. World 831 (1979).
甘肃、青海、四川、西藏。

矮尖瓣芹（变种）
●**Acronema chinense** var. **humile** S. L. Liou et Shan, Acta Phytotax. Sin. 18 (2): 200, pl. 4, f. 1-2 (1980).
甘肃、青海、四川。

多变丝瓣芹
●**Acronema commutatum** H. Wolff, Repert. Spec. Nov. Regni Veg. 27 (734-740): 192 (1929).
四川、云南、西藏。

疏齿丝瓣芹
●**Acronema forrestii** H. Wolff, Repert. Spec. Nov. Regni Veg. 27 (741-750): 316 (1930).
Pimpinella forrestii (H. Wolff) M. Hiroe, Umbell. World 831 (1979).
云南。

细梗丝瓣芹
●**Acronema gracile** S. L. Liou et Shan, Acta Phytotax. Sin. 18 (2): 202, f. 6 (1980).
西藏。

禾叶丝瓣芹
Acronema graminifolium (W. W. Sm.) S. L. Liou et Shan, Acta Phytotax. Sin. 18 (2): 197 (1980).
Pimpinella hookeri C. B. Clarke var. *graminifolia* W. W. Sm., Rec. Bot. Surv. India 4 (5): 267 (1911); *Acronema hookeri* (C. B. Clarke) H. Wolff var. *graminifolium* (W. W. Sm.) H. Wolff in Engl., Pflanzenr. 228 (Heft 90) 323 (1927).
四川、西藏；不丹、印度（锡金）。

中甸丝瓣芹
Acronema handelii H. Wolff in Engl., Pflanzenr. 228 (Heft 90): 322 (1927).
Pimpinella handelii (H. Wolff) M. Hiroe, Umbell. World 831 (1979).
云南；缅甸、印度东北部。

锡金丝瓣芹
Acronema hookeri (C. B. Clarke) H. Wolff in Engl., Pflanzenr. 228 (Heft 90): 323 (1927).
Pimpinella hookeri C. B. Clarke in Hook. f., Fl. Brit. Ind. 2 (6): 686 (1879); *Carum hookeri* (C. B. Clarke) Franch., Bull. Soc. Philom. Paris, sér. 8. 6: 122 (1894).
云南、西藏；不丹、尼泊尔、印度。

矮小丝瓣芹

Acronema minus (M. F. Watson) M. F. Watson et Z. H. Pan, Acta Phytotax. Sin. 42 (6): 561 (2004).
Sinocarum minus M. F. Watson, Edinb. J. Bot. 53 (1): 140 (1996); *Acronema wolffianum* S. L. Liu, Fl. Reipubl. Popularis Sin. 55 (2): 119 (1985), non Fedde ex H. Wolff (1900).
云南、西藏；不丹。

苔间丝瓣芹

●**Acronema muscicola** (Hand.-Mazz.) Hand.-Mazz., Symb. Sin. 7 (3): 715 (1933).
Pimpinella muscicola Hand.-Mazz., Anz. Akad. Wiss. Wien, Math.-Naturwiss. Kl. 62: 226 (1925).
四川、云南、西藏。

羽轴丝瓣芹

Acronema nervosum H. Wolff, Repert. Spec. Nov. Regni Veg. 27 (741-750): 315 (1930).
四川、西藏；不丹、尼泊尔、印度东北部。

圆锥丝瓣芹

●**Acronema paniculatum** (Franch.) H. Wolff in Engl., Pflanzenr. 228 (Heft 90) 323 (1927).
Carum paniculatum Franch., Bull. Soc. Philom. Paris, ser. 8. 6: 122 (1894); *Pimpinella paniculata* (Franch.) M. Hiroe, Umbell. World 832 (1979).
四川、云南。

丽江丝瓣芹

●**Acronema schneideri** H. Wolff, Repert. Spec. Nov. Regni Veg. 27 (741-750): 301 (1930).
Pimpinella schneideri (H. Wolff) M. Hiroe, Umbell. World 832 (1979).
四川、云南。

四川丝瓣芹

Acronema sichuanense S. L. Liou et Shan, Acta Phytotax. Sin. 18 (2): 199, f. 3 (1980).
青海、四川、云南、西藏；不丹、印度（锡金）。

丝瓣芹

Acronema tenerum (DC.) Edgew., Trans. Linn. Soc. Lond. 20 (1): 51 (1846).
Helosciadium tenerum DC., Prodr. 4: 105 (1830); *Pimpinella tenera* (DC.) C. B. Clarke in Hook. f., Fl. Brit. Ind. 2: 686 (1879); *Carum tenerum* (DC.) Franch., Bull. Soc. Philom. Paris, sér. 8. 6: 122 (1894).
云南、西藏；泰国北部、不丹、尼泊尔、印度东北部。

西藏丝瓣芹

●**Acronema xizangense** S. L. Liou et Shan, Acta Phytotax. Sin. 18 (2): 202, f. 5 (1980).
四川、西藏。

亚东丝瓣芹

●**Acronema yadongense** S. L. Liou, Acta Phytotax. Sin. 28 (2): 147, pl. 2 (1990).
西藏。

羊角芹属 Aegopodium L.

东北羊角芹

Aegopodium alpestre Ledeb., Fl. Altaic. 1: 354 (1829).
Carum alpestre (Ledeb.) Koso-Pol., Bull. Soc. Imp. Naturalistes Moscou, n.s. 29: 199 (1916); *Aegopodium alpestre* f. *tenerum* Hara, Bot. Mag. (Tokyo) 50 (595): 365 (1936); *Aegopodium alpestre* f. *scabrum* Kitag., Lin. Fl. Manshur. 332 (1939); *Aegopodium alpestre* f. *tenuisectum* Kitag., Lin. Fl. Manshur. 332 (1939); *Aegopodium alpestre* var. *daucifolium* Gorovoj, Umbell. Maritime et PreAmur 90, f. 51 (1966).
黑龙江、吉林、辽宁、内蒙古、新疆；蒙古、日本、朝鲜、俄罗斯。

湘桂羊角芹

●**Aegopodium handelii** H. Wolff ex Hand.-Mazz., Symb. Sin. 7 (3): 717 (1933).
浙江、湖南、贵州、广西。

巴东羊角芹

Aegopodium henryi Diels, Bot. Jahrb. Syst. 29 (3-4): 497 (1900).
陕西、甘肃、湖北、四川；印度。

宽叶羊角芹

Aegopodium latifolium Turcz., Bull. Soc. Imp. Naturalistes Moscou 17: 719 (1844).
新疆；俄罗斯。

塔什克羊角芹

Aegopodium tadshikorum Schischk., Fl. URSS 16: 600 (1950).
新疆；塔吉克斯坦、吉尔吉斯斯坦。

存疑种

Aegopodium anthriscoides (H. Boissieu) H. Boissieu, Bull. Soc. Bot. France 56: 350 (1909).
Carum anthriscoides H. de Boissieu, Bull. Soc. Bot. France 53: 426 (1906).
重庆。

阿米芹属 Ammi L.

大阿米芹

☆**Ammi majus** L., Sp. Pl. 1: 243 (1753).
中国栽培；原产于地中海地区。

阿米芹

☆**Ammi visnaga** (L.) Lam., Fl. Franç. 3: 462 (1779).

Daucus visnaga L., Sp. Pl. 1: 242 (1753).

中国栽培；原产于地中海地区。

莳萝属 Anethum L.

莳萝（土茴香，野茴香，洋茴香）

Anethum graveolens L., Sp. Pl. 1: 263 (1753).

Anethum sowa Roxb., Asiat. Res. 11: 156 (1810); *Peucedanum sowa* (Roxb.) Kurz, Fl. Brit. Ind. 2 (6): 709 (1879); *Ferula marathrophylla* W. G. Walp., Nova Actorum Acad. Caes. Leop.-Carol. Nat. Cur. 19 (Suppl. 1): 347 (1843); *Peucedanum graveolens* (L.) Hiern, Fl. Trop. Africa 3: 19 (1877); *Anethum graveolens* subsp. *sowa* (Roxb.) N. F. Koren, Kult. Fl. S. S. S. R. 12: 167 (1988); *Peucedanum anethum* Baill., Traite Bot. Méd. Phan. 1045 (1883).

甘肃、四川、广东、广西；世界广泛栽培。

当归属 Angelica L.

东当归（延边当归，日本当归）

Angelica acutiloba (Siebold et Zucc.) Kitag., Bot. Mag. (Tokyo) 51 (607): 658 (1937).

Ligusticum acutilobum Siebold et Zucc., Pl. Jap. Fam. Nat. 2: 203 (1845).

吉林；日本、朝鲜。

黑水当归（朝鲜当归，叉子芹，碗儿芹）

Angelica amurensis Schischk., Fl. URSS 17: 352, pl. 8, f. 7 (1951).

黑龙江、吉林、辽宁、内蒙古；日本、朝鲜、俄罗斯（西伯利亚）。

狭叶当归（额水独活，白山独活，异形当归）

Angelica anomala Avé-Lall., Index Sem. (St. Petersburg) 9: 57 (1843).

Angelica glabra Makino in Iinuma, Somoku-Dzusetsu, ed. 3. 1 (5): 43 (1907); *Angelica jaluana* Nakai, Bot. Mag. (Tokyo) 28 (335): 314 (1914).

黑龙江、吉林、内蒙古；朝鲜、俄罗斯（西伯利亚）。

阿坝当归

●**Angelica apaensis** Shan et C. Q. Yuan, Acta Pharm. Sin. 13 (5): 329 (1966).

Heracleum apaense (Shan et C. Q. Yuan) Shan et T. S. Wang, Fl. Reipubl. Popularis Sin. 55 (3): 184, pl. 79 (1992).

四川、云南、西藏。

巴郎山当归

●**Angelica balangshanensis** Shan et F. T. Pu, Acta Phytotax. Sin. 33 (5): 476 (1995).

四川。

重齿当归（香独活，独活，绩独活）

●**Angelica biserrata** (Shan et C. Q. Yuan) C. Q. Yuan et Shan, Bull. Nanjing Bot. Gard. Mem. Sun Yat-Sen 9 (1983).

Angelica pubescens Maxim. f. *biserrata* Shan et C. Q. Yuan, Acta Pharm. Sin. 13 (5): 366 (1966).

安徽、浙江、江西、湖北、四川。

长鞘当归

Angelica cartilaginomarginata (Makino ex Y. Yabe) Nakai, J. Coll. Sci. Imp. Univ. Tokyo 26 (1): 269 (1909).

Peucedanum cartilaginomarginatum Makino ex Y. Yabe, Rev. Umbell. Jap. 100, f. 100 (1902).

吉林、辽宁、安徽、江苏；日本、朝鲜。

长鞘当归（原变种）

Angelica cartilaginomarginata var. **cartilaginomarginata**

Pimpinella cartilaginomarginata (Makino ex Y. Yabe) H. Wolff in Engl., Pflanzenr. 287 (1927); *Sium matsumurae* H. Boissieu, Bull. Herb. Boissier, ser. 2. 3 (11): 954 (1903); *Angelica cartilaginomarginata* var. *matsumurae* (H. Boissieu) Kitag., J. Jap. Bot. 12 (4): 244 (1936); *Angelica crucifolica* Kom., Trudy Imp. S.-Peterburgsk. Bot. Sada 25 (1): 170 (1905).

吉林、辽宁；日本、朝鲜。

骨缘当归（变种）（山藁本，野芹菜）

●**Angelica cartilaginomarginata** var. **foliosa** C. Q. Yuan et Shan, Bull. Nanjing Bot. Gard. Mem. Sun Yat-Sen 1983: 5, pl. 1 (1985).

安徽、江苏。

湖北当归

●**Angelica cincta** H. Boissieu, Bull. Soc. Bot. France 53: 436 (1906).

湖北。

大巴山当归

●**Angelica dabashanensis** C. Y. Liao et X. J. He, Ann. Bot. Fenn. 49: 127 (2012).

陕西。

白芷

Angelica dahurica (Fisch ex Hoffm.) Benth. et Hook. f. ex Franch. et Sav., Enum. Pl. Jap. 1 (1): 187 (1873).

Callisace dahurica Fisch. ex Hoffm., Gen. Pl. Umbell., ed. 2. 170. f. 18 (1816).

黑龙江、吉林、辽宁、河北、河南、陕西、安徽、江苏、浙江、江西、湖南、湖北、四川、台湾；日本、朝鲜、俄罗斯（西伯利亚）。

白芷（原变种）

Angelica dahurica var. **dahurica**

Angelica tschiliensis H. Wolff, Acta Horti Gothob. 2 (7): 319 (1926); *Angelica macrocarpa* H. Wolff, Repert. Spec. Nov. Regni Veg. 28: 111 (1930); *Angelica porphyrocaulis* Nakai et Kitag., Rep. Exped. Manchoukou Sect. IV 4 (1): 33 (1933).

黑龙江、吉林、辽宁、河北、陕西；日本、朝鲜、俄罗斯（西伯利亚）。

杭白芷（川白芷）
●**Angelica dahurica 'Hangbaizhi'**
Angelica dahurica cv. Hangbaizhi C. Q. Yuan et Shan, Bull. Nanjing Bot. Gard. Mem. Sun Yat-Sen 8 (1983).
安徽、江苏、浙江、江西、湖南、湖北、四川。

祁白芷（禹白芷）
●**Angelica dahurica 'Qibaizhi'**
Angelica dahurica cv. Qibaizhi C. Q. Yuan et Shan., Bull. Nanjing Bot. Gard. Mem. Sun Yat-Sen 9 (1983).
河北、河南。

台湾当归（变种）
●**Angelica dahurica** var. **formosana** (H. Boissieu.) Yen, J. Taiwan Pharm. Ass. 17 (2): 68, f. 1 (1963).
Angelica formosana H. Boissieu, Bull. Soc. Bot. France 56: 354 (1909).
台湾。

带岭当归
●**Angelica dailingensis** Z. H. Pan et T. D. Zhuang, Acta Phytotax. Sin. 33 (1): 88 (1995).
黑龙江。

紫花前胡（土当归，野当归，独活）
Angelica decursiva (Miq.) Franch. et Sav., Enum. Pl. Jap. 1 (1): 187 (1875).
Porphyroscias decursiva Miq., Ann. Mus. Bot. Lugduno-Batavi 3: 62 (1867); *Peucedanum decursivum* (Miq.) Maxim., Mélanges Biol. Bull. Phys.-Math. Acad. Imp. Sci. Saint-Pétersbourg 12: 472 (1886); *Selinum melanotilingia* H. Boissieu, Bull. Herb. Boissier, ser. 2. 3: 956 (1903); *Peucedanum melanotilingia* (H. Boissieu) H. Boissieu, Bull. Herb. Boissier, ser. 2. 8: 642 (1908); *Ostericum melanotilingia* (H. Boissieu) Kitag., J. Jap. Bot. 17: 561 (1941); *Peucedanum porphyroscias* Makino, Bot. Mag. (Tokyo) 18 (208): 65 (1904), nom. illeg. superfl.; *Peucedanum grandifolioides* H. Wolff, Repert. Spec. Nov. Regni Veg. 33: 244 (1933).
辽宁、河北、河南、安徽、江苏、浙江、江西、湖北、台湾、广东、广西；日本、朝鲜、越南、俄罗斯（西伯利亚）。

城口当归
●**Angelica dielsii** H. Boissieu, Bull. Herb. Boissier, ser. 2. 3 (10): 850 (1903).
湖北、四川、重庆。

东川当归
●**Angelica duclouxii** Fedde ex H. Wolff, Repert. Spec. Nov. Regni Veg. 28 (756-763): 111 (1930).
云南。

曲柄当归
●**Angelica fargesii** H. Boissieu, Bull. Herb. Boissier, ser. 2. 3 (10): 850 (1903).
重庆。

毛珠当归
Angelica genuflexa Nutt. in Torr. et A. Gray, Fl. N. Amer. 1 (4): 620 (1840).
Angelica refracta F. Schmidt, Reis. Amur-Land., Bot. 138 (1868); *Angelica refracta* var. *multinervis* Koidz., Bot. Mag. (Tokyo) 31: 32 (1917); *Angelica refracta* var. *yabeana* (Makino) Koidz., Bot. Mag. (Tokyo) 31: 32 (1917); *Angelica genuflexa* subsp. *refracta* (F. Schmidt) Hiroe, Acta Phytotax. Geobot. 12 (4): 175 (1950).
辽宁；日本、俄罗斯（西伯利亚）、北美洲。

朝鲜当归（大独活，土当归，野当归）
Angelica gigas Nakai, Bot. Mag. (Tokyo) 31 (364): 100 (1917).
黑龙江、吉林、辽宁；日本、朝鲜。

灰叶当归
Angelica glauca Edgew., Trans. Linn. Soc. Lond. 20 (1): 53 (1846).
西藏；印度（西北部）、巴基斯坦、阿富汗。

滨当归
●**Angelica hirsutiflora** S. L. Liu, C. Y. Chao et T. I. Chuang, Quart. J. Taiwan Mus. 14 (1-2): 19, pl. 2, f. 5 (1961).
Angelica japonica A. Gray var. *hirsutiflora* (S. L. Liu, C. Y. Chao et T. I. Chuang) T. Yamaz., J. Jap. Bot. 65 (7): 222 (1990).
台湾。

康定当归
●**Angelica kangdingensis** Shan et F. T. Pu, Acta Phytotax. Sin. 33 (5): 478 (1995).
四川。

疏叶当归（红果当归，骚羌活，猪独活）
●**Angelica laxifoliata** Diels, Bot. Jahrb. Syst. 29 (3-4): 499 (1900).
Angelica erythrocarpa H. Wolff, Acta Horti Gothob. 2 (7): 316 (1926).
陕西、甘肃、四川。

丽江当归
●**Angelica likiangensis** H. Wolff, Repert. Spec. Nov. Regni Veg. 28 (756-763): 110 (1930).
贵州、云南。

长尾叶当归（曲前，尾独活，沄山当归）
●**Angelica longicaudata** C. Q. Yuan et Shan, Bull. Nanjing Bot. Gard. Mem. Sun Yat-Sen 1983: 10 (1985).

四川、云南。

长柄当归
- Angelica longipedicellata (H. Wolff) M. Hiroe, Umbell. World 1430 (1979).

Porphyroscias longipedicellata H. Wolff, Repert. Spec. Nov. Regni Veg. 27 (741-750): 306 (1930); Ostericum longipedicellatum (H. Wolff) Pimenov et Kljuykov, Willdenowia 33 (1): 128 (2003).

云南。

长序当归
- Angelica longipes H. Wolff, Repert. Spec. Nov. Regni Veg. 33 (866-872): 75 (1933).

贵州、云南。

茂汶当归（骚独活）
- Angelica maowenensis C. Q. Yuan et Shan, Bull. Nanjing Bot. Gard. Mem. Sun Yat-Sen 1983: 11 (1985).

四川。

大叶当归
- Angelica megaphylla Diels, Bot. Jahrb. Syst. 29 (3-4): 500 (1900).

Peucedanum megaphyllum (Diels) H. Boissieu, Bull. Herb. Boissier, ser. 2. 8: 643 (1908).

四川。

福参（建人参，土人参，土当归）
- Angelica morii Hayata, Icon. Pl. Formosan. 10: 24, 26, f. 15 (1921).

浙江、福建、台湾。

玉山当归
- Angelica morrisonicola Hayata, J. Coll. Sci. Imp. Univ. Tokyo 30 (1): 129 (1911).

台湾。

玉山当归（原变种）
- Angelica morrisonicola var. morrisonicola

Peucedanum morrisonicola (Hayata) M. Hiroe, Umbell. Asia No. 1: 180 (1958).

台湾。

南湖当归（变种）
- Angelica morrisonicola var. nanhutashanensis S. L. Liu, C. Y. Chao et T. I. Chuang, Quart. J. Taiwan Mus. 14 (1-2): 21 (1961).

Peucedanum morrisonicola var. nanhutashanensis (S. L. Liu, C. Y. Chao et T. I. Chuang) Q. X. Liu, Quart. J. Taiwan Mus. 14 (1-2): 21 (1961).

台湾。

多茎当归
Angelica multicaulis Pimenov, Byull. Moskovsk. Obshch. Isp. Prir., Otd. Biol. 77 (5): 85 (1972).

Angelica tichomirovii V. M. Vinogr., Novosti Sist. Vyssh. Rast. 23: 93 (1986).

新疆；俄罗斯。

青海当归（麻母，独活，白芷）
- Angelica nitida H. Wolff, Acta Horti Gothob. 2 (7): 317 (1926).

Angelica wulsiniana H. Wolff, Repert. Spec. Nov. Regni Veg. 27 (741-750): 334 (1930); Angelica chinghaiensis Shan et K. T. Fu, Fl. Tsinling. 1 (3): 462 (1981).

甘肃、青海、四川。

隆萼当归（松香痔药，土当归）
- Angelica oncosepala Hand.-Mazz., Symb. Sin. 7 (3): 726 (1933).

Heracleum oncosepalum (Hand.-Mazz.) Pimenov et Kljuykov, Willdenowia 33 (1): 132 (2003).

云南。

牡丹叶当归
- Angelica paeoniifolia Shan et C. Q. Yuan, Acta Phytotax. Sin. 18 (3): 378 (1980).

西藏。

羽苞当归
- Angelica pinnatiloba Shan et F. T. Pu, Acta Phytotax. Sin. 33 (5): 481 (1995).

四川。

拐芹（拐子芹，倒钩芹，紫杆芹）
Angelica polymorpha Maxim., Bull. Acad. Imp. Sci. Saint-Pétersbourg 19 (2): 185 (1873).

Selinum coreanum H. Boissieu, Bull. Herb. Boissier, ser. 2. 3: 956 (1903); Rompelia polymorpha (Maxim.) Koso-Pol., Bull. Soc. Imp. Naturalistes Moscou 29: 125 (1916); Peucedanum taquetii H. Wolff, Repert. Spec. Nov. Regni Veg. 21 (588-600): 245 (1925); Angelica sinuata H. Wolff, Repert. Spec. Nov. Regni Veg. 27 (741-750): 333 (1930).

黑龙江、吉林、辽宁、河北、山东、陕西、安徽、江苏、浙江、湖北；日本、朝鲜。

管鞘当归（疙瘩羌）
- Angelica pseudoselinum H. Boissieu, Bull. Herb. Boissier, ser. 2. 3 (10): 848 (1903).

湖北、四川。

四川当归
- Angelica setchuenensis Diels, Bot. Jahrb. Syst. 29 (3-4): 500 (1900).

Angelica henryi H. Wolff, Repert. Spec. Nov. Regni Veg. 28 (756-763): 109 (1930).

湖北、四川。

当归

●**Angelica sinensis** (Oliv.) Diels, Bot. Jahrb. Syst. 29 (3-4): 500 (1900).
Angelica polymorpha var. *sinensis* Oliv., Hooker's Icon. Pl. 20 (4): t. 1999 (1891).
陕西、甘肃、湖北、四川、云南。

当归（原变种）（秦归，云归）

●**Angelica sinensis** var. **sinensis**
陕西、甘肃、湖北、四川、云南。

川西当归（变种）（峨眉当归，野当归，岩白芹）

●**Angelica sinensis** var. **wilsonii** (H. Wolff) Z. H. Pan et M. F. Watson, Acta Phytotax. Sin. 42 (6): 562 (2004).
Angelica wilsonii H. Wolff, Repert. Spec. Nov. Regni Veg. 27 (741-750): 335 (1930); *Angelica omeiensis* C. Q. Yuan et Shan, Bull. Nanjing Bot. Gard. Mem. Sun Yat-Sen 1983: 6 (1985).
四川。

松潘当归

●**Angelica songpanensis** Shan et F. T. Pu, Acta Phytotax. Sin. 33 (5): 480 (1995).
四川。

林当归

Angelica sylvestris L., Sp. Pl. 1: 251 (1753).
新疆；俄罗斯（西伯利亚）、欧洲北部。

太鲁阁当归

●**Angelica tarokoensis** Hayata, Icon. Pl. Formosan. 10: 27 (1921).
台湾。

三小叶当归

Angelica ternata Regel et Schmalh., Trudy Imp. S.-Peterburgsk. Bot. Sada 5 (2): 590 (1878).
Angelica stratoniana Aitch. et Hemsl., J. Linn. Soc., Bot. 19 (117-119): 164 (1882); *Callisace ternata* (Regel et Schmalh.) Koso-Pol., Bull. Soc. Imp. Naturalistes Moscou, n.s. 29: 179 (1905).
新疆；塔吉克斯坦、吉尔吉斯斯坦、俄罗斯。

天目当归

●**Angelica tianmuensis** Z. H. Pan et T. D. Zhuang, Acta Phytotax. Sin. 33 (1): 86 (1995).
浙江。

秦岭当归

●**Angelica tsinlingensis** K. T. Fu, Fl. Tsinling. 1 (3): 461, f. 358 (1981).
山西、甘肃。

金山当归（乌独活，岩当归，防风草）

●**Angelica valida** Diels, Bot. Jahrb. Syst. 29 (3-4): 501 (1900).
重庆。

峨参属 Anthriscus Pers.

峨参

Anthriscus sylvestris (L.) Hoffm., Gen. Pl. Umbell. 40 (1814).
Chaerophyllum sylvestre L., Sp. Pl. 1: 258 (1753).
吉林、辽宁、内蒙古、河北、山西、河南、陕西、甘肃、新疆、安徽、江苏、江西、湖北、四川、云南、西藏；日本、朝鲜、尼泊尔、印度北部、巴基斯坦、克什米尔、俄罗斯、欧洲东部，引入北美洲。

峨参（原亚种）

Anthriscus sylvestris subsp. **sylvestris**
Myrrhis chaerophylloides Hance, J. Bot. 16 (184): 108 (1878); *Chaerefolium sylvestre* (L.) Schinz et Thell., Vierteljahrsschr. Naturf. Ges. Zürich. 53: 554 (1909); *Anthriscus yunnanensis* W. W. Sm., Notes Roy. Bot. Gard. Edinb. 8 (40): 331 (1915); *Oreochorte yunnanensis* (W. W. Sm.) Koso-Pol., Bull. Soc. Imp. Naturalistes Moscou 29: 152 (1916).
辽宁、内蒙古、河北、山西、河南、陕西、甘肃、新疆、安徽、江苏、江西、湖北、四川、云南；日本、朝鲜、俄罗斯、欧洲东部，引入北美洲。

刺果峨参（亚种）

Anthriscus sylvestris subsp. **nemorosa** (M. Bieb.) Koso-Pol., Trudy Glavn. Bot. Sada, n.s. 36: 103 (1920).
Chaerophyllum nemorosum M. Bieb., Fl. Taur.-Caucas. 1: 232 (1808); *Anthriscus nemorosa* (Bieb.) Spreng., Pl. Umbell. Prodr. 27 (1813); *Scandix nemorosa* (M. Bieb.) Hornem., Hort. Bot. Hafn. Suppl. 34 (1819); *Anthriscus sylvestris* var. *nemorosa* (Bieb.) Trautv., Trudy Imp. S.-Peterburgsk. Bot. Sada 5 (2): 347 (1877).
吉林、辽宁、内蒙古、河北、陕西、甘肃、新疆、四川、西藏；日本、尼泊尔、印度北部、巴基斯坦、克什米尔、俄罗斯、欧洲东部。

隐棱芹属 Aphanopleura Boiss.

细叶隐棱芹

Aphanopleura capillifolia (Regel et Schmalh.) Lipsky, Izv. Imp. Akad. Nauk 4 (4): 379 (1896).
Pimpinella capillifolia Regel et Schmalh., Izv. Imp. Obshch. Lyubit. Estestv. Moskovsk. Univ. 34 (2): 29 (1881).
新疆；塔吉克斯坦、吉尔吉斯斯坦、哈萨克斯坦、乌兹别克斯坦、土库曼斯坦。

芹属 Apium L.

旱芹（药芹，芹菜）

☆**Apium graveolens** L., Sp. Pl. 1: 264 (1753).
Apium integrilobum Hayata, J. Coll. Sci. Imp. Univ. Tokyo 30 (1): 126 (1911).

全中国栽培；世界广布。

古当归属 Archangelica Wolf

短茎古当归（水防风）

Archangelica brevicaulis (Rupr.) Rchb., J. Bot. 14 (158): 45 (1876).
Angelocarpa brevicaulis Rupr., Mém. Acad. Imp. Sci. Saint Pétersbourg. Sér. 7. 14 (4): 48 (1869); *Coelopleurum brevicaule* (Rupr.) Drude in Engler et Prantl, Nat. Pflanzenfam. 3 (8): 212 (1898); *Angelica brevicaulis* (Rupr.) B. Fedtsch., Enum. Pl. Turkest. 3: 99 (1909).
新疆；塔吉克斯坦、吉尔吉斯斯坦。

下延叶古当归（下延古当归，走马芹）

Archangelica decurrens Ledeb., Fl. Altaic. 1: 316 (1829).
Angelica archangelica L. var. *decurrens* (Ledeb.) Weinert, Feddes Repert. 84 (4): 309 (1973).
内蒙古、新疆；蒙古、吉尔吉斯斯坦、哈萨克斯坦、俄罗斯（西伯利亚）、亚洲中部和东部。

弓翅芹属 Arcuatopterus M. L. Sheh et Shan

条叶弓翅芹

●**Arcuatopterus linearifolius** M. L. Sheh et Shan, Bull. Bot. Res., Harbin 6 (4): 14 (1986).
四川、云南。

弓翅芹

Arcuatopterus sikkimensis (C. B. Clarke) Pimenov et Ostroumova, Feddes Repert. 111 (7-8): 557 (2000).
Peucedanum sikkimense C. B. Clarke in Hook. f., Fl. Brit. Ind. 2 (6): 710 (1879); *Angelica sikkimensis* (C. B. Clarke) P. K. Mukh., Bull. Bot. Surv. India 24 (1-4): 43 (1983); *Arcuatopterus filipedicellus* M. L. Sheh et Shan, Bull. Bot. Res., Harbin 6 (4): 12 (1986).
云南、西藏；不丹、印度（锡金）。

唐松叶弓翅芹

●**Arcuatopterus thalictrioideus** M. L. Sheh et Shan, Bull. Bot. Res., Harbin 6 (4): 15 (1986).
四川、云南、西藏。

天山泽芹属 Berula Hoffm.

天山泽芹

Berula erecta (Huds.) Coville, Contr. U. S. Natl. Herb. 4: 115 (1893).
Sium erectum Huds., Fl. Angl. 103 (1762); *Sium angustifolium* L., Sp. Pl., ed. 2. 1672 (1762), *nom. illeg. superfl.*; *Berula angustifolia* (L.) Koch, Deutschl. Fl. 2: 433 (1826) *nom. illeg. superfl.*; *Berula angustifolia* Greene, Pittonia 1: 88 (1887); *Sium thunbergii* DC, Pror. 4: 125 (1830); *Sium pusillum* Nutt. in Torr. et A. Gray, Fl. N. Amer. 1 (4): 611 (1840), non Poir (1811); *Siella erecta* (Huds.) Pimenov, Bot. Žhurn. (Moscow et Leningrad) 63 (12): 1746 (1978).
新疆；尼泊尔西部、印度西北部、巴基斯坦、阿富汗、塔吉克斯坦、吉尔吉斯斯坦、哈萨克斯坦、乌兹别克斯坦、土库曼斯坦、克什米尔、俄罗斯、亚洲西南部、欧洲、非洲北部，传入美洲、大洋洲。

柴胡属 Bupleurum L.

翅果柴胡

●**Bupleurum alatum** Shan et M. L. Sheh, Fl. Reipubl. Popularis Sin. 55 (1): 299 (1979).
西藏。

线叶柴胡

Bupleurum angustissimum (Franch.) Kitag., J. Jap. Bot. 21 (5-6): 97 (1947).
Bupleurum falcatum L. var. *angustissimum* Franch., Pl. David. 1: 138 (1883); *Bupleurum falcatum* subf. *angustissimum* (Franch.) H. Wolff in Engl., Pflanzenr. 43 (IV. 228): 133 (1910); *Bupleurum falcatum* f. *angustissimum* (Franch.) C. P'ei et Shan, Man. Seed Pl. S. Jiangsu 550 (1959); *Bupleurum scorzonerifolium* subsp. *angustissimum* (Franch.) Kitag., Rep. Inst. Sci. Res. Manchoukuo 4: 105 (1940); *Bupleurum scorzonerifolium* var. *angustissimum* (Franch.) Y. H. Huang, Fl. Pl. Herb. Chin. Bor.-Orient. 6: 197 (1977); *Bupleurum falcatum* f. *ensifolium* H. Wolff in Engl., Pflanzenr. 43 (IV. 228): 132 (1910).
内蒙古、山西、山东、陕西、宁夏、甘肃、青海；蒙古。

金黄柴胡

Bupleurum aureum Fisch. ex Hoffm., Gen. Pl. Umbell. 115 (1814).
新疆；蒙古、吉尔吉斯斯坦、哈萨克斯坦、俄罗斯。

金黄柴胡（原变种）

Bupleurum aureum var. **aureum**
Bupleurum longifolium L. var. *aureum* (Fisch. ex Hoffm) H. Wolff in Engl., Pflanzenr. 43 (IV. 228): 52 (1910).
新疆；蒙古、吉尔吉斯斯坦、哈萨克斯坦、俄罗斯。

短苞金黄柴胡（变种）

●**Bupleurum aureum** var. **breviinvolucratum** (Trautv. ex H. Wolff) Shan et Yin Li, Acta Phytotax. Sin. 12 (3): 271 (1974).
Bupleurum longifolium L. subvar. *breviinvolucratum* Trautv. ex H. Wolff in Engl., Pflanzenr. 43 (IV. 228): 53 (1910); *Bupleurum longifolium* var. *breviinvolucratum* Trautv. ex H. Wolff in Engl., Pflanzenr. 43 (IV. 228): 53 (1910).
新疆。

锥叶柴胡

Bupleurum bicaule Helm, Mém. Soc. Imp. Naturalistes Moscou 2: 108, t. 8 (1809).
黑龙江、内蒙古、河北、山西、陕西；蒙古、日本、朝鲜、阿富汗、俄罗斯。

锥叶柴胡（原变种）（红柴胡）
Bupleurum bicaule var. **bicaule**
Bupleurum falcatum L. var. *bicaule* (Helm) H. Wolff in Engl., Pflanzenr. 43 (IV. 228): 140 (1910).
黑龙江、内蒙古、河北、山西、陕西；蒙古、日本、朝鲜、阿富汗、俄罗斯。

呼玛柴胡（变种）
●**Bupleurum bicaule** var. **latifolium** Y. C. Chu, Fl. Pl. Herb. Chin. Bor.-Orient. 6: 293 (1977).
Bupleurum bicaule f. *latifolium* (Y. C. Chu) Y. C. Chu, Clav. Pl. Chin. Bor.-Orient., ed. 2. 465 (1995).
黑龙江。

紫花阔叶柴胡
●**Bupleurum boissieuanum** H. Wolff, Repert. Spec. Nov. Regni Veg. 27 (9-15): 186 (1929).
Bupleurum longiradiatum Turcz. var. *porphyranthum* Shan et Yin Li, Acta Phytotax. Sin. 12 (3): 270 (1974).
河南、陕西、甘肃、湖北、四川。

川滇柴胡
Bupleurum candollei Wall. ex DC., Prodr. 4: 131 (1830).
四川、云南、西藏；缅甸北部、不丹、尼泊尔、印度北部、巴基斯坦、克什米尔。

川滇柴胡（原变种）
Bupleurum candollei var. **candollei**
四川、云南、西藏；缅甸北部、不丹、尼泊尔、印度北部、巴基斯坦、克什米尔。

紫红川滇柴胡（变种）
●**Bupleurum candollei** var. **atropurpureum** C. Y. Wu ex Shan et Yin Li, Acta Phytotax. Sin. 12 (3): 275 (1974).
Bupleurum atropurpureum (C. Y. Wu ex Shan et Yin Li) C. Y. Wu, Index Fl. Yunnan. 1: 906 (1984).
云南。

多枝川滇柴胡（变种）
●**Bupleurum candollei** var. **virgatissimum** C. Y. Wu ex Shan et Yin Li, Acta Phytotax. Sin. 12 (3): 275 (1974).
四川、云南。

柴首
●**Bupleurum Chaishoui** Shan et M. L. Sheh, Fl. Reipubl. Popularis Sin. 55 (1): 299 (1979).
四川。

北柴胡
●**Bupleurum chinense** DC., Prodr. 4: 128 (1830).
Bupleurum vanheurckii Müll. Arg., Observ. Bot. 2: 207 (1871);
Bupleurum chinense f. *vanheurckii* (Müll. Arg.) Shan et Yin Li, Acta Phytotax. Sin. 12 (3): 293 (1974); *Bupleurum chinense* Franch., Nouv. Arch. Mus. Hist. Nat. sér. 2. 6: 18 (1883), non DC. (1830); *Bupleurum falcatum* L. f. *ensifolium* H. Wolff in Engl., Pflanzenr. 43 (IV. 228): 132 (1910); *Bupleurum togasii* Kitag., J. Jap. Bot. 26: 15 (1951).
黑龙江、吉林、辽宁、内蒙古、河北、山西、山东、河南、陕西、安徽、江苏、浙江、江西、湖南、湖北。

紫花鸭跖柴胡
●**Bupleurum commelynoideum** H. Boissieu, Bull. Herb. Boissier, sér. 2. 2 (9): 805 (1902).
甘肃、青海、四川、云南、西藏。

紫花鸭跖柴胡（原变种）（宽苞柴胡）
●**Bupleurum commelynoideum** var. **commelynoideum**
四川、云南、西藏。

黄花鸭跖柴胡（变种）
●**Bupleurum commelynoideum** var. **flaviflorum** Shan et Yin Li, Acta Phytotax. Sin. 12 (3): 276 (1974).
甘肃、青海、四川、西藏。

簇生柴胡
●**Bupleurum condensatum** Shan et Yin Li, Acta Phytotax. Sin. 12 (3): 279, pl. 56 (1974).
青海。

匍枝柴胡
Bupleurum dalhousieanum (C. B. Clarke) Koso-Pol., Trudy Imp. Bot. Sada Petra Velikago 30 (2): 165 (1913).
Bupleurum longicaule Wall. ex DC. var. *dalhousieanum* C. B. Clarke in Hook. f., Fl. Brit. Ind. 2 (6): 677 (1879).
四川、云南、西藏；缅甸北部、不丹、印度东北部。

密花柴胡
Bupleurum densiflorum Rupr., Mém. Acad. Imp. Sci. Pétersbourg, Ser. 7. 14 (4): 47 (1869).
青海、新疆；塔吉克斯坦、吉尔吉斯斯坦、哈萨克斯坦。

太白柴胡
●**Bupleurum dielsianum** H. Wolff in Engl., Pflanzenr. 43 (IV. 228): 147 (1910).
陕西。

大苞柴胡
Bupleurum euphorbioides Nakai, Bot. Mag. (Tokyo) 28 (335): 313 (1914).
Bupleurum tatudinense I. V. Baranova, Acta Soc. Harbin Invest. Nat. Ethn. Bot. 12: 32 (1954).
吉林；朝鲜。

新疆柴胡
Bupleurum exaltatum M. Bieb., Tabl. Prov. Mer. Casp. 113 (1798).

Bupleurum falcatum L. var. *euexaltatum* H. Wolff in Engl., Pflanzenr. 43 (IV. 228): 134 (1910); *Bupleurum falcatum* var. *linearifolium* H. Wolff in Engl., Pflanzenr. 43 (IV. 228): 135 (1910).

新疆；塔吉克斯坦、吉尔吉斯斯坦、哈萨克斯坦、土库曼斯坦。

细柄柴胡

●**Bupleurum gracilipes** Diels, Bot. Jahrb. Syst. 29 (3-4): 493 (1900).

重庆。

纤细柴胡

Bupleurum gracillimum Klotzsch, Bot. Ergebn. Reise Waldemar 148 (1862).

Bupleurum falcatum L. var. *nigocarpum* C. B. Clarke in Hook. f., Fl. Brit. Ind. 2: 676 (1879); *Bupleurum falcatum* var. *gracillimum* (Klotzsch) H. Wolff in Engl., Pflanzenr. 43 (IV. 228): 132 (1910).

四川；缅甸北部、不丹、尼泊尔、巴基斯坦、克什米尔。

噶尔克孜柴胡（新拟）

●**Bupleurum gulczense** O. Fedtsch. et B. Fedtsch., Trudy Imp. S.-Peterburgsk. Bot. Sada 28: 18 (1907).

新疆。

小柴胡

Bupleurum hamiltonii N. P. Balakr., J. Bombay Nat. Hist. Soc. 63: 328 (1967).

湖北、四川、贵州、云南、西藏、广西；越南、缅甸、泰国、马来西亚、不丹、尼泊尔、印度（北部、锡金）、巴基斯坦、克什米尔。

小柴胡（原变种）

Bupleurum hamiltonii var. **hamiltonii**

Bupleurum tenue Buch.-Ham. ex D. Don, Prodr. Fl. Nepal. 182 (1825).

湖北、四川、贵州、云南、西藏、广西；越南、缅甸、泰国、马来西亚、不丹、尼泊尔、印度（北部、锡金）、巴基斯坦、克什米尔。

矮小柴胡（变种）

Bupleurum hamiltonii var. **humile** (Franch.) Shan et M. L. Sheh, Vasc. Pl. Hengduan Mountains 1: 1306 (1993).

Bupleurum tenue Buch. -Ham. ex D. Don var. *humile* Franch., Bull. Soc. Philom. Paris, sér. 8. 6: 118 (1894).

四川、云南；越南。

三苞柴胡（变种）

●**Bupleurum hamiltonii** var. **paucefulcrans** C. Y. Wu ex Shan et Yin Li, Acta Phytotax. Sin. 12: 291 (1974).

Bupleurum candollei Franch. var. *paucefulcrans* (C. Y. Wu) X. J. He et C. B. Wang, Nordic J. Bot. 29: 429 (2011).

贵州。

台湾柴胡

●**Bupleurum kaoi** T. S. Liu, C. Y. Chao et C. C. Chuang, Quart. J. Taiwan Mus. 14 (1-2): 22 (1961).

台湾。

长白柴胡（柞柴胡）

Bupleurum komarovianum O. A. Lincz., Fl. URSS 16: 319 (1950).

Bupleurum chinense DC. var. *komarovianum* (O. A. Lincz.) S. L. Liou et Y. Huei Huang, Fl. Pl. Herb. Chin. Bor.-Orient. 6: 200 (1977); *Bupleurum falcatum* L. subsp. *komarovianum* (O. A. Lincz.) Vorosch., Florist. issl. v razn. raĭonakh S. S. S. R. (A. K. Skvortsov) 183 (1985).

黑龙江、吉林；日本、朝鲜、俄罗斯。

阿尔泰柴胡

Bupleurum krylovianum Schischk. ex G. V. Krylov, Fl. Sibir. Occid. 8: 2010 (1935).

新疆；吉尔吉斯斯坦、哈萨克斯坦、俄罗斯。

韭叶柴胡

●**Bupleurum kunmingense** Yin Li et S. L. Pan, Acta Phytotax. Sin. 22 (2): 131 (1984).

云南。

贵州柴胡

●**Bupleurum kweichowense** Shan, Sinensia, 11: 172 (1940).

贵州。

长茎柴胡

Bupleurum longicaule Wall. ex DC., Prodr. 4: 131 (1830).

山西、陕西、宁夏、甘肃、青海、湖北、四川、云南、西藏；尼泊尔、印度、巴基斯坦、克什米尔。

长茎柴胡（原变种）

Bupleurum longicaule var. **longicaule**

Bupleurum rupestre Edgew., Trans. Linn. Soc. Lond. 20 (1): 52 (1851); *Bupleurum longicaule* var. *strictum* C. B. Clarke in Hook. f., Fl. Brit. Ind. 2 (6): 677 (1879).

青海、湖北、四川、云南、西藏；尼泊尔、印度、巴基斯坦、克什米尔。

抱茎柴胡（变种）

●**Bupleurum longicaule** var. **amplexicaule** C. Y. Wu ex Shan et Yin Li, Acta Phytotax. Sin. 12 (3): 277 (1974).

云南。

空心柴胡（变种）

●**Bupleurum longicaule** var. **franchetii** H. Boissieu, Bull. Soc. Bot. France 53: 425 (1906).

Bupleurum candollei Franch., in A. DC., Prodr. 4: 131 (1830).

陕西、宁夏、甘肃、湖北、四川、云南。

秦岭柴胡（变种）
●**Bupleurum longicaule** var. **giraldii** H. Wolff in Engl., Pflanzenr. 43 (IV. 228): 123 (1910).
Bupleurum giraldii (H. Wolff) Koso-Pol., Trudy Imp. S.-Peterburgsk. Bot. Sada 30: 164 (1915).
山西、陕西、宁夏、青海。

大叶柴胡
Bupleurum longiradiatum Turcz., Bull. Soc. Imp. Naturalistes Moscou 17: 719 (1844).
黑龙江、吉林、辽宁、内蒙古、甘肃；日本、朝鲜、俄罗斯东南部。

大叶柴胡（原变种）
Bupleurum longiradiatum var. **longiradiatum**
Bupleurum leveillei H. Boissieu, Bull. Soc. Bot. France 57: 413 (1910); *Bupleurum longiradiatum* f. *leveillei* (H. Boissieu) Kitag., J. Jap. Bot. 36 (8): 241 (1961).
黑龙江、吉林、辽宁、内蒙古、甘肃；日本、朝鲜、俄罗斯东南部。

短伞大叶柴胡（变种）
Bupleurum longiradiatum var. **breviradiatum** F. Schmidt ex Maxim., Mém. Acad. Imp. Sci. St.-Pétersbourg Divers Savans 9: 125 (1859).
Bupleurum sachalinense F. Schmidt, Reis. Amur-Land., Bot. 135 (1868).
黑龙江、辽宁；日本、朝鲜、俄罗斯东南部。

南方大叶柴胡（变型）
●**Bupleurum longiradiatum** f. **australe** Shan et Yin Li, Acta Phytotax. Sin. 12 (3): 269 (1974).
河南、安徽、浙江、江西、湖南。

泸西柴胡
●**Bupleurum luxiense** Yin Li et S. L. Pan, Acta Phytotax. Sin. 24 (2): 150 (1986).
云南。

马尔康柴胡（马尾柴胡，竹叶柴胡）
●**Bupleurum malconense** Shan et Yin Li, Acta Phytotax. Sin. 12 (3): 284, pl. 58 (1974).
Bupleurum sichuanense S. L. Pan et P. S. Hsu, Sida. 15 (1): 91 (1992).
甘肃、青海、四川、西藏。

竹叶柴胡
Bupleurum marginatum Wall. ex DC., Prodr. 4: 132 (1830).
甘肃、青海、湖北、四川、贵州、云南、西藏；缅甸、不丹、尼泊尔、印度、巴基斯坦、克什米尔。

竹叶柴胡（原变种）（紫柴胡，竹叶防风）
Bupleurum marginatum var. **marginatum**
Bupleurum falcatum L. var. *marginatum* (Wall. ex DC.) C. B. Clarke in Hook. f., Fl. Brit. Ind. 2 (6): 676 (1879); *Bupleurum falcatum* subsp. *marginatum* (Wall. ex DC.) H. Wolff in Engl., Pflanzenr. 43 (IV. 228): 133 (1910); *Bupleurum marginatum* var. *minutum* X. F. Zhang Bull. Bot. Res., Harbin 15 (4): 439 (1995).
甘肃、湖北、四川、贵州、云南、西藏；缅甸、不丹、尼泊尔、印度、巴基斯坦、克什米尔。

窄竹叶柴胡（变种）
Bupleurum marginatum var. **stenophyllum** (H. Wolff) Shan et Yin Li, Acta Phytotax. Sin. 12 (3): 292 (1974).
Bupleurum falcatum var. *stenophyllum* H. Wolff, Symb. Sin. 7: 713 (1933); *Bupleurum falcatum* L. f. *stenophyllum* (H. Wolff) P. K. Mukh. et B. D. Naithani, Edinb. J. Bot. 48 (1): 43 (1991).
青海、四川、云南、西藏；不丹、尼泊尔。

马尾柴胡（线柴胡，竹叶柴胡）
●**Bupleurum microcephalum** Diels, Bot. Jahrb. Syst. 29 (3-4): 494 (1900).
甘肃、四川、西藏。

有柄柴胡
●**Bupleurum petiolulatum** Franch., Bull. Soc. Philom. Paris, sér. 8. 6: 117 (1894).
甘肃、青海、四川、云南、西藏。

有柄柴胡（原变种）
●**Bupleurum petiolulatum** var. **etiolulatum**
Bupleurum longicaule Wall ex DC. var. *tibetanicum* H. Wolff in Engl., Pflanzenr. 43 (IV. 228): 124 (1910).
甘肃、四川、云南、西藏。

细茎有柄柴胡（变种）
●**Bupleurum petiolulatum** var. **tenerum** Shan et Yin Li, Acta Phytotax. Sin. 12 (3): 277 (1974).
青海、四川、西藏。

多枝柴胡
●**Bupleurum polyclonum** Yin Li et S. L. Pan, Acta Phytotax. Sin. 22 (2): 133 (1984).
云南。

短茎柴胡
Bupleurum pusillum Krylov, Trudy Imp. S.-Peterburgsk. Bot. Sada 21 (1): 18 (1903).
内蒙古、宁夏、青海、新疆；蒙古、俄罗斯。

青海柴胡
●**Bupleurum qinghaiense** Yin Li et J. X. Guo, J. Chin. Pharm. Sci. 2 (1): 39 (1993).
青海。

丽江柴胡
●**Bupleurum rockii** H. Wolff, Repert. Spec. Nov. Regni Veg.

27 (734-740): 186 (1929).
Bupleurum handelii H. Wolff in Hand.-Mazz., Symb. Sin. 7 (3): 712 (1933).
四川、云南。

红柴胡（香柴胡，软柴胡，狭叶柴胡）
Bupleurum scorzonerifolium Willd., Enum. Pl. 30 (1814).
Bupleurum falcatum var. *scorzonerifolium* (Willd.) Ledeb., Fl. Ross. 2: 267 (1844); *Bupleurum falcatum* L. subsp. *scorzonerifolium* (Willd.) Koso-Pol., Trudy Imp. S.-Peterburgsk. Bot. Sada 30: 219 (1914); *Bupleurum sinensium* Gand., Bull. Soc. Bot. France 65: 30 (1918); *Bupleurum scorzonerifolium* f. *pauciflorum* Shan et Yin Li, Acta Phytotax. Sin. 12 (3): 282 (1974).
黑龙江、吉林、辽宁、内蒙古、河北、山西、山东、陕西、甘肃、安徽、江苏、广西；蒙古、日本、朝鲜、俄罗斯。

兴安柴胡
Bupleurum sibiricum Vest ex Roem. et Schult., Syst. Veg., ed. 15. 6: 368 (1820).
黑龙江、辽宁、内蒙古、湖北；蒙古、俄罗斯。

兴安柴胡（原变种）
Bupleurum sibiricum var. **sibiricum**
Bupleurum dahuricum Fisch. et C. A. Mey. ex Turcz., Bull. Soc. Imp. Naturalistes Moscou 17 (4): 720 (1844).
黑龙江、辽宁、内蒙古；蒙古、俄罗斯。

雾灵柴胡（变种）
●**Bupleurum sibiricum** var. **jeholense** (Nakai) Y. C. Chu ex Shan et Yin Li, Acta Phytotax. Sin. 12 (3): 272 (1974).
Bupleurum jeholense Nakai, J. Jap. Bot. 13 (7): 482, f. 1 (1937); *Bupleurum jeholense* var. *latifolium* Nakai, J. Jap. Bot. 13 (7): 482 (1937).
湖北。

黑柴胡
●**Bupleurum smithii** H. Wolff, Acta Horti Gothob. 2 (7): 304 (1926).
内蒙古、河北、山西、河南、陕西、宁夏、甘肃、青海。

黑柴胡（原变种）
●**Bupleurum smithii** var. **smithii**
Bupleurum borealisinense Nakai, J. Jap. Bot. 15: 739 (1939).
内蒙古、河北、山西、河南、陕西、甘肃。

耳叶黑柴胡（变种）
●**Bupleurum smithii** var. **auriculatum** Shan et Yin Li, Acta Phytotax. Sin. 12 (3): 273 (1974).
山西。

小叶黑柴胡（变种）
●**Bupleurum smithii** var. **parvifolium** Shan et Yin Li, Acta Phytotax. Sin. 12 (3): 274 (1974).
内蒙古、宁夏、甘肃、青海。

天山柴胡
Bupleurum thianschanicum Freyn, Mém. Herb. Boissier 13: 23 (1900).
新疆；吉尔吉斯斯坦、哈萨克斯坦。

三辐柴胡
Bupleurum triradiatum Adams ex Hoffm., Gen. Pl. Umbell. 115 (1814).
Diaphyllum triradiatum (Adams ex Hoffm.) Hoffm., Gen. Pl. Umbell. 115 (1814); *Bupleurum ranunculoides* L. var. *triradiatum* (Adams ex Hoffm.) Regel, Fl. Ajan. 96 (1858).
青海、新疆、四川、云南、西藏；日本、俄罗斯。

汶川柴胡
●**Bupleurum wenchuanense** Shan et Yin Li, Acta Phytotax. Sin. 12 (3): 288, pl. 59 (1974).
四川。

银州柴胡（红柴胡，红软柴胡，软柴胡）
●**Bupleurum yinchowense** Shan et Yin Li, Acta Phytotax. Sin. 12 (3): 283, pl. 57 (1974).
内蒙古、陕西、宁夏、甘肃。

云南柴胡
●**Bupleurum yunnanense** Franch., Bull. Soc. Philom. Paris, sér. 8. 6. 117 (1894).
四川、云南、西藏。

山芹香属 Carlesia Dunn

山芹香（岩芹香）
Carlesia sinensis Dunn, Hooker's Icon. Pl. 28 (2): t. 2739 (1902).
Cuminum sinense (Dunn) M. Hiroe, Umbell. World 672 (1979).
辽宁、山东；朝鲜。

葛缕子属 Carum L.

暗红葛缕子
Carum atrosanguineum Kar. et Kir., Bull. Soc. Imp. Naturalistes Moscou 15 (2): 359 (1842).
Vicatia atrosanguinea (Kar. et Kir.) P. K. Mukh. et Pimenov, Feddes Repert. 102 (5-6): 377 (1991).
新疆；吉尔吉斯斯坦、哈萨克斯坦、俄罗斯。

河北葛缕子（旱芹菜）
●**Carum bretschneideri** H. Wolff in Engl., Pflanzenr. 228 (Heft 90) 369 (1927).
河北、山西。

田葛缕子
Carum buriaticum Turcz., Bull. Soc. Imp. Naturalistes Moscou 17: 713 (1844).
Bunium buriaticum (Turcz.) Drude in Engler et Prantl, Nat.

Pflanzenfam. 3 (8): 194 (1898); *Carum curvatum* C. B. Clarke ex H. Wolff, Repert. Spec. Nov. Regni Veg. 27 (9-15): 183 (1929); *Carum furcatum* H. Wolff, Repert. Spec. Nov. Regni Veg. 27 (734-740): 187 (1929); *Carum pseudoburiaticum* H. Wolff, Repert. Spec. Nov. Regni Veg. 27 (741-750): 302 (1930); *Carum angustissimum* Kitag., J. Jap. Bot. 20 (6-7): 311 (1944); *Carum buriaticum* f. *angutissimum* (Kitag.) H. Wolff, Fl. Reipubl. Popularis Sin. 55 (2): 28 (1985).

吉林、辽宁、内蒙古、河北、山西、山东、河南、陕西、甘肃、青海、新疆、四川、西藏；蒙古、俄罗斯。

葛缕子

Carum carvi L., Sp. Pl. 1: 263 (1753).
Bunium carvi (L.) M. Bie, Fl. Taur.-Caucas. 1: 211 (1808); *Foeniculum carvi* (L.) Link, Enum. Hort. Berol. Alt. 1: 284 (1821); *Carum gracile* Lindl., Ill. Bot. Himal. Mts. 232 (1835); *Carum carvi* var. *gracile* (Lindl.) H. Wolff in Engl., Pflanzenr. 228 (Heft 90) 148 (1927); *Carum carvi* f. *rubriflorum* H. Wolff, Acta Horti Gothob. 2 (7): 306 (1926).

吉林、辽宁、内蒙古、山东、河南、陕西、甘肃、青海、新疆、湖北、四川、云南、西藏；地中海、亚洲、欧洲，被引种到任何地方。

存疑种

Carum seselifolium H. Wolff, Repert. Spec. Nov. Regni Veg. 27 (16-25): 303 (1930).
山西。

Carum takenakae Kitagawa, J. Jap. Bot. 26: 166 (1951) 'takenakai'.
河北。

Carum wolffianum Fedde ex H. Wolff, Repert. Spec. Nov. Regni Veg. 27 (16-25): 303 (1930).
吉林。

空棱芹属 Cenolophium W. D. J. Koch

空棱芹

Cenolophium denudatum (Fisch. ex Horn.) Tutin, Feddes Repert. 74 (1): 31 (1967).
Athamanta denudata Fisch. ex Horn., Hort. Bot. Hafn. Suppl. 32 (1819); *Crithmum mediterraneum* M. Bieb., Fl. Taur.-Caucas. 3: 215 (1819); *Angelica fischeri* Spreng. in Roem. et Schult., Syst. Veg. 6: 605 (1820); *Cenolophium fischeri* (Spreng.) W. D. J. Koch, Nova Actorum Acad. Caes. Leop.-Carol. German. Nat. Cur. 12 (1): 103 (1824); *Cnidium fischeri* (Spreng.) Spreng. in Roem. et Schult., Syst. Veg. 1: 888 (1825).

新疆；高加索、俄罗斯、亚洲中部和西南部、欧洲。

积雪草属 Centella L.

积雪草（崩大碗，马蹄草，老鸦碗）

Centella asiatica (L.) Urb., Fl. Bras. (Mart.) 11 (1): 287 (1879).
Hydrocotyle asiatica L., Sp. Pl. 1: 234 (1753); *Hydrocotyle lurida* Hance, Ann. Bot. Syst. (Walpers) 2 (4): 690 (1852).

陕西、安徽、江苏、浙江、江西、湖南、湖北、四川、云南、福建、台湾、广东、广西；日本、朝鲜、越南、老挝、缅甸、泰国、马来西亚、印度尼西亚、不丹、尼泊尔、印度、巴基斯坦，广布热带、亚热带地区。

滇藏细叶芹属 Chaerophyllopsis

滇藏细叶芹

●**Chaerophyllopsis huai** H. Boissieu, Bull. Soc. Bot. France 56: 353 (1909).
云南、西藏。

细叶芹属 Chaerophyllum L.

新疆细叶芹

Chaerophyllum prescottii DC., Prodr. 4: 225 (1830).
Anthriscus prescottii (DC.) Veesenm., Beit. Pflanzenk. RUSS Reiches 9: 84 (1852); *Chaerophyllum bulbosum* L. subsp. *prescottii* (DC.) Nyman, Consp. Fl. Eur. 300 (1879).
新疆；高加索、俄罗斯、亚洲中部和西南部。

细叶芹（香叶芹）

Chaerophyllum villosum DC., Prodr. 4: 225 (1830).
Chaerophyllum reflexum Lindl., Ill. Bot. Himal. Mts. 233 (1835); *Anthriscus boissieui* H. Lév., Bull. Acad. Ind. Geogr. Bot. 23: 281 (1914).
四川、云南、西藏；不丹、尼泊尔、印度、巴基斯坦、阿富汗、克什米尔。

矮伞芹属 Chamaesciadium C. A. Mey.

单羽矮伞芹

●**Chamaesciadium acaule** (M. Bieb.) C. A. Mey. var. **simplex** Shan et F. T. Pu, Acta Phytotax. Sin. 21 (1): 81 (1983).
Dimorphosciadium shenii Pimenov et Kljuykov, Acta Phytotax. Sin. 39 (3): 197. (2001).
新疆。

矮泽芹属 Chamaesium H. Wolff

鹤庆矮泽芹

●**Chamaesium delavayi** (Franch.) Shan et S. L. Liou, Fl. Reipubl. Popularis Sin. 55 (1): 130, pl. 64 (1979).
Trachydium delavayi Franch., Bull. Soc. Philom. Paris, sér. 8. 6: 110 (1894).
四川、云南。

聂拉木矮泽芹

Chamaesium mallaeanum Farille et S. B. Malla, Candollea 40 (2): 537 (1985).
西藏；尼泊尔。

粗棱矮泽芹

Chamaesium novemjugum (C. B. Clarke) C. Norman, J. Bot. 76 (908): 231 (1938).
Trachydium novemjugum var. *tongolense* H. Boissieu, Gen. Pl. (1737); *Trachydium novemjugum* C. B. Clarke in Hook. f., Fl. Brit. Ind. 2 (6): 672 (1879); *Trachydium spatuliferum* W. W. Sm., Notes Roy. Bot. Gard. Edinb. 8 (38): 210 (1914); *Chamaesium spatuliferum* (W. W. Sm.) C. Norman, J. Bot. 76 (908): 231 (1938); *Chamaesium spatuliferum* var. *minus* Shan et S. L. Liou, Fl. Reipubl. Popularis Sin. 55 (1): 298 (1979).
四川、云南、西藏；不丹、尼泊尔、印度（锡金）。

矮泽芹

●**Chamaesium paradoxum** H. Wolff, Notizbl. Bot. Gart. Berlin-Dahlem 9 (84): 275 (1925).
Trachydium paradoxum (H. Wolff) M. Hiroe, Umbell. World 714 (1979).
青海、四川、云南、西藏。

松潘矮泽芹

●**Chamaesium thalictrifolium** H. Wolff, Acta Horti Gothob. 2 (7): 302 (1926).
Trachydium thalictrifolium (H. Wolff) M. Hiroe, Umbell. World 714 (1979).
甘肃、四川、云南、西藏。

绿花矮泽芹

Chamaesium viridiflorum (Franch.) H. Wolff ex Shan, Sinensia, 8: 87 (1937).
Trachydium viridiflorum Franch., Bull. Soc. Philom. Paris, sér. 8. 6: 111 (1894); *Trachydium affine* W. Sm., Rec. Bot. Surv. India 4: 374 (1913); *Trachydium markgrafianum* Fedde ex H. Wolff, Repert. Spec. Nov. Regni Veg. 27 (741-750): 304 (1930); *Chamaesium markgrafianum* (Fedde ex H. Wolff) C. Norman, J. Bot. 76 (908): 231 (1938).
四川、云南、西藏；印度（锡金）。

细叶矮泽芹

●**Chamaesium wolffianum** Fedde ex H. Wolff, Repert. Spec. Nov. Regni Veg. 27 (16-25): 305 (1930).
Trachydium yunnanense M. Hiroe, Umbell. World 714 (1979).
云南。

明党参属 Changium H. Wolff

明党参（山萝卜，粉沙参）

●**Changium smyrnioides** Fedde ex H. Wolff, Repert. Spec. Nov. Regni Veg. 19 (546-551): 315 (1924).
安徽、江苏、浙江、江西、湖北。

川明参属 Chuanminshen M. L. Sheh et Shan

川明参（明参，沙参，明沙参）

●**Chuanminshen violaceum** M. L. Sheh et Shan, Acta Phytotax. Sin. 18 (1): 48, pl. 1-2 (1980).
湖北、四川。

毒芹属 Cicuta L.

毒芹

Cicuta virosa L., Sp. Pl. 1: 255 (1753).
Cicuta virosa f. *longiinvolucellata* Y. C. Chu, Fl. Pl. Herb. Chin. Bor.-Orient. 6: 293 (1977).
黑龙江、吉林、辽宁、内蒙古、河北、陕西、甘肃、四川、云南、西藏；蒙古、日本、朝鲜、克什米尔、俄罗斯、欧洲。

蛇床属 Cnidium Cusson

兴安蛇床

Cnidium dauricum (Jacq.) Fisch. et C. A. Mey., Index Sem. (St. Petersburg) 2: 33 (1836).
Laserpitium dauricum Jacq., Hort. Bot. Vindob. 3: 22 (1776).
黑龙江、吉林、内蒙古、河北；蒙古、日本、朝鲜、俄罗斯。

滨蛇床

Cnidium japonicum Miq., Ann. Mus. Bot. Lugduno-Batavi 3: 60 (1867).
Selinum japonicum (Miq.) Franch. et Sav., Enum. Pl. Jap. 1 (1): 186 (1873).
辽宁；日本、朝鲜。

蛇床

Cnidium monnieri (L.) Cusson, Mém. Soc. Med. Emul. Paris 280 (1782).
Selinum monnieri L., Cent. Pl. I: 9 (1755).
几乎遍布全国；蒙古、朝鲜、越南、老挝、印度、俄罗斯、欧洲，北美洲为外来种。

蛇床（原变种）

Cnidium monnieri var. **monnieri**
Cicuta monnieri (L.) Crantz, Class. Umbell. Emend. 98 (1767); *Pinasgelon monnieri* (L.) Raf., Good Book 52 (1840); *Ligusticum monnieri* (L.) Calest., Webbia 1: 211 (1905); *Cicuta sinensis* Zuccagni, Cent. Observ. Bot. 56: 23 (1806); *Cnidium microcarpum* Turcz. ex Steud., Nomencl. Bot., ed. 2 (Stend.), 1: 389 (1840); *Seseli daucifolium* C. B. Clarke in Hook. f., Fl. Brit. Ind. 2: 693 (1879); *Cnidium mongolicum* H. Wolff, Repert. Spec. Nov. Regni Veg. 27 (741-750): 324 (1930); *Ligusticum mongolicum* (H. Wolff) Leute, Ann. Naturhist Mus. Wien 73: 72 (1969).
几乎遍布全国；蒙古、朝鲜、越南、老挝、印度、俄罗斯、欧洲，北美洲为外来种。

台湾蛇床（变种）

●**Cnidium monnieri** var. **formosanum** (Y. Yabe) Kitag., J. Jap.

Bot. 48 (8): 237 (1973).
Cnidium formosanum Y. Yabe, J. Coll. Sci. Imp. Univ. Tokyo 16 (4): 63 (1902).
台湾。

碱蛇床

Cnidium salinum Turcz., Bull. Soc. Imp. Naturalistes Moscou 17: 733 (1844).
Ligusticum salinum (Turcz.) Koso-Pol., Bull. Soc. Imp. Naturalistes Moscou 29: 118 (1916); *Cnidium salinum* var. *rhizomaticum* Ma, Nei Mong. 4: 179 (1979); *Selinum salinum* (Turcz.) Vodop., Fl. Tsentral. Sib. 2: 683 (1979); *Kadenia salina* (Turcz.) Lavrova et V. N. Tikhom., Bull. Soc. Imp. Naturalistes Moscou 3: 93 (1986); *Selinum dubium* (Schkuhr) Leute subsp. *salinum* (Turcz.) Leute, Ann. Naturhist. Mus. Wien, ser. B, Bot. Zool. 74: 503 (1970); *Ligusticum tibetanicum* H. Wolff, Feddes Repert. 27: 317 (1930).
黑龙江、内蒙古、河北、宁夏、甘肃、青海；蒙古、俄罗斯。

辛加山蛇床

●**Cnidium sinchianum** K. T. Fu, Fl. Tsinling. 1 (3): 459. Pl. 355 (1981).
Selinum sinchianum (K. T. Fu) C. Q. Yuan et L. B. Li, Acta Bot. Boreal.-Occid. Sin. 13 (1): 66 (1993).
陕西。

高山芹属 Coelopleurum Ledeb.

长白高山芹（白山芹）

Coelopleurum nakaianum (Kitag.) Kitag., J. Jap. Bot. 43 (10-11): 427 (1968).
Homopteryx nakaiana Kitag., Bot. Mag. (Tokyo) 51: 809 (1937).
吉林；朝鲜。

高山芹

Coelopleurum saxatile (Turcz. ex Ledeb.) Drude in Engler et Prantl, Nat. Pflanzenfam. 3 (8): 213 (1898).
Angelica saxatilis Turcz. ex Ledeb., Fl. Ross. 2: 296 (1844); *Physolophium saxatile* (Turcz. ex Ledeb.) Turcz., Bull. Soc. Imp. Naturalistes Moscou 17: 727 (1844); *Angelica gmelinii* (DC.) Pimenov subsp. *saxaatilis* (Turcz. ex Ledeb.) Vorosch., Florist. issl. v razn. raĭonakh S. S. S. R. (A. K. Skvortsov) 184 (1985); *Coelopleurum alpinum* Kitag., Rep. Inst. Sci. Res. Manchoukuo 5: 146 (1941).
吉林；朝鲜、俄罗斯。

山芎属 Conioselinum Fisch. ex Hoffm.

山芎

Conioselinum chinense (L.) Britton, Sterns et Poggenb., Prelim. Cat. 22 (1888).
Athamanta chinensis L., Sp. Pl. 1: 245 (1753); *Ligusticum chinensis* (L.) Crantz, Class. Umbell. Emend. 81 (1767); *Cnidium chinense* (L.) Spreng. ex Steud., Pl. Umbell. Prodr. 40 (1813); *Kreidon chinensis* (L.) Raf., Good Book 57 (1840); *Selinum chinensis* (L.) Druce, Rep. Bot. Exch. Club. Soc. Brit. Isles 3: 423 (1914); *Ligusticum gmelinii* Chem et Schltdl., Linnaea 1: 391 (1826).
安徽、江西；日本、俄罗斯、北美洲。

台湾山芎

●**Conioselinum morrisonense** Hayata, Icon. Pl. Formosan. 10: 20, f. 12 (1921).
台湾。

纸叶山芎（新拟）

Conioselinum papyraceum (C. B. Clarke) Pimenov et Kljuykov, Bot. Žhurn. 84 (3): 91 (1999).
Selinum papyraceum C. B. Clarke in Hook. f., Fl. Brit. Ind. 2: 701 (1879); *Cortia papyracea* (C. B. Clarke) Leute, Ann. Naturhist. Mus. Wien 63: 84 (1969); *Conioselinum schugnanicum* B. Fedtsch., Trudy Bot. Muz. Imp. Akad. Nauk 1: 135 (1902).
新疆；吉尔吉斯斯坦、乌兹别克斯坦、塔吉克斯坦、阿富汗、巴基斯坦、印度。

鞘山芎

Conioselinum vaginatum (Spreng.) Thell., Ill. Fl. Mitt.-Eur. 5 (2): 1329, f. 2503 (1927).
Ligusticum vaginatum Spreng., Pugill. Pl. Afr. Bor. Hispan. 2: 57 (1815); *Conioselinum tataricum* Hoffm., Gen. Pl. Umbell., ed. 2. 185 (1816); *Conioselinum univittatum* Turcz. ex H. Kar. et Kir., Bull. Soc. Imp. Naturalistes Moscou 15: 363 (1842).
新疆；吉尔吉斯斯坦、哈萨克斯坦、乌兹别克斯坦、土库曼斯坦、俄罗斯、亚洲西南部和中部、欧洲中部。

毒参属 Conium L.

毒参（芹叶钩吻）

Conium maculatum L., Sp. Pl. 1: 243 (1753).
新疆；亚洲西南部、欧洲、非洲、北美洲。

芫荽属 Coriandrum L.

芫荽（香荽，胡荽，香菜）

Coriandrum sativum L., Sp. Pl. 1: 256 (1753).
Selinum coriandrum Krause, Dentschl Fl., Abt. II, Cryptog. 12: 163 (1904).
几乎遍布全国；原产于地中海地区，世界广泛栽培。

喜峰芹属 Cortia DC.

喜峰芹

Cortia depressa (D. Don) Norman, J. Bot. 75 (4): 96 (1937).
Athamanta depressa D. Don, Prodr. Fl. Nepal. 184 (1825);

Cortia lindleyi DC., Prodr. 4: 187 (1830); *Cortia nepalensis* C. Norman, J. Bot. 67: 245 (1929); *Schulzia nepalensis* (C. Norman) M. Hiroe, Umbell. World 765 (1979); *Cortia oreomyrrhiformis* Farille et S. B. Malla, Candollea 40 (2): 545 (1985).

西藏；不丹、印度、巴基斯坦。

栓果芹属 Cortiella C. Norman

宽叶栓果芹

●**Cortiella caespitosa** Shan et M. L. Sheh, Acta Phytotax. Sin. 18 (3): 376 (1980).

西藏。

锡金栓果芹

Cortiella cortioides (C. Norman) M. F. Watson, Edinb. J. Bot. 53 (1): 130 (1996).

Cortia hookeri C. B. Clarke in Hook. f., Fl. Brit. Ind. 2 (6): 702 (1879); *Selinum cortioides* C. Norman, J. Bot. 75 (4): 95 (1937).

西藏；不丹、尼泊尔、印度。

栓果芹

Cortiella hookeri (C. B. Clarke) C. Norman, J. Bot. 75 (4): 94 (1937).

Cortia hookeri C. B. Clarke in Hook. f. in Hook. f., Fl. Brit. Ind. 2: 702 (1879); *Schulzia hookeri* (C. B. Clarke) M. Hiroe, Umbell. World 763 (1979); *Cortiella glacialis* Bonner, Candollea 13: 230 (1951); *Pleurospermum glaciale* (Bonner) M. Hiroe, Umbell. World 747 (1979); *Cortiella cauwetmarciana* Farille et S. B. Malla, Candollea 40 (2): 543 (1985).

西藏；不丹、尼泊尔、印度（锡金）。

鸭儿芹属 Cryptotaenia DC.

鸭儿芹

Cryptotaenia japonica Hassk., Retzia 1: 113 (1855).

Cryptotaenia canadensis (L.) DC. f. *dissecta* Makino, Bot. Mag. (Tokyo) 22 (263): 175 (1908); *Cryptotaenia canadensis* var. *japonica* (Hassk.) Makino, Bot. Mag. (Tokyo) 22 (263): 175 (1908); *Cryptotaenia canadensis* subsp. *japonica* (Hassk.) Hand.-Mazz., Symb. Sin. 7 (3): 713 (1933); *Cryptotaenia japonica* f. *dissecta* (Y. Yabe) Hara Enum. Spermat. Jap. 3: 309 (1954); *Cryptotaenia japonica* f. *pinnatisecta* S. L. Liou, Acta Phytotax. Sin. 28 (2): 152, pl. 5 (1990).

河北、山西、陕西、甘肃、安徽、江苏、江西、湖南、湖北、四川、贵州、云南、福建、台湾、广东、广西；日本、朝鲜。

孜然芹属 Cuminum L.

孜然芹

Cuminum cyminum L., Sp. Pl. 1: 254 (1753).

新疆；可能原产于地中海地区。

环根芹属 Cyclorhiza M. L. Sheh et Shan

南竹叶环根芹

●**Cyclorhiza peucedanifolia** (Franch.) Constance, Edinb. J. Bot. 54 (1): 101 (1997).

Arracacia peucedanifolia Franch., Bull. Soc. Philom. Paris, sér. 8. 6: 114 (1894); *Pimpinella edosmioides* H. Boissieu, Bull. Soc. Bot. France 56: 352 (1909); *Cyclorhiza edosmoides* (H. Boissieu) M. L. Sheh, Fl. Yunnan. 7: 451 (1997); *Acronema edosmioides* (H. Boissieu) Pimenov et Kljuykov, Feddes Repert. 110 (7-8): 481 (1999); *Cenolophium chinense* M. Hiroe, Umbell. Asia No. 1. 141 (1958); *Cyclorhiza waltonii* (H. Wolff) M. L. Sheh et R. H. Shan var. *major* M. L. Sheh et Shan, Acta Phytotax. Sin. 18 (1): 46 (1980); *Cyclorhiza major* (M. L. Sheh et Shan) M. L. Sheh, Fl. Reipubl. Popularis Sin. 55 (3): 236, pl. 105 (1992).

四川、云南、西藏。

环根芹

●**Cyclorhiza waltonii** (H. Wolff) M. L. Sheh et Shan, Acta Phytotax. Sin. 18 (1): 46, pl. 1 (1980).

Ligusticum waltonii H. Wolff, Repert. Spec. Nov. Regni Veg. 27 (741-750): 317 (1930).

四川、云南、西藏。

细叶旱芹属 Cyclospermum Lag.

细叶旱芹

Cyclospermum leptophyllum (Pers.) Sprague ex Britton et P. Wilson, Bot. Porto Rico 6 (1): 52 (1925).

Pimpinella leptophylla Pers., Syn. Pl. 1: 324 (1805); *Aethusa leptophylla* (Pers.) Spreng., Pl. Umbell. Prodr. 22 (1813); *Apium leptophyllum* (Pers.) F. Muell. ex Benth., Fl. Austral. 3: 372 (1866); *Apium ammi* Urb. var. *leptophyllum* (Pers.) Kuntze, Revis. Gen. Pl. 3 (2): 111 (1898); *Selinum leptophyllum* (Pers.) Krause ex Sturm, Fl. Deutschland, ed. 2., 12: 28 (1904).

江苏、福建、台湾、广东；广布于热带、温带地区。

柳叶芹属 Czernaevia Turcz.

柳叶芹

Czernaevia laevigata Turcz. Bull. Soc. Imp. Naturalistes Moscou 17: 740 (1844).

黑龙江、吉林、辽宁、内蒙古、河北；朝鲜、俄罗斯（西伯利亚）。

柳叶芹（原变种）

Czernaevia laevigata var. **laevigata**

黑龙江、吉林、辽宁、内蒙古、河北；朝鲜、俄罗斯（西伯利亚）。

无翼柳叶芹（变种）

●**Czernaevia laevigata** var. **exalatocarpa** Y. C. Chu, Fl. Pl. Herb. Chin. Bor.-Or. 6: 266, pl. 109: 8 (1977).
黑龙江、吉林、辽宁、河北。

胡萝卜属 Daucus L.

野胡萝卜

Daucus carota L., Sp. Pl. 1: 242 (1753).
安徽、江苏、浙江、江西、湖北、四川、贵州；温带地区广泛栽培或为外来植物。

野胡萝卜（原变种）（鹤虱草）

Daucus carota var. **carota**
安徽、江苏、浙江、江西、湖北、四川、贵州；温带地区广泛栽培或为外来植物。

胡萝卜（变种）

☆**Daucus carota** var. **sativus** Hoffm. in Strum, Deutschl. Fl., ed. 2. 1: 91 (1791).
Daucus carota L. subsp. *sativus* (Hoffm.) Arcang., Comp. Fl. Ital. 299 (1882).
中国广泛栽培。

马蹄芹属 Dickinsia Franch.

马蹄芹（大苞芹，双叉草，山荷叶）

●**Dickinsia hydrocotyloides** Franch., Nouv. Arch. Mus. Hist. Nat. sér. 2. 8: 244, pl. 8, f. A (1886).
Cotylonia bracteata C. Norman, J. Bot. 60 (6): 167 (1922).
湖南、湖北、四川、贵州、云南。

绒果芹属 Eriocycla Lindl.

绒果芹（滇羌活）

●**Eriocycla albescens** (Franch.) H. Wolff in Engl., Pflanzenr. 228 (Heft 90) 107 (1927).
Pimpinella albescens Franch., Pl. David. 1: 239 (1884).
辽宁、内蒙古、河北。

绒果芹（原变种）

●**Eriocycla albescens** var. **albescens**
Seseli provostii H. Boissieu, Bull. Herb. Boissier, ser. 2. 3 (10): 842 (1903); *Seseli albescens* (Franch.) Pimenov et Kljuykov, Bot. Žhurn. (Moscow et Leningrad) 85 (10): 107 (2000).
内蒙古、河北。

大叶绒果芹（变种）

●**Eriocycla albescens** var. **latifolia** Shan et C. C. Yuan, Acta Phytotax. Sin. 21 (1): 88 (1983).
辽宁、河北。

裸茎绒果芹

Eriocycla nuda Lindl., Ill. Bot. Himal. Mts. 232, pl. 51, f. 2 (1835).
西藏；尼泊尔西部、印度西北部、巴基斯坦、克什米尔。

裸茎绒果芹（原变种）

Eriocycla nuda var. **nuda**
Pituranthos nudus (Lindl.) Benth. ex C. B. Clarke in Hook. f., Fl. Brit. Ind. 2: 680 (1879); *Seseli nudum* (Lindl.) Pimenov et Kljuykov, Bot. Žhurn. (Moscow et Leningrad) 85 (10): 105 (2000).
西藏；尼泊尔西部、印度西北部、巴基斯坦、克什米尔。

紫花裸茎绒果芹（变种）

●**Eriocycla nuda** var. **purpurascens** Shan et C. Q. Yuan, Acta Phytotax. Sin. 18 (3): 376 (1980).
西藏。

新疆绒果芹

●**Eriocycla pelliotii** (H. Boissieu) H. Wolff in Engl., Pflanzenr. 228 (Heft 90) 106 (1927).
Pituranthos pelliotii H. Boissieu, Bull. Mus. Hist. Nat. (Paris) 16 (3): 164 (1910); *Seseli pelliotii* (H. Boissieu) Pimenov et Kljuykov, Bot. Žhurn. (Moscow et Leningrad) 85 (10): 105 (2000).
新疆。

刺芹属 Eryngium L.

刺芹（假芫荽，节节花，野香草）

Eryngium foetidum L., Sp. Pl. 1: 232 (1753).
贵州、云南、广东、广西；原产于中美洲，广布于热带、亚热带地区。

扁叶刺芹

Eryngium planum L., Sp. Pl. 1: 233 (1753).
新疆；克什米尔、俄罗斯（东西伯利亚）、亚洲、欧洲中部和南部。

阿魏属 Ferula L.

山地阿魏（山蛇床阿魏）

Ferula akitschkensis B. Fedtsch. ex Koso-Pol., Byull. Obshch. Estestvoisp. Voronezhsk. Gosud. Univ. 1: 94 (1926).
Ferula kirialovii Pimenov, Byull. Moskovsk Obshch. Isp. Prir., Otd. Biol. 84 (5): 110 (1979).
新疆；亚洲中部（天山西部）、吉尔吉斯斯坦、哈萨克斯坦、俄罗斯。

硬阿魏（沙茴香，沙椒，花条）

●**Ferula bungeana** Kitag., J. Jap. Bot. 31 (10): 304 (1956).
Peucedanum rigidum Bunge, Mém. Acad. Imp. Sci. St.-Pétersbourg, ser. 7. 2: 106 (1835).
黑龙江、吉林、辽宁、内蒙古、河北、山西、河南、陕西、宁夏、甘肃。

灰色阿魏
Ferula canescens (Ledeb.) Ledeb., Fl. Ross. 2: 302 (1844).
Peucedanum canescens Ledeb., Fl. Altaic. 1: 307 (1829).
新疆；吉尔吉斯斯坦、乌兹别克斯坦、俄罗斯（西西伯利亚）。

里海阿魏
Ferula caspica M. Bieb., Fl. Taur.-Caucas. 1: 220 (1808).
Peucedanum caspicum (M. Bieb.) Link, Enum. Hort. Berol. Alt. 1: 272 (1821).
新疆；蒙古、吉尔吉斯斯坦、乌兹别克斯坦、俄罗斯、亚洲中部和西南部。

圆锥茎阿魏
Ferula conocaula Korovin, Gen. *Ferula* Monogr. XVII. 33, t. 8, f. 1 (1947).
新疆；吉尔吉斯斯坦。

全裂叶阿魏
Ferula dissecta (Ledeb.) Ledeb., Fl. Ross. 2: 301 (1844).
Peucedanum dissectum Ledeb., Fl. Altaic. 1: 306 (1829).
新疆；哈萨克斯坦、俄罗斯（东西伯利亚）。

沙生阿魏
Ferula dubjanskyi Korovin ex Pavlov, Fl. Kazakhst. 2: 539 (1934).
Ferula dshaudshamyr Korovin, Gen. *Ferula* Monogr. Ill. 79, pl. 16, f. 1 (1947).
新疆；蒙古、吉尔吉斯斯坦、哈萨克斯坦、乌兹别克斯坦、亚洲中部。

多伞阿魏
Ferula feruloides (Steud.) Korovin, Monogr. Ferula 77, pl. 43, f. 1 (1947).
Peucedanum feruloides Steud., Nomencl. Bot., ed. 2. 311 (1841).
新疆；蒙古、吉尔吉斯斯坦、哈萨克斯坦、乌兹别克斯坦、俄罗斯。

阜康阿魏
●**Ferula fukanensis** K. M. Shen, Acta Phytotax. Sin. 13 (3): 90, pl. 2 (1975).
新疆。

细茎阿魏
Ferula gracilis (Ledeb.) Ledeb., Fl. Ross. 2: 304 (1844).
Peucedanum gracile Ledeb., Fl. Altaic. 1: 308 (1829).
新疆；俄罗斯（东西伯利亚）。

河西阿魏
●**Ferula hexiensis** K. M. Shen, Acta Phytotax. Sin. 24 (4): 314, pl. 10 (1986).
甘肃。

中亚阿魏
Ferula jaeschkeana Vatke, Index Sem. (Berlin) App. 2 (1876).
Peucedanum jaeschkeanum (Vatke) Baill., Traite Bot. Méd. Phan. 2: 1043 (1884); *Ferula jaeschkeana* var. *parkeriana* O. E. Schulz, Notizbl. Bot. Gart. Berlin-Dahlem 11: 877 (1933).
西藏；不丹、印度东北部、巴基斯坦西部、阿富汗、亚洲中部。

短柄阿魏
Ferula karataviensis (Regel et Schmalh.) Korovin, Index Sem. Hort. Bot. Univ. As. Med. 191 (1926).
Peucedanum karataviense Regel et Schmalh, Trudy Imp. S.-Peterburgsk. Bot. Sada5 (2): 598 (1878); *Ferula karataviensis* (Regel et Schmalh.) Korovin ex Pavlov, Bull. Soc. Imp. Naturalistes Moscou, n.s., 42: 130 (1933); *Ferula korovinii* Pavlov, Bull. Soc. Imp. Naturalistes Moscou, n.s., 42: 127 (1933), *nom. illeg.*
新疆；亚洲中部（阿尔泰、帕米尔、天山）。

草甸阿魏
●**Ferula kingdon-wardii** H. Wolff, Repert. Spec. Nov. Regni Veg. 27 (741-750): 326 (1930).
Peucedanum kingdon-wardii (H. Wolff) Korovin, Gen. *Ferula* Monogr. 81 (1948).
云南。

山蛇床阿魏
Ferula kirialovii Pimenov, Byull. Moskovsk Obshch. Isp. Prir., Otd. Biol. 84 (5): 110 (1979).
新疆；亚洲中部（天山西部）。

托里阿魏
Ferula krylovii Korovin, Sist. Zametki Mater. Gerb. Krylova Tomsk. Gosud. Univ. Kuybysheva 2-3: 2 (1934).
新疆；俄罗斯（东西伯利亚）、亚洲中部。

多石阿魏
Ferula lapidosa Korovin, Gen. *Ferula* Monogr. 59, pl. 35, f. 1 (1947).
新疆；吉尔吉斯斯坦。

大果阿魏
Ferula lehmannii Boiss., Fl. Orient. 2: 992 (1872).
新疆；巴基斯坦西部、阿富汗、吉尔吉斯斯坦、哈萨克斯坦、乌兹别克斯坦、亚洲西南部和中部。

平滑叶阿魏
Ferula leiophylla Korovin, Gen. *Ferula* Monogr. 44, pl. 20, f. 2. (1947).
新疆；哈萨克斯坦。

太行阿魏
●**Ferula licentiana** Hand.-Mazz., Oesterr. Bot. Z. 82: 252 (1933).

山西、山东、河南、陕西、安徽、江苏。

太行阿魏（原变种）
●**Ferula licentiana** var. **licentiana**
山西、河南、陕西。

铜山阿魏（变种）（山芫荽）
●**Ferula licentiana** var. **tunshanica** (Su) Shan et Q. X. Liu, Bull. Nanjing Bot. Gard. 1987: 37 (1987).
Ferula tunshanica Su, Fl. Jiangsu. 2: 935, f. 1678 (1982).
山东、安徽、江苏。

麝香阿魏
Ferula moschata (H. Reinsch) Koso-Pol., Byull. Obshch. Estestvoisp. Voronezhsk. Gosud. Univ. 1: 94 (1926).
Sumbulus moschatus H. Reinsch, Jahrb. Pract. Pharm. Verwandte Facher 13: 69 (1846); *Euryangium sumbul* Kauffm., Nouv. Mém. Soc. Imp. Naturalistes Moscou 13: 258 (1871); *Ferula sumbul* (Kauffm.) Hook. f., Bot. Mag. (Tokyo) 101, f. 6196 (1875).
新疆；塔吉克斯坦、吉尔吉斯斯坦。

榄绿阿魏（万丈深，白芷）
●**Ferula olivacea** (Diels) H. Wolff ex Hand.-Mazz., Symb. Sin. 7 (3): 727 (1933).
Peucedanum olivaceum Diels, Notes Roy. Bot. Gard. Edinb. 5 (25): 290 (1912).
云南。

羊食阿魏
Ferula ovina (Boiss.) Boiss., Fl. Orient. 2: 986 (1872).
Peucedanum ovinum Boiss., Diagn., Ser. 1. 6: 61 (1846); *Peucedanum thomsonii* C. B. Clarke in Hook. f., Fl. Brit. Ind. 5: 711 (1879); *Ferula stewartiana* O. E. Schulz var. *affghanica* O. E. Schulz, Notizbl. Bot. Gart. Berlin-Dahlem 11: 877 (1933); *Ferula microcarpa* Korovin, Gen. *Ferula* Monogr. 58 (1947); *Ferula stylosa* Korovin, Gen. *Ferula* Monogr. 58 (1947).
新疆；巴基斯坦、阿富汗、伊朗、塔吉克斯坦、吉尔吉斯斯坦、哈萨克斯坦、亚洲西南部。

新疆阿魏
●**Ferula sinkiangensis** K. M. Shen, Acta Phytotax. Sin. 13 (3): 88 (1975).
新疆。

准噶尔阿魏
Ferula songarica Pallas ex Spreng. in Roem. et Schult., Syst. Veg. 6: 598 (1820).
新疆；哈萨克斯坦、俄罗斯（西西伯利亚）。

荒地阿魏
Ferula syreitschikowii Koso-Pol., Bot. Mater. Gerb. Glavn. Bot. Sada RSFSR 3: 71 (1922).
新疆；吉尔吉斯斯坦、乌兹别克斯坦。

臭阿魏
Ferula teterrima H. Karst. et Kir., Bull. Soc. Imp. Naturalistes Moscou 15: 363 (1842).
Ferula balchaschensis Bajtenov, Vestn. Akad. Nauk Kazakhsk. S. S. R. 1970 (7): 71 (1970).
新疆；哈萨克斯坦、俄罗斯。

茴香属 Foeniculum Mill.

茴香（小茴香）
☆**Foeniculum vulgare** Mill., Gard. Dict., ed. 8, *Foeniculum* No. 1 (1768).
Anethum foeniculum L., Sp. Pl. 1: 263 (1753); *Ligusticum foeniculum* L. Crantz, Class. Umbell. Emend. 82 (1767); *Meum foeniculum* (L.) Spreng. in Roem. et Schult., Syst. Veg., ed. 15. 6: 483 (1820); *Selinum foeniculum* (L.) E. H. L. Krause in Sturm, Deutschl. Fl., ed. 2. 12: 115 (1904); *Seseli foeniculum* (L.) Koso-Pol., Bull. Soc. Imp. Naturalistes Moscou 1915, n.s. 29: 183 (1916); *Foeniculum officinale* All., Fl. Pedem. 2: 25 (1785); *Anethum panmorium* Roxb., Asiat. Res. 11: 156 (1810); *Foeniculum panmorium* (Roxb.) DC., Prodr. 4: 142 (1830).
遍布全国；原产于地中海地区，世界范围栽培并偶见。

珊瑚菜属 Glehnia F. Schmidt ex Miq.

珊瑚菜（辽沙参，海沙参，莱阳参）
Glehnia littoralis F. Schmidt ex Miq., Ann. Mus. Bot. Lugduno-Batavi 3: 61 (1867).
Phellopterus littoralis (F. Schmidt ex Miq.) Benth. in Benth. et Hook. f., Gen. Pl. 1 (3): 905 (1867).
辽宁、河北、山东、江苏、浙江、福建、台湾、广东；日本、朝鲜、俄罗斯。

单球芹属 Haplosphaera Hand.-Mazz.

西藏单球芹
Haplosphaera himalayensis Ludlow, Bull. Brit. Mus. (Nat. Hist.), Bot. 5 (5): 276, pl. 3, f. 3 (1976).
青海、西藏；不丹、印度。

单球芹
●**Haplosphaera phaea** Hand.-Mazz., Anz. Akad. Wiss. Wien, Math.-Naturwiss. Kl. 57: 143 (1920).
四川、云南。

细裂芹属 Harrysmithia H. Wolff

云南细裂芹
●**Harrysmithia franchetii** (M. Hiroe) M. L. Sheh, Acta Phytotax. Sin. 42: 562 (2004).

Carum franchetii M. Hiroe, Umbell. World 871 (1979); *Carum dissectum* Franch., Bull. Soc. Philom. Paris, sér. 8. 6: 123 (1894); *Harrysmithia dissecta* (Franch.) H. Wolff ex Shan, Fl. Reipubl. Popularis Sin. 55 (2): 135 (1985).
云南。

细裂芹
●**Harrysmithia heterophylla** H. Wolff, Acta Horti Gothob. 2 (7): 311 (1926).
四川、西藏。

独活属 Heracleum L.

二管独活
Heracleum bivittatum H. Boissieu, Bull. Herb. Boissier, ser. 2. 3: 855 (1903).
四川、贵州、云南、广西；越南、老挝。

白亮独活
Heracleum candicans Wall. ex DC., Prodr. 4: 192 (1830).
四川、云南、西藏；不丹、尼泊尔、印度、巴基斯坦、克什米尔。

白亮独活（原变种）
Heracleum candicans var. **candicans**
Tetrataenium candicans (Wall. ex DC.) Manden., Zametki Sist. Geogr. Rast. 41: 44 (1986).
四川、云南、西藏；尼泊尔、印度、巴基斯坦、克什米尔。

钝叶独活（变种）
Heracleum candicans var. **obtusifolium** (Wall. ex DC.) F. T. Pu et M. F. Watson, Acta Phytotax. Sin. 42: 562 (2004); *Heracleum obtusifolium* Wall. ex DC., Prodr. 4: 191 (1830); *Tetrataenium obtusifolium* (Wall. ex DC.) Mandenova, Notulae Syst. Grogr. Inst. Boy. Thilissi 42: 13 (1991).
四川、云南、西藏；不丹、尼泊尔、印度。

多裂独活
●**Heracleum dissectifolium** K. T. Fu, Fl. Tsinling. 1 (3): 464, 431 (1981).
甘肃、四川。

兴安独活（老山芹）
Heracleum dissectum Ledeb., Fl. Altaic. 1: 301 (1829).
黑龙江、吉林、新疆；蒙古、朝鲜、吉尔吉斯斯坦、哈萨克斯坦、乌兹别克斯坦、俄罗斯。

城口独活（独活）
●**Heracleum fargesii** H. Boissieu, Bull. Herb. Boissier, ser. 2. 3 (10): 852 (1903).
四川。

中甸独活
●**Heracleum forrestii** H. Wolff, Repert. Spec. Nov. Regni Veg. 33: 75 (1933).
重庆、云南。

尖叶独活
●**Heracleum franchetii** M. Hiroe, Umbell. World 1749 (1979).
青海、湖北、四川、云南。

独活（大活，牛尾独活，假羌活）
●**Heracleum hemsleyanum** Diels, Bot. Jahrb. Syst. 29 (3-4): 503 (1900).
湖北、四川。

思茅独活
●**Heracleum henryi** H. Wolff, Repert. Spec. Nov. Regni Veg. 33 (866-872): 76 (1933).
云南。

贡山独活
Heracleum kingdonii H. Wolff, Repert. Spec. Nov. Regni Veg. 33 (866-872): 76 (1933).
贵州、云南、西藏、广西；缅甸。

裂叶独活
Heracleum millefolium Diels, Repert. Spec. Nov. Regni Veg. 2 (18): 65 (1906).
甘肃、青海、四川、云南、西藏；不丹。

裂叶独活（原变种）
Heracleum millefolium var. **millefolium**
Peucedanum malcolmii Hemsl. et H. Pearson, J. Linn. Soc., Bot. 35: 179 (1902); *Heracleum smithii* Fedde ex H. Wolff, Repert. Spec. Nov. Regni Veg. 33 (866-872): 79 (1933); *Semenovia millefolia* (Diels) V. M. Vinogr. et Kamelin., Novosti Sist. Vyssh. Rast. 23: 96 (1986).
甘肃、青海、四川、云南、西藏；不丹。

长裂叶独活（变种）
●**Heracleum millefolium** var. **longilobum** C. Norman, J. Arnold Arbor. 14: 25 (1933).
Semenovia montana Kamelin et V. M. Vinogr., Novosti Sist. Vyssh. Rast. 23: 97 (1986); *Heracleum longilobum* (C. Norman) M. L. Sheh et T. S. Wang, Fl. Reipubl. Popularis Sin. 55 (3): 209, pl. 93, f. 6 (1992).
甘肃、青海、四川、西藏。

短毛独活
Heracleum moellendorffii Hance, J. Bot. 16: 12 (1878).
Heracleum dissectum subsp. *moellendorffii* (Hance) Vorosch., Byull. Moskovsk. Obshch. Isp. Prir., Otd. Biol. n.s., 95 (2): 92 (1990).
黑龙江、吉林、辽宁、内蒙古、河北、山东、陕西、甘肃、安徽、江苏、浙江、江西、湖南、四川、云南；日本、朝鲜。

短毛独活（原变种）
Heracleum moellendorffii var. **moellendorffii**
Heracleum microcarpum Franch., Nouv. Arch. Mus. Hist. Nat. sér. 2. 6: 24 (1883); *Heracleum morifolium* H. Wolff, Acta Horti Gothob. 2 (7): 326 (1926); *Heracleum dissectum* Ledeb. subsp. *moellendorffii* (Hance) Vorosch., Byull. Moskovsk. Obshch. Isp. Prir., Otd. Biol. n.s., 95 (2): 92 (1990).
黑龙江、吉林、辽宁、内蒙古、河北、山东、陕西、甘肃、安徽、江苏、浙江、江西、湖南、四川、云南；日本、朝鲜。

少管短毛独活（变种）（走马芹，大活）
●**Heracleum moellendorffii** var. **paucivittatum** Shan et T. S. Wang, Acta Phytotax. Sin. 24 (4): 316 (1986).
山东。

狭叶短毛独活（变种）
Heracleum moellendorffii var. **subbipinnatum** (Franch.) Kitag., Rep. Exped. Manchoukuo Sect. IV. 5: 157 (1941).
Heracleum microcarpum Franch. var. *subbipinnatum* Franch., Nouv. Arch. Mus. Hist. Nat. sér. 2. 6: 18 (1883); *Heracleum moellendorffii* f. *subbipinnatum* (Franch.) Kitag., Rep. Exped. Manchoukuo Sect. IV. 2: 276 (1938); *Heracleum morifolium* H. Wolff f. *angustum* Kitag., Rep. Exped. Manchoukuo Sect. IV 4: 36, 89 (1936); *Heracleum moellendorffii* f. *angustum* (Kitag.) Kitag., J. Jap. Bot. 55 (9): 268 (1980).
黑龙江、吉林、内蒙古、河北；朝鲜。

尼泊尔独活
Heracleum nepalense D. Don, Prodr. Fl. Nepal. 185 (1825).
Tetrataenium nepalense (D. Don) Manden. in Cauwet-Marc et Carbonnier, Act. Deuxieme Sympos. Intern. Umbell. 677 (1977).
云南；缅甸、不丹、尼泊尔、印度。

聂拉木独活
●**Heracleum nyalamense** Shan et T. S. Wang, Acta Phytotax. Sin. 18 (3): 378 (1980).
西藏。

大叶独活
Heracleum olgae Regel et Schmalh., Izv. Imp. Obshch. Ljubit. Estestv. Moskovsk. Univ. 34 (2): 38 (1882).
Platytaenia olgae (Regel et Schmalh.) Korovin, Fl. Uzbekistan. 4: 465 (1959); *Tetrataenium olgae* (Regel et Schmalh.) Manden., Trudy Bot. Inst. Tbilis 20: 18 (1959).
新疆；巴基斯坦、阿富汗、塔吉克斯坦、吉尔吉斯斯坦、哈萨克斯坦、乌兹别克斯坦。

山地独活
●**Heracleum oreocharis** H. Wolff, Repert. Spec. Nov. Regni Veg. 33 (866-872): 77 (1933).
云南。

鹤庆独活（白云花）
●**Heracleum rapula** Franch., Bull. Soc. Philom. Paris, sér. 8. 6: 145 (1894).
云南。

糙独活
●**Heracleum scabridum** Franch., Bull. Soc. Philom. Paris, sér. 8. 6: 145 (1894).
四川、云南。

康定独活（肉独活）
●**Heracleum souliei** H. Boissieu, Bull. Herb. Boissier, sér. 2. 3 (10): 852 (1903).
四川。

腾冲独活
●**Heracleum stenopteroides** Fedde ex H. Wolff, Repert. Spec. Nov. Regni Veg. 33: 79 (1933).
云南。

狭翅独活
●**Heracleum stenopterum** Diels, Notes Roy. Bot. Gard. Edinb. 5 (25): 291 (1912).
四川、云南。

微绒毛独活
●**Heracleum subtomentellum** C. Y. Wu et M. L. Sheh, Acta Bot. Yunnan. 13: 274 (1991).
西藏。

椴叶独活
●**Heracleum tiliifolium** H. Wolff, Repert. Spec. Nov. Regni Veg. 33: 80 (1933).
江西（庐山）、湖南。

平截独活
●**Heracleum vicinum** H. Boissieu, Bull. Herb. Boissier, sér. 2. 3 (10): 853 (1903).
四川。

汶川独活
●**Heracleum wenchuanense** F. T. Pu et X. J. He, Acta Phytotax. Sin. 31 (4): 368, pl. 1 (1993).
四川。

卧龙独活
●**Heracleum wolongense** F. T. Pu et X. J. He, Acta Phytotax. Sin. 31: 370 (1993).
四川。

小金独活
●**Heracleum xiaojinense** F. T. Pu et X. J. He, Acta Phytotax. Sin. 31 (4): 372, pl. 3 (1993).
四川。

永宁独活（独活）
●**Heracleum yungningense** Hand.-Mazz., Symb. Sin. 7 (3): 729 (1933).

四川、云南。

云南独活
●**Heracleum yunnanense** Franch., Bull. Soc. Philom. Paris, sér. 8. 6: 143 (1894).
云南。

存疑种
Heracleum canescens Lindl., Ill. Bot. Himal. Mts. 232 (1839).
云南、西藏；印度（西北）。

Heracleum kansuense Diels, Repert. Spec. Nov. Regni Veg. 2: 66 (1906).
宁夏。

Heracleum likiangense H. Wolff, Repert. Spec. Nov. Regni Veg. 33: 78 (1933).
云南。

Heracleum moellendorffii Hance var. *sageniifolium* K. T. Fu, Fl. Tsinling. 1 (3): 464 (1981) '*sagenifolium*'.
陕西、甘肃。

Heracleum schansianum Fedde ex H. Wolff, Repert. Spec. Nov. Regni Veg. 33: 78 (1933).
山西。

斑膜芹属 Hyalolaena Bunge

柴胡状斑膜芹
Hyalolaena bupleuroides (Schrenk ex Fisch. et C. A. Mey.) Pimenov et Kljuykov, Bot. Žhurn. (Moscow et Leningrad) 67 (7): 887 (1982).
Carum bupleuroides Schrenk ex Fisch. et C. A. Mey., Bull. Cl. Phys.-Math. Acad. Imp. Sci. Saint-Pétersbourg 3: 305 (1845); *Hymenolyma bupleuroides* (Schrenk ex Fisch. et C. A. Mey.) Korovin, Bot. Mater. Gerb. Inst. Bot. Zool. Akad. Nauk Uzbeksk. S. S. R. 12: 31 (1948).
新疆；塔吉克斯坦、吉尔吉斯斯坦、哈萨克斯坦。

斑膜芹
Hyalolaena trichophylla (Schrenk) Pimenov et Kljuykov, Bot. Žhurn. (Moscow et Leningrad) 67: 873 (1982).
Carum trichophyllum Schrenk, Enum. Pl. Nov. 1: 61 (1841); *Bunium trichophyllum* H. Wolff in Engl., Pflanzenr. 228 (Heft 90) 210 (1927); *Hymenolyma trichophyllum* (Schrenk) Korovin, Bot. Mater. Gerb. Inst. Bot. Zool. Akad. Nauk Uzbeksk. S. S. R. 12: 31 (1948).
新疆；塔吉克斯坦、吉尔吉斯斯坦、哈萨克斯坦、土库曼斯坦。

天胡荽属 Hydrocotyle L.

吕宋天胡荽
Hydrocotyle benguetensis Elmer, Leafl. Philipp. Bot. 2: 628 (1909).
Hydrocotyle ranunculifolia Ohwi, Acta Phytotax. Geobot. 2 (3): 151 (1933).
台湾；朝鲜、日本、菲律宾。

石山天胡荽
●**Hydrocotyle calcicola** Y. H. Li, Guihaia 9: 25 (1989).
云南。

长安天胡荽（新拟）
●**Hydrocotyle changanensis** X. C. Du et Y. Ren, Ann. Bot. Fenn. 47: 404 (2010).
陕西。

毛柄天胡荽
Hydrocotyle dichondroides Makino, Bot. Mag. (Tokyo) 24: 242 (1910).
Hydrocotyle sibthorpioides Lamarck var. *dichondroides* (Makino) M. Hiroe, Forest Pl. Hist. Jap. Islands 1: 137 (1974).
台湾；日本。

裂叶天胡荽
●**Hydrocotyle dielsiana** H. Wolff, Repert. Spec. Nov. Regni Veg. 27: 112 (1929).
四川、湖北。

喜马拉雅天胡荽
Hydrocotyle himalaica P. K. Mukh., Indian Forester 95: 470 (1969).
Hydrocotyle podantha Molk., Pl. Jungh. 1: 89 (1851); *Hydrocotyle javanica* Thunb. var. *podantha* C. B. Clarke, in J. D. Hooker, Fl. Brit. Ind. 2 (6): 668 (1879).
四川、贵州、云南、西藏、海南；缅甸、印度、不丹、尼泊尔。

缅甸天胡荽
Hydrocotyle hookeri (C. B. Clarke) Craib, Bull. Misc. Inform. Kew. 1911 (1): 58 (1911).
湖南、四川、云南、西藏、广东；缅甸。

缅甸天胡荽（原亚种）
Hydrocotyle hookeri subsp. **hookeri**
Hydrocotyle javanica Thunberg var. *hookeri* C. B. Clarke in J. D. Hooker, Fl. Brit. Ind. 2: 668 (1879); *Hydrocotyle forrestii* H. Wolff, Repert. Spec. Nov. Regni Veg. 27 (726-733): 113 (1929).
云南、西藏、广东；缅甸。

中华天胡荽（亚种）
Hydrocotyle hookeri subsp. **chinensis** (Dunn ex Shan et S. L. Liou) M. F. Watson et M. L. Sheh, Acta Phytotax. Sin. 42 (6): 562 (2004).
Hydrocotyle javanica Thunb. var. *chinensis* Dunn ex Shan et S. L. Liou, Acta Phytotax. Sin. 9: 129 (1964); *Hydrocotyle craibii*

H. Eichler, Feddes Repert. 98: 146 (1987); *Hydrocotyle burmanica* Kurz subsp. *craibii* (H. Eichler) C. Y. Wu et F. T. Pu, Novon 8 (1): 70 (1998); *Hydrocotyle shanii* Boufford, Acta Phytotax. Sin. 28: 331 (1990), nom. illeg. Superfl.

湖南、四川、云南；越南。

普渡天胡荽（亚种）

● **Hydrocotyle hookeri** subsp. **handelii** (H. Wolff) M. F. Watson et M. L. Sheh, Acta Phytotax. Sin. 42: 563 (2004).
Hydrocotyle handelii H. Wolff in Hand.-Mazz., Symb. Sin. 7: 707 (1933); *Hydrocotyle burmanica* Kurz subsp. *handelii* (H. Wolff) C. Y. Wu et F. T. Pu in W. T. Wang, Vasc. Pl. Hengduan Mount. 1: 1277 (1993).

四川、云南。

红马蹄草（金钱薄荷，大样驳骨草，红马蹄草）

Hydrocotyle nepalensis Hook., Exot. Bot. 1, t. 30 (1822).
Hydrocotyle polycephala Wight et Arn., Prodr. Fl. Ind. Orient. 1: 366 (1834).

陕西、安徽、浙江、江西、湖南、湖北、四川、贵州、云南、西藏、广东、广西、海南；越南、缅甸、印度、不丹、尼泊尔。

柄状天胡荽（新拟）

● **Hydrocotyle petiformis** R. Li et H. Li, J. Syst. Evol. 51 (2): 223 (2013).

云南。

密伞天胡荽

Hydrocotyle pseudoconferta Masam., J. Soc. Trop. Agric. 4: 301 (1932).

云南、台湾；缅甸。

长梗天胡荽

Hydrocotyle ramiflora Maxim., Bull. Acad. Imp. Sci. Saint-Pétersbourg 31 (1): 46 (1886).
Hydrocotyle maritima Honda, Bot. et Zool. 2: 1825 (1934); *Hydrocotyle ramiflora* var. *maritima* (Honda) M. Hiroe, Acta Phytotax. Geobot. 14 (2): 40 (1950).

浙江、台湾；日本。

怒江天胡荽

● **Hydrocotyle salwinica** Shan et S. L. Liou, Acta Phytotax. Sin. 9: 131 (1964).
Hydrocotyle salwinica var. *obtusiloba* S. L. Liou, Acta Phytotax. Sin. 28 (2): 152 (1990).

云南、西藏。

刺毛天胡荽

● **Hydrocotyle setulosa** Hayata, J. Coll. Sci. Imp. Univ. Tokyo 25: 102 (1908).
Hydrocotyle laxiflora Masam., J. Soc. Trop. Agric. 4: 300 (1932); *Hydrocotyle masamunei* M. Hiroe, Umbelli. World 156 (1979).

台湾。

天胡荽

Hydrocotyle sibthorpioides Lam., Encycl. 3 (1): 153 (1789).

陕西、安徽、江苏、浙江、江西、湖南、湖北、四川、贵州、云南、福建、台湾、广东、广西、海南；朝鲜、日本、越南、泰国、印度尼西亚、菲律宾、印度、不丹、尼泊尔、热带非洲。

天胡荽（原变种）

Hydrocotyle sibthorpioides var. **sibthorpioides**
Hydrocotyle tenella Buch.-Ham. ex D. Don, Prodr. Fl. Nepal. 183 (1825); *Hydrocotyle rotundifolia* Roxb. ex DC., Prodr. 4: 64 (1830); *Geophila yunnanensis* H. Lév., Repert. Spec. Nov. Regni Veg. 13: 179 (1914); *Hydrocotyle formosana* Masam., J. Soc. Trop. Agric. 2: 51 (1930); *Hydrocotyle keelungensis* Liu, Chao et Chuang, Quart. J. Taiwan Mus. 14: 29 (1961).

陕西、安徽、江苏、浙江、江西、湖南、湖北、四川、贵州、云南、福建、台湾、广东、广西、海南；朝鲜、日本、越南、泰国、印度尼西亚、印度、不丹、尼泊尔、热带非洲。

破铜钱（变种）（鹅不食草，铜钱草，小叶铜钱草）

Hydrocotyle sibthorpioides var. **batrachaum** (Hance) Hand.-Mazz. ex Shan, Sinensia, 7: 480 (1936).
Hydrocotyle batrachium Hance, Ann. Sci. Nat., Bot. sér. 4. 18: 220 (1862); *Hydrocotyle rotundifolia* Roxb. ex DC. var. *batrachium* (Hance) Cherm., Bull. Soc. Bot. France 68: 508 (1921); *Hydrocotyle formosana* Masam., J. Soc. Trop. Agric. 2: 51 (1930).

安徽、江苏、江西、湖南、湖北、四川、福建、台湾、广东、广西；越南、菲律宾。

肾叶天胡荽

Hydrocotyle wilfordii Maxim., Bull. Acad. Imp. Sci. Saint-Pétersbourg. 31: 45 (1886).

浙江、江西、四川、云南、福建、台湾、广东、广西；越南、朝鲜、日本。

鄂西天胡荽

● **Hydrocotyle wilsonii** Diels ex Shan et S. L. Liou, Acta Phytotax. Sin. 9: 128 (1964).

湖北、重庆。

泡棱芹属（新拟）Ledebouriella H. Wolff

泡棱芹（新拟）（假北防风）

Ledebouriella multiflora (Ledeb.) H. Wolff in Engl., Pflanzenr. IV, 228 (43): 191 (1910).
Rumia multiflora Ledeb., Fl. Ross. 2: 281 (1844); *Stenocoelium tenuifolium* Korovin, Trudy Inst. Bot. Akad. Nauk Kazakhsk. S. S. R. 13: 256 (1962).

块茎芹属 Krasnovia Popov ex Schischk. et Bobrov

块茎芹
Krasnovia longiloba (Karelin et Kirilov) Popov ex Schischk., Schischkin et Bobrov, Fl. URSS 16: 118 (1950).

新疆西部；哈萨克斯坦。

欧当归属 Levisticum Hill

欧当归
Levisticum officinale W. D. J. Koch, Nova Acta Phys.-Med. Acad. Caes. Leop.-Carol. Nat. Cur. 12 (1): 101, f. 41 (1824).

Ligusticum levisticum L., Sp. Pl. 1: 250 (1753); *Selinum levisticum* (L.) E. H. L. Krause, Deutschl Fl. (Sturm), ed. 2. 12: 116 (1904); *Hipposelinum levisticum* Britton et Rose in Britton et Brown, Ill. Fl. N. U.S. ed. 2. 635 (1913).

辽宁、内蒙古、河北、山西、山东、河南、陕西、江苏；原产于亚洲西南部、欧洲。

岩风属 Libanotis Haller ex Zinn

狼山岩风
Libanotis abolinii (Korovin) Korovin in Pavlov, Fl. Kazakhst. 6: 351 (1963).

Phlojodicarpus abolinii Korovin, Bot. Mater. Gerb. Glavn. Bot. Sada RSFSR 5: 74 (1924); *Seseli abolinii* (Korovin) Schischk. in Komarov, Fl. URSS 16: 505 (1950); *Seseli songoricum* Schischk. in Komarov, Fl. URSS 16: 602 (1950); *Libanotis michaylovae* Korovin, Trudy Inst. Bot. Akad. Nauk Kazakhsk. S. S. R. 8: 254 (1962); *Seseli langshanense* Y. Z. Zhao et Y. C. Ma, Acta Sci. Nat. Univ. Intramongol. 22 (3): 407, f. 1 (1991).

内蒙古、新疆；蒙古、哈萨克斯坦。

阔鞘岩风
●**Libanotis acaulis** Shan et M. L. Sheh, Acta Phytotax. Sin. 21 (1): 84 (1983).

Seseli acaule (Shan et M. L. Sheh) V. M. Vinogr., Novosti Sist. Vyssh. Rast. 26: 124 (1989).

新疆。

岩风（长虫七）
Libanotis buchtormensis (Fisch.) DC., Coll. Mém. 5, pl. 3, f. 5 (1829).

Bubon buchtormensis Fisch., Pl. Min. Cogn. Pug. 2: 55 (1815); *Seseli buchtormense* (Fisch.) W. D. J. Koch, Nova Actorum Acad. Caes. Leop.-Carol. Nat. Cur. 12 (1): 110 (1824); *Libanotis cycloloba* Gilli, Feddes Repert. Spec. Nov. Regni Veg. 61: 196 (1959); *Seseli cyclolobum* (Gilli) Pimenov et Sdobnina, Bot. Žhurn. (Moscow et Leningrad) 60: 1120 (1975); *Seseli giraldii* Diels, Bot. Jahrb. Syst. 29 (3-4): 497 (1900).

陕西、宁夏、甘肃、新疆、四川；蒙古、巴基斯坦、阿富汗、吉尔吉斯斯坦、哈萨克斯坦、俄罗斯（西伯利亚）。

密花岩风（山胡萝卜，胡芹菜）
Libanotis condensata (L.) Crantz, Class. Umbell. Emend. 106 (1767).

Athamanta condensata L., Sp. Pl. 2: 1195 (1753); *Libanotis vulgaris* DC. var. *condensata* (L.) DC., Prodr. 4: 150 (1830); *Seseli condensatum* (L.) Rchb. f., Icon. Fl. Germ. Helv. 21: 37 (1867); *Peucedanum condensatum* (L.) Koso-Pol., Fl. Ross. 8: 115 (1922); *Pachypleurum condensatum* (L.) Korovin, Fl. Kamtschatka 6: 310 (1963); *Seseli laserpitiifolium* Palib., Bull. Herb. Boissier, sér. 2. 6 (1): 19 (1906); *Libanotis laserpitiifolia* (Palib.) K. T. Fu, Fl. Tsinling. 1 (3): 411 (1981).

内蒙古、河北、山西、新疆；蒙古、哈萨克斯坦、俄罗斯南部和东南部。

地岩风
●**Libanotis depressa** Shan et M. L. Sheh, Acta Phytotax. Sin. 21 (1): 82 (1983).

Seseli depressum (Shan et M. L. Sheh) V. M. Vinogr., Novosti Sist. Vyssh. Rast. 26: 124 (1989).

青海、四川、西藏。

绵毛岩风
Libanotis eriocarpa Schrenk, Bull. Cl. Phys.-Math. Acad. Imp. Sci. Saint-Pétersbourg. 2: 195 (1843).

Seseli eriocarpum (Schrenk) B. Fedtsch., Restitelnost Turkestana 617 (1915).

新疆；蒙古、哈萨克斯坦。

锐棱岩风
Libanotis grubovii (V. M. Vinogr. et Sanchir) M. L. Sheh et M. F. Watson, Acta Phytotax. Sin. 42 (6): 563 (2004).

Seseli grubovii V. M. Vinogr. et Sanchir, Bot. Žhurn. (Moscow et Leningrad) 70 (7): 965 (1985).

新疆；蒙古。

伊犁岩风
Libanotis iliensis (Lipsky) Korovin in Pavlov, Fl. Kazakhst. 6: 345 (1963).

Seseli iliense Lipsky in B. Fedtsch., Fl. Turkest. 616 (1915); *Seseli fedtschenkoanum* Regel et Schmalh. var. *iliense* Regel et Schmalh., Proc. Soc. Amat. Nat. Sci. Antropol. et Etnograph. 34 (2): 31 (1882); *Seseli vaillantii* H. Boissieu, Bull. Mus. Hist. Nat. (Paris) 16: 165 (1910); *Seseli altissimum* Popov, Bot. Mater. Gerb. Bot. Inst. Komarova Akad. Nauk S. S. S. R. 8: 72 (1940).

新疆；蒙古、哈萨克斯坦。

碎叶岩风
Libanotis incana (Stephan ex Willd.) O. Fedtsch. et B. Fedtsch., Consp. Fl. Turkest. 3: 94 (1909).

Athamanta incana Stephan ex Willd., Sp. Pl. 1 (2): 1402

(1798); *Seseli graveolens* Ledeb., Fl. Altaic. 1: 340 (1829); *Libanotis patriniana* DC., Prodr. 4: 150 (1830); *Seseli incanum* (Stephan ex Willd.) B. Fedtsch., Rastitelnost Turkest. 617 (1915).
新疆；哈萨克斯坦。

济南岩风
●**Libanotis jinanensis** L. C. Xu et M. D. Xu, Bull. Bot. Res., Harbin 9 (1): 37 (1989).
Seseli jinanense (L. C. Xu et M. D. Xu) Pimenov, Feddes Repert. 110 (7-8): 487 (1999).
山东。

条叶岩风（岩风，黑风）
●**Libanotis lancifolia** K. T. Fu, Acta Phytotax. Sin. 13 (2): 59 (1975).
Seseli lancifolium (K. T. Fu) Pimenov, Feddes Repert. 110 (7-8): 487 (1999).
河北、山西、山东、河南、陕西。

兰州岩风
●**Libanotis lanzhouensis** K. T. Fu ex Shan et M. L. Sheh, Acta Phytotax. Sin. 21 (1): 84 (1983).
Seseli lanzhouense (K. T. Fu ex Shan et M. L. Sheh) V. M. Vinogr., Novosti Sist. Vyssh. Rast. 22: 200 (1985).
甘肃、青海。

宽萼岩风
●**Libanotis laticalycina** Shan et M. L. Sheh, Acta Phytotax. Sin. 21 (1): 82 (1983).
Seseli laticalycinum (Shan et M. L. Sheh) Pimenov, Feddes Repert. 110 (7-8): 487 (1999).
河北、山西、河南。

坚挺岩风
Libanotis schrenkiana C. A. Mey. ex Schischk. in Schischkin et Bobrov, Fl. URSS 16: 601 (1950).
Seseli schrenkianum (C. A. Mey. ex Schischk.) Pimenov et Sdobnina, Bot. Žhurn. (Moscow et Leningrad) 60 (8): 1119 (1975).
新疆；塔吉克斯坦、吉尔吉斯斯坦、哈萨克斯坦、乌兹别克斯坦。

香芹
Libanotis seseloides (Fisch. et C. A. Mey. ex Turcz.) Turcz., Bull. Soc. Imp. Naturalistes Moscou 17 (4): 725 (1844).
Ligusticum seseloides Fischer et C. A. Mey. ex Turcz., Bull. Soc. Imp. Naturalistes Moscou 11: 530 (1838); *Seseli seseloides* (Fisch. et C. A. Mey. ex Turcz.) Hiroe, Umbell. Asia No. 1. 135 (1958); *Libanotis montana* Crantz var. *riviniana* Ledeb., Fl. Ross. 2: 279 (1844); *Seseli rivinianum* (Ledeb.) M. Hiroe, Umbell. World 1126 (1979); *Libanotis amurensis* Schischk., Bot. Mater. Gerb. Glavn. Bot. Sada RSFSR. 13: 160 (1950).
黑龙江、吉林、辽宁、内蒙古、山东、河南、江苏；亚洲东部和东北部、欧洲中部。

亚洲岩风
Libanotis sibirica (L.) C. A. Mey., Verz. Pfl. Casp. Meer. 124 (1831).
Athamanta sibirica L., Sp. Pl. 1: 244 (1753); *Seseli sibiricum* (L.) Garcke, Fl. N. Mitt.-Deutschland 139 (1849); *Seseli libanotis* subsp. *sibiricum* (L.) Thell., Ill. Fl. Mitt.-Eur. 5 (2): 1246 (1926); *Athamanta libanotis* L., Sp. Pl. 1: 244 (1753); *Seseli libanotis* (L.) W. D. J. Koch var. *sibiricum* (L.) DC., Prodr. 4: 150 (1830).
陕西、甘肃、新疆；哈萨克斯坦、俄罗斯。

灰毛岩风（长虫七，岩风，万年青）
●**Libanotis spodotrichoma** K. T. Fu, Acta Phytotax. Sin. 13 (2): 58 (1975).
Seseli spodotrichoma (K. T. Fu) Pimenov, Feddes Repert. 110 (7-8): 487 (1999).
陕西。

万年春
●**Libanotis wannienchun** K. T. Fu, Fl. Tsinling. 1 (3): 458 (1981).
Seseli wannienchun (K. T. Fu) Pimenov, Feddes Repert. 110 (7-8): 487 (1999).
甘肃。

藁本属 Ligusticum L.

尖叶藁本（藁本菜，水藁本）
●**Ligusticum acuminatum** Franch., Bull. Soc. Philom. Paris, sér. 8. 6: 131 (1894).
Ligusticopsis acuminata (Franch.) Leute, Ann. Naturhist. Mus. Wien 73: 69, pl. 3, f. 1. Abb. 3, f. 6 (1969).
河南、陕西、甘肃、湖南、湖北、四川、云南。

黑水岩茴香
Ligusticum ajanense (Regel et Tiling) Koso-Pol., Bull. Soc. Imp. Naturalistes Moscou 2 (29): 120 (1916).
Tilingia ajanensis Regel et Tiling, Fl. Ajan. 97 (1858); *Cnidium ajanense* (Regel et Tiling) Drude in Engler et Prantl, Nat. Pflanzenfam. 8: 210 (1898); *Cnidium tilingia* (Maxim.) Takeda, Bot. Mag. (Tokyo) 20: 305 (1906); *Selinum tilingia* (Regel et Tiling) Maxim., Bull. Acad. Imp. Sci. Saint-Pétersbourg 31: 50 (1866), '*Tilingia*', nom. illeg. superfl.
黑龙江、吉林、河北、山东；日本、俄罗斯。

归叶藁本（当归叶藁本）
●**Ligusticum angelicifolium** Franch., Bull. Soc. Philom. Paris, sér. 8. 6: 133 (1894).
Ligusticopsis angelicifolia (Franch.) Leute, Ann. Naturhist. Mus. Wien 73: 70. pl. 3, f. 2. Abb. 3, f. a (1969); *Angelica angelicifolia* (Franch.) Kljuykov, Feddes Repert. 110 (7-8):

482, f. 1, A, B (1999).
陕西、四川、云南、西藏。

短片藁本
● **Ligusticum brachylobum** Franch., Bull. Soc. Philom. Paris, sér. 8. 6: 134 (1894).
Peucedanum cavaleriei H. Wolff, Repert. Spec. Nov. Regni Veg. 21 (588-600): 246 (1925); *Ligusticopsis brachyloba* (Franch.) Leute, Ann. Naturhist. Mus. Wien 73: 21, pl. 3, f. 3. (1960).
陕西、青海、四川、贵州、云南、西藏。

细苞藁本
● **Ligusticum capillaceum** H. Wolff, Repert. Spec. Nov. Regni Veg. 27 (741-750): 311 (1930).
Pleurospermum capillaceum (H. Wolff) M. Hiroe, Umbell. Asia No. 1. 123 (1958); *Ligusticopsis capillacea* (H. Wolff) Leute, Ann. Naturhist. Mus. Wien 73: 71. Abb. 3, f. e (1969).
四川、云南。

羽苞藁本（山芹菜）
● **Ligusticum daucoides** (Franch.) Franch., Bull. Soc. Philom. Paris, sér. 8. 6 (4): 135 (1894).
Trachydium daucoides Franch., Nouv. Arch. Mus. Hist. Nat. sér. 2. 8: 245 (1886); *Angelica daucoides* (Franch.) M. Hiroe, Umbell. Asia No. 1. 173 (1958); *Ligusticopsis daucoides* (Franch.) Lavrova et Kljuykov, Bot. Žhurn. (Moscow et Leningrad) 89 (1): 1654 (2004); *Ligusticum dielsianum* H. Wolff, Repert. Spec. Nov. Regni Veg. 27 (16-25): 323 (1930); *Ligusticopsis dielsiana* (H. Wolff) Pimenov et Kljuykov, Feddes Repert. 110 (7-8): 484 (1999).
湖北、四川、云南、西藏。

丽江藁本
● **Ligusticum delavayi** Franch., Bull. Soc. Philom. Paris, sér. 8. 6: 131 (1894).
云南、西藏。

异色藁本
Ligusticum discolor Ledeb., Fl. Altaic. 1: 321 (1829).
Pleurospermum discolor (Ledeb.) M. Hiroe, Umbell. Asia No. 1. 122 (1958); *Paraligusticum discolor* (Ledeb.) V. N. Tikhom., Byull. Moskovsk Obshch. Isp. Prir., Otd. Biol. 78 (1): 107 (1973).
新疆、塔吉克斯坦、吉尔吉斯斯坦、哈萨克斯坦、俄罗斯。

高升藁本（喜马拉雅藁本）
Ligusticum elatum (Edgew.) C. B. Clarke in Hook. f., Fl. Brit. Ind. 2 (6): 698 (1879).
Cortia elata Edgew., Trans. Linn. Soc. Lond. 20 (1): 55 (1846); *Levisticum argutum* Lindl., Ill. Bot. Himal. Mts. 232 (1835).
西藏；不丹、尼泊尔、印度、巴基斯坦、阿富汗。

紫色藁本
● **Ligusticum franchetii** H. Boissieu, Bull. Soc. Bot. France 53: 432 (1906).
Ligusticopsis franchetii (H. Boissieu) Leute, Ann. Naturhist. Mus. Wien 73: 72 (1969).
四川、云南。

粉绿藁本
● **Ligusticum glaucescens** Franch., Bull. Bot. Philom. Paris 8 (6): 134 (1894).
云南。

白叶藁本
● **Ligusticum glaucifolium** H. Wolff, Repert. Spec. Nov. Regni Veg. 27 (741-750): 312 (1930).
云南。

贡山藁本
● **Ligusticum gongshanense** F. T. Pu et H. Li, Nordic J. Bot. 3: 181 (2012).
云南。

吉隆藁本
● **Ligusticum gyirongense** Shan et H. T. Chang, Acta Phytotax. Sin. 24 (4): 315, pl. 11 (1986).
云南、西藏。

毛藁本
● **Ligusticum hispidum** (Franch.) H. Wolff ex Hand.-Mazz., Symb. Sin. 7 (3): 723 (1933).
Trachydium hispidum Franch., Bull. Soc. Philom. Paris, sér. 8. 6: 113 (1894); *Trachydium hispidum* H. Wolff, Repert. Spec. Nov. Regni Veg. 27 (741-750): 329 (1930), non Franch. (1894); *Ligusticopsis hispida* (Franch.) Lavrova et Kljuykov, Bot. Žhurn. (Moscow et Leningrad) 79 (10): 106 (1994); *Trachydium rockii* H. Wolff, Repert. Spec. Nov. Regni Veg. 27 (1-8): 123 (1929); *Ligusticum changii* M. Hiroe, Umbell. Asia No. 1. 112 (1958).
四川、云南、西藏。

多苞藁本
● **Ligusticum involucratum** Franch., Bull. Soc. Philom. Paris, sér. 8. 6: 132 (1894).
四川、云南、西藏。

辽藁本（北藁本，水藁本）
● **Ligusticum jeholense** (Nakai et Kitag.) Nakai et Kitag., Rep. Exped. Manchoukuo 4: 36 (1936).
Cnidium jeholense Nakai et Kitag., Rep. Exped. Manchoukuo 1: 38, pl. 12 (1934); *Tilingia jeholensis* (Nakai et Kitag.) Leute, Ann. Naturhist. Mus. Wien 74: 511 (1971).
吉林、辽宁、河北、山西、山东。

草甸藁本（阿墩藁本）
● **Ligusticum kingdon-wardii** H. Wolff, Repert. Spec. Nov. Regni Veg. 27: 306 (1930).
四川、云南。

美脉藁本

● **Ligusticum likiangense** (H. Wolff) F. T. Pu et M. F. Watson, Acta Phytotax. Sin. 42 (6): 563 (2004).
Pleurospermum likiangense H. Wolff, Repert. Spec. Nov. Regni Veg. 27 (726-733): 116 (1929); *Ligusticopsis likiangense* (H. Wolff) Lavrova et Kljuykov, Bot. Žhurn. (Moscow et Leningrad) 79 (10): 104 (1994); *Trachydium lichiangense* C. Y. Wu, Index Fl. Yunnan. 1: 929 (1984); *Trachydium hispidum* H. Wolff Repert. Spec. Nov. Regni Veg. 27 (741-750): 329 (1930); *Ligusticum calophlebicum* H. Wolff, Repert. Spec. Nov. Regni Veg. 27 (741-750): 310 (1930); *Pleurospermum calophlebicum* (H. Wolff) M. Hiroe, Umbell. Asia No. 1. 122 (1958); *Ligusticum integrifolium* H. Wolff, Repert. Spec. Nov. Regni Veg. 27 (741-750): 307 (1930); *Ligusticopsis integrifolia* (H. Wolff) Leute, Ann. Naturhist. Mus. Wien 73: 77 (1969).
四川、云南。

理塘藁本

● **Ligusticum litangense** F. T. Pu, Acta Phytotax. Sin. 29: 534 (1991).
四川。

利特藁本

● **Ligusticum littledalei** Fedde ex H. Wolff, Repert. Spec. Nov. Regni Veg. 27: 327 (1930).
西藏。

白龙藁本

● **Ligusticum mairei** M. Hiroe, Umbell. Asia No. 1. 108 (1958).
云南。

串珠藁本

● **Ligusticum moniliforme** Z. X. Peng et B. Y. Zhang, Acta Phytotax. Sin. 33: 302 (1995).
甘肃。

短尖藁本

Ligusticum mucronatum (Schrenk) Leute, Ann. Naturhist. Mus. Wien 74: 473 (1970).
Neogaya mucronata Schrenk in Fischer et C. A. Mey., Enum. Pl. Nov. 2: 40 (1842); *Pachypleurum mucronatum* (Schrenk) Schischk. in Komarov, Fl. URSS 16: 581, pl. 34, f. 18; pl. 37, f. 1 (1950); *Seseli mucronatum* (Schrenk) Pimenov et Sdobnina, Byull. Moskovsk. Obshch. Isp. Prir., Otd. Biol. 78 (4): 139 (1973); *Libanotis dolichostyla* Schischk. in Komarov, Fl. URSS 17: 600 (1950); *Seseli dolichostylum* (Schischk.) M. Hiroe, Umbell. World 1126 (1979); *Libanotis subsimplex* Popov, Ind. Sem. Hort. Bot. Almaat. Acad. Sci. URSS 2: 13 (1935).
新疆；哈萨克斯坦、吉尔吉斯斯坦、俄罗斯。

多管藁本

● **Ligusticum multivittatum** Franch., Bull. Soc. Philom. Paris, sér. 8. 6: 133 (1894).
Ligusticopsis multivittata (Franch.) Leute, Ann. Naturhist. Mus. Wien 73: 74, pl. 4, f. 2, Abb. 3, f. c (1969); *Ligusticum modestum* Diels, Notes Roy. Bot. Gard. Edinb. 5 (25): 289 (1912); *Ligusticum pseudomodestum* H. Wolff, Repert. Spec. Nov. Regni Veg. 27 (741-750): 325 (1930).
四川、云南。

线叶藁本

● **Ligusticum nematophyllum** (Pimenov et Kljuykov) F. T. Pu et M. F. Watson, Acta Phytotax. Sin. 42 (6): 564 (2004).
Conioselinum nematophyllum Pimenov et Kljuykov, Willdenowia 33 (2): 361 (2003); *Ligusticum filifolium* Shan et F. T. Pu, Acta Phytotax. Sin. 29 (6): 538, pl. 7 (1991), non J. D. Hooker (1864).
四川。

无管藁本

● **Ligusticum nullivittatum** (K. T. Fu) F. T. Pu et M. F. Watson, Acta Phytotax. Sin. 42 (6): 564 (2004).
Cnidium nullivittatum K. T. Fu, Fl. Tsinling. 1 (3): 460 (1981); *Selinum nullivittatum* (K. T. Fu) C. Q. Yuan et L. B. Li, Acta Bot. Boreal.-Occid. Sin. 13 (1): 66 (1993).
陕西、湖北、四川。

膜苞藁本

● **Ligusticum oliverianum** (H. Boissieu) Shan, Sinensia, 12: 175 (1941).
Selinum oliverianum H. Boissieu, Bull. Herb. Boissier, sér. 2. 3 (10): 846 (1903); *Ligusticum daucoides* Franch. var. *souliei* H. Boissieu, Bull. Herb. Boissier, sér. 2. 3 (10): 846 (1903).
湖北、四川、云南、西藏。

蕨叶藁本

● **Ligusticum pteridophyllum** Franch., Bull. Soc. Philom. Paris, sér. 8. 6: 132 (1894).
Ligusticopsis pteridophylla (Franch.) Leute, Ann. Naturhist. Mus. Wien 73: 78, pl. 5, f. 4 (1969).
甘肃、四川、云南、西藏。

玉龙藁本（川滇藁本）

● **Ligusticum rechingeranum** (Leute) Shan et F. T. Pu, Acta Phytotax. Sin. 29 (6): 544, pl. 11 (1991).
Ligusticopsis rechingerana Leute, Ann. Naturhist. Mus. Wien 73: 75, pl. 4, f. 3 (1969).
四川、云南。

匍匐藁本

● **Ligusticum reptans** (Diels) H. Wolff, Acta Horti Gothob. 2 (7): 316 (1926).
Peucedanum reptans Diels, Bot. Jahrb. Syst. 29 (3-4): 502 (1900).
重庆、贵州。

抽葶藁本

●**Ligusticum scapiforme** H. Wolff, Repert. Spec. Nov. Regni Veg. 27 (741-750): 308 (1930).
Ligusticum maxonianum H. Wolff, Repert. Spec. Nov. Regni Veg. 27 (741-750): 316 (1930); *Ligusticopsis scapiformis* (H. Wolff) Leute, Ann. Naturhist. Mus. Wien 73: 77. Abb. 3, f. 5 (1969).
四川、云南、西藏。

川滇藁本（川西藁本）

●**Ligusticum sikiangense** M. Hiroe, Umbell. Asia No. 1. 107 (1958).
四川、云南。

藁本

●**Ligusticum sinense** Oliv., Hooker's Icon. Pl. 20 (3): t. 1958 (1891).
内蒙古、陕西、甘肃、黄河以南地区广为栽培。

藁本（原变种）

●**Ligusticum sinense** var. **sinense**
Ligusticum silvaticum H. Wolff, Acta Horti Gothob. 2 (7): 315 (1926); *Ligusticum markgrafianum* Fedde ex H. Wolff, Repert. Spec. Nov. Regni Veg. 27 (741-750): 313 (1930); *Ligusticum pilgerianum* H. Wolff, Repert. Spec. Nov. Regni Veg. 27 (16-25): 307 (1930); *Ligusticum harrysmithii* M. Hiroe, Umbell. Asia No. 1. 109 (1958).
黄河以南地区。

水藁本（变种）

●**Ligusticum sinense** var. **hupehense** H. D. Zhang, Acta Phytotax. Sin. 31: 281 (1993).
湖北。

川芎（芎藭、西芎）

●**Ligusticum sinense 'Chuanxiong'**
Ligusticum chuanxiong Hort. ex S. H. Qiu et al., Acta Phytotax. Sin. 17 (2): 102 (1979); *Ligusticum wallichii* auct. non Franch., Bull. Soc. Philom. Paris, sér. 8. 6: 136 (1894).
内蒙古、山东、陕西、甘肃、江苏、浙江、湖南、湖北、四川、云南、广西。

抚芎

●**Ligusticum sinense 'Fuxiong'**
Ligusticum chuanxiong Hort. cv. Fuxiong S. M. Fang et H. D. Zhang, Acta Phytotax. Sin. 22: 38 (1984); *Ligusticum sinense* auct. non Oliv., Hooker's Icon. Pl. 20 (3): t. 1958 (1891).
江西、湖北、四川。

金芎

●**Ligusticum sinense 'Jinxiong'**
Ligusticum sinense cv. Jinxiong H. D. Zhang et al., Acta Phytotax. Sin. 28: 477 (1990).
陕西、四川、贵州、云南。

条纹藁本

Ligusticum striatum DC., Prodr. 4: 158 (1830).
Selinum striatum (DC.) Benth. et Hook. f., Gen. Pl. 1: 914 (1867); *Cortia striata* (DC.) Leute, Ann. Naturhist. Mus. Wien 73: 85 (1967); *Oreocome striata* (DC.) Pimenov et Kljuykov, Willdenowia 31 (1): 115 (2001); *Ligusticum wallichii* Franch., Bull. Soc. Philom. Paris, sér. 8. 6: 136 (1894).
四川、云南；尼泊尔、印度西北部、克什米尔。

岩茴香（细叶藁本）

Ligusticum tachiroei (Franch. et Sav.) M. Hiroe et Constance, Umbell. Asia No. 1. 74, f. 38 (1958).
Seseli tachiroei Franch. et Sav., Enum. Pl. Jap. 2 (2): 373 (1878); *Cnidium tachiroei* (Franch. et Sav.) Makino, Bot. Mag. (Tokyo) 20 (238): 94 (1906); *Tilingia tachiroei* (Franch. et Sav.) Kitag., Bot. Mag. (Tokyo) 51 (607): 656 (1937); *Rupiphila tachiroei* (Franch. et Sav.) Pimenov et Lavrova, Byull. Moskovsk. Obshch. Isp. Prir., Otd. Biol. 91 (2): 97 (1986); *Ligusticum koreanum* H. Wolff, Repert. Spec. Nov. Regni Veg. 17: 154 (1921); *Cnidium filisectum* Nakai et Kitag., Rep. First Sci. Exped. Manchoukuo 4 (4): 36 (1933); *Tilingia filisecta* (Nakai et Kitag.) Nakai et Kitag., Bot. Mag. (Tokyo) 51 (607): 657 (1937); *Ligusticum filisectum* (Nakai et Kitag.) M. Hiroe, Umbell. Asia No. 1. 105 (1958); *Ligusticum tachiroei* var. *filisectum* (Nakai et Kitag.) S. Y. He et W. T. Fan, Fl. Hebei. 2: 272 (1988).
吉林、辽宁、河北、山西、河南；蒙古、日本、朝鲜。

细裂藁本（城口藁本）

Ligusticum tenuisectum H. Boissieu, Bull. Herb. Boissier, ser. 2. 3 (10): 843 (1903).
Ligusticopsis tenuisecta (H. Boissieu) Leute, Ann. Naturhist. Mus. Wien 73: 79 (1969).
湖北、四川、云南；朝鲜。

细叶藁本（藁本）

Ligusticum tenuissimum (Nakai) Kitag., J. Jap. Bot. 17 (10): 562 (1941).
Angelica tenuissima Nakai, Bot. Mag. (Tokyo) 33 (385): 10 (1919).
辽宁、河北；朝鲜。

长茎藁本（城口藁本）

Ligusticum thomsonii C. B. Clarke in Hook. f., Fl. Brit. Ind. 2 (6): 698 (1879).
Ligusticum thomsonii var. *evolutius* C. B. Clarke in Hook. f., Fl. Brit. Ind. 2: 698 (1879); *Pleurospermum longicaule* H. Wolff, Repert. Spec. Nov. Regni Veg. 27 (726-735): 117 (1929).
甘肃、青海、四川、云南、西藏；印度、巴基斯坦、阿富汗、克什米尔。

尖瓣藁本

●**Ligusticum weberbaueranum** Fedde ex H. Wolff, Repert. Spec. Nov. Regni Veg. 27 (741-750): 312 (1930).

Notopterygium weberbauerianum (Fedde ex H. Wolff) Pimenov et Kljuykov, Feddes Repert. 110 (7-8): 485 (1999).
甘肃。

西藏藁本

● **Ligusticum xizangense** Z. H. Pan et M. L. Sheh, Acta Phytotax. Sin. 30 (3): 265 (1992).
西藏。

盐源藁本

● **Ligusticum yanyuanense** F. T. Pu, Acta Phytotax. Sin. 29 (6): 526, pl. 2 (1991).
四川。

云南藁本

● **Ligusticum yunnanense** F. T. Pu, Acta Phytotax. Sin. 29 (6): 543, pl. 10 (1991).
云南。

存疑种

Ligusticum elegans H. Wolff, Acta Horti Gothob. 2: 312 (1926).
河北。

Ligusticum falcarioides H. Wolff, Repert. Spec. Nov. Regni Veg. 27: 311 (1930).
云南。

Ligusticum glaucescens Franchet, Bull. Soc. Philom. Paris, sér. 8, 6: 134 (1894).
云南。

Ligusticum jeholense (Nakai et Kitagawa) Nakai et Kitagawa var. *tenuisectum* Y. C. Chu, Fl. Pl. Herb. Chin. Bor.-Orient. 6: 293 (1977).
辽宁。

Ligusticum kiangsiense H. Wolff, Repert. Spec. Nov. Regni Veg. 27: 326 (1930).
江西。

Ligusticum kulingense H. Wolff, Repert. Spec. Nov. Regni Veg. 27: 314 (1930).
江西。

Ligusticum levisticifolium H. Wolff, Repert. Spec. Nov. Regni Veg. 27: 323 (1930) '*levistifolium*'.
西藏。

Ligusticum limprichtii H. Wolff, Repert. Spec. Nov. Regni Veg. Beih. 12: 452 (1922).
四川。

Ligusticum longilobum H. Wolff, Acta Horti Gothob. 2: 313 (1926).
吉林。

Ligusticum pseudoangelica H. de Boissieu, Bull. Herb. Boissier, sér. 2, 3: 845 (1903).
四川。

Ligusticum pseudodaucoides H. Peng et Yin Z. Wang, Novon 8: 50 (1998).

Ligusticopsis pseudodaucoides (H. Peng et Yin Z. Wang) Pimenov et Kljuykov, Feddes Repert. 110: 485 (1999).
云南。

Ligusticum rockii M. Hiroe, Umbel. Asia 1: 110 (1958).
云南。

Ligusticum sinense Oliver var. *alpinum* R. H. Shan ex K. T. Fu, Fl. Tsinling. 1 (3): 461 (1981).
陕西。

Ligusticum smithii H. Wolff, Acta Horti Gothob. 2: 314 (1926).
河北。

Ligusticum tibetanicum H. Wolff, Repert. Spec. Nov. Regni Veg. 27: 317 (1930).
甘肃、西藏。

Ligusticum wawrae H. Wolff, Repert. Spec. Nov. Regni Veg. 27: 318 (1930).
北京。

石蛇床属 Lithosciadium Turcz.

石蛇床

Lithosciadium kamelinii (V. M. Vinogr.) Pimenov ex Gubanov, Consp. Fl. Outer Mongolia (Vasc. Pl.): 79 (1996).
Cnidium kamelinii V. M. Vinogradova, Novosti Sist. Vyssh. Rast. 25: 122 (1988).
新疆；蒙古。

继果芹属 Lomatocarpa Pimenov

白边继果芹

Lomatocarpa albomarginata (Schrenk) Pimenov et Lavrova, Bot. Žhurn. 72 (1): 35 (1987).
Neogaya simplex (L.) Meisn. var. *albomarginata* Schrenk in Fisch. et C. A. Mey., Enum. Pl. Nov. Schrenk 2: 41 (1842); *Pachypleurum albomarginatum* (Schrenk) Rupr., Mem. Acad. Sci. St. Prtersb. (Sci. Phys.-Math.) ser. 7. 14, 4 (Sert. Tianschzn.): 49 (1869).
新疆；哈萨克斯坦、吉尔吉斯斯坦、塔吉克斯坦。

滇芹属 Meeboldia H. Wolff

蓍叶滇芹（蓍叶藏香芹）

Meeboldia achilleifolia (DC.) P. K. Mukh. et Constance, Edinb. J. Bot. 48 (1): 44 (1991).
Ptychotis achilleifolia DC., Prodr. 4: 109 (1830); *Pimpinella achilleifolia* (DC.) C. B. Clarke, in Hook. f., Fl. Brit. Ind. 2 (6): 684 (1879); *Vicatia achilleifolia* (DC.) P. K. Mukh. Bull. Bot. Surv. India 24 (1-4): 43 (1983); *Sinodielsia digitata* Kliuykov, Feddes Repert. 97: 756 (1986); *Tongoloa achilleifolia* (DC.) Pimenov et Kljuykov, Feddes Repert. 102 (5-6): 383 (1991).
云南、西藏；不丹、尼泊尔、印度（锡金）。

263. 伞形科

滇芹（藏香芹）
- **Meeboldia yunnanensis** (H. Wolff) Constance et F. T. Pu, Novon 8 (1): 70 (1998).
  Sinodielsia yunnanensis H. Wolff, Notizbl. Bot. Gart. Berlin-Dahlem 9 (84): 278 (1925); *Physospermopsis cruciata* H. Wolff, Repert. Spec. Nov. Regni Veg. 27 (726-733): 127 (1929); *Pleurospermum cruciatum* (H. Wolff) M. Hiroe, Umbell. World 747 (1979); *Physospermopsis forrestii* Fedde ex H. Wolff, Repert. Spec. Nov. Regni Veg. 27 (734-740): 179 (1929); *Physospermopsis forrestii* (Diels) C. Norman, J. Bot. 76 (908): 231 (1938), 'Forrestii', nom. illeg. hom.; *Trachydium forrestii* Diels, J. Bot. 76 (908): 231 (1938); *Sinodielsia microloba* Kljuykov, Feddes Repert. 97 (11-12): 757 (1986).
  四川、云南、西藏。

紫伞芹属 Melanosciadium H. Boissieu

紫伞芹（山羌活）
- **Melanosciadium pimpinelloideum** H. Boissieu, Bull. Herb. Boissier, ser. 2. 2 (9): 804 (1902).
  Angelica involucellata Diels, Bot. Jahrb. Syst. 29 (3-4): 501 (1901); *Pimpinella pimpinelloidea* (H. Boissieu) M. Hiroe, Umbell. World 835 (1979).
  湖北、四川、贵州。

羽叶紫伞芹（新拟）
- **Melanosciadium bipinnatum** (Shan et F. T. Pu) Pimenov et Kljuykov, Feddes Repert. 117 (7-8): 471 (2006).
  Vicatia bipinnata Shan et F. T. Pu, Acta Phytotax. Sin. 24 (4): 313, pl. 9 (1986).
  四川。

膝曲紫伞芹（新拟）
- **Melanosciadium genuflexum** Pimenov et Kljukov, Feddes Repert. 117: 473 (2006).
  云南。

白苞芹属 Nothosmyrnium Miq.

白苞芹
- **Nothosmyrnium japonicum** Miq., Ann. Mus. Bot. Lugduno-Batavi 3: 58 (1867).
  河南、陕西、甘肃、安徽、江苏、浙江、江西、湖南、湖北、四川、贵州、福建、广西；日本栽培。

白苞芹（原变种）（藁本，石防风，紫茎芹）
- **Nothosmyrnium japonicum** var. **japonicum**
  Macrochlaena glaucocarpa Hand.-Mazz., Symb. Sin. 7 (3): 720, pl. 22, f. 1-3 (1933).
  河南、陕西、甘肃、安徽、江苏、浙江、江西、湖南、湖北、四川、贵州、福建、广西；日本栽培。

川白苞芹（变种）
- **Nothosmyrnium japonicum** var. **sutchuensis** H. Boissieu, Bull. Soc. Bot. France 56: 16 (1909).
  陕西、甘肃、江西、湖北、四川、贵州、云南、广东、广西。

西藏白苞芹
- **Nothosmyrnium xizangense** Shan et T. S. Wang, Acta Phytotax. Sin. 18 (3): 375 (1980).
  四川、西藏。

西藏白苞芹（原变种）
- **Nothosmyrnium xizangense** var. **xizangense**
  四川（稻城）、西藏（米林、朗县）。

少裂西藏白苞芹（变种）
- **Nothosmyrnium xizangense** var. **simpliciorum** Shan et T. S. Wang, Acta Phytotax. Sin. 18: 376 (1980).
  西藏（米林）。

羌活属 Notopterygium H. Boissieu

澜沧羌活
- **Notopterygium forrestii** H. Wolff, Repert. Spec. Nov. Regni Veg. 27 (741-750): 325 (1930).
  四川、云南。

宽叶羌活
- **Notopterygium franchetii** H. de Boissieu, Bull. Herb. Boissier, sér. 2. 3: 839 (1903).
  Notopterygium forbesii H. de Boissieu, Bull. Herb. Boissier II. 3: 840 (1903); *Drymoscias franchetii* Koso-Pol., Bull. Soc. Imp. Naturalistes Moscou 1915, n.s. 29: 118 (1996).
  内蒙古、山西、陕西、甘肃、青海、湖北、四川、云南。

羌活（竹节羌活，蚕羌）
- **Notopterygium incisum** Ting ex H. T. Chang, Acta Phytotax. Sin. 13 (3): 86 (1975).
  陕西、甘肃、青海、四川、西藏。

卵叶羌活
- **Notopterygium oviforme** Shan, Sinensia 14: 112 (1943).
  Notopterygium forbesii H. Boissieu var. *oviforme* (Shan) H. T. Chang, Acta Phytotax. Sin. 13 (3): 85 (1975); *Notopterygium forbesii* H. Wolff subsp. *oviforme* (Shan) F. T. Pu, Acta Phytotax. Sin. 38 (5): 433 (2000).
  陕西、四川、重庆。

羽苞羌活
- **Notopterygium pinnatiinvolucellatum** F. T. Pu et Y. P. Wang, J. Sichuan Univ., Nat. Sci. Ed. 31 (3): 386 (1994).
  四川。

细叶羌活

●**Notopterygium tenuifolium** M. L. Sheh et F. T. Pu, J. Pl. Res. Envir. 6 (2): 41, f. 1 (1997).
四川。

水芹属 Oenanthe L.

短辐水芹（少花水芹）

Oenanthe benghalensis (Roxb.) Kurz., J. Asiat. Soc. Bengal 2: 115 (1877).
Seseli benghalensis Roxb., Fl. Ind. 2: 93 (1832); *Dasyloma benghalense* (Roxb.) DC., Prodr. 4: 140 (1830); *Dasyloma glaucum* DC., Prodr. 4: 140 (1830).
四川、云南、广东；印度。

高山水芹

Oenanthe hookeri C. B. Clarke in Hook. f., Fl. Brit. Ind. 2 (6): 697 (1879).
四川、云南、西藏；不丹、尼泊尔、印度。

水芹

Oenanthe javanica (Blume) DC., Prodr. 4: 138 (1830).
Sium javanicum Blume, Bijdr. Fl. Ned. Ind. 15: 881 (1826).
广布中国；日本、朝鲜、菲律宾、越南、老挝、缅甸、泰国、马来西亚、印度尼西亚、尼泊尔、印度、巴基斯坦、巴布亚新几内亚、俄罗斯。

水芹（原变种）（水芹菜，野芹菜）

Oenanthe javanica var. **javanica**
Falcaria javanica (Blume) DC., Prodr. 4: 110 (1830); *Dasyloma javanicum* (Blume) Miq., Fl. Ned. Ind. Bat. 1 (1): 741 (1856); *Phellandrium stoloniferum* Roxb., Hort. Bengal. 21 (1814); *Oenanthe stolonifera* (Roxb.) DC., Prodr. 4: 138 (1830); *Dasyloma subbipinnatum* Miq., Ann. Mus. Bot. Lugduno-Batavi 3: 59 (1867); *Oenanthe subbipinnata* (Miq.) Drude in Engl. et Prantl, Nat. Pflanzenfam. 3 (8): 204 (1898); *Oenanthe decumbens* Koso-Pol., Bull. Soc. Imp. Naturalistes Moscou, n.s. 29: 130 (1915); *Oenanthe kudoi* Suzuki et Yamamoto, Trans. Nat. Hist. Soc. Taiwan 22: 408 (1932).
广布中国；日本、朝鲜、菲律宾、越南、老挝、缅甸、泰国、马来西亚、印度尼西亚、尼泊尔、印度、巴基斯坦、巴布亚新几内亚、俄罗斯。

卵叶水芹（变种）

Oenanthe javanica subsp. **rosthornii** (Diels) F. T. Pu, Novon 8: 70 (1998).
Oenanthe rosthornii Diels, Bot. Jahrb. Syst. 29: 498 (1900); *Oenanthe pterocaulon* S. L. Liu, C. Y. Chao et C. C. Chuang, Quart. J. Taiwan Mus. 14: 31 (1961); *Oenanthe alatinervis* Y. Y. Qian, Guihaia 9 (2): 117 (1989).
湖南、四川、贵州、云南、福建、台湾、广东、广西；泰国。

线叶水芹

Oenanthe linearis Wall. ex DC., Prodr. 4: 138 (1830).
湖北、四川、重庆、贵州、云南、西藏、台湾；越南、老挝、缅甸、印度尼西亚、尼泊尔、印度。

线叶水芹（原亚种）（水芹菜）

Oenanthe linearis subsp. **linearis**
Oenanthe sinensis Dunn, J. Linn. Soc., Bot. 35 (247): 496 (1903); *Oenanthe dielsii* H. Boissieu, Bull. Acad. Int. Geogr. Bot. 16 (203): 184 (1906); *Oenanthe javanica* (Blume) DC. subsp. *linearis* (Wall. ex DC.) Murata, Acta Phytotax. Geobot. 25 (4-6): 103, pl. 2, f. 4 (1973).
湖北、四川、重庆、贵州、云南、西藏、台湾；越南、老挝、缅甸、印度尼西亚、尼泊尔、印度。

蒙自水芹（亚种）

Oenanthe linearis subsp. **rivularis** (Dunn) C. Y. Wu et F. T. Pu, Vasc. Pl. Hengduan Mount. 1: 1332 (1993).
Oenanthe rivularis Dunn, J. Linn. Soc., Bot. 35 (247): 496 (1903).
四川、贵州、云南；老挝。

多裂叶水芹

Oenanthe thomsonii C. B. Clarke, in Hook. f., Fl. Brit. Ind. 2 (6): 697 (1879).
江西、湖北、四川、重庆、贵州、云南、西藏、广东；越南、缅甸、不丹、尼泊尔、印度。

多裂叶水芹（原亚种）

Oenanthe thomsonii subsp. **thomsonii**
Oenanthe caudata C. Norman, J. Bot. 67 (5): 147 (1929).
江西、湖北、四川、重庆、贵州、云南、西藏、广东；缅甸、不丹、尼泊尔、印度。

窄叶水芹（亚种）

Oenanthe thomsonii subsp. **stenophylla** (H. Boissieu) F. T. Pu, Novon 8 (1): 71 (1998).
Oenanthe thomsonii var. *stenophylla* H. Boissieu, Bull. Herb. Boissier, ser. 2. 3 (10): 843 (1903); *Oenanthe dielsii* H. Boissieu var. *stenophylla* (H. de Boissieu) H. Boissieu, Bull. Acad. Int. Geogr. Bot. 16 (203): 185 (1906); *Oenanthe dielsii* subsp. *stenophylla* (H. de Boissieu) C. Y. Wu et F. T. Pu, Vasc. Pl. Hengduan Mount. 1: 1333 (1993).
四川、重庆；越南。

羽苞芹属 Oreocomopsis Pimenov et Kljuykov

西藏羽苞芹

●**Oreocomopsis xizangensis** Pimenov et Kljuykov, Acta Phytotax. Sin. 34 (1): 3, pl. 1, f. 1-2 (1996).
西藏。

山茉莉芹属 Oreomyrrhis Endl.

山茉莉芹
●**Oreomyrrhis involucrata** Hayata, J. Coll. Sci. Imp. Univ. Tokyo 30 (1): 128 (1911).
Oreomyrrhis gracilis Masam., J. Soc. Trop. Agric. 3 (1): 20 (1931); *Oreomyrrhis involucrata* var. *gracilis* Masam. Trans. Nat. Hist. Soc. Taiwan 28: 139 (1938); *Oreomyrrhis involucrata* var. *pubescens* Masam., Trans. Nat. Hist. Soc. Taiwan 28: 138 (1938); *Oreomyrrhis taiwaniana* Masam., Trans. Nat. Hist. Soc. Taiwan 28: 139 (1938); *Oreomyrrhis nanhuensis* C. H. Chen et J. C. Wang, Bot. Bull. Acad. Sin. (Taipei) 42 (4): 308 (2001).
台湾。

香根芹属 Osmorhiza Raf.

香根芹
Osmorhiza aristata (Thunb.) Rydb., Bot. Surv. Nebraska 3: 37 (1894).
Chaerophyllum aristatum Thunb. in Murray, Syst. Veg., ed. 14. 288 (1784).
广布中国；蒙古、日本、朝鲜、不丹、尼泊尔、印度、巴基斯坦、克什米尔、俄罗斯、北美洲。

香根芹（原变种）（水芹三七，野胡萝卜）
Osmorhiza aristata var. **aristata**
Myrrhis aristata (Thunb.) Spreng, Umbell. 133 (1813); *Uraspermum aristatum* (Thunb.) Kuntze, Revis. Gen. Pl. 1: 270 (1891); *Osmorhiza aristata* (Thunb.) Rydb. var. *montana* Makino, J. Jap. Bot. 2 (2): 7 (1918); *Myrrhis claytonii* Michaux, Fl. Bor.-Amer. 1: 170 (1803); *Chaerophyllum claytonii* (Michaux) Pers., Syn. Pl. 1: 320 (1805); *Osmorhiza claytonii* (Michaux) C. B. Clarke, Fl. Brit. Ind. 2 (6): 690 (1879); *Scandix claytonii* (Michaux) Koso-Poljanski, Bull. Soc. Imp. Naturalistes Moscou, n.s. 29: 143 (1916); *Washingtonia claytonii* (Michaux) Britton, Ill. Fl. N. U.S. ed. 2: 530 (1897); *Osmorhiza japonica* Siebold et Zucc., Abh. Math.-Phys. Cl. Königl. Bayer. Akad. Wiss. 4 (2): 203 (1845); *Osmorhiza amurensis* F. Schmidt ex Maxim., Prim. Fl. Amur. 129 (1859).
中国东北部到南部、甘肃、四川；蒙古、日本、朝鲜、俄罗斯（西伯利亚）、北美洲。

疏叶香根芹（变种）
Osmorhiza aristata var. **laxa** (Royle) Constance et Shan, Univ. Calif. Publ. Bot. 23 (3): 130 (1948).
Osmorhiza laxa Royle, Ill. Bot. Himal. Mts. 233, pl. 52, f. 1 (1835); *Washingtonia laxa* (Royle) Koso-Pol. ex B. Fedtsch., Trudy Imp. S.-Peterburgsk. Bot. Sada 36: 52 (1920).
陕西、甘肃、四川、贵州、云南、西藏；不丹、尼泊尔、印度、巴基斯坦、克什米尔。

山芹属 Ostericum Hoffm.

隔山香（柠檬香碱草，前胡，正香前胡）
●**Ostericum citriodorum** (Hance) C. Q. Yuan et Shan, Bull. Nanjing Bot. Gard. Mem. Sun Yat-Sen 1984-1985: 3 (1985).
Angelica citriodora Hance, J. Bot. 9 (101): 131 (1871).
浙江、江西、湖南、福建、广东、广西。

大齿山芹
Ostericum grosseserratum (Maxim.) Kitag., J. Jap. Bot. 12: 233 (1936).
Angelica grosseserrata Maxim., Mélanges Biol. Bull. Phys.-Math. Acad. Imp. Sci. Saint-Pétersbourg 9: 253 (1873); *Angelica mongolica* Franch., Nouv. Arch. Mus. Hist. Nat. II, 6: 21 (1883); *Angelica koreana* Maxim., Bull. Acad. Imp. Sci. Saint-Pétersbourg III, 31: 51 (1887).
吉林、辽宁、河北、山西、河南、陕西、青海、安徽、江苏、浙江、四川、福建；蒙古、朝鲜。

华东山芹
●**Ostericum huadongense** Z. H. Pan et X. H. Li, J. Pl. Res. Envir. 5 (2): 48 (1996).
安徽、江苏、浙江。

全叶山芹
Ostericum maximowiczii (F. Schmidt) Kitag., J. Jap. Bot. 12 (4): 232 (1936).
Gomphopetalum maximowiczii F. Schmidt, Mém. Acad. Imp. Sci. St.-Pétersbourg Divers Savans 9: 126 (1859).
黑龙江、吉林、四川；朝鲜、俄罗斯。

全叶山芹（原变种）
Ostericum maximowiczii var. **maximowiczii**
Angelica maximowiczii Kom. f. *australis* Kom., Trudy Imp. S.-Peterburgsk. Bot. Sada 25 (1): 165 (1905).
黑龙江、吉林；朝鲜、俄罗斯。

高山全叶山芹（变种）
●**Ostericum maximowiczii** var. **alpinum** C. Q. Yuan et Shan, Bull. Nanjing Bot. Gard. Mem. Sun Yat-Sen 1984-1985: 3 (1985).
四川。

大全叶山芹（变种）
Ostericum maximowiczii var. **australe** (Kom.) Kitag., Lin. Fl. Manshur. 340 (1939).
Angelica maximowiczii Kom. f. *australis* Kom., Trudy Imp. S.-Peterburgsk. 25 (1): 165 (1905); *Ostericum maximowiczii* (F. Schmidt) Kitag. f. *australe* (Kom.) Kitag., J. Jap. Bot. 12 (4): 232 (1935); *Angelica maximowiczii* var. *autralis* (Kom.) Gorov., Umbell. Primor et Priamur. 154, f. 100 (1966).
黑龙江、吉林；朝鲜、俄罗斯。

丝叶山芹（变种）

●**Ostericum maximowiczii** var. **filisectum** (Y. C. Chu) C. Q. Yuan et Shan, Bull. Nanjing Bot. Gard. 1984: 3 (1984).
Ostericum filisectum Y. C. Chu, Fl. Pl. Herb. Chin. Bor.-Orient. 6: 294 (1977).
黑龙江。

疏毛山芹

●**Ostericum scaberulum** (Franch.) C. Q. Yuan et Shan, Bull. Nanjing Bot. Gard. Mem. Sun Yat-Sen 1984-1985: 3 (1985).
Angelica scaberula Franch., Bull. Sci. Soc. Philom. Paris, ser. 8. 6: 144 (1894).
云南。

疏毛山芹（原变种）（黄藁本）

●**Ostericum scaberulum** var. **scaberulum**
云南。

长苞山芹（变种）

●**Ostericum scaberulum** var. **longiinvolucellatum** C. Y. Wu et F. T. Pu, Novon 8 (1): 70 (1998).
云南。

山芹

Ostericum sieboldii (Miq.) Nakai, J. Jap. Bot. 18: 219 (1942).
Peucedanum sieboldii Miq., Ann. Mus. Bot. Lugduno-Batavi 3: 63 (1867).
黑龙江、吉林、辽宁、内蒙古、河北、山东、陕西；日本、朝鲜、俄罗斯。

山芹（原变种）（山芹菜，山芹独活，米格当归）

Ostericum sieboldii var. **sieboldii**
Angelica miqueliana Maxim., Bull. Acad. Imp. Sci. Saint-Pétersbourg 19: 225 (1873); *Peucedanum miquelianum* (Maxim.) H. Wolff, Repert. Spec. Nov. Regni Veg. 21 (588-600): 248 (1925); *Ostericum miquelianum* (Maxim.) Kitag., J. Jap. Bot. 12 (4): 236 (1936); *Angelica urticifolioliata* H. Wolff, Acta Horti Gothob. 2: 320 (1926); *Ostericum sieboldii* var. *microphyllum* Y. C. Ma, Fl. Mogu 4: 184 (1979).
黑龙江、吉林、辽宁、内蒙古、河北、山东；日本、朝鲜、俄罗斯。

狭叶山芹（变种）

Ostericum sieboldii var. **praeteritum** (Kitag.) Y. Huei Huang, Fl. Pl. Herb. Chin. Bor.-Orient. 6: 252, pl. 102, f. 6 (1977).
Ostericum sieboldii var. *praeteritum* Kitag., J. Jap. Bot. 46 (12): 369 (1971); *Ostericum praeteritum* Kitag. f. *piliferum* Kitag., J. Jap. Bot. 46 (12): 370 (1971).
黑龙江、吉林、内蒙古、陕西；朝鲜。

绿花山芹（绿花独活）

●**Ostericum viridiflorum** (Turcz.) Kitag., J. Jap. Bot. 12 (4): 235 (1936).
Gomphopetalum viridiflorum Turcz., Bull. Soc. Imp. Naturalistes Moscou 14: 540 (1841); *Angelica viridiflora* (Turcz.) Benth. ex Maxim., Mélanges Biol. Bull. Phys.-Math. Acad. Imp. Sci. Saint-Pétersbourg 9: 253 (1853).
黑龙江、吉林、辽宁；俄罗斯。

厚棱芹属 Pachypleurum Ledeb.

高山厚棱芹

Pachypleurum alpinum Ledeb., Fl. Altaic. 1: 297 (1829).
Arpitium alpinum (Ledeb.) Koso-Pol., Bull. Soc. Imp. Naturalistes Moscou, n.s. 29: 172 (1915); *Pachypleurum schischkinii* Serg., Sist. Zametki Mater. Gerb. Krylova Tomsk. Gosud. Univ. Kuybysheva 79-80: 7 (1956).
新疆；蒙古、哈萨克斯坦、俄罗斯。

拉萨厚棱芹

●**Pachypleurum lhasanum** H. T. Chang et Shan, Acta Phytotax. Sin. 18 (3): 377 (1980).
四川、西藏。

木里厚棱芹

●**Pachypleurum muliense** Shan et F. T. Pu, Acta Phytotax. Sin. 27 (1): 62, pl. 1 (1989).
Ostericum muliense (Shan et F. T. Pu) Pimenov et Kljuykov, Willdenowia 33 (1): 129 (2003).
四川。

聂拉木厚棱芹

●**Pachypleurum nyalamense** H. T. Chang et Shan, Acta Phytotax. Sin. 18 (3): 376 (1980).
西藏。

西藏厚棱芹

●**Pachypleurum xizangense** H. T. Chang et Shan, Acta Phytotax. Sin. 18 (3): 376 (1980).
西藏。

欧防风属 Pastinaca L.

欧防风（欧独活）

☆**Pastinaca sativa** L., Sp. Pl. 1: 262 (1753).
Selinum pastinaca (L.) Crantz, Stirp. Austr. Fasc. 3: 21 (1767); *Anethum pastinaca* (L.) Wibel, Prim. Fl. Werth. 195 (1799); *Peucedanum pastinaca* (L.) Benth. et Hook. f., Hist. Pl. (Baillon) 7: 96 (1879).
中国广泛栽培；原产于欧洲，广泛栽培。

欧芹属 Petroselinum Hill

欧芹

☆**Petroselinum crispum** (Mill.) Fuss, Fl. Transsilv. 254 (1866).
Apium crispum Mill., Gard. Dict., ed. 8, Apium No. 2 (1768); *Apium petroselinum* L., Sp. Pl. 1: 264 (1753); *Petroselinum*

hortense Hoffm. var. *crispum* L. H. Bailey, Man. Cult. Pl. 564 (1924).
栽培于中国一些城市；可能原产于地中海地区。

前胡属 Peucedanum L.

会泽前胡
●**Peucedanum acaule** Shan et M. L. Sheh, Acta Phytotax. Sin. 24 (4): 308 (1986).
云南。

天竺山前胡
●**Peucedanum ampliatum** K. T. Fu, Fl. Tsinling. 1 (3): 427, 462 (1981).
陕西。

芷叶前胡
●**Peucedanum angelicoides** H. Wolff ex Kretschmer, Repert. Spec. Nova Regni Veg. 27 (741-750): 313 (1929).
四川、贵州、云南。

兴安前胡（兴安石防风）
Peucedanum baicalense (Redow. ex Willd.) W. D. J. Koch, Nov. Acta Phys.-Med. Acad. Caes. Leop.-Carol. Nat. Cur. 12 (1): 94 (1824).
Selinum baicalense Redowsky ex Willd., Enum. Pl. 1: 306 (1809); *Peucedanum polyphyllum* Ledeb., Fl. Altaic. 1: 314 (1829); *Kitagawia baicalensis* (Redow. ex Willd.) Pimenov, Bot. Žhurn. (Moscow et Leningrad) 71 (7): 944 (1986).
黑龙江、内蒙古；蒙古、俄罗斯。

北京前胡
●**Peucedanum caespitosum** H. Wolff, Acta Horti Gothob. 2 (7): 323 (1926).
Peucedanum trinioides H. Wolff, Acta Horti Gothob. 2 (7): 325 (1926).
河北。

林地前胡
●**Peucedanum chinense** M. Hiroe, Umbell. World 1572 (1979).
Peucedanum diversifolium H. Wolff, Repert. Spec. Nov. Regni Veg. 33 (873-882): 247 (1933).
四川。

滇西前胡
●**Peucedanum delavayi** Franch., Bull. Soc. Philom. Paris, sér. 8. 6: 143 (1894).
Sinodielsia delavayi (Franch.) Pimenov et Kljuykov, Feddes Repert. 110 (7-8): 488 (1999).
云南。

竹节前胡（竹节防风）
●**Peucedanum dielsianum** Fedde ex H. Wolff, Repert. Spec. Nov. Regni Veg. 33 (873-882): 246 (1933).
湖北、重庆。

南川前胡（岩棕，岩风）
●**Peucedanum dissolutum** (Diels) H. Wolff, Repert. Spec. Nov. Regni Veg. 21 (588-600): 247 (1925).
Angelica dissoluta Diels, Bot. Jahrb. Syst. 29 (3-4): 499 (1900).
四川、重庆、贵州。

刺尖前胡（刺尖石防风）
Peucedanum elegans Kom., Trudy Imp. S.-Peterburgsk. Bot. Sada 18 (3): 430 (1900).
Kitagawia komarovii Pimenov, Bot. Žhurn. (Moscow et Leningrad) 71 (7): 948 (1986).
黑龙江、吉林；日本、朝鲜、俄罗斯。

镰叶前胡
Peucedanum falcaria Turcz., Bull. Soc. Imp. Naturalistes Moscou 5: 192 (1832).
新疆；蒙古北部、俄罗斯。

台湾前胡
●**Peucedanum formosanum** Hayata, Icon. Pl. Formosan. 10: 22 (1921).
Peucedanum terebinthaceum (Fisch. ex Trevir.) Ledeb. subsp. *formosanum* (Hayata) Kitag., Fl. Mansur. 341 (1939).
江西、台湾、广东、广西。

异叶前胡
●**Peucedanum franchetii** C. Y. Wu et F. T. Pu, Novon 8 (1): 70 (1998).
Peucedanum heterophyllum Franch., Bull. Soc. Philom. Paris, sér. 8. 6: 141 (1894).
云南。

广西前胡（土防风）
●**Peucedanum guangxiense** Shan et M. L. Sheh, Acta Phytotax. Sin. 24 (4): 308, pl. 5 (1986).
广西。

华北前胡
●**Peucedanum harry-smithii** Fedde ex H. Wolff, Repert. Spec. Nov. Regni Veg. 33 (873-882): 247 (1933).
内蒙古、河北、山西、河南、陕西、甘肃、四川。

华北前胡（原变种）（毛白花前胡）
●**Peucedanum harry-smithii** var. **harry-smithii**
Peucedanum praeruptorum Dunn subsp. *hirsutiusculum* Y. C. Ma, Fl. Intramongol. 4: 198 (1979); *Peucedanum hirsutiusculum* (Y. C. Ma) V. M. Vinogr., Rast. Tsentr. Azii 10: 64 (1994).
内蒙古、河北、山西、河南、陕西、甘肃、四川。

广序北前胡（变种）（大前胡）
●**Peucedanum harry-smithii** var. **grande** (K. T. Fu) Shan et M.

L. Sheh, Fl. Reipubl. Popularis Sin. 55 (3): 164 (1992).
Peucedanum praeruptorum Dunn var. *grande* K. T. Fu, Fl. Tsinling. 1 (3): 428 (1981).
河北、山西、陕西。

少毛北前胡（变种）
●**Peucedanum harry-smithii** var. **subglabrum** (Shan et M. L. Sheh) Shan et M. L. Sheh, Fl. Reipubl. Popularis Sin. 55 (3): 164 (1992).
Peucedanum hirsutiusculum (Y. C. Ma) V. M. Vinogr. var. *subglabrum* Shan et M. L. Sheh, Acta Phytotax. Sin. 24 (4): 310 (1986).
河南、陕西。

鄂西前胡
●**Peucedanum henryi** H. Wolff, Repert. Spec. Nov. Regni Veg. 33 (873-882): 248 (1933).
湖北。

滨海前胡
Peucedanum japonicum Thunb. in J. A. Murray, Syst. Veg., ed. 14. 280 (1784).
Anethum japonicum (Thunb.) Koso-Pol., Bull. Soc. Imp. Naturalistes Moscou, n.s. 29: 117 (1916).
山东、江苏、浙江、福建、台湾、香港；日本、朝鲜、菲律宾。

华山前胡
●**Peucedanum ledebourielloides** K. T. Fu, Fl. Tsinling. 1 (3): 463 (1981).
河南、陕西。

拉萨前胡
Peucedanum lhasense C. B. Clarke ex H. Wolff, Repert. Spec. Nov. Regni Veg. 33: 249 (1933).
西藏。

南岭前胡
●**Peucedanum longshengense** Shan et M. L. Sheh, Acta Phytotax. Sin. 24 (4): 306 (1986).
江西、广西。

细裂前胡
●**Peucedanum macilentum** Franch., Bull. Soc. Philom. Paris, sér. 8. 6: 142 (1894).
四川、云南。

马山前胡（防风）
●**Peucedanum mashanense** Shan et M. L. Sheh, Acta Phytotax. Sin. 24 (4): 304 (1986).
广西。

华中前胡
●**Peucedanum medicum** Dunn, J. Linn. Soc., Bot. 35 (247): 496 (1903).
江西、湖南、湖北、四川、重庆、贵州、广东、广西。

华中前胡（原变种）（光头独活）
●**Peucedanum medicum** var. **medicum**
江西、湖南、湖北、四川、重庆、贵州、广东、广西。

岩前胡（变种）
●**Peucedanum medicum** var. **gracile** Dunn ex Shan et M. L. Sheh, Acta Phytotax. Sin. 24 (4): 310 (1986).
四川、重庆。

准噶尔前胡
Peucedanum morisonii Bess. ex Spreng in Roem. et Schult., Syst. Veg. ed. 15. 6: 567 (1820).
Peucedanum songoricum Schischk. Fl. URSS 17: 176 (1951).
新疆；哈萨克斯坦、俄罗斯。

矮前胡
●**Peucedanum nanum** Shan et M. L. Sheh, Acta Phytotax. Sin. 18 (3): 377 (1980).
西藏。

乳头前胡
●**Peucedanum piliferum** Hand.-Mazz., Oesterr. Bot. Z. 3 (82): 252 (1933).
Kitagawia pilifera (Hand.-Mazz.) Pimenov, Bull. Soc. Imp. Naturalistes Moscou 1915, n.s. 29: 133 (1916).
中国东北部。

前胡（白花前胡，鸡脚前胡，官前胡）
●**Peucedanum praeruptorum** Dunn, J. Linn. Soc., Bot. 35 (247): 497 (1903).
河南、甘肃、安徽、江苏、浙江、江西、湖南、湖北、四川、贵州、福建、广西。

蒙古前胡
Peucedanum pricei Simpson, J. Linn. Soc., Bot. 41 (283): 419, pl. 23, f. 1-3 (1913).
内蒙古；蒙古。

毛前胡
●**Peucedanum pubescens** Hand.-Mazz., Symb. Sin. 7 (3): 728, pl. 12, f. 5 (1933).
四川、云南。

红前胡
●**Peucedanum rubricaule** Shan et M. L. Sheh, Acta Phytotax. Sin. 24 (4): 305 (1986).
四川、云南。

松潘前胡
●**Peucedanum songpanense** Shan et F. T. Pu, Acta Phytotax. Sin. 27 (1): 65, pl. 4 (1989).
四川。

草原前胡（草原石防风）

•**Peucedanum stepposum** Huang, Fl. Pl. Herb. Chin. Bor.-Orient. 6: 273, f. 112 (1977).

黑龙江、吉林、辽宁。

石防风

Peucedanum terebinthaceum (Fisch. ex Trevir.) Ledeb., Fl. Ross. 2: 314 (1844).

Selinum terebinthaceum Fisch. ex Trevir., Ind. Sem. Hort. Bot. Vratisl. Append. 3: 3 (1821).

黑龙江、吉林、辽宁、内蒙古、河北；日本、朝鲜、俄罗斯。

石防风（原变种）（山香菜）

Peucedanum terebinthaceum var. **terebinthaceum**

Kitagawia terebinthaceum (Fisch. ex Trevir.) Pimenov, Bot. Žhurn. (Moscow et Leningrad) 71 (7): 944 (1986); *Peucedanum paishanense* Nakai, Bot. Mag. (Tokyo) 31: 101 (1917); *Peucedanum terebinthaceum* var. *paishanense* (Nakai) Y. Huei Huang, Fl. Pl. Herb. Chin. Bor.-Orient. 6: 277 (1977).

黑龙江、吉林、辽宁、内蒙古、河北；俄罗斯（西伯利亚）。

宽叶石防风（变种）（风芹）

Peucedanum terebinthaceum var. **deltoideum** (Makino ex K. Yabe) Makino, Bot. Mag. (Tokyo) 22 (263): 173 (1908).

Peucedanum deltoideum Makino ex K. Yabe, J. Coll. Sci. Imp. Univ. Tokyo 16 (14): 99 (1902).

黑龙江、吉林、辽宁、河北；日本、朝鲜、俄罗斯。

窃衣叶前胡

•**Peucedanum torilifolium** H. Boissieu, Bull. Herb. Boissier, sér. 2. 3 (10): 852 (1903).

四川。

长前胡

•**Peucedanum turgeniifolium** H. Wolff, Acta Horti Gothob. 2 (7): 323 (1926).

Peucedanum pulchrum H. Wolff, Acta Horti Gothob. 2 (7): 324 (1926).

甘肃、四川。

华西前胡

•**Peucedanum veitchii** H. Boissieu, Bull. Soc. Bot. France 53: 436 (1906).

四川。

紫茎前胡

•**Peucedanum violaceum** Shan et M. L. Sheh, Acta Phytotax. Sin. 18 (3): 378 (1980).

西藏。

泰山前胡（前胡，防风）

•**Peucedanum wawrae** (H. Wolff) Su ex M. L. Sheh, Fl. Reipubl. Popularis Sin. 55 (3): 149 (1992).

Seseli wawrae H. Wolff, Repert. Spec. Nov. Regni Veg. 27 (741-750): 315 (1930); *Peucedanum wawrae* (H. Wolff) Su, Fl. Jiangsu. 2: 582 (1982), 'wawrii', nom. non. rite publ.

山东、安徽、江苏。

武隆前胡

•**Peucedanum wulongense** Shan et M. L. Sheh, Acta Phytotax. Sin. 24 (4): 309 (1986).

重庆。

云南前胡

•**Peucedanum yunnanense** H. Wolff, Repert. Spec. Nov. Regni Veg. 21 (588-600): 247 (1925).

云南。

胀果芹属 Phlojodicarpus Turcz. ex Ledeb.

胀果芹

Phlojodicarpus sibiricus (Fisch. ex Spreng.) Koso-Pol., Spisok Rast. Gerb. Russk. Fl. Bot. Miz. Rossijsk. Akad. Nauk 8: 117 (1922).

Cachrys sibirica Fisch. ex Spreng. in Spreng., Syst. Veg. 1: 892 (1824); *Angelica sibirica* (Fisch. ex Spreng.) M. Hiroe, Umbell. Asia No. 1. 168 (1958); *Phlojodicarpus eudahuricus* Popov, Spisok Rast. Gerb. Fl. S. S. S. R. Bot. Inst. Vsesojuzn. Akad. Nauk 13: 32 (1955).

黑龙江、内蒙古、河北；蒙古、俄罗斯（西伯利亚）。

柔毛胀果芹（毛序燥芹）

Phlojodicarpus villosus (Turcz. ex Fisch. et C. A. Mey.) Turcz. ex Ledeb., Fl. Ross. 2: 331 (1844).

Libanotis villosa Turcz. ex Fisch. et C. A. Mey., Index Sem. (St. Petersburg) 1: 31 (1835); *Stenocoelium villosum* (Turcz. ex Fisch. et C. A. Mey.) Koso-Pol., Bull. Soc. Imp. Naturalistes Moscou, n.s. 29: 132 (1915); *Phlojodicarpus sibiricus* (Fisch. ex Spreng.) Koso-Pol. var. *villosus* (Turcz. ex Fisch. et C. A. Mey.) Y. C. Chu, Fl. Pl. Herb. Chin. Bor.-Orient. 6: 287 (1977).

内蒙古；蒙古、俄罗斯。

滇芎属 Physospermopsis H. Wolff

全叶滇芎

•**Physospermopsis alepidioides** (H. Wolff et Hand.-Mazz.) Shan, Sinensia 12: 185 (1941).

Haploseseli alepidioides H. Wolff et Hand.-Mazz., Symb. Sin. 7 (3): 722, pl 22, f. 2-4 (1933).

四川。

楔叶滇芎

•**Physospermopsis cuneata** H. Wolff, Repert. Spec. Nov. Regni Veg. 27 (726-733): 126 (1929).

Sinodielsia cuneata (H. Wolff) Pimenov et Kljuykov, Feddes Repert. 110 (7-8): 489 (1999).

四川、云南。

滇芎

- **Physospermopsis delavayi** (Franch.) H. Wolff, Notizbl. Bot. Gart. Berlin-Dahlem 9 (84): 278 (1925).
Arracacia delavayi Franch., Bull. Soc. Philom. Paris, sér. 8. 6: 115 (1894); *Pleurospermum delavayi* (Franch.) M. Hiroe, Umbell. Asia No. 1. 120 (1958).
四川、云南。

小滇芎

Physospermopsis kingdon-wardii (H. Wolff) C. Norman, J. Bot. 76 (908): 231 (1938).
Trachydium kingdon-wardii H. Wolff, Repert. Spec. Nov. Regni Veg. 27 (726-733): 124 (1929); *Pleurospermum kingdon-wardii* (H. Wolff) M. Hiroe, Umbell. World 747 (1979); *Physospermopsis bhutanensis* Farille et S. B. Malla, Candollea 40 (2): 516 (1985).
四川、云南、西藏；不丹、尼泊尔、印度（锡金）。

木里滇芎

- **Physospermopsis muliensis** Shan et S. L. Liou, Fl. Reipubl. Popularis Sin. 55 (1): 297 (1979).
四川、云南。

波棱滇芎

Physospermopsis obtusiuscula (Wall. ex DC.) C. Norman, J. Bot. 76 (908): 231 (1938).
Hymenolaena obtusiuscula Wall. ex DC., Prodr. 4: 246 (1830); *Trachydium obtusiusculum* (Wall. ex DC.) C. B. Clarke in Hook. f., Fl. Brit. Ind. 2 (6): 673 (1879); *Pleurospermum obtusiusculum* (Wall. ex DC.) M. Hiroe, Umbell. World 741 (1979); *Trachydium hirsutulum* C. B. Clarke in J. D. Hooker (ed.), Fl. Brit. Ind. 2 (6): 672 (1879); *Physospermopsis hirsutala* (C. B. Clarke) Farille, Amer. Midl. Naturalist (1910); *Physospermopsis farillei* P. K. Mukh. et Constance, Edinb. J. Bot. 48 (1): 41 (1991).
四川、云南、西藏；不丹、尼泊尔、印度东北部。

紫脉滇芎（紫脉拟囊果芹）

Physospermopsis rubrinervis (Franch.) C. Norman, J. Bot. 76 (908): 231 (1938).
Trachydium rubrinerve Franch., Bull. Soc. Philom. Paris 6: 112 (1894); *Pleurospermum rubrinerve* (Franch.) M. Hiroe, Umbell. World 747 (1979); *Physospermopsis muktinathensis* Farille et S. B. Malla, Candollea 40 (2): 512 (1985).
四川、云南；尼泊尔、印度。

丽江滇芎

Physospermopsis shaniana C. Y. Wu et F. T. Pu in W. T. Wang et S. G. Wu, Vasc. Pl. Hengduan Mount. 1: 1285 (1993).
Trachydium forrestii Diels, Notes Roy. Bot. Gard. Edinb. 5 (25): 291 (1912); *Pleurospermum forrestii* (Diels) M. Hiroe, Umbell. Asia No. 1. 123 (1958).
四川、云南、西藏；缅甸。

茴芹属 Pimpinella L.

尖叶茴芹

Pimpinella acuminata (Edgew.) C. B. Clarke in Hook. f., Fl. Brit. Ind. 2 (6): 686 (1879).
Reutera acuminata Edgew., Trans. Linn. Soc. Lond. 20: 52 (1846); *Pimpinella hazariensis* H. Wolff, Repert. Spec. Nov. Regni Veg. 27: 331 (1930).
青海、四川、云南、西藏；印度西北部、巴基斯坦、克什米尔。

茴芹

- **Pimpinella anisum** L., Sp. Pl. 1: 264 (1753).
Apium anisum (L.) Crantz, Cl. Umbell. 101 (1767); *Sison anisum* (L.) Spreng., Mag. Neuesten Entdeck. Gesammten Naturk. Ges. Naturf. Freunde Berlin 6: 260 (1812); *Tragium anisum* (L.) Link, Enum. Hort. Berol. Alt. 1: 285 (1821); *Carum anisum* (L.) Baill., Hist. Pl. (Baillon) 7: 119, 178 (1879); *Selinum anisum* (L.) E. H. L. Krause, Deutschl. Fl., Abt. II, Cryptog. (Sturm) 12: 56 (1904); *Anisum vulgare* Gaertn., Fruct. Sem. Pl. 1: 102, pl. 23, f. 1 (1788); *Seseli gilliesii* Hook. et Arn., Bot. Misc. 3: 354 (1833).
新疆。

锐叶茴芹

- **Pimpinella arguta** Diels, Bot. Jahrb. Syst. 29 (3-4): 496 (1900).
河北、河南、陕西、甘肃、湖北、四川、贵州。

深紫茴芹

- **Pimpinella atropurpurea** C. Y. Wu ex Shan et F. T. Pu, Acta Phytotax. Sin. 21 (1): 81, pl. 1, f. 1-5 (1983).
云南。

重波茴芹

- **Pimpinella bisinuata** H. Wolff, Repert. Spec. Nov. Regni Veg. 27 (741-750): 332 (1930).
四川、云南。

短果茴芹（大叶芹）

Pimpinella brachycarpa (Kom.) Nakai, J. Coll. Sci. Imp. Univ. Tokyo 26 (1): 261 (1909).
Pimpinella calycina Maxim. var. *brachycarpa* Kom., Trudy Imp. S.-Peterburgsk. Bot. Sada 25 (1): 145 (1905); *Spuriopimpinella brachycarpa* (Kom.) Kitag., J. Jap. Bot. 17 (10): 559 (1941); *Aegopodium brachycarpum* (Kom.) Schischk., Fl. URSS 16: 457 (1950).
吉林、辽宁、河北、山西、贵州；朝鲜、俄罗斯东南部。

短柱茴芹

- **Pimpinella brachystyla** Hand.-Mazz., Oesterr. Bot. Z. 82:

251 (1933).
Pimpinella nakaiana Kitag., Rep. 1st. Sc. Exped. Manchoukuo Sect. IV. 1: 39 (1934); *Spuriopimpinella brachystyla* (Hand.-Mazz.) Kitag., J. Jap. Bot. 17 (10): 559 (1941).
内蒙古、河北、山西、甘肃。

具萼茴芹
Pimpinella calycina Maxim., Mém. Acad. Imp. Sci. St.-Pétersbourg, sér. 7. 9: 182 (1873).
Spuriopimpinella calycina (Maxim.) Kitag., J. Jap. Bot. 17 (10): 559 (1941).
东北；日本、朝鲜。

杏叶茴芹（杏叶防风）
Pimpinella candolleana Wight et Arn., Prodr. Fl. Ind. Orient. 1: 369 (1834).
Carum candolleanum (Wight et Arn.) Franch., Bull. Soc. Philom. Paris, sér. 8. 6: 128 (1894).
四川、贵州、云南、广东、广西；印度南部。

尾尖茴芹
●**Pimpinella caudata** (Franch.) H. Wolff, in Engl., Pflanzenr. 228 (Heft 90): 279 (1927).
Carum caudatum Franch., Bull. Soc. Philom. Paris, sér. 8. 6: 126 (1894).
四川、云南、西藏。

中甸茴芹
●**Pimpinella chungdienensis** C. Y. Wu ex Shan et al., Acta Phytotax. Sin. 18 (3): 375 (1980).
四川、云南、西藏。

蛇床茴芹
●**Pimpinella cnidioides** H. Pearson ex H. Wolff, Repert. Spec. Nov. Regni Veg. 27 (734-740): 183 (1929).
Pimpinella thellungiana H. Wolff var. *tenuisecta* Y. C. Chu, Fl. Pl. Herb. Chin. Bor.-Orient. 6: 293 (1977).
黑龙江、吉林、河北。

革叶茴芹
●**Pimpinella coriacea** (Franch.) H. Boissieu, Bull. Soc. Bot. France 56: 351 (1909).
Carum coriaceum Franch., Bull. Soc. Philom. Paris, sér. 8. 6: 127 (1894).
四川、贵州、云南、广西。

异叶茴芹
Pimpinella diversifolia DC., Prodr. 4: 122 (1830).
山西、山东、河南、甘肃、青海、湖南、湖北、四川、福建、广东、广西、海南；日本、越南、柬埔寨、不丹、尼泊尔、印度、巴基斯坦、阿富汗、克什米尔。

异叶茴芹（原变种）
Pimpinella diversifolia var. **diversifolia**
Helosciadium pubescens DC., Prodr. 4: 106 (1830); *Platyrhaphe japonica* Miq., Ann. Mus. Bot. Lugduno-Batavi 3: 56 (1867); *Pimpinella sinica* Hance, J. Bot. 6 (64): 113 (1868); *Pimpinella diversifolia* var. *divisa* C. B. Clarke in Hook. f., Fl. Brit. Ind. 2: 688 (1879); *Pimpinella diversifolia* var. *simplicifolia* Kuntze, Revis. Gen. Pl. 1: 269 (1891).
山西、山东、河南、甘肃、青海、湖南、湖北、四川、福建、广东、广西、海南；日本、越南、柬埔寨、不丹、尼泊尔、印度、巴基斯坦、阿富汗、克什米尔。

尖瓣异叶茴芹（变种）
●**Pimpinella diversifolia** var. **angustipetala** Shan et F. T. Pu, Acta Phytotax. Sin. 21 (1): 81 (1983).
四川。

走茎异叶茴芹（变种）
Pimpinella diversifolia var. **stolonifera** Hand.-Mazz., Symb. Sin. 7 (3): 714 (1933).
四川、云南；不丹、尼泊尔、印度。

城口茴芹
●**Pimpinella fargesii** H. Boissieu, Bull. Herb. Boissier, sér. 2. 2 (9): 808 (1902).
Pimpinella fargesii var. *alba* H. Boissieu, Bull. Soc. Bot. France 56: 350 (1909).
江西、湖北、四川。

细柄茴芹
●**Pimpinella filipedicellata** S. L. Liou, Acta Phytotax. Sin. 28 (2): 145, pl. 1 (1990).
西藏。

细软茴芹
Pimpinella flaccida C. B. Clarke, J. Linn. Soc., Bot. 25: 28 (1889).
Carum flaccidum (C. B. Clarke) Franch., Bull. Soc. Philom. Paris, sér. 8. 6: 126 (1894); *Pimpinella duclouxii* H. Boissieu, Bull. Soc. Bot. France 56: 351 (1909).
四川、云南；印度东北部。

灰叶茴芹
●**Pimpinella grisea** H. Wolff, Repert. Spec. Nov. Regni Veg. 27 (734-740): 184 (1929).
云南、西藏。

沼生茴芹
●**Pimpinella helosciadoidea** H. Boissieu, Bull. Herb. Boissier, sér. 2. 2 (9): 809 (1902).
湖北、四川。

川鄂茴芹
●**Pimpinella henryi** Diels, Bot. Jahrb. Syst. 29 (3-4): 495 (1900).
Pimpinella sutchuensis H. Boissieu, Bull. Herb. Boissier, ser.

2. 2 (9): 808 (1902).

陕西、甘肃、湖北、四川。

德钦茴芹

●**Pimpinella kingdon-wardii** H. Wolff, Repert. Spec. Nov. Regni Veg. 27 (734-740): 184 (1929).

Pimpinella engleriana Fedde ex H. Wolff, Repert. Spec. Nov. Regni Veg. 27 (741-750): 320 (1930); *Pimpinella thyrsiflora* H. Wolff, Repert. Spec. Nov. Regni Veg. 27 (741-750): 320 (1930); *Pimpinella asianensis* M. Hiroe, Umbell. World 833 (1979); *Pimpinella weishanensis* Shan et F. T. Pu, Acta Phytotax. Sin. 21 (1): 79, pl. 1, f. 6-10 (1983); *Pimpinella feddei* W. C. Wu et C. Y. Wu, Index Fl. Yunnan. 1: 920 (1984), *nom. illeg. superfl.*

四川、云南、西藏。

辽冀茴芹

Pimpinella komarovii (Kitag.) Shan et F. T. Pu, Fl. Reipubl. Popularis Sin. 55 (2): 111 (1985).

Spuriopimpinella komarovii Kitag., J. Jap. Bot. 17: 560 (1941).

黑龙江、辽宁、河北；朝鲜。

朝鲜茴芹

Pimpinella koreana (Y. Yabe) Nakai, J. Coll. Sci. Imp. Univ. Tokyo 26 (1): 261 (1909).

Pimpinella nikoensis Y. Yabe var. *koreana* Y. Yabe, Bot. Mag. (Tokyo) 17 (196): 106 (1903); *Spuriopimpinella koreana* (Y. Yabe) Kitag., J. Jap. Bot. 17 (10): 560 (1941).

浙江；日本、朝鲜。

景东茴芹

●**Pimpinella liana** M. Hiroe, Umbell. Asia No. 1. 60 (1958).

云南。

台湾茴芹

●**Pimpinella niitakayamensis** Hayata, Icon. Pl. Formosan. 10: 20 (1921).

Pimpinella astilbifolia Hayata, Icon. Pl. Formosan. 10: 20, f. 10 (1921).

台湾。

林芝茴芹

●**Pimpinella nyingchiensis** Z. H. Pan et K. Yao, Acta Phytotax. Sin. 30 (3): 263, pl. 1 (1992).

西藏。

喜马拉雅茴芹

Pimpinella pimpinellisimulacrum (Farille et Malla) Farille, Candollea 40 (2): 554 (1985).

Similisinocarum pimpinellisimulacrum Farille et Malla, Bull. Soc. Bot. France, Lettr. Bot. 131 (1): 70 (1984).

西藏；尼泊尔。

微毛茴芹

Pimpinella puberula (DC.) Boiss., Ann. Sci. Nat., Bot. 3 (1): 129 (1844).

Ptychotis puberula DC., Prodr. 4: 109 (1830).

新疆；巴基斯坦、阿富汗、塔吉克斯坦、吉尔吉斯斯坦、哈萨克斯坦、乌兹别克斯坦、土库曼斯坦、俄罗斯南部。

紫瓣茴芹

Pimpinella purpurea (Franch.) H. Boissieu, Bull. Soc. Bot. France 53: 428 (1906).

Carum purpureum Franch., Bull. Soc. Philom. Paris, sér. 8. 6: 127 (1894); *Pimpinella markgrafiana* Fedde ex H. Wolff, Repert. Spec. Nov. Regni Veg. 27 (734-740): 189 (1929).

云南；缅甸。

下曲茴芹

●**Pimpinella refracta** H. Wolff, Repert. Spec. Nov. Regni Veg. 27 (734-740): 190 (1929).

贵州、云南。

肾叶茴芹

●**Pimpinella renifolia** H. Wolff, Repert. Spec. Nov. Regni Veg. 27 (734-740): 191 (1929).

湖北。

菱叶茴芹

●**Pimpinella rhomboidea** Diels, Bot. Jahrb. Syst. 29 (3-4): 496 (1900).

河北、河南、陕西、甘肃、四川、贵州。

菱叶茴芹（原变种）

●**Pimpinella rhomboidea** var. **rhomboidea**

河北、河南、陕西、甘肃、四川、贵州。

小菱叶茴芹（变种）

●**Pimpinella rhomboidea** var. **tenuiloba** Shan et F. T. Pu, Acta Phytotax. Sin. 27 (1): 63, pl. 2 (1989).

四川。

丽江茴芹

●**Pimpinella rockii** H. Wolff, Repert. Spec. Nov. Regni Veg. 27 (734-740): 191 (1929).

Pimpinella wolffiana Fedde ex H. Wolff, Repert. Spec. Nov. Regni Veg. 27 (734-740): 185 (1929).

云南。

少花茴芹

●**Pimpinella rubescens** (Franch.) H. Wolff ex Hand.-Mazz., Symb. Sin. 7 (3): 715 (1933).

Hydrocotyle rubescens Franch., Bull. Soc. Philom. Paris, sér. 8. 6: 108 (1894).

四川、云南。

锯边茴芹

Pimpinella serra Franch. et Sav., Enum. Pl. Jap. 2 (2): 372 (1879).

Sium serrum (Franch. et Sav.) Kitag., J. Jap. Bot. 17 (10): 562

(1941).

安徽；日本。

木里茴芹（懋理茴芹）

● *Pimpinella silvatica* Hand.-Mazz., Symb. Sin. 7 (3): 714 (1933).

四川、云南。

直立茴芹

● *Pimpinella smithii* H. Wolff, Acta Horti Gothob. 2 (7): 307 (1926).

Pimpinella stricta H. Wolff, Acta Horti Gothob. 2 (7): 308 (1926).

内蒙古、山西、河南、陕西、甘肃、青海、湖北、四川、云南、广西。

羊红膻

Pimpinella thellungiana H. Wolff in Engl., Pflanzenr. 228 (Heft 90): 304 (1927).

黑龙江、吉林、辽宁、内蒙古、河北、山西、山东、陕西；俄罗斯东南部。

藏茴芹

Pimpinella tibetanica H. Wolff, Repert. Spec. Nov. Regni Veg. 27 (741-750): 319 (1930).

四川、云南、西藏；不丹、尼泊尔、印度（锡金）。

瘤果茴芹

Pimpinella tonkinensis Cherm., Bull. Soc. Bot. France 68: 511 (1921).

云南、香港；越南。

三出叶茴芹

● *Pimpinella triternata* Diels, Bot. Jahrb. Syst. 29 (3-4): 496 (1900).

重庆。

谷生茴芹

● *Pimpinella valleculosa* K. T. Fu, Fl. Tsinling. 1 (3): 457 (1981).

陕西、甘肃、湖北、四川。

多花茴芹

● *Pimpinella xizangensis* Shan et F. T. Pu, Acta Phytotax. Sin. 24 (4): 311, pl. 7 (1986).

西藏。

云南茴芹

● *Pimpinella yunnanensis* (Franch.) H. Wolff in Engl., Pflanzenr. 228 (Heft 90) 266 (1927).

Carum yunnanense Franch., Bull. Soc. Philom. Paris, sér. 8. 6: 128 (1894); *Pimpinella pseudocandolleana* H. Wolff, Repert. Spec. Nov. Regni Veg. 27 (734-740): 189 (1929).

四川、云南。

存疑种

Pimpinella bialata H. Wolff, Repert. Spec. Nov. Regni Veg. 27: 188 (1929).

湖北。

Pimpinella crispulifolia H. de Boissieu, Bull. Soc. Bot. France 56: 354 (1909).

云南。

Pimpinella decursiva H. Wolff, Repert. Spec. Nov. Regni Veg. 16: 237 (1920).

山东。

Pimpinella limprichtii H. Wolff. Repert. Spec. Nov. Regni Veg. Beih. 12: 450 (1922).

河北。

Pimpinella tagawae M. Hiroe, Umbell. Asia 1: 619 (1958) 'tagawai'.

台湾。

Pimpinella urbaniana Fedde ex H. Wolff, Repert. Spec. Nov. Regni Veg. 27: 330 (1930).

云南。

簇苞芹属 Pleurospermopsis C. Norman

簇苞芹

Pleurospermopsis sikkimensis (C. B. Clarke) C. Norman, J. Bot. 76: 200 (1938).

Pleurospermum sikkimensis C. B. Clarke in Hook. f., Fl. Brit. Ind. 2: 702 (1879).

西藏；不丹、尼泊尔、印度（锡金）。

棱子芹属 Pleurospermum Hoffm.

白苞棱子芹

Pleurospermum album C. B. Clarke ex H. Wolff, Repert. Spec. Nov. Regni Veg. 27 (726-733): 113 (1929).

Hymenidium album (C. B. Clarke ex H. Wolff) Pimenov et Kljuykov, Feddes Repert. 111 (7-8): 549 (2000).

西藏；不丹、尼泊尔、印度（锡金）。

美丽棱子芹

Pleurospermum amabile Craib ex W. W. Sm., Trans. Bot. Soc. Edinburgh 26 (2): 154 (1913).

Hymenidium amabile (Craib et W. W. Sm.) Pimenov et Kljuykov, Feddes Repert. 111 (7-8): 545 (2000).

云南、西藏；印度（锡金）。

归叶棱子芹

Pleurospermum angelicoides (Wall. ex DC.) Benth. ex C. B. Clarke in Hook. f., Fl. Brit. Ind. 2 (6): 703 (1879).

Hymenolaena angelicoides Wall. ex DC., Prodr. 4: 245 (1830); *Pterocyclus angelicoides* (Wall. ex DC.) Klotzsch, Reis. Pr. Waldem. Bot. 150, t. 47 (1862); *Angelica forrestii* Diels, Notes Roy. Bot. Gard. Edinb. 5 (25): 289 (1929); *Pterocyclus forrestii* (Diels) Pimenov et Kljuykov, Feddes Repert. 110

(7-8): 485 (1999).

四川、云南、西藏；缅甸、不丹、尼泊尔、印度（锡金）、克什米尔。

畸形棱子芹

Pleurospermum anomalum B. Fedtsch., Rastit. Trukest. 604 (1915).

Cnidium anomalum Ledeb., Fl. Altaic. 1: 300 (1829); *Aulacospermum anomalum* (Ledeb.) Ledeb., Fl. Altaic. 4: 335 (1833).

新疆；蒙古、哈萨克斯坦、俄罗斯。

紫色棱子芹

Pleurospermum apiolens C. B. Clarke in Hook. f., Fl. Brit. Ind. 2 (6): 705 (1879).

Pleurospermum atropurpureum K. T. Fu et Y. C. Ho, Fl. Reipubl. Popularis Sin. 55 (1): 298 (1979); *Pleurospermum apiolens* var. *nipaulensis* Farille et Malla, Candollea 40: 524, f. 9 (1984); *Hymenidium apiolens* (C. B. Clarke) Pimenov et Kljuykov, Feddes Repert. 111 (7-8): 546 (2000).

西藏；不丹、尼泊尔、印度（锡金）。

芳香棱子芹

●**Pleurospermum aromaticum** W. W. Sm., Notes Roy. Bot. Gard. Edinb. 8 (40): 341 (1915).

Oreocomopsis aromatica (W. W. Sm.) Pimenov et Kljuykov, Feddes Repert. 111 (7-8): 519 (2000).

四川、云南、西藏。

雅江棱子芹

●**Pleurospermum astrantioideum** (H. Boissieu) K. T. Fu et Y. C. Ho, Fl. Reipubl. Popularis Sin. 55 (1): 178 (1979).

Trachydium astrantioideum H. Boissieu, Bull. Soc. Bot. France 53: 422 (1906); *Hymenidium astrantioideum* (H. Boissieu) Pimenov et Kljuykov, Feddes Repert. 111 (7-8): 545 (2000).

四川。

宝兴棱子芹

Pleurospermum benthamii (Wall. ex DC.) C. B. Clarke in Hook. f., Fl. Brit. Ind. 2: 703 (1879).

Hymenolaena benthamii Wall. ex DC., Prodr. 4: 246 (1830); *Pleurospermum davidii* Franch., Nouv. Arch. Mus. Hist. Nat. sér. 2. 8: 247 (1885); *Hymenidium benthamii* (Wall. ex DC.) Pimenov et Kljuykov, Feddes Repert. 111 (7-8): 543 (2000); *Hymenidium davidii* (Franch.) Pimenov et Kljuykov, Feddes Repert. 111 (7-8): 542 (2000).

新疆、四川、云南；缅甸、不丹、尼泊尔、印度（锡金）。

二色棱子芹

●**Pleurospermum bicolor** (Franch.) C. Norman ex Z. H. Pan et M. F. Watson, Acta Phytotax. Sin. 42 (6): 564 (2004).

Pleurospermum govanianum (DC.) Benth. ex C. B. Clarke var. *bicolor* Franch., Bull. Soc. Philom. Paris, sér. 8. 6: 137 (1894); *Hymenidium bicolor* (Franch.) Pimenov et Kljuykov, Feddes Repert. 111 (7-8): 545 (2000).

四川、云南、西藏。

疣叶棱子芹

●**Pleurospermum calcareum** H. Wolff, Repert. Spec. Nov. Regni Veg. 27 (726-733): 114 (1929).

云南。

鸡冠棱子芹

●**Pleurospermum cristatum** H. Boissieu, Bull. Soc. Bot. France 53: 434 (1906).

Hymenidium cristatum (H. Boissieu) Pimenov et Kljuykov, Feddes Repert. 111 (7-8): 542 (2000).

山西、河南、陕西、宁夏、甘肃、青海、安徽、湖北、四川。

翼叶棱子芹

●**Pleurospermum decurrens** Franch., Bull. Soc. Philom. Paris, sér. 8. 6: 138 (1894).

Hymenidium decurrens (Franch.) Pimenov et Kljuykov, Feddes Repert. 111 (7-8): 542 (2000).

云南。

丽江棱子芹

●**Pleurospermum foetens** Franch., Bull. Soc. Philom. Paris, sér. 8. 6: 140 (1894).

Hymenidium foetens (Franch.) Pimenov et Kljuykov, Feddes Repert. 111 (7-8): 544 (2000).

甘肃、四川、云南、西藏。

松潘棱子芹

●**Pleurospermum franchianum** Hemsl., J. Linn. Soc., Bot. 29 (202): 307 (1892).

Pleurospermum longipetiolatum H. Wolff, Repert. Spec. Nov. Regni Veg. 21: 242 (1925); *Pleurospermum pilgerianum* Fedde ex H. Wolff, Repert. Spec. Nov. Regni Veg. 27 (726-733): 121 (1929); *Pleurospermum rockii* Fedde ex H. Wolff, Repert. Spec. Nov. Regni Veg. 27 (726-733): 120 (1929).

陕西、宁夏、甘肃、青海、湖北、四川。

太白棱子芹（药茴香）

●**Pleurospermum giraldii** Diels, Bot. Jahrb. Syst. 29 (3-4): 492 (1900).

Pleurospermum meoides Diels, Bot. Jahrb. Syst. 29 (3-4): 493 (1900); *Pleurospermum limprichtii* H. Wolff, Repert. Spec. Nov. Regni Veg. Beih. 12: 477 (1922); *Hymenidium giraldii* (Diels) Pimenov et Kljuykov, Feddes Repert. 111 (7-8): 548 (2000).

陕西、甘肃、湖北、四川。

多枝棱子芹

Pleurospermum gonocaulum (M. Pop.) K. M. Shen, Fl.

Xinjiang. 3: 482 (2011).

Aulacospermum gonocaulum M. Pop., Byull. Moskovsk. Obshch. Isp. Prir., Otd. Biol. 2: 129 (1935).

新疆；哈萨克斯坦。

高山棱子芹

Pleurospermum handelii H. Wolff ex Hand.-Mazz., Symb. Sin. 7 (3): 710, pl. 12, f. 1 (1933).

Physospermopsis handelii (H. Wolff ex Hand.-Mazz.) Pimenov et Kljuykov, Feddes Repert. 111 (7-8): 538 (2000).

云南；缅甸。

垫状棱子芹

●**Pleurospermum hedinii** Diels in Hedin, S. Tibet., Bot. 6 (3): 52, pl. 6, f. 5-6 (1922).

Cortiella hedinii (Diels) C. Norman, J. Bot. 75: 95 (1937); *Hymenidium hedinii* (Diels) Pimenov et Kljuykov, Feddes Repert. 111 (7-8): 550 (2000).

青海、云南、西藏。

芷叶棱子芹

●**Pleurospermum heracleifolium** Franch. ex H. Boissieu, Bull. Soc. Bot. France 53: 433 (1906).

Hymenidium heracleifolium (Franch. ex H. Boissieu) Pimenov et Kljuykov, Feddes Repert. 111 (7-8): 543 (2000).

云南、西藏。

异伞棱子芹

●**Pleurospermum heterosciadium** H. Wolff, Repert. Spec. Nov. Regni Veg. 21 (588-600): 243 (1925).

Trachydium fuscopurpureum Hand.-Mazz., Symb. Sin. 7 (3): 711 (1933); *Physospermopsis fuscopurpurea* (Hand.-Mazz.) Pimenov et Kljuykov, Feddes Repert. 111 (7-8): 538 (2000).

四川、西藏。

喜马拉雅棱子芹

Pleurospermum hookeri C. B. Clarke in Hook. f., Fl. Brit. Ind. 2 (6): 705 (1879).

甘肃、青海、四川、云南、西藏；不丹、尼泊尔、印度（锡金）。

喜马拉雅棱子芹（原变种）

Pleurospermum hookeri var. **hookeri**

Pleurospermum wolffianum Fedde ex H. Wolff, Repert. Spec. Nov. Regni Veg. 27 (726-733): 119 (1929); *Aulacospermum hookeri* (C. B. Clarke) Farille et S. B. Malla, Candollea 40 (2): 525 (1985).

云南、西藏；不丹、尼泊尔、印度（锡金）。

西藏棱子芹（变种）

●**Pleurospermum hookeri** var. **thomsonii** C. B. Clarke in Hook. f., Fl. Brit. Ind. 2 (6): 705 (1879).

Trachydium chloroleucum Diels, Notes Roy. Bot. Gard. Edinb. 5 (25): 290 (1912); *Pleurospermum tibetanicum* H. Wolff, Repert. Spec. Nov. Regni Veg. Beih. 12: 448 (1922); *Pleurospermum affine* H. Wolff, Acta Horti Gothob. 2 (7): 295 (1926); *Pleurospermum markgrafianum* H. Wolff, Acta Horti Gothob. 2 (7): 294 (1926); *Pleurospermum pseudoinvolucratum* H. Wolff, Repert. Spec. Nov. Regni Veg. 27 (1-8): 119 (1929).

甘肃、青海、四川、云南、西藏。

天山棱子芹

Pleurospermum lindleyanum (Klotzsch) B. Fedtsch., Rastit. Turkest. 604 (1915).

Hymenolaena lindleyana Klotzsch, Bot. Ergebn. Reise Waldemar 150 (1862); *Hymenolaena nana* Rupr., Sert. Tianschan. 49 (1869); *Hymenidium nanum* (Rupr. t) Pimenov et Kljuykov, Feddes Repert. 111: 549 (2000).

新疆、西藏；印度、巴基斯坦、克什米尔。

线裂棱子芹

●**Pleurospermum linearilobum** W. W. Sm., Notes Roy. Bot. Gard. Edinb. 8 (40): 3423 (1915).

Hymenidium linearilobum (W. W. Sm.) Pimenov et Kljuykov, Feddes Repert. 111: 543 (2000).

四川、云南。

长果棱子芹

●**Pleurospermum longicarpum** Shan et Z. H. Pan in C. Y. Wu, Fl. Xizang. 3: 426 (1986).

Pterocyclus wolffianus Fedde ex H. Wolff, Repert. Spec. Nov. Regni Veg. 27 (741-750): 321 (1930).

云南、西藏。

大苞棱子芹

●**Pleurospermum macrochlaenum** K. T. Fu et Y. C. Ho, Fl. Reipubl. Popularis Sin. 55 (1): 298 (1979).

Hymenidium macrochlaenum (K. T. Fu et Y. C. Ho) Pimenov et Kljuykov, Feddes Repert. 111: 543 (2000).

西藏。

矮棱子芹（紫棕棱子芹）

●**Pleurospermum nanum** Franch., Bull. Soc. Philom. Paris, sér. 8. 6: 140 (1894).

Trachydium purpurascens Franch., Bull. Soc. Philom. Paris, sér. 8. 6: 112 (1894); *Physospermopsis nana* (Franch.) Pimenov et Kljuykov, Feddes Repert. 111 (7-8): 538 (2000).

云南、西藏。

皱果棱子芹

●**Pleurospermum nubigenum** H. Wolff, Repert. Spec. Nov. Regni Veg. Beih. 12: 448 (1922).

Hymenidium nubigenum (H. Wolff) Pimenov et Kljuykov, Feddes Repert. 111: 549 (2000).

四川、云南、西藏。

疏毛棱子芹

Pleurospermum pilosum C. B. Clarke ex H. Wolff, Repert.

Spec. Nov. Regni Veg. 27 (726-733): 117 (1929).
Hymenidium pilosum (C. B. Clarke ex H. Wolff) Pimenov et Kljuykov, Feddes Repert. 111: 546 (2000).
西藏；不丹、印度（锡金）。

青藏棱子芹
● **Pleurospermum pulszkyi** Kanitz in Szechenyi, Wiss. Erg. Reise Griechenl. 2: 701. (1898)
Pleurospermum kansuense H. Wolff, Repert. Spec. Nov. Regni Veg. 27 (1-8): 115 (1929); *Hymenidium pulszkyi* (Kanitz) Pimenov et Kljuykov, Feddes Repert. 111: 544 (2000).
甘肃、青海、云南、西藏。

心叶棱子芹（蛇头羌活）
● **Pleurospermum rivulorum** (Diels) M. Hiroe, Umbell. World 747 (1979).
Angelica rivulorum Diels, Notes Roy. Bot. Gard. Edinb. 5 (25): 288 (1912); *Pterocyclus rivulorum* (Diels) H. Wolff, Symb. Sin. 7 (3): 727 (1933).
云南。

红花棱子芹
● **Pleurospermum roseum** (Korov.) K. M. Shen in Fl. Xinjiang. 3: 484 (2011).
Aulacospermum roseum Korov., Bot. Mater. Gerb. Inst. Bot. Zool. Akad. Nauk Uzbeksk. S. S. R. 12: 18 (1948).
新疆。

圆叶棱子芹
Pleurospermum rotundatum (DC.) C. B. Clarke in Hook. f., Fl. Brit. Ind. 2: 703 (1879).
Hymenolaena rotundata DC., Prodr. 4: 245 (1830); *Pterocyclus rotundatus* (DC.) Pimenov et Kljuykov, Feddes Repert. 111 (7-8): 522 (2000).
西藏；尼泊尔。

岩生棱子芹
Pleurospermum rupestre (Popov) K. T. Fu et Y. C. Ho, Fl. Reipubl. Popularis Sin. 55 (1): 163 (1979).
Aulacospermum rupestre Popov, Byull. Moskovsk. Obshch. Isp. Prir., Otd. Biol. 44: 129 (1935).
新疆；土库曼斯坦。

单茎棱子芹
Pleurospermum simplex (Rupr.) Benth. et Hook. f. ex Drude in Engler et Prantl, Nat. Pflanzenfam. 3 (8): 172 (1898).
Aulacospermum simplex Rupr. in Osten-Saken et Rupr., Sert. Tianschan. 49 (1869); *Albertia commutata* Regel et Schmalh, Trudy Imp. S.-Peterburgsk. Bot. Sada 5: 604 (1877); *Trachydium commutatum* (Regel et Schmalh.) M. Hiroe, Umbell. World 713 (1979).
新疆；土库曼斯坦。

尖头棱子芹
Pleurospermum stellatum (D. Don) Benth. ex C. B. Clarke in Hook. f., Fl. Brit. Ind. 2 (6): 704 (1879).
Selinum stellatum D. Don, Prodr. Fl. Nepal. 185 (1825); *Hymenolaena stellata* (D. Don) Lindl., Ill. Bot. Himal. Mts. 233 (1835); *Hymenolaena govaniana* DC., Prodr. 4: 246 (1830); *Pleurospermum govanianum* (DC.) Benth. ex C. B. Clarke in Hook. f., Fl. Brit. Ind. 2 (6): 702 (1879).
西藏；尼泊尔、印度、巴基斯坦、克什米尔。

新疆棱子芹
Pleurospermum stylosum C. B. Clarke in Hook. f., Fl. Brit. Ind. 2: 704 (1879).
Pleurospermum pulchrum Aitch. et Hemsl., J. Linn. Soc., Bot. 18. 63 (1880); *Aulacospermum pulchrum* (Aitch. et Hemsl.) Rech. f. et Riedl, Biol. Skr. 13 (4): 32 (1963); *Aulacospermum stylosum* (C. B. Clarke) Rech. f. et Riedl, Biol. Skr. 13 (4): 28 (1963).
新疆；印度、巴基斯坦、阿富汗、克什米尔。

青海棱子芹
● **Pleurospermum szechenyii** Kanitz in Szechenyi, Wiss. Erg. Reise Griechenl. 2: 701 (1898).
Pleurospermum dielsianum Fedde ex H. Wolff, Repert. Spec. Nov. Regni Veg. 27 (726-733): 121 (1929); *Hymenidium szechenyii* (Kanitz) Pimenov et Kljuykov, Feddes Repert. 111 (7-8): 544 (2000).
甘肃、青海、西藏。

三深裂棱子芹（新拟）
● **Pleurospermum tripartitum** F. T. Pu, R. Li et H. Li, Nordic J. Bot. 30: 178. 2012.
云南。

泽库棱子芹
● **Pleurospermum tsekuense** Shan, Fl. Reipubl. Popularis Sin. 55 (1): 143, 298 (1979).
Hymenidium tsekuense (Shan) Pimenov et Kljuykov, Feddes Repert. 111 (7-8): 545 (2000).
青海。

棱子芹
Pleurospermum uralense Hoffm., Gen. Pl. Umbell. 9 (1814).
Pleurospermum camtschaticum Hoffm., Gen. Pl. Umbell. 10 (1814).
吉林、辽宁、内蒙古、河北、山西、陕西；蒙古、日本、俄罗斯东南部。

粗茎棱子芹
Pleurospermum wilsonii H. Boissieu, Bull. Soc. Bot. France 53. 433 (1906).
Pleurospermum crassicaule H. Wolff, Repert. Spec. Nov. Regni Veg. 21 (588-600): 241 (1925); *Pleurospermum cnidiif-*

olium H. Wolff, Acta Horti Gothob. 2 (7): 292 (1926); *Pleurospermum tanacetifolium* H. Wolff, Acta Horti Gothob. 2 (7): 293 (1926); *Pleurospermum thalictrifolium* H. Wolff, Acta Horti Gothob. 2 (7): 297 (1926); *Pleurospermum lecomteanum* H. Wolff, Repert. Spec. Nov. Regni Veg. 27 (1-8): 116 (1929); *Physospermopsis lalabhduriana* Farille et S. B. Malla, Candollea 40 (2): 516 (1985); *Hymenidium wilsonii* (H. Boissieu) Pimenov et Kljuykov, Feddes Repert. 111 (7-8): 549 (2000).

甘肃、青海、四川、云南、西藏；尼泊尔。

瘤果棱子芹

●**Pleurospermum wrightianum** H. Boissieu, Bull. Herb. Boissier, ser. 2. 3 (10): 847 (1903).

Pleurospermum prattii H. Wolff, Repert. Spec. Nov. Regni Veg. 27 (726-733): 118 (1929); *Hymenidium wrightianum* (H. Boissieu) Pimenov et Kljuykov, Feddes Repert. 111 (7-8): 544 (2000).

青海、四川、云南、西藏。

云南棱子芹

Pleurospermum yunnanense Franch., Bull. Soc. Philom. Paris, sér. 8. 6: 137 (1894).

Pleurospermum pseudoyunnanense H. Wolff, Repert. Spec. Nov. Regni Veg. 27 (726-7333): 118 (1929); *Hymenidium yunnanense* (Franch.) Pimenov et Kljuykov, Feddes Repert. 111 (7-8): 550 (2000).

四川、云南；缅甸东北部。

存疑种

Pleurospermum albimarginatum H. Wolff, Repert. Spec. Nov. Regni Veg. 21: 243 (1925).

四川。

Pleurospermum grandifolium H. Wolff, Repert. Spec. Nov. Regni Veg. 21: 244 (1925).

四川。

Pleurospermum microphyllum H. Wolff, Repert. Spec. Nov. Regni Veg. 21: 242 (1925).

四川。

Pleurospermum microsciadium H. Wolff, Repert. Spec. Nov. Regni Veg. 21: 241 (1925).

四川。

Pleurospermum souliei H. Wolff, Repert. Spec. Nov. Regni Veg. 19: 309 (1924).

四川。

The following species are possibly referable to *Pleurospermum*, but further research is required.

Hymenidium huzhihaoi Pimenov et Kluykov, Bot. Žhurn. 89: 1659 (2004).

四川。

Hymenidium ladyginii Pimenov et Kljuykov, Bot. Žhurn. 96: 649 (2011).

四川。

Hymenidium lhasanum Pimenov et Kljuykov, Bot. Žhurn. 89: 1657 (2004).

西藏。

Hymenidium mieheanum Pimenov et Kluykov, Bot. Žhurn. 89: 1661 (2004).

西藏。

Hymenidium pachycaule Pimenov et Kljuykov, Edinb. J. Bot. 53: 275 (1996).

甘肃。

Hymenidium virgatum Pimenov et Kljuykov, Bot. Žhurn. 89: 1654 (2004).

四川。

栓翅芹属 Prangos Lindl.

毛栓翅芹

Prangos cachroides (Schrenk ex Fisch. et C. A. Mey.) Pimenov et V. N. Tikhom., Feddes Repert. 94 (3-4): 161 (1983).

Cryptodiscus cachroides Schrenk ex Fisch. et C. A. Mey., Enum. Pl. Nov. 1: 65 (1841); *Neocryptodiscus cachroides* (Schrenk ex Fisch. et C. A. Mey.) V. M. Vinogr., Rast. Tsentr. Azii 10: 59 (1994).

新疆；塔吉克斯坦、吉尔吉斯斯坦、哈萨克斯坦、俄罗斯。

双生栓翅芹

Prangos didyma (Regel) Pimenov et V. N. Tikhom., Feddes Repert. 94 (3-4): 161 (1983).

Cachrys didyma Regel, Trudy Imp. S.-Peterburgsk. Bot. Sada 5: 601 (1878); *Cryptodiscus didymus* (Regel) Korovin, Byull. Sredne-Aziatsk. Gosud. Univ. 7: Suppl. 23 (1924); *Neocryptodiscus didymus* (Regel) Hedge et Lamond in Rechinger, Fl. Iranica 162: 208 (1987).

新疆；塔吉克斯坦、吉尔吉斯斯坦。

新疆栓翅芹

●**Prangos herderi** Herrnst. et Heyn subsp. **xinjiangensis** X. Y. Chen et Q. X. Liu, Bull. Bot. Res., Harbin 9 (3): 99 (1989).

新疆。

大果栓翅芹

Prangos ledebourii Herrnst. et Heyn, Boissiera 26: 68 (1977).

Cachrys macrocarpa Ledeb., Fl. Altaic. 1: 364 (1829).

新疆；吉尔吉斯斯坦、哈萨克斯坦、乌兹别克斯坦、俄罗斯。

囊瓣芹属 Pternopetalum Franch.

散血芹

●**Pternopetalum botrychioides** (Dunn) Hand.-Mazz., Symb. Sin. 7 (3): 718 (1933).

Cryptotaeniopsis botrychioides Dunn, J. Linn. Soc., Bot. 35 (247): 494 (1903).

四川、贵州、云南。

散血芹（原变种）（水芹花，散血草）
- Pternopetalum botrychioides var. botrychioides
四川、贵州、云南。

宽叶散血芹（变种）
- Pternopetalum botrychioides var. latipinnulatum Shan, Sinensia 11: 158 (1940).
四川。

丛枝囊瓣芹
- Pternopetalum caespitosum Shan, Sinensia 14: 113, f. 2 (1943).
陕西、甘肃、四川、西藏。

心果囊瓣芹
- Pternopetalum cardiocarpum (Franch.) Hand.-Mazz., Symb. Sin. 7 (3): 718 (1933).
Carum cardiocarpum Franch., Bull. Soc. Philom. Paris, sér. 8. 6: 120 (1894); Cryptotaeniopsis cardiocarpa (Franch.) Dunn, J. Linn. Soc., Bot. 35 (247): 495 (1903).
四川、云南、西藏。

骨缘囊瓣芹
- Pternopetalum cartilagineum C. Y. Wu ex Shan et F. T. Pu, Acta Phytotax. Sin. 16 (3): 70, f. 1 (1978).
云南。

囊瓣芹（水芹菜）
- Pternopetalum davidii Franch., Nouv. Arch. Mus. Hist. Nat. sér. 2. 8: 246 (1885).
Cryptotaeniopsis davidii (Franch.) H. Wolff in Engl., Pflanzenr. 228 (Heft 90): 175 (1927).
陕西、甘肃、湖北、四川、贵州、云南。

澜沧囊瓣芹
- Pternopetalum delavayi (Franch.) Hand.-Mazz., Symb. Sin. 7 (3): 718 (1933).
Carum delavayi Franch., Bull. Soc. Philom. Paris, sér. 8. 6: 120 (1894); Cryptotaeniopsis delavayi (Franch.) Dunn, J. Linn. Soc., Bot. 35 (247): 495 (1903).
四川、云南、西藏。

嫩弱囊瓣芹
- Pternopetalum delicatulum (H. Wolff) Hand.-Mazz., Symb. Sin. 7 (3): 718 (1933).
Carum delicatulum H. Wolff in Limpricht, Bot. Reise Chin. 449 (1922); Cryptotaeniopsis delicatula (H. Wolff) H. Wolff, Acta Horti Gothob. 2: 306 (1926); Cryptotaeniopsis affinis H. Wolff, Repert. Spec. Nov. Regni Veg. 27 (16-25): 328 (1930); Pternopetalum affine (H. Wolff) M. Hiroe, Umbell. World 1013 (1979).
四川、贵州、云南。

羊齿囊瓣芹
- Pternopetalum filicinum (Franch.) Hand.-Mazz., Symb. Sin. 7 (3): 718 (1933).
Carum filicinum Franch., Bull. Soc. Philom. Paris, sér. 8. 6: 121 (1894); Pimpinella filicina (Franch.) Diels, Bot. Jahrb. Syst. 29 (3-4): 494 (1900); Cryptotaeniopsis filicina (Franch.) H. Boissieu, Bull. Herb. Boissier, ser. 2. 2 (9): 806 (1902).
陕西、甘肃、青海、湖北、四川、云南。

纤细囊瓣芹
- Pternopetalum gracillimum (H. Wolff) Hand.-Mazz., Symb. Sin. 7 (3): 719 (1933).
Cryptotaeniopsis gracillima H. Wolff, Acta Horti Gothob. 2: 306 (1926); Pternopetalum wangianum Hand.-Mazz., Oesterr. Bot. Z. 90: 123 (1941); Pternopetalum lamellosociliare K. T. Fu, Fl. Tsinling. 1 (3): 401 (1981).
甘肃、湖北、四川、云南。

异叶囊瓣芹
- Pternopetalum heterophyllum Hand.-Mazz., Oesterr. Bot. Z. 90: 122 (1941).
陕西、甘肃、青海、湖南、湖北、四川。

薄叶囊瓣芹
- Pternopetalum leptophyllum (Dunn) Hand.-Mazz., Symb. Sin. 7 (3): 719 (1933).
Cryptotaeniopsis leptophylla Dunn, J. Linn. Soc., Bot. 35 (247): 495 (1903); Cryptotaeniopsis viridis C. Norman, J. Bot. 67 (5): 146 (1929); Pternopetalum viride (C. Norman) Hand.-Mazz., Symb. Sin. 7 (3): 719 (1933); Pternopetalum confusum C. Norman, J. Bot. 78 (10): 231 (1940).
四川。

长茎囊瓣芹
- Pternopetalum longicaule Shan, Sinensia 11: 161, t. 2 (1940).
陕西、甘肃、四川、贵州、西藏。

长茎囊瓣芹（原变种）
- Pternopetalum longicaule var. longicaule
四川、贵州、西藏。

短茎囊瓣芹（变种）
- Pternopetalum longicaule var. humile Shan et F. T. Pu, Acta Phytotax. Sin. 16 (3): 76 (1978).
Pternopetalum brevium (Shan et F. T. Pu) K. T. Fu, Fl. Tsinling. 1 (3): 400 (1981).
陕西、甘肃、四川。

洱源囊瓣芹
- Pternopetalum molle (Franch.) Hand.-Mazz., Symb. Sin. 7 (3): 718 (1933).

Carum molle Franch., Bull. Soc. Philom. Paris, sér. 8. 6: 120 (1894).

四川、云南。

洱源囊瓣芹（原变种）

● **Pternopetalum molle** var. **molle**

Cryptotaeniopsis mollis (Franch.) Dunn, J. Linn. Soc., Bot. 35 (247): 496 (1903); *Cryptotaeniopsis cuneifolia* H. Wolff, Repert. Spec. Nov. Regni Veg. 27 (734-740): 181 (1929); *Pternopetalum cuneifolium* (H. Wolff) Hand.-Mazz., Symb. Sin. 7 (3): 718 (1933); *Pternopetalum molle* var. *crenulatum* Shan et F. T. Pu, Acta Phytotax. Sin. 16 (3): 72, t. 2, f. 8 (1978).

四川、云南。

裂叶囊瓣芹（变种）

● **Pternopetalum molle** var. **dissectum** Shan et F. T. Pu, Acta Phytotax. Sin. 16 (3): 72, t. 2, f. 7 (1978).

四川、云南。

裸茎囊瓣芹

Pternopetalum nudicaule (H. Boissieu) Hand.-Mazz., Symb. Sin. 7 (3): 718 (1933).

Cryptotaeniopsis nudicaulis H. Boissieu, Bull. Acad. Int. Geogr. Bot. 16: 184 (1906); *Pternopetalum nudicaule* var. *esetosum* Hand.-Mazz., Symb. Sin. 7 (3): 718 (1933).

湖南、贵州、云南、广东、广西；越南、印度。

川鄂囊瓣芹

● **Pternopetalum rosthornii** (Diels) Hand.-Mazz., Symb. Sin. 7 (3): 719 (1933).

Pimpinella rosthornii Diels, Bot. Jahrb. Syst. 29 (3-4): 495 (1900); *Cryptotaeniopsis rosthornii* (Diels) H. Wolff, Acta Horti Gothob. 2 (7): 306 (1926).

湖北、四川。

华囊瓣芹

● **Pternopetalum sinense** (Franch.) Hand.-Mazz., Symb. Sin. 7 (3): 719 (1933).

Carum sinense Franch., Bull. Soc. Philom. Paris, sér. 8. 6: 119 (1894); *Cryptotaeniopsis sinense* (Franch.) H. Wolff in Engl., Pflanzenr. 228 (Heft 90) 177 (1927).

云南。

高山囊瓣芹

Pternopetalum subalpinum Hand.-Mazz., Symb. Sin. 7 (3): 718, pl. 11, f. 1 (1933).

云南；不丹、印度。

东亚囊瓣芹

● **Pternopetalum tanakae** (Franch. et Sav.) Hand.-Mazz., Symb. Sin. 7 (3): 719 (1933).

Carum tanakae Franch. et Sav., Enum. Pl. Jap. 2: 371 (1878).

安徽、浙江、江西、福建。

东亚囊瓣芹（原变种）

● **Pternopetalum tanakae** var. **tanakae**

Pimpinella tanakae (Franch. et Sav.) Diels, Bot. Jahrb. Syst. 29 (3-4): 494 (1900); *Cryptotaeniopsis tanakae* (Franch. et Sav.) H. Boissieu, Bull. Herb. Boissier, ser. 2. 2 (9): 806 (1902).

安徽、福建。

假苞囊瓣芹（变种）

● **Pternopetalum tanakae** var. **fulcratum** Y. H. Zhang, Bull. Bot. Res., Harbin 9 (3): 59 (1989).

安徽、浙江、江西、福建。

膜蕨囊瓣芹（细沙毛）

● **Pternopetalum trichomanifolium** (Franch.) Hand.-Mazz., Symb. Sin. 7 (3): 719 (1933).

Carum trichomanifolium Franch., Bull. Mus. Hist. Nat. (Paris) 1 (2): 64 (1895); *Pimpinella trichomanifolia* Diels, Bot. Jahrb. Syst. 29 (3-4): 495 (1900); *Cryptotaeniopsis trichomanifolia* (Franch.) H. Boissieu, Bull. Herb. Boissier, sér. 2. 806 (1901); *Cryptotaeniopsis kiangsiense* H. Wolff in Engl., Pflanzenr. 228 (Heft 90): 182 (1927); *Cryptotaeniopsis decipiens* C. Norman, J. Bot. 67 (5): 146 (1929); *Pternopetalum decipiens* (C. Norman) M. Hiroe, Umbell. World 1013 (1979); *Pternopetalum kiangsiense* (H. Wolff) Hand.-Mazz., Symb. Sin. 7 (3): 719 (1933).

江西、湖南、湖北、四川、贵州、云南、西藏、广东、广西。

鹧鸪山囊瓣芹

● **Pternopetalum trifoliatum** Shan et F. T. Pu, Acta Phytotax. Sin. 27 (1): 64, pl. 3 (1989).

四川。

五匹青

Pternopetalum vulgare (Dunn) Hand.-Mazz., Symb. Sin. 7 (3): 719 (1933).

Cryptotaeniopsis vulgaris Dunn, Hooker's Icon. Pl. 28 (2): t. 2737 (1902).

陕西、甘肃、湖南、湖北、四川、贵州、云南；缅甸、尼泊尔、印度。

五匹青（原变种）

Pternopetalum vulgare var. **vulgare**

Deringa vulgaris (Dunn) Koso-Pol., Vestn. Tiflissk. Bot. Sada 11: 139 (1916); *Pimpinella clarkeana* Watt ex Banerji, J. Bombay Nat. Hist. Soc. 1: 88 (1951); *Pternopetalum vulgare* var. *foliosum* Shan et F. T. Pu, Acta Phytotax. Sin. 16 (3): 69 (1978).

陕西、甘肃、湖南、湖北、四川、贵州、云南；缅甸、尼泊尔、印度。

尖叶五匹青（变种）（刷把草）
●**Pternopetalum vulgare** var. **acuminatum** C. Y. Wu ex Shan et F. T. Pu, Acta Phytotax. Sin. 16 (3): 68 (1978).
陕西、四川、云南。

毛叶五匹青（变种）
●**Pternopetalum vulgare** var. **strigosum** Shan et F. T. Pu, Acta Phytotax. Sin. 16 (3): 68 (1978).
四川。

滇西囊瓣芹
●**Pternopetalum wolffianum** (Fedde ex H. Wolff) Hand.-Mazz., Symb. Sin. 7 (3): 719 (1933).
Cryptotaeniopsis wolffiana Fedde ex H. Wolff, Repert. Spec. Nov. Regni Veg. 27 (741-750): 327 (1930).
贵州、云南。

宜良囊瓣芹
●**Pternopetalum yiliangense** Shan et F. T. Pu, Acta Phytotax. Sin. 16 (3): 72, f. 4 (1978).
云南。

存疑种
Pternopetalum asplenioides (H. Boissieu) Hand.-Mazz., Symb. Sin. 7: 718 (1933).
Cryptotaeniopsis asplenioides H. Boissieu, Bull. Herb. Boissier, sér. 2, 2: 807 (1902).
重庆。

Pternopetalum mairei (Diels ex H. Wolff) Hand.-Mazz. Symb. Sin. 7: 719 (1933).
Cryptotaeniopsis mairei Diels ex H. Wolff in Engler, Pflanzenr. 228 (Heft 90): 180 (1927).
云南。

翅棱芹属 Pterygopleurum Kitag.

脉叶翅棱芹（凤尾参）
Pterygopleurum neurophyllum (Maxim.) Kitag., Bot. Mag. (Tokyo) 52 (607): 655 (1937).
Edosmia neurophyllum Maxim., Bull. Acad. Imp. Sci. Saint-Pétersbourg 18 (3): 285 (1873); *Carum neurophyllum* (Maxim.) Franch. et Sav., Enum. Pl. Jap. 1 (1): 180 (1873); *Sium neurophyllum* (Maxim.) H. Hara, Enum. Spermatoph. Jap. 3: 323 (1954); *Perideridia neurophylla* (Maxim.) T. I. Chuang et Constance, Univ. Calif. Publ. Bot. 55: 28 (1969).
安徽、江苏、浙江；日本、朝鲜。

变豆菜属 Sanicula L.

川滇变豆菜
●**Sanicula astrantiifolia** H. Wolff ex Kretsch., Repert. Spec. Nov. Regni Veg. 27 (741-750): 308 (1930).
Sanicula potaninii Bobrov, Bot. Mater. Gerb. Bot. Inst. Komarova Akad. Nauk S. S. S. R. 13. 168 (1950).
四川、云南、西藏。

天蓝变豆菜
●**Sanicula caerulescens** Franch., Bull. Soc. Philom. Paris, sér. 8. 6: 109 (1894).
Sanicula dielsiana H. Wolff, Repert. Spec. Nov. Regni Veg. 8 (188-191): 524 (1910); *Sanicula stapfiana* H. Wolff in Engl., Pflanzenr. 228 (Heff 61): 58 (1913); *Sanicula erythrophylla* Bobrov, Bot. Mater. Gerb. Bot. Inst. Komarova Akad. Nauk S. S. S. R. 13: 167 (1950).
四川、重庆、云南。

变豆菜（蓝布正，鸭脚板）
Sanicula chinensis Bunge, Mém. Acad. Imp. Sci. St.-Pétersbourg Divers Savans 2: 106. (1835).
Sanicula europaea L. var. *chinensis* Bunge, Bot. Jahrb. Syst. 29 (3-4): 491 (1900); *Sanicula europaea* subsp. *chinensis* (Bunge) Hultén, Kongl. Svenska Vetensk. Handl., n.s 13 (1): 363 (1971).
广布中国；日本、朝鲜、俄罗斯。

软雀花
Sanicula elata Buch.-Ham. ex D. Don, Prodr. Fl. Nepal. 183 (1825).
Sanicula hermaphrodita Buch.-Ham. ex D. Don, Prodr. Fl. Nepal. 183 (1825); *Sanicula montana* Reinw. ex Blume, Bijdr. Fl. Ned. Ind. 15: 882 (1826); *Sanicula europaea* L. var. *elata* (Buch.-Ham. ex D. Don) H. Boissieu, Bull. Soc. Bot. France 53: 421 (1906); *Sanicula europaea* subsp. *elata* (Buch.-Ham. ex D. Don) Hultén, Kongl. Svenska Vetensk. Handl., n.s. 13 (1): 363 (1971).
四川、云南、西藏、广西；日本、菲律宾、越南、缅甸、马来西亚、印度尼西亚、不丹、尼泊尔、印度北部、巴基斯坦、斯里兰卡、非洲。

长序变豆菜
●**Sanicula elongata** K. T. Fu, Fl. Reipubl. Popularis Sin. 55 (1): 45, 297 (1979).
陕西、甘肃。

首阳变豆菜
●**Sanicula giraldii** H. Wolff in Engl., Pflanzenr. 228 (Heff 61): 60 (1913).
河北、山西、河南、陕西、甘肃、青海、四川、重庆、西藏。

首阳变豆菜（原变种）
●**Sanicula giraldii** var. **giraldii**
河北、山西、河南、陕西、甘肃、青海、四川、西藏。

卵萼变豆菜（变种）
●**Sanicula giraldii** var. **ovicalycina** Shan et S. L. Liou, Fl. Reipubl. Popularis Sin. 55 (1): 63, 297 (addenda) (1979).
Sanicula subgiraldii Shan, Sinensia 14: 112 (1943).
陕西、重庆。

鳞果变豆菜
●**Sanicula hacquetioides** Franch., Bull. Soc. Philom. Paris, sér. 8. 6: 110 (1894).
四川、贵州、云南、西藏。

薄片变豆菜（鹅掌脚草，山芹菜，野芹菜）
Sanicula lamelligera Hance, J. Bot. 16 (180): 11 (1878).
Sanicula satsumana Maxim., Bull. Acad. Imp. Sci. Saint-Pétersbourg 31 (1): 47 (1886); *Sanicula yunnanensis* Franch., Bull. Soc. Philom. Paris, sér. 8. 6: 108 (1894); *Sanicula ichangensis* H. Wolff in Engl., Pflanzenr. 228 (Heff 61): 54 (1913); *Sanicula orthacantha* S. Moore var. *longispina* H. Wolff in Engl., Pflanzenr. 61 (IV. 228): 55 (1913).
安徽、浙江、江西、湖北、四川、贵州、云南、台湾、广东、广西；日本。

直刺变豆菜
Sanicula orthacantha S. Moore, J. Bot. 13 (152): 227 (1875).
陕西、甘肃、安徽、浙江、江西、湖南、四川、重庆、贵州、云南、福建、广东、广西；越南、老挝、柬埔寨、印度。

直刺变豆菜（原变种）（野鹅脚板，小紫花菜，黑鹅脚板）
Sanicula orthacantha var. **orthacantha**
Sanicula costata H. Wolff in Engl., Pflanzenr. 61 (IV. 228): 56 (1913); *Sanicula henryi* H. Wolff in Engl., Pflanzenr. 61 (IV. 228): 55 (1913); *Sanicula nanchuanensis* Shan, Sinensia, 14: 111 (1943); *Sanicula orthacantha* var. *costata* (H. Wolff) K. T. Fu, Fl. Tsinling. 1 (3): 375 (1981).
陕西、甘肃、安徽、浙江、江西、湖南、四川、贵州、云南、福建、广东、广西；越南、老挝、柬埔寨、印度。

短刺变豆菜（变种）（短刺鹅脚板，鸭脚七）
●**Sanicula orthacantha** var. **brevispina** H. Boissieu, Bull. Soc. Bot. France 53: 421 (1906).
四川、重庆。

走茎变豆菜（变种）（走茎鹅脚板）
●**Sanicula orthacantha** var. **stolonifera** Shan et S. L. Liou, Fl. Reipubl. Popularis Sin. 55 (1): 297 (1979).
四川。

卵叶变豆菜
●**Sanicula oviformis** X. T. Liu et Z. Y. Liu, Acta Phytotax. Sin. 29 (5): 471, pl. 2 (1991).
重庆。

彭水变豆菜
●**Sanicula pengshuiensis** M. L. Sheh et Z. Y. Liu, Acta Phytotax. Sin. 29 (5): 469, f. 1 (1991).
重庆。

台湾变豆菜
●**Sanicula petagnioides** Hayata, J. Coll. Sci. Imp. Univ. Tokyo 25 (19): 103, pl. 12 (1908).
台湾。

红花变豆菜
Sanicula rubriflora F. Schmidt ex Maxim., Mém. Acad. Imp. Sci. St.-Pétersbourg, Sér. 7. 9: 123 (1859).
黑龙江、吉林、辽宁、内蒙古；蒙古、日本、朝鲜、俄罗斯（东西伯利亚）。

皱叶变豆菜
●**Sanicula rugulosa** Diels, Bot. Jahrb. Syst. 29 (3-4): 491 (1900).
重庆、西藏。

锯叶变豆菜
●**Sanicula serrata** H. Wolff in Engl., Pflanzenr. 228 (Heff 61): 56 (1913).
青海、湖北、四川、云南、西藏。

天目变豆菜
●**Sanicula tienmuensis** Shan et Constance, Univ. Calif. Publ. Bot. 25: 23 (1951).
浙江、四川。

天目变豆菜（原变种）
●**Sanicula tienmuensis** var. **tienmuensis**
浙江。

疏花变豆菜（变种）
●**Sanicula tienmuensis** var. **pauciflora** Shan et F. T. Pu, Acta Phytotax. Sin. 27 (1): 66, pl. 5 (1989).
四川。

瘤果变豆菜
Sanicula tuberculata Maxim., Bull. Acad. Imp. Sci. Saint-Pétersbourg 2 (3): 431 (1867).
黑龙江；日本南部、朝鲜。

防风属 Saposhnikovia Schischk.

防风（北防风，关防风）
Saposhnikovia divaricata (Turcz.) Schischk., Fl. URSS 17: 54 (1951).
Stenocoelium divaricatum Turcz., Bull. Soc. Imp. Naturalistes Moscou 17: 734 (1844); *Siler divaricatum* (Turcz.) Benth. et Hook. f. in Jussieu, Gen. Pl. 1: 909 (1867); *Laser divaricatum* (Turcz.) Thell., Le Monde des Plantes 26: 153 (1925); *Ledebouriella divaricata* (Turcz.) M. Hiroe, Umbell. Asia No. 1. 92 (1958); *Rumia seseloides* Hoffm., Gen. Pl. Umbell., ed. 2. 174 (1816); *Cachrys seseloides* (Hoffm.) M. Bieb., Fl. Taur.-Caucas. 3: 217 (1819); *Trinia seseloides* (Hoffm.) Ledeb., Fl. Altaic. 1: 357 (1829); *Ledebouriella seseloides*

(Hoffm.) H. Wolff in Engl., Pflanzenr. 192 (1910); *Johrenia seseloides* (Hoffm.) Koso-Pol., Bull. Soc. Imp. Naturalistes Moscou 1915, n.s. 29 133 (1916); *Trinia dahurica* Turcz. ex Bosser, Flora 17 (1. Beibl.): 14 (1834).

黑龙江、吉林、辽宁、内蒙古、河北、山西、山东、陕西、宁夏、甘肃；蒙古、朝鲜、俄罗斯（东西伯利亚）。

丝叶芹属 Scaligeria DC.

丝叶芹

Scaligeria setacea (Schrenk ex Fisch. et C. A. Mey.) Korovin, Byull. Sredne-Aziatsk. Gosud. Univ. 14 (Suppl.): 19 (1926).
Carum setaceum Schrenk ex Fisch. et C. A. Mey., Enum. Pl. Nov. 1: 61 (1841); *Conopodium setaceum* (Schrenk ex Fisch. et C. A. Mey.) Korovin, Byull. Sredne-Aziatsk. Gosud. Univ. 7 (Suppl.): 24 (1924); *Bunium setaceum* (Schrenk ex Fisch. et C. A. Mey.) H. Wolff in Engl., Pflanzenr. 228 (Heft 90) 209 (1927).

新疆；阿富汗、塔吉克斯坦、吉尔吉斯斯坦、哈萨克斯坦。

针果芹属 Scandix L.

针果芹

Scandix stellata Banks et Sol., Nat. Hist. Aleppo, ed. 2. 2: 249 (1794).
Scandix pinnatifida Vent., Descr. Pl. Nouv. pl. 14 (1800); *Scandicium stellatum* (Banks et Sol.) Thell., Repert. Spec. Nov. Regni Veg. 16 (444-447): 16 (1919).

新疆；广布亚洲中部和西南部、地中海地区。

双球芹属 Schrenkia Fisch. et C. A. Mey.

双球芹

Schrenkia vaginata (Ledeb.) Fisch. et C. A. Mey., Enum. Pl. Nov. 1: 65 (1841).
Cachrys vaginata Ledeb., Fl. Altaic. 1: 366 (1829).

新疆；哈萨克斯坦。

苞裂芹属 Schulzia Spreng.

白花苞裂芹

Schulzia albiflora (Kar. et Kir.) Popov, Fl. Almaat Gos. Zapovedn. 35 (1940).
Chamaesciadium albiflorum Kar. et Kir., Bull. Soc. Imp. Naturalistes Moscou 15: 360 (1842).

新疆；塔吉克斯坦、吉尔吉斯斯坦、哈萨克斯坦、俄罗斯。

长毛苞裂芹

Schulzia crinita (Pall.) Spreng., Neue Schriften Naturf. Ges. Halle 2 (1): 30 (1813).
Sison crinitum Pall., Acta Acad. Sci. Imp. Petrop. 2: 250 (1779); *Athamanta crinita* (Pall.) Ledeb., Fl. Altaic. 1: 326 (1829); *Carum crinitum* (Pall.) Koso-Pol., Bull. Soc. Imp. Naturalistes Moscou, n.s. 29: 198 (1916).

新疆；蒙古、哈萨克斯坦、俄罗斯。

苞裂芹

Schulzia dissecta (C. B. Clarke) C. Norman, J. Bot. 76: 231 (1938).
Trachydium dissectum C. B. Clarke in Hook. f., Fl. Brit. Ind. 2 (6): 672 (1879).

西藏；不丹、尼泊尔、印度（锡金）。

天山苞裂芹

Schulzia prostrata Pimenov et Kljuykov, Bot. Žhurn. (Moscow et Leningrad) 75 (1): 94 (1990).

新疆；吉尔吉斯斯坦。

球根阿魏属 Schumannia Kuntze

球根阿魏

Schumannia karelinii (Bunge) Korovin, Gen. *Ferula* Monogr. Ill. 81 (1947).
Ferula karelinii Bunge, Mém. Acad. Imp. Sci. St.-Pétersbourg Divers Savans 7: 306 (1851); *Ferula peucedanifolia* Willd. ex Schult. in Roem. et Schult., Syst. Veg. ed. 15 bis. 6: 592 (1820); *Ferula peucedanifolia* Kar. et Kir. Bull. Soc. Imp. Naturalistes Moscou 12: 155 (1839); *Schumannia turcomanica* Kuntze, Trudy Imp. S.-Peterburgsk. Bot. Sada 10 (1): 192 (1887).

新疆；伊朗、塔吉克斯坦、吉尔吉斯斯坦、乌兹别克斯坦、土库曼斯坦、亚洲西南部。

亮蛇床属 Selinum L.

亮蛇床

●**Selinum cryptotaenium** H. Boissieu, Bull. Herb. Boissier, sér. 2. 3 (10): 847 (1903).
Pleurospermum glaucescens H. Wolff, Repert. Spec. Nov. Regni Veg. 27 (726-735): 114 (1929).

四川、云南。

长萼亮蛇床

●**Selinum longicalycinum** M. L. Sheh, J. Pl. Res. Envir. 1 (3): 1 (1992).
Ligusticopsis longicalycia (M. L. Sheh) Pimenov et Kljuykov, Feddes Repert. 110 (7-8): 484 (1999).

云南。

细叶亮蛇床

Selinum wallichianum (DC.) Raizada et H. O. Saxena, Indian Forester 92: 323 (1966).
Peucedanum wallichianum DC., Prodr. 4: 181 (1830); *Cortia wallichiana* (DC.) Leute, Ann. Naturhist. Mus. Wien 73: 83 (1969); *Selinum tenuifolium* Salisb. Prodr. Stirp. Chap. Allerton 162 (1796); *Ligusticum tenuifolium* (Wall. ex C. B. Clarke) Franch., Bull. Soc. Philom. Paris, sér. 8. 3: 136 (1894); *Ligusticum coniifolium* DC., Prodr. 4: 158 (1830); *Pleurospermum cicutarium* Lindl., Ill. Bot. Himal. Mts. 233 (1839);

Selinum candollei Edgew., Trans. Linn. Soc. Lond. 20 (11): 55 (1846), not de Candolle (1830).

四川、云南、西藏；不丹、尼泊尔、印度、巴基斯坦、克什米尔。

大瓣芹属 Semenovia Regel et Herder

毛果大瓣芹
Semenovia dasycarpa (Regel et Schmalh.) Korovin ex Pimenov et V. N. Tikhom. in Czerepanov, Sosud. Rast. S. S. S. R. 29 (1981).
Pastinaca dasycarpa Regel et Schmalh, Trudy Imp. S.-Peterburgsk. Bot. Sada 5: 598 (1878); *Malabaila dasycarpa* (Regel et Schmalh.) Schischk., Fl. URSS 17. 262 (1951); *Platytaenia dasycarpa* (Regel et Schmalh.) Korovin, Fl. Kazakhst. 4: 423 (1963); *Platytaenia komarovii* (Manden.) Schischk., Fl. URSS 17: 272, 357 (1951); *Tordyliopsis komarovii* (Manden.) Manden., Fl. URSS 17: 271 (1951); *Semenovia komarovii* Manden., Trudy Tbilis. Bot. Inst. 20: 23 (1959); *Zosima komarovii* (Manden.) M. Hiroe, Umbell. World 1762 (1979).

新疆；阿富汗、塔吉克斯坦、吉尔吉斯斯坦、哈萨克斯坦、乌兹别克斯坦。

密毛大瓣芹
Semenovia pimpinelloides (Nevski) Manden., Trudy Tiblis. Bot. Inst. 20: 22 (1959).
Platytaenia pimpinelloides Nevski, Trudy Bot. Inst. Akad. Nauk S. S. S. R., Ser. 1., Fl. Sist. Vyssh. Rast. 4: 271 (1937); *Zosima pimpinelloides* (Nevski) M. Hiroe, Umbell. World 1761 (1979); *Neoplatytaenia pimpinelloides* (Nevski) Geld., Opred. Rast. Turkmenistana 455 (1988).

新疆；哈萨克斯坦。

光果大瓣芹
Semenovia rubtzovii (Schischk.) Manden., Trudy Tiblis. Bot. Inst. 20: 23 (1959).
Platytaenia rubtzovii Schischk., Fl. URSS 17: 273, 357 (1951); *Zosima rubtzovii* (Schischk.) M. Hiroe, Umbell. World 1762 (1979).

新疆；哈萨克斯坦。

大瓣芹
Semenovia transiliensis Regel et Herder, Bull. Soc. Imp. Naturalistes Moscou 39 (2): 79 (1866).
Heracleum transiliense (Regel et Herder) O. Fedtsch. et B. Fedtsch., Pl. Turkest. 3: 112 (1909).

新疆；吉尔吉斯斯坦、哈萨克斯坦。

西风芹属 Seseli L.

大果西风芹
Seseli aemulans Popov, Bot. Mater. Gerb. Glavn. Bot. Sada RSFSR 8 (4): 73 (1940).

新疆；哈萨克斯坦。

微毛西风芹
Seseli asperulum (Trautv.) Schischk., Fl. URSS 16: 520 (1950).
Seseli coronatum Ledeb. var. *asperulum* Trautv., Trudy Imp. S.-Peterburgsk. Bot. Sada 1: 32 (1871).

青海、新疆；哈萨克斯坦。

柱冠西风芹
Seseli coronatum Ledeb., Fl. Altaic. 1: 336 (1829).

新疆；哈萨克斯坦。

多毛西风芹
●**Seseli delavayi** Franch., Bull. Soc. Philom. Paris, sér. 8. 6: 130 (1894).

云南。

毛序西风芹
Seseli eriocephalum (Pall. ex Spreng.) Schischk., Fl. URSS 16: 518 (1950).
Bubon eriocephalus Pall. ex Spreng. in Spreng., Syst. Veg. 1: 900 (1824).

新疆；哈萨克斯坦。

膜盘西风芹
Seseli glabratum Willd. ex Spreng. in Roem. et Schult., Syst. Veg. 6: 406 (1820).
Seseli tenuifolium Ledeb., Fl. Altaic. 1: 333 (1829).

新疆；蒙古、哈萨克斯坦、乌兹别克斯坦。

锐齿西风芹（黄花邪蒿）
●**Seseli incisodentatum** K. T. Fu, Fl. Tsinling. 1 (3): 459 (1981).

甘肃。

内蒙西风芹（内蒙邪蒿）
●**Seseli intramongolicum** Y. C. Ma, Fl. Intramongol. 4: 171 (1979).

内蒙古、宁夏、甘肃。

硬枝西风芹
●**Seseli junatovii** V. M. Vinogr., Novosti Sist. Vyssh. Rast. 22: 198 (1985).

新疆。

竹叶西风芹
Seseli mairei H. Wolff, Repert. Spec. Nov. Regni Veg. 27 (741-750): 301 (1930).

四川、贵州、云南、广西；泰国。

竹叶西风芹（原变种）（竹叶防风，鸡爪防风）
Seseli mairei var. **mairei**
Peucedanum bupleuriforme H. Wolff, Repert. Spec. Nov. Regni Veg. 33 (873-882): 245 (1933); *Peucedanum bupleuroides* H.

Wolff, Repert. Spec. Nov. Regni Veg. 33 (873-882): 245 (1933).
四川、贵州、云南、广西；泰国。

单叶西风芹（变种）
●**Seseli mairei** var. **simplicifolium** C. Y. Wu ex Shan et M. L. Sheh, Acta Phytotax. Sin. 21 (1): 88 (1983).
Seseli simplicifolium (C. Y. Wu ex Shan et M. L. Sheh) Pimenov et Kljuykov, Feddes Repert. 110 (7-8): 488 (1999).
四川、云南。

西藏西风芹
●**Seseli nortonii** Fedde ex H. Wolff, Repert. Spec. Nov. Regni Veg. 27 (741-750): 329 (1930).
西藏。

紫鞘西风芹
●**Seseli purpureovaginatum** Shan et M. L. Sheh, Acta Phytotax. Sin. 18 (3): 377 (1980).
西藏。

山西西风芹
●**Seseli sandbergiae** Fedde ex H. Wolff, Repert. Spec. Nov. Regni Veg. 27 (741-750): 309 (1930).
Seseli schansiensis Fedde ex H. Wolff, Repert. Spec. Nov. Regni Veg. 28 (756-763): 109 (1930).
山西。

无柄西风芹
Seseli sessiliflorum Schrenk, Bull. Cl. Phys.-Math. Acad. Imp. Sci. Saint-Pétersbourg 3: 307. (1845).
Seseli squarrosum Schischk., Bot. Mater. Gerb. Bot. Inst. Komarova Akad. Nauk S. S. S. R. 13. 162 (1950).
新疆；吉尔吉斯斯坦、哈萨克斯坦。

粗糙西风芹（川防风，防风，西风）
●**Seseli squarrulosum** Shan et M. L. Sheh, Acta Phytotax. Sin. 21 (1): 86, pl. 4, f. 1 (1983).
青海、四川。

劲直西风芹
Seseli strictum Ledeb., Fl. Altaic. 1: 338 (1829).
Athamanta stricta (Ledeb.) Ledeb. ex Steud., Nomencl. Bot., ed. 2. 1: 166 (1840); *Pseudammi ehrenbergii* H. Wolff, Repert. Spec. Nov. Regni Veg. 17: 173 (1921); *Ammi ehrenbergii* (H. Wolff) M. Hiroe, Umbell. World 1025 (1979).
新疆；哈萨克斯坦、俄罗斯。

绒果西风芹
●**Seseli togasii** (M. Hiroe) Pimenov et Kljuykov, Feddes Repert. 110 (7-8): 488 (1999).
Deverra togasii M. Hiroe, Umbell. World 504, f. 149 (1979).
吉林。

叉枝西风芹
Seseli valentinae Popov, Bot. Mater. Gerb. Bot. Inst. Komarova Akad. Nauk S. S. S. R. 8 (4): 73 (1940).
新疆；吉尔吉斯斯坦、哈萨克斯坦。

松叶西风芹（松叶防风）
Seseli yunnanense Franch., Bull. Soc. Philom. Paris, sér. 8. 6: 129 (1894).
Seseli siamicum Craib, Bull. Misc. Inform. Kew. 59 (1911).
四川、云南；泰国。

西归芹属 Seselopsis Schischk.

西归芹（土当归，天山邪蒿）
Seselopsis tianschanica Schischk., Bot. Mater. Gerb. Bot. Inst. Komarova Akad. Nauk S. S. S. R. 13: 159 (1950).
新疆；吉尔吉斯斯坦、哈萨克斯坦。

小芹属 Sinocarum H. Wolff ex Shan et F. T. Pu

紫茎小芹
Sinocarum coloratum (Diels) H. Wolff ex Shan et F. T. Pu, Fl. Reipubl. Popularis Sin. 55 (2): 33 (1985).
Carum coloratum Diels, Notes Roy. Bot. Gard. Edinb. 5 (25): 287 (1912).
四川、云南、西藏；印度。

钝瓣小芹
Sinocarum cruciatum (Franch.) H. Wolff ex Shan et F. T. Pu, Fl. Reipubl. Popularis Sin. 55 (2): 33 (1985).
Carum cruciatum Franch., Bull. Soc. Philom. Paris, sér. 8. 6: 124 (1894).
四川、云南、西藏；缅甸。

钝瓣小芹（原变种）
●**Sinocarum cruciatum** var. **cruciatum**
Ligusticum cruciatum (Franch.) M. Hiroe, Umbell. Asia No. 1. 109 (1958).
四川、云南、西藏。

尖瓣小芹（变种）
Sinocarum cruciatum var. **linearilobum** (Franch.) Shan et F. T. Pu, Fl. Reipubl. Popularis Sin. 55 (2): 35 (1985).
Carum cruciatum var. *linearilobum* Franch., Bull. Soc. Philom. Paris, sér. 8. 6: 124 (1894); *Sinocarum caespitosum* H. Wolff, Repert. Spec. Nov. Regni Veg. 27 (734-740): 181 (1929); *Carum forrestii* M. Hiroe, Umbell. World 872 (1979).
四川、云南、西藏；缅甸。

长柄小芹
●**Sinocarum dolichopodum** (Diels) H. Wolff ex Shan et F. T. Pu, Fl. Reipubl. Popularis Sin. 55 (2): 38 (1985).
Carum dolichopodum Diels, Notes Roy. Bot. Gard. Edinb. 5 (25): 287 (1912).
四川、云南。

蕨叶小芹
●**Sinocarum filicinum** H. Wolff, Repert. Spec. Nov. Regni Veg. 27 (734-740): 182 (1929).
Carum chinense Hiroe, Umbell. World 872 (1979).
四川、云南、西藏。

少辐小芹
Sinocarum pauciradiatum Shan et F. T. Pu, Acta Phytotax. Sin. 18 (3): 375 (1980).
四川、云南、西藏；不丹。

松林小芹
●**Sinocarum pityophilum** (Diels) H. Wolff in Engl., Pflanzenr. 228 (Heft 90) 166 (1927).
Carum pityophilum Diels, Notes Roy. Bot. Gard. Edinb. 5 (25): 288 (1912).
云南。

裂瓣小芹
Sinocarum schizopetalum (Franch.) H. Wolff ex Shan et M. L. Sheh, Fl. Reipubl. Popularis Sin. 55 (2): 33 (1985).
Carum schizopetalum Franch., Bull. Soc. Philom. Paris, sér. 8. 6: 118 (1894).
云南、西藏；缅甸。

裂瓣小芹（原变种）
●**Sinocarum schizopetalum** var. **schizopetalum**
Carum schizopetalum Franch., Bull. Soc. Philom. Paris, sér. 8, 6: 118 (1894); *Dactylaea schizopetalum* (Franch.) Farille, Candollea 40: 561 (1985).
云南、西藏。

碧江小芹（变种）
Sinocarum schizopetalum var. **bijiangense** (S. L. Liou) X. T. Liu in C. Y. Wu, Fl. Yunnan. 7: 521 (1997).
Sinocarum bijiangense S. L. Liou, Acta Phytotax. Sin. 28 (2): 149, pl. 3 (1990); *Dactylaea wolffiana* Fedde ex H. Wolff, Repert. Spec. Nov. Regni Veg. 27 (741-750): 304 (1930); *Sinocarum wolffianum* (Fedde ex H. Wolff) Shan et F. T. Pu in W. T. Wang et S. G. Wu, Vasc. Pl. Hengduan Mount. 1: 1312 (1993).
云南；缅甸。

阔鞘小芹
●**Sinocarum vaginatum** H. Wolff, Repert. Spec. Nov. Regni Veg. 27 (734-740): 183 (1929).
Carum vaginatum (H. Wolff) M. Hiroe, Umbell. World 871 (1979).
四川、云南、西藏。

存疑种
Sinocarum pseudocruciatum H. Wolff, Repert. Spec. Nov. Regni Veg. 27: 182 (1929).
四川。

舟瓣芹属 Sinolimprichtia H. Wolff

舟瓣芹
●**Sinolimprichtia alpina** H. Wolff, Repert. Spec. Nov. Regni Veg. Beih. 12: 449 (1922).
青海、四川、云南、西藏。

舟瓣芹（原变种）
●**Sinolimprichtia alpina** var. **alpina**
青海、四川、云南、西藏。

裂苞舟瓣芹（变种）
●**Sinolimprichtia alpina** var. **dissecta** Shan et S. L. Liou, Fl. Reipubl. Popularis Sin. 55 (1): 299 (1979).
四川、云南、西藏。

泽芹属 Sium L.

滇西泽芹
●**Sium frigidum** Hand.-Mazz., Symb. Sin. 7 (3): 719, pl. 11, f. 2-4 (1933).
Chamaesium frigidum (Hand.-Mazz.) Shan ex F. T. Pu, Vasc. Pl. Hengduan Mount. 1: 1290 (1993).
云南。

中亚泽芹
Sium medium Fisch. et C. A. Mey., Index Sem. (St. Petersburg) 9: 19 (1843).
新疆；塔吉克斯坦、吉尔吉斯斯坦、哈萨克斯坦、乌兹别克斯坦。

拟泽芹
Sium sisaroideum DC., Prodr. 4: 124 (1830).
Sisarum sisaroideum (DC.) Schischkin ex Krylov, Fl. Sibir. Occid. 8: 2077 (1935).
新疆；阿富汗、塔吉克斯坦、吉尔吉斯斯坦、哈萨克斯坦、乌兹别克斯坦、土库曼斯坦、俄罗斯、亚洲中部和西南部。

泽芹（山藁本）
Sium suave Walt., Fl. Carol. 115 (1788).
Sium cicutifolium Schrank, Baier. Fl. 1: 558 (1789); *Apium cicutifolium* (Schrank) Benth. et Hook. f. ex F. B. Forbes et Hemsl., J. Linn. Soc., Bot. 23 (153): 328. (1887); *Cicuta dahurica* Fisch. ex Schult., Cat. Jard. Pl. Gorenki, ed. 2. 45 (1812); *Sium nipponicum* Maxim., Bull. Acad. Imp. Sci. Saint-Pétersbourg 18 (3): 286 (1873); *Sium formosanum* Hayata, Icon. Pl. Formosan. 10: 16, f. 9 (1921).
黑龙江、吉林、辽宁、内蒙古、河北、山东、宁夏、江苏、台湾；日本、朝鲜、俄罗斯、北美洲。

簇花芹属 Soranthus Ledeb.

簇花芹（草参）
Soranthus meyeri Ledeb., Fl. Altaic. 1: 345 (1829).

Seseli meyeri (Ledeb.) D. Dietr., Syn. Pl. 2. 956. (1807); *Ferula meyeri* (Ledeb.) Bunge, Mém. Acad. Imp. Sci. St.-Pétersbourg Divers Savans 7: 307 (1851).
新疆；哈萨克斯坦、俄罗斯（西西伯利亚）。

迷果芹属 Sphallerocarpus Besser ex DC.

迷果芹（小叶山红萝卜）
Sphallerocarpus gracilis (Besser ex Trevir.) Koso-Pol., Bull. Soc. Imp. Naturalistes Moscou, n.s. 29: 202 (1915).
Chaerophyllum gracile Besser ex Trevir., Nova Acta Phys.-Med. Acad. Caes. Leop.-Carol. Nat. Cur. 13 (1): 172 (1826); *Sphallerocarpus cyminum* Bess. ex DC., Coll. Mém. 60 (1829).
黑龙江、吉林、辽宁、内蒙古、河北、山西、甘肃、青海、新疆、四川；蒙古、日本、俄罗斯（西伯利亚东部）。

狭腔芹属 Stenocoelium Ledeb.

狭腔芹
Stenocoelium popovii V. M. Vinogr. et Fedor., Novosti Sist. Vyssh. Rast. 16: 148 (1979).
新疆；蒙古、哈萨克斯坦、俄罗斯。

毛果狭腔芹
Stenocoelium trichocarpum Schrenk, Bull. Cl. Phys.-Math. Acad. Imp. Sci. Saint-Pétersbourg 1: 80 (1841).
Seseli trichocarpum (Schrenk) B. Fedtsch., Rastit. Turkest. 616 (1915).
新疆；哈萨克斯坦。

伊犁芹属 Talassia Korovin

伊犁芹
Talassia transiliensis (Regel et Herder) S. P. Korovin, Fl. Kazakhst. 6: 384 (1963).
Peucedanum transiliense Regel et Herder, Bull. Soc. Imp. Naturalistes Moscou 39 (3): 78 (1866); *Ferula transiliensis* (Regel et Herder) Pimenov, Sosud. Rast. S. S. S. R. 21 (1981).
新疆；亚洲中部。

东俄芹属 Tongoloa H. Wolff

宜昌东俄芹
●**Tongoloa dunnii** (H. Boissieu) H. Wolff in Engl., Pflanzenr. 228 (Heft 90): 317 (1927).
Pimpinella dunnii H. Boissieu, Bull. Herb. Boissier, sér. 2. 3 (10): 841 (1903); *Peucedanum giraldii* Diels, Bot. Jahrb. Syst. 29 (3-4): 503 (1900).
湖北、四川、西藏。

大东俄芹
●**Tongoloa elata** H. Wolff, Acta Horti Gothob. 2 (7): 291 (1926).
Pimpinella elata (H. Wolff) M. Hiroe, Umbell. Asia No. 1. 59. (1958); *Tongoloa cnidiifolia* K. T. Fu, Fl. Tsinling. 1 (3): 456 (1981).
甘肃、青海、四川。

细颈东俄芹
●**Tongoloa filicaudicis** K. T. Fu, Fl. Tsinling. 1 (3): 456 (1981).
甘肃。

纤细东俄芹
Tongoloa gracilis H. Wolff, Notizbl. Bot. Gart. Berlin-Dahlem 9 (84): 279 (1925).
Pimpinella tilia M. Hiroe, Umbell. World 834 (1979).
陕西、甘肃、青海、四川、云南、西藏；不丹、印度东部。

云南东俄芹
Tongoloa loloensis (Franch.) H. Wolff in Engl., Pflanzenr. 228 (Heft 90): 318 (1927).
Carum loloensis Franch., Bull. Soc. Philom. Paris ser. 8. 6: 125 (1894); *Pimpinella loloensis* H. Boissieu, Bull. Herb. Boissier, sér. 2. 2 (9): 809 (1902); *Trachydium loloense* (Franch.) M. Hiroe, Umbell. Asia No. 1. 125 (1958).
四川、云南、西藏；不丹、尼泊尔、印度（锡金）。

裂苞东俄芹
●**Tongoloa napifera** (H. Wolff) C. Norman, J. Bot. 76: 232 (1938).
Trachydium napiferum H. Wolff, Acta Horti Gothob. 2: 300 (1926).
四川。

少辐东俄芹
●**Tongoloa pauciradiata** H. Wolff, Repert. Spec. Nov. Regni Veg. 27 (1-8): 128 (1929).
青海、西藏。

滇西东俄芹
●**Tongoloa rockii** H. Wolff, Repert. Spec. Nov. Regni Veg. 27 (726-733): 127 (1929).
云南。

红脉东俄芹
●**Tongoloa rubronervis** S. L. Liou, Acta Phytotax. Sin. 27 (1): 69, pl. 1, f. 6-11 (1989).
四川。

城口东俄芹
●**Tongoloa silaifolia** (H. Boissieu) H. Wolff, Notizbl. Bot. Gart. Berlin-Dahlem 9 (84): 280 (1925).
Pimpinella silaifolia H. Boissieu, Bull. Herb. Boissier, sér. 2. 2 (9): 809 (1902); *Pimpinella peucedanifolia* H. Boissieu, Bull. Soc. Bot. France 53: 428 (1906); *Tongoloa peucedanifolia* (H. Boissieu) H. Wolff in Engl., Pflanzenr. 228 (Heft 90): 318 (1929); *Pimpinella fortunatii* H. Boissieu, Bull. Soc. Bot.

France 56: 351 (1909); *Tongoloa fortunatii* (H. Boissieu) Pimenov et Kljuykov, Feddes Repert. 110 (7-8): 489 (1999).
陕西、青海、四川、重庆、云南。

短鞘东俄芹
●**Tongoloa smithii** H. Wolff, Acta Horti Gothob. 2: 290 (1926).
四川。

牯岭东俄芹
●**Tongoloa stewardii** H. Wolff, Repert. Spec. Nov. Regni Veg. 27 (734-740): 185 (1929).
Physospermopsis wolffiana Fedde ex H. Wolff, Repert. Spec. Nov. Regni Veg. 27 (734-740): 179 (1929); *Pimpinella stewardii* (H. Wolff) M. Hiroe, Umbell. Asia No. 1. 61 (1958). *Pleurospermum cavaleri* M. Hiroe, Umbell. World 746 (1979).
江西、云南。

条叶东俄芹
●**Tongoloa taeniophylla** (H. Boissieu) H. Wolff, Notizbl. Bot. Gart. Berlin-Dahlem 9 (84): 280 (1925).
Pimpinella taeniophylla H. Boissieu, Bull. Soc. Bot. France 53: 429 (1906).
青海、四川、云南。

细叶东俄芹
●**Tongoloa tenuifolia** H. Wolff, Repert. Spec. Nov. Regni Veg. 27 (726-733): 128 (1929).
四川、云南、西藏。

中甸东俄芹
●**Tongoloa zhongdianensis** S. L. Liou, Acta Phytotax. Sin. 27 (1): 68, pl. 1, f. 1-5 (1989).
云南。

阔翅芹属 Tordyliopsis DC.

珠峰阔翅芹
Tordyliopsis brunonis DC., Prodr. 4: 199 (1830).
Heracleum brunonis (DC.) C. B. Clarke in Hook. f., Fl. Brit. Ind. 5: 713 (1879).
西藏；不丹、尼泊尔、印度（锡金）。

窃衣属 Torilis Adans.

小窃衣（破子草，大叶山胡萝卜）
Torilis japonica (Houtt.) DC., Prodr. 4: 219 (1830).
Caucalis japonica Houtt., Nat. Hist. 2 (8): 42, pl. 45, f. 1 (1777); *Tordylium anthriscus* L., Sp. Pl. 1: 240 (1753); *Caucalis anthriscus* (L.) Huds., Fl. Angl. 99 (1762); *Torilis anthriscus* (L.) C. C. Gmel., Fl. Bad. 1: 615 (1805); *Anthriscus vulgaris* Bernh., Syst. Verz. 1: 113, 168 (1800); *Caucalis elata* D. Don, Prodr. Fl. Nepal. 183 (1825); *Caucalis coniifolia* Wall. ex DC., Prodr. 4: 220 (1830); *Torilis praetermissa* Hance, Ann. Sci. Nat., Bot. sér. 5. 5: 214 (1866); *Caucalis praetermissa* (Hance) Franch., Bull. Soc. Bot. France 26: 86 (1879); *Torilis anthriscus* var. *japonica* H. Boissieu, Bull. Herb. Boissier, ser. 2. 3 (10): 856 (1903).
广布中国（黑龙江和内蒙古除外）；广泛丛生于亚洲、欧洲。

窃衣
Torilis scabra (Thunb.) DC., Prodr. 4: 219 (1830).
Chaerophyllum scabrum Thunb. in J. A. Murray, Syst. Veg., ed. 14. 289 (1784); *Caucalis scabra* (Thunb.) Makino, Bot. Mag. (Tokyo) 7 (73): 44 (1893); *Anthriscus scabra* (Thunb.) Koso-Pol., Bull. Soc. Imp. Naturalistes Moscou, n.s. 29: 151 (1915); *Torilis henryi* C. Norman, J. Bot. 67 (5): 147 (1929).
陕西、甘肃、安徽、江苏、江西、湖南、湖北、四川、贵州、福建、广东、广西；日本、朝鲜，被引种到北美洲。

瘤果芹属 Trachydium Lindl.

裂苞瘤果芹
●**Trachydium involucellatum** Shan et F. T. Pu, Acta Phytotax. Sin. 24 (4): 313, pl. 8 (1986).
西藏。

瘤果芹（粗子草）
Trachydium roylei Lindl., Ill. Bot. Himal. Mts. 232 (1835).
四川、西藏；印度西北部、巴基斯坦、克什米尔。

单叶瘤果芹
●**Trachydium simplicifolium** W. W. Sm., Notes Roy. Bot. Gard. Edinb. 8 (40): 346 (1915).
Ligusticum simplicifolium (W. W. Sm.) M. Hiroe, Umbell. Asia No. 1. 108 (1958).
云南。

密瘤瘤果芹
Trachydium subnudum C. B. Clarke ex H. Wolff, Repert. Spec. Nov. Regni Veg. 27 (726-733): 125 (1929).
Chamaesciadium subnudum (C. B. Clarke ex H. Wolff) C. Norman, J. Bot. 76: 233 (1938); *Trachydium verrucosum* Shan et F. T. Pu, Fl. Reipubl. Popularis Sin. 55 (1): 299 (1979).
四川、西藏；印度东北部。

西藏瘤果芹
●**Trachydium tibetanicum** H. Wolff, Repert. Spec. Nov. Regni Veg. 27 (726-733): 122 (1929).
四川、云南、西藏。

三叶瘤果芹
●**Trachydium trifoliatum** H. Wolff, Repert. Spec. Nov. Regni Veg. 27 (726-733): 125 (1929).
云南。

存疑种

Trachydium souliei H. de Boissieu, Bull. Soc. Bot. France 53: 422 (1906).
西藏。

Trachydium dielsianum H. Wolff, Acta Horti Gothob. 2: 300 (1926).
四川。

Trachydium szechuanense H. Wolff, Acta Horti Gothob. 2: 299 (1926).
四川。

Trachydium variabile H. Wolff, Acta Horti Gothob. 2: 298 (1926).
四川。

糙果芹属 Trachyspermum Link

细叶糙果芹

Trachyspermum ammi (L.) Sprague, Bull. Misc. Inform. Kew 1929: 228 (1929).
Sison ammi L., Sp. Pl. 1: 252 (1753); *Ammi copticum* L., Mant. Pl. 56 (1767); *Daucus copticus* (L.) Lam., Encycl. 1 (2): 635 (1785); *Bunium copticum* (L.) Spreng., Pl. Umbell. Prodr. 28 (1813); *Trachyspermum copticum* (L.) Link, Enum. Hort. Berol. Alt. 1: 267 (1821); *Ptychotis coptica* (L.) DC., Mém. Soc. Phys. Geneve 4: 496 (1828); *Carum copticum* C. B. Clarke, Gen. Pl. 1: 891 (1867).
新疆；印度。

滇南糙果芹

Trachyspermum roxburghianum (DC.) H. Wolff in Engl., Pflanzenr. 228 (Heft 90): 129 (1927).
Ptychotis roxburghiana DC., Prodr. 4: 109 (1830); *Apium involucratum* Roxb., Asiat. Res. 11. 157 (1810); *Pimpinella involucrata* (Roxb.) Wight et Arn., Prodr. Fl. Ind. Orient. 1: 369 (1834); *Trachyspermum involucratum* (Roxb.) H. Wolff in Engl., Pflanzenr. 89 (1927); *Carum roxburghianum* (DC.) Kurz. in Benth. et Hooker f., Gen. Pl. 1 (3): 891 (1867); *Carum stictocarpum* C. B. Clarke in Hook. f., Fl. Brit. Ind. 2: 681 (1879); *Trachyspermum stictocarpum* (C. B. Clarke) H. Wolff in Engl., Pflanzenr. 89 (1927).
云南；印度。

糙果芹

●**Trachyspermum scaberulum** (Franch.) H. Wolff ex Hand.-Mazz., Symb. Sin. 7 (3): 713 (1933).
Carum scaberulum Franch., Bull. Soc. Philom. Paris, sér. 8. 6: 125 (1894).
四川、贵州、云南、广西。

糙果芹（原变种）

●**Trachyspermum scaberulum** var. **scaberulum**
Pimpinella scaberula (Franch.) H. Boissieu, Bull. Soc. Bot. France 53: 428 (1906).
四川、贵州、云南、广西。

豚草叶糙果芹（变种）

●**Trachyspermum scaberulum** var. **ambrosiifolium** (Franch.) Shan, Sinensia 11 (1-2): 166 (1940).
Carum scaberulum Franch. var. *ambrosiifolium* Franch., Bull. Soc. Philom. Paris, sér. 8. 6: 125 (1894); *Pimpinella scaberula* (Franch.) H. Wolff var. *ambrosiifolia* (Franch.) H. Wolff in Engl., Pflanzenr. 228 (Heft 90) 274 (1927).
四川、云南。

马尔康糙果芹

●**Trachyspermum triradiatum** H. Wolff, Acta Horti Gothob. 2 (7): 305 (1926).
四川。

刺果芹属 Turgenia Hoff.

刺果芹

Turgenia latifolia (L.) Hoffm., Gen. Pl. Umbell., ed. 2. 9 (1816).
Tordylium latifolium L., Sp. Pl. 1: 240 (1753); *Caucalis latifolia* (L.) L., Syst. Nat. 2: 205 (1768).
新疆；巴基斯坦、阿富汗、哈萨克斯坦、克什米尔、俄罗斯、亚洲中部和西南部、欧洲中部、南部和西部、非洲西北部。

凹乳芹属 Vicatia DC.

少裂凹乳芹

●**Vicatia bipinnata** Shan et F. T. Pu, Acta Phytotax. Sin. 24 (4): 313, pl. 9 (1986).
Sinodielsia bipinnata (Shan et F. T. Pu) Pimenov et Kljuykov, Feddes Repert. 102 (5-6): 383 (1991).
四川、云南。

凹乳芹

Vicatia coniifolia Wall. ex DC., Prodr. 4: 243 (1830).
Chaerophyllum gracillum Klotzsch, Bot. Ergebn. Reise Waldemar 1845 (1846); *Chaerophyllum millefolium* Koltzsch, Bot. Ergebn. Reise Waldemar 149, pl. 45 (1862); *Vicatia millefolia* (Klotzsch) C. B. Clarke in Hook. f., Fl. Brit. Ind. 2 (6): 671 (1879); *Sphallerocarpus millefolius* (Klotzsch) Koso-Pol., Bull. Soc. Imp. Naturalistes Moscou 1915, n.s. 29: 202 (1916); *Vicatia stewartii* C. B. Clarke in Hook. f., Fl. Brit. Ind. 2: 671 (1879); *Sphallerocarpus coniifolius* (Wall. ex DC.) Koso-Pol., Bull. Soc. Imp. Naturalistes Moscou 1915, n.s. 29: 202 (1916).
青海、四川、云南、西藏；不丹、尼泊尔、印度、巴基斯坦、阿富汗、克什米尔。

西藏凹乳芹（野当归，独脚当归）

Vicatia thibetica H. Boissieu, Bull. Soc. Bot. France 53: 423 (1906).
Sinodielsia thibetica (H. Boissieu) Kljuykov et P. K. Mukh.,

Feddes Repert. Beih. 102 (5-6): 383 (1991).

青海、四川、云南、西藏；尼泊尔。

艾叶芹属 Zosima Hoffm.

艾叶芹

Zosima korovinii Pimenov, Byull. Glavn. Bot. Sada (Moscow) 101: 45 (1976).

新疆；哈萨克斯坦、吉尔吉斯斯坦、塔吉克斯坦、乌兹别克斯坦。

待处理

Hymenidium Lindley

Hymenidium huzhihaoi Pimenov et Kluykov, Bot. Žhurn. 89: 1659 (2004).

四川。

Hymenidium ladyginii Pimenov et Kljuykov, Bot. Žhurn. 96: 649 (2011).

? 。

Hymenidium lhasanum Pimenov et Kljuykov, Bot. Žhurn. 89: 1657 (2004).

西藏。

Hymenidium mieheanum Pimenov et Kluykov, Bot. Žhurn. 89: 1661 (2004).

西藏。

Hymenidium pachycaule Pimenov et Kljuykov, Edinb. J. Bot. 53: 275. 1996. NW Gansu.

Hymenidium virgatum Pimenov et Kljuykov, Bot. Žhurn. 89: 1654 (2004).

四川。

Dimorphosciadium gayoides (Regel et Schmalh.) Pimenov, Byull. Moskovsk. Obshch. Isp. Prir., Otd. Biol. n.s., 80 (3): 83 (1975).

本书主要参考文献

曾沧江. 1981. 中国冬青科植物志资料. 植物研究, 1(1-2): 1-44.
曾沧江. 1984. 广西冬青属新种. 植物分类学报, 22(5): 413-416.
陈焕镛, 侯宽昭. 1958. 华南植物志资料(I). 植物分类学报, 7(1): 1-90.
陈书坤, 俸宇星. 1999. 中国冬青属一些种的确认. 植物分类学报, 37(2): 143-144.
陈晓亚, 海吾德. 1988. 柳叶芹属(伞形科)系统分类学研究. 植物分类学报, 26(1): 29-32.
崔鸿宾. 1990. 中国爵床科植物志资料 I. 云南植物研究, 12(3): 269-278.
单人骅, 佘孟兰, 袁昌齐, 等. 1980. 西藏伞形科新分类群. 植物分类学报, 18(3): 374-379.
单人骅, 佘孟兰, 袁昌齐, 等. 1983. 中国伞形科新分类群(一). 植物分类学报, 21(1): 79-88.
单人骅, 佘孟兰, 王铁僧, 等. 1986. 中国伞形科新分类群(二). 植物分类学报, 24(4): 304-316.
单人骅, 溥发鼎. 1989. 中国伞形科新分类群(三). 植物分类学报, 27(1): 62-67.
邓云飞. 2002. 中国五加科植物资料. 云南植物研究, 24(5): 603-606.
方鼎, 罗献瑞, 唐恢天. 1997. 广西爵床科植物新资料. 广西植物, 17(1): 24-60.
龚彤. 1976. 中国泡桐属植物的研究. 植物分类学报, 14(2): 38-50.
何椿年. 1952. 中国五加科补志. 植物分类学报, 2(1): 79-84.
江苏省植物研究所. 1982. 江苏植物志(下册). 南京: 江苏科学技术出版社.
李嵘, 尹利伟, 李恒, 等. 2002. 中国梁王茶属植物纪要. 云南植物研究, 24: 421-427.
李锡文. 1974. 我国一些唇形科植物学名的更动. 植物分类学报, 12(2): 213-234.
李锡文. 1975. 我国一些唇形科植物学名的更动(续). 植物分类学报, 13(1): 72-95.
李锡文, 祝正银. 1992. 四川植物志(第十卷). 成都: 四川民族出版社.
李雅茹. 1985. 云南冬青科新分类群. 植物研究, 5(1): 1-35.
李颖, 潘胜利, 罗思齐. 1984. 伞形科柴胡属两新种的研究. 植物分类学报, 22(2): 131-138.
李颖, 潘胜利, 罗思齐. 1986. 中国伞形科柴胡属一新种. 中国科学院研究生院学报, 24(2): 150-155.
辽宁省林业土壤研究所. 1977. 东北草本植物志(第六卷). 北京: 科学出版社.
林有润. 1977. 广东五加科资料. 植物分类学报, 15(2): 84-86.
刘守炉. 1990. 中国伞形科新分类群. 植物分类学报, 28(2): 145-152.
罗献瑞. 1978. 中国的孩儿草属新植物. 植物分类学报, 16(4): 91-95.
罗献瑞. 1979. 中国南部爵床科植物小记. 植物分类学报, 17(4): 84-87.
罗献瑞, 方鼎. 1985. 中国的恋岩花属(爵床科)植物. 云南植物研究, 7(2): 137-142.
潘泽惠, 庄体德. 1995. 当归属二新种及一新记录. 植物分类学报, 33(1): 86-90.
潘泽惠, 姚淦, 佘孟兰. 1992. 西藏伞形科两新种. 植物分类学报, 30(3): 263-267.
溥发鼎. 1991a. 中国藁木属修订. 植物分类学报, 29(5): 385-393.
溥发鼎. 1991b. 中国藁木属修订(续). 植物分类学报, 29(6): 525-548.
溥发鼎, 王幼平. 1994. 四川羌活属一新种. 四川大学学报(自然科学版), 31(3): 386-388.
溥发鼎, 王萍莉, 郑中华, 等. 2000. 重订羌活属的分类. 植物分类学报, 38(5): 430-436.
祁承经. 1988. 湖南参属——中国五加科一新属. 植物分类学报, 26(1): 47-49.
钱义咏. 2001. 云南短冠草属一新种. 热带亚热带植物学报, 9(1): 43-44.
佘孟兰, 单人骅. 1980. 伞形科两新属——环根芹属和川明参属. 植物分类学报, 18(1): 45-49.
佘孟兰, 溥发鼎, 潘泽惠. 2004. 为《Flora of China》提供的伞形科新资料. 植物分类学报, 42(6): 561-565.
孙雄才, 胡俊鋐. 1966. 中国唇形科植物的新种、新变种、新变型和新命名. 植物分类学报, 11(1): 35-38.
陶德定. 1996. 中国松蒿属(玄参科)的分类研究. 云南植物研究, 18(3): 301-307.

王红, 王静华. 2001. 云南马先蒿属新资料. 云南植物研究, 23(2): 173-174.
王一峰, 廉永善, 杜国祯. 2007. 青藏高原小米草属(玄参科)一新种——短唇小米草. 植物分类学报, 45(5): 705-707.
吴征镒. 1959. 中国唇形科植物订正. 植物分类学报, 8(1): 1-66.
吴征镒, 周铉. 1965. 唇形科的两个新分类单位. 植物分类学报, 10(3): 249-256.
吴征镒, 陈介. 1974. 中国唇形科植物志资料(三). 植物分类学报, 12(1): 21-34.
吴征镒, 黄蜀琴. 1974. 中国唇形科植物志资料(四). 植物分类学报, 2(3): 337-346.
吴征镒, 李锡文, 宣淑洁, 黄泳琴. 1965. 中国唇形科植物志资料(一). 植物分类学报, 10(3): 215-242.
向其柏. 1985. 五加科植物的新分类群及某些修订. 南京林业大学学报, 2: 15-28.
向其柏. 2006. 中国五加科植物的分类学研究: 罗伞属和鹅掌柴属的新种和新异名. 植物分类学报, 44(6): 641-648.
杨汉碧. 1980. 西藏马先蒿属新种. 植物分类学报, 18(2): 240-244.
杨汉碧. 1989. 四川马先蒿属两新种. 植物分类学报, 27(3): 225-227.
杨汉碧. 1990. 横断山区马先蒿属新分类群. 植物分类学报, 28(2): 136-144.
杨汉碧. 1993. 中国马先蒿属一新种. 植物分类学报, 31(3): 288-290.
云南省植物研究所. 1975. 人参属植物的三萜成分和分类系统、地理分布的关系. 植物分类学报, 13(2): 29-48.
张宏达. 1951. 中国紫珠属植物之研究. 中国科学院大学学报, 1(3): 269-312.
张宏达, 颜素珠. 1978. 中国海桐花植物的新种. 植物分类学报, 16(4): 86-90.
张志耘. 1988. 中国列当属的分类及与近缘属的关系. 植物分类学报, 16(5): 394-403.
张志耘. 2002. 海桐花属一些种类的新异名. 植物分类学报, 40(2): 183-186.
赵清盛. 1988. 四川角蒿属(紫葳科)一新种. 植物分类学报, 26(1): 78-79.
中国科学院昆明植物研究所. 1977. 云南植物志(第一卷). 北京: 科学出版社.
中国科学院昆明植物研究所. 1979. 云南植物志(第二卷). 北京: 科学出版社.
中国科学院昆明植物研究所. 1983. 云南植物志(第三卷). 北京: 科学出版社.
中国科学院青藏高原综合科学考察队. 1985. 西藏植物志(第四卷). 北京: 科学出版社.
中国科学院青藏高原综合科学考察队. 1986. 西藏植物志(第三卷). 北京: 科学出版社.
中国科学院中国植物志编辑委员会. 1963. 中国植物志(第六十八卷). 北京: 科学出版社.
中国科学院中国植物志编辑委员会. 1977. 中国植物志(第六十六卷). 北京: 科学出版社.
中国科学院中国植物志编辑委员会. 1977, 1982. 中国植物志(第六十五卷·二册). 北京: 科学出版社.
中国科学院中国植物志编辑委员会. 1978. 中国植物志(第五十四卷). 北京: 科学出版社.
中国科学院中国植物志编辑委员会. 1978, 1979. 中国植物志(第六十七卷·二册). 北京: 科学出版社.
中国科学院中国植物志编辑委员会. 1979, 1985, 1992. 中国植物志(第五十五卷·三册). 北京: 科学出版社.
中国科学院中国植物志编辑委员会. 1990. 中国植物志(第六十九卷). 北京: 科学出版社.
钟补求. 1954a. 西藏、不丹、尼泊尔和印度的一些马先蒿的记述. 植物分类学报, 3(3): 273-333.
钟补求. 1954b. 中国玄参科植物的几个新种. 植物分类学报, 3(4): 415-420.
周伟, 刘启新, 宋春风, 等. 2015. 中国岩风属一新种——老山岩风. 植物分类与资源学报, 24 (3): 107-108.
周铉. 1965. 动蕊花属的订正. 植物分类学报, 10(3): 243-248.
Bendkisby M, Thorbek L, Scheen A C, et al. 2011. An updated phylogeny and classification of Lamiaceae subfamily Lamioideae. Taxon, 60(2): 471-484.
Bentham G. 1832-1835. Labiatarum genera et species. London: James Ridgway and Sons.
Boufford D E. 1990. *Hydrocotyle shanii* Boufford, a new name for *H. chinensis* of Authors, Not L. (Apiaceae). Journal of Systematics and Evolution, 28(4): 331-332.
Cantino P D, Wagstaff S J, Olmstead R G. 1999. *Caryopteris* (Lamiaceae) and the conflict between phylogenetic and pragmatic considerations in botanical nomenclature. Systematic Botany, 23(3): 369-386.
Chen S L. 1991. A new variety and new varietal combinations in Chinese Verbenaceae. Novon, 1(2): 58-59.
Chen W H, Deng Y F, Shui Y M. 2006. *Strobilanthes adpressa* J. R. I. Wood, a newly recorded species of Acanthaceae from China. Journal of Tropical Subtropical Botany, 14(4): 345-346.
Chen Y P, Hu G X, Xiang C L. 2014. *Isodon atroruber* (Lamiaceae, Nepetoideae): a new record for China. Plant Science Journal, 32(4): 329-335.
Chen Y P, Hu G X, Xiang C L. 2014. *Isodon delavayi* (Ocimeae, Nepetoideae, Lamiaceae): a new species from Yunnan

Province, Southwest China. Phytotaxa, 156(5): 291-297.

Deng Y F, Daniel T. 2008. Validation of the name *Pararuellia alata* (Acanthaceae). Novon, 18(1): 33-34.

Deng Y F, Peng H. 2002. A new species of *Dendropanax* (Araliaceae) from China. Acta Phytotaxonomica Sinica, 40(5): 453-454.

Deng Y F, Wang H, Zhou S S. 2007. Two newly recorded species of *Strobilanthes* (Acanthaceae) from China. Acta Phytotaxonomica Sinica, 45(6): 849-854.

Deng Y F, Wood J R I, Fu Y. 2010. *Strobilanthes biocullata* (Acanthaceae), a new species from Hunan, China. Novon, 20(4): 406-411.

Deng Y F, Wood J R I, Gao C M. 2010. New species and new combinations of *Strobilanthes* Blume (Acanthaceae) from China. Journal of Tropical & Subtropical Botany, 18(5): 469-484.

Deng Y F, Wood J R I, Li H. 2010. *Strobilanthes ovata* (Acanthaceae), a new species from Gaoligong Shan, in Yunnan, China. Novon, 20(2): 143-146.

Deng Y F, Wood J R I, Scotland R W. 2006. New and reassessed species of *Strobilanthes* (Acanthaceae) in the Flora of China. Botanical Journal of Linnaean Society, 150(3): 369-390.

Deng Y F, Wu Z Y. 2009. A new combination in *Mackaya* (Acanthaceae), with lectotypification for *M. tapingensis*. Novon, 19(3): 307-309.

Deng Y F, Xia N H, Chen H B. 2006. A new combination in Chinese *Acanthus* Linn. (Acanthaceae). Journal of Tropical & Subtropical Botany, 14(6): 530-531.

Deng Y F, Xia N H. 2007. Validation of the name *Strobilanthes sarcorrhiza* (Acanthaceae). Novon, 17(2): 154-155.

Deng Y F. 2002. Notes on the family Araliaceae from China. Acta Botanica Yunnanica, 24(5): 603-606.

Deng Y F. 2003. *Eleutherococcus humillimis*, a new combination in Chinese Araliaceae. Novon, 13(3): 305-306.

Deng Y F. 2011. The valid publication of the name *Euaraliopsis* (Araliaceae). Taxon, 60(5): 1482-1484.

Diels L. 1912. Plantae Chinenses Forrestianae. Notes from the Royal Botanic Gardens, Edinburgh, 5: 161-304.

Dong H J, Jamzad Z, Xiang C L. 2015. *Nepeta wuana* (Nepetinae, Nepetoideae, Lamiaceae), a new species from Shanxi, China. Iranian Journal of Botany, 21(1): 13-18.

Hao Z P, Deng Y F, Daniel T F. 2011. *Justicia caudatifolia*, a new combination in Chinese Acanthaceae. Journal of Tropical and Subtropical Botany, 18(5): 485-487.

Hao Z P, Deng Y F, Xia N H. 2008. *Peristrophe magnibracteata*, a new combination in Asian Acanthaceae. Nordic Journal of Botany, 25: 12-13.

Hara H. 1985. Comments on the east Asiatic plants (17). The Journal of Japanese Botany, 60(8): 230-238.

Ho T N, Bartholomew B, Gilbert M G. 1996. New taxa from the A'nyêmaqên Shan Region of Eastern Qinghai Province, China. Novon, 6(2): 185-190.

Hong D Y. 1996. Additional notes on the Scrophulariaceae of China. Novon, 6(4): 372-374.

Hong D Y. 1997. Validation of *Paulownia catalpifolia* (Scrophulariaceae). Novon, 7(4): 366.

Hong D Y. 2015. A taxonomical revision of *Ilex* (Aquifoliaceae) in the Pan-Himalaya and unraveling its distribution patterns. Phytotaxa, 230(2): 151-171.

Hoo G, Tseng C J. 1965. Contributions to the Araliaceae of China. Acta Phytotaxonomica Sinica, add. 1: 129-176.

Hoo G. 1961. The systematics, relationship and distribution of the Araliaceae of China. Bulletin of Amoi University (Natural Sciences), 8: 1-11.

Hu G W, Long C L, Liu K M. 2007. *Utricularia mangshanensis* (Lentibulariaceae), a new species from Hunan, China. Annales Botanici Fennici, 44(5): 389-392.

Hu G X, Liu Y, Xu W B, et al. 2013. *Salvia petrophila* sp. nov. (Lamiaceae) from north Guangxi and south Guizhou, China. Nordic Journal of Botany, 32(2): 190-195.

Hu S Y. 1949a. The genus *Ilex* in China [I]. Journal of the Arnold Arbotetum, 30(3): 233-344.

Hu S Y. 1949b. The genus *Ilex* in China [II]. Journal of the Arnold Arbotetum, 30(4): 348-387.

Hu S Y. 1950a. The genus *Ilex* in China [III]. Journal of the Arnold Arbotetum, 31(1): 39-80.

Hu S Y. 1950b. The genus *Ilex* in China [IV]. Journal of the Arnold Arbotetum, 31(3): 214-240.

Hu S Y. 1950c. The genus *Ilex* in China [V]. Journal of the Arnold Arbotetum, 31(3): 241-263.

Hu S Y. 1951. Notes on the Flora of China, 1. Journal of the Arnold Arbotetum, 32(4): 390-401.

Kudo Y. 1929. Labiatarum sino-Japonicarum prodromus. Memoirs of the Faculty of Science and Agriculture, Taihoku Imperial University, 2: 1-332.

Li H L. 1942. The Araliaceae of China. Sargentia, 2(1): 38-49.

Li H L. 1947. Relationship and taxonomy of the genus *Brandisia*. Journal of the Arnold Arbotetum, 28(1): 127-136.

Li H L. 1949. A new genus of the Araliaceae. Journal of the Arnold Arboretum, 30: 231-232.

Li H W. 1988. Taxonomic review of *Isodon* (Labiatae). Journal of the Arnold Arboretum, 69(4): 289-400.

Li R, Li H. 2013. A new species of *Hydrocotyle* (Umbelliferae) from western Yunnan, China. Journal of Systematics and Evolution, 51(2): 223.

Li R, Wen J. 2013. Phylogeny and biogeography of *Dendropanax* (Araliaceae), an amphi-Pacific disjunct genus between tropical/subtropical Asia and the neotropics. Systematic Botany, 38(2): 536-551.

Li R, Wen J. 2014. Phylogeny and biogeography of Asian *Schefflera* (Araliaceae) based on nuclear and plastid DNA sequence data. Journal of Systematics and Evolution, 52(4): 431-449.

Li R, Wen J. 2016. Phylogeny and diversification of Chinese Araliaceae based on nuclear and plastid DNA sequence data. Journal of Systematics and Evolution, 54(4): 453-467.

Li T L, Deng Y F. 2007. A new combination of *Eranthemum* Linn.(Acanthaceae) from China. Journal of tropical and Subtropical Botany, 15(3): 259-260.

Liao C Y, He X J. 2012. *Angelica dabashanensis* (Apiaceae), a new species from Shaanxi, China. Annales Botanici Fennici, 49(1-2): 125-133.

Liu M L, Yu W B. 2015. *Pedicularis wanghongiae* (Orobanchaceae), a new species from Yunnan, southwestern China. Phytotaxa, 217(1): 53-62.

Ma H, Jiang N, Yu W B, et al. 2011. Valid publication of the name *Callicarpa peichieniana* (Lamiaceae). Nordic Journal of Botany, 29: 224-226.

Ma X G, Zhao C, Liang Q L, et al. 2013. *Bupleurum baimaense* (Apiaceae), a new apecies from Hengduan Mountains, China. Annales Botanici Fennici, 50(6): 379-385.

Mathiesen C, Scheen A C, Lindqvist C. 2011. Phylogeny and biogeography of the lamioid genus *Phlomis* (Lamiaceae). Kew Bulletin, 66: 83-99.

Ohwi J. 1933. Symbolae ad Floram Asiae Orientalis, 9. Acta Phytotaxonomica et Geobotanica, 2(3): 149-170.

P'ei C. 1932. The Verbenaceae of China. Memoirs of the Science Society of China, 1(3): 1-193.

Peng H, Deng Y F. 2001. A new species of *Pittosporum* (Pittosporaceae) from China. Novon, 11(4): 440-441.

Peng X M, Jiang N, Yu W B. 2011. Validation of the name *Callicarpa bodinieri* var. *iteophylla* (Lamiaceae). Journal of Systematics and Evolution, 49(5): 508.

Pimenov M G, Kljukov E V, Tishokov A A. 1996. Taxonomic and floristic novelties in Chinese Umbelliferae from Qomolangma regions (Xizang, The Himalayas). Acta Phytotaxonomica Sinica, 34(1): 1-11.

Pimenov M G, Kljukov E V. 2001. Floristic novelties in the Umbelliferae of Xinjiang, China. Acta Phytotaxonomica Sinica, 39(3): 193-202.

Pimenov M G, Kljuykov E V, 1999. New nomenclatural combinations for Chinese Umbelliferae. Feddes Repert, 110(7-8): 481-491.

Pimenov M G, Klkuykov E V. 2003. Notes on Some Sino-Himalayan Species of *Angelica* and *Ostericum* (Umbelliferae). Willdenowia, 33(1): 121-137.

Pu F D, Peng Y L. 2005. Taxonomic notes on *Meeboldia* H. Wolff (Umbelliferae). Acta Phytotaxonomica Sinica, 43(6): 552-556.

Salmaki Y, Zarre S, Ryding O, et al. 2012. Phylogeny of the tribe Phlomoideae (Lamioideae: Lamiaceae) with special focus on *Eremostachys* and *Phlomoides*: new insights from nuclear and chloroplast sequences. Taxon, 61(1): 161-179.

Scheen A C, Bendiksby M, Ryding O, et al. 2010. Molecular phylogenetics, character evolution and suprageneric classification of Lamioideae (Lamiaceae). Annals of the Missouri Botanical Garden, 97(2): 191-219.

Shang C B, Huang J Y. 1993. *Chengiopanax*-a new genus of Araliaceae. Bulletin of Botanical Research, 13(1) 44-49.

Shang C B. 1984. Le genre *Schefflera* (Araliaceae) en Chine et en Indochine. Candollea, 39: 453-486.

Shang C B, Lowry P P I, Frodin D G. 2000. A taxonomic revision and re-definition of the genus *Gamblea* (Araliaceae). Adansonia, 22(1): 45-55.

Tang Y, Macior L W, Zhang J C. 1998. A new variety of *Pedicularis longiflora* (Scrophulariaceae) from Northwest Sichuan, China. Novon, 8(4): 455-456.

Tseng C J, Hoo G. 1982. A new classification scheme for the family Araliacee. Acta Phytotaxonomica Sinica, 20: 125-130.

Wang B C, Ma X G, He X G. 2011. A taxonomic re-assessment in the Chinese *Bupleurum* (Apiaceae): insights from morphology, nuclear ribosomal internal transcribed spacer, and chloroplast (*trnH-psbA*, *matK*) sequences. Journal of Systematics and Evolution, 49(6): 558-589.

Wang H C, He Z R, Wang Y H, et al. 2013. *Bupleurum dracaenoides* (Subgenus *Bupleurum*, Apiaceae): a new shrubby species from Southwestern China. Systematic Botany, 38(4): 1188-1195.

Wang L S. 2012. A revision of the genus *Pternopetalum* Franch. (Apiaceae). Journal of Systematics and Evolution, 50(6): 550-572.

Wang Q, Hong D Y. 2011. Character analysis and taxonomic revision of the *Microtoena insuavis* complex (Lamiaceae). Botanical Journal of the Linnean Society, 165: 315-327.

Wen J, Frodin D G. 2001. *Metapanax*, a new genus of Araliaceae from China and Vietnam. Brittonia, 53(1): 116-121.

Wen J, Lee C H, Deng Y F. 2002. On Merging Hunaniopanax with *Aralia* (Araliaceae), with descrption of a new taxon and additional nomenclatural Changes in Asian *Aralia*. Acta Botanica Yunnanica, 24(5): 557-568.

Wen J, Lee C H, Lowry P P, et al. 2003. Inclusion of the Vietnamese endemic genus *Grushvitzkya* in *Brassaiopsis* (Araliaceae): Evidence from nuclear ribosomal ITS and chloroplast *ndhF* sequences. Botanical Journal of the Linnean Society, 142: 455-463.

Wen J, Lowry P P. 2006. New species and new combinations in *Brassaiopsis* (Araliaceae) from Vietnam and southwestern China. Adansonia, sér. 3, 28(1): 181-190.

Wen J, Zimmer E A. 1996. Phylogeny and Biogeography of *Panax* L. (the Ginseng Genus, Araliaceae): inferences from ITS sequences of nuclear ribosomal DNA. Molecular Phylogenetics and Evolution, 6(2): 167-177.

Wen J. 1993. Generic delimitation of *Aralia* (Araliaceae). Brittonia, 45: 47-55.

Wen J. 1994. New taxa and nomenclatural changes in *Aralia* (Araliaceae). Novon, 4(4): 400-403.

Wen J. 2002. Revision of *Aralia* sect. *Pentapanax* (Seem.) J. Wen (Araliaceae). Cathaya, 13-14: 1-116.

Wen J. 2004. Systematics and biogeography of *Aralia* L. sect. *Dimorphanthus* (Miq.) Miq. (Araliaceae). Cathaya, 15-16: 1-187.

Wen J. 2011. Systematics and biogeography of *Aralia* L. (Araliaceae): revision of *Aralia* sects. *Aralia*, *Humiles*, *Nanae*, and *Sciadodendron*. Contributions from the United States National Herbarium, 57(1): 5-35.

Wu Z Y, Peter H R, Hong D Y. 2005. Flora of China, Volume 14: Apiaceae through Ericaceae. Beijing: Science Press; St. Louis: Missouri Botanical Garden Press.

Wu Z Y, Peter H R, Hong D Y. 2007. Flora of China, Volume 13: Clusiaceae through Araliaceae. Beijing: Science Press; St. Louis: Missouri Botanical Garden Press.

Wu Z Y, Peter H R, Hong D Y. 2008. Flora of China, Volume 11: Oxalidaceae through Aceraceae. Beijing: Science Press; St. Louis: Missouri Botanical Garden Press.

Wu Z Y, Peter H R, Hong D Y. 2011. Flora of China, Volume 19: Cucurbitaceae through Valerianaceae with Annonaceae and Berberidaceae. Beijing: Science Press; St. Louis: Missouri Botanical Garden Press.

Wu Z Y, Peter H R. 1994. Flora of China, Volume 17: Verbenaceae through Solanaceae. Beijing: Science Press; St. Louis: Missouri Botanical Garden Press.

Wu Z Y, Peter H R. 1998. Flora of China, Volume 18: Scrophulariaceae through Gesneriaceae. Beijing: Science Press; St. Louis: Missouri Botanical Garden Press.

Wu Z Y. 1999. Two new combinations in Chinese Scrophulariaceae. Novon, 9(2): 288.

Xia N H, Deng Y F. 2005. Nomenclatural novelties in *Justicia* Linn. (Acanthaceae) from China. Journal of Tropical and Subtropical Botany, 13(6): 533-534.

Xiang C L, Dong H J, Hu G X, et al. 2014. Taxonomic notes on the genus *Phlomoides* (Lamiaceae: Lamioideae) from China. Plant Diversity and Resources, 36(5): 551-560.

Xiang C L, Hu G X, Peng H. 2016. *Salvia wuana* (Lamiaceae), a new name for *Salvia pauciflora* E. Peter (Lamiaceae). Phytotaxa, 255(1): 99-100.

Xiang C L, Liu E D, Peng H. 2008. A key to the genus *Chelonopsis* (Lamiaceae) and two new combinations: *C. rosea* var. *siccanea* and *C. souliei* var. *cashmerica* comb. nov. Nordic Journal of Botany, 26(1): 31-34.

Xiang C L, Liu E D, Peng H. 2010. Nomenclature notes on the genus *Paraphlomis* (Lamiaceae: Lamioideae) from China. Nordic Journal of Botany, 28(6): 667-669.

Xiang C L, Liu E D. 2012a. A new species of *Isodon* (Lamiaceae, Nepetoideae) from Yunnan Province, Southwest China. Systematic Botany, 37(3): 811-817.

Xiang C L, Liu E D. 2012b. *Elsholtzia lamprophylla* (Lamiaceae), a new species from Sichuan, Southwest China. Journal of Systematics and Evolution, 50(6): 578-579.

Xiang C L, Liu Z W, Xu J, et al. 2009. Validaiton of the name *Chelonopsis chekiangensis* (Lamiaceae), a species from Eastern China. Novon, 19(1): 133-134.

Xiang C L, Peng H. 2008. Validation of the name *Paraphlomis hispida* C. Y. Wu (Lamiaceae). Bangladesh Journal of Plant Taxonomy, 15(1): 73-74.

Xiang C L, Zhang Q, Scheen A C, et al. 2013. Molecular phylogenetics of *Chelonopsis* (Lamiaceae: Gomphostemmateae) as inferred from nuclear and plastid DNA and morphology. Taxon, 62(2): 375-386.

Xu B, Li Z M, Boufford D E. 2009. *Eriophyton sunhangii* Bo Xu, Zhimin Li & Boufford (Lamiaceae), a new species from eastern Xizang, China. Harvard Papers in Botany, 14(1): 15-17.

Yamazaki T. 1980. Three new taxa of *Pedicularis* from Nepal and Tibet. The Journal of Japanese Botany, 55(10): 289-294.

Yamazaki T. 2000. Seven new species of the genus *Pedicularis* (Scrophulariaceae) from Tibet (Xizang) and its adjacent region in China. The Journal of Japanese Botany, 75(4): 213-222.

Yamazaki T. 2001. Two new species of the genus *Pedicularis* (Scrophularaceae) from SW China. The Journal of Japanese Botany, 76(2): 96-99.

Yamazaki T. 2003. New species of *Pedicularis* (Scrophulariaceae) from Western China and amendment for names of *Pedicularis* from Bhutan. The Journal of Japanese Botany, 78(4): 198-202.

Yamazaki T. 1980. New or noteworthy plants of Scrophulariaceae from Indo-China (4). The Journal of Japanese Botany, 55(1): 1-13.

Yang F S, Hong D Y, Wang X Q. 2003. A new species and a new specific synonym of *Pedicularis* (Scrophulariaceae) from the Hengduan Mountains, China. Novon, 13(3): 363-367.

Yao G, Deng Y F, Ge X J. A taxonomic revision of *Pogostemon* (Lamiaceae) from China. Phytotaxa, 200(1): 1-67.

Yu W B, Huang P H, Li D Z, et al. 2010. A new species of *Pedicularis* (Orobanchaceae) from the Hengduan Mountains, Southwestern China. Novon, 20(4): 512-518.

Yu W B, Liu M L, Wang H, et al. 2015. Towards a comprehensive phylogeny of the large temperate genus *Pedicularis* (Orobanchaceae), with an emphasis on species from the Himalaya-Hengduan Mountains. BMC Plant Biology, 15: 176.

Yu W B, Wang H, Li D Z. 2014. Nomenclatural note for *Pedicularis oederi* var. *angustiflora* (Orobanchaceae). Phytotaxa, 158(3): 299-300.

Yu W B, Zhang S D, Wang H. 2008. New taxa of *Pedicularis* (Scrophulariaceae) from the Hengduan Mountains, Southwestern China. Novon, 18(1): 125-129.

Yu W B, Wang H, Ren Y Q, et al. 2015. Typification of seven Chinese species of *Pedicularis* (Orobanchaceae) described by Bureau and Franchet with taxonomic notes. Plant Ecology and Evolution, 148(1): 144-148.

Zhang S D, Wang H, Mill R R. 2006. A new species of *Pedicularis* (Scrophulariaceae) from the Yaoshan Mountain, Yunnan, China. Novon, 16(2): 286-290.

Zhang Z Y, Turland N J. 2002. New combinations in Chinese *Pittosporum* (Pittosporaceae). Novon, 12(1): 152-154.

中文名索引

A

阿坝当归, 195
阿墩子马先蒿, 98
阿尔泰百里香, 82
阿尔泰柴胡, 201
阿尔泰黄芩, 69
阿尔泰马先蒿, 96
阿尔泰扭藿香, 38
阿尔泰兔唇花, 35
阿拉善马先蒿, 96
阿拉善马先蒿(原亚种), 96
阿里山冬青, 156
阿里山鼠尾草, 64
阿里山鼠尾草(原变种), 64
阿洛马先蒿, 96
阿米芹, 194
阿米芹属, 194
阿魏属, 208
哀氏马先蒿, 103
哀氏马先蒿(原亚种), 103
埃氏马先蒿, 97
埃氏马先蒿(原变种), 97
矮草糙苏, 54
矮刺苏, 9
矮刺苏属, 9
矮冬青, 164
矮孩儿草, 138
矮胡麻草, 90
矮尖瓣芹(变种), 193
矮爵床, 133
矮棱子芹, 233
矮裸柱草, 131
矮马先蒿, 105
矮前胡, 226
矮伞芹属, 204
矮生豆列当, 93
矮生甘青青兰(变种), 19
矮生香科科, 81
矮香薷, 21
矮小哀氏马先蒿(亚种), 103
矮小柴胡(变种), 201
矮小大王马先蒿(亚种), 116
矮小筋骨草(新拟), 3
矮小米草, 92
矮小普氏马先蒿(亚种), 114
矮小丝瓣芹, 194
矮杨梅冬青, 157
矮泽芹, 205
矮泽芹属, 204
艾伯特马先蒿, 96
艾唇碎米蕨叶马先蒿(变种), 99
艾叶芹, 247
艾叶芹属, 247
爱氏马先蒿, 103
安徽黄芩, 69
安龙马蓝, 148
安龙香科科, 80
暗红葛缕子, 203
暗红鼠尾草, 62
暗红香茶菜, 27
暗昧马先蒿, 111
暗紫鼠尾草, 62
凹苞马蓝, 148
凹脉鹅掌柴, 192
凹乳芹, 246
凹乳芹属, 246
凹叶冬青, 157
奥氏马先蒿, 112

B

八角花, 50
八角金盘, 185
八角金盘属, 185
八脉臭黄荆, 59
巴东羊角芹, 194
巴郎山当归, 195
巴氏腋花马先蒿(亚种), 98
巴塘马先蒿, 98
巴颜喀拉山马先蒿, 108

白苞筋骨草, 2
白苞筋骨草(原变种), 2
白苞棱子芹, 231
白苞芹, 221
白苞芹(原变种), 221
白苞芹属, 221
白背鹅掌柴, 191
白背紫珠, 4
白边继果芹, 220
白萼青兰, 18
白粉青荚叶(变种), 156
白花苞裂芹, 240
白花灯笼, 11
白花地蚕(变种), 78
白花鹅掌柴, 191
白花甘西鼠尾草(变种), 67
白花冠唇花, 43
白花黄芩, 75
白花假糙苏, 49
白花假糙苏(原变种), 49
白花列当, 94
白花泡桐, 88
白花全缘叶青兰(变种), 18
白花通泉草, 85
白花新疆鼠尾草(变种), 64
白花枝子花, 17
白接骨, 128
白簕, 185
白亮独活, 211
白亮独活(原变种), 211
白龙藁本, 218
白马鼠尾草, 62
白毛火把花, 16
白毛假糙苏, 49
白毛假糙苏(原变种), 49
白毛马蓝, 145
白毛紫珠, 5
白绵毛荆芥, 46
白绒草, 38
白绒草(原变种), 38

白柔毛香茶菜, 26
白氏马先蒿, 112
白棠子树, 5
白头马蓝, 143
白透骨消, 23
白透骨消(原变种), 23
白香薷, 22
白叶藁本, 217
白叶香茶菜, 30
白芷, 195
白芷(原变种), 195
百蕊花, 129
百蕊花属, 129
百里香, 82
百里香属, 82
百色豆腐柴, 59
斑唇管芹马先蒿(变种), 118
斑膜芹, 213
斑膜芹属, 213
板蓝, 142
半扭卷马先蒿, 118
半枝莲, 70
棒果马蓝, 143
苞花大青, 10
苞裂芹, 240
苞裂芹属, 240
苞序豆腐柴, 58
苞叶香茶菜, 31
宝盖草, 36
宝兴鹿寄生, 92
宝兴草糙苏, 54
宝兴冠唇花, 43
宝兴棱子芹, 232
宝兴列当, 95
宝兴鼠尾草, 66
宝兴五加, 182
保康动蕊花, 35
保亭叉柱花, 139
保亭冬青, 163
保亭花, 85
保亭花属, 85
保亭树参, 182
抱茎柴胡(变种), 201
杯状灌丛马先蒿(亚种), 121
北捕虫堇, 125
北柴胡, 200
北刺蕊草, 57

北京前胡, 225
被粉小花锥花(变种), 25
鼻喙马先蒿, 114
闭花马蓝, 145
碧江小芹(变种), 243
扁柄草, 36
扁柄草属, 36
扁盘鹅掌柴, 191
扁片海桐, 175
扁叶刺芹, 208
变白脓疮草(变种), 49
变豆菜, 238
变豆菜属, 238
变黑黄芩, 73
变色马蓝, 150
变色马先蒿, 122
变形谬氏马先蒿(变种), 111
变叶树参, 182
薦寄生, 92
薦寄生属, 92
鳔冠花, 130
鳔冠花属, 129
滨当归, 196
滨海白绒草, 38
滨海前胡, 226
滨藜叶分药花, 51
滨蛇床, 205
柄果海桐, 175
柄果海桐(原变种), 175
柄状天胡荽(新拟), 214
并头黄芩(原变种), 75
并头黄芩, 75
波齿马先蒿, 100
波齿马先蒿(原亚种), 100
波棱滇芎, 228
波密马先蒿, 98
波氏马先蒿, 114
波叶海桐, 176
波缘楤木, 179
波缘大参, 187
伯氏马先蒿, 113
泊兰氏马先蒿, 118
薄萼海桐, 174
薄萼假糙苏, 51
薄萼马蓝, 146
薄草叶冬青, 168
薄核冬青, 169

薄荷, 41
薄荷属, 41
薄片变豆菜, 239
薄片海桐, 175
薄叶冬青, 161
薄叶马蓝, 145
薄叶囊瓣芹, 236
捕虫堇属, 125
不等裂马先蒿, 106

C

菜豆树, 153
菜豆树属, 153
菜头肾, 148
蔡氏马先蒿, 121
沧江草糙苏, 52
沧江金江火把花(变种), 15
苍耳叶刺蕊草, 58
苍山草糙苏, 52
苍山马先蒿, 122
苍山香茶菜, 27
糙独活, 212
糙果芹, 246
糙果芹(原变种), 246
糙果芹属, 246
糙毛草糙苏, 55
糙毛马蓝, 149
糙苏沙穗, 54
糙苏属, 52
糙叶白绒草(变种), 38
糙叶楤木, 178
糙叶火焰花, 130
糙叶山蓝, 137
糙叶藤五加(变种), 184
糙叶五加, 183
糙叶五加(原变种), 183
糙羽叶参, 178
槽茎锥花, 25
草本三对节(变种), 12
草糙苏, 55
草糙苏(原变种), 55
草糙苏属, 52
草苁蓉, 89
草苁蓉(原变种), 89
草苁蓉属, 89
草甸阿魏, 209
草甸藁本, 217

草莓状马先蒿, 104
草莓状鼠尾草, 64
草坡豆腐柴, 60
草原草糙苏, 54
草原前胡, 227
侧花香茶菜, 34
叉花草, 144
叉序草, 132
叉序草属, 132
叉枝西风芹, 242
叉枝莸(新拟), 83
叉枝莸属(新拟), 83
叉柱花, 139
叉柱花属, 139
察郎马先蒿, 122
察隅马先蒿, 123
察隅马先蒿(亚种), 116
柴胡属, 199
柴胡状斑膜芹, 213
柴首, 200
柴续断, 55
孱弱马先蒿, 106
颤喙马先蒿, 120
长安天胡荽(新拟), 213
长把马先蒿, 108
长白草糙苏, 53
长白柴胡, 201
长白高山芹, 206
长苞刺蕊草, 56
长苞荆芥, 46
长苞列当, 96
长苞马鞭草, 154
长苞马蓝, 143
长苞荠苎, 45
长苞山芹(变种), 224
长苞紫珠, 7
长柄当归, 197
长柄冬青, 160
长柄孩儿草, 138
长柄恋岩花, 130
长柄马先蒿, 108
长柄歧伞花, 16
长柄浅黄马先蒿(亚种), 109
长柄通泉草, 85
长柄小芹, 242
长柄紫珠, 7
长齿百里香, 82

长齿多叶香茶菜(变种), 33
长齿列当, 94
长齿青兰, 17
长刺楤木, 179
长刺钩萼草, 53
长萼草糙苏, 53
长萼冠唇花, 43
长萼亮蛇床, 240
长萼马先蒿, 108
长萼树参, 182
长根马先蒿, 102
长梗常春木, 188
长梗大果冬青(变种), 164
长梗大青, 12
长梗风轮菜, 14
长梗黑果冬青(变种), 157
长梗狸藻, 126
长梗两头毛(变种), 151
长梗马先蒿, 108
长梗天胡荽, 214
长冠鼠尾草, 67
长管大青, 11
长管黄芩, 72
长管香茶菜, 30
长果海桐(变种), 174
长果棱子芹, 233
长花马蓝, 146
长花马先蒿, 108
长花马先蒿(原变种), 108
长花鼠尾草, 64
长喙马先蒿, 109
长角凸额马先蒿(变种), 100
长茎柴胡, 201
长茎柴胡(原变种), 201
长茎藁本, 219
长茎马先蒿, 108
长茎囊瓣芹, 236
长茎囊瓣芹(原变种), 236
长距挖耳草, 125
长裂叶独活(变种), 211
长蔓通泉草, 86
长毛苞裂芹, 240
长毛韩信草(变种), 71
长毛筋骨草(变种), 2
长毛藤状火把花(变种), 16
长毛香科科, 81
长毛香薷, 21

长毛野香草(变种), 20
长毛锥花, 24
长毛紫珠, 7
长匍通泉草, 86
长前胡, 227
长鞘当归, 195
长鞘当归(原变种), 195
长蕊青兰, 18
长舌马先蒿, 102
长穗马蓝, 146
长穗马先蒿, 102
长穗荠苎, 45
长穗腺背蓝, 146
长尾冬青, 164
长尾冬青(原变种), 164
长尾叶当归, 196
长腺小米草, 91
长序变豆菜, 238
长序臭黄荆, 58
长序臭黄荆(原变种), 58
长序当归, 197
长序荆, 84
长叶并头草, 72
长叶大青, 12
长叶钩子木, 61
长叶枸骨, 161
长叶假糙苏, 50
长叶假糙苏(原变种), 50
长叶荆, 83
长叶龙头草(变种), 41
长叶四棱草(变种), 69
长叶香茶菜, 34
长叶紫珠, 7
长叶紫珠(原变种), 7
长圆果冬青, 166
长圆叶冬青, 164
长舟马先蒿, 102
长柱马先蒿, 119
常春木, 187
常春木属, 187
常春藤, 186
常春藤属, 186
朝鲜当归, 196
朝鲜崖芹, 230
朝鲜紫珠(变种), 6
赪桐, 12

成县马先蒿, 99
城步冬青, 157
城口当归, 196
城口东俄芹, 244
城口冬青, 157
城口独活, 211
城口茴芹, 229
城口马蓝, 143
橙花糙苏, 52
橙色鼠尾草, 62
橙香鼠尾草, 68
秤星树, 156
秤星树(原变种), 156
匙叶五加, 184
齿苞白苞筋骨草(变种), 2
齿唇丹参(变种), 68
齿唇铃子香, 10
齿唇马先蒿, 111
齿唇台钱草, 80
齿萼挖耳草, 127
齿鳞草, 92
齿鳞草属, 92
齿叶翅茎草, 124
齿叶冬青, 159
齿叶荆芥, 45
齿叶鳞花草, 135
齿叶马蓝, 148
齿叶水蜡烛, 57
赤水黄芩, 70
翅柄马蓝, 140
翅柄马蓝(原变种), 140
翅柄鼠尾草, 62
翅果柴胡, 199
翅茎草, 124
翅茎草属, 124
翅棱芹属, 238
翅叶罗伞, 179
翅叶木, 153
翅叶木属, 153
翅枝马蓝, 147
翅轴马蓝, 148
重瓣臭茉莉, 11
重瓣臭茉莉(原变种), 11
重波茴芹, 228
重齿当归, 195
重头马先蒿, 102
崇安鼠尾草, 63

崇明穗花香科科(变种), 80
抽葶大青, 12
抽葶藁本, 219
抽葶锥花, 25
抽芽紫珠, 8
抽芽紫珠(原变种), 8
臭阿魏, 210
臭黄荆, 59
臭牡丹, 10
臭牡丹(原变种), 10
出蕊四轮香, 25
川白苞芹(变种), 221
川藏短腺小米草(亚种), 92
川藏香茶菜, 32
川滇变豆菜, 238
川滇柴胡, 200
川滇柴胡(原变种), 200
川滇翅茎木, 124
川滇藁本, 219
川滇香薷, 22
川鄂茴芹, 229
川鄂囊瓣芹, 237
川口马先蒿, 106
川明参, 205
川明参属, 205
川泡桐, 88
川黔大青, 11
川西当归(变种), 198
川西荆芥, 47
川西岩居马先蒿(亚种), 117
川芎, 219
穿心莲, 128
穿心莲属, 128
串花马蓝, 142
串铃草, 54
串铃草(原变种), 54
串珠藁本, 218
垂花青兰, 18
垂茉莉, 13
春黄菊叶马先蒿, 97
春黄菊叶马先蒿(原亚种), 97
春丕马先蒿, 99
唇萼薄荷, 42
唇形科, 1
茨口马先蒿, 122
刺苞老鼠簕, 127
刺参, 188

刺参属, 188
刺齿马先蒿, 97
刺齿马先蒿(原变种), 97
刺齿枝子花, 18
刺萼假糙苏, 51
刺冠谬氏马先蒿(变种), 110
刺果峨参(亚种), 198
刺果芹, 246
刺果芹属, 246
刺尖荆芥, 46
刺尖前胡, 225
刺毛草糙苏, 55
刺毛天胡荽, 214
刺毛细管马先蒿(亚种), 105
刺芹, 208
刺芹属, 208
刺楸, 186
刺楸属, 186
刺蕊草, 57
刺蕊草(原变种), 57
刺蕊草属, 56
刺通草, 192
刺通草属, 192
刺五加, 184
刺叶冬青, 157
刺叶珊瑚冬青(变种), 158
楤木(原变种), 177
楤木, 177
楤木属, 176
丛卷毛荆芥, 45
丛枝囊瓣芹, 236
粗糙西风芹, 242
粗齿大参, 187
粗齿黄芩, 71
粗齿西南水苏(变种), 79
粗齿香茶菜, 29
粗管马先蒿, 107
粗茎返顾马先蒿(亚种), 115
粗茎棱子芹, 234
粗棱矮泽芹, 205
粗脉冬青, 167
粗毛楤木, 178
粗毛冬青, 168
粗毛罗伞, 180
粗毛马先蒿, 105
粗毛普氏马先蒿(亚种), 114
粗毛肉果草, 85

粗丝木, 155
粗丝木科, 154
粗丝木属, 154
粗野马先蒿, 117
粗枝冬青, 167
粗壮冠唇花, 44
粗壮小野芝麻(变种), 22
簇苞芹, 231
簇苞芹属, 231
簇花芹, 243
簇花芹属, 243
簇生柴胡, 200
簇序草, 16
簇序草属, 16
寸金草, 14
错枝冬青, 162

D

达乌里芯芭, 91
打箭马先蒿, 120
大阿米芹, 194
大安水蓑衣, 131
大巴山当归, 195
大瓣芹, 241
大瓣芹属, 241
大苞柴胡, 200
大苞棱子芹, 233
大别山丹参, 64
大别山冬青, 159
大柄冬青, 164
大参, 187
大参属, 187
大齿黄芩, 72
大齿山芹, 223
大齿兔唇花, 36
大唇马先蒿, 110
大唇马先蒿(原变种), 110
大唇拟鼻花马先蒿(亚种), 116
大唇香科科, 80
大唇血见愁(变种), 82
大东俄芹, 244
大独脚金, 125
大萼臭牡丹(变种), 10
大萼冠唇花, 43
大萼铃子香, 9
大萼通泉草(变种), 86
大萼香茶菜, 31

大管马先蒿, 109
大果阿魏, 209
大果冬青, 164
大果冬青(原变种), 164
大果树参, 181
大果栓翅芹, 235
大果西风芹, 241
大果纤细马先蒿(亚种), 104
大果黄叶五加, 186
大海马先蒿, 120
大核台湾冬青(变种), 161
大花草糙苏, 53
大花叉柱花, 140
大花胡麻草, 90
大花黄花鼠尾草(变种), 64
大花活血丹, 24
大花鸡肉参(变种), 152
大花京黄芩(变种), 73
大花荆芥, 47
大花列当, 95
大花罗氏马先蒿(亚种), 117
大花毛建草, 17
大花兔唇花, 36
大花夏枯草, 61
大花香科科, 80
大花小米草, 91
大花腋花黄芩(变种), 69
大花益母草, 37
大花云南冠唇花(变种), 43
大黄药, 21
大爵床, 133
大理草糙苏, 52
大理马先蒿, 120
大理青兰, 18
大理水苏, 80
大鲁阁小米草, 92
大明爵床, 133
大炮马先蒿, 120
大坪子豆腐柴, 60
大坪子黄芩, 76
大埔秤星树(变种), 156
大青, 11
大青(原变种), 11
大青属, 10
大全叶山芹(变种), 223
大山马先蒿, 120
大头串铃草(变种), 54

大王马先蒿, 115
大王马先蒿(原变种), 116
大王马先蒿(原亚种), 115
大卫氏马先蒿, 101
大卫氏马先蒿(原变种), 101
大心翼果, 155
大序三对节(变种), 12
大姚黄芩, 76
大叶草糙苏, 53
大叶柴胡, 202
大叶柴胡(原变种), 202
大叶当归, 197
大叶冬青, 163
大叶豆腐柴, 59
大叶独活, 212
大叶杜根藤, 132
大叶鹅掌柴, 191
大叶海桐(变种), 172
大叶黄芩, 73
大叶绒果芹(变种), 208
大叶鼠尾草, 64
大叶香茶菜, 29
大叶香茶菜(原变种), 29
大叶紫珠, 7
大柱头冬青, 165
大锥香茶菜, 31
大锥香茶菜(原变种), 31
大籽筋骨草, 2
大籽筋骨草(原变种), 2
带岭当归, 196
带叶海桐(变种), 173
丹参, 66
丹参(原变种), 66
丹参花马先蒿, 117
丹参花马先蒿(原变种), 117
单花鹿茸草, 93
单花四棱草(新拟), 69
单茎棱子芹, 234
单球芹, 210
单球芹属, 210
单头草糙苏, 56
单叶波罗花, 151
单叶丹参(变种), 66
单叶黄荆(变种), 83
单叶瘤果芹, 245
单叶罗伞, 181
单叶蔓荆, 84

单叶西风芹(变种), 242
单羽矮伞芹, 204
弹刀子菜, 87
淡黄豆腐柴, 58
淡黄黄芩, 72
淡黄列当, 96
淡黄香茶菜, 28
淡黄香薷, 21
淡黄香薷(原变种), 21
淡紫荆芥, 47
当归(原变种), 198
当归, 198
当归属, 195
倒卵叶冬青, 165
倒卵叶短柄紫珠, 5
道孚香茶菜, 28
道氏马先蒿, 101
稻城马先蒿, 101
德宏冬青, 159
德钦大叶香茶菜(变种), 29
德钦茴芹, 230
德钦侏儒马先蒿(亚种), 115
灯笼草, 14
等凹三色马先蒿(变种), 121
邓氏马先蒿, 102
低矮通泉草, 85
地蚕(原变种), 78
地蚕, 78
地埂鼠尾草, 67
地埂鼠尾草(原变种), 67
地管马先蒿, 104
地黄叶马先蒿, 122
地椒, 82
地椒(原变种), 82
地盆草(变种), 71
地皮消, 136
地皮消属, 136
地笋, 39
地笋(原变种), 39
地笋属, 39
地岩风, 215
滇鳔冠花, 130
滇菜豆树, 153
滇藏海桐, 174
滇藏细叶芹, 204
滇藏细叶芹属, 204
滇常山, 13

滇常山(原变种), 13
滇川山罗花, 93
滇东杜根藤, 135
滇东马先蒿, 107
滇杜根藤, 135
滇观音草, 137
滇贵冬青, 159
滇桂豆腐柴, 58
滇黄芩, 69
滇黄芩(原变种), 69
滇列当, 96
滇灵枝草, 138
滇毛冠四蕊草, 123, 203
滇缅冬青, 171
滇牡荆, 85
滇南糙果芹, 246
滇南冠唇花, 44
滇芹, 221
滇芹属, 220
滇西东俄芹, 244
滇西冬青, 161
滇西冬青(原变种), 161
滇西海桐, 173
滇西海桐(原变种), 173
滇西马蓝, 147
滇西囊瓣芹, 238
滇西前胡, 225
滇西泽芹, 243
滇芎, 228
滇芎属, 227
滇越海桐, 174
点叶冬青, 167
垫状棱子芹, 233
吊球草, 26
丁青马先蒿, 103
丁座草, 89
鼎湖紫珠, 8
东北薄荷, 42
东北土当归, 177
东北小米草, 91
东北羊角芹, 194
东川当归, 196
东川浅黄马先蒿(亚种), 109
东川鼠尾草, 65
东当归, 195
东俄洛马先蒿, 121
东俄芹属, 244

东亚囊瓣芹, 237
东亚囊瓣芹(原变种), 237
东紫苏, 19
冬红花, 26
冬红花属, 26
冬青, 158
冬青科, 156
冬青头状昆明(变种), 163
冬青叶兔唇花, 36
冬青属, 156
动蕊花, 35
动蕊花属, 35
斗叶马先蒿, 101
豆腐柴, 59
豆腐柴属, 58
豆列当, 93
豆列当属, 93
毒参, 206
毒参属, 206
毒马草, 77
毒马草属, 77
毒芹, 205
毒芹属, 205
独活, 211
独活属, 211
独脚金, 124
独脚金属, 124
独龙冬青, 171
独龙马先蒿, 102
独龙羽叶参, 178
独一味, 54
杜根藤, 134
杜虹花, 5
杜氏翅茎草, 124
杜氏马先蒿, 102
短苞金黄柴胡(变种), 199
短柄阿魏, 209
短柄吊球草, 26
短柄马蓝, 148
短柄丝瓣芹, 193
短柄五加, 182
短柄野芝麻, 36
短齿白毛假糙苏(变种), 49
短齿列当, 95
短唇列当, 95
短唇马先蒿, 98
短唇鼠尾草, 62

短唇小米草, 91
短刺变豆菜(变种), 239
短促京黄芩(变种), 74
短萼海桐, 172
短辐水芹, 222
短隔鼠尾草, 62
短梗大参, 187
短梗冬青, 157
短梗幌伞枫, 186
短梗麻叶冠唇花(变种), 44
短梗微脉冬青(变种), 170
短梗野菰, 89
短梗浙江铃子香(变种), 9
短冠草, 124
短冠草属, 124
短冠刺蕊草, 56
短冠鼠尾草, 62
短管黄毛牡荆(变种), 85
短果茴芹, 228
短果潘氏马先蒿(亚种), 112
短花马先蒿, 98
短花枝子花, 17
短尖藁本, 218
短节百里香, 82
短茎柴胡, 202
短茎古当归, 199
短茎康定筋骨草(变种), 1
短茎囊瓣芹(变种), 236
短距香茶菜, 27
短盔罗氏马先蒿(变种), 117
短盔马先蒿, 98
短毛百里香, 82
短毛独活(原变种), 212
短毛独活, 211
短片藁本, 217
短鞘东俄芹, 245
短蕊大青, 10
短伞大叶柴胡(变种), 202
短穗叉柱花, 139
短穗刺蕊草, 57
短穗多花筋骨草(变种), 2
短腺小米草, 92
短腺小米草(原亚种), 92
短序鹅掌柴, 190
短叶冬青, 157
短叶冬青(变种), 160
短叶假糙苏, 49

短叶浅黄马先蒿(亚种), 109
短叶香茶菜, 27
短柱茴芹, 228
椴叶独活, 212
椴叶鼠尾草(新拟), 68
盾鳞狸藻, 126
钝瓣小芹, 242
钝瓣小芹(原变种), 242
钝齿华西龙头草(变种), 40
钝齿青荚叶, 155
钝齿云南冠唇花(变种), 43
钝萼爵床, 132
钝裂宫布马先蒿(变种), 107
钝头冬青(变种), 170
钝叶独活(变种), 211
钝叶黄芩, 73
钝叶黄芩(原变种), 73
钝叶山罗花(变种), 93
多苞藁本, 217
多变丝瓣芹, 193
多齿列当, 96
多齿马先蒿, 113
多齿紫珠, 5
多管藁本, 218
多核冬青, 167
多核鹅掌柴, 190
多花鄂西鼠尾草(变种), 65
多花茴芹, 231
多花筋骨草, 2
多花筋骨草(原变种), 2
多花荆芥, 47
多花马先蒿, 103
多花山壳骨, 138
多花楔翅藤, 77
多节青兰, 18
多茎当归, 197
多裂独活, 211
多裂叶荆芥, 46
多裂叶水芹, 222
多裂叶水芹(原亚种), 222
多脉冬青, 167
多脉鹅掌柴, 191
多脉马蓝, 147
多毛并头黄芩(变种), 75
多毛大锥香茶菜(变种), 31
多毛冬青叶兔唇花(变种), 36
多毛鹤首马先蒿(亚种), 105

多毛假水苏, 78
多毛蓝花黄芩(变种), 71
多毛连翘叶黄芩(变种), 71
多毛铃子香, 10
多毛西风芹, 241
多毛细锥香茶菜(变种), 28
多蕊木, 192
多伞阿魏, 209
多色列当, 94
多石阿魏, 209
多室八角金盘, 185
多腺小米草, 91
多小叶鸡肉参(变种), 152
多小叶鼠尾草(变种), 65
多序挖耳草, 126
多叶鹅掌柴, 191
多叶鹤首马先蒿(亚种), 105
多叶香茶菜, 33
多叶香茶菜(原变种), 33
多硬毛假糙苏, 50
多羽片哈巴山马先蒿(亚种), 105
多羽片欧氏马先蒿(亚种), 112
多枝柴胡, 202
多枝川滇柴胡(变种), 200
多枝棱子芹, 232
多枝马先蒿, 115
多枝浅黄马先蒿(亚种), 109
多枝青兰, 18
多枝水苏, 79
多枝通泉草(变种), 86

E

峨参, 198
峨参(原亚种), 198
峨参属, 198
峨眉冬青, 166
峨眉风轮菜, 14
峨眉冠唇花, 43
峨眉海桐, 174
峨眉黄芩, 73
峨眉黄芩(原变种), 73
峨眉马先蒿, 112
峨眉马先蒿(原亚种), 112
峨眉青荚叶, 156
峨眉三七, 189
峨眉鼠尾草, 66
峨眉鼠尾草(原变种), 66

峨眉香科科, 81
峨眉香科科(原变种), 81
鹅首马先蒿, 99
鹅掌柴, 190
鹅掌柴属, 189
鹅掌藤, 189
鄂西前胡, 226
鄂西鼠尾草, 65
鄂西鼠尾草(原变种), 65
鄂西天胡荽, 214
鄂西香茶菜, 29
鳄嘴花, 129
鳄嘴花属, 129
耳叶黑柴胡(变种), 203
耳叶马蓝, 141
耳叶马蓝(原变种), 141
洱源囊瓣芹, 236
洱源囊瓣芹(原变种), 237
洱源鼠尾草, 65
洱源香茶菜, 28
二齿马先蒿, 98
二齿香科科, 80
二刺叶兔唇花, 35
二管独活, 211
二花白花假糙苏(变种), 49
二岐马先蒿, 102
二色棱子芹, 232
二色马先蒿, 98
二色山牵牛, 150

F

法且利亚叶马先蒿, 113
法氏马先蒿, 103
反曲马先蒿, 115
返顾马先蒿, 115
返顾马先蒿(原亚种), 115
梵净山冠唇花, 44
方茎草, 93
方茎草属, 93
方枝黄芩, 70
芳香棱子芹, 232
防风, 239
防风属, 239
飞来蓝, 138
菲律宾哈哼花, 139
费尔氏马先蒿, 113
费尔氏马先蒿(原亚种), 113

费氏马先蒿, 103
分药花, 51
分药花属, 51
分枝列当, 94
分枝马蓝, 146
粉背鹅掌柴, 191
粉背羽叶参, 178
粉红动蕊花, 35
粉绿藁本, 217
丰管马先蒿, 97
风轮菜, 13
风轮菜属, 13
蜂巢草, 38
冯氏马蓝, 143
缝线海桐, 174
缝线海桐(原变种), 175
凤庆冬青, 160
佛光草, 68
佛氏马先蒿, 104
伏黄芩, 74
伏黄芩(原变种), 74
伏毛萼羽叶楸, 154
福参, 197
福建冬青, 161
福建通泉草, 85
福氏马先蒿, 103
福氏马先蒿(原亚种), 104
抚芎, 219
俯垂马先蒿, 99
俯垂马先蒿(原亚种), 99
附片鼠尾草, 62
阜康阿魏, 209
阜莱氏马先蒿, 103
复序美花毛建草(变种), 19
覆苞毛建草, 17

G

嘎克什马先蒿, 104
噶尔克孜柴胡(新拟), 201
干地杜根藤, 135
干生铃子香(变种), 10
甘露子, 79
甘露子(原变种), 79
甘青青兰, 19
甘青青兰(原变种), 19
甘肃草糙苏, 53
甘肃黄芩, 74

甘肃马先蒿, 106
甘肃马先蒿(原亚种), 106
甘西鼠尾草, 67
甘西鼠尾草(原变种), 67
刚毛白簕, 185
刚毛萼刺蕊草, 57
刚毛假糙苏, 50
刚毛香茶菜, 29
高波罗花, 151
高超马先蒿, 114
高大哀氏马先蒿(亚种), 103
高大沟酸浆(变种), 87
高冬青, 160
高冬青(原变种), 160
高鹅掌柴, 190
高额马先蒿, 96
高贵云南冬青(变种), 171
高坡四轮香, 25
高山捕虫堇, 125
高山草糙苏, 52
高山冬青, 167
高山杜根藤, 135
高山厚棱芹, 224
高山筋骨草, 3
高山棱子芹, 233
高山囊瓣芹, 237
高山芹, 206
高山芹属, 206
高山全叶山芹(变种), 223
高山水芹, 222
高山丝瓣芹, 193
高山通泉草, 85
高山陷脉冬青(变种), 159
高山小米草, 91
高升春黄菊叶马先蒿(亚种), 97
高升藁本, 217
高升马先蒿, 102
高升铺散马先蒿(亚种), 102
高野山龙头草, 41
高原香薷, 20
高枝小米草(亚种), 92
藁本, 219
藁本(原变种), 219
藁本属, 216
疙瘩七, 188
疙瘩七(原变种), 188
革叶茴芹, 229

格氏凸额马先蒿(变种), 100
葛缕子, 204
葛缕子属, 203
隔山香, 223
根茎马先蒿, 116
耕地草糙苏, 52
梗花华西龙头草(变种), 40
弓翅芹, 199
弓翅芹属, 199
宫布马先蒿, 107
宫布马先蒿(原变种), 107
贡嘎马先蒿, 111
贡山冬青, 162
贡山独活, 211
贡山藁本, 217
贡山马蓝(变种), 145
贡山马先蒿, 104
沟酸浆, 87
沟酸浆(原变种), 87
沟酸浆属, 87
钩萼草, 53
钩毛紫珠, 7
钩突挖耳草, 127
钩子木, 61
钩子木属, 61
狗肝菜, 130
狗肝菜属, 130
狗牙大青, 11
枸骨, 158
古当归属, 199
谷木叶冬青, 165
谷生茴芹, 231
牯岭东俄芹, 245
骨缘当归(变种), 195
骨缘囊瓣芹, 236
膜萼马先蒿, 113
拐芹, 197
关公须, 65
观音草, 136
观音草属, 136
冠唇花, 43
冠唇花属, 43
管花海桐, 176
管花马蓝, 149
管花马先蒿, 118
管花马先蒿(原变种), 118
管花肉苁蓉, 91

管鞘当归, 197
管状长花马先蒿(变种), 108
灌丛马先蒿, 121
灌丛马先蒿(原亚种), 121
光柄筒冠花, 77
光叉序草, 132
光萼鞘蕊花, 15
光萼青兰, 17
光果大瓣芹, 241
光果莸, 9
光华鹅掌柴, 192
光泡桐(变种), 88
光沙穗, 53
光香薷, 21
光药列当, 94
光鹅掌柴, 190
光叶海桐, 173
光叶海桐(原变种), 173
光叶鸡骨柴(变种), 21
光叶细刺枸骨(变种), 162
光叶小米草, 91
光叶羽参, 178
光叶紫珠, 6
光泽锥花, 24
光泽锥花(原变种), 25
光枝洼皮冬青(变种), 166
光紫黄芩, 72
广东大青, 12
广东冬青, 163
广东爵床, 134
广东牡荆, 84
广东小野芝麻, 23
广东紫珠, 6
广防风, 3
广防风属, 3
广藿香, 56
广南冬青, 162
广西菜豆树, 153
广西大青(变种), 11
广西孩儿草, 138
广西海桐, 173
广西厚膜树, 151
广西火焰花, 129
广西爵床, 133
广西来江藤, 90
广西罗伞, 180
广西马蓝, 144

广西毛冬青(变种), 167
广西密花冬青(变种), 158
广西牡荆, 83
广西前胡, 225
广西秋英爵床, 129
广西树参, 182
广西紫果冬青(变种), 170
广序北前胡(变种), 225
归叶藁本, 216
归叶棱子芹, 231
贵港水蓑衣(变种), 131
贵州柴胡, 201
贵州冬青, 162
贵州鹅掌柴, 190
贵州冠唇花(新拟), 43
贵州海桐, 173
贵州海桐(原变种), 173
贵州爵床, 133
贵州鼠尾草, 63
贵州鼠尾草(原变种), 63
贵州四轮香, 25
贵州通泉草, 86
桂南爵床, 132
桂南四川冬青(变种), 169
桂越马蓝, 141
国楣马先蒿, 103
缨果芹属, 220
过江藤, 154
过江藤属, 154

H

哈巴山马先蒿, 105
哈巴山马先蒿(原亚种), 105
孩儿草, 139
孩儿草属, 138
海安山黄芩, 76
海岛冬青, 162
海金子, 173
海康钩粉草, 137
海榄雌, 128
海榄雌属, 128
海南菜豆树, 153
海南叉柱花, 139
海南臭黄荆, 58
海南地皮消, 136
海南冬青, 162
海南鹅掌柴, 190

海南赫桐, 11
海南黄芩, 71
海南幌伞枫, 186
海南鳞花草, 135
海南马蓝, 140
海南秋英爵床, 129
海南赛爵床, 133
海南山蓝, 136
海南深红鸡脚参, 48
海南树参, 182
海南挖耳草, 125
海南锥花, 24
海南紫珠, 6
海通, 12
海桐, 175
海桐(原变种), 175
海桐花科, 172
海桐花属, 172
海州常山, 13
海州常山(原变种), 13
海洲香薷, 22
韩信草, 71
韩信草(原变种), 71
薜菜叶马先蒿, 111
汉姆氏马先蒿, 105
旱杜根藤, 134
旱芹, 198
旱生香茶菜, 35
杭白芷, 196
杭州石荠苎, 45
杭州石荠苎(原变种), 45
蒿叶马先蒿, 96
禾叶丝瓣芹, 193
禾叶挖耳草, 126
合苞挖耳草, 126
合核冬青, 169
合江海桐(变种), 175
合页草, 145
和布克塞尔青兰, 17
河北葛缕子, 203
河口马蓝, 150
河南黄芩, 71
河南荆芥, 46
河南马先蒿, 105
河南鼠尾草, 65
河南水蜡烛, 57
河滩冬青, 165

河滩冬青(原变种), 165
河西阿魏, 209
褐毛甘西鼠尾草(变种), 67
褐毛海桐, 172
鹤庆矮泽芹, 204
鹤庆独活, 212
鹤首马先蒿, 105
鹤首马先蒿(原亚种), 105
黑草, 90
黑草属, 90
黑柴胡, 203
黑柴胡(原变种), 203
黑刺蕊草, 56
黑果冬青, 156
黑果冬青(原变种), 157
黑花草糙苏, 53
黑龙江百里香, 82
黑龙江京黄芩(变种), 74
黑龙江荆芥, 46
黑龙江香科科, 81
黑马先蒿, 111
黑毛冬青, 165
黑毛狭盔马先蒿(亚种), 119
黑水当归, 195
黑水列当(变种), 95
黑水岩茴香, 216
黑蒴, 89
黑蒴属, 89
黑心黄芩, 73
黑叶冬青, 165
黑叶小驳骨, 135
黑籽松蒿, 124
亨氏马先蒿, 105
红背耳叶马蓝(变种), 141
红波罗花, 151
红柴胡, 203
红根草, 67
红河冬青, 165
红河鹅掌柴, 191
红河山壳骨, 138
红褐甘西鼠尾草(变种), 67
红花变豆菜, 239
红花来江藤, 90
红花来江藤(原变种), 90
红花棱子芹, 234
红花山牵牛, 150
红茎黄芩, 77

红茎黄芩(原变种), 77
红马蹄草, 214
红脉东俄芹, 244
红毛马蓝, 144
红毛马先蒿, 116
红毛五加, 183
红前胡, 226
红色马蓝, 148
红色马先蒿, 117
红纹马先蒿, 119
红纹马先蒿(原亚种), 119
红腺抽芽紫珠(变种), 8
红腺豆腐柴, 60
红腺紫珠, 5
红原长花马先蒿(变种), 108
红紫珠, 8
洪桥鼠尾草, 67
后生四川马先蒿, 110
厚萼紫珠, 6
厚棱芹属, 224
厚毛甘肃马先蒿(亚种), 106
厚膜树属, 151
厚皮香海桐(变种), 175
厚叶冬青, 160
厚圆果海桐, 175
厚圆果海桐(原变种), 175
呼玛柴胡(变种), 200
狐臭柴, 59
狐臭柴(原变种), 60
狐尾马先蒿, 96
狐尾马先蒿(原变种), 96
胡萝卜(变种), 208
胡萝卜叶马先蒿, 101
胡萝卜属, 208
胡麻草, 90
胡麻草(原变种), 90
胡麻草属, 90
湖北当归, 195
湖北马蓝, 144
湖北鼠尾草, 65
湖北紫珠, 6
湖南黄芩, 71
湖南马蓝, 141
湖南香薷, 21
虎刺楤木, 177
花楸叶马先蒿, 118
花叶假杜鹃, 128

华北前胡, 225
华北前胡(原变种), 225
华参, 192
华参属, 192
华东山芹, 223
华幌伞枫, 186
华丽马先蒿, 120
华裸柱草, 131
华南冬青, 168
华南爵床, 132
华南可爱花, 130
华南可爱花(原变种), 130
华南马蓝, 141
华囊瓣芹, 237
华绒苞藤, 16
华山前胡, 226
华氏马先蒿, 123
华鼠尾草, 63
华水苏, 78
华西龙头草, 40
华西龙头草(原变种), 40
华西前胡, 227
华中枸骨, 157
华中前胡, 226
华中前胡(原变种), 226
华紫珠, 5
滑果丹参花马先蒿(变种), 117
环翅狸藻, 125
环根芹, 207
环根芹属, 207
环喙马先蒿, 101
环毛马蓝, 142
荒地阿魏, 210
黄白杜根藤, 135
黄白香薷, 21
黄背退毛来江藤(变种), 89
黄波罗花, 151
黄花地钮菜, 80
黄花红花来江藤(变种), 90
黄花假杜鹃, 129
黄花角蒿(变种), 152
黄花具脉荆芥, 46
黄花爵床, 134
黄花狸藻, 125
黄花列当, 95
黄花列当(原变种), 95
黄花马先蒿, 103

黄花鼠尾草, 64
黄花鼠尾草(原变种), 64
黄花香茶菜, 34
黄花香薷, 20
黄花鸭首马先蒿(变种), 97
黄花鸭跖柴胡(变种), 200
黄花岩恋花, 130
黄花云南冠唇花(变种), 43
黄荆, 83
黄荆(原变种), 83
黄连山马蓝, 149
黄脉爵床属, 139
黄毛楤木, 176
黄毛冬青, 159
黄毛豆腐柴, 58
黄毛牡荆, 84
黄毛牡荆(原变种), 84
黄蜜蜂花, 41
黄鞘蕊花, 15
黄芩, 70
黄芩属, 69
黄球花, 141
黄绒豆腐柴, 60
黄色草苁蓉(变种), 89
黄山鼠尾草, 63
黄山鼠尾草(原变种), 63
黄鼠狼花, 68
黄筒花, 123
黄筒花属, 123
黄腺大青, 12
黄腺紫珠, 7
黄杨冬青, 157
黄杨叶海桐(变种), 174
黄药, 58
幌伞枫, 186
幌伞枫属, 186
灰白脓疮草, 49
灰白益母草, 37
灰背叉柱花, 139
灰薄荷, 42
灰冬青, 158
灰罗勒, 48
灰毛大青, 11
灰毛滇黄芩(变种), 69
灰毛甘青青兰(变种), 19
灰毛牡荆, 83
灰毛岩风, 216

灰毛莸, 8
灰毛莸(原变种), 8
灰楸, 151
灰色阿魏, 209
灰色马先蒿, 99
灰岩黄芩, 71
灰岩香茶菜, 27
灰岩香茶菜(原变种), 27
灰叶当归, 196
灰叶冬青, 169
灰叶冬青(原变种), 169
灰叶茴芹, 229
回回苏(变种), 51
茴芹, 228
茴芹属, 228
茴香, 210
茴香属, 210
会泽前胡, 225
喙齿马先蒿, 116
喙毛马先蒿, 116
活血丹, 23
活血丹属, 23
火把花(变种), 15
火把花属, 15
火烧花, 152
火烧花属, 152
火焰草, 90
火焰草属, 90
火焰花, 137
火焰花属, 137
藿香, 1
藿香属, 1

J

鸡骨柴, 20
鸡骨柴(原变种), 20
鸡冠棱子芹, 232
鸡冠子花, 109
鸡脚参, 48
鸡脚参(原变种), 48
鸡脚参属, 48
鸡肉参, 151
鸡肉参(原变种), 152
积雪草, 204
积雪草属, 204
畸形棱子芹, 232
吉龙草, 20

中文名索引

吉隆藁本, 217
吉隆马先蒿, 105
极丽马先蒿, 101
极弱弱小马先蒿(亚种), 101
极狭狭盔马先蒿(变种), 119
急流马蓝, 149
棘茎楤木, 177
瘠瘦马先蒿, 109
挤果树参, 181
戟叶鼠尾草, 62
季川马先蒿, 123
季川马先蒿(原变种), 123
济南岩风, 216
寄生羽叶参, 178
荚蒾叶海桐, 176
戛氏马先蒿, 104
甲拉马先蒿, 106
假苞囊瓣芹(变种), 237
假宝盖草, 46
假薄荷, 41
假糙苏, 50
假糙苏(原变种), 50
假糙苏属, 49
假斗大王马先蒿(亚种), 116
假杜鹃, 128
假杜鹃属, 128
假多色马先蒿, 115
假活血草, 76
假连翘, 154
假连翘属, 154
假轮状草糙苏, 54
假马鞭, 154
假马鞭属, 154
假楠叶冬青, 167
假拟蕨马先蒿, 103
假秦艽, 52
假人参, 189
假韧黄芩, 74
假榕叶罗伞, 181
假山萝花马先蒿, 114
假水苏, 78
假水苏属, 77
假硕大马先蒿, 114
假司氏马先蒿, 114
假头花马先蒿, 114
假弯管马先蒿, 114
假藓生马先蒿, 114

假香冬青, 171
假野菰, 91
假野菰属, 91
假野芝麻, 49
假野芝麻属, 49
假获属(新拟), 61
假枝冬青, 171
假紫珠, 83
假紫珠属, 83
假鬓尾草, 37
尖瓣藁本, 219
尖瓣芹, 193
尖瓣芹(原变种), 193
尖瓣小芹(变种), 242
尖瓣异叶茴芹(变种), 229
尖苞孩儿草, 139
尖苞罗伞, 180
尖齿草糙苏, 52
尖齿草糙苏(原变种), 52
尖齿臭茉莉, 12
尖齿豆腐柴, 58
尖齿异野芝麻(变种), 26
尖萼海桐, 175
尖萼马蓝, 147
尖萼挖耳草(亚种), 127
尖萼紫珠, 7
尖果马先蒿, 112
尖头花, 1
尖头花属, 1
尖头棱子芹, 234
尖尾枫, 5
尖药花, 149
尖叶豆腐柴, 58
尖叶独活, 211
尖叶藁本, 216
尖叶茴芹, 228
尖叶五匹青(变种), 238
尖叶紫珠, 4
坚挺短冠草, 124
坚挺马先蒿, 116
坚挺岩风, 216
间断香茶菜, 29
间序豆腐柴, 59
碱蛇床, 206
建德杭州石荠苎(变种), 45
剑叶冬青, 163
渐光尖齿草糙苏(变种), 52

箭叶水苏, 42
箭叶水苏属, 42
江达荆芥, 46
江达马先蒿, 99
江西大青, 12
江西马先蒿, 107
江西满树星, 163
江西香薷(变种), 44
姜味草, 42
姜味草属, 42
姜状三七, 189
豇豆树, 153
蒋氏马先蒿, 122
蒋英冬青, 170
胶粘香茶菜, 29
蕉岭冬青, 162
角蒿, 152
角蒿(原变种), 152
角蒿属, 151
角胡麻, 154
角胡麻科, 154
角胡麻属, 154
角花, 9
角花属, 9
角盔马先蒿, 97
角叶鞘柄木, 172
节翅地皮消, 136
结节南洋参, 189
结球马先蒿, 100
结壮马蓝, 149
截萼毛建草, 19
截萼钟萼鼠尾草(变种), 63
截头马蓝, 149
金苞淡黄香薷(变种), 21
金长莲, 140
金疮小草, 2
金疮小草(原变种), 2
金佛山马蓝, 147
金黄柴胡, 199
金黄柴胡(原变种), 199
金黄马先蒿, 98
金江鳔冠花, 130
金江火把花, 15
金江火把花(原变种), 15
金平刺蕊草(变种)(新拟), 57
金平鹅掌柴, 192
金三角马蓝, 141

265

金沙江荛, 9
金沙荆, 83
金沙鼠尾黄, 138
金山当归, 198
金塔火焰花, 130
金腺四棱草(新拟), 69
金芎, 219
筋骨草, 1
筋骨草(原变种), 1
筋骨草属, 1
紧贴马蓝, 140
堇色马先蒿, 122
劲直西风芹, 242
近二回羽裂南丹参(变种), 62
近草叶假糙苏, 51
近头状豆腐柴, 60
近无毛甘露子(变种), 79
近无毛灰岩香茶菜(变种), 27
近无毛毛地黄鼠尾草(变种), 64
近无毛小野芝麻(变种), 22
近掌麦鼠尾草, 68
缙云冬青, 163
缙云黄芩, 76
缙云紫珠(变种), 5
京黄芩, 73
京黄芩(原变种), 73
茎花冬青, 157
茎花来江藤, 89
茎花中华锥花(变种), 24
茎叶鸡脚参(变种), 49
茎叶子宫草(变种), 32
荆芥, 45
荆芥属, 45
荆条(变种), 83
旌节马先蒿, 117
旌节马先蒿(原亚种), 117
景东楤木, 178
景东冬青, 161
景东茴芹, 230
景东马蓝, 141
九头狮子草, 137
九万山冬青, 163
九味一枝蒿, 1
韭叶柴胡, 201
矩尖马蓝, 140
巨果冬青(变种), 158
巨叶冬青, 166

苴苔香茶菜, 29
苴叶鼠尾草, 68
具苞铃子香, 9
具柄冬青, 166
具齿马先蒿, 111
具萼茴芹, 229
具梗草糙苏, 54
具冠马先蒿, 100
具瘤西南水苏(变种), 79
锯边茴芹, 230
锯叶变豆菜, 239
锯叶峨眉黄芩(变种), 73
聚花海桐, 172
聚花海桐(原变种), 172
聚花马先蒿, 99
聚花马先蒿(原亚种), 99
聚叶角蒿, 152
卷边冬青, 169
绢毛大青, 13
绢毛荆芥, 46
蕨叶藁本, 218
蕨叶马先蒿, 115
蕨叶南川鼠尾草(变种), 66
蕨叶鼠尾草, 64
蕨叶小芹, 243
爵床, 134
爵床科, 127
爵床属, 132
菌生马先蒿, 111

K

喀什荆芥, 47
喀什马先蒿, 111
喀什兔唇花, 36
喀西爵床, 134
卡里马先蒿, 106
卡氏沼生马先蒿(亚种), 112
开萼鼠尾草, 62
康泊东叶马先蒿, 99
康藏荆芥, 46
康定草糙苏, 55
康定草糙苏(原变种), 55
康定当归, 196
康定冬青, 161
康定冬青(原变种), 161
康定独活, 212
康定筋骨草, 1

康定筋骨草(原变种), 1
康定马先蒿, 106
康定鼠尾草, 67
康定五加, 183
糠秕马先蒿, 104
科尔格马先蒿, 99
可爱花属, 130
克兰氏马先蒿, 109
克洛氏马先蒿, 100
克氏马先蒿, 99
垦丁苦林盘, 12
空棱芹, 204
空棱芹属, 204
空心柴胡(变种), 201
口外草糙苏, 53
扣树, 163
苦郎树, 11
苦梓, 24
库尔马先蒿, 107
块根草糙苏, 55
块根荆芥, 47
块根小野芝麻, 23
块茎芹, 215
块茎芹属, 215
块茎四轮香, 25
宽苞草糙苏(变种), 55
宽苞峨眉鼠尾草(变种), 66
宽苞黄芩, 75
宽齿大卫氏马先蒿(变种), 101
宽齿青兰, 18
宽齿直花水苏(变种), 80
宽唇神香草, 26
宽萼岩风, 216
宽管花, 22
宽管花属, 22
宽花美花毛建草(变种), 19
宽花香茶菜, 34
宽喙马先蒿, 107
宽裂轮叶马先蒿(亚种), 122
宽叶长柱刺蕊草, 57
宽叶俯垂马先蒿(亚种), 99
宽叶羌活, 221
宽叶散血芹(变种), 236
宽叶十万错, 128
宽叶十万错(原亚种), 128
宽叶石防风(变种), 227
宽叶栓果芹, 207

宽叶四川马先蒿(亚种), 120
宽叶香茶菜, 30
宽叶薰衣草, 37
宽叶羊角芹, 194
宽叶锥花, 24
盔须马先蒿, 108
盔状黄芩, 71
昆明冬青, 163
昆明冬青(原变种), 163
昆明海桐, 173
阔苞马先蒿, 107
阔翅芹属, 245
阔刺兔唇花, 36
阔鞘小芹, 243
阔鞘岩风, 215
阔叶冬青, 163

L

拉萨厚棱芹, 224
拉萨马先蒿, 107
拉萨前胡, 226
拉氏马先蒿, 107
辣薄荷, 42
辣莸, 23
辣莸属, 23
来江藤, 90
来江藤属, 89
兰考泡桐, 88
兰坪马先蒿, 107
兰嵌马蓝, 148
兰香草, 8
兰香草(原变种), 9
兰屿冬青, 163
兰屿加, 188
兰屿加属, 188
兰屿马蓝, 145
兰州肉苁蓉, 91
兰州岩风, 216
蓝萼毛叶香茶菜(变种), 30
蓝花黄芩, 71
蓝花黄芩(原变种), 71
蓝花荆芥, 45
蓝化列当(变种), 96
蓝叶峨眉香科科(变种), 81
澜沧豆腐柴, 59
澜沧豆腐柴(原变种), 59
澜沧囊瓣芹, 236

澜沧羌活, 221
榄绿阿魏, 210
狼山岩风, 215
劳氏马先蒿, 117
老鼠簕(新拟), 127
老鼠簕属, 127
老鸦糊, 5
老鸦糊(原变种), 5
老鸦烟筒花, 153
老鸦烟筒花属, 153
乐东黄芩, 72
乐山马蓝, 150
勒公氏马先蒿, 107
勒氏马先蒿, 107
雷丁马先蒿, 115
类皱叶香茶菜, 33
棱果海桐, 176
棱茎黄芩, 75
棱茎爵床, 132
棱枝冬青, 156
棱子芹, 234
棱子芹属, 231
梨叶冬青, 167
狸藻, 127
狸藻(原亚种), 127
狸藻科, 125
狸藻属, 125
离柱鹅掌柴, 191
离柱五加, 183
李恒马蓝, 146
李恒羽叶参, 178
里白杜虹花, 6
里海阿魏, 209
理塘藁本, 218
理塘香薷, 21
理县香茶菜, 30
立氏大王马先蒿(亚种), 116
丽江鳔冠花, 129
丽江草糙苏, 53
丽江柴胡, 202
丽江当归, 196
丽江滇芎, 228
丽江藁本, 217
丽江黄芩, 72
丽江茴芹, 230
丽江棱子芹, 232
丽江铃子香, 10

丽江马先蒿, 108
丽江马先蒿(原亚种), 108
丽江丝瓣芹, 194
丽江通泉草, 86
丽江陷脉冬青(变种), 159
利特藁本, 218
栎叶罗伞, 181
荔枝草, 66
栗色鼠尾草, 63
痢止蒿, 2
连齿马先蒿, 100
连钱黄芩, 71
连翘叶黄芩, 71
连翘叶黄芩(原变种), 71
连丝草, 131
连叶马先蒿, 100
莲座多花筋草(变种), 3
莲座通泉草, 86
镰叶前胡, 225
镰叶水珍珠菜, 56
恋岩花属, 130
凉粉草, 42
凉粉草属, 42
凉山香茶菜, 30
梁王茶, 188
梁王茶属, 188
两广冬青, 157
两广黄芩, 75
两头毛, 151
两头毛(原变种), 151
亮蛇床, 240
亮蛇床属, 240
亮叶冬青, 166
亮叶幌伞枫, 186
亮叶香薷(新拟), 21
谅山鹅掌柴, 191
辽东楤木(变种), 177
辽藁本, 217
辽冀茴芹, 230
辽宁香茶菜, 35
疗齿草, 94
疗齿草属, 94
列当, 95
列当科, 89
列当属, 94
裂瓣鼠尾草, 68
裂瓣小芹, 243

裂瓣小芹(原变种), 243
裂苞东俄芹, 244
裂苞瘤果芹, 245
裂苞香科科, 81
裂苞舟瓣芹(变种), 243
裂唇草糙苏, 52
裂萼草糙苏, 55
裂萼鼠尾草, 68
裂萼钟萼鼠尾草(变种), 63
裂喙马先蒿, 118
裂叶波罗花, 151
裂叶独活, 211
裂叶独活(原变种), 211
裂叶黄芩, 71
裂叶荆芥, 47
裂叶囊瓣芹(变种), 237
裂叶天胡荽, 213
邻近风轮菜, 13
林当归, 198
林地前胡, 225
林地水苏, 80
林地通泉草, 87
林华鼠尾草, 65
林马蓝, 143
林生香茶菜, 34
林氏马先蒿, 108
林芝茴芹, 230
林芝马先蒿, 111
鳞果变豆菜, 239
鳞果草, 1
鳞果草属, 1
鳞花草, 135
鳞花草属, 135
灵芝草属, 138
灵枝草, 138
岭南来江藤, 90
柃叶冬青, 160
凌氏马先蒿, 108
凌霄, 150
凌霄花属, 150
铃木冬青, 169
铃子香属, 9
菱叶茴芹, 230
菱叶茴芹(原变种), 230
菱叶马蓝, 147
菱叶元宝草, 3
菱叶元宝草属, 3

流苏马蓝, 143
留兰香, 42
瘤果变豆菜, 239
瘤果茴芹, 231
瘤果棱子芹, 235
瘤果芹, 245
瘤果芹属, 245
瘤子草, 136
瘤子草属, 136
柳叶冬青, 168
柳叶红茎黄芩(变种), 77
柳叶鳞花草, 136
柳叶马先蒿, 117
柳叶芹, 207
柳叶芹(原变种), 207
柳叶芹属, 207
柳叶紫珠(变种), 4
六苞藤, 80
六苞藤属, 80
六角英, 132
龙船草, 47
龙船草属, 47
龙里冬青, 160
龙陵冬青, 158
龙陵马先蒿, 109
龙胜香茶菜, 31
龙头草, 41
龙头草(原变种), 41
龙头草属, 40
龙头黄芩, 72
龙头黄芩(原变种), 72
龙溪四轮香, 25
龙眼独活, 177
龙州冬青, 164
龙州恋岩花, 130
龙州马蓝, 146
隆萼当归, 197
露珠香茶菜, 30
庐山香科科, 81
芦莉草, 138
芦莉草属, 138
泸西柴胡, 202
鲁甸冬青, 164
鹿茸草, 93
鹿茸草属, 93
吕宋毛蕊木, 154
吕宋天胡荽, 213

绿花矮泽芹, 205
绿花山芹, 224
绿盔密穗马先蒿(亚种), 102
绿叶冬青, 171
绿叶美丽沙穗, 55
峦大紫珠, 8
卵苞马蓝, 147
卵齿草糙苏(变种), 56
卵齿筋骨草(变种), 2
卵萼变豆菜(变种), 238
卵果海桐, 174
卵叶白绒草, 38
卵叶变豆菜, 239
卵叶鳞花草, 135
卵叶马蓝, 146
卵叶羌活, 221
卵叶山罗花(变种), 93
卵叶水芹(变种), 222
轮伞五加, 185
轮伞羽叶参, 179
轮叶铃子香, 10
轮叶马先蒿, 122
轮叶马先蒿(原亚种), 122
罗甸地皮消, 136
罗甸黄芩, 72
罗甸纤细假糙苏(变种), 50
罗浮冬青, 170
罗浮紫珠, 7
罗汉松叶海桐(变种), 174
罗勒, 48
罗勒(原变种), 48
罗勒属, 48
罗伞, 180
罗伞属, 179
罗氏马先蒿, 117
罗氏马先蒿(原变种), 117
罗氏马先蒿(原亚种), 117
萝卜秦艽, 53
裸花紫珠, 7
裸茎囊瓣芹, 237
裸茎绒果芹, 208
裸茎绒果芹(原变种), 208
裸柱草属, 131
洛氏大王马先蒿(变种), 116
洛氏弯管马先蒿(亚种), 101
落霜红, 168

M

麻栗坡冬青, 165
麻栗坡鹅掌柴, 191
麻叶豆腐柴, 60
麻叶风轮菜, 14
麻叶冠唇花, 44
麻叶冠唇花(原变种), 44
马鞭草, 154
马鞭草科, 154
马鞭草叶马先蒿, 122
马鞭草属, 154
马鞭鼠尾草(新拟), 68
马肠子树, 179
马尔康糙果芹, 246
马尔康柴胡, 202
马尔康香茶菜, 34
马克逊马先蒿, 109
马蓝属, 140
马山前胡, 226
马松蒿, 125
马松蒿属, 125
马蹄芹, 208
马蹄芹属, 208
马尾柴胡, 202
马先蒿属, 96
马缨丹, 154
马缨丹属, 154
玛多马先蒿, 106
玛丽马先蒿, 109
迈氏马先蒿, 110
迈亚马先蒿, 109
麦地龙香茶菜, 31
脉叶翅棱芹, 238
满树星, 156
蔓荆, 84
蔓荆(原变种), 84
蔓生马先蒿, 122
芒康马先蒿, 111
莽山挖耳草, 126
猫儿刺, 166
猫尾木属, 152
猫眼草三角齿马先蒿(亚种), 121
毛背高冬青(变种), 160
毛被毛颏马先蒿(变种), 107
毛柄天胡荽, 213
毛长马蓝, 148

毛唇鼠尾草, 67
毛粗丝木, 154
毛地黄鼠尾草, 64
毛地黄鼠尾草(原变种), 64
毛冬青, 167
毛冬青(原变种), 167
毛萼爵床, 134
毛萼康定草糙苏(变种), 55
毛萼鞘蕊花, 15
毛萼香茶菜, 28
毛萼香薷, 20
毛萼香薷(原变种), 20
毛藁本, 217
毛梗糙叶五加(变种), 183
毛狗肝菜, 130
毛冠唇花, 43
毛冠可爱花(变种), 130
毛冠马蓝, 149
毛冠四蕊草, 123, 203
毛果大瓣芹, 241
毛果冬青, 169
毛果短冠草, 124
毛果通泉草, 87
毛果狭腔芹, 244
毛核冬青, 163
毛喉鞘蕊花, 15
毛狐臭柴(变种), 60
毛花柄果海桐(变种), 175
毛建草, 18
毛节兔唇花, 36
毛茎黄芩, 72
毛茎水蜡烛, 56
毛颏马先蒿, 107
毛颏马先蒿(原变种), 107
毛盔马先蒿, 121
毛盔西藏草糙苏(变种), 55
毛列当, 95
毛脉火焰花, 137
毛苗山冬青(变种), 158
毛泡桐, 88
毛泡桐(原变种), 88
毛前胡, 226
毛球莸, 9
毛栓翅芹, 235
毛水苏, 78
毛水苏(原变种), 78
毛水蓑衣, 131

毛穗马先蒿, 101
毛穗夏至草, 36
毛穗香薷, 20
毛挖耳草, 126
毛狭叶五加(变种), 185
毛楔翅藤, 77
毛序西风芹, 241
毛药狐尾马先蒿(变种), 96
毛药花铃子香(新拟), 9
毛药列当, 95
毛叶川冬青(变种), 169
毛叶冬青, 167
毛叶返顾马先蒿(亚种), 115
毛叶黄芩, 73
毛叶老鸦糊(变种), 5
毛叶罗勒, 48
毛叶猫尾木(变种), 152
毛叶五匹青(变种), 238
毛叶香茶菜, 30
毛叶香茶菜(原变种), 30
毛叶羽叶楸, 154
毛鱼臭木, 59
毛枝冬青, 159
毛舟马先蒿, 121
毛珠当归, 196
毛籽挖耳草, 126
茂名罗伞, 180
茂汶当归, 197
玫瑰色藓状马先蒿(变种), 110
玫红铃子香, 10
玫红铃子香(原变种), 10
玫花豆腐柴, 60
梅氏马先蒿, 109
湄公鼠尾草, 66
美观草糙苏, 54
美观马先蒿, 101
美国薄荷, 44
美国薄荷属, 44
美花毛建草, 19
美花毛建草(原变种), 19
美花圆叶筋骨草(变种), 3
美丽棱子芹, 231
美丽丽江马先蒿(亚种), 108
美丽列当, 94
美丽马蓝, 148
美丽马先蒿, 98
美丽马先蒿(原亚种), 98

美丽鼠尾草, 65
美丽通泉草, 86
美丽桐, 125
美丽桐属, 125
美脉藁本, 218
美叶菜豆树, 153
美叶青兰, 17
勐海豆腐柴, 58
蒙古前胡, 226
蒙古芯芭, 91
蒙古莸, 9
蒙氏马先蒿, 110
蒙自豆腐柴, 59
蒙自马蓝, 145
蒙自水芹(亚种), 222
孟连短冠草, 124
迷迭香, 61
迷迭香属, 61
迷果芹, 244
迷果芹属, 244
米谷冬青, 165
米林草糙苏, 53
米团花, 38
米团花属, 38
米易冠唇花, 43
密苞马蓝, 141
密长叉柱花, 140
密花柴胡, 200
密花冬青, 158
密花冬青(原变种), 158
密花独脚金, 124
密花孩儿草, 138
密花海桐(变种), 173
密花荆芥, 45
密花香薷, 20
密花岩风, 215
密瘤瘤果芹, 245
密脉鹅掌柴, 190
密毛大瓣芹, 241
密伞天胡荽, 214
密生波罗花, 151
密穗马先蒿, 101
密穗马先蒿(原亚种), 102
密序马蓝, 142
蜜蜂花, 41
蜜蜂花属, 41
绵参, 22

绵参属, 22
绵毛杜根藤, 132
绵毛水苏, 79
绵毛岩风, 215
绵毛益母草, 37
绵穗马先蒿, 113
绵穗苏, 16
绵穗苏(原变种), 16
绵穗苏属, 16
缅甸潘氏马先蒿(亚种), 113
缅甸树参, 181
缅甸天胡荽, 213
缅甸天胡荽(原亚种), 213
苗山冬青, 158
苗山冬青(原变种), 158
岷山毛建草, 18
明党参, 205
明党参属, 205
谬氏马先蒿, 110
谬氏马先蒿(原变种), 110
膜苞藁本, 218
膜蕨囊瓣芹, 237
膜盘西风芹, 241
膜叶荆芥, 46
膜叶马先蒿, 110
膜藻藤, 154
膜藻藤属, 154
墨脱冬青, 165
墨脱马蓝, 146
牡丹叶当归, 197
牡荆(变种), 83
牡荆属, 83
木柄杜根藤, 135
木果海桐, 176
木蝴蝶, 153
木蝴蝶属, 153
木姜冬青, 163
木里草糙苏, 54
木里滇芎, 228
木里冠唇花, 43
木里厚棱芹, 224
木里茴芹, 231
木里拟蕨马先蒿(变种), 103
木里鼠尾草, 64
木里松蒿, 123
木里陷脉冬青(变种), 159
木里香茶菜, 32

木香薷, 22
木锥花, 24
木紫珠, 4
穆坪马先蒿, 110

N

那坡鹅掌柴, 191
那坡孩儿草, 139
那坡爵床, 133
那曲马先蒿, 116
南川冬青, 165
南川冠唇花, 44
南川马先蒿, 111
南川绵穗苏, 16
南川前胡, 225
南川鼠尾草, 66
南川鼠尾草(原变种), 66
南川紫珠(罗桑氏紫珠), 4
南垂茉莉, 11
南丹参, 62
南丹参(原变种), 62
南方草糙苏(变种), 55
南方大叶柴胡(变型), 202
南方狸藻, 125
南方泡桐, 88
南方普氏马先蒿(亚种), 114
南方香简草, 35
南红藤(变种), 87
南湖当归(变种), 197
南疆新塔花, 85
南岭爵床, 134
南岭前胡, 226
南宁冬青, 165
南台湾黄芩, 69
南星毛罗伞, 180
南洋参, 189
南洋参属, 189
南一笼鸡, 144
南粤黄芩, 77
南竹叶环根芹, 207
楠草, 138
楠叶冬青, 164
囊瓣芹, 236
囊瓣芹属, 235
囊管花, 128
囊花孩儿草, 138
囊花香茶菜, 29

囊距黄芩, 70
内蒙西风芹, 241
内折香茶菜, 29
嫩弱囊瓣芹, 236
尼泊尔独活, 212
尼泊尔沟酸浆(变种), 87
拟百里香, 82
拟鼻花马先蒿, 116
拟鼻花马先蒿(原亚种), 116
拟篦齿马先蒿, 113
拟长毛锥花, 25
拟长尾冬青, 168
拟丹参, 66
拟斗叶马先蒿, 101
拟钝齿冬青, 168
拟红紫珠, 8
拟黄荆(变种), 84
拟坚挺马先蒿, 116
拟蕨马先蒿, 103
拟蕨马先蒿(原变种), 103
拟美国薄荷, 44
拟缺香茶菜, 28
拟榕叶冬青, 168
拟泽芹, 243
拟紫堇马先蒿, 100
粘毛黄芩, 76
粘毛鼠尾草, 67
粘叶莸, 8
念珠根茎黄芩, 73
聂拉木矮泽芹, 204
聂拉木独活, 212
聂拉木厚棱芹, 224
聂拉木马先蒿, 111
宁德冬青, 166
宁明马蓝, 146
柠檬薄荷, 42
牛耳枫叶海桐, 172
牛耳枫叶海桐(原变种), 172
牛尾草, 34
牛至, 48
牛至属, 48
扭喙马先蒿, 119
扭藿香, 38
扭藿香属, 38
扭连钱, 39
扭连钱属, 39
扭旋马先蒿, 121

浓紫龙眼独活, 176
脓疮草(变种), 49
脓疮草属, 49
弄岗马蓝, 146
怒江天胡荽, 214
怒江挖耳草, 126
糯米香, 149

O

欧薄荷, 42
欧当归, 215
欧当归属, 215
欧地笋, 39
欧地笋(原变种), 39
欧防风, 224
欧防风属, 224
欧活血丹, 23
欧芹, 224
欧芹属, 224
欧氏马先蒿, 111
欧氏马先蒿(原亚种), 111
欧夏至草, 40
欧夏至草属, 40
欧亚列当(变种), 94

P

爬行马先蒿, 115
帕兰氏马先蒿, 114
帕里扭连钱, 40
排草香, 3
排草香属, 3
派氏马先蒿, 113
潘氏马先蒿, 112
潘氏马先蒿(原亚种), 112
盘叶罗伞, 180
螃蟹甲, 56
泡棱芹(新拟), 214
泡棱芹属(新拟), 214
泡桐科, 88
泡桐属, 88
裴氏马先蒿, 113
彭水变豆菜, 239
披针叶楤木, 179
披针叶聚花海桐(变种), 172
披针叶紫珠(变种), 7
皮氏马先蒿, 98
枇杷叶紫珠, 6

枇杷叶紫珠(原变种), 6
偏花黄芩, 76
偏花马蓝, 148
贫脉海桐, 174
平坝马先蒿, 104
平和冬青, 167
平核冬青, 160
平滑豆腐柴, 59
平滑叶阿魏, 209
平基紫珠, 4
平截独活, 212
平南冬青, 167
平卧黄芩, 74
平卧荆芥, 47
屏边孩儿草, 139
屏边黄芩, 74
屏边三七, 189
屏山紫珠, 8
破铜钱(变种), 214
铺地青兰, 18
铺散峨眉马先蒿(亚种), 112
铺散马先蒿, 102
铺散马先蒿(原变种), 102
匍匐半插花, 148
匍匐风轮菜, 14
匍匐藁本, 218
匍匐鼠尾黄, 139
匍匐五加, 184
匍茎通泉草, 86
匍茎通泉草(变种), 86
匍生沟酸浆, 87
匍枝柴胡, 200
匍枝筋骨草, 2
匍枝马蓝, 149
蒲桃叶冬青, 169
普渡天胡荽(亚种), 214
普氏马先蒿, 114
普氏马先蒿(原变种), 114
普氏马先蒿(原亚种), 114

Q

祁白芷, 196
祁连费尔氏马先蒿(亚种), 113
祁门黄芩, 70
祁门鼠尾草, 67
岐伞香茶菜, 31

奇瓣马蓝, 141
奇氏马先蒿, 104
奇异假糙苏, 51
奇异马先蒿, 97
歧伞花, 17
歧伞花属, 16
脐草, 94
脐草属, 94
启无马蓝, 150
荠麦地鼠尾草, 65
荠苎, 45
千解草, 59
前胡, 226
前胡属, 225
荨麻叶黄芩, 77
荨麻叶龙头草, 41
荨麻叶益母草, 37
乾精菜, 52
黔桂冬青, 168
黔灵山冬青, 167
浅黄马先蒿, 109
浅黄马先蒿(原亚种), 109
浅黄皱褶马先蒿(亚种), 113
浅裂罗伞, 180
羌活, 221
羌活属, 221
枪刀菜, 131
枪刀药属, 131
翘喙马先蒿, 110
鞘柄木, 172
鞘柄木科, 172
鞘柄木属, 172
鞘蕊花属, 15
鞘山芎, 206
茄叶通泉草, 87
窃衣, 245
窃衣叶前胡, 227
窃衣属, 245
芹叶龙眼独活, 176
芹属, 198
秦岭柴胡(变种), 202
秦岭当归, 198
秦岭海桐, 175
秦岭鼠尾草, 66
秦岭香科科, 81
秦岭香科科(原变种), 81
秦氏马先蒿, 99

琴盔马先蒿, 109
琴叶爵床, 134
琴叶马蓝, 146
琴叶通泉草, 85
青藏棱子芹, 234
青茶香, 162
青海柴胡, 202
青海当归, 197
青海甘肃马先蒿(亚种), 106
青海棱子芹, 234
青海马先蒿, 115
青荚叶, 156
青荚叶(原变种), 156
青荚叶科, 155
青荚叶属, 155
青兰, 18
青兰属, 17
清河草糙苏, 52
清香姜味草, 43
庆元冬青, 167
琼海叉柱花, 140
琼榄, 155
琼榄属, 155
丘陵紫珠, 5
秋花洼皮冬青(变种), 166
秋英爵床, 129
秋英爵床属, 129
楸, 151
楸叶泡桐, 88
球根阿魏, 240
球根阿魏属, 240
球花马蓝, 142
球花马蓝(原亚种), 142
球花马先蒿, 104
球穗香薷, 22
球序鹅掌柴, 192
球序马蓝, 144
球状马先蒿, 119
曲柄当归, 196
曲茎假糙苏, 50
曲茎马蓝, 143
曲茎马先蒿, 103
曲乡马先蒿, 115
曲序马蓝, 144
曲折四轮香, 25
曲枝假蓝, 142
全唇花, 26

全唇花属, 26
全萼马先蒿, 105
全裂波齿马先蒿(亚种), 100
全裂马先蒿, 102
全裂叶阿魏, 209
全秃海桐, 174
全腺香茶菜, 32
全叶滇芎, 227
全叶马先蒿, 106
全叶马先蒿(亚种), 106
全叶马先蒿(原亚种), 106
全叶美丽马先蒿(亚种), 98
全叶山芹, 223
全叶山芹(原变种), 223
全叶香科科, 80
全缘冬青, 162
全缘萼假杜鹃, 128
全缘马先蒿, 97
全缘叶青兰, 17
全缘叶青兰(原变种), 17
全缘叶紫珠, 6
全缘叶紫珠(原变种), 6
犬形鼠尾草, 64
雀儿山马先蒿, 99

R

髯毛刺蕊草(新拟), 56
尧花香茶菜, 35
人参, 188
人参木, 181
人参木属, 181
人参属, 188
忍冬叶冬青, 164
忍冬叶冬青(原变种), 164
韧黄芩, 76
韧黄芩(原变种), 76
日本活血丹, 23
日本马蓝, 145
日本紫珠, 6
日本紫珠(原变种), 6
日照马先蒿, 117
绒苞藤, 16
绒苞藤属, 16
绒果芹, 208
绒果芹(原变种), 208
绒果芹属, 208
绒果西风芹, 242

绒毛假糙苏, 49
绒毛荆芥, 46
绒毛马先蒿, 121
绒毛毛萼香薷(变种), 20
绒毛绵穗苏(变种), 16
绒毛脓疮草, 49
绒毛脓疮草(原变种), 49
绒舌马先蒿, 107
绒头假糙苏, 51
绒叶毛建草, 19
绒叶毛建草(原变种), 19
榕叶冬青, 161
榕叶罗伞树, 180
榕叶树参, 181
柔茎香茶菜, 28
柔毛冬青(变种), 164
柔毛龙眼独活, 178
柔毛马先蒿, 110
柔毛西南水苏(变种), 79
柔毛益母草, 37
柔毛胀果芹, 227
柔弱黄芩, 76
肉苁蓉, 91
肉苁蓉属, 91
肉果草, 85
肉果草属, 85
肉叶龙头草, 40
肉叶鞘蕊花, 15
汝昌冬青, 163
乳头冬青, 165
乳头前胡, 226
乳突青荚叶(变种), 156
软毛甘露子(变种), 79
软雀花, 238
软弱马先蒿, 103
锐齿西风芹, 241
锐刺兔唇花, 36
锐棱岩风, 215
锐叶茴芹, 228
瑞丽叉花草, 146
瑞丽鹅掌柴, 192
瑞丽黄芩, 75
瑞丽罗伞, 181
瑞丽山壳骨, 138
若尔盖马先蒿, 117
弱小马先蒿, 101
弱小马先蒿(原亚种), 101

S

撒尔维亚, 66
鳃叶欧氏马先蒿(亚种), 111
赛山蓝, 138
赛氏马先蒿, 118
三斑刺黄马先蒿(变种), 97
三苞柴胡(变种), 201
三出叶茴芹, 231
三对节, 12
三对节(原变种), 12
三辐柴胡, 203
三花冬青, 169
三花冬青(原变种), 169
三花枪刀药, 132
三花四棱草(新拟), 69
三角齿马先蒿, 121
三角齿马先蒿(原亚种), 121
三角齿锥花, 24
三角叶马先蒿, 101
三裂罗伞, 181
三裂树参, 182
三脉钝叶黄芩(变种), 73
三七, 189
三色马先蒿, 121
三色马先蒿(原变种), 121
三深裂棱子芹(新拟), 234
三台花(变种), 12
三小叶当归, 198
三叶瘤果芹, 245
三叶马先蒿, 120
三叶鼠尾草, 68
伞房马先蒿, 100
伞花冬青, 161
伞花马先蒿, 122
伞形科, 193
伞序臭黄荆, 60
伞序冬青, 170
散花紫珠(变种), 6
散黄芩, 72
散血芹, 235
散血芹(原变种), 236
散瘀草, 3
桑科西马先蒿(新拟), 120
色萼花, 129
色萼花属, 129
沙坝冬青, 157
沙坝马蓝, 147
沙苁蓉, 91
沙地青兰, 18
沙生阿魏, 209
沙生沙穗, 52
沙氏鹿茸草, 93
沙穗, 53
沙滩黄芩, 75
山白藤, 77
山菠菜, 61
山地阿魏, 208
山地草糙苏, 54
山地草糙苏(原变种), 54
山地独活, 212
山地香茶菜, 32
山茴香, 203
山茴香属, 203
山壳骨, 138
山壳骨属, 137
山罗花, 93
山罗花(原变种), 93
山罗花属, 93
山萝花马先蒿, 110
山马蓝, 147
山茉莉芹, 223
山茉莉芹属, 223
山牡荆, 84
山牡荆(原变种), 84
山牵牛, 150
山牵牛属, 150
山芹, 224
山芹(原变种), 224
山芹属, 223
山蛇床阿魏, 209
山西黄芩, 75
山西马先蒿, 118
山西西风芹, 242
山香, 26
山香属, 26
山芎, 206
山芎属, 206
山一笼鸡, 140
珊瑚菜, 210
珊瑚菜属, 210
珊瑚冬青, 158
珊瑚冬青(原变种), 158
珊瑚花, 132

陕鄂椴木, 178
陕甘筋骨草(变种), 1
扇苞福氏马先蒿(亚种), 104
扇脉香茶菜, 28
上狮紫珠, 8
上思冬青, 166
少齿黄芩, 73
少刺毛假糙苏, 51
少齿龙头黄芩(变种), 72
少辐东俄芹, 244
少辐小芹, 243
少管短毛独活(变种), 212
少花豆腐柴, 59
少花海桐, 174
少花海桐(原变种), 174
少花茴芹, 230
少花马蓝, 147
少花马先蒿, 112
少花荠苎, 45
少花鼠尾草, 66
少花紫珠, 7
少裂凹乳芹, 246
少裂西藏白苞芹(变种), 221
少脉黄芩, 73
少毛北前胡(变种), 226
少毛伏黄芩(变种), 74
少毛甘露子, 78
少毛甘西鼠尾草(变种), 67
舌瓣鼠尾草, 65
舌状大唇马先蒿(变种), 110
蛇床, 205
蛇床(原变种), 205
蛇床茴芹, 229
蛇床属, 205
蛇根叶, 136
蛇根叶属, 136
麝香阿魏, 210
深红火把花, 15
深红火把花(原变种), 15
深裂草糙苏, 52
深裂黄芩, 74
深裂欧地笋(变种), 39
深绿马先蒿, 97
深紫茴芹, 228
神农架冬青, 168
神香草, 26
神香草属, 26

肾苞草, 137
肾茶, 13
肾茶属, 13
肾叶耳挖草, 125
肾叶茴芹, 230
肾叶天胡荽, 214
生驹氏马先蒿, 106
圣罗勒, 48
施氏马先蒿, 119
湿生冬青, 171
蓍草叶马先蒿, 96
蓍叶滇芹, 220
十脉斜萼草(变种), 39
十蕊大参, 187
十万错, 128
十万错属, 128
石蚕属, 61
石防风, 227
石防风(原变种), 227
石枚冬青, 168
石荠苎属, 44
石山冠唇花, 43
石山天胡荽, 213
石蛇床, 220
石蛇床属, 220
石生冬青, 168
石生海桐, 175
石生鸡脚参, 48
石蜈蚣草, 75
石香薷, 44
石香薷(原变种), 44
石梓, 24
石梓属, 24
食用土当归, 176
莳萝, 195
莳萝属, 195
史氏马先蒿, 118
首阳变豆菜, 238
首阳变豆菜(原变种), 238
瘦叉柱花, 140
疏齿冬青, 166
疏齿丝瓣芹, 193
疏齿紫珠, 8
疏花变豆菜(变种), 239
疏花穿心莲, 128
疏花风轮菜, 14
疏花马先蒿, 107

疏裂马先蒿, 115
疏脉大参, 187
疏毛白绒草(变种), 38
疏毛棱子芹, 233
疏毛山芹, 224
疏毛山芹(原变种), 224
疏柔毛罗勒(变种), 48
疏穗马先蒿, 107
疏叶当归, 196
疏叶香根芹(变种), 223
鼠尾草, 65
鼠尾草(原变种), 65
鼠尾草属, 62
鼠尾马蓝, 146
鼠尾香薷, 21
蜀五加, 184
树参, 181
树参属, 181
栓翅芹属, 235
栓果芹, 207
栓果芹属, 207
双齿冬青, 157
双萼观音草, 137
双萼马蓝, 141
双果冬青, 159
双核枸骨, 159
双球芹, 240
双球芹属, 240
双生马先蒿, 98
双生栓翅芹, 235
双室树参, 181
水藁本(变种), 219
水虎尾, 57
水棘针, 3
水棘针属, 3
水金花, 8
水蜡烛, 58
水芹, 222
水芹(原变种), 222
水芹属, 222
水苏属, 78
水蓑衣, 131
水蓑衣(原变种), 131
水蓑衣属, 131
水香薷, 21
水泽马先蒿, 122
水珍珠菜, 56

硕大马先蒿, 106
硕花马先蒿, 109
丝瓣芹, 194
丝瓣芹属, 193
丝多毛列当, 95
丝毛列当, 94
丝叶芹, 240
丝叶芹属, 240
丝叶山芹(变种), 224
司氏马先蒿, 119
思茅豆腐柴, 60
思茅独活, 211
思茅水蜡烛, 58
斯氏马先蒿, 119
斯文氏碎米蕨叶马先蒿(亚种), 99
四苞马蓝, 142
四齿四棱草, 69
四川波罗花, 151
四川当归, 197
四川冬青, 169
四川冬青(原变种), 169
四川沟酸浆, 87
四川黄荆(变种), 83
四川列当, 96
四川列当(原变种), 96
四川马蓝, 149
四川马先蒿, 120
四川马先蒿(原亚种), 120
四川石梓, 24
四川丝瓣芹, 194
四川头花马先蒿(变种), 98
四川香茶菜, 34
四川小米草(亚种), 92
四川小野芝麻, 23
四方蒿, 19
四棱草, 69
四棱草(原变种), 69
四棱草属, 69
四列马蓝, 148
四裂花黄芩(变种), 74
四裂花黄芩, 74
四裂花黄芩(原变种), 74
四轮香, 25
四轮香属, 25
四叶水蜡烛(新拟), 57
四子海桐, 176
四子马蓝, 149

松蒿, 123, 203
松蒿属, 123, 203
松林华西龙头草(变种), 40
松林马蓝, 147
松林马先蒿, 113
松林小芹, 243
松潘矮泽芹, 205
松潘当归, 198
松潘荆芥, 47
松潘荆芥(原变种), 47
松潘棱子芹, 232
松潘前胡, 226
松叶青兰, 17
松叶西风芹, 242
苏氏马先蒿, 118
宿叶马先蒿, 120
蒜味香科科, 81
遂昌冬青, 169
碎米蕨叶马先蒿, 99
碎米蕨叶马先蒿(原亚种), 99
碎米桠, 33
碎叶岩风, 215
穗花荆芥, 46
穗花马先蒿, 119
穗花马先蒿(原亚种), 119
穗花牡荆, 83
穗花香科科, 80
穗花香科科(原变种), 80
穗序鹅掌柴, 190
穗序山香, 26
穗状香薷, 22
孙航绵参, 22
缩茎韩信草(变种), 72
缩序火焰花, 129
缩序铃子香, 9

T

塔布马先蒿, 120
塔什克羊角芹, 194
塔氏马先蒿, 120
塔头狭叶黄芩(变种), 74
塔序豆腐柴, 60
台北黄芩, 76
台南通泉草, 87
台钱草, 80
台钱草属, 80

台琼海桐(变种), 174
台氏管花马先蒿(变种), 118
台湾变豆菜, 239
台湾柴胡, 201
台湾刺蕊草, 57
台湾楤木, 176
台湾当归(变种), 196
台湾冬青, 161
台湾冬青(原变种), 161
台湾鹅掌柴, 192
台湾黄芩, 76
台湾茴芹, 230
台湾假糙苏, 50
台湾筋骨草, 3
台湾鳞花草, 135
台湾菱叶常春藤, 186
台湾罗勒, 48
台湾马蓝, 144
台湾马先蒿, 121
台湾毛楤木, 177
台湾明萼草, 139
台湾泡桐, 88
台湾茅膏, 45
台湾前胡, 225
台湾琴柱草, 66
台湾青荚叶(变种), 156
台湾琼楠, 155
台湾山芎, 206
台湾蛇床(变种), 205
台湾树参, 182
台湾碎雪草(变种), 92
台湾通泉草, 85
台湾香科科, 81
台湾香薷, 21
台湾小米草, 92
台湾小米草(原变种), 92
台湾羽叶参, 176
苔间丝瓣芹, 194
太白柴胡, 200
太白棱子芹, 232
太鲁阁当归, 198
太鲁阁黄芩, 76
太平爵床, 136
太平爵床属, 136
太平山冬青, 168
太行阿魏, 209
太行阿魏(原变种), 210

太行荆(变种), 84
泰国垂茉莉, 11
泰国马蓝(亚种), 143
泰山前胡, 227
泰氏马先蒿, 120
坛萼马先蒿, 122
汤氏马蓝, 149
唐古特轮叶马先蒿(亚种), 122
唐松叶弓翅芹, 199
塘虱角, 60
陶氏马蓝, 149
腾冲豆腐柴, 60
腾冲独活, 212
腾冲马蓝, 143
藤豆腐柴, 60
藤五加, 183
藤五加(原变种), 183
藤状火把花, 16
藤状火把花(原变种), 16
藤紫珠(变种), 6
天胡荽, 214
天胡荽(原变种), 214
天胡荽属, 213
天蓝变豆菜, 238
天目变豆菜, 239
天目变豆菜(原变种), 239
天目当归, 198
天目山蓝, 137
天全黄芩, 76
天人草, 16
天山苞裂芹, 240
天山柴胡, 203
天山棱子芹, 233
天山扭藿香, 38
天山新塔花, 85
天山泽芹, 199
天山泽芹属, 199
天竺山前胡, 225
天柱山罗花, 93
田葛缕子, 203
田野水苏, 78
条纹藁本, 219
条纹马先蒿, 108
条叶东俄芹, 245
条叶弓翅芹, 199
条叶丝瓣芹, 193
条叶丝瓣芹(原变种), 193

条叶岩风, 216
铁冬青, 167
铁线鼠尾草, 62
铁轴草, 81
铁仔冬青, 158
葶花雪花鼠尾草(变种), 64
通泉草, 86
通泉草(原变种), 86
通泉草属, 85
通脱木, 192
通脱木属, 192
铜光冬青, 159
铜毛马蓝(变种), 145
铜山阿魏(变种), 210
筒冠花, 77
筒冠花属, 77
头花马蓝, 141
头花马先蒿, 98
头花马先蒿(原变种), 98
头花香薷, 19
头序白绒草, 38
头序楤木, 177
透骨草, 88
透骨草科, 85
透骨草属, 88
凸额马先蒿, 100
凸额马先蒿(原变种), 100
凸尖皱褶马先蒿(变种), 113
凸脉冬青, 163
秃序海桐(变种), 176
突尖香茶菜, 32
突厥益母草, 37
突肋海桐, 172
图们黄芩, 76
兔唇花属, 35
团花冬青, 161
团花马先蒿, 119
退毛来江藤, 89
退毛来江藤(原变种), 89
退毛马先蒿, 104
褪色扭连钱, 40
豚草叶糙果芹(变种), 246
托里阿魏, 209
椭苞爵床, 134

W

洼皮冬青, 166

洼皮冬青(原变种), 166
瓦山鼠尾草, 65
瓦氏马先蒿, 122
弯管列当, 94
弯管列当(原变种), 94
弯管马先蒿, 100
弯管马先蒿(原亚种), 101
弯花叉柱花, 139
弯花筋骨草, 1
弯花马蓝, 142
弯距狸藻(亚种), 127
弯尾冬青, 159
弯锥香茶菜, 31
碗花草, 150
万年春, 216
万叶马先蒿, 111
万叶马先蒿(原变种), 111
王红马先蒿(新拟), 123
网萼木, 23
网萼木属, 23
网果筋骨草, 2
网脉冬青, 167
网脉四川马先蒿(亚种), 120
微凹冬青, 167
微唇马先蒿, 110
微脉冬青, 170
微脉冬青(原变种), 170
微毛布惊(变种), 84
微毛茴芹, 230
微毛筋骨草(变种), 2
微毛西风芹, 241
微毛血见愁(变种), 82
微绒毛独活, 212
微柔毛并头黄芩(变种), 75
微香冬青, 168
微硬毛建草, 18
微硬毛钟萼鼠尾草(变种), 63
巍山黄芩, 76
巍山香科科, 80
巍山香科科(原变种), 80
维氏马先蒿, 122
维西马先蒿, 123
维西香菜菜, 35
尾苞马蓝, 146
尾尖茴芹, 229
尾叶冬青, 171
尾叶冬青(原变种), 171

尾叶黄芩, 70
尾叶黄芩(原变种), 70
尾叶爵床, 133
尾叶马蓝, 150
尾叶香茶菜, 28
魏氏马先蒿, 123
温州冬青, 171
文山鹅掌柴, 190
文山黄芩, 77
文县海桐(变种), 173
汶川柴胡, 203
汶川独活, 212
莴苣叶紫云菜, 145
蜗儿菜, 78
卧龙独活, 212
乌来冬青, 170
乌蔹莓五加, 183
无柄长叶假糙苏(变种), 50
无柄荆芥, 47
无柄西风芹, 242
无柄异叶海桐(变种), 173
无长毛山地草糙苏(变种), 54
无梗五加, 184
无管藁本, 218
无毛白透骨消(变种), 23
无毛长尾冬青(变种), 164
无毛臭黄荆(变种), 58
无毛大籽筋骨草(变种), 2
无毛滇西冬青(变种), 161
无毛灰叶冬青(变种), 169
无毛忍冬叶冬青(变种), 164
无毛狭叶香茶菜(变种), 27
无毛纸叶冬青(变种), 157
无叶茅膏, 44
无翼柳叶芹(变种), 208
无髭毛建草, 17
吴氏香茶菜, 35
吴茱萸五加(变种), 186
五彩苏, 15
五彩苏(原变种), 15
五齿大卫氏马先蒿(变种), 101
五齿萼, 124
五翅萼属, 124
五福花鼠尾草, 62
五加科, 176
五加属, 182
五角马先蒿, 113

五棱苦丁茶, 166
五棱水蜡烛, 57
五脉斜萼草, 39
五匹青, 237
五匹青(原变种), 237
五台埃氏马先蒿(变种), 97
五台山益母草, 37
五指山蓝, 137
武冈尾叶冬青(变种), 171
武功山冬青, 171
武隆前胡, 227
婺源黄山鼠尾草(变种), 63
雾灵柴胡(变种), 203
雾灵山并头黄芩(变种), 75

X

西藏凹乳芹, 246
西藏白苞芹, 221
西藏白苞芹(原变种), 221
西藏草糙苏, 55
西藏草糙苏(原变种), 55
西藏常春木, 187
西藏大青, 13
西藏单球芹, 210
西藏冬青, 171
西藏鹅掌柴, 192
西藏藁本, 220
西藏沟酸浆, 87
西藏厚棱芹, 224
西藏姜味草, 43
西藏棱子芹(变种), 233
西藏列当, 94
西藏鳞果草, 1
西藏瘤果芹, 245
西藏罗伞, 181
西藏马蓝, 149
西藏马先蒿, 121
西藏马先蒿(亚种), 96
西藏拟鼻花马先蒿(亚种), 116
西藏扭藿香, 39
西藏鼠尾草, 68
西藏丝瓣芹, 194
西藏通泉草, 87
西藏土当归, 179
西藏西风芹, 242
西藏香茶菜, 35
西藏鸭首马先蒿(变种), 97

西藏羽苞芹, 222
西侧山马先蒿, 123
西畴黄芩, 75
西畴马蓝, 148
西垂茉莉, 11
西风芹属, 241
西归芹, 242
西归芹属, 242
西蒙马蓝, 148
西南胡麻草(变种), 90
西南猫尾木, 152
西南猫尾木(原变种), 152
西南水苏, 78
西南水苏(原变种), 79
西南羽叶参, 179
西洋参, 189
西域青荚叶, 155
矽镁马先蒿, 118
稀花通泉草, 86
溪黄草, 34
溪畔冬青, 163
溪畔黄球花, 144
锡金冬青, 168
锡金马蓝, 144
锡金马蓝(原变种), 145
锡金鼠尾草, 68
锡金鼠尾草(原变种), 68
锡金栓果芹, 207
锡金丝瓣芹, 193
膝曲紫伞芹(新拟), 221
喜峰芹, 206
喜峰芹属, 206
喜花草, 130
喜马拉雅茴芹, 230
喜马拉雅棱子芹, 233
喜马拉雅棱子芹(原变种), 233
喜马拉雅天胡荽, 213
喜沙并头黄芩(变种), 75
喜荫黄芩, 75
喜荫筋骨草, 3
喜雨草, 48
喜雨草属, 48
细苞藁本, 217
细柄柴胡, 201
细柄茴芹, 229
细柄针筒菜(变种), 79
细波齿马先蒿, 100

细齿冬青, 159
细齿西南水苏(变种), 79
细齿异野芝麻(变种), 26
细齿锥花, 24
细刺枸骨, 162
细刺枸骨(原变种), 162
细刺五加, 185
细风轮菜, 14
细梗罗伞, 180
细梗丝瓣芹, 193
细管马先蒿, 105
细管马先蒿(原亚种), 105
细花黄芩, 76
细花荆芥, 47
细花线纹香茶菜(变种), 31
细花秀丽火把花(变种), 16
细茎阿魏, 209
细茎马先蒿, 120
细茎有柄柴胡(变种), 202
细颈东俄芹, 244
细裂藁本, 219
细裂前胡, 226
细裂芹, 211
细裂芹属, 210
细裂丝瓣芹(变种), 193
细裂叶马先蒿, 102
细裂叶松蒿, 124
细脉冬青, 170
细毛香茶菜, 29
细软茴芹, 229
细瘦马先蒿, 104
细小马先蒿, 110
细叶矮泽芹, 205
细叶糙果芹, 246
细叶东俄芹, 245
细叶藁本, 219
细叶旱芹, 207
细叶旱芹属, 207
细叶狸藻, 126
细叶亮蛇床, 240
细叶羌活, 222
细叶芹, 204
细叶芹属, 204
细叶香茶菜, 34
细叶益母草, 37
细叶隐棱芹, 198
细枝冬青, 170

细枝冬青(原变种), 170
细柱五加, 184
细锥香茶菜, 27
细锥香茶菜(原变种), 28
虾衣花, 132
狭苞巍山香科科(变种), 81
狭齿水苏, 79
狭齿松潘荆芥(变种), 47
狭翅独活, 212
狭唇马先蒿, 97
狭萼白透骨消(变种), 23
狭萼草糙苏(变种), 56
狭萼冠唇花, 44
狭管黄芩, 75
狭管马先蒿, 120
狭果穗花马先蒿(亚种), 119
狭花欧氏马先蒿(变种), 112
狭盔马先蒿, 119
狭盔马先蒿(原亚种), 119
狭裂马先蒿, 97
狭裂三角齿马先蒿(变种), 121
狭腔芹, 244
狭腔芹属, 244
狭室马先蒿, 119
狭叶叉柱花, 140
狭叶刺蕊草, 56
狭叶当归, 195
狭叶冬青, 160
狭叶冬青(原变种), 160
狭叶独脚金, 124
狭叶短毛独活(变种), 212
狭叶缝线海桐(变种), 175
狭叶钩粉草, 137
狭叶海桐(变种), 173
狭叶黄芩, 74
狭叶黄芩(原变种), 74
狭叶假糙苏(变种), 50
狭叶金疮小草(变种), 2
狭叶荆芥, 47
狭叶爵床, 134
狭叶龙头草, 41
狭叶兰香草(变种), 9
狭叶罗伞, 179
狭叶毛水苏(变种), 78
狭叶山罗花(变种), 93
狭叶山芹(变种), 224
狭叶藤五加(变种), 184

狭叶通泉草, 86
狭叶五加, 185
狭叶五加(原变种), 185
狭叶夏枯草(变种), 61
狭叶香茶菜, 27
狭叶香茶菜(原变种), 27
狭叶竹节参(变种), 189
下曲茴芹, 230
下延叶古当归, 199
夏枯草, 61
夏枯草(原变种), 61
夏枯草属, 61
夏至草, 36
夏至草属, 36
先花铃子香(新拟), 10
纤齿枸骨, 158
纤齿罗伞, 179
纤管马先蒿, 107
纤花冬青, 162
纤茎马先蒿, 120
纤裂马先蒿, 120
纤弱黄芩, 70
纤穗爵床, 136
纤穗爵床属, 136
纤细柴胡, 201
纤细东俄芹, 244
纤细假糙苏, 50
纤细假糙苏(原变种), 50
纤细马先蒿, 104
纤细马先蒿(原亚种), 104
纤细马先蒿坚挺亚种(亚种), 104
纤细囊瓣芹, 236
纤细通泉草, 85
纤序马蓝, 149
纤枝冬青, 162
显苞穗花马先蒿(亚种), 119
显盔马先蒿, 104
显脉百里香, 82
显脉大参, 187
显脉冬青, 160
显脉黄芩, 74
显脉罗伞, 181
显脉香茶菜, 32
显著马先蒿, 106
藓生马先蒿, 110
藓状马先蒿, 110
藓状马先蒿(原变种), 110

线齿滇常山(变种), 11, 13
线齿香茶菜, 27
线裂棱子芹, 233
线纹香茶菜, 30
线纹香茶菜(原变种), 30
线叶白绒草, 38
线叶柄果海桐(变种), 175
线叶柴胡, 199
线叶冬青(变种), 160
线叶藁本, 218
线叶筋骨草, 2
线叶爵床, 134
线叶南洋参, 189
线叶青兰, 17
线叶水蜡烛, 57
线叶水芹, 222
线叶水芹(原亚种), 222
线叶陷脉冬青(变种), 159
陷脉冬青, 159
陷脉冬青(原变种), 159
腺苞马蓝, 144
腺花香茶菜, 26
腺荆芥, 46
腺毛黄芩, 69
腺毛马蓝, 144
腺毛香简草, 35
腺毛阴行草, 124
腺茉莉, 11
腺叶豆腐柴, 58
腺叶香茶菜, 26
香茶菜, 27
香茶菜属, 26
香冬青, 168
香蜂花, 41
香根芹, 223
香根芹(原变种), 223
香根芹属, 223
香简草, 35
香简草属, 35
香科科, 81
香科科属, 80
香芹, 216
香青兰, 18
香薷, 19
香薷属, 19
香薷状刺蕊草, 56
香薷状香简草, 35

香薷, 61
湘桂羊角芹, 194
向氏羽叶参, 178
萧氏马先蒿(亚种), 117
小苞沟酸浆, 87
小苞黄脉爵床, 139
小柄果海桐, 173
小驳骨, 133
小柴胡, 201
小柴胡(原变种), 201
小齿爵床, 134
小齿锥花, 25
小唇马先蒿, 110
小刺毛假糙苏, 51
小刺蕊草, 57
小滇芎, 228
小蕚菜豆树, 153
小蕚马先蒿, 110
小刚毛毛水苏(变种), 78
小根马先蒿, 108
小冠薰, 4
小冠薰属, 4
小果冬青, 165
小果海桐, 174
小核冬青, 165
小花地笋, 39
小花假糙苏, 51
小花荆芥, 46
小花老鼠簕, 127
小花凉粉草, 42
小花马先蒿, 110
小花毛建草, 18
小花脓疮草(变种), 49
小花荠苎, 44
小花十万错(亚种), 128
小花锥花, 25
小花锥花(原变种), 25
小金冬青, 171
小金独活, 212
小裂叶荆芥, 45
小菱叶茴芹(变种), 230
小琉球鳞花草, 135
小米草, 92
小米草(原亚种), 92
小米草属, 91
小窃衣, 245
小芹属, 242

小狮子草, 131
小穗水蜡烛, 56
小头花香薷, 19
小五彩苏(变种), 15
小香薷, 42
小新塔花, 85
小野芝麻, 22
小野芝麻(原变种), 22
小野芝麻属, 22
小叶楤木, 177
小叶地笋, 39
小叶豆腐柴, 59
小叶鹅掌柴, 192
小叶海桐, 174
小叶韩信草(变种), 72
小叶黑柴胡(变种), 203
小叶灰毛薷(变种), 8
小叶假糙苏(变种), 50
小叶荆(变种), 83
小叶聚花马先蒿(亚种), 99
小叶康定冬青(变种), 161
小叶澜沧豆腐柴(变种), 59
小叶铃子香, 10
小叶马蓝, 147
小叶散爵床, 133
小叶石梓, 24
小叶水蓑衣, 131
小叶穗花香科科(变种), 80
小叶香茶菜, 32
小叶云南冬青(变种), 171
小鱼仙草, 44
小圆叶冬青, 166
小紫黄芩, 73
肖笼鸡, 140
楔翅藤属, 77
楔叶草糙苏, 52
楔叶叉柱花, 139
楔叶滇芎, 227
楔叶红茎黄芩(变种), 77
楔叶马蓝, 142
斜萼草, 39
斜萼草(原变种), 39
斜萼草糙苏, 53
斜萼草属, 39
斜果挖耳草, 126
斜叶百里香, 82
斜叶尾叶黄芩(变种), 70

心果囊瓣芹, 236
心卵四轮香, 25
心叶假水苏, 77
心叶荆芥, 46
心叶爵床, 132
心叶棱子芹, 234
心叶石蚕, 62
心叶羽叶参, 179
心翼果, 155
心翼果科, 155
心翼果属, 155
芯芭属, 91
辛加山蛇床, 206
新粗管马先蒿, 111
新风轮, 4
新风轮菜属, 4
新疆阿魏, 210
新疆柴胡, 200
新疆棱子芹, 234
新疆绒果芹, 208
新疆鼠尾草, 64
新疆鼠尾草(原变种), 64
新疆栓翅芹, 235
新疆兔唇花, 36
新疆细叶芹, 204
新塔花, 85
新塔花属, 85
兴安薄荷, 42
兴安柴胡, 203
兴安柴胡(原变种), 203
兴安独活, 211
兴安前胡, 225
兴安蛇床, 205
兴安益母草, 37
星毛鹅掌柴, 191
星毛罗伞, 181
星叶丝瓣芹, 193
星柱树参, 182
杏叶茴芹, 229
休宁通泉草, 87
休氏马先蒿, 118
修花马先蒿, 102
秀丽楤木, 177
秀丽海桐, 175
秀丽火把花, 16
秀丽火把花(原变种), 16
秀丽马先蒿, 122

秀英冬青, 162
绣球防风, 38
绣球防风属, 38
锈背爵床, 133
锈背马蓝, 143
锈毛冬青, 160
锈毛海州常山(变种), 13
锈毛罗伞, 180
锈毛羽叶参, 177
须毛马先蒿, 121
许氏密穗马先蒿(亚种), 102
悬岩马先蒿, 114
旋喙马先蒿, 105
雪地扭连钱, 40
雪山冬青, 170
雪山鼠尾草, 64
雪山鼠尾草(原变种), 64
血见愁, 81
血见愁(原变种), 81
血见愁长苞(变种), 82
血见愁光萼(变种), 82
血盆草(变种), 63
薰衣草, 37
薰衣草属, 37

Y

鸭儿芹, 207
鸭儿芹属, 207
鸭首马先蒿, 97
鸭首马先蒿(原变种), 97
鸭嘴花, 132
崖花子, 176
雅江甘肃马先蒿(亚种), 106
雅江棱子芹, 232
亚东丝瓣芹, 194
亚洲地椒(变种), 82
亚洲石梓, 24
亚洲岩风, 216
延苞马蓝, 148
芫荽, 206
芫荽属, 206
岩白翠, 86
岩风, 215
岩风属, 215
岩观音草, 137
岩茴香, 219
岩藿黄芩, 71

岩居马先蒿, 117
岩居马先蒿(原亚种), 117
岩前胡(变种), 226
岩生棱子芹, 234
岩生鼠尾草(新拟), 66
岩生香薷, 22
盐生肉苁蓉, 91
盐源藁本, 220
盐源马先蒿, 123
偃毛楤木, 179
羊齿囊瓣芹, 236
羊齿叶马先蒿, 103
羊脆木, 173
羊红膻, 231
羊角芹属, 194
羊食阿魏, 210
阳春冬青, 171
阳朔马蓝, 147
阳朔小野芝麻, 23
仰卧黄芩, 76
瑶山铃子香(新拟), 10
瑶山马先蒿, 123
瑶山细枝冬青(变种), 170
药水苏, 4
药水苏属, 4
野拔子, 21
野楤头, 176
野丹参, 68
野丹参(原变种), 68
野靛棵, 134
野菰, 89
野菰属, 89
野胡萝卜, 208
野胡萝卜(原变种), 208
野胡麻, 85
野胡麻属, 85
野山蓝, 136
野生紫苏, 51
野苏子, 105
野香草, 20
野香草(原变种), 20
野芝麻, 37
野芝麻马蓝, 145
野芝麻属, 36
叶柄香茶菜, 32
叶穗香茶菜, 33
腋花孩儿草, 138

腋花黄芩, 69
腋花马先蒿, 98
腋花黄芩(原变种), 69
腋花马先蒿(原亚种), 98
一串红, 68
伊犁芹, 244
伊犁芹属, 244
伊犁岩风, 215
宜昌东俄芹, 244
宜良囊瓣芹, 238
异齿冬青, 168
异唇花, 3
异盔欧氏马先蒿(变种), 112
异伞棱子芹, 233
异色风轮菜, 13
异色藁本, 217
异色黄芩, 70
异色黄芩(原变种), 70
异色荆芥, 45
异色来江藤, 89
异色马蓝, 143
异色鼠尾草, 65
异序马蓝, 144
异野芝麻, 25
异野芝麻(原变种), 26
异野芝麻属, 25
异叶地笋(变种), 39
异叶鹅掌柴, 190
异叶海桐, 173
异叶海桐(原变种), 173
异叶茴芹, 229
异叶茴芹(原变种), 229
异叶梁王茶, 188
异叶蔓荆(变种), 84
异叶囊瓣芹, 236
异叶前胡, 225
异叶香薷, 21
异叶元宝草, 3
异叶紫珠, 4
异枝狸藻, 126
异株百里香, 82
益母草, 37
益母草属, 37
缢筒列当, 95
翼叶棱子芹, 232
翼叶山牵牛, 150
阴山长花马先蒿(变种), 108

阴行草, 124
阴行草属, 124
阴郁马先蒿, 121
荫生鼠尾草, 68
银白脓疮草(变种), 49
银边南洋参, 189
银脉爵床, 135
银脉爵床属, 135
银毛马蓝, 140
银州柴胡, 203
隐花马先蒿, 100
隐花马先蒿(原亚种), 100
隐棱芹属, 198
隐脉冬青, 166
印度狗肝菜, 130
英德黄芩, 77
莺哥木, 84
鹰嘴马先蒿, 97
樱花香茶菜, 33
硬阿魏, 208
硬尖神香草, 26
硬毛地埂鼠尾草(变种), 67
硬毛地笋(变种), 39
硬毛冬青, 162
硬毛兔唇花, 36
硬毛夏枯草, 61
硬毛锥花, 25
硬叶冬青, 160
硬叶云南冬青(变种), 172
硬枝西风芹, 241
永宁独活, 212
永泰黄芩, 72
优雅狗肝菜, 130
柚木, 80
柚木属, 80
疣叶棱子芹, 232
莸属, 8
莸状黄芩, 70
有柄柴胡, 202
有柄柴胡(原变种), 202
有冠普氏马先蒿(变种), 114
有毛冬青, 167
有毛旌节马先蒿(亚种), 118
鼬瓣花, 23
鼬瓣花属, 23
鼬臭返顾马先蒿(亚种), 115
莶叶五加, 185

莶叶五加(原变种), 186
莶叶五加属, 185
羽苞当归, 197
羽苞藁本, 217
羽苞羌活, 221
羽苞芹属, 222
羽萼木, 15
羽萼木属, 15
羽裂马蓝, 147
羽脉山牵牛, 150
羽叶阿里山鼠尾草(变种), 65
羽叶参, 178
羽叶楸, 153
羽叶楸属, 153
羽叶照夜白, 153
羽叶枝子花, 17
羽叶紫伞芹(新拟), 221
羽轴丝瓣芹, 194
玉龙藁本, 218
玉山当归, 197
玉山当归(原变种), 197
鹬形马先蒿, 118
元宝草马先蒿, 107
圆苞杜根藤, 133
圆苞马蓝, 147
圆苞山罗花, 93
圆苞鼠尾草, 63
圆苞鼠尾草(原变种), 63
圆齿荆芥, 47
圆齿绒叶毛建草(变种), 19
圆基叶龙头草(变种), 41
圆茎翅茎草, 124
圆叶薄荷, 42
圆叶豆腐柴, 60
圆叶筋骨草, 3
圆叶筋骨草(原变种), 3
圆叶棱子芹, 234
圆叶马先蒿, 117
圆叶南洋参, 189
圆叶扭连钱, 40
圆叶挖耳草, 127
圆叶羽叶参, 176
圆锥大青, 12
圆锥海桐, 174
圆锥茎阿魏, 209
圆锥丝瓣芹, 194
缘毛季川马先蒿(变种), 123

缘毛马先蒿, 100
远志状马先蒿, 113
越南参(新拟), 189
越南冬青, 158
越南牡荆, 84
越南石梓, 24
云南叉柱花, 140
云南柴胡, 203
云南楤木, 179
云南地皮消, 136
云南东俄芹, 244
云南冬青, 171
云南冬青(原变种), 171
云南豆腐柴, 60
云南独活, 213
云南藁本, 220
云南冠唇花, 43
云南冠唇花(原变种), 43
云南孩儿草, 139
云南幌伞枫, 186
云南茴芹, 231
云南可爱花, 131
云南棱子芹, 235
云南裸柱草, 131
云南马蓝, 150
云南马先蒿, 123
云南蜜蜂花, 41
云南前胡, 227
云南山壳骨, 137
云南石梓, 24
云南鼠尾草, 68
云南细裂芹, 210
云南羽叶参, 177
云南紫珠, 8
云生丹参, 66
云中冬青, 166

Z

藏波罗花, 152
藏东马先蒿, 108
藏黄芩, 72
藏茴芹, 231
藏荆芥, 46
藏楸, 151
錾菜, 37
早落通泉草, 85
早田氏冬青, 162

早田氏爵床, 133
泽库棱子芹, 234
泽芹, 243
泽芹属, 243
札达荆芥, 47
窄叶海桐, 172
窄叶聚花海桐(变种), 172
窄叶水芹(亚种), 222
窄叶紫珠, 7
窄竹叶柴胡(变种), 202
展毛地椒(变种), 82
展毛黄芩, 73
展毛假糙苏, 51
展毛韧黄芩(变种), 76
张萼锡金鼠尾草(变种), 68
樟叶鹅掌柴, 192
掌叶青兰, 18
掌叶石蚕, 61
胀果芹, 227
胀果芹属, 227
沼生茴芹, 229
沼生马先蒿, 112
沼生马先蒿(原亚种), 112
沼生水苏, 79
沼泽香科科, 81
照夜白, 153
照夜白属, 153
折苞马蓝, 141
折齿假糙苏, 51
折萼海桐, 175
折喙马先蒿, 106
浙江大青, 12
浙江冬青, 172
浙江黄芩, 70
浙江铃子香, 9
浙江铃子香(原变种), 9
浙荆芥, 45
鹧鸪山囊瓣芹, 237
针齿马先蒿, 119
针果芹, 240
针果芹属, 240
针筒菜, 79
针筒菜(原变种), 79
针子草, 135
镇康罗伞, 179
征镒冬青, 171
镇宁马蓝(变种), 141

征镒荆芥(新拟), 47
之形喙马先蒿, 118
直齿荆芥, 46
直刺变豆菜, 239
直刺变豆菜(原变种), 239
直萼黄芩, 73
直管列当(变种), 94
直果草, 125
直果草属, 125
直花水苏, 79
直花水苏(原变种), 79
直盔马先蒿, 112
直立半插花, 142
直立茴芹, 231
直立隐花马先蒿(亚种), 100
直序罗伞, 179
纸叶冬青, 157
纸叶冬青(原变种), 157
纸叶山芎(新拟), 206
芷叶棱子芹, 233
芷叶前胡, 225
中甸东俄芹, 245
中甸独活, 211
中甸黄芩, 70
中甸茴芹, 229
中甸马先蒿, 123
中甸丝瓣芹, 193
中国马先蒿, 99
中国欧氏马先蒿(变种), 112
中国纤细马先蒿(亚种), 104
中国野菰, 89
中华叉柱花, 140
中华冬青, 168
中华鹅掌柴, 190
中华孩儿草, 138
中华列当, 95
中华青荚叶, 155
中华青荚叶(原变种), 155
中华天胡荽(亚种), 213
中华香简草, 35
中华锥花, 24
中华锥花(原变种), 24
中间光泽锥花(变种), 25
中间假糙苏, 50
中南胡麻草(变种), 90
中型冬青, 162
中亚阿魏, 209

中文名索引

中亚泽芹, 243
中越叉柱花, 139
中越孩儿草, 139
钟萼地埂鼠尾草(变种), 67
钟萼鼠尾草, 62
钟萼鼠尾草(原变种), 63
钟花草, 129
钟花草属, 129
钟山草属, 123
舟瓣芹, 243
舟瓣芹(原变种), 243
舟瓣芹属, 243
舟形马先蒿, 101
帚枝荆芥, 47
帚状马先蒿, 103
帚状香茶菜, 33
绉面草, 38
皱柄冬青, 163
皱果棱子芹, 233
皱叶变豆菜, 239
皱叶冬青, 166
皱叶海桐, 172
皱叶留兰香, 42
皱叶毛茛, 17
皱叶香茶菜, 33
皱褶马先蒿, 113
皱褶马先蒿(原变种), 113
皱褶马先蒿(原亚种), 113
朱唇, 63
侏儒马先蒿, 115
侏儒马先蒿(原亚种), 115
珠峰阔翅芹, 245
蛛丝红纹马先蒿(亚种), 119
竹节前胡, 225
竹林黄芩, 70
竹叶柴胡, 202

竹叶柴胡(原变种), 202
竹叶西风芹, 241
竹叶西风芹(原变种), 241
柱冠西风芹, 241
爪哇黄芩, 72
爪楔翅藤, 77
壮健马先蒿, 117
锥花莸, 61
锥花属, 24
锥叶柴胡, 199
锥叶柴胡(原变种), 200
准噶尔阿魏, 210
准噶尔马先蒿, 118
准噶尔前胡, 226
卓越马先蒿, 103
孜然芹, 207
孜然芹属, 207
子宫草, 32
子宫草(原变种), 32
梓, 151
梓属, 151
紫瓣茴芹, 230
紫苞爵床, 133
紫背贵州鼠尾草(变种), 63
紫背金盘, 3
紫萼假杜鹃, 129
紫萼秦岭香科科(变种), 81
紫萼香茶菜, 29
紫果冬青, 170
紫果冬青(原变种), 170
紫红川滇柴胡(变种), 200
紫花毒马草, 77
紫花阔叶柴胡, 200
紫花裸茎绒果芹(变种), 208
紫花前胡, 196
紫花香薷, 19

紫花鸭跖柴胡, 200
紫花鸭跖柴胡(原变种), 200
紫花野芝麻, 37
紫花圆苞鼠尾草(变种), 63
紫金牛叶冬青(变种), 165
紫茎京黄芩(变种), 73
紫茎前胡, 227
紫茎小芹, 242
紫脉滇芎, 228
紫毛香茶菜, 28
紫鞘西风芹, 242
紫伞芹, 221
紫伞芹属, 221
紫色藁本, 217
紫色棱子芹, 232
紫色普氏马先蒿(变种), 114
紫色万叶马先蒿(变种), 111
紫苏, 51
紫苏(原变种), 51
紫苏叶黄芩, 76
紫苏属, 51
紫葳科, 150
紫心黄芩, 74
紫珠, 4
紫珠(原变种), 4
紫珠属, 4
紫珠状锥花, 24
鬃尾草, 9
鬃尾草属, 9
总花来江藤, 90
总序香茶菜, 33
总序羽叶参, 178
走茎变豆菜(变种), 239
走茎华西龙头草(变种), 41
走茎异叶茴芹(变种), 229

学 名 索 引

A

ACANTHACEAE, 127
Acanthus, 127
Acanthus ebracteatus, 127
Acanthus ilicifolius, 127
Acanthus leucostachyus, 127
Achyrospermum, 1
Achyrospermum densiflorum, 1
Achyrospermum wallichianum, 1
Acrocephalus, 1
Acrocephalus hispidus, 1
Acronema, 193
Acronema alpinum, 193
Acronema astrantiifolium, 193
Acronema brevipedicellatum, 193
Acronema chienii, 193
Acronema chienii var. chienii, 193
Acronema chienii var. dissectum, 193
Acronema chinense, 193
Acronema chinense var. chinense, 193
Acronema chinense var. humile, 193
Acronema commutatum, 193
Acronema forrestii, 193
Acronema gracile, 193
Acronema graminifolium, 193
Acronema handelii, 193
Acronema hookeri, 193
Acronema minus, 194
Acronema muscicola, 194
Acronema nervosum, 194
Acronema paniculatum, 194
Acronema schneideri, 194
Acronema sichuanense, 194
Acronema tenerum, 194
Acronema xizangense, 194
Acronema yadongense, 194
Aeginetia, 89
Aeginetia acaulis, 89
Aeginetia indica, 89
Aeginetia sinensis, 89
Aegopodium, 194
Aegopodium alpestre, 194
Aegopodium anthriscoides, 194
Aegopodium handelii, 194

Aegopodium henryi, 194
Aegopodium latifolium, 194
Aegopodium tadshikorum, 194
Agastache, 1
Agastache rugosa, 1
Ajuga, 1
Ajuga bracteosa, 1
Ajuga campylantha, 1
Ajuga campylanthoides, 1
Ajuga campylanthoides var. campylanthoides, 1
Ajuga campylanthoides var. subacaulis, 1
Ajuga ciliata, 1
Ajuga ciliata var. chanetii, 1
Ajuga ciliata var. ciliata, 1
Ajuga ciliata var. glabrescens, 2
Ajuga ciliata var. hirta, 2
Ajuga ciliata var. ovatisepala, 2
Ajuga decumbens, 2
Ajuga decumbens var. decumbens, 2
Ajuga decumbens var. oblancifolia, 2
Ajuga dictyocarpa, 2
Ajuga forrestii, 2
Ajuga linearifolia, 2
Ajuga lobata, 2
Ajuga lupulina, 2
Ajuga lupulina var. lupulina, 2
Ajuga lupulina var. major, 2
Ajuga macrosperma, 2
Ajuga macrosperma var. macrosperma, 2
Ajuga macrosperma var. thomsonii, 2
Ajuga multiflora, 2
Ajuga multiflora var. brevispicata, 2
Ajuga multiflora var. multiflora, 2
Ajuga multiflora var. serotina, 3
Ajuga nipponensis, 3
Ajuga nubigena, 3
Ajuga ovalifolia, 3
Ajuga ovalifolia var. calantha, 3
Ajuga ovalifolia var. ovalifolia, 3
Ajuga pantantha, 3
Ajuga pygmaea, 3
Ajuga sciaphila, 3
Ajuga taiwanensis, 3
Alajja, 3

Alajja anomala, 3
Alajja rhomboidea, 3
Alectra, 89
Alectra arvensis, 89
Amethystea, 3
Amethystea coerulea, 3
Ammi, 194
Ammi majus, 194
Ammi visnaga, 194
Andrographis, 128
Andrographis laxiflora, 128
Andrographis paniculata, 128
Anethum, 195
Anethum graveolens, 195
Angelica, 195
Angelica acutiloba, 195
Angelica amurensis, 195
Angelica anomala, 195
Angelica apaensis, 195
Angelica balangshanensis, 195
Angelica biserrata, 195
Angelica cartilaginomarginata, 195
Angelica cartilaginomarginata var. cartilaginomarginata, 195
Angelica cartilaginomarginata var. foliosa, 195
Angelica cincta, 195
Angelica dabashanensis, 195
Angelica dahurica, 195
Angelica dahurica 'Hangbaizhi', 196
Angelica dahurica 'Qibaizhi', 196
Angelica dahurica var. dahurica, 195
Angelica dahurica var. formosana, 196
Angelica dailingensis, 196
Angelica decursiva, 196
Angelica dielsii, 196
Angelica duclouxii, 196
Angelica fargesii, 196
Angelica genuflexa, 196
Angelica gigas, 196
Angelica glauca, 196
Angelica hirsutiflora, 196
Angelica kangdingensis, 196
Angelica laxifoliata, 196
Angelica likiangensis, 196

Angelica longicaudata, 196
Angelica longipedicellata, 197
Angelica longipes, 197
Angelica maowenensis, 197
Angelica megaphylla, 197
Angelica morii, 197
Angelica morrisonicola, 197
Angelica morrisonicola var. morrisonicola, 197
Angelica morrisonicola var. nanhutashanensis, 197
Angelica multicaulis, 197
Angelica nitida, 197
Angelica oncosepala, 197
Angelica paeoniifolia, 197
Angelica pinnatiloba, 197
Angelica polymorpha, 197
Angelica pseudoselinum, 197
Angelica setchuenensis, 197
Angelica sinensis, 198
Angelica sinensis var. sinensis, 198
Angelica sinensis var. wilsonii, 198
Angelica songpanensis, 198
Angelica sylvestris, 198
Angelica tarokoensis, 198
Angelica ternata, 198
Angelica tianmuensis, 198
Angelica tsinlingensis, 198
Angelica valida, 198
Anisochilus, 3
Anisochilus carnosus, 3
Anisochilus pallidus, 3
Anisomeles, 3
Anisomeles indica, 3
Anthriscus, 198
Anthriscus sylvestris, 198
Anthriscus sylvestris subsp. nemorosa, 198
Anthriscus sylvestris subsp. sylvestris, 198
Aphanopleura, 198
Aphanopleura capillifolia, 198
APIACEAE, 193
Apium, 198
Apium graveolens, 198
AQUIFOLIACEAE, 156
Aralia, 176
Aralia apioides, 176
Aralia armata, 176
Aralia atropurpurea, 176
Aralia bipinnata, 176
Aralia caesia, 176
Aralia castanopsidicola, 176

Aralia chinensis, 176
Aralia continentalis, 177
Aralia cordata, 176
Aralia debilis, 177
Aralia dasyphylla, 177
Aralia decaisneana, 177
Aralia delavayi, 177
Aralia echinocaulis, 177
Aralia elata, 177
Aralia elata var. elata, 177
Aralia elata var. mandshurica, 177
Aralia fargesii, 177
Aralia finlaysoniana, 177
Aralia foliolosa, 177
Aralia franchetii, 177
Aralia gigantea, 178
Aralia gintungensis, 178
Aralia glabrifoliolata, 178
Aralia henryi, 178
Aralia hypoglauca, 178
Aralia kingdon-wardii, 178
Aralia leschenaultii, 178
Aralia lihengiana, 178
Aralia officinalis, 178
Aralia parasitica, 178
Aralia plumosa, 178
Aralia scaberula, 178
Aralia searelliana, 178
Aralia shangiana, 178
Aralia spinifolia, 179
Aralia stipulata, 179
Aralia subcordata, 179
Aralia thomsonii, 179
Aralia tibetana, 179
Aralia tomentella, 179
Aralia undulata, 179
Aralia verticillata, 179
Aralia vietnamensis, 179
Aralia wilsonii, 179
ARALIACEAE, 176
Archangelica, 199
Archangelica brevicaulis, 199
Archangelica decurrens, 199
Arcuatopterus, 199
Arcuatopterus linearifolius, 199
Arcuatopterus sikkimensis, 199
Arcuatopterus thalictrioideus, 199
Asystasia, 128
Asystasia gangetica, 128
Asystasia gangetica subsp. gangetica, 128
Asystasia gangetica subsp. micrantha, 128

Asystasia neesiana, 128
Asystasia nemorum, 128
Asystasia salicifolia, 128
Avicennia, 128
Avicennia marina, 128

B

Barleria, 128
Barleria cristata, 128
Barleria integrisepala, 128
Barleria lupulina, 128
Barleria prionitis, 129
Barleria strigosa, 129
Basilicum, 4
Basilicum polystachyon, 4
Berula, 199
Berula erecta, 199
Betonica, 4
Betonica officinalis, 4
BIGNONIACEAE, 150
Blepharis, 129
Blepharis maderaspatensis, 129
Boschniakia, 89
Boschniakia himalaica, 89
Boschniakia rossica, 89
Boschniakia rossica var. flavida, 89
Brandisia, 89
Brandisia cauliflora, 89
Brandisia discolor, 89
Brandisia glabrescens, 89
Brandisia glabrescens var. glabrescens, 89
Brandisia glabrescens var. hypochrysa, 89
Brandisia hancei, 90
Brandisia kwangsiensis, 90
Brandisia racemosa, 90
Brandisia rosea, 90
Brandisia rosea var. flava, 90
Brandisia rosea var. rosea, 90
Brandisia swinglei, 90
Brassaiopsis, 179
Brassaiopsis angustifolia, 179
Brassaiopsis bodinieri, 179
Brassaiopsis chengkangensis, 179
Brassaiopsis ciliata, 179
Brassaiopsis dumicola, 179
Brassaiopsis fatsioides, 180
Brassaiopsis ferruginea, 180
Brassaiopsis ficifolia, 180
Brassaiopsis glomerulata, 180
Brassaiopsis gracilis, 180

Brassaiopsis grushvitzkyi, 180
Brassaiopsis hainla, 180
Brassaiopsis hispida, 180
Brassaiopsis kwangsiensis, 180
Brassaiopsis moumingensis, 180
Brassaiopsis producta, 180
Brassaiopsis pseudoficifolia, 181
Brassaiopsis quercifolia, 181
Brassaiopsis shweliensis, 181
Brassaiopsis simplicifolia, 181
Brassaiopsis stellata, 181
Brassaiopsis tibetana, 181
Brassaiopsis triloba, 181
Brassaiopsis tripteris, 181
Buchnera, 90
Buchnera cruciata, 90
Bupleurum, 199
Bupleurum alatum, 199
Bupleurum angustissimum, 199
Bupleurum aureum, 199
Bupleurum aureum var. aureum, 199
Bupleurum aureum var. breviinvolucratum, 199
Bupleurum bicaule, 199
Bupleurum bicaule var. bicaule, 200
Bupleurum bicaule var. latifolium, 200
Bupleurum boissieuanum, 200
Bupleurum candollei, 200
Bupleurum candollei var. atropurpureum, 200
Bupleurum candollei var. candollei, 200
Bupleurum candollei var. virgatissimum, 200
Bupleurum chaishoui, 200
Bupleurum chinense, 200
Bupleurum commelynoideum, 200
Bupleurum commelynoideum var. commelynoideum, 200
Bupleurum commelynoideum var. flaviflorum, 200
Bupleurum condensatum, 200
Bupleurum dalhousieanum, 200
Bupleurum densiflorum, 200
Bupleurum dielsianum, 200
Bupleurum euphorbioides, 200
Bupleurum exaltatum, 200
Bupleurum gracilipes, 201
Bupleurum gracillimum, 201
Bupleurum gulczense, 201
Bupleurum hamiltonii, 201
Bupleurum hamiltonii var. hamiltonii, 201

Bupleurum hamiltonii var. humile, 201
Bupleurum hamiltonii var. paucefulcrans, 201
Bupleurum kaoi, 201
Bupleurum komarovianum, 201
Bupleurum krylovianum, 201
Bupleurum kunmingense, 201
Bupleurum kweichowense, 201
Bupleurum longicaule, 201
Bupleurum longicaule var. amplexicaule, 201
Bupleurum longicaule var. franchetii, 201
Bupleurum longicaule var. giraldii, 202
Bupleurum longicaule var. longicaule, 201
Bupleurum longiradiatum, 202
Bupleurum longiradiatum f. australe, 202
Bupleurum longiradiatum var. breviradiatum, 202
Bupleurum longiradiatum var. longiradiatum, 202
Bupleurum luxiense, 202
Bupleurum malconense, 202
Bupleurum marginatum, 202
Bupleurum marginatum var. marginatum, 202
Bupleurum marginatum var. stenophyllum, 202
Bupleurum microcephalum, 202
Bupleurum petiolulatum, 202
Bupleurum petiolulatum var. etiolulatum, 202
Bupleurum petiolulatum var. tenerum, 202
Bupleurum polyclonum, 202
Bupleurum pusillum, 202
Bupleurum qinghaiense, 202
Bupleurum rockii, 202
Bupleurum scorzonerifolium, 203
Bupleurum sibiricum, 203
Bupleurum sibiricum var. jeholense, 203
Bupleurum sibiricum var. sibiricum, 203
Bupleurum smithii, 203
Bupleurum smithii var. auriculatum, 203
Bupleurum smithii var. parvifolium, 203
Bupleurum smithii var. smithii, 203
Bupleurum thianschanicum, 203

Bupleurum triradiatum, 203
Bupleurum wenchuanense, 203
Bupleurum yinchowense, 203
Bupleurum yunnanense, 203

C

Calamintha, 4
Calamintha debilis, 4
Callicarpa, 4
Callicarpa acutifolia, 4
Callicarpa angustifolia, 4
Callicarpa anisophylla, 4
Callicarpa arborea, 4
Callicarpa basitruncata, 4
Callicarpa bodinieri, 4
Callicarpa bodinieri var. bodinieri, 4
Callicarpa bodinieri var. iteophylla, 4
Callicarpa bodinieri var. rosthornii, 4
Callicarpa brevipes var. obovata, 5
Callicarpa candicans, 5
Callicarpa cathayana, 5
Callicarpa collina, 5
Callicarpa dentosa, 5
Callicarpa dichotoma, 5
Callicarpa dolichophylla, 5
Callicarpa erythrosticta, 5
Callicarpa giraldii, 5
Callicarpa giraldii var. chinyunensis, 5
Callicarpa giraldii var. giraldii, 5
Callicarpa giraldii var. subcanescens, 5
Callicarpa gracilipes, 6
Callicarpa hainanensis, 6
Callicarpa hungtaii, 6
Callicarpa hypoleucophylla, 6
Callicarpa integerrima, 6
Callicarpa integerrima var. chinensis, 6
Callicarpa integerrima var. integerrima, 6
Callicarpa japonica, 6
Callicarpa japonica var. japonica, 6
Callicarpa japonica var. luxurians, 6
Callicarpa kochiana, 6
Callicarpa kochiana var. kochiana, 6
Callicarpa kochiana var. laxiflora, 6
Callicarpa kwangtungensis, 6
Callicarpa lingii, 6
Callicarpa loboapiculata, 7
Callicarpa longibracteata, 7
Callicarpa longifolia, 7
Callicarpa longifolia var. lanceolaria, 7
Callicarpa longifolia var. longifolia, 7
Callicarpa longipes, 7

Callicarpa luteopunctata, 7
Callicarpa macrophylla, 7
Callicarpa membranacea, 7
Callicarpa nudiflora, 7
Callicarpa oligantha, 7
Callicarpa pauciflora, 7
Callicarpa pedunculata, 5
Callicarpa peichieniana, 7
Callicarpa pilosissima, 7
Callicarpa pingshanensis, 8
Callicarpa prolifera, 8
Callicarpa prolifera var. prolifera, 8
Callicarpa prolifera var. rubroglandulosa, 8
Callicarpa pseudorubella, 8
Callicarpa randaiensis, 8
Callicarpa remotiserrulata, 8
Callicarpa rubella, 8
Callicarpa salicifolia, 8
Callicarpa siongsaiensis, 8
Callicarpa tingwuensis, 8
Callicarpa yunnanensis, 8
Campsis, 150
Campsis grandiflora, 150
CARDIOPTERIDACEAE, 155
Cardiopteris, 155
Cardiopteris platycarpa, 155
Cardiopteris quinqueloba, 155
Carlesia, 203
Carlesia sinensis, 203
Carum, 203
Carum atrosanguineum, 203
Carum bretschneideri, 203
Carum buriaticum, 203
Carum carvi, 204
Carum seselifolium, 204
Carum takenakae, 204
Carum wolffianum, 204
Caryopteris, 8
Caryopteris forrestii, 8
Caryopteris forrestii var. forrestii, 8
Caryopteris forrestii var. minor, 8
Caryopteris glutinosa, 8
Caryopteris incana, 8
Caryopteris incana var. angustifolia, 9
Caryopteris incana var. incana, 9
Caryopteris jinshajiangensis, 9
Caryopteris mongholica, 9
Caryopteris tangutica, 9
Caryopteris trichosphaera, 9
Castilleja, 90
Castilleja pallida, 90
Catalpa, 151

Catalpa bungei, 151
Catalpa fargesii, 151
Catalpa ovata, 151
Catalpa tibetica, 151
Cenolophium, 204
Cenolophium denudatum, 204
Centella, 204
Centella asiatica, 204
Centranthera, 90
Centranthera cochinchinensis, 90
Centranthera cochinchinensis var. cochinchinensis, 90
Centranthera cochinchinensis var. lutea, 90
Centranthera cochinchinensis var. nepalensis, 90
Centranthera grandiflora, 90
Centranthera tranquebarica, 90
Ceratanthus, 9
Ceratanthus calcaratus, 9
Chaerophyllopsis, 204
Chaerophyllopsis huai, 204
Chaerophyllum, 204
Chaerophyllum prescottii, 204
Chaerophyllum villosum, 204
Chaiturus, 9
Chaiturus marrubiastrum, 9
Chamaesciadium, 204
Chamaesciadium acaule, 204
Chamaesium, 204
Chamaesium delavayi, 204
Chamaesium mallaeanum, 204
Chamaesium novemjugum, 205
Chamaesium paradoxum, 205
Chamaesium thalictrifolium, 205
Chamaesium viridiflorum, 205
Chamaesium wolffianum, 205
Chamaesphacos, 9
Chamaesphacos ilicifolius, 9
Changium, 205
Changium smyrnioides, 205
Chelonopsis, 9
Chelonopsis abbreviata, 9
Chelonopsis bracteata, 9
Chelonopsis chekiangensis, 9
Chelonopsis chekiangensis var. brevipes, 9
Chelonopsis chekiangensis var. chekiangensis, 9
Chelonopsis deflexa, 9
Chelonopsis forrestii, 9
Chelonopsis giraldii, 10
Chelonopsis lichiangensis, 10

Chelonopsis mollissima, 10
Chelonopsis odontochila, 10
Chelonopsis praecox, 10
Chelonopsis rosea, 10
Chelonopsis rosea var. rosea, 10
Chelonopsis rosea var. siccanea, 10
Chelonopsis souliei, 10
Chelonopsis yaoshanensis, 10
Chengiopanax, 181
Chengiopanax fargesii, 181
Christisonia, 91
Christisonia hookeri, 91
Chroesthes, 129
Chroesthes lanceolata, 129
Chuanminshen, 205
Chuanminshen violaceum, 205
Cicuta, 205
Cicuta virosa, 205
Cistanche, 91
Cistanche deserticola, 91
Cistanche lanzhouensis, 91
Cistanche salsa, 91
Cistanche sinensis, 91
Cistanche tubulosa, 91
Clerodendranthus, 13
Clerodendranthus spicatus, 13
Clerodendrum, 10
Clerodendrum brachystemon, 10
Clerodendrum bracteatum, 10
Clerodendrum bungei, 10
Clerodendrum bungei var. bungei, 10
Clerodendrum bungei var. megacalyx, 10
Clerodendrum canescens, 11
Clerodendrum chinense, 11
Clerodendrum chinense var. chinense, 11
Clerodendrum chinense var. simplex, 11
Clerodendrum colebrookianum, 11
Clerodendrum confine, 11
Clerodendrum cyrtophyllum, 11
Clerodendrum cyrtophyllum var. cyrtophyllum, 11
Clerodendrum cyrtophyllum var. kwangsiense, 11
Clerodendrum ervatamioides, 11
Clerodendrum fortunatum, 11
Clerodendrum garrettianum, 11
Clerodendrum griffithianum, 11
Clerodendrum hainanense, 11
Clerodendrum henryi, 11
Clerodendrum indicum, 11

Clerodendrum inerme, 11
Clerodendrum intermedium, 12
Clerodendrum japonicum, 12
Clerodendrum kaichianum, 12
Clerodendrum kiangsiense, 12
Clerodendrum kwangtungense, 12
Clerodendrum lindleyi, 12
Clerodendrum longilimbum, 12
Clerodendrum luteopunctatum, 12
Clerodendrum mandarinorum, 12
Clerodendrum paniculatum, 12
Clerodendrum peii, 12
Clerodendrum serratum, 12
Clerodendrum serratum var. amplexifolium, 12
Clerodendrum serratum var. herbaceum, 12
Clerodendrum serratum var. serratum, 12
Clerodendrum serratum var. wallichiii, 12
Clerodendrum subscaposum, 12
Clerodendrum tibetanum, 13
Clerodendrum trichotomum, 13
Clerodendrum trichotomum var. ferrugineum, 13
Clerodendrum trichotomum var. trichotomum, 13
Clerodendrum villosum, 13
Clerodendrum wallichii, 13
Clerodendrum yunnanense, 13
Clerodendrum yunnanense var. simplex, 13
Clerodendrum yunnanense var. yunnanense, 13
Clinacanthus, 129
Clinacanthus nutans, 129
Clinopodium, 13
Clinopodium chinense, 13
Clinopodium confine, 13
Clinopodium discolor, 13
Clinopodium gracile, 14
Clinopodium laxiflorum, 14
Clinopodium longipes, 14
Clinopodium megalanthum, 14
Clinopodium omeiense, 14
Clinopodium polycephalum, 14
Clinopodium repens, 14
Clinopodium urticifolium, 14
Cnidium, 205
Cnidium dauricum, 205
Cnidium japonicum, 205
Cnidium monnieri, 205

Cnidium monnieri var. formosanum, 205
Cnidium monnieri var. monnieri, 205
Cnidium salinum, 206
Cnidium sinchianum, 206
Codonacanthus, 129
Codonacanthus pauciflorus, 129
Coelopleurum nakaianum, 206
Coelopleurum, 206
Coelopleurum saxatile, 206
Colebrookea, 15
Colebrookea oppositifolia, 15
Coleus, 15
Coleus bracteatus, 15
Coleus carnosifolius, 15
Coleus esquirolii, 15
Coleus forskohlii, 15
Coleus scutellarioides, 15
Coleus scutellarioides var. crispipilus, 15
Coleus scutellarioides var. scutellarioides, 15
Coleus xanthanthus, 15
Colquhounia, 15
Colquhounia compta, 15
Colquhounia coccinea, 15
Colquhounia coccinea var. coccinea, 15
Colquhounia coccinea var. mollis, 15
Colquhounia compta var. compta, 15
Colquhounia compta var. mekongensis, 15
Colquhounia elegans, 16
Colquhounia elegans var. elegans, 16
Colquhounia elegans var. tenuiflora, 16
Colquhounia seguinii, 16
Colquhounia seguinii var. pilosa, 16
Colquhounia seguinii var. seguinii, 16
Colquhounia vestita, 16
Comanthosphace, 16
Comanthosphace japonica, 16
Comanthosphace nanchuanensis, 16
Comanthosphace ningpoensis var. ningpoensis, 16
Comanthosphace ningpoensis var. stellipiloides, 16
Comanthosphace ningpoensis, 16
Congea, 16
Congea chinensis, 16
Congea tomentosa, 16
Conioselinum, 206
Conioselinum chinense, 206
Conioselinum morrisonense, 206
Conioselinum papyraceum, 206

Conioselinum vaginatum, 206
Conium, 206
Conium maculatum, 206
Coriandrum, 206
Coriandrum sativum, 206
Cortia, 206
Cortia depressa, 206
Cortiella, 207
Cortiella caespitosa, 207
Cortiella cortioides, 207
Cortiella hookeri, 207
Cosmianthemum, 129
Cosmianthemum guangxiense, 129
Cosmianthemum knoxiifolium, 129
Cosmianthemum viriduliflorum, 129
Craniotome, 16
Craniotome furcata, 16
Cryptotaenia, 207
Cryptotaenia japonica, 207
Cuminum, 207
Cuminum cyminum, 207
Cyclorhiza peucedanifolia, 207
Cyclorhiza, 207
Cyclorhiza waltonii, 207
Cyclospermum, 207
Cyclospermum leptophyllum, 207
Cymaria, 16
Cymaria acuminata, 16
Cymaria dichotoma, 17
Cymbaria, 91
Cymbaria daurica, 91
Cymbaria mongolica, 91
Cystacanthus, 129
Cystacanthus abbreviatus, 129
Cystacanthus affinis, 129
Cystacanthus colaniae, 129
Cystacanthus paniculatus, 130
Cystacanthus pyramidalis, 130
Cystacanthus vitellinus, 130
Cystacanthus yangtsekiangensis, 130
Cystacanthus yunnanensis, 130
Czernaevia, 207
Czernaevia laevigata, 207
Czernaevia laevigata var. exalatocarpa, 208
Czernaevia laevigata var. laevigata, 207

D

Daucus, 208
Daucus carota, 208
Daucus carota var. carota, 208
Daucus carota var. sativus, 208

Dendropanax, 181
Dendropanax bilocularis, 181
Dendropanax burmanicus, 181
Dendropanax caloneurus, 181
Dendropanax chevalieri, 181
Dendropanax confertus, 181
Dendropanax dentiger, 181
Dendropanax hainanensis, 182
Dendropanax kwangsiensis, 182
Dendropanax oligodontus, 182
Dendropanax pellucidopunctatus, 182
Dendropanax productus, 182
Dendropanax proteus, 182
Dendropanax stellatus, 182
Dendropanax trifidus, 182
Dickinsia, 208
Dickinsia hydrocotyloides, 208
Dicliptera, 130
Dicliptera bupleuroides, 130
Dicliptera chinensis, 130
Dicliptera elegans, 130
Dicliptera induta, 130
Dimorphosciadium gayoides, 247
Dodartia, 85
Dodartia orientalis, 85
Dracocephalum, 17
Dracocephalum argunense, 17
Dracocephalum bipinnatum, 17
Dracocephalum breviflorum, 17
Dracocephalum bullatum, 17
Dracocephalum calophyllum, 17
Dracocephalum forrestii, 17
Dracocephalum fruticulosum, 17
Dracocephalum grandiflorum, 17
Dracocephalum heterophyllum, 17
Dracocephalum hoboksarensis, 17
Dracocephalum hookeri, 17
Dracocephalum imberbe, 17
Dracocephalum imbricatum, 17
Dracocephalum integrifolium, 17
Dracocephalum integrifolium var. integrifolium, 17
Dracocephalum isabellae, 18
Dracocephalum microflorum, 18
Dracocephalum moldavica, 18
Dracocephalum nodulosum, 18
Dracocephalum nutans, 18
Dracocephalum origanoides, 18
Dracocephalum palmatoides, 18
Dracocephalum paulsenii, 18
Dracocephalum peregrinum, 18
Dracocephalum propinquum, 18
Dracocephalum psammophilum, 18

Dracocephalum purdomii, 18
Dracocephalum rigidulum, 18
Dracocephalum rupestre, 18
Dracocephalum ruyschiana, 18
Dracocephalum stamineum, 18
Dracocephalum taliense, 18
Dracocephalum tanguticum, 19
Dracocephalum tanguticum var. album, 18
Dracocephalum tanguticum var. cinereum, 19
Dracocephalum tanguticum var. nanum, 19
Dracocephalum tanguticum var. tanguticum, 19
Dracocephalum truncatum, 19
Dracocephalum velutinum, 19
Dracocephalum velutinum var. intermedium, 19
Dracocephalum velutinum var. velutinum, 19
Dracocephalum wallichii, 19
Dracocephalum wallichii var. platyanthum, 19
Dracocephalum wallichii var. proliferum, 19
Dracocephalum wallichii var. wallichii, 19
Duranta, 154
Duranta erecta, 154

E

Echinacanthus, 130
Echinacanthus lofuensis, 130
Echinacanthus longipes, 130
Echinacanthus longzhouensis, 130
Eleutherococcus, 182
Eleutherococcus baoxinensis, 182
Eleutherococcus brachypus, 182
Eleutherococcus cissifolius, 183
Eleutherococcus eleutheristylus, 183
Eleutherococcus giraldii, 183
Eleutherococcus henryi, 183
Eleutherococcus henryi var. faberi, 183
Eleutherococcus henryi var. henryi, 183
Eleutherococcus lasiogyne, 183
Eleutherococcus leucorrhizus, 183
Eleutherococcus leucorrhizus var. fulvescens, 184
Eleutherococcus leucorrhizus var. leucorrhizus, 183
Eleutherococcus leucorrhizus var. scaberulus, 184
Eleutherococcus leucorrhizus var. setchuenensis, 184
Eleutherococcus nodiflorus, 184
Eleutherococcus rehderianus, 184
Eleutherococcus scandens, 184
Eleutherococcus senticosus, 184
Eleutherococcus sessiliflorus, 184
Eleutherococcus setosus, 185
Eleutherococcus setulosus, 185
Eleutherococcus trifoliatus, 185
Eleutherococcus verticillatus, 185
Eleutherococcus wilsonii, 185
Eleutherococcus wilsonii var. pilosulus, 185
Eleutherococcus wilsonii var. wilsonii, 185
Elsholtzia, 19
Elsholtzia argyi, 19
Elsholtzia blanda, 19
Elsholtzia bodinieri, 19
Elsholtzia capituligera, 19
Elsholtzia cephalantha, 19
Elsholtzia ciliata, 19
Elsholtzia communis, 20
Elsholtzia cyprianii, 20
Elsholtzia cyprianii var. cyprianii, 20
Elsholtzia cyprianii var. longipilosa, 20
Elsholtzia densa, 20
Elsholtzia eriocalyx, 20
Elsholtzia eriocalyx var. eriocalyx, 20
Elsholtzia eriocalyx var. tomentosa, 20
Elsholtzia eriostachya, 20
Elsholtzia feddei, 20
Elsholtzia flava, 20
Elsholtzia fruticosa, 20
Elsholtzia fruticosa var. fruticosa, 20
Elsholtzia fruticosa var. glabrifolia, 21
Elsholtzia glabra, 21
Elsholtzia heterophylla, 21
Elsholtzia hunanensis, 21
Elsholtzia kachinensis, 21
Elsholtzia lamprophylla, 21
Elsholtzia litangensis, 21
Elsholtzia luteola, 21
Elsholtzia luteola var. holostegia, 21
Elsholtzia luteola var. luteola, 21
Elsholtzia myosurus, 21
Elsholtzia ochroleuca, 21
Elsholtzia oldhamii, 21
Elsholtzia penduliflora, 21
Elsholtzia pilosa, 21
Elsholtzia pygmaea, 21

Elsholtzia rugulosa, 21
Elsholtzia saxatilis, 22
Elsholtzia souliei, 22
Elsholtzia splendens, 22
Elsholtzia stachyodes, 22
Elsholtzia stauntonii, 22
Elsholtzia strobilifera, 22
Elsholtzia winitiana, 22
Eranthemum, 130
Eranthemum austrosinense, 130
Eranthemum austrosinense var. austrosinense, 130
Eranthemum austrosinensis var. pubipetalum, 130
Eranthemum pulchellum, 130
Eranthemum tetragonum, 131
Eriocycla, 208
Eriocycla albescens, 208
Eriocycla albescens var. albescens, 208
Eriocycla albescens var. latifolia, 208
Eriocycla nuda, 208
Eriocycla nuda var. nuda, 208
Eriocycla nuda var. purpurascens, 208
Eriocycla pelliotii, 208
Eriophyton, 22
Eriophyton sunhangii, 22
Eriophyton wallichianum, 22
Eryngium, 208
Eryngium foetidum, 208
Eryngium planum, 208
Euphrasia, 91
Euphrasia amurensis, 91
Euphrasia brevilabris, 91
Euphrasia durietziana, 91
Euphrasia hirtella, 91
Euphrasia jaeschkei, 91
Euphrasia matsudae, 91
Euphrasia nankotaizanensis, 91
Euphrasia pectinata, 92
Euphrasia pectinata subsp. pectinata, 92
Euphrasia pectinata subsp. sichuanica, 92
Euphrasia pectinata subsp. simplex, 92
Euphrasia pumilio, 92
Euphrasia regelii, 92
Euphrasia regelii subsp. kangtienensis, 92
Euphrasia regelii subsp. regelii, 92
Euphrasia tarokoana, 92
Euphrasia transmorrisonensis, 92
Euphrasia transmorrisonensis var. durietziana, 92
Euphrasia transmorrisonensis var. transmorrisonensis, 92
Eurysolen, 22
Eurysolen gracilis, 22

F

Fatsia, 185
Fatsia japonica, 185
Fatsia polycarpa, 185
Fernandoa, 151
Fernandoa guangxiensis, 151
Ferula, 208
Ferula akitschkensis, 208
Ferula bungeana, 208
Ferula canescens, 209
Ferula caspica, 209
Ferula conocaula, 209
Ferula dissecta, 209
Ferula dubjanskyi, 209
Ferula feruloides, 209
Ferula fukanensis, 209
Ferula gracilis, 209
Ferula hexiensis, 209
Ferula jaeschkeana, 209
Ferula karataviensis, 209
Ferula kingdon-wardii, 209
Ferula kirialovii, 209
Ferula krylovii, 209
Ferula lapidosa, 209
Ferula lehmannii, 209
Ferula leiophylla, 209
Ferula licentiana, 209
Ferula licentiana var. licentiana, 210
Ferula licentiana var. tunshanica, 210
Ferula moschata, 210
Ferula olivacea, 210
Ferula ovina, 210
Ferula sinkiangensis, 210
Ferula songarica, 210
Ferula syreitschikowii, 210
Ferula teterrima, 210
Foeniculum, 210
Foeniculum vulgare, 210

G

Galeopsis, 23
Galeopsis bifida, 23
Gamblea, 185
Gamblea ciliata, 185
Gamblea ciliata var. ciliata, 186
Gamblea ciliata var. evodiifolia, 186
Gamblea pseudoevodiifolia, 186
Garrettia, 23
Garrettia siamensis, 23
Geniosporum, 23
Geniosporum coloratum, 23
Gleadovia, 92
Gleadovia mupinense, 92
Gleadovia ruborum, 92
Glechoma, 23
Glechoma biondiana, 23
Glechoma biondiana var. angustituba, 23
Glechoma biondiana var. biondiana, 23
Glechoma biondiana var. glabrescens, 23
Glechoma grandis, 23
Glechoma hederacea, 23
Glechoma longituba, 23
Glechoma sinograndis, 24
Glehnia, 210
Glehnia littoralis, 210
Gmelina, 24
Gmelina arborea, 24
Gmelina asiatica, 24
Gmelina chinensis, 24
Gmelina delavayana, 24
Gmelina hainanensis, 24
Gmelina lecomtei, 24
Gmelina szechwanensis, 24
Gomphandra, 154
Gomphandra luzoniensis, 154
Gomphandra mollis, 154
Gomphandra tetrandra, 155
Gomphostemma, 24
Gomphostemma arbusculum, 24
Gomphostemma callicarpoides, 24
Gomphostemma chinense, 24
Gomphostemma chinense var. cauliflorum, 24
Gomphostemma chinense var. chinense, 24
Gomphostemma crinitum, 24
Gomphostemma deltodon, 24
Gomphostemma hainanense, 24
Gomphostemma latifolium, 24
Gomphostemma leptodon, 24
Gomphostemma lucidum, 24
Gomphostemma lucidum var. intermedium, 25
Gomphostemma lucidum var. lucidum, 25
Gomphostemma microdon, 25
Gomphostemma parviflorum, 25
Gomphostemma parviflorum var. farinosum, 25

Gomphostemma parviflorum var. parviflorum, 25
Gomphostemma pedunculatum, 25
Gomphostemma pseudocrinitum, 25
Gomphostemma stellatohirsutum, 25
Gomphostemma sulcatum, 25
Gonocaryum, 155
Gonocaryum calleryanum, 155
Gonocaryum lobbianum, 155
Gymnostachyum, 131
Gymnostachyum listeri, 131
Gymnostachyum sinense, 131
Gymnostachyum subrosulatum, 131

H

Hanceola, 25
Hanceola cavaleriei, 25
Hanceola cordiovata, 25
Hanceola exserta, 25
Hanceola flexuosa, 25
Hanceola labordei, 25
Hanceola mairei, 25
Hanceola sinensis, 25
Hanceola tuberifera, 25
Haplosphaera, 210
Haplosphaera himalayensis, 210
Haplosphaera phaea, 210
Harrysmithia, 210
Harrysmithia franchetii, 210
Harrysmithia heterophylla, 211
Hedera, 186
Hedera nepalensis var. sinensis, 186
Hedera rhombea var. formosana, 186
Helwingia, 155
Helwingia chinensis, 155
Helwingia chinensis var. chinensis, 155
Helwingia chinensis var. crenata, 155
Helwingia himalaica, 155
Helwingia japonica, 156
Helwingia japonica var. hypoleuca, 156
Helwingia japonica var. japonica, 156
Helwingia japonica var. papillosa, 156
Helwingia japonica var. zhejiangensis, 156
Helwingia omeiensis, 156
HELWINGIACEAE, 155
Heracleum, 211
Heracleum bivittatum, 211
Heracleum candicans, 211
Heracleum candicans var. candicans, 211
Heracleum candicans var. obtusifolium, 211
Heracleum canescens, 213
Heracleum dissectifolium, 211
Heracleum dissectum, 211
Heracleum fargesii, 211
Heracleum forrestii, 211
Heracleum franchetii, 211
Heracleum hemsleyanum, 211
Heracleum henryi, 211
Heracleum kansuense, 213
Heracleum kingdonii, 211
Heracleum likiangense, 213
Heracleum millefolium, 211
Heracleum millefolium var. longilobum, 211
Heracleum millefolium var. millefolium, 211
Heracleum moellendorffii, 211
Heracleum moellendorffii var. moellendorffii, 212
Heracleum moellendorffii var. paucivittatum, 212
Heracleum moellendorffii var. sageniifolium, 213
Heracleum moellendorffii var. subbipinnatum, 212
Heracleum nepalense, 212
Heracleum nyalamense, 212
Heracleum olgae, 212
Heracleum oreocharis, 212
Heracleum rapula, 212
Heracleum scabridum, 212
Heracleum schansianum, 213
Heracleum souliei, 212
Heracleum stenopteroides, 212
Heracleum stenopterum, 212
Heracleum subtomentellum, 212
Heracleum tiliifolium, 212
Heracleum vicinum, 212
Heracleum wenchuanense, 212
Heracleum wolongense, 212
Heracleum xiaojinense, 212
Heracleum yungningense, 212
Heracleum yunnanense, 213
Heterolamium, 25
Heterolamium debile, 25
Heterolamium debile var. cardiophyllum, 26
Heterolamium debile var. debile, 26
Heterolamium debile var. tochauense, 26
Heteropanax, 186
Heteropanax brevipedicellatus, 186
Heteropanax chinensis, 186
Heteropanax fragrans, 186
Heteropanax hainanensis, 186
Heteropanax nitentifolius, 186
Heteropanax yunnanensis, 186
Holmskioldia, 26
Holmskioldia sanguinea, 26
Holocheila, 26
Holocheila longipedunculata, 26
Hyalolaena, 213
Hyalolaena bupleuroides, 213
Hyalolaena trichophylla, 213
Hydrocotyle, 213
Hydrocotyle benguetensis, 213
Hydrocotyle calcicola, 213
Hydrocotyle changanensis, 213
Hydrocotyle dichondroides, 213
Hydrocotyle dielsiana, 213
Hydrocotyle himalaica, 213
Hydrocotyle hookeri, 213
Hydrocotyle hookeri subsp. chinensis, 213
Hydrocotyle hookeri subsp. handelii, 214
Hydrocotyle hookeri subsp. hookeri, 213
Hydrocotyle nepalensis, 214
Hydrocotyle petiformis, 214
Hydrocotyle pseudoconferta, 214
Hydrocotyle ramiflora, 214
Hydrocotyle salwinica, 214
Hydrocotyle setulosa, 214
Hydrocotyle sibthorpioides, 214
Hydrocotyle sibthorpioides var. batrachaum, 214
Hydrocotyle sibthorpioides var. sibthorpioides, 214
Hydrocotyle wilfordii, 214
Hydrocotyle wilsonii, 214
Hygrophila, 131
Hygrophila biplicata, 131
Hygrophila erecta, 131
Hygrophila phlomoides, 131
Hygrophila pogonocalyx, 131
Hygrophila polysperma, 131
Hygrophila ringens, 131
Hygrophila ringens var. longihirsuta, 131
Hygrophila ringens var. ringens, 131
Hymenidium, 247
Hymenidium huzhihaoi, 235, 247
Hymenidium ladyginii, 235, 247
Hymenidium lhasanum, 235, 247

Hymenidium mieheanum, 235, 247
Hymenidium pachycaule, 235
Hymenidium virgatum, 235, 247
Hymenopyramis, 154
Hymenopyramis cana, 154
Hypoestes, 131
Hypoestes cumingiana, 131
Hypoestes purpurea, 132
Hypoestes triflora, 132
Hyptis, 26
Hyptis brevipes, 26
Hyptis rhomboidea, 26
Hyptis spicigera, 26
Hyptis suaveolens, 26
Hyssopus, 26
Hyssopus cuspidatus, 26
Hyssopus latilabiatus, 26
Hyssopus officinalis, 26

I

Ilex, 156
Ilex aculeolata, 156
Ilex angulata, 156
Ilex arisanensis, 156
Ilex asprella, 156
Ilex asprella var. asprella, 156
Ilex asprella var. tapuensis, 156
Ilex atrata, 156
Ilex atrata var. atrata, 157
Ilex atrata var. wangii, 157
Ilex austrosinensis, 157
Ilex bidens, 157
Ilex bioritsensis, 157
Ilex brachyphylla, 157
Ilex buergeri, 157
Ilex buxoides, 157
Ilex cauliflora, 157
Ilex centrochinensis, 157
Ilex chamaebuxus, 157
Ilex championii, 157
Ilex chapaensis, 157
Ilex chartacifolia, 157
Ilex chartacifolia var. chartacifolia, 157
Ilex chartacifolia var. glabra, 157
Ilex chengbuensis, 157
Ilex chengkouensis, 157
Ilex cheniana, 158
Ilex chinensis, 158
Ilex chingiana, 158
Ilex chingiana var. chingiana, 158
Ilex chingiana var. megacarpa, 158
Ilex chingiana var. puberula, 158

Ilex chuniana, 158
Ilex ciliospinosa, 158
Ilex cinerea, 158
Ilex cochinchinensis, 158
Ilex confertiflora, 158
Ilex confertiflora var. confertiflora, 158
Ilex confertiflora var. kwangsiensis, 158
Ilex corallina, 158
Ilex corallina var. corallina, 158
Ilex corallina var. loeseneri, 158
Ilex cornuta, 158
Ilex crenata, 159
Ilex cupreonitens, 159
Ilex cyrtura, 159
Ilex dabieshanensis, 159
Ilex dasyclada, 159
Ilex dasyphylla, 159
Ilex dehongensis, 159
Ilex delavayi, 159
Ilex delavayi var. comberiana, 159
Ilex delavayi var. delavayi, 159
Ilex delavayi var. exalta, 159
Ilex delavayi var. linearifolia, 159
Ilex delavayi var. muliensis, 159
Ilex denticulata, 159
Ilex dianguiensis, 159
Ilex dicarpa, 159
Ilex dipyrena, 159
Ilex dolichopoda, 160
Ilex dunniana, 160
Ilex editicostata, 160
Ilex elmerrilliana, 160
Ilex estriata, 160
Ilex euryoides, 160
Ilex excelsa, 160
Ilex excelsa var. excelsa, 160
Ilex excelsa var. hypotricha, 160
Ilex fargesii, 160
Ilex fargesii var. angustifolia, 160
Ilex fargesii var. brevifolia, 160
Ilex fargesii var. fargesii, 160
Ilex fengqingensis, 160
Ilex ferruginea, 160
Ilex ficifolia, 160
Ilex ficoidea, 161
Ilex formosana, 161
Ilex formosana var. formosana, 161
Ilex formosana var. macropyrena, 161
Ilex forrestii, 161
Ilex forrestii var. forrestii, 161
Ilex forrestii var. glabra, 161
Ilex fragilis, 161

Ilex franchetiana, 161
Ilex franchetiana var. franchetiana, 161
Ilex franchetiana var. parvifolia, 161
Ilex fukienensis, 161
Ilex georgei, 161
Ilex gintungensis, 161
Ilex glomerata, 161
Ilex godajam, 161
Ilex goshiensis, 162
Ilex graciliflora, 162
Ilex gracilis, 162
Ilex guangnanensis, 162
Ilex guizhouensis, 162
Ilex hainanensis, 162
Ilex hanceana, 162
Ilex hayatana, 162
Ilex hirsuta, 162
Ilex hookeri, 162
Ilex huana, 162
Ilex hylonoma, 162
Ilex hylonoma var. glabra, 162
Ilex hylonoma var. hylonoma, 162
Ilex integra, 162
Ilex intermedia, 162
Ilex intricata, 162
Ilex jiaolingensis, 162
Ilex jinyunensis, 163
Ilex jiuwanshanensis, 163
Ilex kaushue, 163
Ilex kengii, 163
Ilex kiangsiensis, 163
Ilex kobuskiana, 163
Ilex kunmingensis, 163
Ilex kunmingensis var. capitata, 163
Ilex kunmingensis var. kunmingensis, 163
Ilex kusanoi, 163
Ilex kwangtungensis, 163
Ilex lancilimba, 163
Ilex latifolia, 163
Ilex latifrons, 163
Ilex liana, 163
Ilex liangii, 163
Ilex lihuaensis, 163
Ilex linii, 163
Ilex litseifolia, 163
Ilex lohfauensis, 164
Ilex longecaudata, 164
Ilex longecaudata var. glabra, 164
Ilex longecaudata var. longecaudata, 164
Ilex longzhouensis, 164
Ilex lonicerifolia, 164

Ilex lonicerifolia var. lonicerifolia, 164
Ilex lonicerifolia var. matsudai, 164
Ilex ludianensis, 164
Ilex machilifolia, 164
Ilex maclurei, 164
Ilex macrocarpa, 164
Ilex macrocarpa var. longipedunculata, 164
Ilex macrocarpa var. macrocarpa, 164
Ilex macrocarpa var. reevesiae, 164
Ilex macropoda, 164
Ilex macrostigma, 165
Ilex mamillata, 165
Ilex manneiensis, 165
Ilex marlipoensis, 165
Ilex maximowicziana, 165
Ilex medogensis, 165
Ilex melanophylla, 165
Ilex melanotricha, 165
Ilex memecylifolia, 165
Ilex metabaptista, 165
Ilex metabaptista var. bodinieri, 165
Ilex metabaptista var. metabaptista, 165
Ilex micrococca, 165
Ilex micropyrena, 165
Ilex miguensis, 165
Ilex nanchuanensis, 165
Ilex nanningensis, 165
Ilex ningdeensis, 166
Ilex nitidissima, 166
Ilex nothofagifolia, 166
Ilex nubicola, 166
Ilex nuculicava, 166
Ilex nuculicava var. auctumnalis, 166
Ilex nuculicava var. glabra, 166
Ilex nuculicava var. nuculicava, 166
Ilex oblonga, 166
Ilex occulta, 166
Ilex oligodonta, 166
Ilex omeiensis, 166
Ilex pedunculosa, 166
Ilex peiradena, 166
Ilex pentagona, 166
Ilex perlata, 166
Ilex pernyi, 157, 166
Ilex perryana, 166
Ilex pingheensis, 167
Ilex pingnanensis, 167
Ilex polyneura, 167
Ilex polypyrena, 167
Ilex pseudomachilifolia, 167
Ilex pubescens, 167
Ilex pubescens var. kwangsiensis, 167

Ilex pubescens var. pubescens, 167
Ilex pubigera, 167
Ilex pubilimba, 167
Ilex punctatilimba, 167
Ilex pyrifolia, 167
Ilex qianlingshanensis, 167
Ilex qingyuanensis, 167
Ilex reticulata, 167
Ilex retusifolia, 167
Ilex robusta, 167
Ilex robustinervosa, 167
Ilex rockii, 167
Ilex rotunda, 167
Ilex salicina, 168
Ilex saxicola, 168
Ilex serrata, 168
Ilex shennongjiaensis, 168
Ilex shimeica, 168
Ilex sikkimensis, 168
Ilex sinica, 168
Ilex sterrophylla, 168
Ilex stewardii, 168
Ilex strigillosa, 168
Ilex suaveolens, 168
Ilex subcoriacea, 168
Ilex subcrenata, 168
Ilex subficoidea, 168
Ilex sublongecaudata, 168
Ilex subodorata, 168
Ilex subrugosa, 168
Ilex sugerokii, 168
Ilex suichangensis, 169
Ilex suzukii, 169
Ilex synpyrena, 169
Ilex syzygiophylla, 169
Ilex szechwanensis, 169
Ilex szechwanensis var. huiana, 169
Ilex szechwanensis var. mollissima, 169
Ilex szechwanensis var. szechwanensis, 169
Ilex tamii, 169
Ilex tenuis, 169
Ilex tetramera, 169
Ilex tetramera var. glabra, 169
Ilex tetramera var. tetramera, 169
Ilex trichocarpa, 169
Ilex triflora, 169
Ilex triflora var. kanehirai, 170
Ilex triflora var. triflora, 169
Ilex tsangii, 170
Ilex tsangii var. guangxiensis, 170
Ilex tsangii var. tsangii, 170
Ilex tsiangiana, 170

Ilex tsoii, 170
Ilex tsoii var. guangxiensis, 170
Ilex tsoii var. tsoii, 170
Ilex tugitakayamensis, 170
Ilex tutcheri, 170
Ilex umbellulata, 170
Ilex uraiensis, 170
Ilex venosa, 170
Ilex venulosa, 170
Ilex venulosa var. simplicifrons, 170
Ilex venulosa var. venulosa, 170
Ilex verisimilis, 171
Ilex viridis, 171
Ilex wangiana, 171
Ilex wardii, 171
Ilex wattii, 171
Ilex wenchowensis, 171
Ilex wilsonii, 171
Ilex wilsonii var. handel-mazzettii, 171
Ilex wilsonii var. wilsonii, 171
Ilex wuana, 171
Ilex wugongshanensis, 171
Ilex xiaojinensis, 171
Ilex xizangensis, 171
Ilex yangchunensis, 171
Ilex yuana, 171
Ilex yunnanensis, 171
Ilex yunnanensis var. gentilis, 171
Ilex yunnanensis var. parvifolia, 171
Ilex yunnanensis var. paucidentata, 172
Ilex yunnanensis var. yunnanensis, 171
Ilex zhejiangensis, 172
Incarvillea, 151
Incarvillea altissima, 151
Incarvillea arguta, 151
Incarvillea arguta var. arguta, 151
Incarvillea arguta var. longipedicellata, 151
Incarvillea beresovskii, 151
Incarvillea compacta, 151
Incarvillea delavayi, 151
Incarvillea dissectifoliola, 151
Incarvillea forrestii, 151
Incarvillea lutea, 151
Incarvillea mairei, 151
Incarvillea mairei var. grandiflora, 152
Incarvillea mairei var. mairei, 152
Incarvillea mairei var. multifoliolata, 152
Incarvillea potaninii, 152
Incarvillea sinensis, 152
Incarvillea sinensis var. przewalskii, 152

Incarvillea sinensis var. sinensis, 152
Incarvillea younghusbandii, 152
Isodon, 26
Isodon adenanthus, 26
Isodon adenolomus, 26
Isodon albopilosus, 26
Isodon amethystoides, 27
Isodon angustifolius, 27
Isodon angustifolius var. angustifolius, 27
Isodon angustifolius var. glabrescens, 27
Isodon atroruber, 27
Isodon barbeyanus, 27
Isodon brevicalcaratus, 27
Isodon brevifolius, 27
Isodon bulleyanus, 27
Isodon calcicolus, 27
Isodon calcicolus var. calcicolus, 27
Isodon calcicolus var. subcalvus, 27
Isodon coetsa, 27
Isodon coetsa var. cavaleriei, 28
Isodon coetsa var. coetsa, 28
Isodon dawoensis, 28
Isodon delavayi, 28
Isodon enanderianus, 28
Isodon eriocalyx, 28
Isodon excisoides, 28
Isodon excisus, 28
Isodon flabelliformis, 28
Isodon flavidus, 28
Isodon flexicaulis, 28
Isodon forrestii, 29
Isodon gesneroides, 29
Isodon gibbosus, 29
Isodon glutinosus, 29
Isodon grandifolius, 29
Isodon grandifolius var. atuntzeensis, 29
Isodon grandifolius var. grandifolius, 29
Isodon grosseserratus, 29
Isodon henryi, 29
Isodon hirtellus, 29
Isodon hispidus, 29
Isodon inflexus, 29
Isodon interruptus, 29
Isodon irroratus, 30
Isodon japonicus, 30
Isodon japonicus var. glaucocalyx, 30
Isodon japonicus var. japonicus, 30
Isodon latifolius, 30
Isodon leucophyllus, 30

Isodon liangshanicus, 30
Isodon lihsienensis, 30
Isodon longitubus, 30
Isodon lophanthoides, 30
Isodon lophanthoides var. graciliflorus, 31
Isodon lophanthoides var. lophanthoides, 30
Isodon loxothyrsus, 31
Isodon lungshengensis, 31
Isodon macrocalyx, 31
Isodon macrophyllus, 31
Isodon medilungensis, 31
Isodon megathyrsus, 31
Isodon megathyrsus var. megathyrsus, 31
Isodon megathyrsus var. strigosissimus, 31
Isodon melissoides, 31
Isodon mucronatus, 32
Isodon muliensis, 32
Isodon nervosus, 32
Isodon oreophilus, 32
Isodon oreophilus var. elongatus, 32
Isodon oreophilus var. oreophilus, 32
Isodon oresbius, 32
Isodon pantadenius, 32
Isodon parvifolius, 32
Isodon pharicus, 32
Isodon phyllopodus, 32
Isodon phyllostachys, 33
Isodon pleiophyllus, 33
Isodon pleiophyllus var. dolichodens, 33
Isodon pleiophyllus var. pleiophyllus, 33
Isodon racemosus, 33
Isodon rosthornii, 33
Isodon rubescens, 33
Isodon rugosiformis, 33
Isodon rugosus, 33
Isodon scoparius, 33
Isodon scrophularioides, 34
Isodon sculponeatus, 34
Isodon secundiflorus, 34
Isodon serra, 34
Isodon setschwanensis, 34
Isodon silvaticus, 34
Isodon smithianus, 34
Isodon tenuifolius, 34
Isodon ternifolius, 34
Isodon walkeri, 34
Isodon wardii, 35

Isodon websteri, 35
Isodon weisiensis, 35
Isodon wikstroemioides, 35
Isodon wui, 35
Isodon xerophilus, 35
Isoglossa, 132
Isoglossa collina, 132
Isoglossa glabra, 132

J

Justicia, 132
Justicia acutangula, 132
Justicia adhatoda, 132
Justicia albovelata, 132
Justicia alboviridis, 132
Justicia amblyosepala, 132
Justicia austroguangxiensis, 132
Justicia austrosinensis, 132
Justicia brandegeeana, 132
Justicia cardiophylla, 132
Justicia carnea, 132
Justicia caudatifolia, 133
Justicia championii, 133
Justicia damingensis, 133
Justicia demissa, 133
Justicia diffusa, 133
Justicia ferruginea, 133
Justicia gendarussa, 133
Justicia grossa, 133
Justicia hainanensis, 133
Justicia hayatae, 133
Justicia kampotiana, 133
Justicia kouytcheensis, 133
Justicia kwangsiensis, 133
Justicia latiflora, 133
Justicia leptostachya, 134
Justicia lianshanica, 134
Justicia microdonta, 134
Justicia mollissima, 134
Justicia neesiana, 134
Justicia neolinearifolia, 134
Justicia panduriformis, 134
Justicia patentiflora, 134
Justicia poilanei, 134
Justicia procumbens, 134
Justicia pseudospicata, 134
Justicia quadrifaria, 134
Justicia siccanea, 134
Justicia simplex, 134
Justicia vagabunda, 135
Justicia ventricosa, 135
Justicia wardii, 135

Justicia xantholeuca, 135
Justicia xerobatica, 135
Justicia xerophila, 135
Justicia xylopoda, 135
Justicia yunnanensis, 135

K

Kalopanax, 186
Kalopanax septemlobus, 186
Keiskea, 35
Keiskea australis, 35
Keiskea elsholtzioides, 35
Keiskea glandulosa, 35
Keiskea sinensis, 35
Keiskea szechuanensis, 35
Kinostemon, 35
Kinostemon alborubrum, 35
Kinostemon ornatum, 35
Kinostemon veronicifolia, 35
Krasnovia, 215
Krasnovia longiloba, 215
Kudoacanthus, 135
Kudôacanthus albonervosa, 135

L

Lagochilus, 35
Lagochilus bungei, 35
Lagochilus diacanthophyllus, 35
Lagochilus grandiflorus, 36
Lagochilus hirtus, 36
Lagochilus ilicifolius, 36
Lagochilus ilicifolius var. ilicoflius, 36
Lagochilus ilicifolius var. tomentosus, 36
Lagochilus kaschgaricus, 36
Lagochilus lanatonodus, 36
Lagochilus macrodontus, 36
Lagochilus platyacanthus, 36
Lagochilus pungens, 36
Lagochilus xinjiangensis, 36
Lagopsis, 36
Lagopsis eriostachya, 36
Lagopsis supina, 36
Lallemantia, 36
Lallemantia royleana, 36
LAMIACEAE, 1
Lamium, 36
Lamium album, 36
Lamium amplexicaule, 36
Lamium barbatum, 37
Lamium maculatum, 37
Lancea, 85

Lancea hirsuta, 85
Lancea tibetica, 85
Lantana, 154
Lantana camara, 154
Lathraea, 92
Lathraea japonica, 92
Lavandula, 37
Lavandula angustifolia, 37
Lavandula latifolia, 37
Ledebouriella, 214
Ledebouriella multiflora, 214
LENTIBULARIACEAE, 125
Leonurus, 37
Leonurus chaituroides, 37
Leonurus deminutus, 37
Leonurus glaucescens, 37
Leonurus japonicus, 37
Leonurus macranthus, 37
Leonurus pseudomacranthus, 37
Leonurus pseudopanzerioides, 37
Leonurus sibiricus, 37
Leonurus turkestanicus, 37
Leonurus urticifolius, 37
Leonurus villosissimus, 37
Leonurus wutaishanicus, 37
Lepidagathis, 135
Lepidagathis fasciculata, 135
Lepidagathis formosensis, 135
Lepidagathis hainanensis, 135
Lepidagathis inaequalis, 135
Lepidagathis incurva, 135
Lepidagathis secunda, 135
Lepidagathis stenophylla, 136
Leptorhabdos, 93
Leptorhabdos parviflora, 93
Leptostachya, 136
Leptostachya wallichii, 136
Leucas, 38
Leucas aspera, 38
Leucas cephalotes, 38
Leucas chinensis, 38
Leucas ciliata, 38
Leucas lavandulifolia, 38
Leucas martinicensis, 38
Leucas mollissima, 38
Leucas mollissima var. chinensis, 38
Leucas mollissima var. mollissima, 38
Leucas mollissima var. scaberula, 38
Leucas zeylanica, 38
Leucosceptrum, 38
Leucosceptrum canum, 38
Levisticum, 215
Levisticum officinale, 215

Libanotis, 215
Libanotis abolinii, 215
Libanotis acaulis, 215
Libanotis buchtormensis, 215
Libanotis condensata, 215
Libanotis depressa, 215
Libanotis eriocarpa, 215
Libanotis grubovii, 215
Libanotis iliensis, 215
Libanotis incana, 215
Libanotis jinanensis, 216
Libanotis lancifolia, 216
Libanotis lanzhouensis, 216
Libanotis laticalycina, 216
Libanotis schrenkiana, 216
Libanotis seseloides, 216
Libanotis sibirica, 216
Libanotis spodotrichoma, 216
Libanotis wannienchun, 216
Ligusticum, 216
Ligusticum acuminatum, 216
Ligusticum ajanense, 216
Ligusticum angelicifolium, 216
Ligusticum brachylobum, 217
Ligusticum capillaceum, 217
Ligusticum daucoides, 217
Ligusticum delavayi, 217
Ligusticum discolor, 217
Ligusticum elatum, 217
Ligusticum elegans, 220
Ligusticum falcarioides, 220
Ligusticum franchetii, 217
Ligusticum glaucescens, 217, 220
Ligusticum glaucifolium, 217
Ligusticum gongshanense, 217
Ligusticum gyirongense, 217
Ligusticum hispidum, 217
Ligusticum involucratum, 217
Ligusticum jeholense, 217
Ligusticum jeholense var. *tenuisectum*, 220
Ligusticum kiangsiense, 220
Ligusticum kingdon-wardii, 217
Ligusticum kulingense, 220
Ligusticum levisticifolium, 220
Ligusticum likiangense, 218
Ligusticum limprichtii, 220
Ligusticum litangense, 218
Ligusticum littledalei, 218
Ligusticum longilobum, 220
Ligusticum mairei, 218
Ligusticum moniliforme, 218
Ligusticum mucronatum, 218

Ligusticum multivittatum, 218
Ligusticum nematophyllum, 218
Ligusticum nullivittatum, 218
Ligusticum oliverianum, 218
Ligusticum pseudoangelica, 220
Ligusticum pseudodaucoides, 220
Ligusticum pteridophyllum, 218
Ligusticum rechingeranum, 218
Ligusticum reptans, 218
Ligusticum rockii, 220
Ligusticum scapiforme, 219
Ligusticum sikiangense, 219
Ligusticum sinense, 219
Ligusticum sinense 'Chuanxiong', 219
Ligusticum sinense 'Fuxiong', 219
Ligusticum sinense 'Jinxiong', 219
Ligusticum sinense var. *alpinum*, 220
Ligusticum sinense var. hupehense, 219
Ligusticum sinense var. sinense, 219
Ligusticum smithii, 220
Ligusticum striatum, 219
Ligusticum tachiroei, 219
Ligusticum tenuisectum, 219
Ligusticum tenuissimum, 219
Ligusticum thomsonii, 219
Ligusticum tibetanicum, 220
Ligusticum wawrae, 220
Ligusticum weberbauerianum, 219
Ligusticum xizangense, 220
Ligusticum yanyuanense, 220
Ligusticum yunnanense, 220
Lithosciadium, 220
Lithosciadium kamelinii, 220
Lomatocarpa, 220
Lomatocarpa albomarginata, 220
Lophanthus, 38
Lophanthus chinensis, 38
Lophanthus krylovii, 38
Lophanthus schrenkii, 38
Lophanthus tibeticus, 39
Loxocalyx, 39
Loxocalyx quinquenervius, 39
Loxocalyx urticifolius, 39
Loxocalyx urticifolius var. decemnervius, 39
Loxocalyx urticifolius var. urticifolius, 39
Lycopus, 39
Lycopus cavaleriei, 39
Lycopus europaeus, 39
Lycopus europaeus var. europaeus, 39
Lycopus europaeus var. exaltatus, 39
Lycopus lucidus var. hirtus, 39

Lycopus lucidus, 39
Lycopus lucidus var. lucidus, 39
Lycopus lucidus var. maackianus, 39
Lycopus parviflorus, 39

M

Mackaya, 136
Mackaya tapingensis, 136
Macropanax, 187
Macropanax chienii, 187
Macropanax decandrus, 187
Macropanax dispermus, 187
Macropanax paucinervis, 187
Macropanax rosthornii, 187
Macropanax serratifolius, 187
Macropanax undulatum, 187
Mannagettaea, 93
Mannagettaea hummelii, 93
Mannagettaea labiata, 93
Markhamia, 152
Markhamia stipulata, 152
Markhamia stipulata var. kerrii, 152
Markhamia stipulata var. stipulata, 152
Marmoritis, 39
Marmoritis complanatum, 39
Marmoritis decolorans, 40
Marmoritis nivalis, 40
Marmoritis pharicus, 40
Marmoritis rotundifolia, 40
Marrubium, 40
Marrubium vulgare, 40
Martynia, 154
Martynia annua, 154
MARTYNIACEAE, 154
Matsumurella, 22
Matsumurella chinense, 22
Matsumurella chinense var. chinense, 22
Matsumurella chinense var. robustum, 22
Matsumurella chinense var. subglabrum, 22
Matsumurella kwangtungensis, 23
Matsumurella szechuanensis, 23
Matsumurella tuberifera, 23
Matsumurella yangsoensis, 23
Mayodendron, 152
Mayodendron igneum, 152
Mazus, 85
Mazus alpinus, 85
Mazus caducifer, 85
Mazus celsioides, 85

Mazus fauriei, 85
Mazus fukienensis, 85
Mazus gracilis, 85
Mazus henryi, 85
Mazus humilis, 85
Mazus japonicus var. leucanthus, 85
Mazus kweichowensis, 86
Mazus lanceifolius, 86
Mazus lecomtei, 86
Mazus longipes, 86
Mazus miquelii, 86
Mazus oliganthus, 86
Mazus omeiensis, 86
Mazus procumbens, 86
Mazus pulchellus, 86
Mazus pumilus, 86
Mazus pumilus var. delavayi, 86
Mazus pumilus var. macrocalyx, 86
Mazus pumilus var. pumilus, 86
Mazus pumilus var. wangii, 86
Mazus rockii, 86
Mazus saltuarius, 87
Mazus solanifolius, 87
Mazus spicatus, 87
Mazus stachydifolius, 87
Mazus surculosus, 87
Mazus tainanensis, 87
Mazus xiuningensis, 87
Meeboldia, 220
Meeboldia achilleifolia, 220
Meeboldia yunnanensis, 221
Meehania, 40
Meehania faberi, 40
Meehania fargesii, 40
Meehania fargesii var. fargesii, 40
Meehania fargesii var. obtusata, 40
Meehania fargesii var. pedunculata, 40
Meehania fargesii var. pinetorum, 40
Meehania fargesii var. radicans, 41
Meehania henryi, 41
Meehania henryi var. henryi, 41
Meehania henryi var. kaitcheensis, 41
Meehania henryi var. stachydifolia, 41
Meehania montis-koyae, 41
Meehania pinfaensis, 41
Meehania urticifolia, 41
Melampyrum, 93
Melampyrum aphraditis, 93
Melampyrum klebelsbergianum, 93
Melampyrum laxum, 93
Melampyrum roseum, 93
Melampyrum roseum var. obtusifolium, 93

Melampyrum roseum var. ovalifolium, 93
Melampyrum roseum var. roseum, 93
Melampyrum roseum var. setaceum, 93
Melanosciadium, 221
Melanosciadium bipinnatum, 221
Melanosciadium genuflexum, 221
Melanosciadium pimpinelloideum, 221
Melissa, 41
Melissa axillaris, 41
Melissa flava, 41
Melissa officinalis, 41
Melissa yunnanensis, 41
Mentha, 41
Mentha asiatica, 41
Mentha canadensis, 41
Mentha citrata, 42
Mentha crispata, 42
Mentha dahurica, 42
Mentha longifolia, 42
Mentha × piperita, 42
Mentha pulegium, 42
Mentha sachalinensis, 42
Mentha spicata, 42
Mentha suaveolens, 42
Mentha vagans, 42
Merrilliopanax, 187
Merrilliopanax alpinus, 187
Merrilliopanax listeri, 187
Merrilliopanax membranifolius, 188
Mesona, 42
Mesona chinensis, 42
Mesona parviflora, 42
Metapanax, 188
Metapanax davidii, 188
Metapanax delavayi, 188
Metastachydium, 42
Metastachydium sagittatum, 42
Micromeria, 42
Micromeria barosma, 42
Micromeria biflora, 42
Micromeria euosma, 43
Micromeria wardii, 43
Microtoena, 43
Microtoena albescens, 43
Microtoena delavayi, 43
Microtoena delavayi var. amblyodon, 43
Microtoena delavayi var. delavayi, 43
Microtoena delavayi var. grandiflora, 43
Microtoena delavayi var. lutea, 43
Microtoena esquirolii, 43
Microtoena insuavis, 43
Microtoena longisepala, 43
Microtoena maireana, 43
Microtoena megacalyx, 43
Microtoena miyiensis, 43
Microtoena mollis, 43
Microtoena moupinensis, 43
Microtoena muliensis, 43
Microtoena omeiensis, 43
Microtoena patchoulii, 44
Microtoena prainiana, 44
Microtoena robusta, 44
Microtoena stenocalyx, 44
Microtoena urticifolia, 44
Microtoena urticifolia var. brevipedunculata, 44
Microtoena urticifolia var. urticifolia, 44
Microtoena vanchingshanensis, 44
Millingtonia, 153
Millingtonia hortensis, 153
Mimulus, 87
Mimulus bodinieri, 87
Mimulus bracteosus, 87
Mimulus szechuanensis, 87
Mimulus tenellus, 87
Mimulus tenellus var. nepalensis, 87
Mimulus tenellus var. platyphyllus, 87
Mimulus tenellus var. procerus, 87
Mimulus tenellus var. tenellus, 87
Mimulus tibeticus, 87
Monarda, 44
Monarda didyma, 44
Monarda fistulosa, 44
Monochasma, 93
Monochasma monantha, 93
Monochasma savatieri, 93
Monochasma sheareri, 93
Mosla, 44
Mosla cavaleriei, 44
Mosla chinensis, 44
Mosla chinensis var. chinensis, 44
Mosla chinensis var. kiangsiensis, 44
Mosla dianthera, 44
Mosla exfoliata, 44
Mosla formosana, 45
Mosla grosseserrata, 45
Mosla hangchowensis var. cheteana, 45
Mosla hangchowensis, 45
Mosla hangchowensis var. hangchowensis, 45
Mosla longibracteata, 45
Mosla longispica, 45
Mosla pauciflora, 45

N

Nelsonia, 136
Nelsonia canescens, 136
Nepeta, 45
Nepeta annua, 45
Nepeta cataria, 45
Nepeta coerulescens, 45
Nepeta densiflora, 45
Nepeta dentata, 45
Nepeta discolor, 45
Nepeta everardi, 45
Nepeta floccosa, 45
Nepeta fordii, 46
Nepeta glutinosa, 46
Nepeta hemsleyana, 46
Nepeta henanensis, 46
Nepeta jomdaensis, 46
Nepeta kokamirica, 46
Nepeta kokanica, 46
Nepeta laevigata, 46
Nepeta lamiopsis, 46
Nepeta leucolaena, 46
Nepeta longibracteata, 46
Nepeta manchuriensis, 46
Nepeta membranifolia, 46
Nepeta micrantha, 46
Nepeta multifida, 46
Nepeta nuda, 46
Nepeta nervosa var. lutea, 46
Nepeta prattii, 46
Nepeta pungens, 46
Nepeta raphanorhiza, 47
Nepeta sessilis, 47
Nepeta sibirica, 47
Nepeta souliei, 47
Nepeta stewartiana, 47
Nepeta sungpanensis, 47
Nepeta sungpanensis var. angustidentata, 47
Nepeta sungpanensis var. sungpanensis, 47
Nepeta supina, 47
Nepeta taxkorganica, 47
Nepeta tenuiflora, 47
Nepeta tenuifolia, 47
Nepeta veitchii, 47
Nepeta virgata, 47
Nepeta wilsonii, 47
Nepeta wuana, 47
Nepeta yanthina, 47

Nepeta zandaensis, 47
Nosema, 47
Nosema cochinchinensis, 47
Nothosmyrnium, 221
Nothosmyrnium japonicum, 221
Nothosmyrnium japonicum var. japonicum, 221
Nothosmyrnium japonicum var. sutchuensis, 221
Nothosmyrnium xizangense, 221
Nothosmyrnium xizangense var. simpliciorum, 221
Nothosmyrnium xizangense var. xizangense, 221
Notopterygium, 221
Notopterygium forrestii, 221
Notopterygium franchetii, 221
Notopterygium incisum, 221
Notopterygium oviforme, 221
Notopterygium pinnatiinvolucellatum, 221
Notopterygium tenuifolium, 222
Nyctocalos, 153
Nyctocalos brunfelsiiflorum, 153
Nyctocalos pinnatum, 153

O

Ocimum, 48
Ocimum americanum, 48
Ocimum basilicum, 48
Ocimum basilicum var. basilicum, 48
Ocimum basilicum var. pilosum, 48
Ocimum gratissimum var. suave, 48
Ocimum sanctum, 48
Ocimum tashiroi, 48
Odontites, 94
Odontites vulgaris, 94
Oenanthe, 222
Oenanthe benghalensis, 222
Oenanthe hookeri, 222
Oenanthe javanica, 222
Oenanthe javanica subsp. rosthornii, 222
Oenanthe javanica var. javanica, 222
Oenanthe linearis, 222
Oenanthe linearis subsp. linearis, 222
Oenanthe linearis subsp. rivularis, 222
Oenanthe thomsonii, 222
Oenanthe thomsonii subsp. stenophylla, 222
Oenanthe thomsonii subsp. thomsonii, 222

Ombrocharis, 48
Ombrocharis dulcis, 48
Omphalotrix, 94
Omphalotrix longipes, 94
Ophiorrhiziphyllon, 136
Ophiorrhiziphyllon macrobotryum, 136
Oplopanax, 188
Oplopanax elatus, 188
Oreocomopsis, 222
Oreocomopsis xizangensis, 222
Oreomyrrhis, 223
Oreomyrrhis involucrata, 223
Origanum, 48
Origanum vulgare, 48
OROBANCHACEAE, 89
Orobanche, 94
Orobanche aegyptiaca, 94
Orobanche alba, 94
Orobanche alsatica, 94
Orobanche amoena, 94
Orobanche brassicae, 94
Orobanche caryophyllacea, 94
Orobanche cernua, 94
Orobanche cernua var. cernua, 94
Orobanche cernua var. cumana, 94
Orobanche cernua var. hansii, 94
Orobanche clarkei, 94
Orobanche coelestis, 94
Orobanche coerulescens, 95
Orobanche elatior, 95
Orobanche kelleri, 95
Orobanche kotschyi, 95
Orobanche krylowii, 95
Orobanche lanuginosa, 95
Orobanche megalantha, 95
Orobanche mongolica, 95
Orobanche mupinensis, 95
Orobanche ombrochares, 95
Orobanche pycnostachya, 95
Orobanche pycnostachya var. amurensis, 95
Orobanche pycnostachya var. pycnostachya, 95
Orobanche sinensis, 96
Orobanche sinensis var. cyanescens, 96
Orobanche sinensis var. sinensis, 96
Orobanche solmsii, 96
Orobanche sordida, 96
Orobanche uralensis, 96
Orobanche yunnanensis, 96
Oroxylum, 153
Oroxylum indicum, 153
Orthosiphon, 48

Orthosiphon marmoritis, 48
Orthosiphon wulfenioides, 48
Orthosiphon rubicundus var. hainanensis, 48
Orthosiphon wulfenioides var. foliosus, 49
Orthosiphon wulfenioides var. wulfenioides, 48
Osmorhiza, 223
Osmorhiza aristata, 223
Osmorhiza aristata var. aristata, 223
Osmorhiza aristata var. laxa, 223
Osmoxylon, 188
Osmoxylon pectinatum, 188
Ostericum, 223
Ostericum citriodorum, 223
Ostericum grosseserratum, 223
Ostericum huadongense, 223
Ostericum maximowiczii, 223
Ostericum maximowiczii var. alpinum, 223
Ostericum maximowiczii var. australe, 223
Ostericum maximowiczii var. filisectum, 224
Ostericum maximowiczii var. maximowiczii, 223
Ostericum scaberulum, 224
Ostericum scaberulum var. longiinvolucellatum, 224
Ostericum scaberulum var. scaberulum, 224
Ostericum sieboldii, 224
Ostericum sieboldii var. praeteritum, 224
Ostericum sieboldii var. sieboldii, 224
Ostericum viridiflorum, 224

P

Pachypleurum, 224
Pachypleurum alpinum, 224
Pachypleurum lhasanum, 224
Pachypleurum muliense, 224
Pachypleurum nyalamense, 224
Pachypleurum xizangense, 224
Panax, 188
Panax bipinnatifidus, 188
Panax bipinnatifidus var. angustifolius, 189
Panax bipinnatifidus var. bipinnatifidus, 188
Panax ginseng, 188

Panax notoginseng, 189
Panax pseudoginseng, 189
Panax quinquefolius, 189
Panax stipuleanatus, 189
Panax vietnamensis, 189
Panax wangianum, 189
Panax zingiberensis, 189
Panzerina, 49
Panzerina canescens, 49
Panzerina lanata, 49
Panzerina lanata var. alashanica, 49
Panzerina lanata var. albescens, 49
Panzerina lanata var. argyracea, 49
Panzerina lanata var. lanata, 49
Panzerina lanata var. parviflora, 49
Paralamium, 49
Paralamium gracile, 49
Paraphlomis, 49
Paraphlomis albida, 49
Paraphlomis albida var. albida, 49
Paraphlomis albida var. brevidens, 49
Paraphlomis albiflora, 49
Paraphlomis albiflora var. albiflora, 49
Paraphlomis albiflora var. biflora, 49
Paraphlomis albotomentosa, 49
Paraphlomis brevifolia, 49
Paraphlomis foliata, 50
Paraphlomis formosana, 50
Paraphlomis gracilis var. gracilis, 50
Paraphlomis gracilis var. lutienensis, 50
Paraphlomis gracilis, 50
Paraphlomis hirsutissima, 50
Paraphlomis hispida, 50
Paraphlomis intermedia, 50
Paraphlomis javanica, 50
Paraphlomis javanica var. angustifolia, 50
Paraphlomis javanica var. coronata, 50
Paraphlomis javanica var. javanica, 50
Paraphlomis kwangtungensis, 50
Paraphlomis lanceolata, 50
Paraphlomis lanceolata var. lanceolata, 50
Paraphlomis lanceolata var. sessilifolia, 50
Paraphlomis membranacea, 51
Paraphlomis pagantha, 51
Paraphlomis parviflora, 51
Paraphlomis patentisetulosa, 51
Paraphlomis paucisetosa, 51
Paraphlomis reflexa, 51
Paraphlomis seticalyx, 51
Paraphlomis setulosa, 51

Paraphlomis subcoriacea, 51
Paraphlomis tomentosocapitata, 51
Pararuellia, 136
Pararuellia alata, 136
Pararuellia cavaleriei, 136
Pararuellia delavayana, 136
Pararuellia glomerata, 136
Pararuellia hainanensis, 136
Pastinaca, 224
Pastinaca sativa, 224
Pauldopia, 153
Pauldopia ghorta, 153
Paulownia, 88
Paulownia catalpifolia, 88
Paulownia elongata, 88
Paulownia fargesii, 88
Paulownia fortunei, 88
Paulownia kawakamii, 88
Paulownia × taiwaniana, 88
Paulownia tomentosa, 88
Paulownia tomentosa var. tomentosa, 88
Paulownia tomentosa var. tsinlingensis, 88
PAULOWNIACEAE, 88
Pedicularis, 96
Pedicularis abrotanifolia, 96
Pedicularis achilleifolia, 96
Pedicularis alaschanica, 96
Pedicularis alaschanica subsp. alaschanica, 96
Pedicularis alaschanica subsp. tibetica, 96
Pedicularis albertii, 96
Pedicularis aloensis, 96
Pedicularis alopecuros, 96
Pedicularis alopecuros var. alopecuros, 96
Pedicularis alopecuros var. lasiandra, 96
Pedicularis altaica, 96
Pedicularis altifrontalis, 96
Pedicularis amplituba, 97
Pedicularis anas, 97
Pedicularis anas var. anas, 97
Pedicularis anas var. tibetica, 97
Pedicularis anas var. xanthantha, 97
Pedicularis angularis, 97
Pedicularis angustilabris, 97
Pedicularis angustiloba, 97
Pedicularis anomala, 97
Pedicularis anthemifolia, 97
Pedicularis anthemifolia subsp. anthemifolia, 97
Pedicularis anthemifolia subsp. elatior, 97
Pedicularis aquilina, 97
Pedicularis armata, 97
Pedicularis armata var. armata, 97
Pedicularis armata var. trimaculata, 97
Pedicularis artselaeri, 97
Pedicularis artselaeri var. artselaeri, 97
Pedicularis artselaeri var. wutaiensis, 97
Pedicularis aschistorrhyncha, 97
Pedicularis atroviridis, 97
Pedicularis atuntsiensis, 98
Pedicularis aurata, 98
Pedicularis axillaris, 98
Pedicularis axillaris subsp. axillaris, 98
Pedicularis axillaris subsp. balfouriana, 98
Pedicularis batangensis, 98
Pedicularis bella subsp. bella, 98
Pedicularis bella subsp. holophylla, 98
Pedicularis bella, 98
Pedicularis bicolor, 98
Pedicularis bidentata, 98
Pedicularis bietii, 98
Pedicularis binaria, 98
Pedicularis bomiensis, 98
Pedicularis brachycrania, 98
Pedicularis breviflora, 98
Pedicularis brevilabris, 98
Pedicularis cephalantha, 98
Pedicularis cephalantha var. cephalantha, 98
Pedicularis cephalantha var. szetchuanica, 98
Pedicularis cernua, 99
Pedicularis cernua subsp. cernua, 99
Pedicularis cernua subsp. latifolia, 99
Pedicularis cheilanthifolia, 99
Pedicularis cheilanthifolia subsp. cheilanthifolia, 99
Pedicularis cheilanthifolia subsp. svenhedinii, 99
Pedicularis cheilanthifolia var. cheilanthifolia, 99
Pedicularis cheilanthifolia var. isochila, 99
Pedicularis chengxianensis, 99
Pedicularis chenocephala, 99
Pedicularis chinensis, 99
Pedicularis chingii, 99
Pedicularis cholashanensis, 99
Pedicularis chorgossica, 99

Pedicularis chumbica, 99
Pedicularis cinerascens, 99
Pedicularis clarkei, 99
Pedicularis columbigera, 99
Pedicularis comptoniaefolia, 99
Pedicularis confertiflora, 99
Pedicularis confertiflora subsp. confertiflora, 99
Pedicularis confertiflora subsp. parvifolia, 99
Pedicularis confluens, 100
Pedicularis conifera, 100
Pedicularis connata, 100
Pedicularis corydaloides, 100
Pedicularis corymbifera, 100
Pedicularis cranolopha, 100
Pedicularis cranolopha var. cranolopha, 100
Pedicularis cranolopha var. garnieri, 100
Pedicularis cranolopha var. longicornuta, 100
Pedicularis craspedotricha, 100
Pedicularis crenata, 100
Pedicularis crenata subsp. crenata, 100
Pedicularis crenata subsp. crenatiformis, 100
Pedicularis crenularis, 100
Pedicularis cristatella, 100
Pedicularis croizatiana, 100
Pedicularis cryptantha, 100
Pedicularis cryptantha subsp. cryptantha, 100
Pedicularis cryptantha subsp. erecta, 100
Pedicularis curvituba, 100
Pedicularis curvituba subsp. curvituba, 101
Pedicularis curvituba subsp. provotii, 101
Pedicularis cyathophylla, 101
Pedicularis cyathophylloides, 101
Pedicularis cyclorhyncha, 101
Pedicularis cymbalaria, 101
Pedicularis daltonii, 101
Pedicularis daochengensis, 101
Pedicularis dasystachys, 101
Pedicularis daucifolia, 101
Pedicularis davidii, 101
Pedicularis davidii var. davidii, 101
Pedicularis davidii var. pentodon, 101
Pedicularis davidii var. platyodon, 101
Pedicularis debilis, 101

Pedicularis debilis subsp. debilior, 101
Pedicularis debilis subsp. debilis, 101
Pedicularis decora, 101
Pedicularis decorissima, 101
Pedicularis deltoidea, 101
Pedicularis densispica, 101
Pedicularis densispica subsp. densispica, 102
Pedicularis densispica subsp. schneideri, 102
Pedicularis densispica subsp. viridescens, 102
Pedicularis dichotoma, 102
Pedicularis dichrocephala, 102
Pedicularis diffusa, 102
Pedicularis diffusa subsp. diffusa, 102
Pedicularis diffusa subsp. elatior, 102
Pedicularis dissecta, 102
Pedicularis dissectifolia, 102
Pedicularis dolichantha, 102
Pedicularis dolichocymba, 102
Pedicularis dolichoglossa, 102
Pedicularis dolichorrhiza, 102
Pedicularis dolichostachya, 102
Pedicularis duclouxii, 102
Pedicularis dulongensis, 102
Pedicularis dunniana, 102
Pedicularis elata, 102
Pedicularis elliotii, 103
Pedicularis elsholtzioides, 103
Pedicularis elwesii, 103
Pedicularis elwesii subsp. elwesii, 103
Pedicularis elwesii subsp. major, 103
Pedicularis elwesii subsp. minor, 103
Pedicularis excelsa, 103
Pedicularis fargesii, 103
Pedicularis fastigiata, 103
Pedicularis fengii, 103
Pedicularis fetisowii, 103
Pedicularis filicifolia, 103
Pedicularis filicula, 103
Pedicularis filicula var. filicula, 103
Pedicularis filicula var. saganaica, 103
Pedicularis filiculiformis, 103
Pedicularis flaccida, 103
Pedicularis flava, 103
Pedicularis fletcheri, 103
Pedicularis flexuosa, 103
Pedicularis floribunda, 103
Pedicularis forrestiana, 103
Pedicularis forrestiana subsp. flabellifera, 104
Pedicularis forrestiana subsp. forrestiana, 104

Pedicularis fragarioides, 104
Pedicularis franchetiana, 104
Pedicularis furfuracea, 104
Pedicularis gagnepainiana, 104
Pedicularis galeata, 104
Pedicularis ganpinensis, 104
Pedicularis garckeana, 104
Pedicularis geosiphon, 104
Pedicularis giraldiana, 104
Pedicularis glabrescens, 104
Pedicularis globifera, 104
Pedicularis gongshanensis, 104
Pedicularis gracilicaulis, 104
Pedicularis gracilis, 104
Pedicularis gracilis subsp. gracilis, 104
Pedicularis gracilis subsp. macrocarpa, 104
Pedicularis gracilis subsp. sinensis, 104
Pedicularis gracilis subsp. stricta, 104
Pedicularis gracilituba, 105
Pedicularis gracilituba subsp. gracilituba, 105
Pedicularis gracilituba subsp. setosa, 105
Pedicularis grandiflora, 105
Pedicularis gruina, 105
Pedicularis gruina subsp. gruina, 105
Pedicularis gruina subsp. pilosa, 105
Pedicularis gruina subsp. polyphylla, 105
Pedicularis gyirongensis, 105
Pedicularis gyrorhyncha, 105
Pedicularis habachanensis, 105
Pedicularis habachanensis subsp. habachanensis, 105
Pedicularis habachanensis subsp. multipinnata, 105
Pedicularis hemsleyana, 105
Pedicularis henryi, 105
Pedicularis hirtella, 105
Pedicularis holocalyx, 105
Pedicularis honanensis, 105
Pedicularis humilis, 105
Pedicularis hypophylla, 106
Pedicularis ikomai, 106
Pedicularis inaequilobata, 106
Pedicularis infirma, 106
Pedicularis inflexirostris, 106
Pedicularis ingens, 106
Pedicularis insignis, 106
Pedicularis integrifolia, 106
Pedicularis integrifolia subsp.

integerrima, 106
Pedicularis integrifolia subsp. integrifolia, 106
Pedicularis kangtingensis, 106
Pedicularis kansuensis, 106
Pedicularis kansuensis subsp. kansuensis, 106
Pedicularis kansuensis subsp. kokonorica, 106
Pedicularis kansuensis subsp. villosa, 106
Pedicularis kansuensis subsp. yargongensis, 106
Pedicularis kariensis, 106
Pedicularis kawaguchii, 106
Pedicularis kialensis, 106
Pedicularis kiangsiensis, 107
Pedicularis kongboensis, 107
Pedicularis kongboensis var. kongboensis, 107
Pedicularis kongboensis var. obtusata, 107
Pedicularis koueytchensis, 107
Pedicularis kuruchuensis, 107
Pedicularis labordei, 107
Pedicularis lachnoglossa, 107
Pedicularis lamioides, 107
Pedicularis lanpingensis, 107
Pedicularis lasiophrys, 107
Pedicularis lasiophrys var. lasiophrys, 107
Pedicularis lasiophrys var. sinica, 107
Pedicularis latibracteata, 107
Pedicularis latirostris, 107
Pedicularis latituba, 107
Pedicularis laxiflora, 107
Pedicularis laxispica, 107
Pedicularis lecomtei, 107
Pedicularis legendrei, 107
Pedicularis leptosiphon, 107
Pedicularis lhasana, 107
Pedicularis liguliflora, 108
Pedicularis likiangensis, 108
Pedicularis likiangensis subsp. likiangensis, 108
Pedicularis likiangensis subsp. pulchra, 108
Pedicularis limprichtiana, 108
Pedicularis lineata, 108
Pedicularis lingelsheimiana, 108
Pedicularis lobatorostrata, 108
Pedicularis longicalyx, 108
Pedicularis longicaulis, 108
Pedicularis longiflora, 108
Pedicularis longiflora var. hongyuanensis, 108
Pedicularis longiflora var. longiflora, 108
Pedicularis longiflora var. tubiformis, 108
Pedicularis longiflora var. yingshanensis, 108
Pedicularis longipes, 108
Pedicularis longipetiolata, 108
Pedicularis longistipitata, 108
Pedicularis lophotricha, 108
Pedicularis ludwigii, 108
Pedicularis lunglingensis, 109
Pedicularis lutescens, 109
Pedicularis lutescens subsp. brevifolia, 109
Pedicularis lutescens subsp. longipetiolata, 109
Pedicularis lutescens subsp. lutescens, 109
Pedicularis lutescens subsp. ramosa, 109
Pedicularis lutescens subsp. tongtchuanensis, 109
Pedicularis lyrata, 109
Pedicularis macilenta, 109
Pedicularis macrorhyncha, 109
Pedicularis macrosiphon, 109
Pedicularis mairei, 109
Pedicularis mandshurica, 109
Pedicularis mariae, 109
Pedicularis maximowiczii, 109
Pedicularis maxonii, 109
Pedicularis mayana, 109
Pedicularis megalantha, 109
Pedicularis megalochila, 110
Pedicularis megalochila var. ligulata, 110
Pedicularis megalochila var. megalochila, 110
Pedicularis melampyriflora, 110
Pedicularis membranacea, 110
Pedicularis merrilliana, 110
Pedicularis metaszetschuanica, 110
Pedicularis meteororhyncha, 110
Pedicularis micrantha, 110
Pedicularis microcalyx, 110
Pedicularis microchila, 110
Pedicularis minima, 110
Pedicularis minutilabris, 110
Pedicularis mollis, 110
Pedicularis monbeigiana, 110
Pedicularis moupinensis, 110
Pedicularis muscicola, 110
Pedicularis muscoides, 110
Pedicularis muscoides var. muscoides, 110
Pedicularis muscoides var. rosea, 110
Pedicularis mussotii, 110
Pedicularis mussotii var. lophocentra, 110
Pedicularis mussotii var. mussotii, 110
Pedicularis mussotii var. mutata, 111
Pedicularis mustanghatana, 111
Pedicularis mychophila, 111
Pedicularis myriophylla, 111
Pedicularis myriophylla var. myriophylla, 111
Pedicularis myriophylla var. purpurea, 111
Pedicularis nanchuanensis, 111
Pedicularis nasturtiifolia, 111
Pedicularis neolatituba, 111
Pedicularis nigra, 111
Pedicularis ningjungensis, 111
Pedicularis nyalamensis, 111
Pedicularis nyingchiensis, 111
Pedicularis obscura, 111
Pedicularis odontochila, 111
Pedicularis odontocorys, 111
Pedicularis odontophora, 111
Pedicularis oederi, 111
Pedicularis oederi subsp. branchyophylla, 111
Pedicularis oederi subsp. multipinna, 112
Pedicularis oederi subsp. oederi, 111
Pedicularis oederi var. angustiflora, 112
Pedicularis oederi var. heteroglossa, 112
Pedicularis oederi var. oederi, 112
Pedicularis oederi var. sinensis, 112
Pedicularis oligantha, 112
Pedicularis oliveriana, 112
Pedicularis omiiana, 112
Pedicularis omiiana subsp. diffusa, 112
Pedicularis omiiana subsp. omiiana, 112
Pedicularis orthocoryne, 112
Pedicularis oxycarpa, 112
Pedicularis paiana, 112
Pedicularis palustris, 112
Pedicularis palustris subsp. karoi, 112
Pedicularis palustris subsp. palustris,

Pedicularis pantlingii, 112
Pedicularis pantlingii subsp. brachycarpa, 112
Pedicularis pantlingii subsp. chimiliensis, 113
Pedicularis pantlingii subsp. pantlingii, 112
Pedicularis paxiana, 113
Pedicularis pectinatiformis, 113
Pedicularis pentagona, 113
Pedicularis petelotii, 113
Pedicularis petitmenginii, 113
Pedicularis phaceliifolia, 113
Pedicularis pheulpinii, 113
Pedicularis pheulpinii subsp. chilienensis, 113
Pedicularis pheulpinii subsp. pheulpinii, 113
Pedicularis physocalyx, 113
Pedicularis pilostachya, 113
Pedicularis pinetorum, 113
Pedicularis plicata, 113
Pedicularis plicata subsp. luteola, 113
Pedicularis plicata subsp. plicata, 113
Pedicularis plicata var. apiculata, 113
Pedicularis polygaloides, 113
Pedicularis polyodonta, 113
Pedicularis potaninii, 114
Pedicularis praeruptorum, 114
Pedicularis prainiana, 114
Pedicularis princeps, 114
Pedicularis proboscidea, 114
Pedicularis przewalskii, 114
Pedicularis przewalskii subsp. australis, 114
Pedicularis przewalskii subsp. hirsuta, 114
Pedicularis przewalskii subsp. microphyton, 114
Pedicularis przewalskii subsp. przewalskii, 114
Pedicularis przewalskii var. cristata, 114
Pedicularis przewalskii var. przewalskii, 114
Pedicularis przewalskii var. purpurea, 114
Pedicularis pseudocephalantha, 114
Pedicularis pseudocurvituba, 114
Pedicularis pseudoingens, 114
Pedicularis pseudomelampyriflora, 114
Pedicularis pseudomuscicola, 114
Pedicularis pseudosteiningeri, 114
Pedicularis pseudoversicolor, 115
Pedicularis pteridifolia, 115
Pedicularis pygmaea, 115
Pedicularis pygmaea subsp. deqinensis, 115
Pedicularis pygmaea subsp. pygmaea, 115
Pedicularis qinghaiensis, 115
Pedicularis quxiangensis, 115
Pedicularis ramosissima, 115
Pedicularis recurva, 115
Pedicularis remotiloba, 115
Pedicularis reptans, 115
Pedicularis resupinata, 115
Pedicularis resupinata subsp. crassicaulis, 115
Pedicularis resupinata subsp. galeobdolon, 115
Pedicularis resupinata subsp. lasiophylla, 115
Pedicularis resupinata subsp. resupinata, 115
Pedicularis retingensis, 115
Pedicularis rex, 115
Pedicularis rex subsp. lipskyana, 116
Pedicularis rex subsp. parva, 116
Pedicularis rex subsp. pseudocyathus, 116
Pedicularis rex subsp. rex, 115
Pedicularis rex subsp. zayuensis, 116
Pedicularis rex var. rex, 116
Pedicularis rex var. rockii, 116
Pedicularis rhinanthoides, 116
Pedicularis rhinanthoides subsp. labellata, 116
Pedicularis rhinanthoides subsp. rhinanthoides, 116
Pedicularis rhinanthoides subsp. tibetica, 116
Pedicularis rhizomatosa, 116
Pedicularis rhodotricha, 116
Pedicularis rhynchodonta, 116
Pedicularis rhynchotricha, 116
Pedicularis rigida, 116
Pedicularis rigidescens, 116
Pedicularis rigidiformis, 116
Pedicularis rizhaoensis, 117
Pedicularis roborowskii, 117
Pedicularis robusta, 117
Pedicularis rotundifolia, 117
Pedicularis roylei, 117
Pedicularis roylei subsp. megalantha, 117
Pedicularis roylei subsp. roylei, 117
Pedicularis roylei subsp. shawii, 117
Pedicularis roylei var. brevigaleata, 117
Pedicularis roylei var. roylei, 117
Pedicularis rubens, 117
Pedicularis rudis, 117
Pedicularis ruoergaiensis, 117
Pedicularis rupicola, 117
Pedicularis rupicola subsp. rupicola, 117
Pedicularis rupicola subsp. zambalensis, 117
Pedicularis salicifolia, 117
Pedicularis salviiflora, 117
Pedicularis salviiflora var. leiocarpa, 117
Pedicularis salviiflora var. salviiflora, 117
Pedicularis sceptrum-carolinum subsp. pubescens, 118
Pedicularis sceptrum-carolinum subsp. sceptrum-carolinum, 117
Pedicularis sceptrum-carolinum, 117
Pedicularis schizorrhyncha, 118
Pedicularis scolopax, 118
Pedicularis semenowii, 118
Pedicularis semitorta, 118
Pedicularis shansiensis, 118
Pedicularis sherriffii, 118
Pedicularis sigmoidea, 118
Pedicularis sima, 118
Pedicularis siphonantha, 118
Pedicularis siphonantha var. delavayi, 118
Pedicularis siphonantha var. siphonantha, 118
Pedicularis siphonantha var. stictochila, 118
Pedicularis smithiana, 118
Pedicularis songarica, 118
Pedicularis sorbifolia, 118
Pedicularis souliei, 118
Pedicularis sparsiflora, 118
Pedicularis sphaerantha, 119
Pedicularis spicata, 119
Pedicularis spicata subsp. bracteata, 119
Pedicularis spicata subsp. spicata, 119
Pedicularis spicata subsp. stenocarpa, 119
Pedicularis stadlmanniana, 119
Pedicularis steiningeri, 119

Pedicularis stenocorys, 119
Pedicularis stenocorys subsp. melanotricha, 119
Pedicularis stenocorys subsp. stenocorys, 119
Pedicularis stenocorys var. angustissima, 119
Pedicularis stenotheca, 119
Pedicularis stewardii, 119
Pedicularis streptorhyncha, 119
Pedicularis striata, 119
Pedicularis striata subsp. arachnoidea, 119
Pedicularis striata subsp. striata, 119
Pedicularis strobilacea, 119
Pedicularis stylosa, 119
Pedicularis subulatidens, 119
Pedicularis sunkosiana, 120
Pedicularis superba, 120
Pedicularis szetschuanica, 120
Pedicularis szetschuanica subsp. anastomosans, 120
Pedicularis szetschuanica subsp. latifolia, 120
Pedicularis szetschuanica subsp. szetschuanica, 120
Pedicularis tachanensis, 120
Pedicularis tahaiensis, 120
Pedicularis takpoensis, 120
Pedicularis taliensis, 120
Pedicularis tantalorhyncha, 120
Pedicularis tapaoensis, 120
Pedicularis tatarinowii, 120
Pedicularis tatsienensis, 120
Pedicularis tayloriana, 120
Pedicularis tenacifolia, 120
Pedicularis tenera, 120
Pedicularis tenuicaulis, 120
Pedicularis tenuisecta, 120
Pedicularis tenuituba, 120
Pedicularis ternata, 120
Pedicularis thamnophila, 121
Pedicularis thamnophila subsp. cupuliformis, 121
Pedicularis thamnophila subsp. thamnophila, 121
Pedicularis tibetica, 121
Pedicularis tomentosa, 121
Pedicularis tongolensis, 121
Pedicularis torta, 121
Pedicularis transmorrisonensis, 121
Pedicularis triangularidens, 121
Pedicularis triangularidens subsp. chrysosplenioides, 121
Pedicularis triangularidens subsp. triangularidens, 121
Pedicularis triangularidens var. angustiloba, 121
Pedicularis triangularidens var. triangularidens, 121
Pedicularis trichocymba, 121
Pedicularis trichoglossa, 121
Pedicularis trichomata, 121
Pedicularis tricolor, 121
Pedicularis tricolor var. aequiretusa, 121
Pedicularis tricolor var. tricolor, 121
Pedicularis tristis, 121
Pedicularis tsaii, 121
Pedicularis tsangchanensis, 122
Pedicularis tsarungensis, 122
Pedicularis tsekouensis, 122
Pedicularis tsiangii, 122
Pedicularis uliginosa, 122
Pedicularis umbelliformis, 122
Pedicularis urceolata, 122
Pedicularis vagans, 122
Pedicularis variegata, 122
Pedicularis venusta, 122
Pedicularis verbenifolia, 122
Pedicularis veronicifolia, 122
Pedicularis verticillata, 122
Pedicularis verticillata subsp. latisecta, 122
Pedicularis verticillata subsp. tangutica, 122
Pedicularis verticillata subsp. verticillata, 122
Pedicularis vialii, 122
Pedicularis violascens, 122
Pedicularis wallichii, 122
Pedicularis wanghongiae, 123
Pedicularis wardii, 123
Pedicularis weixiensis, 123
Pedicularis wilsonii, 123
Pedicularis xiqingshanensis, 123
Pedicularis yanyuanensis, 123
Pedicularis yaoshanensis, 123
Pedicularis yui, 123
Pedicularis yui var. ciliata, 123
Pedicularis yui var. yui, 123
Pedicularis yunnanensis, 123
Pedicularis zayuensis, 123
Pedicularis zhongdianensis, 123
Perilla, 51
Perilla frutescens, 51
Perilla frutescens var. crispa, 51
Perilla frutescens var. frutescens, 51
Perilla frutescens var. purpurascens, 51
Peristrophe, 136
Peristrophe bivalvis, 136
Peristrophe fera, 136
Peristrophe floribunda, 136
Peristrophe japonica, 137
Peristrophe lanceolaria, 137
Peristrophe montana, 137
Peristrophe paniculata, 137
Peristrophe strigosa, 137
Peristrophe tianmuensis, 137
Peristrophe yunnanensis, 137
Perovskia, 51
Perovskia abrotanoides, 51
Perovskia atriplicifolia, 51
Petitmenginia, 123
Petitmenginia comosa, 123
Petitmenginia matsumurae, 123
Petroselinum, 224
Petroselinum crispum, 224
Peucedanum, 225
Peucedanum acaule, 225
Peucedanum ampliatum, 225
Peucedanum angelicoides, 225
Peucedanum baicalense, 225
Peucedanum caespitosum, 225
Peucedanum chinense, 225
Peucedanum delavayi, 225
Peucedanum dielsianum, 225
Peucedanum dissolutum, 225
Peucedanum elegans, 225
Peucedanum falcaria, 225
Peucedanum formosanum, 225
Peucedanum franchetii, 225
Peucedanum guangxiense, 225
Peucedanum harry-smithii, 225
Peucedanum harry-smithii var. grande, 225
Peucedanum harry-smithii var. harry-smithii, 225
Peucedanum harry-smithii var. subglabrum, 226
Peucedanum henryi, 226
Peucedanum japonicum, 226
Peucedanum ledebourielloides, 226
Peucedanum lhasense, 226
Peucedanum longshengense, 226
Peucedanum macilentum, 226
Peucedanum mashanense, 226
Peucedanum medicum, 226
Peucedanum medicum var. gracile, 226

Peucedanum medicum var. medicum, 226
Peucedanum morisonii, 226
Peucedanum nanum, 226
Peucedanum piliferum, 226
Peucedanum praeruptorum, 226
Peucedanum pricei, 226
Peucedanum pubescens, 226
Peucedanum rubricaule, 226
Peucedanum songpanense, 226
Peucedanum stepposum, 227
Peucedanum terebinthaceum, 227
Peucedanum terebinthaceum var. deltoideum, 227
Peucedanum terebinthaceum var. terebinthaceum, 227
Peucedanum torilifolium, 227
Peucedanum turgeniifolium, 227
Peucedanum veitchii, 227
Peucedanum violaceum, 227
Peucedanum wawrae, 227
Peucedanum wulongense, 227
Peucedanum yunnanense, 227
Phacellanthus, 123
Phacellanthus tubiflorus, 123
Phaulopsis, 137
Phaulopsis dorsiflora, 137
Phlogacanthus, 137
Phlogacanthus curviflorus, 137
Phlogacanthus pubinervius, 137
Phlojodicarpus, 227
Phlojodicarpus sibiricus, 227
Phlojodicarpus villosus, 227
Phlomis, 52
Phlomis fruticosa, 52
Phlomoides, 52
Phlomoides agraria, 52
Phlomoides alpina, 52
Phlomoides ambigua, 52
Phlomoides atropurpurea, 52
Phlomoides betonicoides, 52
Phlomoides chinghoensis, 52
Phlomoides congesta, 52
Phlomoides cuneata, 52
Phlomoides dentosa, 52
Phlomoides dentosa var. dentosa, 52
Phlomoides dentosa var. glabrescens, 52
Phlomoides desertorum, 52
Phlomoides fimbriata, 52
Phlomoides forrestii, 52
Phlomoides franchetiana, 52
Phlomoides fulgens, 53
Phlomoides hamosa, 53
Phlomoides inaequalisepala, 53
Phlomoides jeholensis, 53
Phlomoides kansuensis, 53
Phlomoides koraiensis, 53
Phlomoides likiangensis, 53
Phlomoides longiaristata, 53
Phlomoides longicalyx, 53
Phlomoides maximowiczii, 53
Phlomoides medicinalis, 53
Phlomoides megalantha, 53
Phlomoides melanantha, 53
Phlomoides milingensis, 53
Phlomoides molucelloides, 53
Phlomoides mongolica, 54
Phlomoides mongolica var. macrocephala, 54
Phlomoides mongolica var. mongolica, 54
Phlomoides muliensis, 54
Phlomoides multifurcata, 54
Phlomoides oreophila, 54
Phlomoides oreophila var. evillosa, 54
Phlomoides oreophila var. oreophila, 54
Phlomoides ornata, 54
Phlomoides paohsingensis, 54
Phlomoides pararotata, 54
Phlomoides pedunculata, 54
Phlomoides pratensis, 54
Phlomoides pygmaea, 54
Phlomoides rotata, 54
Phlomoides ruptilis, 55
Phlomoides setifera, 55
Phlomoides speciosa, 55
Phlomoides strigosa, 55
Phlomoides szechuanensis, 55
Phlomoides tatsienensis, 55
Phlomoides tatsienensis var. hirticalyx, 55
Phlomoides tatsienensis var. tatsienensis, 55
Phlomoides tibetica, 55
Phlomoides tibetica var. tibetica, 55
Phlomoides tibetica var. wardii, 55
Phlomoides tuberosa, 55
Phlomoides umbrosa, 55
Phlomoides umbrosa var. australis, 55
Phlomoides umbrosa var. latibracteata, 55
Phlomoides umbrosa var. ovalifolia, 56
Phlomoides umbrosa var. stenocalyx, 56
Phlomoides umbrosa var. umbrosa, 55
Phlomoides uniceps, 56
Phlomoides younghushandii, 56
Phryma, 88
Phryma leptostachya, 88
PHRYMACEAE, 85
Phtheirospermum, 123
Phtheirospermum japonicum, 123
Phtheirospermum muliense, 123
Phtheirospermum parishii, 124
Phtheirospermum tenuisectum, 124
Phyla, 154
Phyla nodiflora, 154
Physospermopsis, 227
Physospermopsis alepidioides, 227
Physospermopsis cuneata, 227
Physospermopsis delavayi, 228
Physospermopsis kingdon-wardii, 228
Physospermopsis muliensis, 228
Physospermopsis obtusiuscula, 228
Physospermopsis rubrinervis, 228
Physospermopsis shaniana, 228
Pimpinella, 228
Pimpinella acuminata, 228
Pimpinella anisum, 228
Pimpinella arguta, 228
Pimpinella atropurpurea, 228
Pimpinella bialata, 231
Pimpinella bisinuata, 228
Pimpinella brachycarpa, 228
Pimpinella brachystyla, 228
Pimpinella calycina, 229
Pimpinella candolleana, 229
Pimpinella caudata, 229
Pimpinella chungdienensis, 229
Pimpinella cnidioides, 229
Pimpinella coriacea, 229
Pimpinella crispulifolia, 231
Pimpinella decursiva, 231
Pimpinella diversifolia, 229
Pimpinella diversifolia var. angustipetala, 229
Pimpinella diversifolia var. diversifolia, 229
Pimpinella diversifolia var. stolonifera, 229
Pimpinella fargesii, 229
Pimpinella filipedicellata, 229
Pimpinella flaccida, 229
Pimpinella grisea, 229
Pimpinella helosciadoidea, 229
Pimpinella henryi, 229
Pimpinella kingdon-wardii, 230
Pimpinella komarovii, 230

Pimpinella koreana, 230
Pimpinella liana, 230
Pimpinella limprichtii, 231
Pimpinella niitakayamensis, 230
Pimpinella nyingchiensis, 230
Pimpinella pimpinellisimulacrum, 230
Pimpinella puberula, 230
Pimpinella purpurea, 230
Pimpinella refracta, 230
Pimpinella renifolia, 230
Pimpinella rhomboidea, 230
Pimpinella rhomboidea var. rhomboidea, 230
Pimpinella rhomboidea var. tenuiloba, 230
Pimpinella rockii, 230
Pimpinella rubescens, 230
Pimpinella serra, 230
Pimpinella silvatica, 231
Pimpinella smithii, 231
Pimpinella tagawae, 231
Pimpinella thellungiana, 231
Pimpinella tibetanica, 231
Pimpinella tonkinensis, 231
Pimpinella triternata, 231
Pimpinella urbaniana, 231
Pimpinella valleculosa, 231
Pimpinella xizangensis, 231
Pimpinella yunnanensis, 231
Pinguicula, 125
Pinguicula alpina, 125
Pinguicula villosa, 125
PITTOSPORACEAE, 172
Pittosporum, 172
Pittosporum angustilimbum, 172
Pittosporum balansae, 172
Pittosporum balansae var. angustifolium, 172
Pittosporum balansae var. balansae, 172
Pittosporum balansae var. chatterjeeanum, 172
Pittosporum brevicalyx, 172
Pittosporum crispulum, 172
Pittosporum daphniphylloides, 172
Pittosporum daphniphylloides var. adaphniphylloides, 172
Pittosporum daphniphylloides var. daphniphylloides, 172
Pittosporum elevaticostatum, 172
Pittosporum fulvipilosum, 172
Pittosporum glabratum, 173
Pittosporum glabratum var. glabratum, 173
Pittosporum glabratum var. neriifolium, 173
Pittosporum glabratum var. wenxianense, 173
Pittosporum henryi, 173
Pittosporum heterophyllum, 173
Pittosporum heterophyllum var. heterophyllum, 173
Pittosporum heterophyllum var. ledoides, 173
Pittosporum heterophyllum var. sessile, 173
Pittosporum illicioides, 173
Pittosporum johnstonianum, 173
Pittosporum johnstonianum var. glomerulatum, 173
Pittosporum johnstonianum var. johnstonianum, 173
Pittosporum kerrii, 173
Pittosporum kunmingense, 173
Pittosporum kwangsiense, 173
Pittosporum kweichowense, 173
Pittosporum kweichowense var. buxifolium, 174
Pittosporum kweichowense var. kweichowense, 173
Pittosporum kweichowense var. podocarpifolium, 174
Pittosporum lenticellatum, 174
Pittosporum leptosepalum, 174
Pittosporum merrillianum, 174
Pittosporum napaulense, 174
Pittosporum oligophlebium, 174
Pittosporum omeiense, 174
Pittosporum paniculiferum, 174
Pittosporum parvicapsulare, 174
Pittosporum parvilimbum, 174
Pittosporum pauciflorum, 174
Pittosporum pauciflorum var. oblongum, 174
Pittosporum pauciflorum var. pauciflorum, 174
Pittosporum pentandrum var. formosanum, 174
Pittosporum perglabratum, 174
Pittosporum perryanum, 174
Pittosporum perryanum var. linearifolium, 175
Pittosporum perryanum var. perryanum, 175
Pittosporum planilobum, 175
Pittosporum podocarpum, 175
Pittosporum podocarpum var. angustatum, 175
Pittosporum podocarpum var. hejiangense, 175
Pittosporum podocarpum var. molle, 175
Pittosporum podocarpum var. podocarpum, 175
Pittosporum pulchrum, 175
Pittosporum qinlingense, 175
Pittosporum reflexisepalum, 175
Pittosporum rehderianum, 175
Pittosporum rehderianum var. rehderianum, 175
Pittosporum rehderianum var. ternstroemioides, 175
Pittosporum saxicola, 175
Pittosporum subulisepalum, 175
Pittosporum tenuivalvatum, 175
Pittosporum tobira, 175
Pittosporum tobira var. calvescens, 176
Pittosporum tobira var. tobira, 175
Pittosporum tonkinense, 176
Pittosporum trigonocarpum, 176
Pittosporum truncatum, 176
Pittosporum tubiflorum, 176
Pittosporum undulatifolium, 176
Pittosporum viburnifolium, 176
Pittosporum xylocarpum, 176
Pleurospermopsis, 231
Pleurospermopsis sikkimensis, 231
Pleurospermum, 231
Pleurospermum albimarginatum, 235
Pleurospermum album, 231
Pleurospermum amabile, 231
Pleurospermum angelicoides, 231
Pleurospermum anomalum, 232
Pleurospermum apiolens, 232
Pleurospermum aromaticum, 232
Pleurospermum astrantioideum, 232
Pleurospermum benthamii, 232
Pleurospermum bicolor, 232
Pleurospermum calcareum, 232
Pleurospermum cristatum, 232
Pleurospermum decurrens, 232
Pleurospermum foetens, 232
Pleurospermum franchianum, 232
Pleurospermum giraldii, 232
Pleurospermum gonocaulum, 232
Pleurospermum grandifolium, 235
Pleurospermum handelii, 233
Pleurospermum hedinii, 233
Pleurospermum heracleifolium, 233
Pleurospermum heterosciadium, 233

Pleurospermum hookeri, 233
Pleurospermum hookeri var. hookeri, 233
Pleurospermum hookeri var. thomsonii, 233
Pleurospermum lindleyanum, 233
Pleurospermum linearilobum, 233
Pleurospermum longicarpum, 233
Pleurospermum macrochlaenum, 233
Pleurospermum microphyllum, 235
Pleurospermum microsciadium, 235
Pleurospermum nanum, 233
Pleurospermum nubigenum, 233
Pleurospermum pilosum, 233
Pleurospermum pulszkyi, 234
Pleurospermum rivulorum, 234
Pleurospermum roseum, 234
Pleurospermum rotundatum, 234
Pleurospermum rupestre, 234
Pleurospermum simplex, 234
Pleurospermum souliei, 235
Pleurospermum stellatum, 234
Pleurospermum stylosum, 234
Pleurospermum szechenyii, 234
Pleurospermum tripartitum, 234
Pleurospermum tsekuense, 234
Pleurospermum uralense, 234
Pleurospermum wilsonii, 234
Pleurospermum wrightianum, 235
Pleurospermum yunnanense, 235
Pogostemon, 56
Pogostemon amaranthoides, 56
Pogostemon auricularius, 56
Pogostemon barbatus, 56
Pogostemon brachystachyus, 56
Pogostemon cablin, 56
Pogostemon chinensis, 56
Pogostemon cruciatus, 56
Pogostemon dielsianus, 56
Pogostemon elsholtzioides, 56
Pogostemon falcatus, 56
Pogostemon fauriei, 56
Pogostemon formosanus, 57
Pogostemon fraternus, 57
Pogostemon glaber, 57
Pogostemon glaber var. glaber, 57
Pogostemon glaber var. tsingpingensis, 57
Pogostemon henanensis, 57
Pogostemon hispidocalyx, 57
Pogostemon latifolius, 57
Pogostemon linearis, 57
Pogostemon parviflorus, 57

Pogostemon pentagonus, 57
Pogostemon quadrifolius, 57
Pogostemon sampsonii, 57
Pogostemon septentrionalis, 57
Pogostemon stellatus, 57
Pogostemon szemaoensis, 58
Pogostemon xanthiifolius, 58
Pogostemon yatabeanus, 58
Polyscias, 189
Polyscias cumingiana, 189
Polyscias fruticosa, 189
Polyscias guilfoylei, 189
Polyscias nodosa, 189
Polyscias scutellaria, 189
Prangos, 235
Prangos cachroides, 235
Prangos didyma, 235
Prangos herderi, 235
Prangos ledebourii, 235
Premna, 58
Premna acutata, 58
Premna bracteata, 58
Premna cavaleriei, 58
Premna chevalieri, 58
Premna confinis, 58
Premna flavescens, 58
Premna fohaiensis, 58
Premna fordii, 58
Premna fordii var. fordii, 58
Premna fordii var. glabra, 58
Premna fulva, 58
Premna glandulosa, 58
Premna hainanensis, 58
Premna henryana, 59
Premna herbacea, 59
Premna interrupta, 59
Premna ligustroides, 59
Premna mekongensis, 59
Premna mekongensis var. meiophylla, 59
Premna mekongensis var. mekongensis, 59
Premna menglaensis, 59
Premna microphylla, 59
Premna mollissima, 59
Premna octonervia, 59
Premna odorata, 59
Premna oligantha, 59
Premna paisehensis, 59
Premna parvilimba, 59
Premna puberula, 59
Premna puberula var. bodinieri, 60
Premna puberula var. puberula, 60

Premna punicea, 60
Premna rubroglandulosa, 60
Premna scandens, 60
Premna scoriarum, 60
Premna serratifolia, 60
Premna steppicola, 60
Premna subcapitata, 60
Premna sunyiensis, 60
Premna szemaoensis, 60
Premna tapintzeana, 60
Premna tenii, 60
Premna tomentosa, 60
Premna urticifolia, 60
Premna wui, 60
Premna yunnanensis, 60
Prunella, 61
Prunella asiatica, 61
Prunella grandiflora, 61
Prunella hispida, 61
Prunella vulgaris, 61
Prunella vulgaris var. lanceolata, 61
Prunella vulgaris var. vulgaris, 61
Pseuderanthemum, 137
Pseuderanthemum coudercii, 137
Pseuderanthemum crenulatum, 137
Pseuderanthemum haikangense, 137
Pseuderanthemum latifolium, 138
Pseuderanthemum polyanthum, 138
Pseuderanthemum shweliense, 138
Pseuderanthemum teysmannii, 138
Pseudobartsia, 124
Pseudobartsia glandulosa, 124
Pseudocaryopteris, 61
Pseudocaryopteris bicolor, 61
Pseudocaryopteris paniculata, 61
Pternopetalum, 235
Pternopetalum asplenioides, 238
Pternopetalum botrychioides, 235
Pternopetalum botrychioides var. botrychioides, 236
Pternopetalum botrychioides var. latipinnulatum, 236
Pternopetalum caespitosum, 236
Pternopetalum cardiocarpum, 236
Pternopetalum cartilagineum, 236
Pternopetalum davidii, 236
Pternopetalum delavayi, 236
Pternopetalum delicatulum, 236
Pternopetalum filicinum, 236
Pternopetalum gracillimum, 236
Pternopetalum heterophyllum, 236
Pternopetalum leptophyllum, 236
Pternopetalum longicaule, 236

Pternopetalum longicaule var. humile, 236
Pternopetalum longicaule var. longicaule, 236
Pternopetalum mairei, 238
Pternopetalum molle, 236
Pternopetalum molle var. dissectum, 237
Pternopetalum molle var. molle, 237
Pternopetalum nudicaule, 237
Pternopetalum rosthornii, 237
Pternopetalum sinense, 237
Pternopetalum subalpinum, 237
Pternopetalum tanakae, 237
Pternopetalum tanakae var. fulcratum, 237
Pternopetalum tanakae var. tanakae, 237
Pternopetalum trichomanifolium, 237
Pternopetalum trifoliatum, 237
Pternopetalum vulgare, 237
Pternopetalum vulgare var. acuminatum, 238
Pternopetalum vulgare var. strigosum, 238
Pternopetalum vulgare var. vulgare, 237
Pternopetalum wolffianum, 238
Pternopetalum yiliangense, 238
Pterygiella, 124
Pterygiella bartschioides, 124
Pterygiella cylindrica, 124
Pterygiella duclouxii, 124
Pterygiella nigrescens, 124
Pterygiella suffruticosa, 124
Pterygopleurum, 238
Pterygopleurum neurophyllum, 238

R

Radermachera, 153
Radermachera frondosa, 153
Radermachera glandulosa, 153
Radermachera hainanensis, 153
Radermachera microcalyx, 153
Radermachera pentandra, 153
Radermachera sinica, 153
Radermachera yunnanensis, 153
Rhinacanthus, 138
Rhinacanthus beesianus, 138
Rhinacanthus nasutus, 138
Rosmarinus, 61
Rosmarinus officinalis, 61

Rostrinucula, 61
Rostrinucula dependens, 61
Rostrinucula sinensis, 61
Rubiteucris, 61
Rubiteucris palmata, 61
Rubiteucris siccanea, 62
Ruellia, 138
Ruellia blechum, 138
Ruellia repens, 138
Ruellia tuberosa, 138
Ruellia venusta, 138
Rungia, 138
Rungia axilliflora, 138
Rungia bisaccata, 138
Rungia chinensis, 138
Rungia densiflora, 138
Rungia guangxiensis, 138
Rungia hirpex, 138
Rungia longipes, 138
Rungia mina, 138
Rungia monetaria, 139
Rungia napoensis, 139
Rungia pectinata, 139
Rungia pinpienensis, 139
Rungia pungens, 139
Rungia stolonifera, 139
Rungia taiwanensis, 139
Rungia yunnanensis, 139

S

Salvia, 62
Salvia adiantifolia, 62
Salvia adoxoides, 62
Salvia aerea, 62
Salvia alatipetiolata, 62
Salvia appendiculata, 62
Salvia atropurpurea, 62
Salvia atrorubra, 62
Salvia baimaensis, 62
Salvia bifidocalyx, 62
Salvia bowleyana, 62
Salvia bowleyana var. bowleyana, 62
Salvia bowleyana var. subbipinnata, 62
Salvia brachyloma, 62
Salvia breviconnectivata, 62
Salvia brevilabra, 62
Salvia bulleyana, 62
Salvia campanulata, 62
Salvia campanulata var. campanulata, 63
Salvia campanulata var. codonantha, 63
Salvia campanulata var. fissa, 63

Salvia campanulata var. hirtella, 63
Salvia castanea, 63
Salvia cavaleriei, 63
Salvia cavaleriei var. cavaleriei, 63
Salvia cavaleriei var. erythrophylla, 63
Salvia cavaleriei var. simplicifolia, 63
Salvia chienii, 63
Salvia chienii var. chienii, 63
Salvia chienii var. wuyuania, 63
Salvia chinensis, 63
Salvia chunganensis, 63
Salvia coccinea, 63
Salvia cyclostegia, 63
Salvia cyclostegia var. cyclostegia, 63
Salvia cyclostegia var. purpurascens, 63
Salvia cynica, 64
Salvia dabieshanensis, 64
Salvia deserta, 64
Salvia deserta var. albiflora, 64
Salvia deserta var. deserta, 64
Salvia digitaloides, 64
Salvia digitaloides var. digitaloides, 64
Salvia digitaloides var. glabrescens, 64
Salvia dolichantha, 64
Salvia evansiana, 64
Salvia evansiana var. evansiana, 64
Salvia evansiana var. scaposa, 64
Salvia filicifolia, 64
Salvia flava, 64
Salvia flava var. flava, 64
Salvia flava var. megalantha, 64
Salvia fragarioides, 64
Salvia grandifolia, 64
Salvia handelii, 64
Salvia hayatae, 64
Salvia hayatae var. hayatae, 64
Salvia hayatae var. pinnata, 65
Salvia heterochroa, 65
Salvia himmelbaurii, 65
Salvia honania, 65
Salvia hupehensis, 65
Salvia hylocharis, 65
Salvia japonica, 65
Salvia japonica var. japonica, 65
Salvia japonica var. multifoliolata, 65
Salvia kiangsiensis, 65
Salvia kiaometiensis, 65
Salvia lankongensis, 65
Salvia liguliloba, 65
Salvia mairei, 65
Salvia maximowicziana, 65
Salvia maximowicziana var. floribunda, 65

Salvia maximowicziana var. maximowicziana, 65
Salvia meiliensis, 65
Salvia mekongensis, 66
Salvia miltiorrhiza, 66
Salvia miltiorrhiza var. charbonnelii, 66
Salvia miltiorrhiza var. miltiorrhiza, 66
Salvia nanchuanensis, 66
Salvia nanchuanensis var. nanchuanensis, 66
Salvia nanchuanensis var. pteridifolia, 66
Salvia nipponica var. formosana, 66
Salvia nubicola, 66
Salvia officinalis, 66
Salvia omeiana, 66
Salvia omeiana var. grandibracteata, 66
Salvia omeiana var. omeiana, 66
Salvia paohsingensis, 66
Salvia paramiltiorrhiza, 66
Salvia pauciflora, 66
Salvia petrophila, 66
Salvia piasezkii, 66
Salvia plebeia, 66
Salvia plectranthoides, 67
Salvia pogonochila, 67
Salvia potaninii, 67
Salvia prattii, 67
Salvia prionitis, 67
Salvia przewalskii, 67
Salvia przewalskii var. alba, 67
Salvia przewalskii var. glabrescens, 67
Salvia przewalskii var. mandarinorum, 67
Salvia przewalskii var. przewalskii, 67
Salvia przewalskii var. rubrobrunnea, 67
Salvia qimenensis, 67
Salvia roborowskii, 67
Salvia scapiformis, 67
Salvia scapiformis var. carphocalyx, 67
Salvia scapiformis var. hirsuta, 67
Salvia scapiformis var. scapiformis, 67
Salvia schizocalyx, 68
Salvia schizochila, 68
Salvia sikkimensis, 68
Salvia sikkimensis var. chaenocalyx, 68
Salvia sikkimensis var. sikkimensis, 68
Salvia smithii, 68
Salvia sonchifolia, 68
Salvia splendens, 68
Salvia subpalmatinervis, 68
Salvia substolonifera, 68

Salvia tiliifolia, 68
Salvia tricuspis, 68
Salvia trijuga, 68
Salvia umbratica, 68
Salvia vasta, 68
Salvia vasta var. fimbriata, 68
Salvia vasta var. vasta, 68
Salvia verbenaca, 68
Salvia wardii, 68
Salvia yunnanensis, 68
Sanchezia, 139
Sanchezia parvibracteata, 139
Sanicula, 238
Sanicula astrantiifolia, 238
Sanicula caerulescens, 238
Sanicula chinensis, 238
Sanicula elata, 238
Sanicula elongata, 238
Sanicula giraldii, 238
Sanicula giraldii var. giraldii, 238
Sanicula giraldii var. ovicalycina, 238
Sanicula hacquetioides, 239
Sanicula lamelligera, 239
Sanicula orthacantha, 239
Sanicula orthacantha var. brevispina, 239
Sanicula orthacantha var. orthacantha, 239
Sanicula orthacantha var. stolonifera, 239
Sanicula oviformis, 239
Sanicula pengshuiensis, 239
Sanicula petagnioides, 239
Sanicula rubriflora, 239
Sanicula rugulosa, 239
Sanicula serrata, 239
Sanicula tienmuensis, 239
Sanicula tienmuensis var. pauciflora, 239
Sanicula tienmuensis var. tienmuensis, 239
Sanicula tuberculata, 239
Saposhnikovia, 239
Saposhnikovia divaricata, 239
Scaligeria, 240
Scaligeria setacea, 240
Scandix, 240
Scandix stellata, 240
Schefflera, 189
Schefflera arboricola, 189
Schefflera bodinieri, 190
Schefflera brevipedicellata, 190
Schefflera chapana, 190

Schefflera chinensis, 190
Schefflera delavayi, 190
Schefflera elata, 190
Schefflera elliptica, 190
Schefflera fengii, 190
Schefflera glabrescens, 190
Schefflera guizhouensis, 190
Schefflera hainanensis, 190
Schefflera heptaphylla, 190
Schefflera hoi, 191
Schefflera hypoleuca, 191
Schefflera hypoleucoides, 191
Schefflera insignis, 191
Schefflera khasiana, 191
Schefflera leucantha, 191
Schefflera lociana, 191
Schefflera macrophylla, 191
Schefflera marlipoensis, 191
Schefflera metcalfiana, 191
Schefflera minutistellata, 191
Schefflera multinervia, 191
Schefflera napuoensis, 191
Schefflera parvifoliolata, 192
Schefflera pauciflora, 192
Schefflera pes-avis, 192
Schefflera petelotii, 192
Schefflera pueckleri, 192
Schefflera rhododendrifolia, 192
Schefflera shweliensis, 192
Schefflera taiwaniana, 192
Schefflera wardii, 192
Schefflera zhuana, 192
Schnabelia, 69
Schnabelia aureoglandulosa, 69
Schnabelia nepetifolia, 69
Schnabelia oligophylla, 69
Schnabelia oligophylla var. oblongifolia, 69
Schnabelia oligophylla var. oligophylla, 69
Schnabelia terniflora, 69
Schnabelia tetrodonta, 69
Schrenkia, 240
Schrenkia vaginata, 240
Schulzia, 240
Schulzia albiflora, 240
Schulzia crinita, 240
Schulzia dissecta, 240
Schulzia prostrata, 240
Schumannia, 240
Schumannia karelinii, 240
Scutellaria, 69
Scutellaria adenotricha, 69

Scutellaria altaica, 69
Scutellaria amoena, 69
Scutellaria amoena var. amoena, 69
Scutellaria amoena var. cinerea, 69
Scutellaria anhweiensis, 69
Scutellaria austrotaiwanensis, 69
Scutellaria axilliflora, 69
Scutellaria axilliflora var. axilliflora, 69
Scutellaria axilliflora var. medullifera, 69
Scutellaria baicalensis, 70
Scutellaria baicalensis f. baicalensis, 70
Scutellaria bambusetorum, 70
Scutellaria barbata, 70
Scutellaria calcarata, 70
Scutellaria caryopteroides, 70
Scutellaria caudifolia, 70
Scutellaria caudifolia var. caudifolia, 70
Scutellaria caudifolia var. obliquifolia, 70
Scutellaria chekiangensis, 70
Scutellaria chihshuiensis, 70
Scutellaria chimenensis, 70
Scutellaria chungtienensis, 70
Scutellaria delavayi, 70
Scutellaria dependens, 70
Scutellaria discolor, 70
Scutellaria discolor var. discolor, 70
Scutellaria discolor var. hirta, 71
Scutellaria formosana, 71
Scutellaria formosana var. formosana, 71
Scutellaria formosana var. pubescens, 71
Scutellaria forrestii, 71
Scutellaria franchetiana, 71
Scutellaria galericulata, 71
Scutellaria grossecrenata, 71
Scutellaria guilielmii, 71
Scutellaria hainanensis, 71
Scutellaria honanensis, 71
Scutellaria hunanensis, 71
Scutellaria hypericifolia, 71
Scutellaria hypericifolia var. hypericifolia, 71
Scutellaria hypericifolia var. pilosa, 71
Scutellaria incisa, 71
Scutellaria indica, 71
Scutellaria indica var. elliptica, 71
Scutellaria indica var. indica, 71
Scutellaria indica var. parvifolia, 72
Scutellaria indica var. subacaulis, 72
Scutellaria inghokensis, 72

Scutellaria javanica, 72
Scutellaria kingiana, 72
Scutellaria laeteviolacea, 72
Scutellaria laxa, 72
Scutellaria likiangensis, 72
Scutellaria linarioides, 72
Scutellaria lotienensis, 72
Scutellaria lutescens, 72
Scutellaria luzonica var. lotungensis, 72
Scutellaria macrodonta, 72
Scutellaria macrosiphon, 72
Scutellaria mairei, 72
Scutellaria meehanioides, 72
Scutellaria meehanioides var. meehanioides, 72
Scutellaria meehanioides var. paucidentata, 72
Scutellaria megaphylla, 73
Scutellaria microviolacea, 73
Scutellaria mollifolia, 73
Scutellaria moniliorrhiza, 73
Scutellaria nigricans, 73
Scutellaria nigrocardia, 73
Scutellaria obtusifolia, 73
Scutellaria obtusifolia var. obtusifolia, 73
Scutellaria obtusifolia var. trinervata, 73
Scutellaria oligodonta, 73
Scutellaria oligophlebia, 73
Scutellaria omeiensis, 73
Scutellaria omeiensis var. omeiensis, 73
Scutellaria omeiensis var. serratifolia, 73
Scutellaria orthocalyx, 73
Scutellaria orthotricha, 73
Scutellaria pekinensis, 73
Scutellaria pekinensis var. grandiflora, 73
Scutellaria pekinensis var. pekinensis, 73
Scutellaria pekinensis var. purpureicaulis, 73
Scutellaria pekinensis var. transitra, 74
Scutellaria pekinensis var. ussuriensis, 74
Scutellaria pingbienensis, 74
Scutellaria playfairii, 74
Scutellaria playfairii var. playfairii, 74
Scutellaria playfairii var. procumbens, 74
Scutellaria prostrata, 74
Scutellaria przewalskii, 74

Scutellaria pseudotenax, 74
Scutellaria purpureocardia, 74
Scutellaria quadrilobulata, 74
Scutellaria quadrilobulata var. pilosa, 74
Scutellaria quadrilobulata var. quadrilobulata, 74
Scutellaria regeliana, 74
Scutellaria regeliana var. ikonnikovii, 74
Scutellaria regeliana var. regeliana, 74
Scutellaria rehderiana, 74
Scutellaria reticulata, 74
Scutellaria scandens, 75
Scutellaria sciaphila, 75
Scutellaria scordifolia, 75
Scutellaria scordifolia var. ammophila, 75
Scutellaria scordifolia var. puberula, 75
Scutellaria scordifolia var. scordifolia, 75
Scutellaria scordifolia var. villosissima, 75
Scutellaria scordifolia var. wulingshanensis, 75
Scutellaria sessilifolia, 75
Scutellaria shansiensis, 75
Scutellaria shweliensis, 75
Scutellaria sichourensis, 75
Scutellaria sieversii, 75
Scutellaria spectabilis, 75
Scutellaria stenosiphon, 75
Scutellaria strigillosa, 75
Scutellaria subintegra, 75
Scutellaria supina, 76
Scutellaria taipeiensis, 76
Scutellaria taiwanensis, 76
Scutellaria tapintzensis, 76
Scutellaria tarokoensis, 76
Scutellaria tashiroi var. haianshanensis, 76
Scutellaria tayloriana, 76
Scutellaria tenax, 76
Scutellaria tenax var. patentipilosa, 76
Scutellaria tenax var. tenax, 76
Scutellaria tenera, 76
Scutellaria teniana, 76
Scutellaria tenuiflora, 76
Scutellaria tienchuanensis, 76
Scutellaria tsinyunensis, 76
Scutellaria tuberifera, 76
Scutellaria tuminensis, 76
Scutellaria violacea, 76

Scutellaria viscidula, 76
Scutellaria weishanensis, 76
Scutellaria wenshanensis, 77
Scutellaria wongkei, 77
Scutellaria yangbiensis, 77
Scutellaria yingtakensis, 77
Scutellaria yunnanensis, 77
Scutellaria yunnanensis var. cuneata, 77
Scutellaria yunnanensis var. salicifolia, 77
Scutellaria yunnanensis var. yunnanensis, 77
Selinum, 240
Selinum cryptotaenium, 240
Selinum longicalycinum, 240
Selinum wallichianum, 240
Semenovia, 241
Semenovia dasycarpa, 241
Semenovia pimpinelloides, 241
Semenovia rubtzovii, 241
Semenovia transiliensis, 241
Seseli, 241
Seseli aemulans, 241
Seseli asperulum, 241
Seseli coronatum, 241
Seseli delavayi, 241
Seseli eriocephalum, 241
Seseli glabratum, 241
Seseli incisodentatum, 241
Seseli intramongolicum, 241
Seseli junatovii, 241
Seseli mairei, 241
Seseli mairei var. mairei, 241
Seseli mairei var. simplicifolium, 242
Seseli nortonii, 242
Seseli purpureovaginatum, 242
Seseli sandbergiae, 242
Seseli sessiliflorum, 242
Seseli squarrulosum, 242
Seseli strictum, 242
Seseli togasii, 242
Seseli valentinae, 242
Seseli yunnanense, 242
Seselopsis, 242
Seselopsis tianschanica, 242
Sideritis, 77
Sideritis balansae, 77
Sideritis montana, 77
Sinocarum, 242
Sinocarum coloratum, 242
Sinocarum cruciatum, 242
Sinocarum cruciatum var. cruciatum, 242

Sinocarum cruciatum var. linearilobum, 242
Sinocarum dolichopodum, 242
Sinocarum filicinum, 243
Sinocarum pauciradiatum, 243
Sinocarum pityophilum, 243
Sinocarum pseudocruciatum, 243
Sinocarum schizopetalum, 243
Sinocarum schizopetalum var. bijiangense, 243
Sinocarum schizopetalum var. schizopetalum, 243
Sinocarum vaginatum, 243
Sinolimprichtia, 243
Sinolimprichtia alpina, 243
Sinolimprichtia alpina var. alpina, 243
Sinolimprichtia alpina var. dissecta, 243
Sinopanax, 192
Sinopanax formosana, 192
Siphocranion, 77
Siphocranion macranthum, 77
Siphocranion nudipes, 77
Siphonostegia, 124
Siphonostegia chinensis, 124
Siphonostegia laeta, 124
Sium, 243
Sium frigidum, 243
Sium medium, 243
Sium sisaroideum, 243
Sium suave, 243
Sopubia, 124
Sopubia matsumurae, 124
Sopubia menglianensis, 124
Sopubia stricta, 124
Sopubia trifida, 124
Soranthus, 243
Soranthus meyeri, 243
Sphallerocarpus, 244
Sphallerocarpus gracilis, 244
Sphenodesme, 77
Sphenodesme floribunda, 77
Sphenodesme involucrata, 77
Sphenodesme mollis, 77
Sphenodesme pentandra var. wallichiana, 77
Stachyopsis, 77
Stachyopsis lamiiflora, 77
Stachyopsis marrubioides, 78
Stachyopsis oblongata, 78
Stachys, 78
Stachys adulterina, 78
Stachys arrecta, 78
Stachys arvensis, 78

Stachys baicalensis, 78
Stachys baicalensis var. angustifolia, 78
Stachys baicalensis var. baicalensis, 78
Stachys baicalensis var. hispidula, 78
Stachys chinensis, 78
Stachys geobombycis, 78
Stachys geobombycis var. alba, 78
Stachys geobombycis var. geobombycis, 78
Stachys kouyangensis, 78
Stachys kouyangensis var. franchetiana, 79
Stachys kouyangensis var. kouyangensis, 79
Stachys kouyangensis var. leptodon, 79
Stachys kouyangensis var. tuberculata, 79
Stachys kouyangensis var. villosissima, 79
Stachys lanata, 79
Stachys melissifolia, 79
Stachys oblongifolia, 79
Stachys oblongifolia var. leptopoda, 79
Stachys oblongifolia var. oblongifolia, 79
Stachys palustris, 79
Stachys pseudophlomis, 79
Stachys sieboldii, 79
Stachys sieboldii var. glabrescens, 79
Stachys sieboldii var. malacotricha, 79
Stachys sieboldii var. sieboldii, 79
Stachys strictiflora, 79
Stachys strictiflora var. latidens, 80
Stachys strictiflora var. strictiflora, 79
Stachys sylvatica, 80
Stachys taliensis, 80
Stachys xanthantha, 80
Stachytarpheta, 154
Stachytarpheta jamaicensis, 154
Staurogyne, 139
Staurogyne brachystachya, 139
Staurogyne chapaensis, 139
Staurogyne concinnula, 139
Staurogyne debilis, 139
Staurogyne hainanensis, 139
Staurogyne hypoleuca, 139
Staurogyne longicuneata, 139
Staurogyne paotingensis, 139
Staurogyne petelotii, 139
Staurogyne rivularis, 140
Staurogyne sesamoides, 140
Staurogyne sichuanica, 140
Staurogyne sinica, 140

Staurogyne stenophylla, 140
Staurogyne strigosa, 140
Staurogyne vicina, 140
Staurogyne yunnanensis, 140
STEMONURACEAE, 154
Stenocoelium, 244
Stenocoelium popovii, 244
Stenocoelium trichocarpum, 244
Stereospermum, 153
Stereospermum colais, 153
Stereospermum neuranthum, 154
Stereospermum strigillosum, 154
Striga, 124
Striga angustifolia, 124
Striga asiatica, 124
Striga densiflora, 124
Striga masuria, 125
Strobilanthes, 140
Strobilanthes abbreviata, 140
Strobilanthes adpressa, 140
Strobilanthes affinis, 140
Strobilanthes anamiticus, 140
Strobilanthes aprica, 140
Strobilanthes argentea, 140
Strobilanthes atropurpurea, 140
Strobilanthes atropurpurea var. atropurpurea, 140
Strobilanthes atropurpurea var. stenophylla, 141
Strobilanthes atroviridis, 141
Strobilanthes auriculata, 141
Strobilanthes auriculata var. auriculata, 141
Strobilanthes auriculata var. dyeriana, 141
Strobilanthes austrosinensis, 141
Strobilanthes bantonensis, 141
Strobilanthes biocullata, 141
Strobilanthes bipartita, 141
Strobilanthes brunnescens, 141
Strobilanthes capitata, 141
Strobilanthes chinensis, 141
Strobilanthes chrysodelta, 141
Strobilanthes cognata, 141
Strobilanthes compacta, 141
Strobilanthes congesta, 142
Strobilanthes cruciata, 142
Strobilanthes cumingiana, 142
Strobilanthes cuneata, 142
Strobilanthes cusia, 142
Strobilanthes cyclus, 142
Strobilanthes cyphantha, 142
Strobilanthes cystolithigera, 142

Strobilanthes dalzielii, 142
Strobilanthes dimorphotricha, 142
Strobilanthes dimorphotricha subsp. dimorphotricha, 142
Strobilanthes dimorphotricha subsp. rex, 143
Strobilanthes discolor, 143
Strobilanthes dryadum, 143
Strobilanthes echinata, 143
Strobilanthes esquirolii, 143
Strobilanthes euantha, 143
Strobilanthes extensa, 143
Strobilanthes fengiana, 143
Strobilanthes ferruginea, 143
Strobilanthes fimbriata, 143
Strobilanthes flexa, 143
Strobilanthes flexicaulis, 143
Strobilanthes fluviatilis, 144
Strobilanthes formosanus, 144
Strobilanthes forrestii, 144
Strobilanthes glandibracteata, 144
Strobilanthes glomerata, 144
Strobilanthes guangxiensis, 144
Strobilanthes hamiltoniana, 144
Strobilanthes helicta, 144
Strobilanthes henryi, 144
Strobilanthes heteroclita, 144
Strobilanthes hossei, 144
Strobilanthes hupehensis, 144
Strobilanthes inflata, 144
Strobilanthes inflata var. aenobarba, 145
Strobilanthes inflata var. gongshanensis, 145
Strobilanthes inflata var. inflata, 145
Strobilanthes japonica, 145
Strobilanthes kingdonii, 145
Strobilanthes labordei, 145
Strobilanthes lachenensis, 145
Strobilanthes lactucifolia, 145
Strobilanthes lamiifolia, 145
Strobilanthes lamium, 145
Strobilanthes lanyuensis, 145
Strobilanthes larium, 145
Strobilanthes latisepalus, 146
Strobilanthes lihengiae, 146
Strobilanthes longgangensis, 146
Strobilanthes longiflora, 146
Strobilanthes longispica, 146
Strobilanthes longispicatus, 146
Strobilanthes longzhouensis, 146
Strobilanthes mastersii, 146
Strobilanthes medogensis, 146

Strobilanthes mogokensis, 146
Strobilanthes mucronato-producta, 146
Strobilanthes multidens, 146
Strobilanthes myura, 146
Strobilanthes nemorosa, 146
Strobilanthes ningmingensis, 146
Strobilanthes nobilis, 147
Strobilanthes oliganthus, 147
Strobilanthes oligocephala, 147
Strobilanthes oresbia, 147
Strobilanthes ovata, 147
Strobilanthes ovatibracteata, 147
Strobilanthes oxycalycina, 147
Strobilanthes parvifolia, 147
Strobilanthes pateriformis, 147
Strobilanthes penstemonoides, 147
Strobilanthes pinetorum, 147
Strobilanthes pinnatifidus, 147
Strobilanthes polyneuros, 147
Strobilanthes procumbens, 147
Strobilanthes pseudocollina, 147
Strobilanthes pteroclada, 148
Strobilanthes pterygorrhachis, 148
Strobilanthes pubiflora, 148
Strobilanthes quadrifaria, 148
Strobilanthes rankanensis, 148
Strobilanthes reptans, 148
Strobilanthes retusa, 148
Strobilanthes rhombifolia, 148
Strobilanthes rostrata, 148
Strobilanthes rubescens, 148
Strobilanthes sarcorrhiza, 148
Strobilanthes secunda, 148
Strobilanthes serrata, 148
Strobilanthes simonsii, 148
Strobilanthes sinica, 148
Strobilanthes speciosa, 148
Strobilanthes spiciformis, 149
Strobilanthes stolonifera, 149
Strobilanthes strigosa, 149
Strobilanthes szechuanica, 149
Strobilanthes tamburensis, 149
Strobilanthes taoana, 149
Strobilanthes tenax, 149
Strobilanthes tenuiflora, 149
Strobilanthes tetrasperma, 149
Strobilanthes thomsonii, 149
Strobilanthes tibetica, 149
Strobilanthes tomentosa, 149
Strobilanthes tonkinensis, 149
Strobilanthes torrentium, 149
Strobilanthes truncata, 149
Strobilanthes tubiflos, 149

Strobilanthes urophylla, 150
Strobilanthes vallicola, 150
Strobilanthes versicolor, 150
Strobilanthes wangiana, 150
Strobilanthes wilsonii, 150
Strobilanthes yunnanensis, 150
Suzukia, 80
Suzukia luchuensis, 80
Suzukia shikikunensis, 80
Symphorema, 80
Symphorema involucratum, 80

T

Talassia, 244
Talassia transiliensis, 244
Tectona, 80
Tectona grandis, 80
Tetrapanax, 192
Tetrapanax papyrifer, 192
Teucrium, 80
Teucrium anlungense, 80
Teucrium bidentatum, 80
Teucrium grandifolium, 80
Teucrium integrifolium, 80
Teucrium japonicum, 80
Teucrium japonicum var. japonicum, 80
Teucrium japonicum var. microphyllum, 80
Teucrium japonicum var. tsungmingense, 80
Teucrium labiosum, 80
Teucrium manghuaense, 80
Teucrium manghuaense var. angustum, 81
Teucrium manghuaense var. manghuaense, 80
Teucrium nanum, 81
Teucrium omeiense, 81
Teucrium omeiense var. cyanophyllum, 81
Teucrium omeiense var. omeiense, 81
Teucrium pernyi, 81
Teucrium pilosum, 81
Teucrium quadrifarium, 81
Teucrium scordioides, 81
Teucrium scordium, 81
Teucrium simplex, 81
Teucrium taiwanianum, 81
Teucrium tsinlingense, 81
Teucrium tsinlingense var. porphyreum, 81
Teucrium tsinlingense var. tsinlingense, 81
Teucrium ussuriense, 81
Teucrium veronicoides, 81
Teucrium viscidum, 81
Teucrium viscidum var. leiocalyx, 82
Teucrium viscidum var. longibracteatum, 82
Teucrium viscidum var. macrostephanum, 82
Teucrium viscidum var. nepetoides, 82
Teucrium viscidum var. viscidum, 81
Thunbergia, 150
Thunbergia alata, 150
Thunbergia coccinea, 150
Thunbergia eberhardtii, 150
Thunbergia fragrans, 150
Thunbergia grandiflora, 150
Thunbergia lutea, 150
Thymus, 82
Thymus altaicus, 82
Thymus amurensis, 82
Thymus curtus, 82
Thymus disjunctus, 82
Thymus inaequalis, 82
Thymus mandschuricus, 82
Thymus marschallianus, 82
Thymus mongolicus, 82
Thymus nervulosus, 82
Thymus proximus, 82
Thymus quinquecostatus, 82
Thymus quinquecostatus var. asiaticus, 82
Thymus quinquecostatus var. przewalskii, 82
Thymus quinquecostatus var. quinquecostatus, 82
Tongoloa, 244
Tongoloa dunnii, 244
Tongoloa elata, 244
Tongoloa filicaudicis, 244
Tongoloa gracilis, 244
Tongoloa loloensis, 244
Tongoloa napifera, 244
Tongoloa pauciradiata, 244
Tongoloa rockii, 244
Tongoloa rubronervis, 244
Tongoloa silaifolia, 244
Tongoloa smithii, 245
Tongoloa stewardii, 245
Tongoloa taeniophylla, 245
Tongoloa tenuifolia, 245
Tongoloa zhongdianensis, 245
Tordyliopsis, 245
Tordyliopsis brunonis, 245
Toricellia, 172
Toricellia angulata, 172
Toricellia tiliifolia, 172
Torilis, 245
Torilis japonica, 245
Torilis scabra, 245
TORRICELLIACEAE, 172
Trachydium, 245
Trachydium dielsianum, 246
Trachydium involucellatum, 245
Trachydium roylei, 245
Trachydium simplicifolium, 245
Trachydium souliei, 246
Trachydium subnudum, 245
Trachydium szechuanense, 246
Trachydium tibetanicum, 245
Trachydium trifoliatum, 245
Trachydium variabile, 246
Trachyspermum, 246
Trachyspermum ammi, 246
Trachyspermum roxburghianum, 246
Trachyspermum scaberulum, 246
Trachyspermum scaberulum var. ambrosiifolium, 246
Trachyspermum scaberulum var. scaberulum, 246
Trachyspermum triradiatum, 246
Trevesia, 192
Trevesia palmata, 192
Triphysaria, 125
Triphysaria chinensis, 125
Tripora, 83
Tripora divaricata, 83
Tsoongia, 83
Tsoongia axillariflora, 83
Turgenia, 246
Turgenia latifolia, 246

U

Utricularia, 125
Utricularia aurea, 125
Utricularia australis, 125
Utricularia brachiata, 125
Utricularia forrestii, 125
Utricularia foveolata, 125
Utricularia gibba, 125
Utricularia graminifolia, 126
Utricularia hirta, 126
Utricularia intermedia, 126
Utricularia kumaonensis, 126

Utricularia limosa, 126
Utricularia mangshanensis, 126
Utricularia minor, 126
Utricularia minutissima, 126
Utricularia multicaulis, 126
Utricularia peranomala, 126
Utricularia punctata, 126
Utricularia salwinensis, 126
Utricularia scandens subsp. firmula, 127
Utricularia striatula, 127
Utricularia uliginosa, 127
Utricularia vulgaris, 127
Utricularia vulgaris subsp. macrorhiza, 127
Utricularia vulgaris subsp. vulgaris, 127
Utricularia warburgii, 127

V

Verbena, 154
Verbena bracteata, 154
Verbena officinalis, 154
VERBENACEAE, 154
Vicatia, 246
Vicatia bipinnata, 246
Vicatia coniifolia, 246
Vicatia thibetica, 246
Vitex, 83
Vitex agnus-castus, 83
Vitex burmensis, 83
Vitex canescens, 83
Vitex duclouxii, 83
Vitex kwangsiensis, 83
Vitex negundo, 83
Vitex negundo var. cannabifolia, 83
Vitex negundo var. heterophylla, 83
Vitex negundo var. microphylla, 83
Vitex negundo var. negundo, 83
Vitex negundo var. sichuanensis, 83
Vitex negundo var. simplicifolia, 83
Vitex negundo var. thyrsoides, 84
Vitex peduncularis, 84
Vitex pierreana, 84
Vitex quinata, 84
Vitex quinata var. puberula, 84
Vitex quinata var. quinata, 84
Vitex rotundifolia, 84
Vitex sampsonii, 84
Vitex trifolia, 84
Vitex trifolia var. subtrisecta, 84
Vitex trifolia var. taihangensis, 84
Vitex trifolia var. trifolia, 84
Vitex tripinnata, 84
Vitex vestita, 84
Vitex vestita var. brevituba, 85
Vitex vestita var. vestia, 84
Vitex yunnanensis, 85

W

Wenchengia, 85
Wenchengia alternifolia, 85
Wightia, 125
Wightia speciosissima, 125

X

Xizangia, 125
Xizangia bartsioides, 125

Z

Ziziphora, 85
Ziziphora bungeana, 85
Ziziphora pamiroalaica, 85
Ziziphora tenuior, 85
Ziziphora tomentosa, 85
Zosima, 247
Zosima korovinii, 247